彩图 1　若干重要的水溶性单晶体(该照片由山东大学晶体所提供).

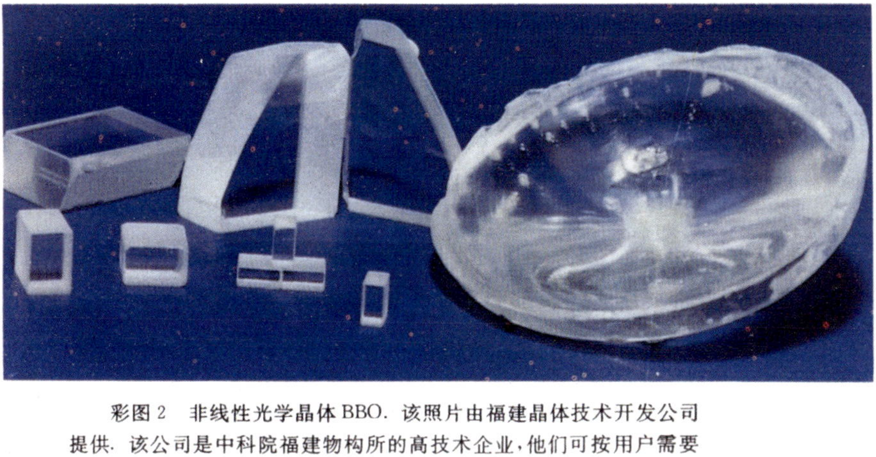

彩图 2　非线性光学晶体 BBO. 该照片由福建晶体技术开发公司提供. 该公司是中科院福建物构所的高技术企业,他们可按用户需要与要求批量加工:非线性光学晶体;电光晶体;激光晶体;光折变晶体;声光晶体;X 射线晶体和窗口材料.

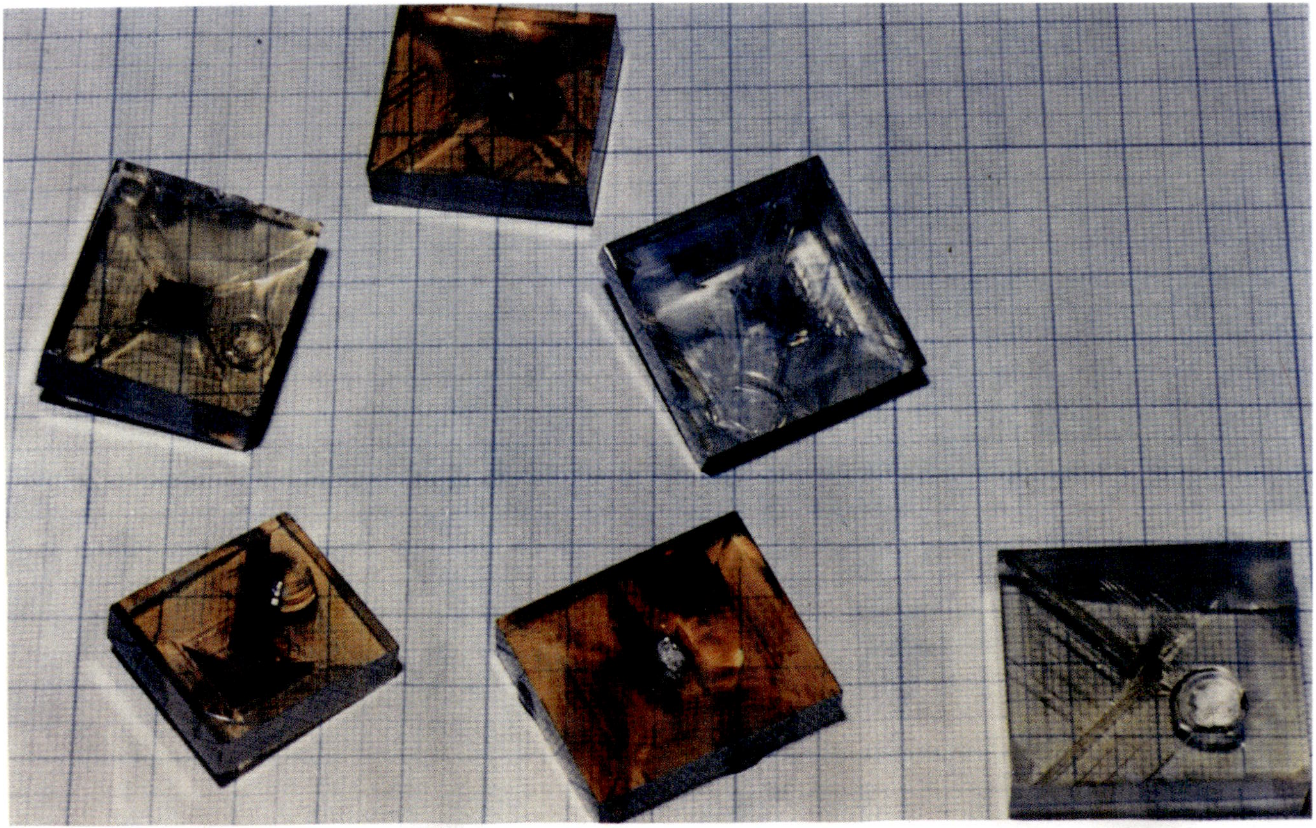

彩图 3　非线性光学晶体 $KNbO_3$（KN）（该照片由国家建材局人工晶体研究所提供）.

彩图 4　非线性光学晶体 $KTiOPO_4$(KTP)(该照片由国家建材局人工晶体研究所提供).

彩图 5　左边为光学晶体 CaF_2（左 1：$\phi220\times150$mm），右 1 为 MgF_2；右 2 为 BaF_2（该照片由北京东海仪表材料研究所提供）.

彩图6　大尺寸的人造水晶（该照片由国家建材局人工晶体研究所提供）.

彩图7　刚从高压釜中取出的人造水晶(该照片由国家建材局人工晶体研究所提供).

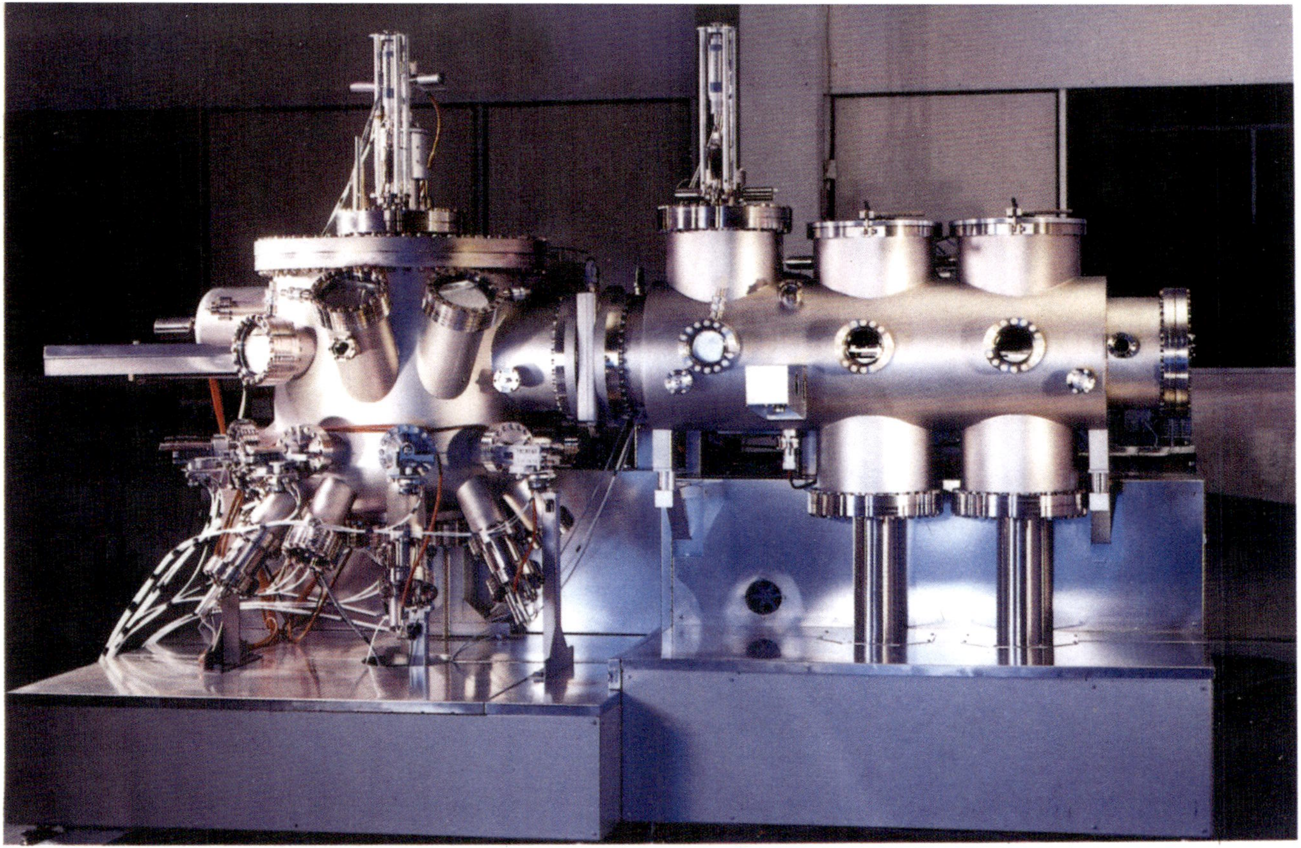

彩图8　V100生产型分子束外延设备. 该设备一次可外延生长3片10cm或5片7.5cm直径的GaAs基材，其厚度均匀性优于±1.5%. 外延过程由计算机自动控制. 该设备由英国V. G. Semicon公司制造.

彩图 9　宝石加工机械：宝石切割机、半自动宝石磨机、半自动宝石成形机、自动宝石弧面加工机、自动宝石圆珠加工机及其计算机琢型设计系统（该照片由国家建材局人工晶体研究所提供）.

中国科学院科学出版基金资助出版

凝聚态物理学丛书·典藏版

晶体生长科学与技术

（第二版）

下　册

张克从　张乐潓　主编

科学出版社

北　京

内 容 简 介

本书是一部在 1981 年出版的《晶体生长》基础上进行扩充和改写而成的集体创作. 书中比较深入地论述了晶体生长的理论和技术, 总结了国内外的主要实践经验和成果, 重点介绍了我国在晶体领域中所取得的突出成就. 全书共 14 章, 分上、下册出版. 本书是下册(第八章至第十四章), 主要介绍分子束外延及相关的单晶薄膜生长技术、人工宝石、合成云母、人造金刚石、新型非线性光学晶体及晶体品质鉴定等. 每章末尾提供了大量参考文献, 书末还附有主题词索引和后记.

本书可供大专院校有关专业师生和从事晶体生长研究、晶体开发、应用的科技人员参考.

图书在版编目(CIP)数据

晶体生长科学与技术. 下册/张克从, 张乐潓主编. —2 版. —北京: 科学出版社, 1997.5(2017.1 重印)

(凝聚态物理学丛书 : 典藏版)

ISBN 978-7-03-005569-9

Ⅰ. ①晶…　Ⅱ. ①张…　②张…　Ⅲ. ①晶体生长　Ⅳ. ①O78

中国版本图书馆 CIP 数据核字(2017)第 002227 号

科学出版社 出版

北京东黄城根北街 16 号

邮政编码: 100717

http://www.sciencep.com

北京厚诚则铭印刷科技有限公司印刷

科学出版社发行　各地新华书店经销

*

1981 年 3 月第 一 版　开本: 850×1168 1/32

1997 年 5 月第 二 版　印张: 17 7/8　插页: 4

2017 年 1 月印　刷　字数: 462 000

定价: 148.00 元

(如有印装质量问题, 我社负责调换)

《凝聚态物理学丛书》出版说明

以固体物理学为主干的凝聚态物理学，通过半个世纪以来的迅速发展，已经成为当今物理学中内容最丰富、应用最广泛、集中人力最多的分支学科．从历史的发展来看，凝聚态物理学无非是固体物理学的向外延拓．由于近年来固体物理学的基本概念和实验技术在许多非固体材料中的应用也卓有成效，所以人们乐于采用范围更加广泛的“凝聚态物理学”这一名称．

凝聚态物理学是研究凝聚态物质的微观结构、运动状态、物理性质及其相互关系的科学．诸如晶体学、金属物理学、半导体物理学、磁学、电介质物理学、低温物理学、高压物理学、发光学以及近期发展起来的表面物理学、非晶态物理学、液晶物理学、高分子物理学及低维固体物理学等都是属于它的分支学科，而且新的分支尚在不断迸发．还有，凝聚态物理学的概念、方法和技术还在向相邻的学科渗透，有力地促进了材料科学、化学物理学、生物物理学和地求物理学等学科的发展．

研究凝聚态物质本身的性质和它在各种外界条件（如力、热、光、气、电、磁、各种微观粒子束的辐照乃至各种极端条件）下发生的变化，常常可以发现多种多样的物理现象和效应，揭示出新的规律，形成新的概念，彼此层出不穷，内容丰富多彩，这些既体现了多粒子体系的复杂性，又反映了物质结构概念上的统一性．所有这一切不仅对人们的智力提出了强有力的挑战，更重要的是，这些规律往往和生产实践有着密切的联系，在应用、开发上富有潜力，有可能开辟出新的技术领域，为新材料、元件、器件的研制和发展，提供牢固的物理基础．凝聚态物理学的发展，导致了一系列重要的技术突破和变革，对社会和科学技术的发展将发生深远的影响．

为了适应世界正在兴起的新技术革命的需要，促进凝聚态物理学的发展，并为这一领域的科技人员提供必要的参考书，我们特组织了这套《凝聚态物理学丛书》,希望它的出版将有助于推动我国凝聚态物理学的发展,为我国的四化建设做出贡献.

主　编　葛庭燧
副主编　冯　端

第二版　序

当前，我们正处在一个伟大变革的时代．在即将进入21世纪的今天，人们依托于各类学科取得的成就，正在从各个不同的角度分析、展望和规划着科学发展的未来．科学技术是第一生产力，无疑地，科学技术的发展是人类物质与精神文明发展的保证．

材料科学是现代文明的三大支柱(能源、信息、材料)之一，是人类文明的物质基础．晶体生长属于材料科学并为其发展前沿．实验业已证明，一些高新科学技术的发展，无一不和晶体材料密切相关．可以预计，在21世纪中，由于人类社会发展的需要，会促使人们采用不同理论方法与技术途径来设计、合成与生长各种新型的功能晶体材料，从而将更加促使晶体生长科学与技术的进一步发展．

我国人工晶体材料的研究，开创于本世纪50年代中期．回顾40多年来，该领域内的研究从无到有，从零星的实验室研究发展到现在初具规模的产业，进展是相当迅速的．现在我国的人工水晶，人造金刚石已成为一个高技术产业．BGO ($Bi_4Ge_3O_{12}$)，KTP($KTiOPO_4$)，KN ($KNbO_3$)，$BaTiO_3$ 和各类宝石等晶体均已进入国际市场的竞争行列．BBO(BaB_2O_4)，LBO ($Li_2B_4O_3$)、NYAB [$Nd_xY_{1-x}Al(BO_3)_4$]、LAP(L精氨酸磷酸盐) 等晶体已达到了国际先进水平．无论是在学术界还是在国际市场上都为国家争得了荣誉．目前，在该领域中工作的研究人员正在进行着更广泛更深入的探索．空间微重力条件下的晶体生长研究已经起步，由传统的块状晶体发展起来的具有量子阱效应和超晶格结构的薄膜晶体材料也越来越被重视起来．总之，我国人工晶体材料方面已经取得的成就，对推动我国科技发展作出了贡献，随着它的进一步发展与壮大，其作用也将更加明显．

晶体生长是一门综合性很强的多学科交叉的学科，它的发展需要在物理学，化学，晶体学，晶体生长和工程技术领域内工作的专家通力合作，相互配合，做到物理与化学，理论与实验，结构与性能，研究与开发等多方面的密切结合，才能保证该学科的全面而持久的发展.

本书第一版《晶体生长》(1981 版)反映了本世纪 80 年代初以前的国内外晶体生长技术与理论的成果与进展. 在编写内容方面采用了理论与实际，研究与生产，从中国当时的国情出发等编写原则，比较深入地论述和探讨了有关晶体生长的理论和技术问题，内容比较全面. 出版以后，不仅受到国内外有关读者的欢迎与好评，而且对培养专业人才与推动我国晶体生长学科的发展起到了一定的作用. 十多年过去了，我国晶体生长科学与技术又取得了长足的进展，所取得的成就在国际上有了相当大的影响. 为了反映出这一期间国内外有关的科技成就，便于国际同行间的学术交流，本书的新版已势在必行. 为此，在中国科学院出版基金委的资助和有关单位的大力支持下，由科学出版社再次组织有关专家教授，运用集体智慧，对本书第一版进行了大规模地改写，使其内容更加丰富充实，所涉及的专业面更加广泛. 为了更能反映出晶体生长学科的特点，新版书已改名为《晶体生长科学与技术》. 该书已被列入《凝聚态物理学丛书》，这必将有利于促进中国与国际间该领域的学术交流.

晶体生长科学与技术属于新兴的学科分支，具有强大的生命力. 我希望这部书的出版，在推动我国晶体生长学科的发展，促进国际间学术交流和培养跨世纪人才等方面起到推动作用. 展望未来，随着我国改革开放的进一步深入，我国的晶体生长科学与技术必将有更大的发展，前景更加美好.

卢嘉锡

一九九六年九月

第一版 序

我们正处在一个伟大历程的起点，要在本世纪内，实现我国农业、工业、国防和科学技术的现代化，把我们的国家建设成为社会主义的现代化强国．这是我们人民所肩负的伟大而光荣的历史使命．

我们认为，一个国家要解决工业发展问题，必须同时解决两个重大的课题：一个是能源问题；另一个是材料问题．能源问题是显而易见的，世界上正在大力研究从传统能源寻求新能源．而材料问题包括两方面．一方面是提供工农业建设所必需的一般传统材料，这部分材料的重要性是大家都知道的，包括钢铁、特种合金及合成材料等等，所有的机械、造船、桥梁、铁道、钻探等工业都需要它们；另一方面是研制特种材料，这些材料在数量方面虽则比较起来并不很大，但在各种现代化的技术中，如自动化技术、激光技术、计算机技术以及遥感及空间技术等方面都有特殊应用的范围．可以说，这些材料质量的好坏决定着技术水平的高低，而且只有在材料方面有所突破，才能希望技术本身有所突破．

我们认为材料问题的核心是晶体学问题．晶体学通过对固态物质的内部结构及缺陷的系统研究，可以了解到各种物质的组成规律以及这些结构和缺陷与各种物理性质的关系；它还通过研究在各种物理条件下晶体生长的规律，从而有可能生长出满足人们所要求的各种性能的单晶体．

晶体生长是指要生长出配比成分准确而又很少杂质及缺陷或甚至无杂质和无缺陷的单晶体．近年来，对于固态的理解在很大程度上是以单晶为基础的．由于单晶的研究，发现了许多金属的新性质．例如在单晶状态下，铁、钛和铬实际上都是软金属，而晶须的力学强度要比同一物质在多晶情况下的大一千倍．物理学家需要完整的单晶来研究辐射损伤、超导性、核磁共振、电子顺磁共振等，而化学家则往往需要完整的单晶来研究晶体结构．固体的各向异性也只能靠单晶来测定．

以工业而论，对于单晶的需要恐怕再也没有比半导体更为迫切了．所以人们可以毫不夸张地说，半导体技术的发展实际上取决于晶体生长工作的发展．它一方面朝着难度较大的材料方面发展．而从锗到硅的过渡，使半导体器件在性能方面发生了一次革命，这一过渡是由于晶体生长工作者掌握了如何处理反应性较强而熔点较高的硅而完成的．半导体发展的另一方面是生长大面积的高完整性单晶．我们知道，电子计算机的最主要部件是大规模集成电路，而大规模集成电路的基本部件是大面积、高完整性的硅单晶．毫无疑问，提高计算机的科学技术水平，关键问题还是在晶体生长方面，今后大面积集成电路在密度及失效率方面的改进，相当的一部分将取决于所用晶体的质量．

关于磁性材料的情况也是如此．目前正在发展的一种电子计算机存储系统是石榴石磁泡系统．必须着重指出，晶体生长工作对这一特殊磁性材料起着无比重要的作用．因为首先要生长出符合理想配比成分而缺陷密度很低的稀土镓石榴石单晶，然后在此衬底材料上用液相取向附生（LPE）或化学汽相淀积（CVD）的方法附生缺陷密度很低而无硬磁泡形成的稀土铁石榴石薄膜，这是先进的电子计算机存储系统的关键问题．

其它在激光材料、电光材料、铁电材料等方面的情况也是如此．

人类同晶体打交道是从史前时期就开始的．我们的祖先蓝田猿人及北京猿人在50万年前所用的工具就是石英．人造晶体也是很早就出现的，最明显的例子就是食盐．《演繁露》记载说："盐已成卤水，暴烈日中，即成方印，洁白可爱，初小渐大，或数十印累累相连．"《演繁露》为宋代程大昌撰，成书于1000年前．这就是从过饱和溶液中生长晶体的方法．关于银朱的制造也值得我们注意．银朱就是人造辰砂．李时珍引胡演《丹药秘诀》说："升炼银朱，用石亭脂 2 斤，新锅内熔化．次下水银 1 斤，炒作青砂头．炒不见星，研末罐盛．石版盖住，铁线缚定，盐泥固济，大火煅之，待冷取出．贴罐者为银朱，贴口者为丹砂．”这里的石亭脂就是硫磺．这里所描写的是汞和硫通过化学汽相淀积而形成辰砂的过程，这一过程古时候称为“升炼”．在汽相淀积的输运过程中，因淀积位置不同而所形成的晶体颗粒有大小的不同，小的叫银朱，大的叫丹砂．我们现在生长砷化镓一类的电光晶体，基本上用的就是“升炼”的方法．这种方法我国在炼丹术时代已普遍使用了．

在西方，关于晶体生长的大部分工作是从 19 世纪初期才开始的．焰熔法出现于 1902 年，水热法出现于 1905 年，而提拉法出现于 1917 年． 1949 年，英国法拉第学会举行了第一次关于晶体生长的讨论会，这次会议奠定了以后晶体生长理论的基础．但是一直到 1952 年才发展了区熔技术，而庞大的半导体工业对晶体生长提出了迫切要求之后，这部分工作还停留在工艺阶段．可以说，用原子观点讨论成核与生长问题是从本世纪的 50 年代才开始的．

由此可见，从历史发展看，晶体生长曾经是一种经验工艺，而理论远远落后于实践．但这种情况从 50 年代起就完全改观了．原因是两方面的：首先是由于新固态技术方面的要求，因为新固态技术不但要求大晶体，而且要求高质量的晶体；第二，晶体生长的理论，特别是伯顿(W. K. Burton)等人的理论，在那个时候起了推动作用．要定量地了解晶体生长的过程，必须具备下述三方面的知识：第一要研究晶体处于稳定态的热力学条件；第二要了解生长界面的热力学；第三要了解晶体生长的动力学．本书对这些方面都作了比较扼要的阐述．

晶体生长是材料科学的重要组成部分，这是晶体学的一个年轻的分支．希望这本书的出版能对这方面的工作起到推动的作用．

陆学善

一九七九年一月

目　　录

下　　册

上　册

第八章　分子束外延及相关的单晶薄膜生长技术

周　均　铭

分子束外延(molecular beam epitaxy, 简称 MBE)是制备半导体多层超薄单晶薄膜的外延技术，现已扩展到金属、绝缘介质等多种材料体系，成为现代外延生长技术的重要组成部分，对当今微电子、光电子技术的发展起着推动作用．由于此项生长技术的特点是其他外延技术所无法取代的，因此有必要专立章节加以论述．本章将介绍分子束外延技术的产生及其特点、设备的基本组成、外延生长过程、典型的材料体系、被称为分子束外延发展里程碑的几个至关重要的技术等，最后以分子束外延技术发展趋势作为本章的结束．

§8.1　分子束外延技术概述

现代光电子、微电子技术发展的一个显著特点是，不断追求器件的小型化及充分利用各种量子效应，以期进一步提高频率、速度及研制特种新器件．为此，需要发展新型的、生长过程能精确控制的外延技术，以提供更大的自由度去制备人工新材料，在原子尺度上“把握”这些材料的性质．分子束外延技术的出现，满足了人们长期以来对于外延生长技术的更高要求，它主要体现于能在原子尺度上精确控制外延层厚度、组分、掺杂及异质结界面平整度．这是业已成熟的液相和汽相外延技术望尘莫及的．可以说分子束外延本身是多项高技术的综合，是多种学科发展的结晶．它对现代半导体物理、材料科学及多种器件的研制发展起了很大的推动作用．研究分子束外延技术的发展史，将可以了解现代半导体领域发展的精髓，它是与“能带工程”超晶格物理与器件发展息息相关的．

我们需要从基础研究和器件应用等各个角度去认识和了解分子束外延，它会使我们体会到任何一个有生命力的技术都是与科学的进步相关联的．

分子束外延是指在清洁的超高真空条件下，使具有一定热能的两种或两种以上的分子(或原子)束，在热的单晶衬底表面上进行反应，生成单晶薄膜的过程．其特点是参与反应的分子束“温度”和衬底温度是相对独立，分别加以控制的．

为了加深对分子束外延技术的理解，首先需要认识清洁超高真空环境对分子束外延的重要性．超高真空是指其残余气体的总压力 $P \leqslant 1.33 \times 10^{-7}\mathrm{Pa}$ 的真空．在这样的真空条件下，气体分子穿越空间的平均自由程 L 可表示为[1]

$$L = (1/\sqrt{2})\pi n d^2, \tag{8.1}$$

其中 d 为分子的直径，n 为真空中气体分子的浓度，它与真空中的压力 P 和温度 T 的关系为

$$n = P/k_B T, \tag{8.2}$$

k_B 为玻耳兹曼常量($k_B = 1.381 \times 10^{-23}\mathrm{JK}^{-1}$)．将此式代入(8.1)，则有

$$L = 3.11 \times 10^{-24} T/P d^2. \tag{8.3}$$

在商用的分子束外延设备中，参与外延生长的各分子束是从特殊的喷射炉中产生的．通常，从炉口到衬底表面之间的距离为0.2m．当残余气体处于超高真空的压力范围内时，从炉口喷出的分子、原子形成定向束，无碰撞地射向衬底表面，因此超高真空环境是分子束外延技术的基础条件．

图 8.1 示出分子束外延生长系统基本部分的示意图，它由喷射炉、快门及热衬底 3 个基本部分构成．从基本物理过程来分析，外延系统可以被划分为 3 个区域：分子束产生区，各分子束交叉混合区，反应及晶化过程区(或称外延生长区)．判断一个分子束

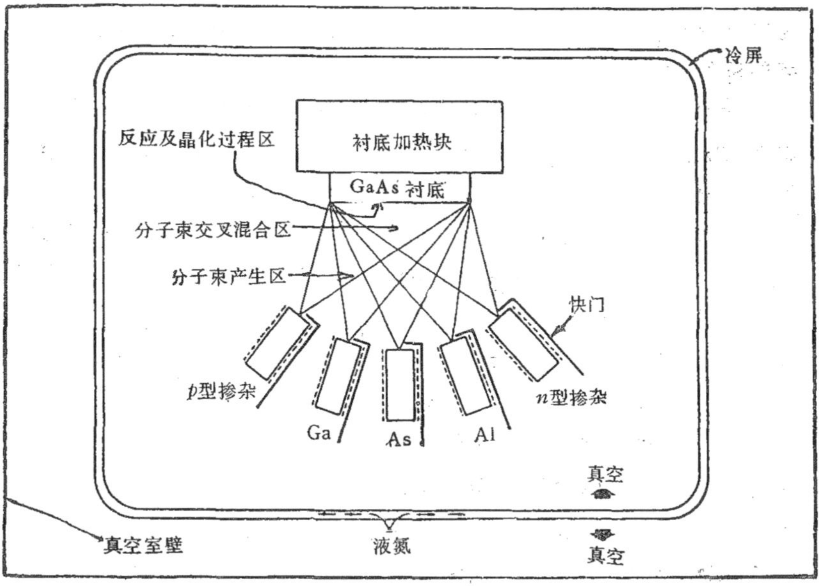

图 8.1 分子束外延生长室基本构成示意图.

外延系统的优劣，除真空指标外，能否提供组分、厚度、掺杂均匀分布的外延材料是很重要的依据. 均匀性与喷射炉的结构、坩埚的形状及喷射口与衬底间的相对配置有关.

分子束外延技术是从两个互补的方法演化而来的. 首先是 Günther[2] 在 1958 年为解决 III—V 族化合物按化学配比淀积而发展的"三温度法"，并成功地在玻璃衬底上生长出了 InAs 和 InSb 膜. 这个方法的基本思想是考虑到 III 族元素(如 Ga, Al, In 等)与 V 族元素(如 As, P 等)生成化合物时所需的蒸气压有数量级的差别，因而将 III 族及 V 族材料分别置于不同的温度 T_i 和 T_j，将所产生的束流引到具有一定温度 T_s 的衬底上，通常，$T_i \gg T_s \gg T_j$，由此得名为三温度法. 精心选择温度 T_s，使未起反应的过剩 V 族元素从衬底表面再蒸发，以达到按化学配比生成化合物的目的. 这一概念也是分子束外延的关键. 利用 Günther

的方法，Davy 和 Pankey[3] 在较好的真空条件下，在清洁的单晶衬底上，外延 GaAs 单晶薄膜获得成功. 他们的研究构成了分子束外延的雏型.

60 年代中期，Arther[4,5] 等，系统地研究了 Ga 与 As 分子束在 GaAs 衬底上的表面反应动力学. 实验结果奠定了分子束外延技术的基础. 以在 GaAs(001) 面上生长 GaAs 为例，其表面不存在原子态 Ga 时，As 的粘着系数为 0，当表面有原子态 Ga 时，As 就与 Ga 结合成 GaAs 分子. 因此，只要有足够的 As 束流入射到衬底上，就可以获得符合化学配比的 GaAs 外延材料，而其生长速度完全由 Ga 的入射束流所决定，通常可以控制在 0.01—0.1nm/s 范围内. 利用快门来切换到达衬底的分子束组成，可以随意改变外延生长材料的种类和掺杂类型. 70 年代初，对分子束外延过程中的表面反应进行了系统的研究. 最典型的是由 Foxon[6,7,8]，Cho[9] 等分别用调制分子束技术 (modulated molecular beam) 和反射式高能电子衍射仪 (reflection high energy electron diffraction，简称 RHEED) 所做的研究.

Günther 的“三温度法”提出后的 20 年间，该方法向着两个不同方向发展. 一个是所谓的热壁外延，生长时接近热力学平衡条件，淀积速率较高；另一个即是分子束外延技术，工作在远离热力学平衡的状态，生长速率低，容易控制. 美国贝尔实验室的卓以和 (A. Y. Cho) 博士对这一技术的发展作出了卓越的贡献.

归纳起来，分子束外延技术的特点有如下几个方面:

(1) 生长速率一般为 0.1—10 单原子层/s，通过控制快门闭启，可实现喷射束流的快速切换，以达到层厚、组分、掺杂的原子尺度的控制；

(2) 与常规的外延生长方法相比，MBE 生长的衬底温度较低(生长 GaAs 基材料时，$T_s = 550—650$℃)，可以减少异质结界面的互扩散，实现突变结；

(3) 分子束外延为台阶流生长或二维生长模式，可以使外延层表面及界面具有原子级平整度；

（4）反射式高能电子衍射仪（RHEED）的配置，实现了原位实时监测，可提供表面形貌、生长速率，合金组分的信息；

（5）利用掩模技术或二次外延方法，可在衬底上实现选区外延；

（6）用其他的外延方法无法制备的某些非互溶材料，可以用MBE 方法来实现；

（7）利用微机控制可以实现外延生长的全自动化，为分子束外延设备向生产型发展奠定了基础；

（8）MBE 设备的超高真空环境为各类表面分析方法提供了研究生长过程的条件，此外，还可将器件制备工艺与外延系统进行真空连接，为进一步提高器件、电路制造的成品率和性能创造了条件。

分子束外延技术自60年代末出现以来，无论从技术本身，还是它所涉及的各个方面均获得很重要的发展和进步，为了便于读者对此有一全面而概括的了解，现将其主要成就归纳如下：

1968　通过质谱研究建立 III—V 族化合物的表面凝聚系数；

1969—1970　利用反射高能电子衍射技术建立了外延生长条件；

1971　成功地解决了外延生长时，GaAs 的 n-型和 p-型掺杂；

1971　首次生长 $GaAs/Al_xGa_{1-x}As$ 异质结周期结构；

1974　首次超晶格输运性质测量，即共振隧道穿透实验；

1974　首次超晶格光学性质实验；

1978　首次在调制掺杂结构中观察到电子迁移率增强效应；

1979　电流注入量子阱激光器；

1980　在分子束外延设备中引入气体源；

1980　观察到量子霍耳效应；

1980　高电子迁移率场效应晶体管（HEMT）；

1980　平面掺杂结构（或称 δ-掺杂技术）；

1981　量子限制 Stark 效应；

1981　外延生长过程中引入样品旋转，提高了外延片均匀性；
1981　调制掺杂结构在 4.2K 下的电子迁移率超过 $10^5 cm^2/V \cdot s$；
1981　折射率渐变波导分别限制量子阱激光器；
1981　在掺杂超晶格中观察到可调带隙；
1981　环形振荡器；
1982　调制掺杂 $In_{0.53}Ga_{0.47}As/In_{0.52}Al_{0.48}As/InP$ 结构；
1982　GaAs/AlGaAs 双极晶体管（HBT）；
1982　分数量子霍耳效应；
1983　反射高能电子衍射的强度振荡；
1983　1.55×10^{-6}m 的量子阱激光器；
1983　超晶格中的室温激子；
1984　Si/SiGe 分子束外延；
1985　自光电效应器件（SEED）；
1985　原子层外延；
1986　应变层量子阱激光器；
1987　多量子阱子带间跃迁红外探测器；
1988　低温分子束外延；
1989　垂直腔表面发射激光器；
1989　二维电子气低温迁移率超过 $10^7 cm^2/V \cdot s$；
1990　量子线激光器；
1989　电子折射和干涉器；
1990　纳米结构分子束外延直接生长；
1991　单电子隧穿；
1991　蓝绿光激光器。

在以上这张极不完善的清单中，可以看到分子束外延技术的进步及分子束外延材料的发展，也可以看到分子束外延对新的物理现象的发现及微电子、光电子新型器件的出现所作出的重要贡献。

§8.2 分子束外延设备

分子束外延技术在二十几年间对基础物理和器件应用所产生的巨大影响是与分子束外延装置及技术的不断发展和完善密切相关的。分子束外延系统成为商品是在70年代后期。作为现代分子束外延设备，它首先应该能够重复制备高质量的外延材料，其非人为掺杂的 GaAs 单晶薄膜的本底杂质浓度在 $10^{14}cm^{-3}$ 范围，它的多数载流子、少数载流子的特性能满足器件研制的要求；与此同时，材料的厚度、组分及掺杂的大面积均匀性、生长速率的稳定性、厚度控制精度、系统在冷炉及热炉状态下的真空度、残余气体的组成等，这些要求构成了衡量分子束外延装置的质量的基本判据。这里应该特别强调的是，这项技术之所以困难，之所以是多种学科的综合，是因为这些基本判据意味着整个外延过程不只是简单的超高真空工艺环境，并附带着从未有过的清洁要求。可以想象，要在相当大的热输入（2—3kW），和大的反应气体负载条件下保持超洁净条件，确实需要解决一系列技术问题。

图 8.2[1] 示出英国 VG Semicon 生产的 V80H 分子束外延设备示意图，为了较清楚地显示内部的一些关键构造，有些部位采用了剖面图。该型号是固体源 III—V 族化合物半导体外延专用设备。

外延设备由3个主要部分组成，即进样室、制备室（又称预处室理室）及生长室。进样室的设置是为了在频繁装取样品的情况下，使制备室特别是生长室尽可能少地直接受外界气氛的干扰。在装取样品时，进样室与制备室之间是用真空阀门隔离的，即使进样室充入了大气，制备室的真空度不受任何影响，在进样室的真空度达到 10^{-5}Pa 以上时，才能与制备室连通。

制备室的主要部件为样品传递装置、样品储存台、样品预处理

---

1) 图 8.2 中所采用的英寸 (in) 单位为非许用单位，1in = 0.0254m.

加热台．样品传递装置的功能是把样品按需要在进样室、样品储存台、预处理加热台以及生长室的样品架之间传递．储存台可存放 5—10 片样品，以减少与进样室连通的频繁程度．预处理加热台将样品加热到 400—450℃，最大限度地除去样品清洗和安装中所吸附的气体，以减少样品在进入生长室外延时，对生长室真空的扰动．在制备室中还可以安装离子轰击清洁台及电子枪蒸发器等，但这些都不是 MBE 设备的最基本组成部分．制备室与生长室之间由超高真空门阀隔开，以减少预处理样品或者制备室与进样室连通导致真空度下降时对生长室的扰动．

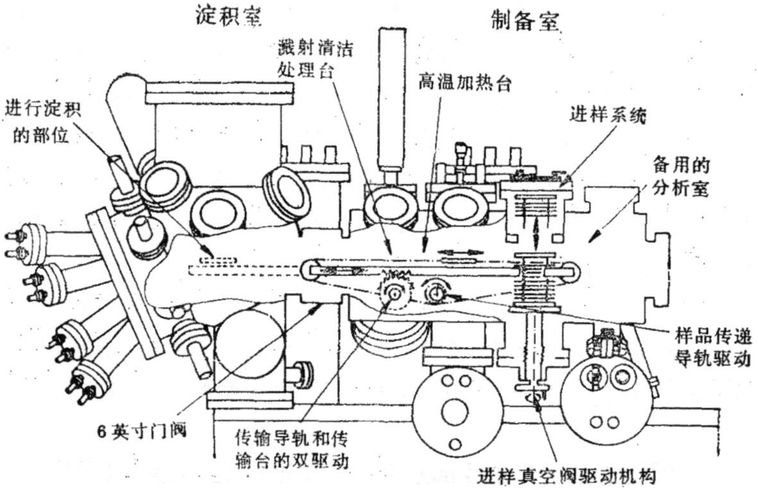

图 8.2　VG Semicon 公司生产的 V80H MBE 设备的示意图，为了便于了解内部结构，采用了部分剖面方式．

生长室的基本组成是分子束炉(一般配置 8 个)及与其配套的快门、样品架、高能电子衍射仪、四极质谱计．样品架除了提供加热衬底的功能外，在外延生长过程中，还必须能连续旋转，以改善外延层的厚度、组分及掺杂的均匀性．样品架的组成材料及可靠性对外延设备的质量和稳定性是至关重要的．四极质谱计用来检测外延室在生长过程中的残余气体组成，并兼作无油超高真空检漏仪。

3个室有各自的无油真空泵维持真空，生长室一般使用离子泵和钛升华泵，制备室仅使用离子泵，而进样室采用吸附泵或者全无油的涡轮分子泵机组。在破坏真空以后，使用进样室的泵系统来获得整个外延系统的粗真空。

分子束外延设备的多室结构，不但保证了生长室常年处于高质量的清洁真空环境，提高了外延片的产额，而且改善了外延材料的重复性和稳定性。

为了便于读者了解分子束外延技术的发展和演化，以下简要介绍分子束外延的相关技术。

1980年 Panish[10] 首次使用砷烷、磷烷代替固态砷和磷用于分子束外延。这种方法后来被称为气体源分子束外延（GS-MBE），以有别于常规的固态源分子束外延技术。采用裂解 AsH_3，PH_3 来提供 As，P 分子束的主要原因是，当在 InP 衬底上生长三元、甚至四元化合物时，As 和 P 的组分比是很难通过加热各自的固态源而达到精确且重复的控制的。而 AsH_3 和 PH_3 的按比例混合是较容易解决的。此外，这种方法带来的另一个优点是 As，P 的供应可以通过超高真空针阀，向生长室源源不断提供，不会因为V族元素的快消耗而缩短装料间隔时间。

随后，1984年曾焕天（W. T. Tsang）[11] 用有机金属化合物代替 Al，Ga，In 等III族元素，加上 AsH_3，PH_3 的使用，形成了所谓的化学束外延（CBE）技术。该技术综合了 MBE 和金属有机化学汽相沉积（MOCVD）的优点，它将原 MOCVD 中使用的有机金属源的压力降低，使气体的输运从粘滞流变为分子流，III族元素的原子是通过有机金属化合物在热衬底上的热解获得的，因而保证了材料的组分和厚度均匀性，此外，在高生长速率下也不产生卵形缺陷。这种方法保留了 MBE 技术中可以原位监测分析和清洁生长环境的优点，所以近年有很大发展。

气体源分子束外延和化学束外延相比，有不少人倾向用前者来解决含磷的化合物半导体的生长，其主要原因是有机金属源的源材料的纯度受到提纯技术的限制，比固体源的差.

由于气体的引入，外延系统增加了气体引入控制和解毒装置，同时由于大的气体负载，真空获得的配置也很不相同，需使用特殊的扩散泵或分子泵.

8.2.1 分子束炉及快门

分子束炉与快门是分子束外延设备的核心部件. 对分子束产生的基本要求是，提供高纯度的稳定束流，并有足够的强度和良好的均匀性，使用寿命长. 快门作为分子束的切换部件，要求启闭速度快（>0.5s 的开关时间）及寿命长，在快门状态变化过程中，尽可能不对炉温产生扰动.

（1）*分子束炉* 产生分子束最常用的方法是直接加热固态材料，这种分子束炉称为 Knudsen cell（简称 K-cell），它是以 Knudsen 的名字命名的. 1915 年 Knudsen 在其论文[12]中，对 Hertz 在 1882 年提出的真空中凝聚态物质进入气态的蒸发或喷射速率的理论进行了修正，并建立了他自己的蒸发技术. 在该技术中，蒸发是将物质从带小孔的等温封闭体中以气体喷射的形式产生的，其蒸发表面远大于小孔的面积，小孔直径大约为平衡蒸气压下气体分子平均自由程的十分之一以下，而小孔壁的厚度可以忽略不计，使气体离开封闭体时不受孔壁的散射与吸附. 在这种理想条件，单位时间内由 K-cell 进入真空的分子喷射总数为

$$\Gamma_e = \frac{dN_e}{dt} = A_e(P_{eq} - P_v)\sqrt{\frac{N_A}{2\pi M k_B T}}\,(\text{分子/s}), \quad (8.4)$$

其中 P_{eq} 为 K-cell 内的平衡压力，A_e 为小孔面积，P_v 为真空室的压力，为简化起见可以设 $P_v = 0$. N_A 和 N_B 分别为阿伏伽德罗和玻耳兹曼常量. 考虑到实际运用中，小孔均有一定厚度，应用时需加修正项.

在理想条件下，从 K-cell 中逃逸的分子微分角喷射速率可以表示为

$$d\Gamma_\theta = \frac{\Gamma_e}{\pi}\cos\theta d\omega, \tag{8.5}$$

$$d\omega = \frac{ds}{r^2} = 2\pi\sin\theta d\theta。 \tag{8.6}$$

式(8.5)被称为喷射余弦定律。

利用式(8.4)及式(8.5)，可以方便地计算出空间某点A的分子束流量 I_A

$$I_A = \left.\frac{d\Gamma_\theta}{ds}\right|_{\theta=0} = \frac{\Gamma_\theta}{\pi r_A^2}$$

$$= 2.653\times10^{22}\cdot\frac{PA_e}{r_A^2\sqrt{MT}}(\text{分子}\cdot \mathrm{cm}^{-2}\cdot \mathrm{s}^{-1})。 \tag{8.7}$$

在实际生长过程中(例如生长 GaAs 时)，设 $M=70$，$A=5\mathrm{cm}^2$，$r_A=15\mathrm{cm}$，$T=1000℃$ (1273K)，与其相对应的 Ga蒸气压为 5.3×10^{-3}mbar，Ga 原子在衬底上的到达速率为 3.33×10^{15}(原子 · $\mathrm{cm}^{-2}\mathrm{s}^{-1}$)，等价于生长速率$R$为

$$R = \alpha I_A。 \tag{8.8}$$

若在(100)面上外延生长时，$\alpha=(6.18\times10^{14})^{-1}$，由此得 $R=5.38\mu\mathrm{m}\cdot\mathrm{h}^{-1}$[13]。

在分子束外延设备中，实际使用的不是 Knudsen 最早研究的理想化的结构，而是不带炉盖的柱状或锥状坩埚组成的喷射炉．Clausing 对柱状炉做了理论分析。Payton 提出了更一般化的公式来描述柱状喷射炉的特性。Krasuski 利用 Monte Carlo 模拟技术，计算了在柱状喷射炉口束流的角分布．他证明了在出口处表面不同位置上的束流角分布具有相当大的变化。在分子束外延

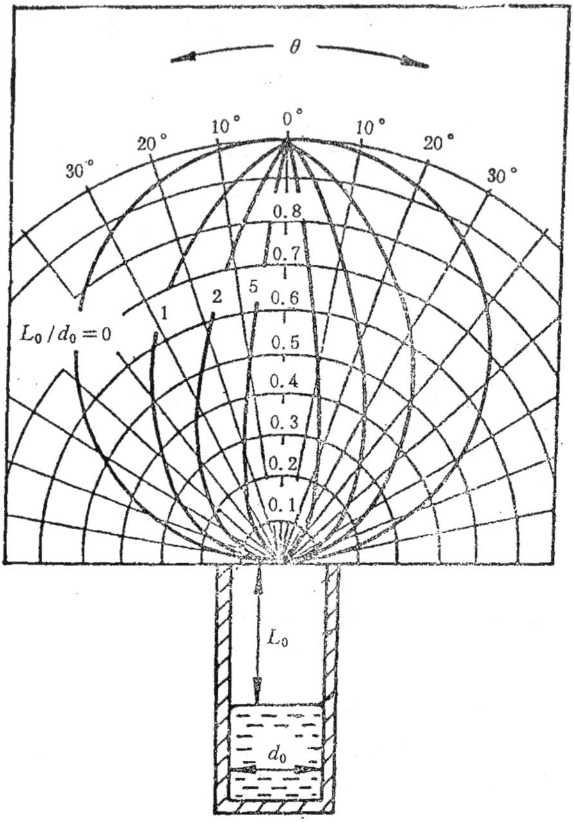

图 8.3　直径为 d_0 液面与炉口相距 L_0 的柱状喷射炉的束流分布.

设备的设计中，分子束炉喷射的角分布是需要认真考虑的，它将直接决定外延的均匀性。图 8.3 示出了直径为 d_0 液面与炉口相距 L_0 的柱状喷射炉若干位置的束流角分布的计算结果。

在大多数的分子束外延设备中，目前最常采用的是张角不同的锥状热解氮化硼坩埚(见图 8.4)[15]。在这种情况下，炉腔处于非平衡状态，即坩埚内所含元素的汽相与固相没有达到热平衡。因此，由平衡方程所给出的余弦分布律不能直接用于锥状坩埚，需要加以修正。图 8.4 示出由 Yamashita 等的分析结果。

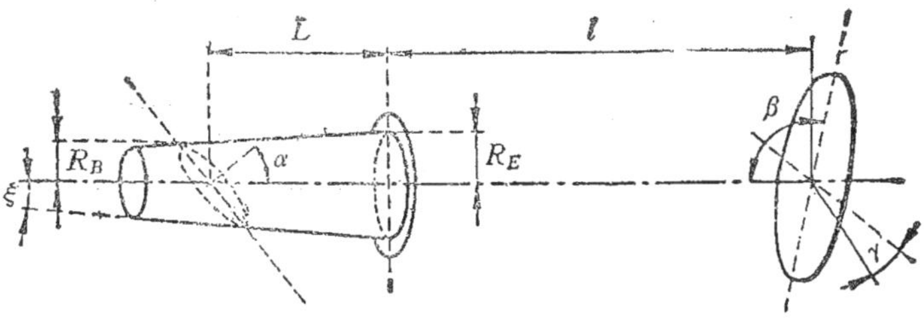

图 8.4(a) 锥形分子束炉坩埚结构参数(适用于 Ga或 Al): $L = 6.5(5.5)$cm, $R_B = 0.78(0.61)$cm, $R_E = 0.96\ (0.66)$cm, $\alpha = 58(58)°$, $l = 12(12)$cm. $\beta = 95(95)°$, $\gamma = 11(-11)°$.

在固态源分子束外延系统中，无论是外延生长用的各种元素还是掺杂剂，原则上都采用上述喷射炉，除非硅、锗之类的材料必须用电子枪加热。喷射炉的基本构成是用与源材料不起化学反应的坩埚，通过电阻丝(或带)的热辐射提供热源，热偶作为温度控制的传感元件。

加热器由高熔点的金属丝或箔制成，不同的厂家有不同的绕制方式。常见的有两种：一种是用丝或带围绕坩埚上下无电感式地绕制，在两端用绝缘子固定，或将金属丝直接穿入绝缘管；另一类称作自支撑加热器，将带状金属箔压成“*W*”型，上下排布，使其“自立”，从而减少了绝缘材料的使用。

经验证明，钽是供分子束炉用的最理想的加热器和防热辐射保温材料，原因是它可以比较容易地彻底除气，经过多次热循环不变脆，容易焊接，有适中的电阻率 (12.45 μΩ · cm)。所用的钽材的纯度高于 99.9%，并要求很低的氧含量，从而保证了分子束炉所需的纯度要求。在分子束炉中所使用的其他金属部件，如支撑杆、固定板、螺丝等都不能使用像不锈钢一类的材料。当温度超过 150℃，不锈钢中的成分，如 Mn,Fe,Cr,Mg 等均会挥发，直接影

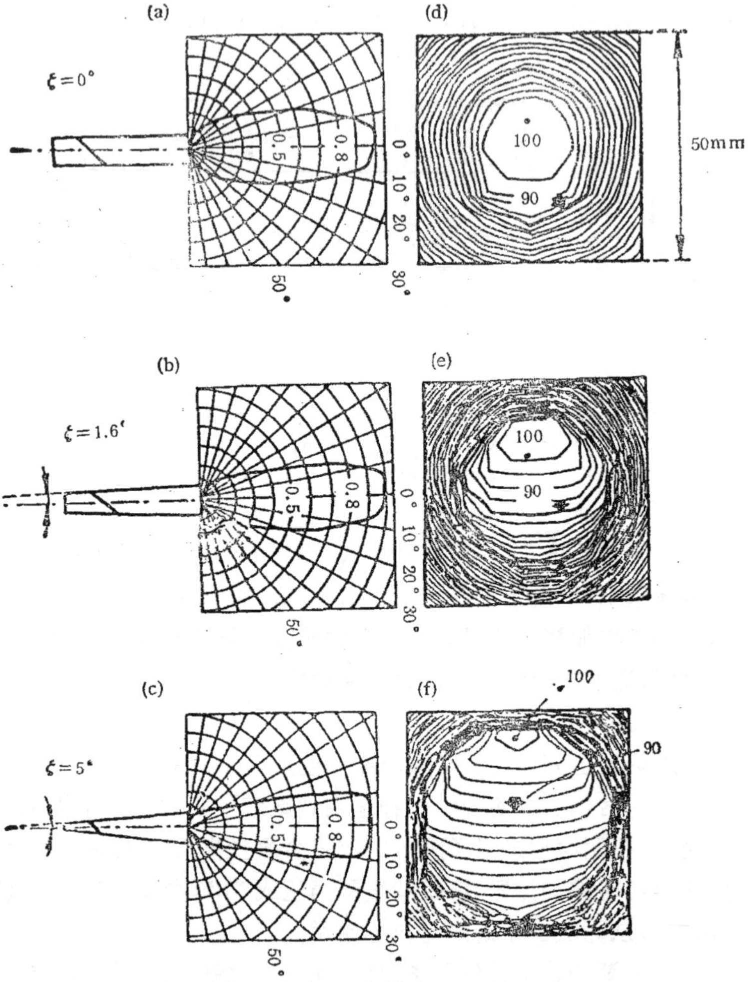

图 8.4(b) 按图 8.4(a) 的参数计算的束流在 5cm × 5cm 衬底上的分布.

响材料性能.分子束炉所使用的绝缘材料的要求也极为苛刻.调制质谱分析实验清楚地说明，烧结的 Al_2O_3 在 1100℃ 有明显的分解现象,其中易挥发的杂质在外延层中经常可以被观察到[16],并直接影响外延层输运及光学性质[17]. 迄今为止，最理想的候选材料是热解氮化硼（pyrolytic boron nitride），其杂质含量小于10 ppm。尽管氮化硼在1400℃以上会分解，但所产生的氮没有对外延层质量带来显著的不良影响。

也曾尝试过其它各种坩埚材料，高纯石墨、蓝宝石都曾作为温度高于1000℃的源材料坩埚。实验表明，石墨很难彻底除气。此外，Al在其蒸发温度下会与石墨起反应。石英也曾用作500℃以下的坩埚材料，如As源材料。但在商品设备中，还是选用了氮化硼（PBN）。PBN材料具有高热导性，和绝缘性能优异的特点，此外，化学稳定性好，纯度高。PBN作为Al的坩埚也还是有些问题的。Al倾向于浸润PBN坩埚的内表面，通过毛细作用进入PBN的层状化合物内，当Al在凝固过程中，经常导致PBN的龟裂。为了克服这个问题，延长PBN坩埚的寿命，常常只装填坩埚容量的约十分之一的Al料，使Al的浸润不完全，加上缓慢升降温措施，可以大大延长坩埚的使用寿命。为了确保Al炉的使用寿命，避免Al泄漏到加热器上，常使用内外双坩埚，Al填装于内坩埚，当内坩埚损坏时，可避免危及加热器。采用内外坩埚的做法会降低加热效率，从而影响本底压强，为此又出现了双壁PBN坩埚，它明显地改进了坩埚的热性能。

分子束炉所使用的热偶材料是W-Re（5%和26%的Re，或是3%和25%的Re）。这种高熔点合金适合于高温测量，在工作温度下，蒸气压很低，与存在的气氛环境没有反应，十分稳定。为了提高分子束炉的加热效率及温度稳定性，在加热器周围采用多层热辐射屏蔽。即使如此，在高温状态下，热辐射仍然不可忽略，置于各炉之间的屏蔽体也成了放气源。由于各源材料的温度相差很大，各炉之间的热干扰就很难避免，为此，在分子束外延设备中，各束源炉之间均用液氮冷却的屏蔽罩相隔，它有利于提高各炉的炉温相对稳定性，也成为有很大抽速的冷泵。有的厂家设计分子束炉还采用了水冷却套的结构。冷却水带走了大量的热量，大大降低了液氮的消耗量。

分子束炉的使用温度可达1400℃（热偶测量值），在高温范围，实际炉温与测量值之差可高达 300℃，因此如 Ga，Al，Si 等工作温度大于 1000℃ 的分子束炉，势必使加热器温升在 1300℃ 以上．这样，炉子设计时必须考虑提高加热效率．利用钽条加热器代替钽丝，增加了加热器的热辐射面积，使坩埚温度与加热器温度更加接近，同时，使用钽条，可实现加热器的自支撑，减少了绝缘材料的使用量，有利于改善分子束流的洁净度．

热偶与坩埚的接触方式也有若干种．因厂家而异，大致分为两类．一种是将热偶用有弹性的方式顶在坩埚的底部，在这种设计中，常采用平底坩埚；另一种是将热偶与坩埚的尾部呈环状接触．前者，基本上是点接触，而后者是线接触．

为了提高炉子的热效率及减少环境对炉温的干扰，分子束炉的结构需考虑保温措施． 通常在加热器四周有多层相互接触差，或互相不相接的钽箔热屏蔽筒．同时在与坩埚的底部相距不远处（2cm 左右），设置底部钽保温层．这一措施除提高了分子束炉的加热效率，同时也实现了炉体热区与支撑法兰之间的热隔离，减少了不锈钢法兰的放气，降低了热偶引出电极温度受到热辐射的扰动．为了进一步消除热偶引出电极的温升所引起的附加电动势，引出电极必须用与热电偶之间具有尽可能小的温差电动势的材料．

图 8.5 示出了一种典型的分子束炉的结构示意图．

在图 8.5 中，加热器采用钽箔自支撑结构，热偶用第二类固定方式，设有水冷外套，在没有液氮冷却的情况下，利用水循环冷却，可使炉温保持在 600℃ 左右而不致发生明显的出气现象．

在分子束外延的生长实验中，人们认识到对于不同元素，要有针对性地改进分子束炉结构．本节将介绍这些特殊的炉子结构．

（i）热唇分子束炉（hot lip K-cell）．通常分子束炉的炉口由于大面积散热，炉口温度低于其他部位，对于 Ga 等元素，熔点低，并与坩埚壁不浸润，其蒸气常在炉口凝聚成很细小的 Ga 滴．这些 Ga 滴在外延过程中，将不断地回落到 Ga 的熔池中，并被迅速气化而溅射到衬底上，形成取向有序的卵形缺陷，严重影响外延层的形貌和质量，其解决方法是提高炉口温度，减少 Ga 在炉

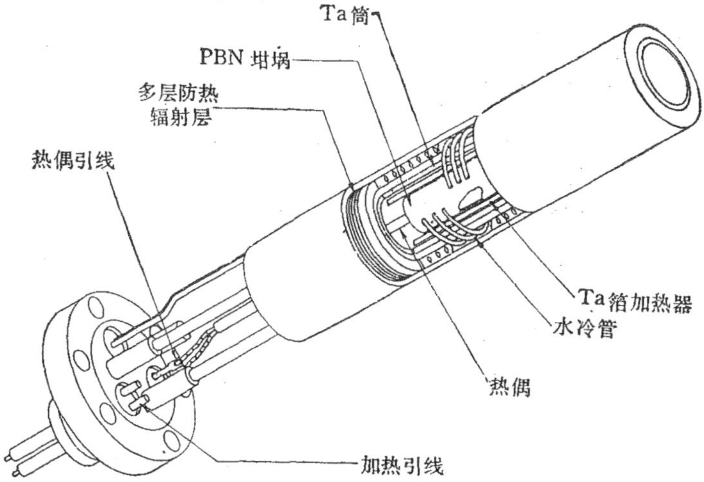

图 8.5 英国 VG Semicon 公司分子束炉的结构示意图，其中有 Ta 箔加热器、PBN 坩埚、热偶及防热辐射 Ta 筒、水冷管.

口的凝聚。这就是热唇分子束炉设计的指导思想。英国 VG Semicon 的热唇分子束炉的设计，是将钽箔整体加热器的形状作了简单而有效的改变，增加了加热器在炉口部分的电阻，提高了炉口的温度。热唇分子束炉的使用确实有效地降低了外延片的表面卵形缺陷密度。卵形缺陷是分子束外延特有的，对分子束外延材料的实用化有很大影响。

(ii) 裂解炉 (cracker cell, dissociation cell)。这是针对 V 族元素发展起来的一类专用的分子束炉。在外延生长过程，需要先将 As_4, P_4 变为 As_2, P_2, 然后在衬底表面与 III 族元素反应. 通常用加热元素 As 和 P，所产生的是这种元素的四聚体，四聚体在热衬底表面获得热能也可裂解成二聚体，使用裂解炉可以直接获得二聚体。裂解炉分为两个温区，低温区为常规分子束炉，提供四聚体束流，当四聚体进入高温区时，裂解成二聚体。第二温区的结构与低温区一样除有加热器、测温、保温外，在细长的高温通道中，用了一组障片，相邻两片开孔分布不同，从而使四聚体迂迴曲折地通过裂解区，提高了四聚体变为二聚体的裂解效率.其裂解效率与所用的障片材料、结构及温度有关．图 8.6 示出裂解炉结构及有关的实验数据[15]．在裂解炉的设计中，两个温区的热隔离对于稳定束流是重要的．图 8.6(b) 示出了当使用四种不同的障片材料 Ta，Mo，石墨，PBN 时，用四极质谱仪测得的 As_2，As_4 对应不同裂解温度的分压强．石墨有便于加工的优点，但需高温出气，其裂解量随温度增加而增加． Mo，Ta 易于加工，但与 As 有反应．Ta 最佳使用温度在 800℃ 左右．PBN 需要催化剂．

(iii) 阀控裂解炉 (valved cracker cell) 阀控裂解炉第一次出现在 1989 年，由美国 EPI 公司首先推出．其基本构造由三部分组成：通常的裂解炉，整体蒸发器(即二聚体蒸气贮存室)及气动阀．在生长过程中打开气动阀，可很方便地提供所需的 V 族元素的分子束流，并能精确而快速地调节束流强度，这对于生长高质量的外延材料，减少由于 V 族元素的过高束流引起的反位缺陷很有效．当气动阀关闭时，生长室中的 V 族元素的分压强迅速下降，便于及时校正 III 族元素的束流强度，也为迁移增强外延 (migration enhancement epitaxy) 提供了条件．这种裂解炉带来的附加优点是可以提高炉子的烘烤和去气温度，可以在不破坏生长室真空的条件下填装新料．该公司还增加了气动阀的开启位置的自动控制功能，使这种分子束炉的功能更加完善．

(iv) 灯丝式固态分子束炉．这是一种将高纯掺杂材料制成"灯丝"，用直接通电加热的方式，使材料蒸发，产生掺杂剂分子束流．典型的这类掺杂炉是 p-型掺杂的碳和 n-型掺杂的硅．以碳掺杂炉为例，灯丝可采用单灯丝或双灯丝，电流引线杆是水冷却的．灯丝的温度范围大约是 1500—2200℃，对应的掺杂浓度为 1×10^{15} 至 $1 \times 10^{20} cm^{-3}$．灯丝式分子束炉的优点是热响应快，几百度的温度变化，只需几秒钟就可稳定，因而很容易实现掺杂浓度的突变．硅掺杂可用常规的分子束炉实现，炉温需升至 1100℃ 以上．采用灯丝式硅掺杂炉，结构与碳掺杂炉相似，功率为 60—80 W，放气量很小，热响应快，提高了硅掺杂的质量．

(v) 高温硼掺杂炉．硼是硅分子束外延中理想的 p-型掺杂剂。由于获得有用的硼分子束所需的温度在 1600℃ 以上，因而不能使用 PBN 作为坩埚，也无法制成灯丝。采用高纯玻璃态碳作为坩埚，加热器的制作需要考虑更高温度的要求。这是 Si 分子束外延技术发展的重要环节之一。

(vi) 汞分子束源。在 II—VI 族化合物半导体中，汞基化合物是很重要的。在生长过程中，由于汞在衬底上的粘着系数很低，因而需要很大的喷射量，分子束炉必须特殊设计。

汞在 300K 的蒸气压为 3×10^{-3}mbar，因此汞无法直接置于超高真空系统，必须采用隔离阀。外延生长要求汞源能长时间提供稳定的束流，以保证汞基化合物中汞组分的均匀。生长时汞的消耗量很大，设计中必须考虑能连续向炉体补充源材料。有两种主要的汞源设计，其一的设计，汞的汽化是在生长室外进行，通过管道导入生长室；另一种设计，汞的蒸气在生长室产生，汞由管道源源不断从生长室外输入。

(vii) 电子束加热分子束源　对于高熔点材料，如 Si，Ge 或其它难熔金属，用通常的分子束炉加热无法提供有实用强度的分子束流，必须采用电子束轰击的方法。利用电子束轰击，可使加热区只限制在靶材料的中心部位，其器壁处于水冷却的低温状态，与源材料的化学反应可忽略，并且也减少了放气量。电子束加热方式具有分子束流强度容易调节、响应速度很快的特点。

在制备诸如 Si、Ge 这样两种或两种以上材料组成的异质结、量子阱和超晶格结构时，每种元素的分子束流强度的稳定性是极其重要的，必须使用石英晶体振荡器或电子碰撞发射谱来监测每种元素的淀积速率，并反馈到电子枪电源进行闭环控制。石英晶体振荡测厚仪虽然有相当高的精度，但能测量的最大厚度很有限，频繁更换晶体片给生长带来了不良影响。电子碰撞发射谱虽然控制灵敏度差一些，但有很长的寿命，已被普遍采用。

(viii) 气体源分子束外延用的分子束炉　气体源引入超高真空生长技术始于 1973 年[18]，Morris 和 Fukui 将 AsH_3，PH_3 在氮化硼制成的裂解管中加热至 800℃，生成 As_4，P_4，用于生长多晶 GaAs 和 GaP 膜. 1986 年曾焕天(W. T. Tsang)[19] 把金属有机化合物气体引入到 III—V 族分子束外延设备. 之后, 气体源也开始在一些 II—VI 族材料和 IV—IV 族材料中被采用.

(2) 分子束快门　快门的类型按其运动形式可划分为旋转型和线性运动型两种. 前者与分子束炉安装在同一法兰上, 或者以分离的法兰安装在大束源法兰上. 快门的旋转可以用步进马达或气动部件驱动,并由计算机控制.

线性运动快门安装在与分子束炉相垂直的位置上, 具有检修容易, 清洗方便的优点. 由于结构中没有使用波纹管这种弹性元件,除了避免了波纹管在形变时的放气现象,还具有使用寿命长的优点. 早期的线性运动快门是由两组螺旋管分别带动铁芯向前后两个方向运动, 以完成开关快门的功能. 由于快门到位时的撞击

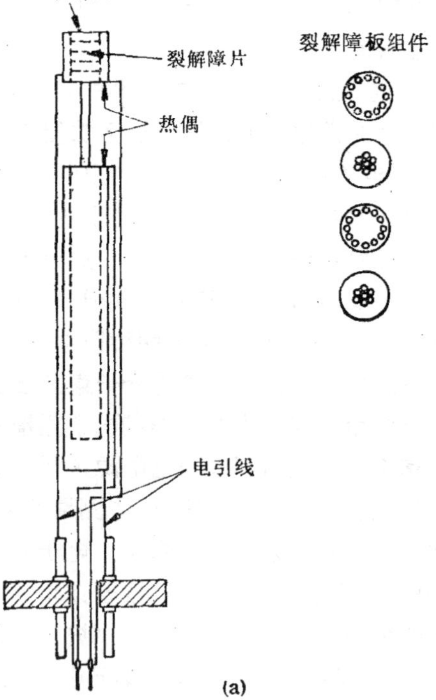

(a)

图 8.6(a)　裂解炉示意图.

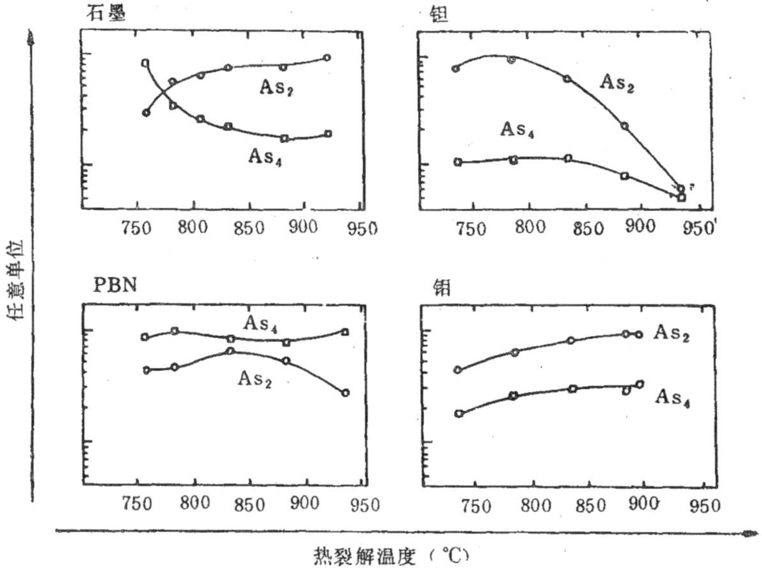

(b)

图 8.6(b) 不同裂解障片材料裂解效率与温度的关系.

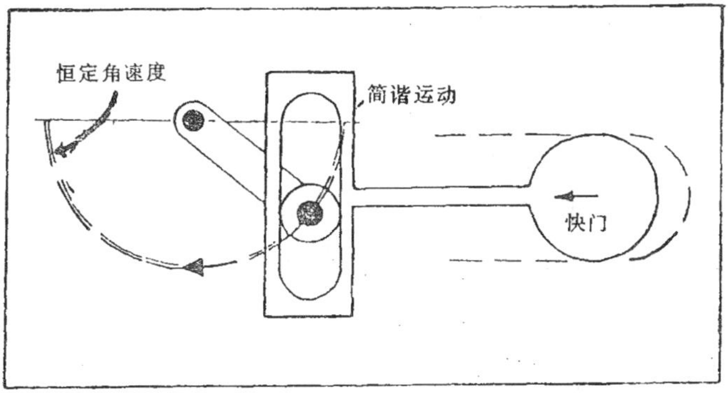

图 8.7 线性运动软动作快门示意图.

力较大，引起挡板振动，所产生的真空尘埃对生长不利，也影响到快门的寿命．这种快门称为“硬动作”快门．新型的线性运动快门称为软动作快门，其动作原理是将正弦运动转化为线性运动，运动的起始和终止速度为零，快门经受加速和减速运动两个过程，克服了硬动作快门的缺点，使快门的运动平稳，使用寿命长，是较为理想的分子束外延用快门.

8.2.2 RHEED（反射式高能电子衍射仪）

RHEED (reflection high energy electron diffraction) 作为薄膜晶体结构的分析手段已有悠久的历史，但由于其精度不够高，没有受到很大的重视. 作为表面结构分析手段，它与低能电子衍射仪（LEED）相比，虽有相近的表面灵敏度，但 RHEED 给出的是二维倒易空间的一维截面，而 LEED 给出的是表面结构倒易空间的完整图象，因此在表面结构分析中也不如 LEED 那样常用.

分子束外延技术的出现，使 RHEED 作为外延生长的原位监测手段得到充分的发展，是其他结构分析手段所无法替代的.原因是反射高能电子衍射仪中的电子束以 1°—3° 的掠射角入射到样品表面，这种与分子束入射方向相垂直的布局，实现了外延生长过程的原位监测. 在 MBE 系统中，RHEED 的能量为 5—40keV，对应的电子德布罗意波长为 0.017—0.006nm，电子束穿透到表面内仅几个原子层. 加速电压相对于波长的关系[20]为

$$\lambda \simeq \frac{12.247}{\sqrt{V(1+10^{-6}V)}} \times 0.1\text{nm}.$$

利用 Bragg 方程和 Ewald 球，通过测量衍射点的距离，可以方便地得到固体表面范围内原子周期 d（见图 8.8）

$$d = \frac{2\lambda L}{D}.$$

作为薄晶衍射，其特点是在垂直于薄晶面方向上的倒易点拉长为倒易棒，利用这一特性，可直观地获得外延生长的许多信息. 利用 RHEED，可以观察在外延生长前，脱去衬底表面氧化膜的全过程，由此可判断衬底在进入生长室前的清洗状况. 一般来讲，对于符合规范的清洗过程，衬底表面形成均匀覆盖的无定形氧化

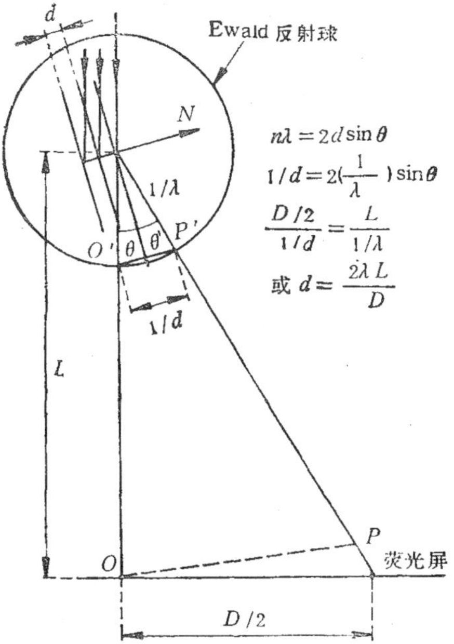

图 8.3 以图示说明如何从测量 RHEED 衍射点距来确定晶面间距.

膜，呈现晕状衍射图形。随着衬底温度升高，氧化膜逐渐挥发、变薄，并伴随出现点状衍射图象。当衬底温度达到一临界点，氧化膜全部脱除，荧光屏上显示出晕消失后的单晶表面衍射图象。在表面状态较好时，还可以观察到清洁表面的超结构（与材料类型、生长条件及晶面有关）。点状的衍射图象起源于电子束穿透表面的三维小岛，说明表面粗糙。条状的衍射图象表明衬底表面已呈现原子级的平整度。根据生长前和生长过程中的 RHEED 图象，可以知道表面及生长状态的优劣，以判断和决定外延生长是否需要继续。例如生长 GaAs 薄膜时，As/Ga 束流比必须控制在某临界值以上，在富 As 的表面生长状态下，表面超结构呈现 GaAs (001) 2 × 4 的图象，当处于富 Ga 的表面状态下，表面超结构呈现 GaAs (001) 4 × 2 的衍射图，当 As 分压偏离临界值过低时，在外延表面形成 Ga 滴而呈雾状，衍射图象从条状变成点状，亮度也逐渐变差；再例如生长量子阱激光器的限制层 $Al_xGa_{1-x}As$ 时，当 $x > 0.4$ 时，只有表面超结构从 2×4 转变为 3×1 时，才可以得到高质量 $Al_xGa_{1-x}As$ 外延层。

自 80 年代初，发现了高能电子衍射强度振荡现象以来，极大地增加了 RHEED 在 MBE 技术中的重要性，可以原位测量外延速率，合金组分等，成了 MBE 技术发展中的一个里程碑，这一部分内容将在 8.4.1 节中详细介绍。

8.2.3 多室空气隔离的超高真空系统

在本节的前一部分，我们已经阐述了外延生长质量与完善的超高真空系统的关系。外延生长所使用的是一种多室空气隔离的无油超高真空系统，主要由 3 个部分构成：进样室、预处理与样品存放室以及生长室。 3 个室之间均由超高真空阀相互隔离。多室系统的采用可以在最大限度上减少样品传递过程对生长室真空的扰动，使外延生长处于十分清洁、稳定的超高真空环境。当被清洗好的衬底进入系统时，与大气相通的只有进样室，衬底进入进样室后，进样室的无油真空机组开始工作，待真空度达到 10^{-8}mbar 以上时，预处理室与进样室连通，衬底在预处理室逐片进行 450℃ 半小时以上的去气，在预处理室真空恢复到 10^{-9}—10^{-10}mbar 后，经预处理的衬底才能进入生长室。反之，生长后的外延片，也是通过预处理室而传入进样室，再暴露大气取出。在预处理室中，还设有样品存放台，可以贮存 5—10 衬底片或外延片，这样可以减少进样室与预处理室间的频繁连通，进一步避免生长室受外界干扰。

多室结构的另一个含义是双生长室或多生长室的串联或并联结构，它可以用于若干不同材料体系之间的交替生长。

§8.3 分子束外延生长过程

8.3.1 外延过程的描述

MBE 生长的实现是发生在被加热的衬底表面的，它是从气相

到凝聚相，再通过一系列表面过程的最终结果。图 8.9 示出了这一复杂过程所包含的内容:

(1) 来自气相的分子和原子撞击到表面而被吸附;

(2) 被吸附的分子、原子在表面发生迁移和分解;

(3) 原子进入衬底晶格形成外延生长;

(4) 未进入晶格的物质因热脱附而离开表面;

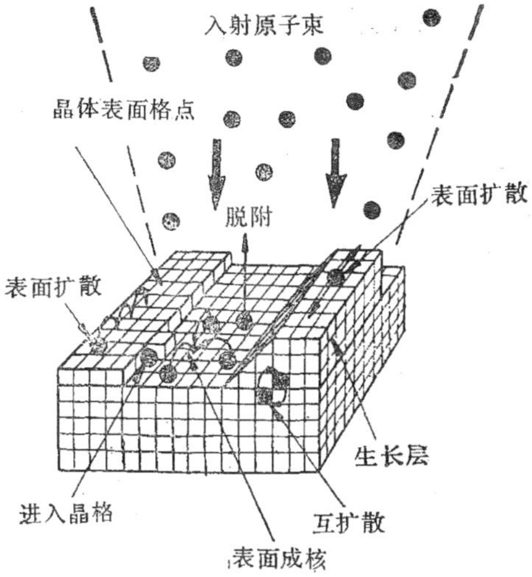

图 8.9 MBE 生长过程中发生的表面过程.

外延生长过程可划分为两大阶段: 气相⟶表面吸附⟶外延生长。在化合物半导体外延生长过程中，原子(分子)达到衬底表面的束流在 10^{18}—10^{20} 原子/$m^2 \cdot s$ 范围,其温度与炉温 T_i 一致。当其到达衬底表面时,或以 T_e 的温度再蒸发,也可能与衬底交换能量，达到热平衡而与衬底温度一致。这一过程可由热调节系数 α 表示

$$\alpha = \frac{T_i - T_e}{T_i - T_s},$$

当 $T_e = T_s$ 时

$$\alpha = 1.$$

上式描述了凝聚与脱附之间的关系。吸附又有化学吸附与物理吸附之分．前者，被吸附物质与衬底之间发生电子交换，成键；而对物理吸附，两者之间只存在很弱的 van der Waals 力．化学吸附的强弱与表面晶向，已被吸附的原子在表面的分布有关．这一过程可以用各种模型来描述．最简单的模型为两步过程[21]：认为在气态与化学态之间存在一个先驱态（precursor state）

$$A_g(\text{气态}) \underset{K_e}{\overset{K_d}{\rightleftharpoons}} A_p(\text{先驱态}) \xrightarrow{K_a g(\theta)} A_c,$$

K_d，K_e 分别为先驱态的脱附与凝聚率，$K_a g(\theta)$ 为由先驱态到化学态的速率常量，$g(\theta)$ 与化学态的空态有关． 如果考虑表面扩散，在格点 1，2，j 出现先驱点 $A_{p,1}$，$A_{p,2}$ 及 $A_{p,j}$，则可表示为

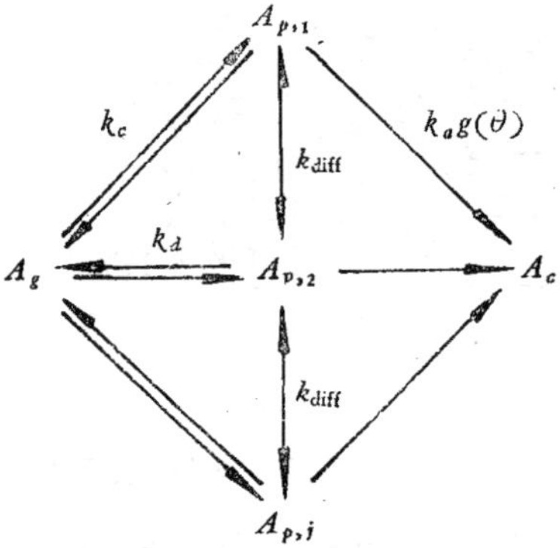

通常被人们公认的薄膜生长模式有三种：

(i) 层状生长（Frank-van der Merwe 模式）。当吸附原子与衬底之间的相互作用强于吸附原子之间的相互作用时，发生层状生长；

(ii) 岛状生长（Volmer-Weber 模式）。当吸附原子或分子之间的相互作用强于与衬底之间的相互作用时，吸附原子在表面以原子团形式成核，发生三维岛状生长；

(iii) 混合型生长（Stranski-Krastanov 模式），介于上述两者之间，先是层状生长，随后转为岛状生长模式．

在 MBE 过程中，一般是层状生长模式，这是高质量的异质界面所要求的。在生长参数控制不佳的情况下，很容易转化为混合型，甚至岛状生长。

MBE 外延生长过程发生在原子、分子被吸附在表面之后。众所周知，衬底晶体表面可分割成很多格点，它与被吸附的原子分子发生相互作用。这些格点可由表面悬键、空位或台阶产生。被吸附原子在表面的MBE生长过程是一个与表面结构组态相关联的反应结合型的过程 (configuration-dependent reactive-incorporation，简称 CDRI)，同时 MBE 生长特征与机制的很多结果又都是作为研究者的控制参数（衬底温度 T_s，V族元素压力 P_v，生长速率和合金组分）的函数。在本章的开头，已经说明 III—V 族 MBE 生长速率取决于 III 族原子的到达速率，III 族原子在表面的有效迁移长度 l_{eff} 可表示为：

$$l_{eff}^{\alpha}=\langle(h_i^{\alpha}(T_s,P_v)\tau_{ic}^{\alpha})^{1/2}\rangle,$$

其中 $h_i^{\alpha}(T_s, P_v)$ 为第 α 类 III 族原子在给定 T_s、P_v 下的跳跃概率，i 代表

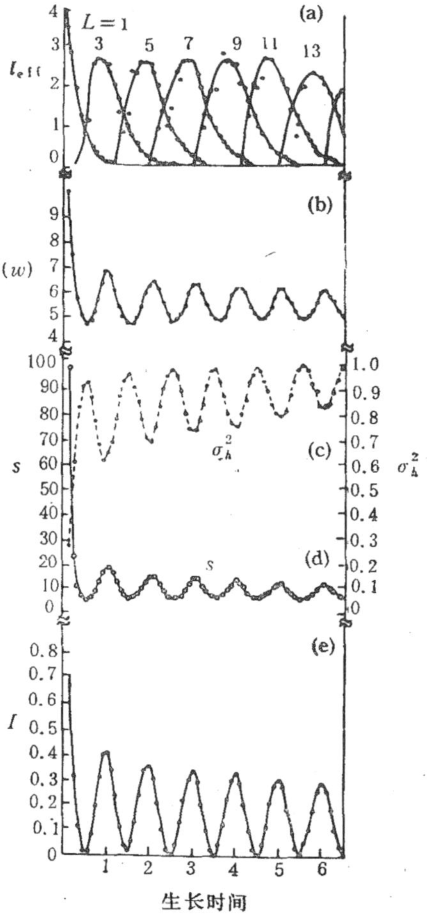

图 8.10 用 CDRI 模型计算模拟 GaAs (100) 面同质外延的结果 (a) Ga 有效迁移长度 l_{eff}；(b) 平均台阶宽度 $\langle w\rangle$；(c) 生长前沿均方涨落；(d) 平滑参数 s；(e) RHEED 强度振荡.

不同的局域化学组态及结构组态，τ_{ic}^{α} 表示在这种组态下第 α 类 III 族原子的寿命. 它可以是V族原子在第 i 组态下与第 α 类 III 族原子的反应时间，也可以是 III 族原子由汽相到达表面的时间. 利用 CDRI 模型进行计算机模拟，提供了表面结构动力学的信息，见图 8.10 所示.

MBE 生长过程的特点与材料体系密切相关，可分为同质外延与异质外延. 在异质外延中，又有晶格匹配及晶格失配生长之分. 在 MBE 技术发展初期，GaAs/AlGaAs 材料组合作为最基本的异质结体系进行了充分的研究. 其带边不连续 $\Delta E_c/\Delta E_v \doteq 13:7$，晶格匹配. 但是，自然界存在的材料体系，绝大多数具有不同的晶格常数和晶体结构，随着 MBE 技术的发展，晶格失配的材料生长日显重要. 当在衬底上生长与衬底晶格常数不同的材料时，初始阶段淀积上去的原子在衬底平面上是按衬底的晶格常数排列的，称为膺结构，外延层中的晶格视晶格失配的正负号而产生张应变或压应变，被称为应变层. 无位错的应变层厚度受到临界厚度的约束，也就是说，当外延层超过临界厚度时，依靠应变已不再能调节两者的晶格失配，外延层内出现失配位错，由此释放应力. 临界厚度与晶格失配度有密切的关系，图 8.11 示出在 GaAs 衬底上 $In_xGa_{1-x}As$ 应变层的临界厚度与合金组分 In 的关系，由于随 In 组分变化，晶格失配度相应增加，因而该曲线反映了临界厚度与失配度的关系.

应变效应的引入使材料的能带边沿发生移动，色散关系变化，这相当于在能带工程中增加了一个新的变量，使人工制备异质结构的种类更加丰富.

某些晶格失配大的异质外延，如在 Si 衬底上外延 GaAs，在 GaAs 衬底上生长 CdTe 等，人们并不关心应变效应，而是希望通过合理的外延工艺，在外延的初始阶段，就使应力释放，晶格弛豫，并获得位错密度低的外延层. 对于各种晶格失配度大的异质外延，获得高质量外延层的生长技术可归纳如下：

(i) 低温慢速生长若干原子层，经退火后再进行常规生长，即

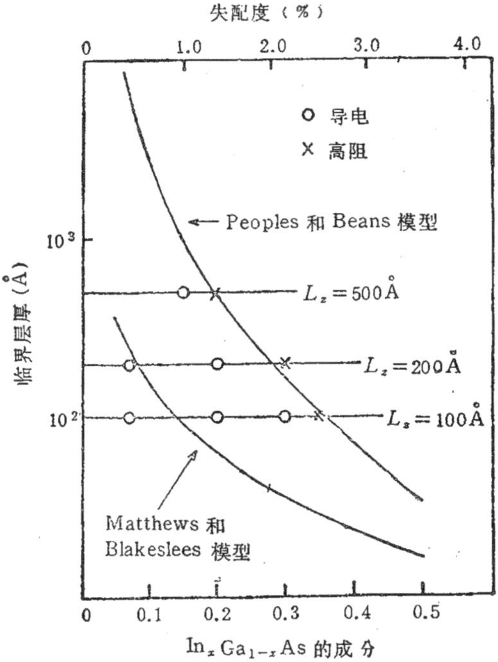

图 8.11　$N\text{-}Al_{0.27}Ga_{0.73}As/In_xGa_{1-x}As/N\text{-}Al_{0.27}Ga_{0.73}As$ 应变结构的临界厚度.

所谓二步生长法；

(ii) 生长组分渐变或阶梯式变化的缓冲层；

(iii) 在缓冲层之上生长阻挡位错的应变层超晶格，位错在通过超晶格界面时产生折射，以达到抑制位错密度的目的。

8.3.2　III—V 族化合物半导体

MBE 生长技术的研究首先是从 GaAs/AlGaAs 开始，在 III—V 族化合物体系中得以完善的。

GaAs/AlGaAs 作为晶格匹配体系，很具有代表性，对其生长工艺研究得最完善，其应用也最广泛。通过重点予以介绍，可使读者了解外延生长的基本步骤及关键问题。

(1) GaAs 衬底的准备　在外延生长前获得清洁表面是非常

关键的，往往决定了生长的成功与否。通常，GaAs 衬底经三氯乙烯，丙酮、甲醇洗涤后，用 $H_2SO_4:H_2O_2:H_2O$ 溶液腐蚀，再经 HCl 去除氧化物及有机物，最后长时间的去离子水漂洗。在漂洗过程中，表面形成致密而稳定的氧化薄膜。清洗后的衬底片或用离心机甩干或经过滤后的干燥氮气吹干，之后，用熔化的高纯 In 粘在高纯的钼托上。对于直径为 5，7.5，10cm 那样大面积的单晶片，已不可能用 In 均匀地粘在钼托上，常使用无 In 的钼环固定。In 有很好的热导，很低的蒸气压，外延过程中熔化的 In，使得 GaAs 衬底处于完全自由无应力的状态，再加上衬底片的形状不受限制，是实验室常采用的，但不利于工业生产。

装有衬底片的钼托进入真空室后，先在预处理室加温到450℃除气半小时，待预处理室的真空度恢复后再进入生长室。衬底在砷束流的照射和 RHEED 的监视下缓慢升温。外延生长所必需的清洁表面是通过热脱附表面纯化膜而获得的，对于 GaAs 衬底，脱氧化膜温度为 580—600℃。由于 GaAs 的外延温度为 580℃左右，此脱附温度常被用作生长温度的校正用。在清洗过程中所形成的致密氧化膜，隔离了腐蚀后产生的清洁表面与空气的接触，避免了碳污染。此方法适用于其他各类衬底的处理，但对不同材料，所采用的腐蚀液各不相同。合理的衬底表面处理对 MBE 外延生长如此关系重大是因为外延生长是直接发生在这些表面上的，而液相和气相外延开始时，对衬底分别有回熔或腐蚀的过程。

(2) 衬底温度与 III/V 等效束流比　这是生长过程中的关键环节，它决定了外延层质量及表面形貌。对于在 GaAs (001) 面上的生长 GaAs 及高 Al 组分的 AlGaAs 材料的生长温度分别控制在 580℃ 和 700℃。生长温度的正确选择，保证了被吸附的 III 族原子在表面的迁移，有利于二维生长模式占主导地位。III/V 束流比的合理控制，减少了反位缺陷的形成，也是二维生长所需要的。III/V 束流比的控制可以从原位 RHEED 图象上得到判据。对于 As 稳定化的表面，RHEED 所呈现的是 (2×4) 再构，而对 Ga 稳定化表面，则出现 (4×2) 再构。如果逐渐减少

As 分压，可以观察到再构从 (2 × 4) 转化为 (4 × 2) 的过程，这即是 As 束流的临界范围。在 MBE 生长过程中，需维持 As 稳定化表面(即富 As 表面)，在此前提下，尽可能地使用较低的 As 束流。在生长高 Al 组分的 AlGaAs 三元合金时，衬底温度为 640—700℃，当逐渐降低 As 束流，在 RHEED 图象上可观察到 (2 × 4) 至 (3 × 1) 的转变，高质量的外延生长要求表面处于 (3 × 1) 的再构状态。

(3) 异质结界面质量控制　与 Ga 相比，Al 的活性大，在表面的迁移长度比较小，因此在 MBE 生长过程中，由 GaAs 和 AlGaAs 形成的表面有很大差异，GaAs 表面的台阶密度明显低于 AlGaAs 的，于是在 GaAs 上生长 AlGaAs 所形成的界面明显优于 GaAs 在 AlGaAs 上所形成的界面。通常称这两种不对称的界面分别为正异质结和反异质结。改善界面质量的办法是采取中断生长的措施，为表面原子的重排提供必要的迁移时间。这种方法对于改善界面质量很有效，采用了生长中断技术所外延的量子阱结构的光荧光谱的激子峰半高宽明显变窄并发生劈裂，同时，在中断期间气体的吸附，使光谱峰的强度略有减弱。改善 $GaAs/Al_xGa_{1-x}As$ 质量，减少界面非辐射复合中心，是获得低阈值电流密度量子阱激光器的关键。提高生长 $Al_xGa_{1-x}As$ 的衬底温度，采用向 (111)A 面倾斜若干度的 GaAs (001) 衬底，对改善界面质量都是有效的。

(4) 掺杂剂　MBE 技术发展初期，为寻找理想的 n 型和 p 型的掺杂剂，做了大量的工作。在 III—V 族体系里，Si 和 Be 被认为是最广泛使用的 n 型和 p 型掺杂剂。

Si 是较理想的 n 型掺杂剂，因为它的表观结合系数为 1，"非两性"掺杂和"无扩散性"。Si 的电学溶解极限范围是 5.6×10^{13} cm^{-3} 至 $1.3 \times 10^{19} cm^{-3}$[22,23]。实际上，Si 也具有两性行为，它与生长温度、As_4/Ga 束流比及晶体取向有关。在生长温度较高时，Si 的扩散问题也是需要加以考虑的。

Be 作为 p 型掺杂剂，广泛用于各类 p-n 结的制备，其掺杂浓

度可高于 $1 \times 10^{20} cm^{-3}$. Be 在晶格中可处于替代位和填隙位两种状态，因此在高浓度下，扩散较严重，甚至在器件工作过程中结温

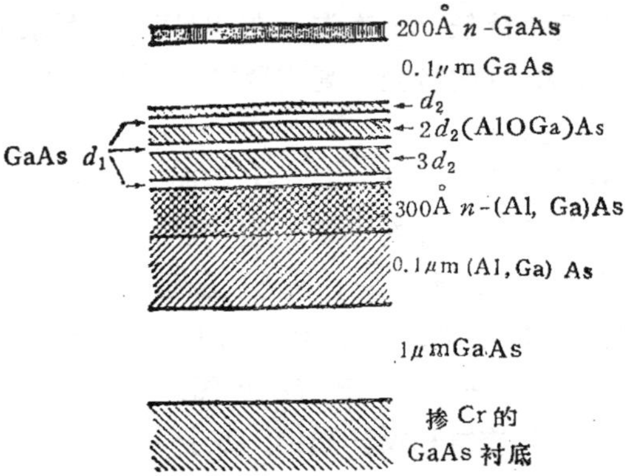

(a)

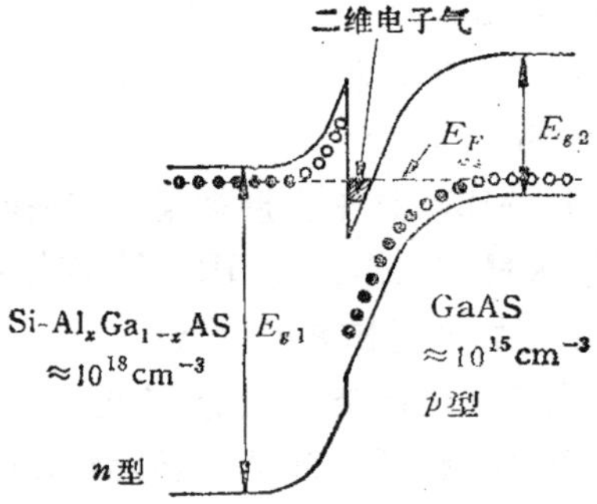

(b)

图 8.12(a) GaAs/AlGaAs 调制掺杂结构；(b) 能

的升高也会引起扩散. 在生长过程中的扩散可以产生 p-n 结相对于异质结的偏位，使器件性能变差. 最近，对使用碳作为 p 型掺

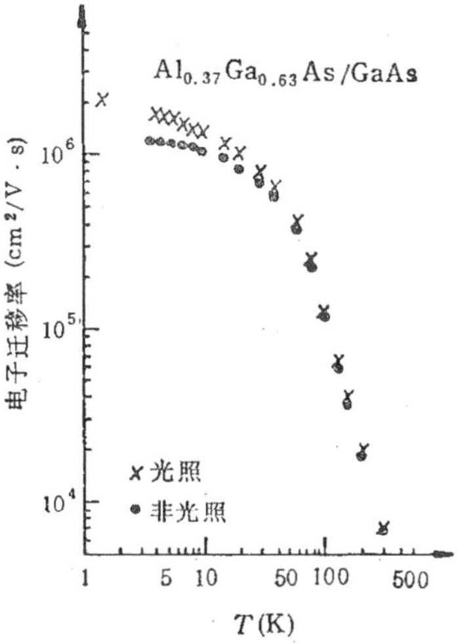

(c)

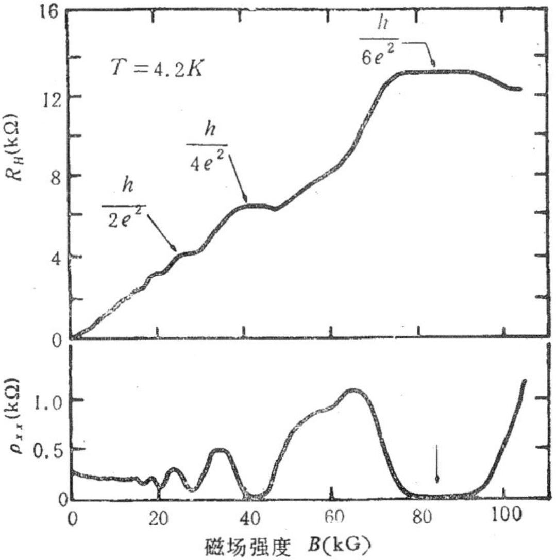

(d)

带图；（c）迁移率增强效应；（d）量子霍耳效应.

杂剂作了深入研究，掺碳外延层在退火以后没有碳的扩散或载流子损失问题，这对器件工艺和器件稳定性是很重要的。但是，电活性的碳原子低于 $10^{19}cm^{-3}$，其余则以非活性原子留在外延层中，形成与碳相关联的缺陷，使少数载流子寿命减小[24]。

（5）调制掺杂　1978 年 Dingle 等[25]首次用 MBE 技术生长调制掺杂结构，这对获得二维电子及空穴系统是极重要的。调制掺杂结构的基本原理是，利用异质结构，在宽禁带材料一侧掺杂，载流子穿过异质结转移到窄带隙一侧较低的能态上，实现了离化杂质与可移动的载流子在空间上的分离，由两者形成的内建场使得载流子被限制在一个近似的三角势阱内，只能在平行于界面的平面内自由运动，在垂直界面的方向形成分立的量子态，呈现二维特性。由于杂质散射被极大地抑制，二维电子或空穴的迁移率远高于均匀掺杂材料，有显著的低温迁移率增强效应。分数量子霍耳效应就是在这种结构中发现的(见图 8.12)[26]。随后，高电子迁移率的二维电子气结构被研究用来制成场效应晶体管，称作高电子迁移率场效应晶体管（HEMT）[27]，也称作调制掺杂场效应晶体管（MODFET)，成为 MBE 材料实用化的主要方向之一。

在宽禁带材料一侧的掺杂方式也可以用平面掺杂来代替均匀掺杂。平面掺杂也被称为 δ 掺杂，即掺杂时中断生长，使杂质局限在单个或若干原子层内，产生对称的 V 形势，形成准二维的电荷分布，相当于形成掺杂超晶格，减小了有效带隙，提高了离化效率。用这种掺杂方式，二维电子气的低温迁移率已高达 $10^7cm^2/V\cdot s$。

在 GaAs/AlGaAs 调制掺杂结构的沟道层中引入 InGaAs 应变层，由于它有比 GaAs 更小的禁带宽度和有效质量，因而可以获得更高的二维电子气浓度和更高的电子饱和速度，由此材料制成的器件具有更高的速度及频率，称为 P-HEMT 器件，P 字母的含义是 InGaAs 层发生应变形成赝配结构。

（6）本征与非本征结构缺陷与残余杂质　MBE 外延层的某些缺陷与生长前的表面污染有关，这将导致低劣的外延生长或粗糙的表面形貌。最易持续在表面存在的杂质是碳，它使外延表面出现小面化和微孪晶。更严重的污染会导致多晶生长。RHEED 电子束的长时间照射可以增强表面碳和氧的污染。

在 MBE 技术发展初期，最令人困惑的是外延层表面的卵形缺陷（oval defect)。这种缺陷沿 [1$\bar{1}$0] 方向排列，尺寸在 1—10 μm 不等，缺陷密度在 10^3 至 10^5cm^{-2} 之间，它与生长及外延系统条件有关，表现为微孪晶形式。它起源于各种原因，如局部的不完整性，表面碳污染，Ga 炉中存在的 Ga_2O_3 残渣在表面形成难挥发的氧化物，线位错由衬底传播到表面等。Metze 等[28]将 GaAs 的生长速率从2×10^{-2}μm/h 线性增加到 1.2μm/h，结果发现卵形缺陷密度随之增加，但当大幅度变化衬底温度（380—580℃）时，卵形缺陷没有呈现相应的变化，由此确认了卵形缺陷的形成是与 Ga 源或 Ga 分子束流有直接关系。采用热唇分子束炉，可使这类缺陷减少到 10^2cm^{-2} 数量级。

外延层中的本征缺陷，比如 III，V 族的空位，III—V 反位缺陷通常都低于可检测水平。外延层中的杂质主要来源于真空室本底气氛中所含的气体分子对生长表面的碰撞、各束源炉中所含的杂质元素、外延室内加热元件所蒸发出来的污染物、杂质由衬底向外延层的扩散等。真空室内的 CO_2 可基本被液氮冷屏所吸附，起主要作用的是 CO 和 H_2O。必须尽可能地降低 CO 和 H_2O 的分压强，目前商用的 MBE 系统的冷炉真空度均优于 5×10^{-9}Pa。设备装料后要在 250℃ 下长时间（48h 以上）烘烤，再将每个束源炉在比使用温度高 100℃ 下彻底除气，之后才能让外延设备进行正常生长。高质量的非故意掺杂 GaAs 中的杂质含量在 $10^{14}cm^{-3}$ 范围。

8.3.3 IV 族元素半导体

Si MBE 技术的发展在深度和广度上不如以 GaAs 为代表的 III—V MBE，但近年来 SiGe-Si 异质结和量子阱材料的制备技术有了很大提高，从而促进了 IV—IV 族异质结材料在物理研究和器件应用方面的进展。Si 与 Ge 的晶格常数差 4%，不管是由

Si, Ge 组成的短周期超晶格，还是 SiGe-Si 组成的异质结或多量子阱结构，它们都是典型的晶格失配应变体系. 在 Si 衬底上，SiGe 合金层产生了压应变，而 Si 层无应变；但在 SiGe 合金缓冲层上的 Si 层产生张应变，Ge 层产生了压应变，从而形成了丰富多采的能带配置，为利用能带裁剪工程研究新物理现象和研制新的器件提供了一个令人感兴趣的材料体系.

在 Esaki 和 Tsu[29] 所提出的人工周期半导体结构的思想基础上，1974 年 Gnutzmann 和 Clauseker[30] 提出：诸如 Si, Ge 这种原来是间接能隙的材料，由于超晶格的 Brillouin 区折叠效应而可能呈现准直接带隙的特性，这无疑从基础研究和应用，特别是光电集成两方面引起了人们的兴趣. 但因受到生长技术的限制，这类每种成分只有几个单原子层组成的短周期超晶格结构的制备在很长时间内没有成功.

1984 年，Bean 等[31]通过降低 Si-Ge 分子束外延的生长温度，成功地获得了第一个 Si-SiGe 异质结. 不久，People 等[32]使用了调制掺杂的技术，在 Si-Ge 合金层的界面，得到了二维空穴气. 但是，由于晶格失配大，在 Si 衬底上生长 Ge 组分较高的应变层结构的厚度受到了限制. 为此，Kasper[33] 按照应变对称化概念，生长了 SiGe 合金的缓冲层，在此缓冲层上生长了 Si-$Si_{0.5}Ge_{0.5}$ 的多量子阱结构，其中 Si 层受到了张应变，导致导带底下降，用 Sb 作选择掺杂剂，在 Si 层内获得了二维电子气.

理论工作者指出，由 Si, Ge 组成的应变层超晶格中，只在 Si 层受到张应变时，才显示“准”直接带隙. 这意味着 Si, Ge 必须生长在 SiGe 合金层上. 虽然有人宣称在生长的 Si, Ge 短周期应变层超晶格上观察到了准直接跃迁的光荧光，但由于完全弛豫了的 SiGe 合金层中存在 $10^{10}cm^{-2}$ 的位错密度，从而使得结果很有争议，直至 1991 年，分别由 Fitzgerald 等[34]和 Legoues 等[35]发展了 Ge 组分线性渐变和阶跃变化超晶格的生长技术，使得 SiGe 合金层中的位错密度降低了若干数量级，使 $Si_{1-x}Ge_x$ 合金的光荧光有很大的改进，利用这种低位错密度的 SiGe 合金作为缓冲层的调制掺杂二维电子气（Si 层内）和二维空穴气（Ge 层内）的迁移率有数量级的提高，为 SiGe 材料在互补金属氧化物半导体器件（CMOS）电路中的应用打下了基础。

由于 Ge 在 Si/SiGe 界面处有很强的表面分凝特性，所以一直使用较低的生长温度来遏制分凝以获得陡变的异质界面。但是，低衬底温度生长的晶体质量差，很难获得光荧光特性优良的材料。Fukatsu 等[35]使用高衬底温度生长，有效降低了晶格缺陷和无序度，获得了具有高效光荧光特性的材料，而高衬底温度生长所带来的 Ge 分凝问题可以通过引入表面活性剂来解决。利用这一措施，已经观察到了发自 Si_nGe_m 应变层超晶格的室温电致荧光。

目前，与 SiGe 发光有关的大量工作集中在 Si 衬底上生长的 Si（势垒）-SiGe（势阱）的多量子阱结构上。在此类结构里，不存在能带折叠效应，但由于 SiGe 合金无序，放松了对动量守恒的要求，或者可以理解为：把 Si 晶格中的 Ge 原子视为浓度很高的杂质，它局域了电子和空穴，增加了复合效率。最近已观察到了室温下来自 SiGe 量子阱的光荧光和电致发光。

SiGe/Si异质结和量子阱结构在异质结双极性晶体管(HBT)、SiGe/Si 异质结红外探测器等方面有明确的应用前景。

下面介绍两种 Si 的 MBE 特有的生长技术。

(1) **分凝辅助生长（SAG）** Si-MBE 工作主要集中在制备高质量的 SiGe/Si 异质结、量子阱和超晶格上。理想的材料要求异质界面组分陡变，形貌平整。但是实验证明，Ge 在 Si(001) 衬底上生长时，遵循 Stranski-Krastanov 模式(起始为层状生长，随后为岛状生长)，而 Si 在 Ge(001) 和 Ge/Si(001) 生长时，遵循 Volmer-Weber 模式(岛状生长)。此外，Ge 原子有很强的表面分凝效应，从而很难获得组分突变的界面。虽然表面分凝可以通过降低生长温度来抑制、却牺牲了晶体质量。1989 年 Copel 等[37]提出的表面活性剂辅助外延，是非常有希望的方法。在外延生长时，引入第三种元素，称为表面活性剂，它同时降低了 Si 和

Ge 表面自由能,从而使得衬底表面的自由能大于界面自由能和异质外延层表面自由能的总和. 在这种条件下,岛状生长被抑制,可获得较平整的界面. 表面活性剂必须有很强的分凝性质,当 Ge 层被覆盖了表面活性剂以后,入射到表面的 Si 原子使得活性剂原子成了次表面层,它的强表面分凝性质使得它与 Si 原子交换位置,从而成为表面层原子,Si 原子在次表面层,Ge 原子在体内,这样 Ge 就不能参与表面分凝过程,从而改善了界面组分的突变性. 理想的表面活性剂必须具有较小的掺入率,使其不影响 SiGe 层自身的性质. 在生长完成后,要求活性剂在一适中的温度被脱附. As, Sb, H_2 是 SiGe 系统中较理想的活性剂. 这种方法简称为 SAG (segregent-assisted growth),许多实验证明,SAG 在抑制 Ge 的分凝,获得陡变界面是成功的.

(2) *高质量 SiGe 合金层生长技术* 如上所述,获得高质量的 $Si_{1-x}Ge_x$ 合金层,对 Si-MBE 技术是相当关键的. Matthews 和 Blakeslee 曾提出位错过滤技术:通过使用应变层超晶格,使得螺旋位错弯曲,从而中止在衬底边缘. 该技术在 GaAs 基的材料系统中获得了成功,但用于 SiGe 系统中却未见成效. Legoues 等[35]和 Fitzgerald 等[34]使用了 Ge 组分阶跃变化超晶格和 Ge 组分线性渐变的生长技术,控制了螺旋位错的生长,获得了位错密度较低的任意组分的 $Si_{1-x}Ge_x$ 合金.

组分变化超晶格中的 $Si_{1-x}Ge_x$ 层,其 x 值是阶跃变化的. 例如:(20nm $Si_{0.95}Ge_{0.05}$-5nm Si)/(20nm $Si_{0.90}Ge_{0.1}$-5nmSi)/(20nm $Si_{0.85}Ge_{0.15}$-5nm Si) × 3/(20nm $Si_{0.82}Ge_{0.18}$-5nm Si) 这样一个组分变化结构,最后为 400nm 的合金 $Si_{0.8}Ge_{0.2}$ 层. 用低放大倍数的 TEM 观察估计,顶层中的位错密度为 10^4cm^{-2}. 横断面的电镜研究指出,应变释放所形成的缺陷被埋在组分渐变的超晶格层以及硅基底里. 以往认为衬底是不参与应变释放过程的,这也是本技术与位错过滤技术的不同之处.

所谓组分渐变层是指在生长 SiGe 缓冲层时,令 Ge 组分以某一速率逐渐增加,速率的选择标准是使结构内的应变不致达到太大．这样若在高温生长时，位错成核将受到抑制，但通过已存在的位错而产生的弛豫又是很快的．例如，以组分梯度 10%Ge/μm 生长 $x=0.5$ 的 Si_{1-x}-Ge_x 层，生长温度为 900℃，利用电子束感应电流成象法，测得位错密度为 $3.0\times10^6\pm2.0\times10^6 cm^{-2}$。

8.3.4 II—VI 族化合物半导体

II—VI 族化合物半导体包括了宽禁带和窄禁带两类材料．含 Zn 的硫族化合物具有能量为 2.26—3.76eV 之间的直接带隙，人们认为，这是实现从绿光到紫外的发光器件最有希望的材料．HgTe 材料的能带结构中，由于 Γ_6-Γ_8 的反转而形成了半金属性，CdTe 为半导体，由这两种材料构成的合金 CMT 的带隙随 Cd 的组分线性变化，可以调整到所谓的大气窗口 (3—5)μm 及 (8—14)μm 范围，对应的 Cd 的含量分别为 0.3 和 0.2。从表 8.1 中可看出，大多数 II—VI 族化合物熔点高，平衡蒸气压高，通常体材料生长均已有很高的本底杂质，并很难获得符合化学配比的材料，从而导致晶体质量差、极高的电阻率（$\sim10^{12}\Omega\cdot cm$）和非常弱的光荧光。

表 8.1 II—VI 族化合物材料的一些性质（300K）

	ZnS	ZnSe	ZnTe	CdTe	HgTe
晶体结构	闪锌矿	闪锌矿	闪锌矿	闪锌矿	闪锌矿
晶格常数（×0.1nm）	5.4093	5.6676	6.089	6.480	6.429
能隙（eV）	3.76	2.67	2.26	1.14	−0.14
熔点(℃)	1830	1520	1295	1050	670
晶格匹配材料	Si，GaP	Ge，GaAs	InAs，GaSb	PbTe InSb，CdTe	PbTe InSb，CdTe

ZnTe 为 *p* 型导电，ZnS，ZnSe 为 *n* 型导电，很难使它们转变导电类型，这是由于内在缺陷产生的自补偿效应，因此不容易控制其导电性，较难制备 *p-n* 结。而在 CMT 生长中，主要问题是难以控制化学配比和获得 Cd，Hg 在晶体中均匀分布的材料，原因是 Hg 的平衡蒸气压很高。

利用 MBE 技术，可克服上述材料生长上的难点。低生长温度有利于降低化学配比缺陷，抑制与衬底之间的交叉扩散，减少环境的杂质污染。由于 MBE 生长是远离热平衡条件，有利于抑制自补偿效应。超高真空生长条件对改善材料纯度，获得平滑的表面形貌起了很关键的作用。此外，通过 MBE 生长技术，比较容易实现合金组分的精确控制和形成大面积均匀的薄膜，因此 MBE 生长技术在 II—VI 族化合物生长中一直受到重视。

与 III—V 族化合物 MBE 生长不同，由于 II—VI 族化合物的平衡蒸汽压与构成元素的蒸汽压差别大(除 HgTe 以外)(见图 8.13)。因此，一旦被吸附的原子结合形成化合物，整个衬底上的平衡压力变得很低，而且，当构成元素的束流调整到 1:1 时，即可获得符合化学配比的薄膜。只有 HgTe 的生长需要像 III—V 族化合物生长那样，需要高比例的 Hg 束流。

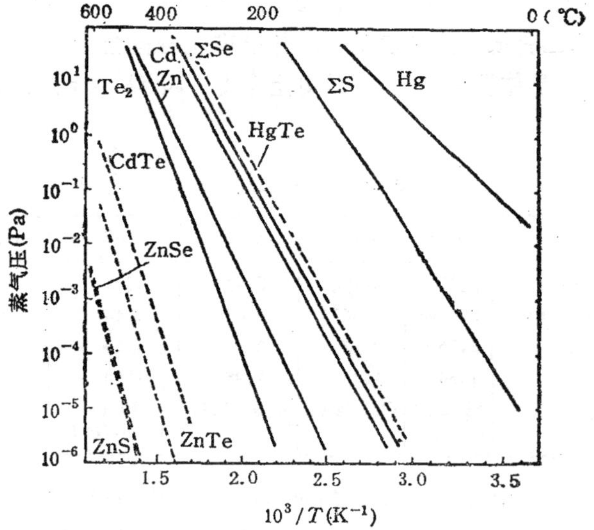

图 8.13 II-VI 族化合物与构成元素的平衡蒸气压.

对于 Hg,S,Se,Cd, Zn, Te 等元素，产生 1×10^{15} (原子/$cm^2\cdot s$)强度的束流所需的温度很低(100--400℃)，因此，在II—VI

族 MBE 外延生长中均专门设计低温分子束炉，以保证在较低温度下有较高的控制精度。此外，在 II—VI 族材料的 MBE 中，Hg 源的设计有其特殊性，详见 8.2.1 节。

生长速率决定于构成元素的到达束流与粘附系数的乘积，通常将两种构成元素的乘积调整为 1，否则生长速率将取决于乘积较小的元素。这一生长特点直接影响材料的电学和光学性质。例如，对于 ZnSe 材料，当衬底温度低于 250℃ 时，所生长的外延层的电阻率高达 $10^6\Omega\cdot cm$；衬底温度增加到 280℃ 左右，电阻率骤然下降到 $0.7\Omega\cdot cm$；若衬底温度继续增加到 370℃，则电阻率逐渐上升到 $1\Omega\cdot cm$，再继续上升到 400℃，又会变为高电阻率 $10^6\Omega\cdot cm$。材料的光荧光强度的变化与衬底温度也有类似关系，当衬底温度为 280℃ 及束流比为 1 时，自由激子峰的强度最高。这些现象是与受束流比、衬底温度影响的 VI 族元素的空位这类自然缺陷有直接关系。由于 MBE 技术使用了比其他生长技术所采用的低得较多的衬底温度，从而致使材料的性能有很大的改善。表 8.2 列出了用几种生长技术得到的 ZnSe 膜的电学性质比较。

表 8.2 用不同生长技术得到的 ZnSe 膜的电性比较

	衬底温度 T_s(℃)	最高迁移率 μ_{max} ($cm^2/V\cdot s$)	室温迁移率 μ_{RT} ($cm^2/V\cdot s$)	室温载流子浓度 n_{RT} (cm^{-3})	带电缺陷浓度 N_I (cm^{-3})
LPE	850—1050	?	100	10^{17}	2×10^{19}
CVD	750	220	210	1.5×10^{16}	4×10^{18}
MOCVD	350	400	410	6.5×10^{17}	1×10^{18}
MBE	280	6.9×10^3	550	1.1×10^{15}	1×10^{15}

1991 年利用氮等离子源在 ZnSe 中实现了 p 型掺杂，得到了 p-n 结，研制成功了蓝绿光激光器[38]。MBE 被认为是制备 II—VI 族蓝绿激光器最成功的材料生长手段。

汞基材料生长的困难是由高汞蒸气压问题所带来的，外延生长温度会非常灵敏地影响材料的电学性质和结构性能。由于束流和衬底温度的变化均可能改变导电类型。表 8.3 列举了 CMT 材

表 8.3 MBE-$Cd_xHg_{1-x}Te$ 膜的电学性质

T_s (℃)	J_{Hg} ($cm^{-2}\cdot s^{-1}$)	x	300K		40K	
			$n(p)(cm^{-3})$	$\mu(cm^2/V\cdot s)$	$n(p)(cm^{-3})$	$\mu(cm^2/V\cdot s)$
160	1.8×10^{17}	0.30	p 2.5×10^{18}	7×10^1	p 2.4×10^{18}	1.5×10^2
160	2.5×10^{17}	0.18	n 6.7×10^{16}	2.8×10^3	n 1.6×10^{16}	3.0×10^3
160	3.5×10^{17}	0.18	n 1.0×10^{17}	6.5×10^3	n 2.4×10^{16}	1.1×10^4
170	3.5×10^{17}	0.23	n 4.0×10^{17}	2.0×10^3	p 5.0×10^{16}	2.2×10^2
180	$5\times10_1{}^7$	0.23	n 1.8×10^{17}	1.1×10^4	p 2.0×10^{15}	6.6×10^2

注：表中 T_s 为衬底温度，J_{Hg} 为入射到衬底表面的汞分子速流，x 为CdHgTe膜中 Cd 组分值，$n(p)$ 为 n 型(或 p 型)载流子浓度，μ 为迁移率.

料的电学性质与生长温度关系的几个例子. CMT 材料在(3—5)μm，(8—14)μm 红外探测器方面有重要应用，注入型激光器的研制成功，使得这类材料研究的重要性变得更为突出.

§8.4 分子束外延中的重要技术

在分子束外延技术的发展中，有若干个重大进展，被人们誉为MBE 技术的里程碑，这些重要技术不仅完善和拓宽了分子束外延技术，并且也加深了对分子束外延过程的了解.

8.4.1 高能电子衍射强度振荡

1983 年 Neave[39]，Van Hove[40] 首次在 MBE 外延生长过程中观察到高能电子衍射镜面反射电子束强度的衰减振荡，此振荡周期严格对应一个单原子或分子层的生长($a_0/2$)，并与电子束的入射方位无关，但振荡的振幅却与生长参数，电子束入射方位密切相关，通过分析振荡的振幅变化可以获得生长动力学信息.按照 Gilmer-Weeks 理论模型[41]，可以将表面吸附原子→表面扩散→外延生长的过程与衍射强度的周期性变化相对应，相当于表面由平滑到粗糙再回到平滑这样周而复始的过程. 吸附原子覆盖度为 0 或 1 时，即平滑表面对应于高反射率，反之，粗糙表面（相当于吸附原子覆盖度 $\theta = 0.5$）的反射率最低或漫散射最强，见图 8.14。

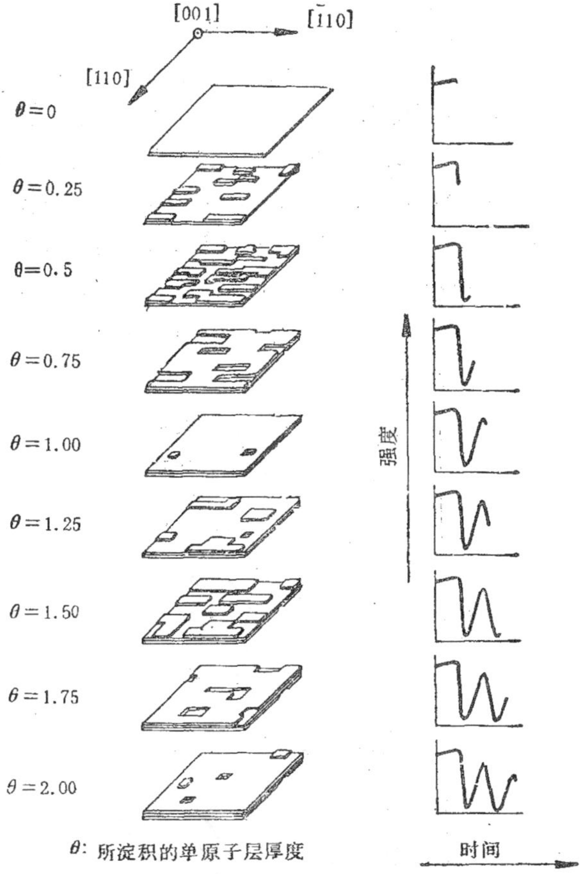

图 8.14 第一、二个原子层生长与 RHEED 强度振荡的关系.

RHEED 衍射强度振荡现象已广泛用于 MBE 的合金组分，生长速率的测量. 例如，利用在 GaAs(001) 面上生长时，振荡的一个周期对应 $a_0/2$ 厚度，由振荡一个周期所需的时间可确定其淀积速率为 R_1；加入 Al 组分后，生长速率变为 R_2，则 Al 在

$Al_xGa_{1-x}As$ 中的含量为 $x = \frac{R_2 - R_1}{R_2}$. 确定了生长速率后，生长厚度可直接通过控制生长时间来实现. RHEED 在 MBE 生长过程中有如此强的分析功能，使 MBE 技术在超薄层单晶薄膜生长方面具有独特之处，是其它技术所不及的.

研究 RHEED 强度振荡出现或消失的条件及振荡特性，已成为研究生长动力学的重要方面. RHEED 的振荡强度会随衬底温度的提高而减弱，直至消失(见图 8.15). Neave 等观察到，在有一定倾角的 GaAs(001) 面上生长 GaAs 时，RHEED 强度振荡在 $T_c = 590℃$ 时消失. 他们认为，通常的强度振荡的持续是由于被吸附原子在表面的扩散长度小于台阶平台的宽度，吸附原子在台

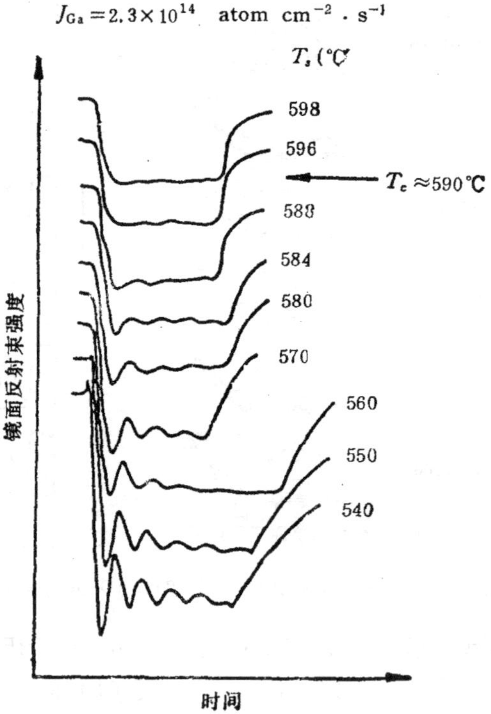

图 8.15 在 Ga 束流一定的情况下，衬底温度的改变引起衍射强度振荡的变化.

面上成核所致；当衬底温度提高到某一临界值，扩散长度与台面宽度相当，原子就能迁移到台阶边沿，形成台阶流（step flow）的生长模式，在此条件下，台阶密度基本不变，RHEED 的强度振荡消失。台阶流是 MBE 较为理想的生长模式，可获得高质量的异质界面。

最近的研究指出，RHEED 强度振荡是与表面上的台阶密度周期变化相关联，强度振荡的衰减是台阶密度变化趋弱，最后变为常数而致。当生长中断，可以观察到衍射强度恢复到较强或最强的现象，它对应于表面变平整的过程。生长中断技术被用来生长量子阱、异质结，可改善多量子阱界面质量，有效地使材料的低温光荧光谱线变窄[42]。但这种恢复过程十分复杂，其中快过程对应表面再构的变化，而慢过程对应于台面的重排。在观察衍射强度振荡第一个半周期时，可以观察到强度由强变弱以及由弱变强两种不同的情况，它们分别对应弹性散射为主导和非弹性散射为主导的振荡，两种散射的相角差 180°。

由于 RHEED 作为 MBE 生长的原位观察手段，提供了极为丰富的生长动力学的信息。1986 年 Bölger 等[43]利用电视摄象技术，记录了外延过程中 RHEED 图象随时间的变化。此后，该方法又不断发展和完善，并实现了商品化。研究者可以通过图象处理，获取所需的各种信息，研究生长随时间变化的全过程。

实时记录 RHEED 强度振荡，将控制束流闭启的快门的动作设置在振幅的峰值位置，对应于表面原子排列最平整的状态。这种通过 RHEED 强度振荡的信息反馈来控制生长过程的技术，称为相位锁定外延（phase-locked epitaxy）。图 8.16 示出的是相位锁定外延系统的示意图。该技术较大程度地改善了异质结的界面，特别有利于超短周期超晶格的生长，图 8.17 非常形象地说明了非相位锁定和相位锁定外延的差异。

RHEED 用于研究 MBE 生长过程的技术不断发展。Morishita 等利用 Isu 等所建立的实时 μ-RHEED 技术，观察到表面迁移增强生长过程中，GaAs (111) B 面上 Ga 滴的形成与迁

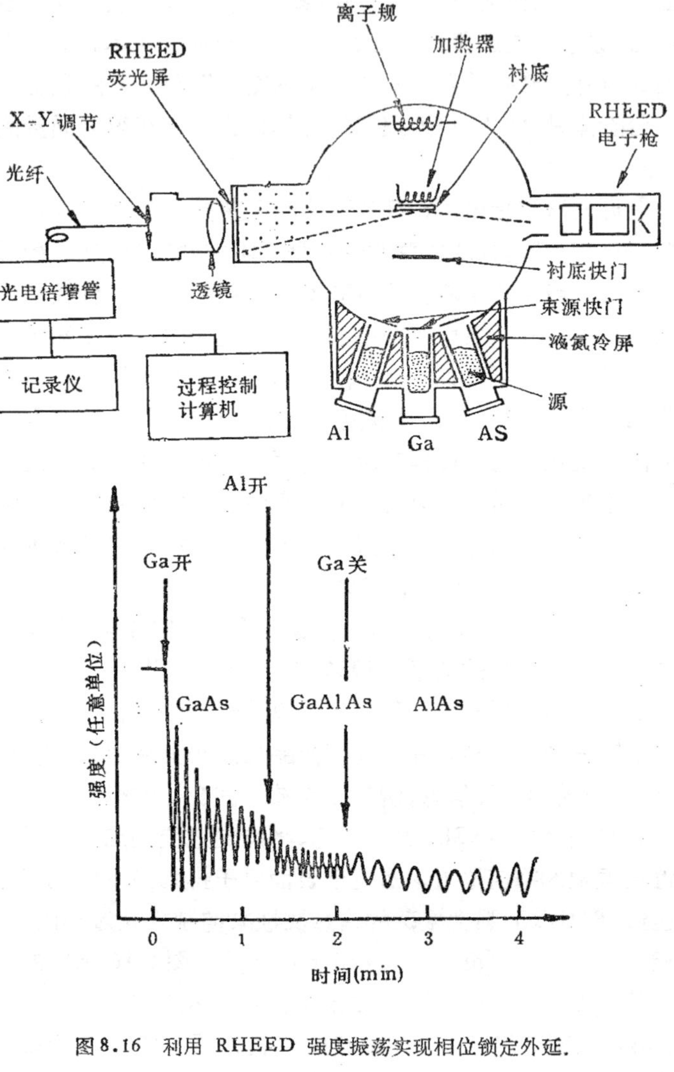

图 8.16 利用 RHEED 强度振荡实现相位锁定外延.

移. 该方法是利用扫描反射电镜（SRED）使生长表面成象，再用 RHEED 图象中的镜面反射点强度去调制显示的亮度，用摄象系统记录(见图 8.18).

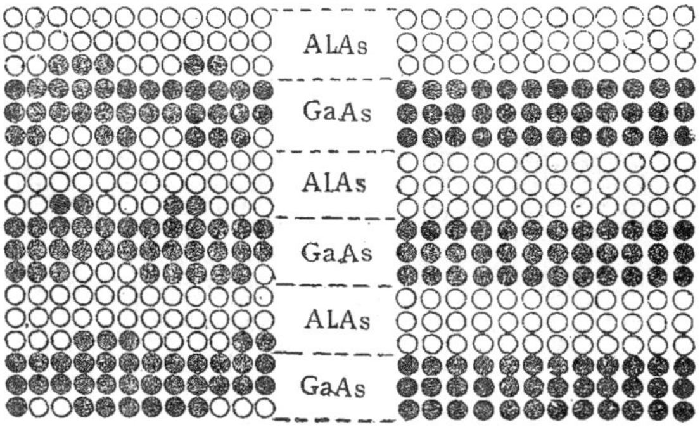

图 8.17 用两种生长方法制备的$(GaAs)_3(AlAs)_3$超晶格结构的横断面模型. (a) 通常的非锁相生长,即用定时控制快门方法; (b) 锁相法外延.

8.4.2 脉冲束外延技术

在 MBE 技术中引入脉冲束概念是为了改进材料生长质量,也包括界面质量. 70 年代中期, Suntola 和 Anton 提出所谓原子层外延方法 (atomic layer epitaxy, 简称 ALE)[44]. 其基本思想是以表面过程控制生长代替在常规薄膜技术中的炉源控制生长. ALE 的过程是通过相继但分离的表面反应,每次反应形成单个原子层,一层层地进行生长. 如果将初始衬底加热到足够温度,并处于这样一种条件, 使得被吸附的构成元素只保留一层化学吸附层,待这层吸附物形成化合物后,第二层的化学吸附层再相继形成,就这样实现了 ALE. 在 ALE 中,向衬底提供构成元素(或化合物)是周期性的,换言之,是以脉冲方式进行,采用这种外延生长方式, 其生长层厚由脉冲周期数唯一地确定. 作为一种特殊的生长模式, ALE 在蒸发淀积 (如 MBE) 和 CVD (如 MOCVD, CBE, GSMBE) 均有应用. 但两种过程的机制不尽相同. 前者依赖于加热的蒸发源材料的性质, 后者依赖于参加反应的化合物之间的表面交换反应性质. MBE 生长中的 ALE 模式最初被主要用于 II—VI 族化合物. 因为这类化合物束源材料作为固相的蒸

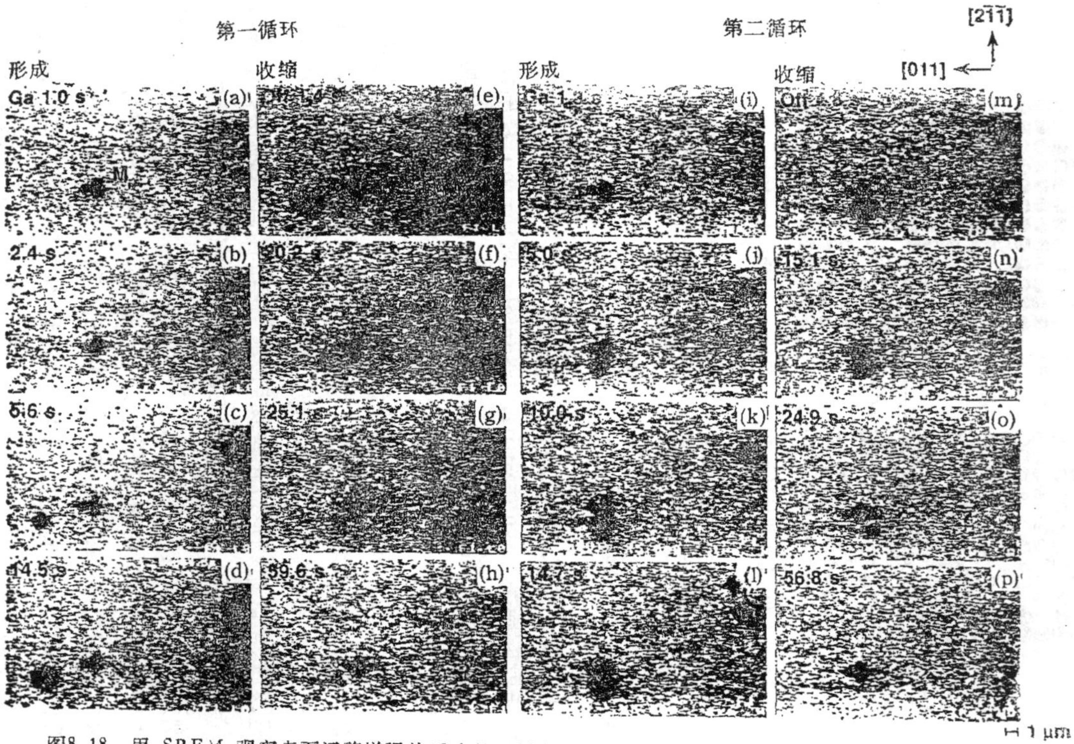

图8.18　用 SREM 观察表面迁移增强外延生长过程中，与 Ga 原子入射与否对应的 Ga 滴形成与收缩.

气压比化合物形成后的蒸气压高几个数量级，因而在被加热的衬底表面上可以形成单层的化学吸附物，满足了 ALE 生长的条件，后来这一方法也扩展到 III—V 族化合物体系[45]。

另一种利用脉冲束的外延生长模式是表面迁移增强外延(migration enhanced epitaxy，简称 MEE)。随着半导体超晶格物理的发展，人们发现，即使用 MBE 技术所生长的异质结界面，由于存在大量的原子高度的台阶，因而在原子尺度上讲仍然是粗糙的[46]，这种界面粗糙度会影响某些器件的性能。提高衬底温度有利于使界面平滑，但对于实现突变的杂质浓度分布不利，尤其是对 p 型杂质的影响严重，可以认为这是由于在通常的 MBE 过程中，表面分子或原子的迁移速度还不够高所致。例如，在 GaAs (001)衬底上的 GaAs，AlGaAs 的生长是在 As 一稳定化条件下进行的，在这种情况下，生长表面被大量的 GaAs和 AlAs 岛所覆盖，在 Ga，Al 原子到达表面时，立即形成 Ga-As、Al-As 键，由于这些岛内的分子与下面的 As 平面形成很稳定的化学键，几乎不能沿表面运动，只有在小岛的周边，由于 As 原子的再蒸发，产生孤立的 Ga 原子，它是可动的，可能迁移到一稳定格点。这个过程的启示是若要获得高质量的晶体，必须让到达表面的 Ga 或 Al 原子较长时间地保持原子状态。

1986 年 Horikoshi 等[45]提出了向 GaAs (001) 表面交替提供 Ga (或 Al) 与 As 的分子束的所谓表面迁移增强外延方法。在没有 As 存在的条件下，Ga (或 Al) 原子在表面的迁移速度增加，因而高质量的外延层可以在较低的生长温度下实现，非常有利于形成陡变的掺杂和组分分布。每个周期向表面分别提供的 Ga 和 As 的数量近似等于表面的格点数，实际上，是不可能与表面格点数精确相等，一般取不足一个单原子层为好。在 MEE 生长模式过程中，由 RHEED 衍射图上可以观察到对应于 Ga 稳定化表面的 4 × 2 超结构及对应于 As 稳定化表面的 2 × 4 超结构的交替出现以及与此对应的 RHEED 强度振荡现象。这种振荡与 MBE 生长过程中所观察到的强度振荡的产生原因不同。图

8.19 示出 MEE 生长过程中 RHEED 衍射图及其与强度振荡之间的对应关系。

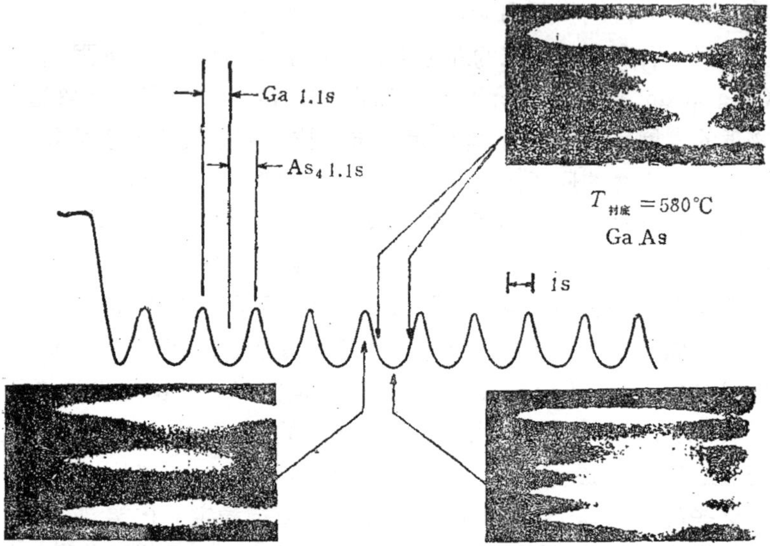

图 8.19 MEE 生长过程中 RHEED 衍射图及其与强度振荡之间的对应关系.

实验证明，利用 MEE 方法可以把高质量 GaAs 外延温度从 580℃ 降至 400℃. 在较低的生长温度下，如果 As 原子的提供量过多，会产生化学配比的偏离，这是由于过剩的 As 原子在较低温度下不易脱附所致. 在 500℃ 以上的 MEE 生长时，少量的过剩 As 并不会带来较大的影响.

无论是 ALE 还是 MEE 方法进行生长，都是以脉冲方式向衬底提供各种分子或原子束，因此对快门的使用寿命提出了苛刻的要求，线性运动的软驱动快门是较为理想的.

8.4.3 气体源分子束外延

在本章的概述中已经介绍了气体源分子束外延（GSMBE）和化学束外延（CBE）在设备构成上的差别. 从广义上讲，它们都是含气体源的分子束外延，其构成见图 8.20. 如果将图中的 III 族

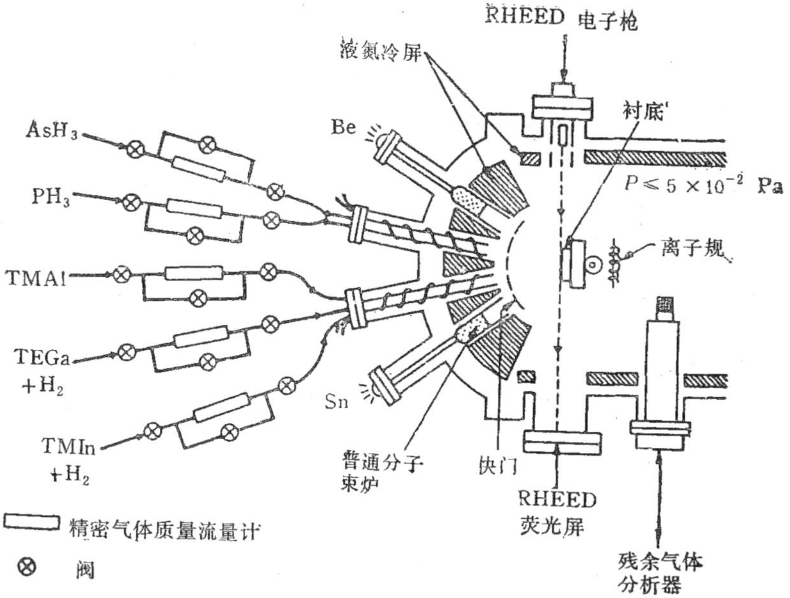

图 8.20　CBE 系统结构示意图.

元素气体源换成常规的固态源分子束炉，就成为 GSMBE。本节着重介绍其生长机制.

对于 GSMBE 而言,其生长过程与固态源 MBE(SSMBE) 相似,在 GSMBE 生长过程中,增加了 AsH_3、PH_3 的热分解过程,这个过程是由气体源自身完成的,到达衬底表面的是 As,P 的单体，气体源分为高压气态源（HPGS）和低压气态源（LPGS）两种.图 8.21 示出的是两种气态源结构示意图. HPGS 含有两级裂解.压力为几百个毫巴的 AsH_3,PH_3 首先通过带孔的 Al_2O_3 管,温度为 900℃，将 AsH_3，PH_3 裂解为 As_4，P_4 和 H_2；随后 As_4，P_4 通过小孔进入低压裂解区，进一步裂解为二聚体. LPGS 使用压力小于 1mbar 的 AsH_3，PH_3 气体，在 1000℃ 左右一次裂解,形成 As,P 的四聚体和二聚体混合物. 表 8.4 列出两种气态源裂解 AsH_3,PH_3 的质谱分析,其中 M_2,M_4 分别代表 $As_2(P_2)$和 $As_4(P_4)$.

CBE 的生长机制与 MBE，GSMBE 完全不同，也有别于

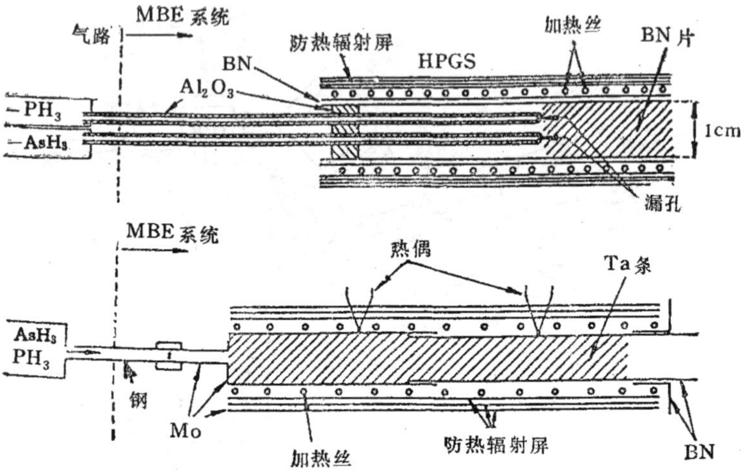

图 8.21　两种气态源结构示意图.

表 8.4　两种气态源裂解 AsH_3，PH_3 的质谱分析

源	T(℃)	M_2/M_4
HPGS AsH_3	900	11—130
HPGS PH_3	900	~100
LPGS AsH_3	1000	7—30
LPGS PH_3	1000	20—46

MOCVD. 在 MOCVD 生长中，含 III 族元素的分子在载体中已部分分解，然后经扩散穿过粘滞流气体边界层到达衬底表面，进一步分解，产生 III 族元素原子，经表面迁移，进入适当的晶格格点，捕获 V 族原子，形成化合物. 其生长速度决定于含 III 族元素分子通过边界层的扩散率. 在 MOCVD 中可以观察到反应物的汽相反应.

在 CBE 中，含 III 族元素的分子束象 SSMBE 中的 III 族分子束一样，直接射到衬底表面，在衬底表面附近不存在边界层. 当含 III 族元素的分子到达表面，由热衬底获得热能而分解，III 族原子留在衬底表面，其余的原子团被蒸发. 裂解过程是否完全取决于衬底温度. 在衬底温度足够高的条件下，生长速率决定于含 III 族元素分子的到达速率，在衬底温度较低的情况下，生长速率受到热解率的限制. 图 8.22 示出三种生长过程的图示比较.

近年来，用GSMBE，CBE 研究 III—V 族化合各种异质结及超晶格的生长有很大进展，在含磷的三元、四元化合物异质结制备上，这两种技术显示出它们的优越性. 随着 Si/Si Ge 超晶格被人们重视，用 CBE 方法制备这一系统也在研究之中.

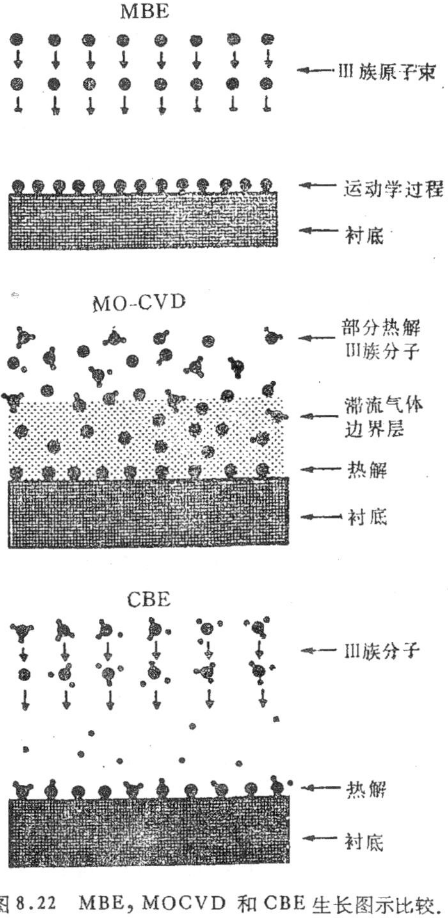

图 8.22 MBE，MOCVD 和 CBE 生长图示比较.

§8.5 分子束外延技术展望

经二十余年的发展，MBE 技术在以下几个方面作出了重要贡献：

(1) 实现了在超高真空环境下，在原子尺度上实时地原位研究晶体生长过程；

(2) 制备了各种不同材料体系的异质结、量子阱和超晶格结构，并与其相应的物理研究一起，开辟了凝聚态物理的重要新领域；

(3) 促进了新一代微电子和光电子器件的发展.

MBE 作为新的超薄单晶薄膜生长技术，还会继续发展和完善，它的发展方向可归纳为以下几个方面：

(i) MBE 生长的基本过程研究，其中包括表面原子的相互作用，表面迁移，界面及结构缺陷形成等生长动力学过程的实验与理论研究；

(ii) MBE 实验技术研究，其中包括新的生长设备的发展，低维结构(量子线、量子点)的直接生长，各种合成结构，如MIS，SOS，MIM 的形成，及研究各种非半导体材料的 MBE 生长.

(iii) 表面科学与 MBE 应用的结合，发展用于研究生长过程的表面分析技术，如 STM-MBE，μ-RHEED-MBE 等.

(iv) MBE 技术实用化，促使成熟器件规模性生产是使 MBE 技术持久地具有生命力的重要方面，MBE 技术设备投资高，要使它具有与其他技术相竞争的能力，必须在器件制备上独具特色.

参 考 文 献

[1] L. I. Maissel, R. Glay, (eds), Handbook of Thin Film Technology, McGraw-Hill, New York (1970).

[2] K. G. Günther, *Naturforsch. Z*, **13A**, 1081(1958).

[3] J. E. Davey, T. Pankey, *J. Appl. Phys.*, **39**, 1941(1968).

[4] J. R. Arther., *J. Appl. Phys.*, **39**, 4032(1968).

[5] J. R. Arther, *Surf. Sci.*, **43**, 449(1974).

[6] C. T. Foxon, *Surf. Sci.*, **44**, 69(1974).

[7] C. T. Foxon, *Surf. Sci.*, **50**, 434(1975).

[8] C. T. Foxon, *Surf. Sci.*, **64**, 293(1971).

[9] A. Y. Cho, *J. Vac. Sci. Technol.*, **8**, 531(1971).

[10] M. B Panish, *J. Electrochem. Soc.*, **127**, 2729(1980).

[11] W. T. Tsang, *Appl. Phys. Lett.*, **45**, 1234(1984).

[12] K. Knudsen, *Ann. Phys. (Leipzig)*, **47**, 697 (1915).

[13] G. J. Davies The Technology and Physics of Molecular Beam Epitaxy, ed. by E. H. C., Parker, Plenum Press, New York and London, 25(1985).

[14] M. A. Herman, *Vacuum*, **32**, 555(1982).

[15] T. Yamashita, T. Tomita, T. Sakura, *JPN J. Appl. Phys.*, **26**, 1192 (1987).

[16] J. B. Clegg, I. G. Gale, *J. Mat. Sci.*, **15**, 747(1980).

[17] R.F. C. Farrow, A. G. Gullis, A. J. Grant, J. J. Patterson, Proc. 4th Int. Conference on Vapour Growth and Epitaxy (Nagoya, Japan)

(1978).

[18] F. J. Morris, H. Fukui, *J. Vac. Sci. Technol.*, **11**, 506(1974).

[19] W. T. Tsang, *J. Electron Mater.*, **15**, 235(1986).

[20] E. Bauer, Reflection Electron Diffraction, Techniques of Metals Research, Vol. 2, ed. by Bunshah, R. F., Wiley-Interscience, New York, Chap. 15 (1969).

[21] L. D. Schmidt, Condensation Kinetics and Mechanisms, The Physical Basis for Heterogeneous Catalysis, ed. by E., Drauglis, R. I., Jaffer, Plenum, New York, 451(1975).

[22] D. L. Miller, S. W. Zehr, J. S. Harris, *JPN. J. Appl. Phys.*, **53**, 744 (1982).

[23] Y. G. Chai, R. Chow, C. E. C. Wood, *Appl. Phys. Lett.*, **39**, 800 (1981).

[24] R. J. Malik, J. Nagle, M. Micovic, R. W. Ryan, T. Harris, M. Geva, L. C. Hopkins, *J. Crystal Growth*, **127**, 686(1993).

[25] R Dingle, H. L. Stormer A. C. Gossard, W. Wiegmann, *Appl. Phys. Lett.*, **37**, 805(1978).

[26] D. C. Tsui, H. I. Stormer, J. C. M Hwang, J. S. Brooks, M. J. Naughton, *Phys. Rev.*, **B 28**, 2274(1983).

[27] T. Mimura, S. Hiyamizu, K. Joshin, K. Hikosaka, *JPN. J. Appl. Phys.*, **20**, L317(1981).

[28] G. M. Metze, A. R. Calawa, J. G. Mavroides, *J. Vac. Sci. Technol.*, **B1**, 166(1983).

[29] L. Esaki, T. Tsu, *IBM J. Res. DEV.*, **14**, 61(1970).

[30] U. Gnutzmann, K. Claussecher, *Appl. Phys.*, **3**, 436(1974).

[31] J. C. Bean, L. C. Feldmann, A. T. Fiory, S. Nakahara, J. K. Robinson, *J. Vac. Sci. Technol.*, **A2**, 436(1984).

[32] R. People, J. C. Bean, D. V. Lang, M. A. Sergent, H. L. Stomer, K. W. Wecht, R. T. Lynch, K. Boldwin, *Appl. Phys. Lett.*, **52**, 1809(1986).

[33] E. Kasper, *Surf. Sci.*, **174**, 630(1986).

[34] E. A. Fitzgerald, Y. H. Xie, M. L. Green, D. Brasen, A. R. Kortan, J. Michel, Y. J. Mii, B. E. Weir, *Appl. Phys. Lett.*, **59**, 811(1991).

[35] F. K. Legoues, B. S. Meyerson, J. F. Morar, *Phys. Rev. Lett.*, **66**, 2903(1991).

[36] S. Fukatau, N. Usami, T. Chinzei, Y. Shiraki, A. Nishida, K. Nakagawa, *JPN. J. Appl. Phys.*, **31**, 4018(1992).

[37] M. Copel, C. Reuter, E. Kaxiras, R. M. Tromp, *Phys. Rev. Lett.*, **63**, 632(1989).

[38] M. A. Hease, J. Qiu, J. M. Depuydt, H. Cheng, *Appl. Phys. Lett.*, **59**, 1272(1991).

[39] J. H. Neave, B. A. J.oyce, P. J. Dobson, N. Norton, *Appl. Phys.*, **A31**, 1(1983).

[40] J. M. Van Hove, C. S. Lent, P. R. Pukite, P. I. Cohen, *J. Vac. Sci. Technol.*, **B1**, 741(1983).

[41] J. D. Weeks, G. H. Gilmer, *Adv. Chem. Phys.*, **40**, 157(1979).
[42] C. W. Tu, R. C. Miller, B. A. Wilson, P. M. Petroff, T. D. Harris, R. F. Kopf, S. K. Sputg, M. G. Lamot, *J. Crystal. Growth.*, **81**, 159 (1987).
[43] ISU Toshiro, Yoshitaka Morishita, Shigeogoto, Yasuhiko Nomura and Yoshifumi Katayama, *J. Crystal. Growth.*, **127**, 942(1993).
[44] T. Suntola, J. Hgvaerineu, *Annu. Rev. Mater. Sci.*, **15**, 177(1985).
[45] C. H. L. Goodman, M. V. Pessa, *J. Appl. Phys.*, **60**, R65(1985).
[46] Yoshiji Horikoshi, Minoru Kawashima, *J. Crystal. Growth.*, **95**, 17 (1989).

第九章 人工宝石

张乐潓　　吴　星
傅林堂　叶安丽　佟学礼

存在于自然界中的宝石绝大多数都是单晶体，如刚玉型宝石、石榴籽石、金刚石、水晶等．人工晶体生长的起源之一可以说是：人们想模仿自然界合成或培育出一些名贵的装饰品．一般说来，天然形成的单晶体矿石所需周期长，价格昂贵．而人工单晶体则价格低廉，生长周期短，并且可以大批量的生产．

人工装饰宝石主要有如下几种：一是刚玉型宝石，其天然晶体主要存在于印度、斯里兰卡、澳大利亚及我国各地．第二种是石榴石，它替代了天然的石榴籽石矿物．第三种是立方锆石，它从折射率和色散等方面模仿了金刚石．

人工装饰宝石晶体主要要求下述几个物理参数：(1)折射率要高；(2)硬度要大(即能耐磨)；(3)色散要大．当然，还有许多其他物理参量使其引人夺目．在本书所撰写的三类人工宝石中，刚玉型宝石的折射率虽只有1.76左右，但因为它可以研制成比天然刚玉更为美丽的红宝石和蓝宝石，故其生命力是强的．稀土镓石榴石的折射率为1.98，色散为0.04，硬度为7.5，由于它具有多色性及颜色稳定纯正的优点，故仍属一种值得人们重视的宝石．至于立方锆石，由于它是70年代以来风行于世的人工宝石，我们将以较多的篇幅来介绍．

装饰宝石的价值很难规定，有的天然石榴石虽不及同类人工宝石那样美观，且质地也不优良，但由于产品少，开采不易，物以稀为贵，其价值就很高．另外，人们对人工宝石身价的评议目前也不一致，可以各抒己见．

§ 9.1 焰熔法生长刚玉型彩色宝石

刚玉宝石的化学成分为 α-Al_2O_3，这是一种无色透明的单晶体．当加入了各种掺质后，就形成了颜色各异的装饰宝石．由于其硬度高，折射率也不低，是一种很理想的装饰品．自然界存在的刚玉宝石多半是红色（含 Cr^{3+}）和蓝色的（含 Fe，Ti）等．人工刚玉宝石是由焰熔法生长的．

焰熔法是在 1890 年由法国化学家 Verneuil 发明的．迄今为止，人们仍采用这种方法来生长刚玉型宝石，下面将简述之．

9.1.1 焰熔生长及其所需的原料制备与晶体着色

(1) *焰熔生长原理简述*　此方法概略地说是利用氢及氧气在燃烧过程中产生高温，使一种疏松的原料粉末通过氢氧焰撒下熔融，并落在一个冷却的结晶杆上结成单晶．图 9.1 示出的是焰熔生长原理及设备简图．这个方法可以简述如下．图中锤打机构的小锤 7 按一定频率敲打料筒，产生振动，使料筒中疏松的粉料不断通过筛网 6．同时，由进气口送进的氧气，也帮助往下送粉料．

氢经入口流进，在喷口和氧混合一起燃烧．粉料经过高温火焰被熔融而落在一个温度较低的结晶杆 2 上结成晶体了．炉体 4 设有观察窗，可由望远镜 8 观看结晶状况．为保持晶体的结晶层在炉内先后维持同一水平，在生长较长晶体的结晶过程中，同时设置下降机构 1，把结晶杆 2 缓缓下移．

上述的焰熔法生长原理，要求的是极为疏松的粉料，其制备的办法是关系到装饰宝石的生长的．

(2) *疏松 γ-Al_2O_3 粉料的制备*　焰熔法需要一种极为疏松的粉料，这种粉料是 γ 型的氧化铝（γ-Al_2O_3）．它是由硫酸铝铵 [$Al_2(NH_4)_2(SO_4)_4 \cdot 24H_2O$] 在约 980℃ 焙烧2 h热解而得．一般

说来，粉料的疏松程度可由该粉料的X射线衍射谱中观察到两条弥散的 γ-Al_2O_3 特征线条来决定。

（3）粉料的着色　五彩缤纷的刚玉装饰宝石，其实就是 α-Al_2O_3 单晶体中，少数掺质离子置换了 Al^{3+} 离子而形成的。举个最普通的例子来说，纯刚玉为 α-Al_2O_3 是无色透明的，而红宝石则为 α-Al_2O_3:Cr^{3+}。现将宝石颜色和掺质离子列在表 9.1 之中。

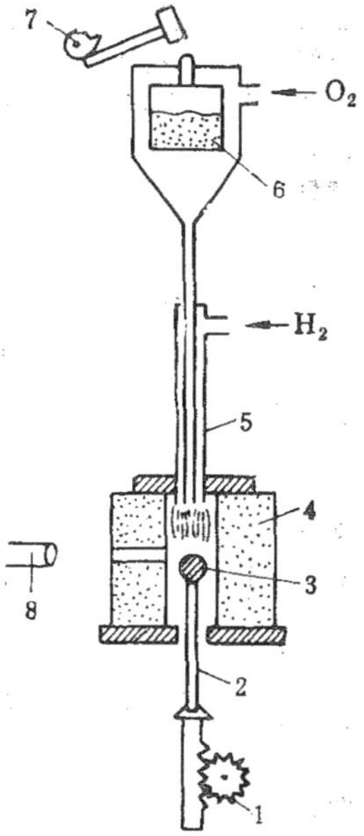

图 9.1　焰熔法生长晶体示意图.
1.下降机构；2.结晶杆；3.晶体；4.炉体；5.混合室；6.筛网；7.锤打机构；8.望远镜.

应该提出的是，掺质离子在 α-Al_2O_3 中的含量并不等于原料制备中着色剂与硫酸铝铵中 Al_2O_3 的百分比；或粉料中 γ-Al_2O_3 与掺质氧化物的百分比。要得到比较恰当的含量，多半凭经验摸索。例如要得到桃红色的刚玉宝石，晶体中 Cr_2O_3 的含量为 α-Al_2O_3 的 0.05%，而粉料中的比值却为 0.1%。总之，一种生产流程将决定一种掺质的烧失过程。一般说来，Cr^{3+} 离子掺入石榴石和祖母绿等晶体中均呈绿色，但掺入刚玉中则呈红色，这是因为 Cr^{3+} 处于特殊的晶场，即 Cr^{3+} 在 α-Al_2O_3 中受挤压之故[1]。掺质离子所呈的颜色与该离子从基质晶体中所置换的离子半径大小等因素有关。

9.1.2　刚玉型宝石的晶体结构与定向生长

（1）刚玉的晶体结构　上面已提到刚玉的化学式为 α-Al_2O_3，在晶体结构上属三方晶系，空间群为 $R3C$。其结构见图 9.2。图中示出了两种形式的晶胞：菱面体（$a = 5.14\times10^{-10}$m，$\alpha = 55.17°$），六角晶胞（$a = 4.75 \times 10^{-10}$m，$c = 12.97 \times 10^{-10}$m，$c/a = 2.73$）。图中也示出了以往矿物学家认为的形态结构 C_1 和目前通过X射

表 9.1 刚玉装饰宝石的掺质与颜色

颜色	着色剂含量 (mol%)		掺质化合物
浅红	Cr_2O_3	0.01—0.05	$(NH_4)_2Cr_2O_7$
桃红	Cr_2O_3	0.1—0.2	同上
深红	Cr_2O_3	2—3	同上
黄色	NiO	0.5—1.0	$Ni(NO_3)_2 \cdot 6H_2O$ 或 $NiSO_4 \cdot 7H_2O$
金黄色	Cr_2O_3	0.01—0.1	$(NH_4)_2Cr_2O_7$
	NiO	0.5—1.0	$Ni(NO_3)_2 \cdot 6H_2O$ 或 $NiSO_4 \cdot 7H_2O$
橙黄色	Cr_2O_3	0.2—0.5	$(NH_4)_2Cr_2O_7$
	NiO	—0.5	$Ni(NO_3)_2 \cdot 6H_2O$ 或 $NiSO_4 \cdot 7H_2O$
变色	V_2O_5	3—4	NH_4VO_3
蓝色	Fe_2O_3	0.1—0.5	$NH_4Fe(SO_4)_2 \cdot 12H_2O$ 或 $(NH_4)_2Fe(SO_4)_2 \cdot 6H_2O$
	TiO_2	0.1—0.3	$(NH_4)TiFe$ 或 $TiOSO_4 \cdot 2H_2O$
紫色	Cr_2O_3	—0.3	
	Fe_2O_3	—0.5	
	TiO_2	—0.3	

线衍射验证的实际结构 C_2 的区别.

(2) *刚玉宝石的定向生长* 刚玉既然属于单轴晶系，则其许多物理性能表现出了各向异性. 也就是说，刚玉的许多热学、光学等性能，即热导、热膨胀、折射率的数值在垂直于 C 轴(又叫光轴) 和平行 C 轴上表现均不相同. 首先将刚玉的这种各向异性联系到生长的开裂问题. 焰熔法生长刚玉型宝石在早期是下粉后自然成核生长的. 由于焰熔炉中温度梯度大,而熄火后又突然冷却，宝石中形成了很大的内应力，很多宝石往往就会开裂. 人们进而研究了自然成核时晶体取向与成品率的关系. 后来发现，生长取向在与光轴夹角为 60°—70° 之间时,成品率最高，低角度时则很低;在接近 90° 时成品率也不高(见图 9.3). 这样一个成品率与生长取向的示意图，还是很粗略的，但是它启示了人们，为了得到较高的成品率，生长轴与光轴的夹角一般都采用 60°—70° 左右。

(3) *半梨晶宝石的形成* 上已述及，60°—70° 取向的宝石不太开裂，成品率高。但实际上，这种 60°—70° 的宝石虽然外观完整，无裂痕，其晶体内部的应力仍然很大，这是因为刚玉的许多物理参量与光轴均表现成一个椭球体。例如，其垂直于 C 轴的热膨胀系数为 $5.4\times10^{-6}/℃$；在平行于轴的则为 $6.2\times10^{-6}/℃$，其他方向则在两者之间。当生长取向为 60°—70° 时，应力集中在生长轴与光轴相交的面上。这个面会自然开裂(见图 9.4)，因此在熄火后，为了防止宝石自然开裂，可以有意识地按光轴与生长轴相交的面对开宝石，以消除这种内应力。当然也可以在 1800℃ 以上热处理以消除这种对开的内应力。但作为装饰宝石尺寸不大，用对开而消除应力的宝石来加工小型装饰品，在尺寸上能够满足，进行高温热处理，就不值得了。

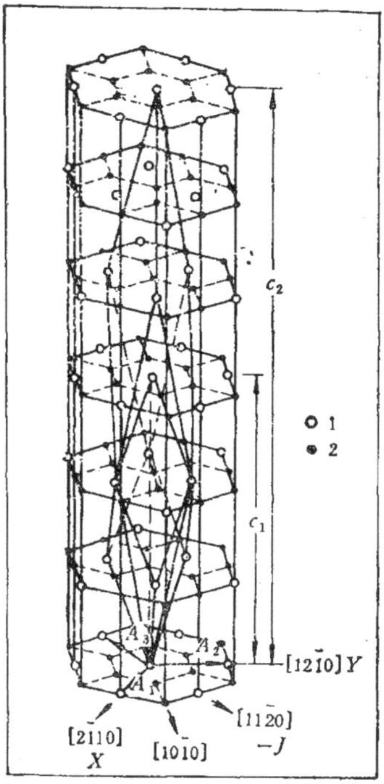

图 9.2 刚玉宝石的结构示意图.
○ 1 代表结构中的空位；
● 2 代表铝离子.

(4) *宝石的定向方法* 要得到定向籽晶，需掌握定向方法。宝石的定向方法有三种。一是 X 射线 Laue 定向法，它是一种一般晶体的定向方法。角度可以定得很准，可以用 Laue 图或刚玉定向标准图来定准确。此处不拟详述。二是偏振光定向法，这种方法对红宝石最合适。应用偏光显微镜或偏振仪，根据两次消光原理找到刚玉的光轴和垂直光轴的方向，然后利用红宝石的多色性原理来确定两次消光中哪个是光轴，哪个是垂直光轴的方向．其办法是：除去偏光镜或干涉仪上的上偏光镜（即分析镜），把红宝石放在载物旋转台上旋转，当光通过红宝石呈较弱的橙红色，则该方向为光轴，当光通过红宝石而呈强紫红色，则该方向为垂直光轴方向．然后根据这两方向确定生长取向，此方法精确度虽然不高，为 1°—3°，但是在已有的

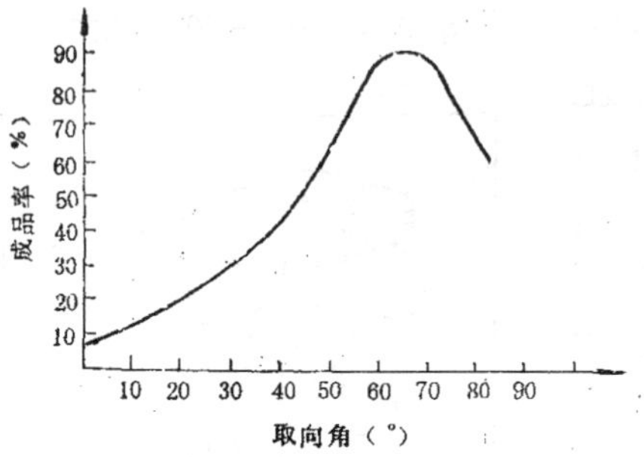

图 9.3 刚玉宝石的成品率与其生长取向的关系．

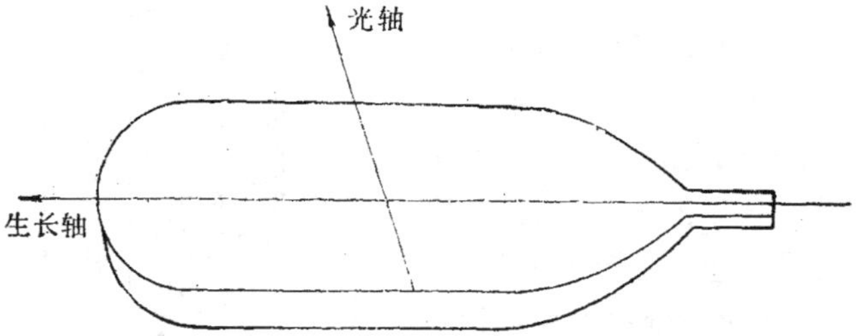

图 9.4 宝石劈裂面是光轴与生长轴相交的面．

半梨晶的工作基础上做大量的定向工作是最方便的．三是激光定向法．此方法基于如下的原理：焰熔法生长的宝石梨晶粗糙表面有许多小晶面，表征了某一结晶方向，激光通过晶体时，光线由于折射，最后能绘出表征晶向的光斑．由于对刚玉宝石对称性的了解和晶体的相对转动，就可以很快地把晶体取向定出．此法简单，定向手续迅速，是一种无损检测方法．在我国（天津南开大学成果）及许多国家均有这种刚玉宝石激光定向仪出售．

9.1.3 焰熔晶体生长设备

用焰熔法生长晶体时，晶体生长过程及晶体的质量在相当大

的程度上取决于晶体生长设备的性能。在这一节里，我们将结合晶体生长条件对焰熔法晶体生长装置的几个主要部件进行讨论。

（1）*火焰燃烧及燃烧装置*　火焰是熔融粉料和形成适当的结晶温度场的热源。最常用的是氢氧火焰。火焰喷燃器是焰熔生长炉的关键部件。

氢和氧的反应生成热是 57.80kcal/mol，按化学配比燃烧的氢氧火焰能产生2800℃的高温。典型的火焰喷燃器的结构如图9.5所示，一般都用不锈钢制作，主要是由两根同心的圆管套在一起组成。生长晶体时，粉料连同氧气通过中间的一根管从喷口喷出，而氢气则经由两管之间的夹层。氢气流经的通道上通常要设置几层带小孔的挡板。按照反应的化学配比，氢与氧的流量应该是2:1，但实际生长宝石晶体时，氢氧的流量比一般都取为2.2:1到2.6:1。氢的含量比完全反应时所需要的量多，称为富氢火焰。生长晶体时，氧气连同粉料一起由氧气管经喷口喷出与挡板喷出的氢气通过扩散过程

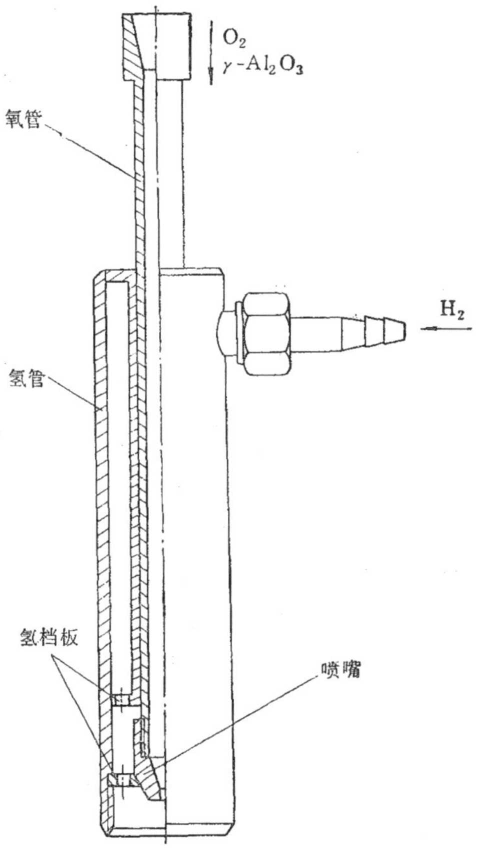

图9.5　典型的火焰喷燃器.

彼此混合，被先前的燃烧产物加热到着火点而开始燃烧.随着气体混合的完善和温升，反应达到高潮，反应的生成热把反应产物、粉料及未参与反应的余气加热到高温而形成火焰最明亮的部分；对于富氢火焰，反应剩余的氢气流出生长炉后，再与空气中的氧混合燃烧，形成外逸在炉口的火焰(因此，生长晶体时，可以从炉口外逸火焰的强度和特征来判断气体流量是否合适). 通常把这类火焰称为扩散火焰，与此相对应，如果把氢氧气体预先在一个容器中按比例混合好，然后再流入喷枪燃烧，则称为预混火焰，预混火焰的燃烧比较均匀、稳定，但稍有不慎就会因回火而引起气体在预混器中激烈爆炸，所以都不使用.

焰熔法生长晶体时，由于是富氢火焰，反应生成热的总量主要取决于氧的流量，故相比之下，火焰的温度和温度分布与氧气的分布和流量的关系更密切. 在晶体生长过程中，增大氧流量时，反应热相应增加；高温区的位置将下移，使原生长面处的温度升高. 当增加氢气时，反应热不会增加，但却使气流的混合过程加快，燃烧反应的位置将向上移，多余的氢气还将带走部分热量，表现在晶体生长面上的温度就会降低一些，但其作用比氧气量的变化小. 所以，生长晶体时，为了获得一个稳定的生长条件，气体流量，尤其是氧气流量的控制是长好晶体的关键之一.

火焰燃烧形成的温度分布与氢氧气体离开喷枪后的流动状态及混合过程有很大关系，两股同心气流的混合强度与两股气流速度的绝对值无关，而仅取决于两股气流速度的比值，两速度的比值越大，则用相对长度来表示的达到完全混合的路程愈短. 当两股气流有一定交角时，混合过程将加速，当交角在 30° 以下时对气流混合的影响还较小；而当交角大于 70° 时，混合过程将主要取决于交角，而与气流速度无关，因此，火焰喷枪的氧喷口的形状对火焰分布和燃烧情况影响很大. 通常，氧喷口收口的锥度取 35°—60°，氧喷口的出口直径是由所使用的氧流量及氢气的燃烧特性所决定的，出口直径较大，可以使火焰在横向的温度分布更加均匀，有利于生长大直径的晶体，但如果口径太大，则可能使氧气离开喷口的速度达不到所需的最小速率(由氢气的燃烧速率决定)，因而引起回火，通常使用的喷口速度直径为 1.5—4.5 mm. 小直径和小锥度的喷咀一般是作籽晶生长用的，大直径晶体用的氧喷咀锥角和直径都大一些. 在有些情况下，需要生长大直径的晶体，单纯靠增大气喷口直径是不行的，喷口直径加大之后，为了防止回火，必须保持氧气出口的流速，势必加大氧流量，结果使发热量超过需要，造成局部温度过高，对晶体生长不利. 为了解决这个问题，常常在原来的两层喷枪外再加一层同心圆管，成为三层的氧-氢-氧火焰喷枪，使氢氧气流的混合燃烧在横截面上更加均匀一些，以有利于生长大直径的晶体和提高晶体质量.

为了使生长晶体时粉料能通畅地下落和避免气流扰动，导粉管、氧喷枪等零部件的内壁都要十分光滑，零件接头处不能形成台阶. 通过喷枪的氢氧气对喷枪本身有冷却作用，所以一般不用水冷装置，但对于用来生长大直径晶体的大型喷枪及多层喷枪，为安全可靠起见，也经常要增加水冷装置.

虽然对火焰喷枪作过种种改进，但它的基本结构一直没有多大变化.

燃料气体除氢气以外，国外曾试用过其它一些可燃气体，如乙炔、一氧化碳等等，效果都不好. 显然，这些气体中的碳会对所生长的晶体造成严重污染.

(2) 供气系统和气压稳定装置　生长宝石晶体的耗气量，由于生长条件和设备不同，差别很大. 通常，一台宝石炉氢气的用量是 1.5—2.5m^3/h，氧的用量是 0.6—1.2m^3/h. 气体进入火焰喷枪前的气压约为 1×10^5—3×10^5(Pa)，由于气体中可能会带有有害杂质(如钾、钠等)，因此对所用气体的纯度应给予足够的重视.

流量可用针状阀来精确控制，由于对流量调节要求严格，所用的针状阀要有足够高的精度.

气源压力的波动将造成晶体生长界面的不稳定，严重影响晶体质量，建立大型贮气柜以缓冲气流压力波动是行之有效的方法，但设备体积庞大，笨重. 对于实验室或小规模工厂，可以使用带有气压负反馈的气动定值器，效果也很好。

(3) 结晶炉体　氢氧火焰在结晶炉体内燃烧，通过结晶炉体的保温作用获得一个适合晶体生长的温度场。结晶炉常用定型的耐火材料制品，也可以用粘土加氧化铝砂及少量粘合剂捣筑而成，炉体纵剖面的形状如图 9.6 所示，大家形象地称它为“酒瓶式”。为监视晶体生长情况，在晶体生长界面位置可钻一个或互相垂直的两个孔作观察用。生长界面与火焰喷枪出口间的距离是需要严格控制的参数，一般取为 15cm 左右，但还需依据喷枪结构及炉体形状的不同而作一些必要调整。燃料混合及火焰燃烧的主要过程就是在这段距离内完成的。结晶炉体内壁的温度分布对生长条件影响很大。内壁空间太大时，温度过低，温度梯度太大，晶体内会形成巨大的热应力及其它缺陷。减小内壁空间能增高环境温度，但与高温气流接触的可能性也变大，高温火焰气流中夹带的熔融粉料会逐渐沉积在炉壁上，成为多晶氧化铝“结圈”，影响生长条件的稳定性。

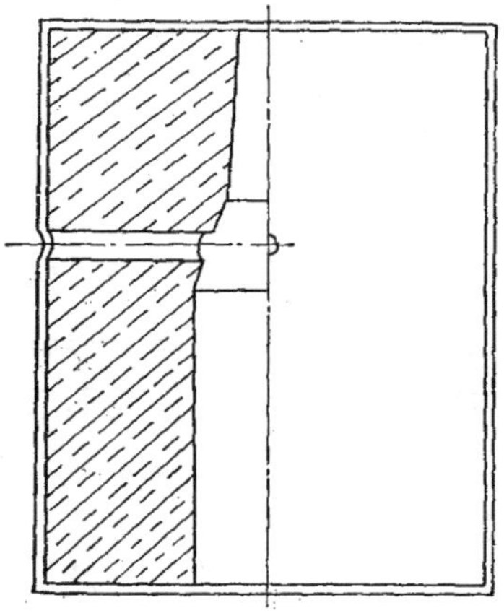

图 9.6　结晶炉体的构形.

结晶炉体的构造与火焰喷枪的关系极为密切，因此炉体的形状和具体尺寸要与所用的喷枪一起通过试验确定。

炉体生长区以下的部分利用高温火焰气流的余热对已长成的晶体起保温作用。炉体保温区的长度不必比生长的晶体长，短炉体可以长成比它长很多的晶体。

(4) 下料系统及下降机构　下料系统的作用是按照要求的速率均匀地把粉料输送到氧喷管里去，最常见的典型结构是利用一个马达带动的小锤以一定频率去敲击料斗来实现的。料斗通常由相通的上下两个容器构成,下层容器的底是一个筛网,使用双层结构的容器可以实现在生长过程中补充加料的操作，下粉量可以通过调整小锤的打击力量来控制. 为了避免敲打造成的振动太大，通常是用一根连杆与筛网连接，小锤的敲打只振动筛网.

其它还有螺旋送料器,电磁振动器等结构的设计.

为使晶体生长面始终保持在一个水平面上,随着晶体的长大,需要将已长成的晶体同步的向下移动. 这常用丝杠-拖板-导轨结构、液压活塞等机械装置来完成. 对于生长的晶体长度不长,而且是固定的工业用宝石,可采用更为简单的凸轮结构.

籽晶杆装在下降器的托盘上,用来安装籽晶,并支承生长出的晶体. 由于在高温气体的冲刷下工作，一般都使用碳化硅棒或再结晶氧化铝多晶棒制作. 在籽晶杆的下面安装伺服电机，可以使其自转,让晶体生长条件更为均匀. 但一般生产工业宝石时,不需要自转装置.

火焰法晶体生长炉的料斗、火焰喷枪，炉体下降器、籽晶杆等都要安装固定在一个稳固的支架上. 各个部件的连接也要考虑稳固和便于调整中心. 做到下粉中心线、火焰喷枪中心线与炉体的中心轴线重合，并与下降装置的导轨线平行才行. 籽晶杆则要放在一个 X-Y 两个轴向可调整的平台上.

(5) 焰熔炉的自动控制　为了保持稳定的晶体生长条件，以获得高质量的晶体,结晶温度场的稳定和精确控制是非常重要的. 焰熔炉的温度稳定首先取决于氧气氢气气源压力和流量的稳定. 气流的任何微小波动都会导致生长界面的不稳定. 在正常情况下，焰熔法生长晶体的重复性和稳定性是很好的. 气流的稳定和调节问题解决之后,一个人可以同时照看十台甚至更多的炉子,进行统一操作.

用焰熔法生长晶体时的另一个重要问题是在生产过程中保持生长界面始终处在同一位置，为此需要严格控制下粉量、下降速度、生长速率等参数的同步,才能得到高质量的宝石晶体. 要保持恰当的生长位置及晶体外形，需要操作人员有较丰富的经验和操作技巧．为此，提出了生长位置及晶体外形的自动控制的问题．

在观察窗口外面安一面透镜，可以把炉内晶体顶端附近的图象投影到一个屏幕上，这样就更容易观测到晶体生长位置及界面形状的细微变化，从而及时地采取调节措施．如果用光电元件来接受屏幕上的投影作为反馈信号，加上适当的调节装置，整个系统就可以实现闭环自动调节[2]．

晶体生长时，火焰气体的热辐射系统很小，晶体顶部附近炉壁内侧的温度主要取决于晶体顶部附近的热辐射．炉壁内侧表面的温度与炉壁与晶体之间的相对位置密切相关，基于这样一个事实，在生长面附近的炉壁距表面几个毫米的某个点上插入一付热电偶，当晶体开始正常生长，炉壁温度达到热平衡之后，热电偶输出的变化，就对应于晶体生长面相对于热电偶位置的变化．用这样的方法可以使生长端面的位置保持恒定．整个生长过程中基本上可以不需要操作人员的干预就可以获得外形和质量较好的晶体[3]．

使用了气源稳定装置和生长界面位置自动控制系统之后，如果生长参数选择合适，装置工作稳定可靠的话，在工业生产中，可以做到按事先选定的程序，成批的获得外形近乎一致的宝石晶体．

(6) *盘状宝石与盘状宝石炉* 前面叙述的设备可以生长直径为 2—2.5cm、长度甚至可达 1m 的杆状宝石，为某些需要，曾经发展过一种生长大直径圆盘状宝石的盘状宝石炉，它的基本原理和结构如图 9.7 所示，与普通火焰生长炉的不同点在于它的籽晶杆轴线是与火焰轴线垂直的，在生长过程中，籽晶杆带动的晶体不断自转，熔融的粉料在圆盘状的晶体圆周边缘上不断沉积生长，结果就成为一个圆盘状的宝石单晶，为了保持生长界面在一定的水平位置上，籽晶杆应该随着圆盘直径的增大而同步地向下移动．

利用盘状宝石炉可以长成直径 10—15 cm 的盘状宝石，可以在红宝石圆柱捧外面再长一层白宝石等等．

由于提拉法特别是坩埚下降法或热交换法生长宝石晶体技术近年来发展很快，能长成多种形状、尺度相当大的各种宝石晶体，

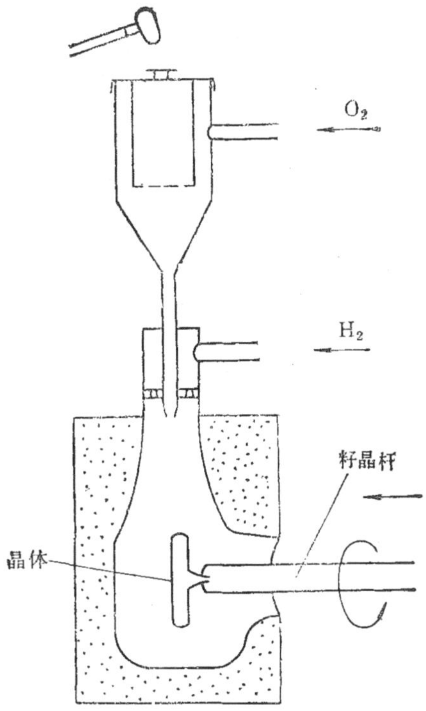

图 9.7　盘状宝石炉结构图.

而且晶体的光学质量相当的好，因此，火焰法生长盘状宝石的工作几乎已被这些技术所替代。

9.1.4　宝石晶体的退火处理

氢氧火焰的燃烧快、温度高，粉料熔融时间很短暂，晶体生长界面附近的温度梯度非常大。因此，用火焰法生长的宝石晶体的热应力非常大，这也是晶体中缺陷很多的直接原因。

在热应力的作用下，火焰法生长的宝石晶体很容易沿劈裂面开裂，劈裂面通常是由光轴和生长轴线的方向所决定的平面。晶体在劈裂过程中，恢复了弹性形变而释放出部分热应力。作轴承用的工业宝石，就是通过这种方式来消除部分热应力的。

当热应力更大，或需要切割体积较大的宝石晶体元件时，就需要在晶体加工之前先进行高温退火处理以消除热应力。退火处理的基本要求是把生长出的宝石晶体重新放置到一个分布均匀的高温温度场中，通过分子热运动以消除原先的弹性形变。要使晶体在退火处理后达到在加工过程中不再开裂的要求，退火温度要在 1800℃ 以上。要得到更好的效果，退火温度还要再高，达到接近熔点的温度才行。

接近熔点的高温退火处理，不仅能消除热应力、降低位错密度，而且能使由热应力引起的双轴的锥光图恢复到接近于单轴的。在高温处理过程中，通过分子扩散作用，含铬分布也会变得比较均匀。

用煤气或氢气燃烧作热源的反射炉的工作温度可以达到 1800℃。这种设备构造简单，炉膛容积大，一次可以处理一批宝石。缺点是以气体燃料为热源，不容易做到温度均匀，温度也不好控制，尤其在升温过程中的热冲击很大，晶体往往在升温过程中就开裂了。

比较理想的设备是高温电阻炉，工作温度可以达到 2000℃ 以上，而且可以根据需要连续调节，升降温过程很平稳退火处理的效果也很好。电阻炉的发热元件通常采用石墨、钨、钼等高温材料制作。为防止元件氧化，应在真空或中性气氛下工作。

使用石墨制作高温元件要注意的是，Al_2O_3 与碳直接接触在高温时会产生化学反应，生成易于升华的 Al_4C_3 粉末，而使石墨元件遭到破坏，宝石晶体也会被腐蚀掉，反应大致从 1500℃ 开始，随温度的升高而变得非常激烈。因此，使用石墨加热元件的高温炉，凡宝石与石墨接触的部位都必须用钼片（0.2—0.4mm 厚）隔开。

高温电阻炉的使用效果好，容易控制、成品率高，一台维护得好的高温炉可以用几千小时而不需要更换主要部件，但设备结构复杂，投资较多。

§9.2 石榴石型装饰宝石的研制

天然形成的石榴石有十多种，主要是金属的硅酸盐。其中有些确可作为装饰品，因而启发了人们用人工的方法制备石榴石型装饰宝石。人工研制的石榴石，如钇铁石榴石（YIG）、钇铝石榴石（YAG）和钆镓石榴石（GGG）等已广泛用于微波、激光和磁泡基片等方面。以上三种石榴石也代表了自50年代至70年代先后发展起来的三大类人工石榴石，即由稀土和铁、铝、镓分别完全取代天然石榴石中的金属元素和硅所形成的稀土铁石榴石、稀土铝石榴石和稀土镓石榴石。在这三类稀土石榴石中，稀土铁石榴石不透明，难以用作装饰品；稀土铝石榴石存在折射率不够高，不易掺质等问题。稀土镓石榴石由于其本身的结构特点，不但能进行多种形式的掺质，而且通过辐照还可以形成稳定的色心，使其单晶体呈现绚丽多彩的漂亮颜色，最适宜作为装饰宝石材料。本节将着重在这方面进行讨论。

9.2.1 稀土镓石榴石的结构和特点

一般说来稀土镓石榴石的化学式可表示为 $Re_3Ga_5O_{12}$。其空间群为 O_h^{10}-I_a3d，属立方晶系。在稀土镓石榴石的每个单位晶胞中含有8个化学式分子。其中共有24个由8个氧离子配位的十二面体 C 格位，16个由6个氧离子配位的八面体的 A 格位，24个由4个氧离子配位的四面体的 D 格位，氧的总格位数为96个。如图9.8所示，石榴石的晶胞可看作是十二面体、八面体和四面体的联接网。

在稀土镓石榴石晶体中，各种元素的原子结构位置取决于它们的离子半径。表9.2列出了一些有关元素的离子半径及其所占格位和配位数的关系。由表中可见，稀土离子半径较大，故总是占

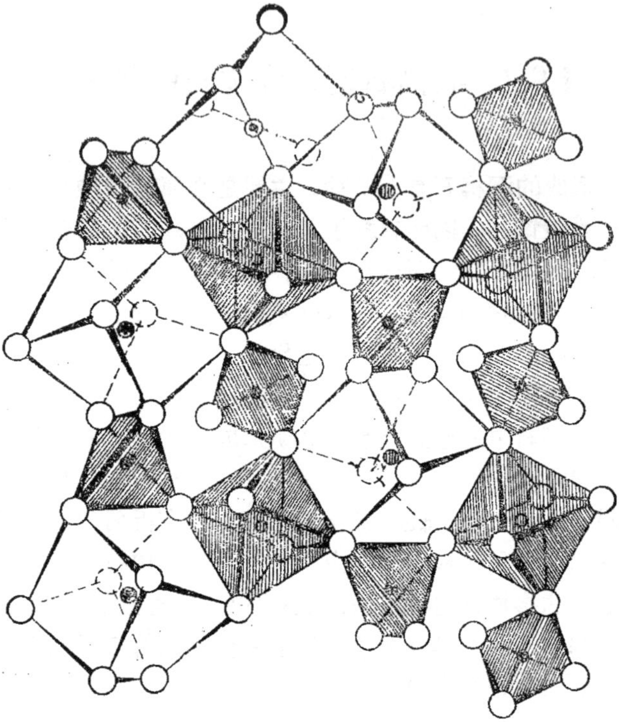

图 9.8　石榴石的结构可以看作是十二面体、八面体和四面体的联接网.

据十二面体中心 *C* 格位．而镓则占据八面体中心 *A* 格位形成体心立方结构和四面体中心 *D* 格位．同样由于离子半径的不同，在对稀土镓石榴石掺质时，被掺入的稀土离子多半是在十二面体 *C* 格位上取代原有的稀土离子；而 Cr^{3+} 离子以及其他过渡元素离子则进入正八面体中心 *A* 格位取代那里的 Ga^{3+} 离子．一般说来，正四面体中心 *D* 格位的 Ga^{3+} 离子不能被取代．稀土铝石榴石中的 Al^{3+} 离子半径较小，故不易为过渡金属离子取代而实现掺质．而镓离子的半径却与过渡族离子接近，所以易于为许多过渡族离子取代而实现掺质，使晶体颜色变得多样化．稀土镓石榴石的这一结构特点，是它被作为制备人工装饰宝石的重要原因。

表 9.2 一些元素中离子半径与所占格位之间的关系[4]

离子	离子半径（$\times 10^{-2}$nm）	离子格位	配位数
Ca^{2+}	1.12	*C*	8
Nd^{3+}	1.12	*C*	8
Gd^{3+}	1.06	*C*	8
Tb^{3+}	1.04	*C*	8
Eu^{3+}	1.07	*C*	8
Y^{3+}	1.015	*C*	8
Sc^{3+}	0.73	*A*	6
Mg^{2+}	0.72	*A*	6
Zr^{4+}	0.72	*A*	6
Ga^{3+}	0.62	*A*	6
Cr^{3+}	0.615	*A*	6
Co^{3+}	0.61	*A*	6
Ni^{3+}	0.60	*A*	6

9.2.2 稀土镓石榴石的生长

提拉法是目前生长稀土镓石榴石的主要方法．掺质和非掺质的生长只在于原料的区别和是否需要考虑掺质分凝的问题，而生长方法和设备是一样的．因此，本节以钆镓石榴石（GGG）为例，讨论一般镓石榴石的生长[5]．有关分凝的问题，留待后面讨论．

（1）原料制备　晶体生长用的初始原料为氧化镓（Ga_2O_3）和氧化钆（Gd_2O_3）．分别先经过 750℃ 和 1150℃ 的焙烧，以使剩余硝酸镓完全分解和使两种原料脱水．焙烧好的两种原料按理想化学配比称量、混合，经压机压紧后在 1250℃ 焙烧进行固相反应．充分反应后的原料可供晶体生长使用．

（2）保护气氛　GGG 的熔点为 1750℃ 左右．因此高频或中频感应加热、铱坩埚的提拉法是适用的．由于 Ga_2O_3 在其熔点附近会分解，而且铱坩埚也有一个氧化的问题，因此，一般采用高纯氮气作保护气体并掺入 2% 的高纯氧，这样即可保护铱坩埚又能避免料的分解．用氧抑制 Ga_2O_3 分解的反应式为

$$Ga_2O_3 \rightleftharpoons Ga_2O + O_2\uparrow.$$

一般保护气氛为流动气体，其流量在 1000—2000ml/min.

(3) 晶体生长条件　晶体的提拉速度一般在 5—10 mm/h 范围内. 若掺质或生长大直径晶体，则需视情况而变. 选择适当的晶体转速，可改善生长界面的热场条件. 一般 GGG 生长需要较快的转速，以保证晶体呈平面生长，避免核心的产生. 生长最合适的方向为〈111〉. 用后加热和其他方法调节生长区的温场分布是保证晶体质量的重要手段，有利于防止晶体的生长后开裂. 此外，等径生长对消除各种缺陷也有很大帮助. 图 9.9 示出的是生长装置示意图.

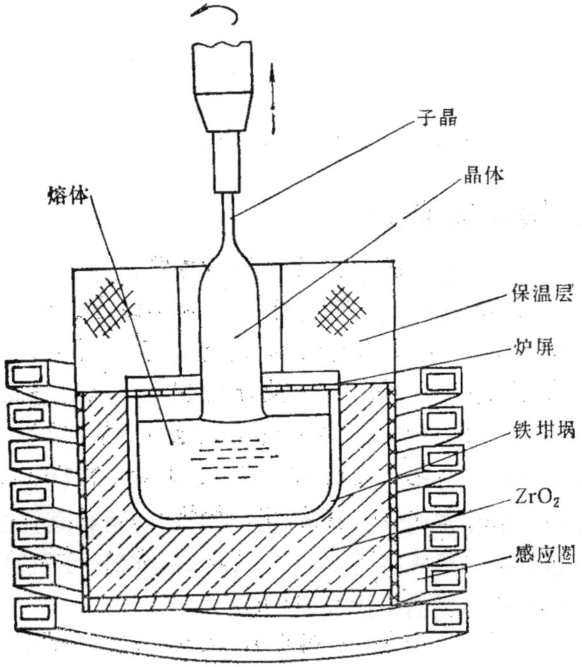

图 9.9　GGG 单晶生长装置.

9.2.3　掺质、透过率及石榴石的辐照改色研究

(1) 稀土镓石榴石的掺质生长　稀土镓石榴石 [如钆镓石榴

石（GGG)、钇镓石榴石（YGG）和铽镓石榴石（TGG)］均为无色透明，用作装饰宝石并不美观．而以钕、铒、镝等稀土制备的NdGG,ErGG和DyGG宝石材料虽有颜色，或者颜色太深，或者价格太高，因而也不够理想．这个问题是用将少量过渡族元素或稀土掺入稀土镓石榴石的方法来解决的．

掺质GGG或YGG的生长方法与非掺质相同．常用的掺质为Cr，Co和Ni等过渡金属的氧化物和稀土Nd，Er和Dy的氧化物．较之非掺质生长，掺质生长存在着一个分凝的问题．不同的掺质掺入不同的母料，分凝系数有的大于1，有的小于1。接近1的水平也不同．例如，$GGG:Cr^{3+}$的生长就曾发现有效分凝系数高达2.7．晶体由开始的深绿，变为底部几乎无色．而相同生长条件下的$GGG:Co^{3+}$有效分凝系数小于1，虽然浅蓝色的晶体颜色自上而下变深，但并不十分明显．

稀土石榴石的掺质浓度最终取决于有效分凝系数，改变生长条件可使掺质的有效分凝系数在一定范围内改变，从而改变掺入杂质的多少．研究掺质分凝问题，有助于得到掺质均匀的宝石晶体．但一般说来，即使整个宝石晶碇颜色不均，而从晶体的某一局部加工出来的装饰品（如耳坠、戒面等），则无须担心颜色差异的问题．

（2）晶体的透过率与颜色　一般情况下，无色透明的稀土镓石榴石晶体通过掺质后，其吸收光谱在可见光波长范围内将出现吸收峰，也就是改变了透射光的波长分布和强度，因而出现了晶体颜色的变化。图9.10至图9.13分别示出掺Cr^{3+}，Co^{3+}，Ni^{3+}及Nd^{3+}的GGG晶体的透过率曲线[6]．未掺质、未辐照的GGG透过率在可见光区很高，晶体无色透明．当掺入Cr^{3+}后（图9.10），其透过率曲线在450nm和630nm两处出现吸收带，而在大约530nm处透过率较高，因此晶体呈绿色．晶体的颜色与波长的关系可参见表9.3给出的Kelly命名的颜色[7]．由于类似原因，掺Co^{3+}的GGG呈蓝色，掺Ni^{3+}的GGG呈桔红色（图9.11，图9.12)．此外，将钕掺入GGG以代替部分钆形成$GGG:Nd^{3+}$，则使透过

表 9.3 可见光谱根据 Kelly 命名的颜色

颜色	波长范围(nm)
蓝紫	380—430
蓝	465—482
绿蓝	482—487
绿	498—530
绿黄	570—575
黄	575—580
橙	586—596
红橙	596—620
红	620—680

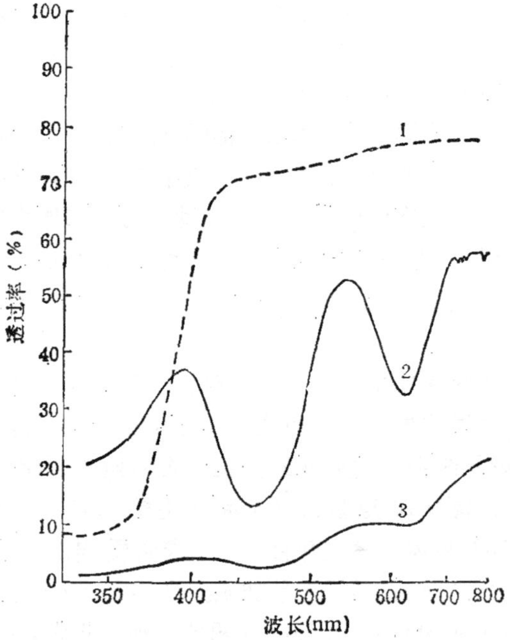

图 9.10 纯 GGG1 掺 Cr^{3+} GGG2 和辐照过的掺 Cr^{3+}GGG3 之间透过率的比较.

率变得十分复杂(图 9.13),并在长波长一侧大约 600nm 和 750nm 出现两个大的吸收峰. 因此,GGG:Nd^{3+} 的颜色就变成了粉紫色.

表 9.4 GGG 晶体中掺质与颜色的关系

掺质离子	部分替代离子	颜色
Cr^{3+}	Ga^{3+}	绿
Co^{3+}	Ga^{3+}	蓝
Ni^{3+}	Ga^{3+}	桔红
Nd^{3+}	Gd^{3+}	粉紫
Er^{3+}	Gd^{3+}	粉红
Ca^{2+}	Gd^{3+}	淡黄色
Ca^{2+}, Zr^{4+}	Gd^{3+} 及 Ga^{3+}	无色
Dy^{3+}	Gd^{3+}	无色
Eu^{3+}	Gd^{3+}	无色

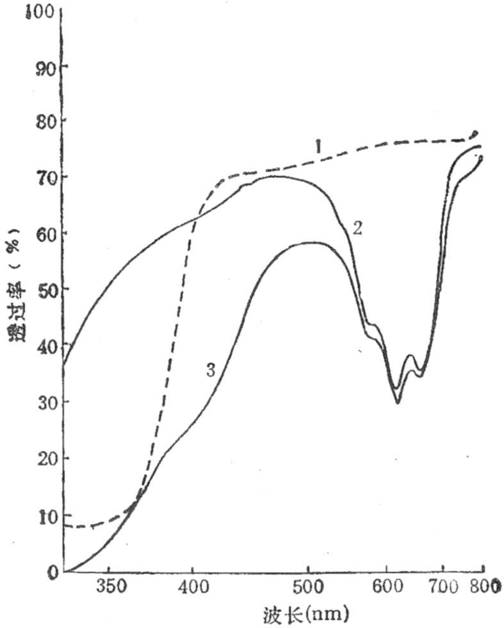

图 9.11 纯 GGG1、掺 Co^{3+}GGG2 和辐照过的掺 Co^{3+}GGG3 之间透过率的比较.

表 9.4 列出了掺质与颜色的关系．掺质的晶体，若再经辐照，又可进一步改变颜色。

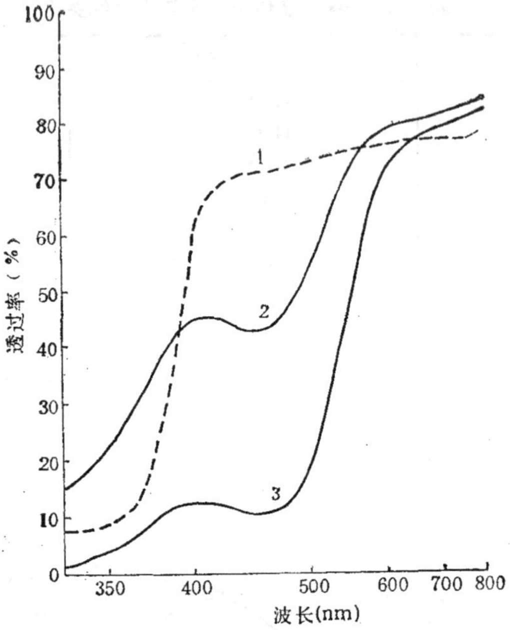

图 9.12　纯 GGG 1、掺 Ni^{3+}GGG 2 和辐照过的掺 Ni^{3+}GGG 3 之间透过率的比较.

（3）辐照改色研究　稀土镓石榴石颜色也可用热处理、紫外辐照、γ 辐照及电子辐照等方法，在晶体中形成色心来改变．辐照的目的，是希望得到更奇异、更绚丽多彩的宝石颜色．有关掺质 GGG 的晶体改色研究，曾有详细的报道[8]．实验证明，掺过渡金属的 GGG 辐照后颜色多半变深变暗．但也有个别的颜色比较美丽，如 GGG:Ni^{3+}．而掺稀土（Dy，Er，Nd 等）的 GGG 则发现辐照后在 420nm 附近产生色心吸收峰，使其在蓝色区的透过率下降．晶体颜色变成桔红色或红棕色，也较原色更加美丽．实验还发现，应用 γ 射线和电子辐照所得的改色结果是相同的．辐照后的透过率曲线没有很大差别[8]．辐照改色的结果已列于表 9.5．辐照改色的晶体，有些经过数年尚未发现退色（即恢复辐照前的颜色），但也有个别晶体，如含钪双掺（Nd^{3+} 及 Cr^{3+}）GGG，紫外

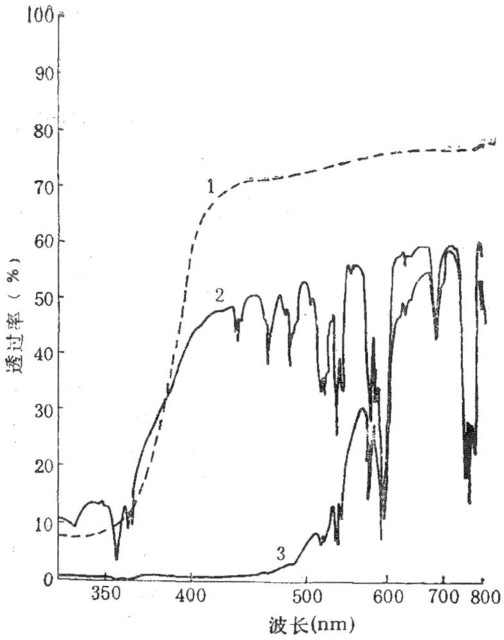

图 9.13 纯 GGG1、掺 Nd^{3+}GGG2 和辐照过的掺 Nd^{3+}GGG3 之间透过率的比较.

辐照后不到半小时即发现退色。

（4）*改变基质晶胞常数引起的改色* 以稀土镓石榴石作为基质的宝石，如果将基质晶胞常数改变，也会引起改色。例如钇镓石榴石(YGG)，其晶胞常数为 1.2285—1.2291 nm。当熔入少量的钆后形成钇钆镓石榴石 (Y,Gd)GG，则晶胞常数可以达到 1.2345[9]。如果将 (Y, Gd)GG 基质晶体再掺 Cr^{3+}，则形成 (Y, Gd) GG:Cr^{3+} 的绿色宝石。实验证明，不同含 Gd 量的 (Y,Gd)GG:Cr^{3+}(即基质具有不同的晶胞大小)，其宝石颜色略有不同，从草绿色向纯绿色方向改变。图 9.14 示出了其颜色的变化，图 9.14 中透过率曲线(1,4)(2,5)和(3,6)各自显示出不同的透过峰值随 Gd 含量的变化而变。

表 9.5 掺质钆镓石榴石辐照前后的对比[6]

编号	样 品	颜色	辐照剂量	晶体样品的透过率曲线	备 注
1.	掺钴 GGG (GGG:Co)			图6,三者的透过率曲线形状一致，透过峰在 500 nm	
	未辐照	蓝			
	γ 辐照	蓝	2×20^6rad		
	电子辐照	蓝	2×10^6rad		
2.	掺镍 GGG (GGG:Ni)			图7,辐照后晶体的透过率曲线向长波方向移动	辐照后显得很美丽
	未辐照	棕			
	γ 辐照	红棕	4×10^6rad		
3.	掺钙、锆GGG (GGG:CaZr)			图8，420 nm 附近有吸收,透过峰在700—800 nm 处	
	未辐照	无色			
	γ 辐照	棕黄色			
4.	掺镝 GGG (GGG:Dy)			图9，420 nm 附近出现吸收峰,透过峰,在600—800 nm 处	颜色很美丽
	未辐照	无色			
	γ 辐照	橘红	2×10^6rad		
	电子辐照	橘红	2×10^6rad		
5.	掺铕 GGG (GGG:Eu)			图10，420nm 附近有吸收峰，透过最大值在 450—800nm 处	颜色较美丽
	未辐照	无色			
	γ 辐照	茶红	$(5+8)\times10^6$ rad		
6.	掺钕 GGG (GGG:Nd)			图11	颜色不完全一样，可能与掺钕浓度有关
	未辐照	粉紫			
	γ 辐照	棕、红棕	$(5+8)\times10^6$ rad		
	电子辐照	红棕			

9.2.4 结论

作为一种人工宝石，如果仅仅简单地凭几种掺质而改变颜色，那就会显得颜色内容十分单调，正在研制过程中的稀土镓石榴石则不然，除单掺、双掺而改变颜色外，还可以由辐照、热处理、改变

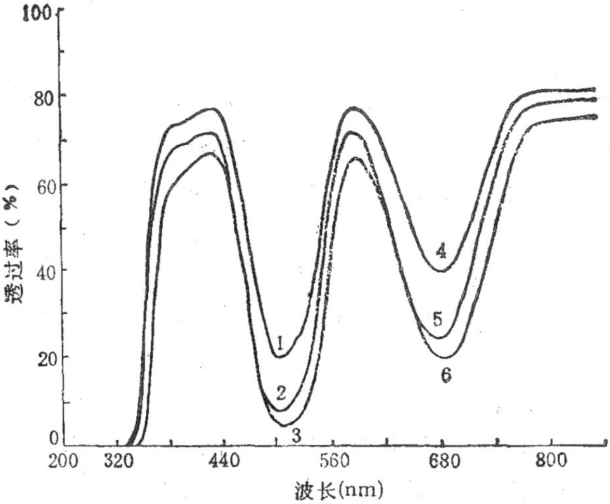

图9.14 不同含量 Gd 的 (Y,Gd)GG:Cr 晶体的透过率,曲线(1,4)、(2,5)及(3,6)各代表不同 Gd 含量晶体中 Cr^{3+} 的宽带和峰值.

晶胞常数和产生稳定色心等[10]来改变颜色.

对于稀土镓石榴石来说，由于其结构的特点产生了颜色的多样化和易于调节颜色的种种可能，这种可能性使宝石颜色千变万化绚丽多彩,这就奠定了它的研制开发的远大前景.

肉眼认为好看的颜色,单从肉眼来识别是不够的,只有提高到透过波长的测定,吸收峰的确立,才能肯定其颜色上的区别.

§9.3 高频冷坩埚技术和立方氧化锆晶体生长

众所周知，自从1905年化学家 Verneuil 用焰熔法合成红宝石(红色刚玉)以后,打破了天然宝石一统天下的局面. 这以后,各种合成宝石相继出现,其中，产量最大,销量最多的是立方氧化锆

（CZ）宝石，自从 1976 年投入宝石市场以来，它迅速取代了其它钻石仿制品——YAG，GGG，$SrTiO_3$ 等，一跃而成了风行世界的合成宝石.

Y 稳定立方氧化锆晶体，折射率高（2.1—2.2），色散也高（0.06），硬度适中（莫氏 8.2），化学稳定性好，用它做成的刻面宝石，与天然钻石极为相似. 另外，CZ 晶体极易掺杂着色，生长成各种颜色的晶体，色彩艳丽迷人，可与名贵的天然彩色宝石相媲美. 因此，深受宝石商和消费者的欢迎. CZ 晶体除做宝石用外，还是一种优良的光学材料和激光基质材料，所以生长这种晶体，具有重要的意义.

由于 ZrO_2 熔点很高（2730℃），用大家熟知的一般晶体生长技术来制备这种晶体是不成功的. 曾用聚光炉、等离子焰、电弧法来生长这种晶体，但因长出的晶体太小而无商业价值.

关于用冷坩埚法来生长 ZrO_2 晶体[11,12]，可追溯到 1969 年，当时法国的科学家 Roulin 等用高频电源加热，冷坩埚的方法. 尽管设备简单，但长出了含稳定剂 Y_2O_3 12.5mol% 的立方氧化锆小晶体，可惜他们没有把该项研究进行下去. 1972 年前苏联的列别捷夫物理研究所 Aleksandrov 领导的研究小组，把 Roulin 的技术完善后，长出了较大的 CZ 晶体，并向美国及其它国家申请了专利. 1976—1979 年先后获得英国、德国和美国的专利. 1976 年以后，前苏联逐渐把白色晶体的刻面宝石代天然钻石而销往宝石市场. 这期间美国的 Ceres 公司也进行了研究，改进了冷坩埚系统，并申请专利权，大量生产宝石用氧化锆晶体. 我国从 1982 年开始研究，很快获得成功，并投入小批量生产，目前已是世界上能大量提供 CZ 宝石晶体的国家之一.

9.3.1 高频冷坩埚技术的工作原理

（1）理论分析[16]　众所周知，一般高温非金属材料，如高熔点金属氧化物，在室温下是介电材料，电阻率大，介电损耗较小，很难用高频电磁场直接加热来熔制. 但实验表明，这些材料的熔体导电性能良好,这就为高频加热技术提供了条件.

现在让我们来讨论一下各种材料的电阻率 ρ 与温度的关系,如图 9.15 所示,T_{mp} 为材料的熔点温度. 在熔点附近,金属氧化物熔体的电阻率和金属材料的电阻率具有相同的数量级. 当温度降低时,两者的变化规律相反,因此可以得出如下结论:

(i) 熔化了的非金属材料可以用高频电磁场有效的加热;

(ii) 很难用高频技术直接将非金属材料从室温加热到熔化.

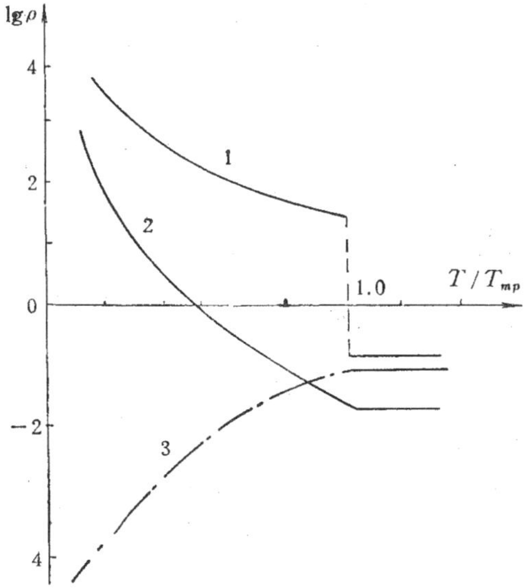

图 9.15[12] 材料电阻率与温度的关系.
曲线 1——Al_2O_3; 曲线 2——ZrO_2; 曲线 3——金属.

既然非金属材料的熔体是导体,那么电磁场在导体内传播的规律,原则上也适用,这种熔体根据电磁场一般理论,若取电磁场的磁场强度 H 的方向为正方向,X 为波传播的方向,平面电磁波的麦克斯韦尔方程由下式表示:

$$\mathrm{rot}\dot{E} = e_z \frac{d\dot{E}}{d\dot{x}} = -j\omega\mu e_z \dot{H},$$

$$\mathrm{rot}\,\dot{H} = -e_y \frac{d\dot{H}}{d\gamma} = j\omega\tilde{\varepsilon}\, e_y \dot{E},$$

$$\frac{d\dot{E}}{dx} = -j\omega\mu\dot{H},$$

$$\frac{d\dot{H}}{dx} = -j\omega\tilde{\varepsilon}\dot{E},$$

式中，ω为电源角频率；μ为导磁率；ε为介电常量；$\dot{e}_x$，$\dot{e}_y$为单位矢量。

若解这个方程组，并取实部，则

$$H = H_m \exp\left(-\frac{x}{dp}\right),$$

$$E = H_m \sqrt{2} \exp\left(-\frac{x}{dp}\right) \Big/ \nu dp,$$

式中ν为电导率；$dp = \sqrt{\frac{2}{\omega \mu \nu}}$称为电磁波的透入度，即波幅值衰减到原来值的$\frac{1}{e} = 36.8\%$时所透入的距离。

若电磁波取能量Q的形式，Q_0为初始能量，并对上式从$x = 0$（表面）到$x = dp$进行积分，则得到$Q_0 - Q_{dp} = 0.865Q_0$，也就是说，在厚度dp的薄层内吸收了绝大部分的能量。

由dp的表达式可以知道，dp与材料的电阻率ρ，导磁率μ，电源工作角频率ω有关。因此，材料不同，应采用不同的工作频率。例如，对于Al_2O_3，其熔点温度为2053℃，熔体电阻率$\rho = 0.1\Omega \cdot cm$。根据估算，应选用1—6 MHz的频率，这时相应的$dp = 1.5$—$0.6cm$，对ZrO_2，熔点2730℃，若选1—6 MHz时，$dp = 1$—$0.3cm$。

由上面的分析可知，电源工作频率的选择是非常重要的，一般可以根据下面几个因素综合确定：

(i) 待熔材料的导电性质，特别是熔体的导电性。导电性好，可选用较低的频率。反之，应选用较高的频率。

(ii) 待熔材料熔点的高低，若要熔制熔点高的材料，需要高一些的频率，这样可以增加功率密度，提高熔化温度。

(iii) 设备的经济性和适应性。若选用的频率高，则设备投资大，功率损失大。因此，在保证熔制效果的前题下，尽量选低一些工作频率。但频率太低时，dp增大，功率密度小，使最高加热温度受到限制。

综上所述，电源工作频率可通过理论计算再结合实际经验来确定. 实验表明，对大多数金属氧化物的熔体，频率 f 为 0.5—10 MHz，一般都能满足要求.

(2) **熔制过程** 由上面的分析可知，用高频感应加热的办法可熔化高温非金属材料，但必须用一种方法先形成一个小的熔区，作为导电的"种子"熔体. 聚光加热、等离子焰等方法均能达到要求，但设备复杂. 最简单的办法是在料的中心放少量的相应的金属片或粉末，接通高频电源，利用金属感应加热和迅速氧化放热使一小部分原料先熔化. 从热平衡的角度来看，下式是成立的:

$$VP + q_1 \geqslant c_k(T_m - T_0)S + q_2,$$

式中 VP 为起熔时导电区所吸收的功率 (V 为体积，P 为单位体积吸收的功率)，q_1 为金属氧化后放出的热量，S 为熔区表面积，c_k 为材料导热系数，T_m 为熔区温度，q_2 为熔化材料需要吸收的热量，T_0 为冷壳的温度.

这就是说，在局部起熔区，吸收功率与氧化放热之和要大于(至少要等于)由熔区向外传出的热量与熔化材料所需吸热之和，这样熔区才能扩大. 实践表明，这段时间是很短的，金属很快氧化完毕，$q_1 = 0$，形成一个空心球状熔区，这时吸收的热量等于输入的有效功率，即:

$$VP = V_a \cdot I_a \cdot \eta,$$

V_a 为振荡器的板极电压，I_a 为振荡器的板极电流，η 为效率，将此式代入上面的热平衡方程式则得出

$$V_a \cdot I_a \eta - q_2 \geqslant c_k(T_m - T_0)S.$$

假定熔区为球形，表面积 $S = \pi D_L^2$，D_L 为球径，q_2 用 η' 来考虑，即用 η' 代替 $\eta(\eta' < \eta)$，则

$$D_L^2 \leqslant \frac{V_a \cdot I_a \cdot \eta'}{\pi c_k (T_m - T_0)}.$$

也就是说，增加输入功率，总是迫使 D_L 扩大，以趋于平衡，由于 D_L 变化几乎与 V_a 升降同步进行，上式则可写成

$$D_L^2 \propto \frac{V_a I_a \eta'}{\pi c_k (T_m - T_0)},$$

该式说明：熔泡大小与输入功率有关，若输入功率增加(初期主要依靠提高电压 V_a)，则熔泡扩大，直到平衡为止。另外，对于不同的材料，c_k 越大，同样 D_L 下必须输入更大的功率。因为输入功率受到匹配关系的限制，所以起燃 c_k 大的材料难一些。

实际上，随着 D_L 的变化，I_a 和 η' 都在变化，为了满足热平衡方程式的要求，V_a 也必须按一定程序调节。图 9.16 示出起燃时各参数的变化规律。首先使 V_a 快速上升，在保持 I_g 不过载的情况下，设备中的振荡器是在过压状态下运行，以提高设备效率。在 I_g 的最大允许值下，升高振荡器的阳极电压使熔区形成并扩大。此时 I_a 也随之上升，吸收功率增加，直到 V_a，I_a，I_g 基本稳定为止。图 9.17 示出的是冷坩埚熔化材料起熔过程示意图。

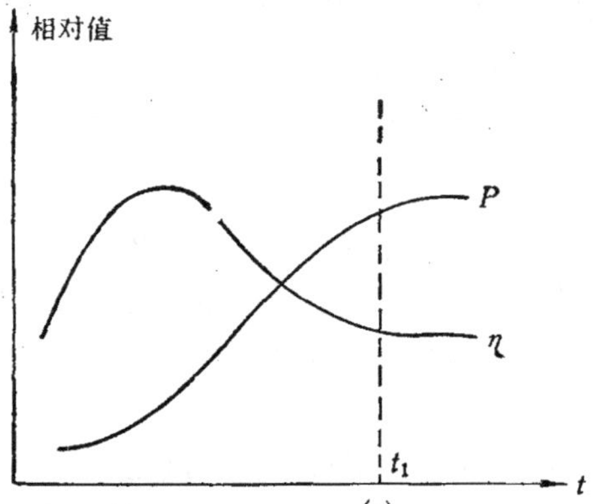

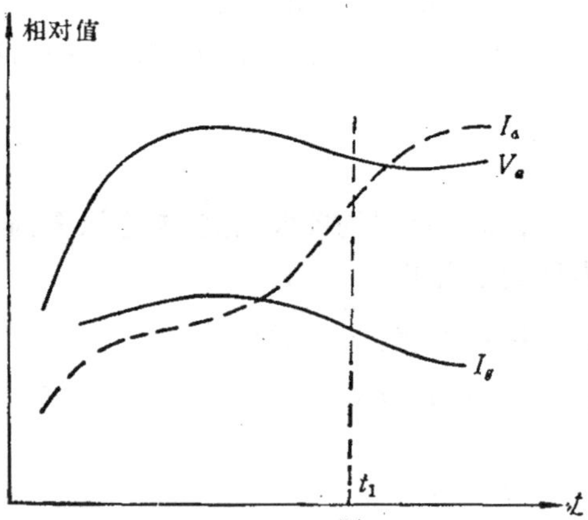

图 9.16　参数变化规律.

*P 为设备输出功率；　t_1 为形成稳定熔体的时间.

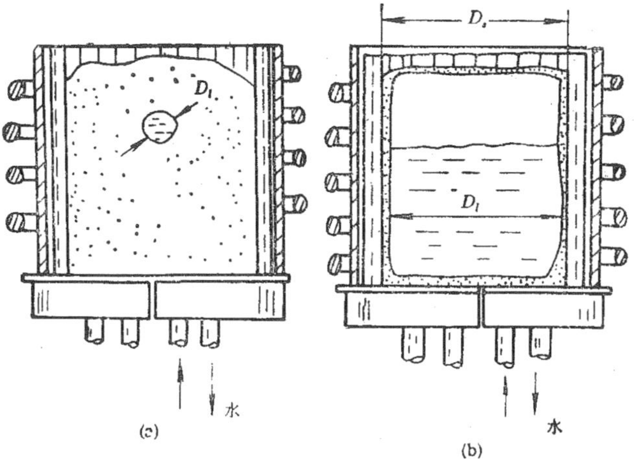

图 9.17 起燃示意图.
(a) 起熔；(b) 稳定熔体.

9.3.2 高频冷坩埚技术装备

高频冷坩埚技术成套设备由三大部分组成，即高频振荡电源，冷坩埚系统，晶体生长用引下装置.

(1) 高频电源 根据熔化非金属材料的原理和工艺要求，以 ZrO_2 为例，高频电源应具备以下特点：

(i) 工作频率 1—6MHz，振荡稳定，可以调节；

(ii) 工作匹配良好，适应从轻载（额定值 10%）到重负载（110%）的变化要求，在过压下运行不会有元件损坏击穿；

(iii) 功率可以调节，即阳极电压可从 30%—130%（额定值）均匀调节，最好有可靠的稳压功能；

(iv) 能长时间连续运行.

由于要求的特殊性，没有现成的高频电源可选用. 高频冷坩埚技术采用的设备是专门设计的.

该电源具有以下特征：振荡槽路采用频率比较稳定的电容三点式振荡器，这种线路的优点是在较高的频率下频率稳定，波形好，不易受寄生电路的影响，结构简单，缺点是起振较困难．

图 9.18 中 L_1C_1 组成主振回路，C_1 采用真空陶瓷电容，L_1 是工作线圈，C_g，L_g 与电子管的极间分布电容共同组成反馈电路，形成正反馈．

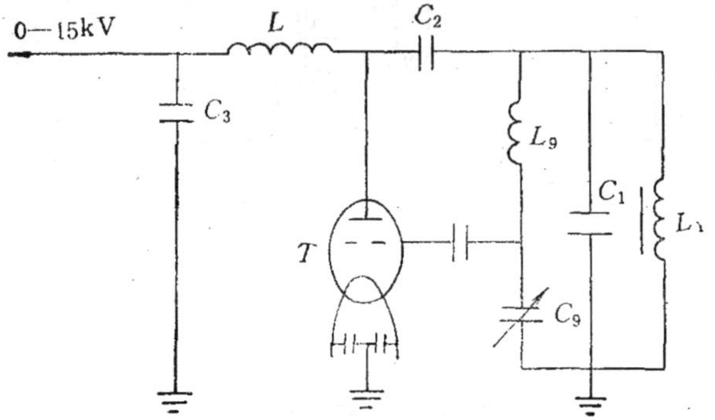

图 9.18　主振回路原理图．

考虑到生产需要，阳极电压调整要方便，调整范围要大，且对电网的电压波形影响要小，所以确定采用感应调压器调压和可控硅调压两种方式，原理如图 9.19 所示．三相交流 380 V 电源经感

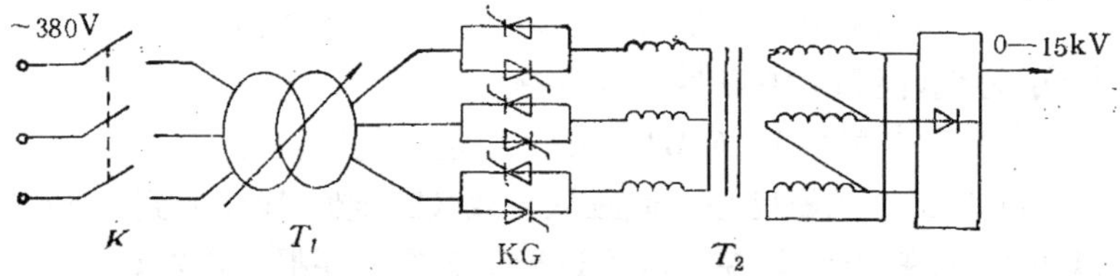

图 9.19　调压回路原理．

应调压器调压后，接三相可控硅交流调压，然后再接入主变压器的初级（低压侧），经主变压器升压后由硅堆整流输出直流高压，0—15kV 可调，给振荡电子管阳极供电．

（2）*冷坩埚系统*　冷坩埚系统是生长晶体的关键设备之一，它必须既能使高频电场通过，而又能支持内部温度高达 3000℃ 以上的熔体而不被熔化．在分析国外冷坩埚原理图之后，根据实际

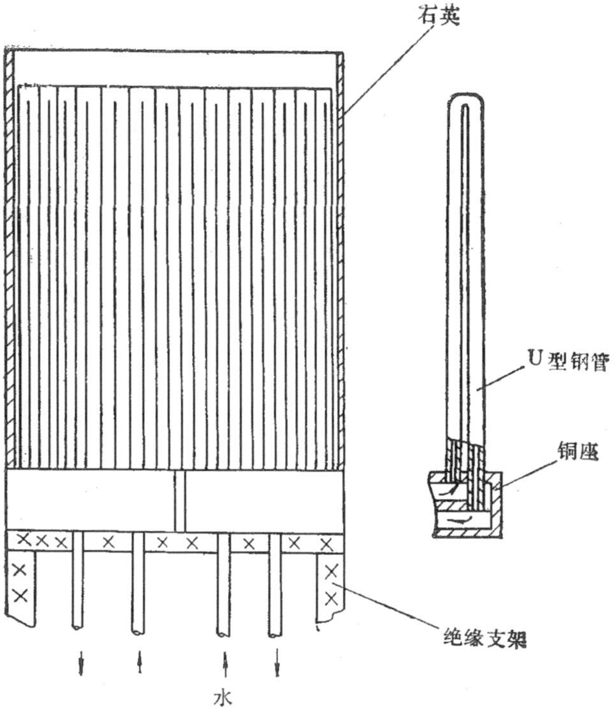

图 9.20 冷坩埚结构示意图.

情况确定了如图 9.20 所示的结构。实践表明，这种结构制造简单，水流通畅，更换容易。这种坩埚在实际生产中已经受了考核，最大尺寸外径已达 ϕ 350 mm，该图仅为示意图。从冷坩埚结构图可知：

(i) 水冷铜管使用单管而不使用套管，弯成"U"形，管之间间隙为 1—1.5mm，保证高频电磁场能量能顺利透入，由于内部水流畅通，所以容易形成"冷壳"，以支撑熔体。

(ii) 水冷底座是由三半组成，三半之间绝缘，有效地切断高频感应电流。以提高效率。底座分上下两个腔，上腔供水，下腔出水，上下腔分别与上部铜管的两端焊牢。

(iii) 底座下面有玻璃钢做成的绝缘支架，以与引下机构金属部分绝缘。

(iv) 冷坩埚外套以石英管，以支持粉料不外流，并与感应圈绝缘。

(3) 引下装置及调速系统　引下机构采用丝杆式蜗轮杆传动机构，用直流力矩发电机、电动机组拖动，电机速度快慢可调，调速精度较高，以保证晶体生长的稳定性。直流力矩机组用专门设计的脉冲调宽式控制仪供电，具有速度反馈和电压反馈两个闭环调节，保证了恒速要求。图 9.21 示出的是控制方框图。

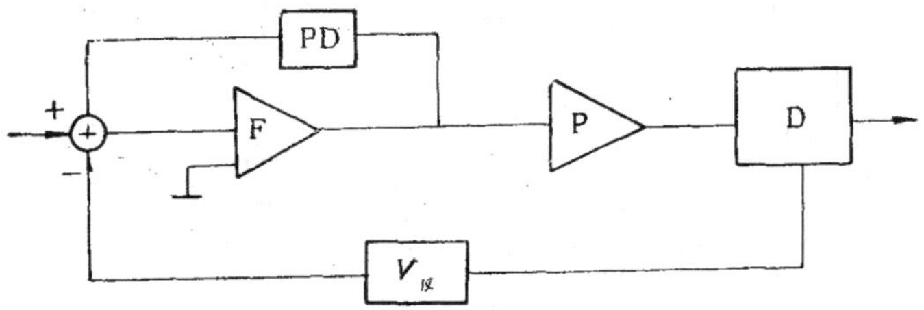

图 9.21　引下电机控制方框图.

9.3.3 立方氧化锆晶体的生长[13]

(1) 原料准备　生产立方氧化锆用的主要原料是市售单斜 ZrO_2 粉末，一般生长宝石晶体用工业纯（99.6% 以上）到分析纯各种等级，视晶体透明度要求而定。这种原料一般由氧氯化锆煅烧而成，是白色纯净的蜂窝状单斜粉末，极易粉碎，将其在玻璃板上用不锈钢棒压一下，过筛即可使用。

对原材料中 TiO_2，Fe_2O_3 含量要求较严，一般应小于 0.01%（重量比），以确保生长出的晶体不带黄色，透明度好。

稳定剂采用纯度较高的（3*N*—3*N*5）Y_2O_3，色白而细。

表 9.6 列出使用的原料成分分析，表 9.7 为对 Y_2O_3 稳定剂成分的分析。

为了生长有色晶体，需要加入一定量的掺质元素，常用的是稀土氧化物和过渡族氧化物，纯度为 3*N* 级。

表 9.6 ZrO_2 原料成分分析表（3N）

成分	含量（重量百分比）
ZrO_2	99.95
TiO_2	0.0070
Fe_2O_3	0.0006
SiO_2	0.0060
烧失	0.15

表 9.7 Y_2O_3 原料成分分析表（4N）

成分	含量（重量百分比）
Y_2O_3	99.99
La_2O_3	<0.0002
CeO_2	<0.0002
Pr_6O_{11}	<0.0002
Nd_2O_3	<0.0002
Yb_2O_3	<0.00035
Er_2O_3	<0.00033
Fe_2O_3	0.0003
SiO_2	0.00042
CaO_2	0.0004
烧失	0.21

表 9.8 CZ 晶体中常用掺质和颜色

加入元素	含量(重量百分比)	颜色
Nd_2O_3	2%	浅紫
$Nd_2O_3 + Co_2O_3$	1%+0.1%	深蓝紫
Co_2O_3	0.2%	深紫
$Co_2O_3 + CeO_2$	0.1%+0.05%	紫红
CeO_2	0.1%—0.3%	橙→红→深红
Pr_7O_{11}	0.1%—0.3%	浅黄→深黄
Er_2O_3	3%	粉红
TiO_2	0.1%	茶
Ho_2O_3	1%	黄绿
V_2O_5	0.1%	橄榄绿
CuO	1%	浅绿
Cr_2O_3	0.03%	褐绿

将 ZrO_2, Y_2O_3 按 9:1 mol 比例配料，加入相应掺质元素，混合均匀备用。

（2）**晶体生长过程** 将混和好的原料装入冷坩埚中，上部放少量金属锆片，接通电源并升压，使原料开始熔化，当原料熔化后，待熔体稳定一段时间，在阳压、阳流、栅流基本稳定后，让坩埚慢慢地下降，这时，由于下部通水冷却，在底部就会自发成核。随着坩埚的下降，一部分有生长优势的晶核迅速长大而排挤其它小晶体而长成晶排。在一般情况下，直径 ∅250 mm 冷坩埚的典型运行参数为阳压 9—10 kV，阳流 7—10A，栅流 1—1.5A，坩埚下降速度 3—15 mm/h。当生长结束后，慢慢地降低功率，使晶体退火一段时间后关闭电源，自然冷却到室温，取出晶块。轻击即可打开分离出完整的晶体，如图 9.22 所示。

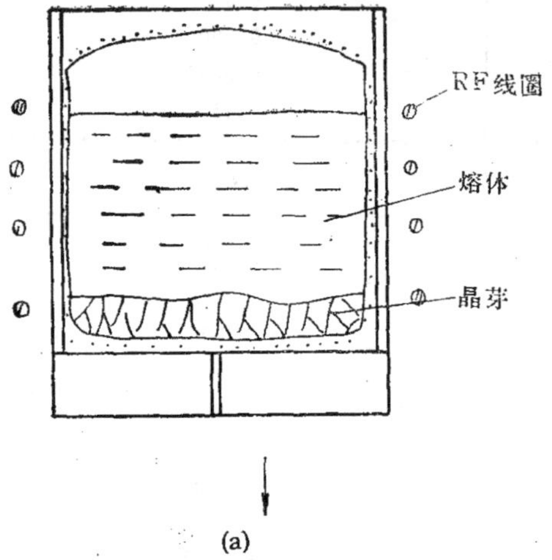

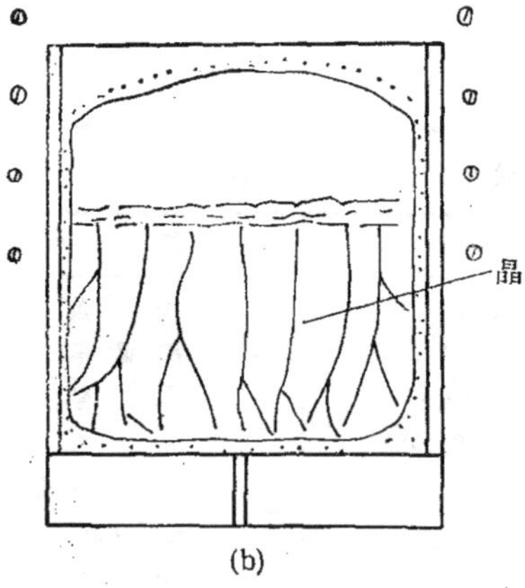

图 9.22 晶体生长示意.

整个工艺过程可用图 9.23 方框图来说明。

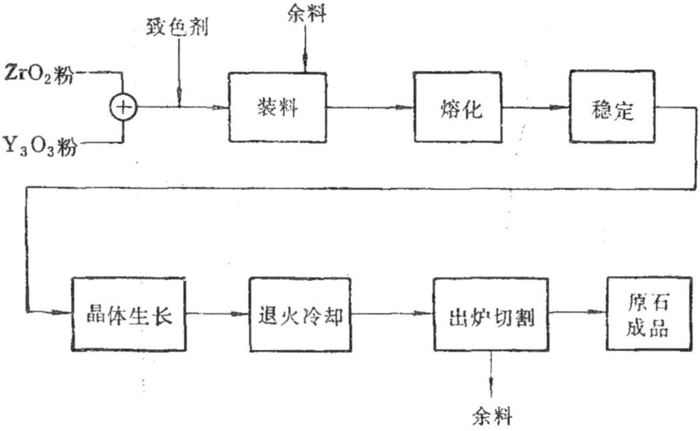

图 9.23 工艺流程图.

9.3.4 立方氧化锆晶体性能

(1) 晶体结构研究[11,14,15] Roff 和 Ebert 在本世纪初用高温 XRD法研究了未加稳定剂的纯净 ZrO_2 在高温下的相变，发现该晶体有 3 个相变，室温下为单斜相，即单斜相 $\xrightleftharpoons{1170℃}$ 正方相 $\xrightleftharpoons{2300℃}$ 立方相 $\xrightleftharpoons{2680℃}$ 液相。当含有杂质时，在室温下既可稳定为四方相，也可稳定为立方相，为了得到立方相 ZrO_2，可以作为稳定剂的氧化物相当多，像 CaO，MgO 或 Y_2O_3 等，对于 ZrO_2 加氧化物的二元系统特别是 ZrO_2-Y_2O_3，ZrO_2-CaO，ZrO_2-MgO 系统的相图，进行了广泛的研究。

图 9.24 和图 9.25 示出的是 ZrO_2-Y_2O_3，ZrO_2-CaO 的二元相图。由图可知，在 Y_2O_3 含量为 10—30 mol% 的范围内，在室温下均能得到立方结构固熔体。

在生长商业用的 ZrO_2 晶体时，Y_2O_3 的含量一般为 10mol%，这是因为 Y_2O_3 价格较贵。作宝石晶体时，Y_2O_3 含量多会降低硬度。

对于钇稳定氧化锆（简称 YSCZ）晶体的结构也进行了广泛

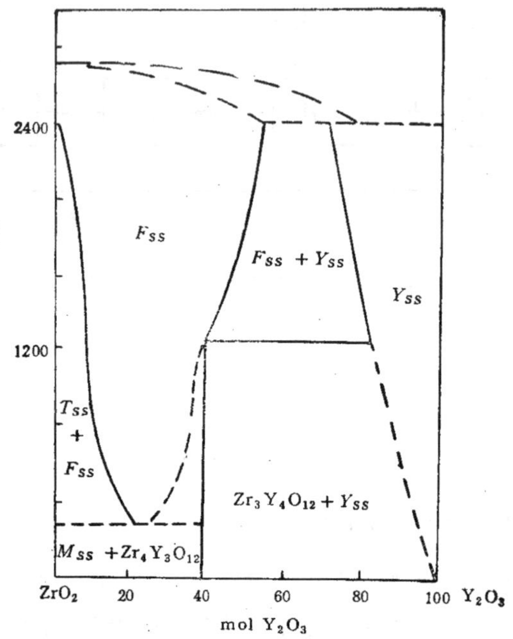

图 9.24　ZrO_2-Y_2O_3 二元相图[11]

的研究，在理想的情况下，可以认为 YSCZ 晶体具有 CaF_2 型面心立方晶格，空间群为 $Fm3m$，其晶胞结构如图 9.26 所示。

由图可知，这种结构是以O离子的简立方套以 Zr 离子的面心立方结构组成，以Y为稳定剂时，Y离子代替了 Zr 离子，在 Zr 的亚晶格，由 Y_2O_3 少一个 O，则形成的O空位，该空位在O的亚晶格，因此，这种晶体是具有O空位的缺陷结构。尽管已经有许多学者研究了不同 Y_2O_3 含量的 YSCZ 晶体的结构，确定了其晶胞参数和生长习性，但这些研究大多集中在多晶体的单晶成分的小晶粒，对于大的单晶体却研究得较少。我们用粉末X射线衍射精确测定了用冷坩埚法生长的大晶体的晶胞常数，用 Laue 法研究了晶体的位相关系，并且用四圆衍射仪测定了晶轴长度。

用作测试样品的是采用 CP 级 ZrO_2 单斜粉末和 $3N$ 级

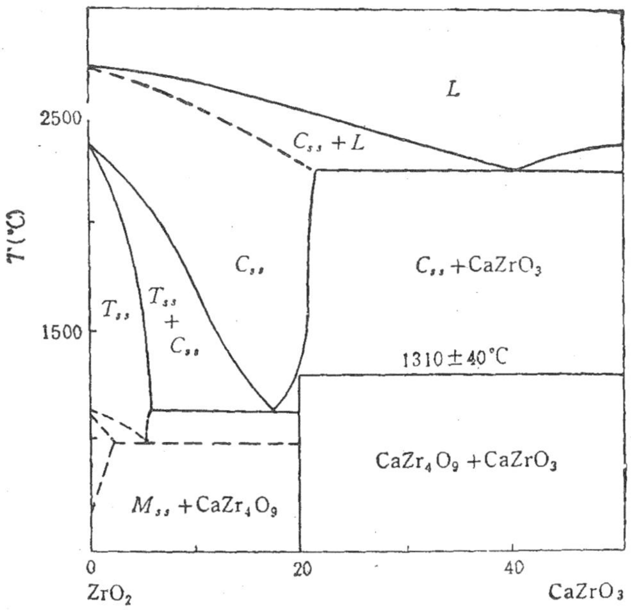

图 9.25 ZrO_2-CaO 二元相图[11].

Y_2O_3 粉，按 9:1 mol 比混和均匀后，放入冷坩埚用坩埚下降法生长的无色透明的晶块，粉末法样品是晶体块破碎后用盐酸处理，Laue 法用的样品是垂直生长方向的切片。

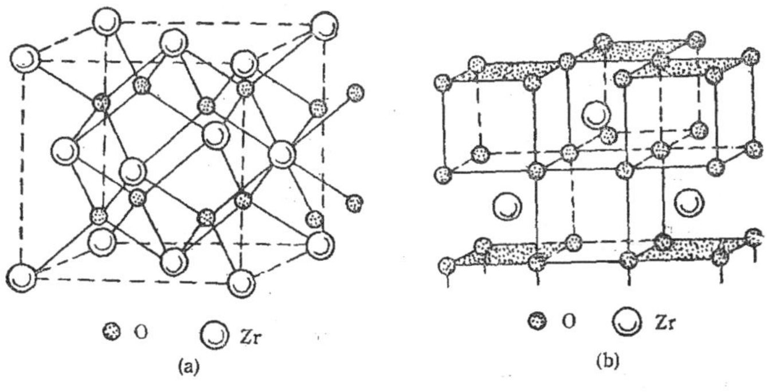

图 9.26 立方 ZrO_2 晶胞结构.

表 9.9 原料配比和晶体成分比较

序号	原料 (mol%)		晶体 (at%)		晶体 (mol%)
	ZrO_2	Y_2O_3	Zr	Y	Y_2O_3
1	95	5	88.460	11.54	5.8
2	91	9	81.087	18.913	9.5
3	90	10			
4	87	13	72.896	27.104	13.6
5	85	15	68.995	31.005	15.5
6	82	18	63.191	36.809	18.4
7	67	33			

为了进行比较，对生长成的晶体成分进行了能谱分析，分析的结果列在表 9.9 之中。由表中可以看出，晶体中Y的含量高于原料配比含量，这可能与所用的 ZrO_2 的纯度低于 Y_2O_3 纯度和 ZrO_2 的烧失量较高有关。

粉末法使用 Philips APD-10 X 射线衍射仪，CuK_α，$2\theta = 15°—130°$，纸速度为 2cm/min，时间常数 $\tau = 4s'$，将衍射参数输入到与衍射仪相连的计算机，计算出 2θ（精度 0.001°）、峰强度，并打印输出。为了清除误差，精确地计算晶格常数，使用了 Nelson-Taylar 外推函数，并用最小二乘法进行修正。

X 射线衍射谱线如图 9.27，表 9.10列出计算的晶格常数，表 9.11 列出本文参数与文献参数的比较[14]。

Laue 法使用的是 JF-Laue 相机，CuK_α 电流 10mA，底片与样品相距 30cm，拍摄时间 2—3h，拍摄了一种〈113〉方向生长的照片，然后调整样品位置，又拍摄了〈100〉方向的照片，如图 9.28 所示。

为了更清楚的分析 YSCZ 晶体的晶胞参数，用X射线四圆衍射仪，MoK_α，分析了含 Y_2O_3。为 10 mol% 和 33 mol% 的样品，收集了数据，计算的结果如表 9.12 和表 9.13 所列出的。

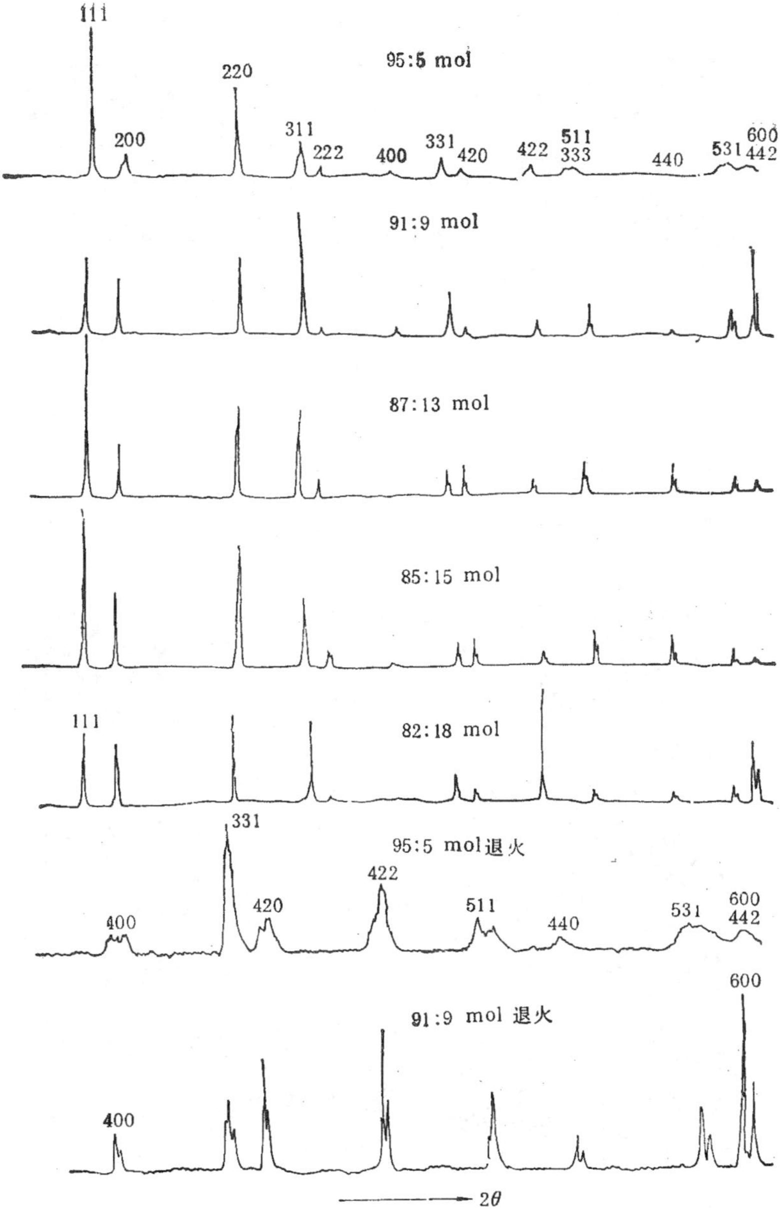

图 9.27　X射线粉末衍射谱.

(a)

(b)

图 9.28　CZ 晶体劳埃照片，

表 9.10　晶格参数计算表

样　品	n	$\sum_{i=1}^{n} a_i(\times 0.1\text{nm})$	$\bar{a}_i(\times 0.1\text{nm})$	σ_n (%)	$\sum_{i=1}^{n} \bar{N}T_i$	$\bar{N}T_i$	$\sum_{i=1}^{n} a_i\bar{N}T_i$
95:5mol	6	30.8201	5.1367	0.27	7.362	1.227	37.8290
91:9mol	12	61.7211	5.1434	0.46	14.770	1.2308	75.994
87:13mol	11	56.7118	5.1556	0.13	12.934	1.176	66.675
85:15mol	10	51.6775	5.1677	0.17	11.382	1.138	58.812
82:18mol	9	46.588	5.1764	0.15	6.394	0.710	33.099

样　品	L_{xx}	L_{xy}	K	$a_0(\times 0.1\text{nm})$	$\sum_{i=1}^{n}(a_i-a_0)^2$	σ (%)	序号
95:5mol	7.2253	0.01267	1.75×10^{-3}	5.1388	6.9816×10^{-4}	1.18	1
91:9mol	13.483	0.02527	1.87×10^{-3}	5.1457	3.053×10^{-4}	0.53	2
87:13mol	13.018	-7.35×10^{-3}	-5.6×10^{-4}	5.1550	2.167×10^{-4}	0.15	3
85:15mol	9.6501	-7.04×10^{-3}	-7.3×10^{-4}	5.1669	3.63×10^{-5}	0.20	4
82:18mol	1.8104	1.92×10^{-3}	1.1×10^{-3}	5.1776	2.09×10^{-5}	0.21	5

注：$\bar{N}T=\left[\frac{1}{2}\left(\frac{\cos^2\theta}{\sin\theta}+\frac{\cos^2\theta}{\theta}\right)\right]$—外推函数，$L_{xx}=\sum_{i=1}^{n}NT_i^2-\frac{1}{n}\left(\sum_{i=1}^{n}NT_i\right)^2$，$\sigma$（误差）$=\frac{\sqrt{\sum_{i=1}^{n}(a_i-a_0)^2}}{n-1}$，

$L_{xy}=\sum_{i=1}^{n}a_iNT_i-\frac{1}{n}\sum_{i=1}^{n}NT_i\sum a_i$，　$K=\frac{L_{xx}}{L_{xy}}$，　a_0（晶格常数）$=\bar{a}_i+K\bar{N}T_i$。

表 9.11 测量参数与文献参数比较

Y_2O_3 (mol%) 含量	测量参数 (×0.1nm)	a_0(×0.1nm) 计算值	〈5〉中测量值	Δ_1	Δ_2
4.5		5.122	5.123		+0.001
5.0	5.1388	5.128		+0.0108	
6.9		5.131	5.126		−0.005
9.0	5.1457	5.138	5.150	+0.0077	+0.022
10	5.1472	5.142		+0.003	
13.0	5.1550	5.151		+0.004	
13.8		5.154	5.153		−0.01
15.0	5.1669	5.160	5.153	+0.0069	−0.007
18	5.1776	5.167	5.162	+0.0106	−0.005
33	5.2073	5.270		+0.0003	

注: Δ_1 为测量值与理论计算值之差;
Δ_2 为计算值与文献 5 的数据之差.

结果讨论如下:

(i) 由图 9.27 测出的 2θ 值有下列关系:

$$\sin^2\theta_1:\sin^2\theta_2:\sin^2\theta_3\cdots = 1:1.33:2.66\cdots.$$

根据系统消光原理可知,晶体结构为面心立方堆积,从而可以在图上标出相对应的 HKL.

由图中还可以发现，在有强的单斜相衍射峰的位置都没有见到任何弱的衍射峰,这说明在含 Y_2O_3 为 5—18mol% 的 YSCZ 晶体中没有单斜相的脱熔体.

(ii) 含 Y_2O_3 为 9mol%, 13mol%, 15mol%, 18mol% 四种晶体的衍射峰都很尖锐,但在含 Y_2O_3 5mol% 的晶体中,(600),(531),(511),(422),衍射峰呈漫散波型,这说明在该峰 2θ 周围有一些稍微变形的亚晶面存在. 另外,在立方相(200),(311)峰的低角度一侧也有一些伴生的衍射线，这说明有不同于立方相的少量其它相存在,根据谱线,在 ZrO_2 中只能是四方相，仔细观察其它四种配比的 YSCZ 晶体的X射线谱,也有极其微弱的伴生峰，但随着 Y_2O_3 含量的增加而减少.

表 9.12 含 10mol% Y_2O_3 的 CZ 衍射参数

序号	*H*	*K*	*L*	TTH (2θ)	SCAN (半宽)	ITN (强度)
—1	0	0	4	32.00	4419	122278
—2	1	1	3	26.42	10519	293668
3	0	0	2	15.84	5312	148755
4	0	0	4	32.00	6803	124074
5	0	0	6	48.84	4077	21486
6	0	0	8	66.90	2699	8805
8	0	2	2	22.46	25909	734299
9	0	2	4	35.89	6272	113812
10	0	2	6	51.67	4609	49207
11	0	2	8	69.25	1747	4871
13	0	4	4	45.85	6089	111897
14	0	4	6	59.57	3985	18990
15	0	4	8	76.08	2241	6840
17	0	6	6	71.50	3532	12137
19	1	1	1	13.69	32748	931303
20	1	1	3	26.42	10491	289635
21	1	1	5	41.96	5069	68759
22	1	1	7	58.95	3212	13364
23	1	1	9	77.77	1033	2883
25	1	3	3	34.93	7723	214252
26	1	3	5	48.10	4869	65683
27	1	3	7	63.90	3441	14727
28	1	3	9	82.18	1098	2668
29	1	5	5	58.91	4547	26803
30	1	5	7	73.24	2355	47
32	1	7	7	86.49	1108	2707
33	2	2	2	27.59	8123	22539
34	2	2	4	39.44	6691	183143
35	2	2	6	54.38	4066	23737
36	2	2	8	71.55	2425	7715
38	2	4	4	48.79	5340	48193
39	2	4	6	62.05	4900	25840
40	2	4	8	78.30	1243	3547
42	2	6	6	73.77	1950	6133

续表 9.12

序　号	H	K	L	TTH (2θ)	SCAN (半宽)	INT (强度)
43	2	6	8	89.23	1076	2797
44	3	3	3	41.91	6029	108669
45	3	3	5	53.69	4677	41523
46	3	3	7	68.64	3873	10978
48	3	5	5	63.84	3937	18814
49	3	5	7	77.71	1855	5586
52	4	4	4	56.96	4695	35533
55	4	4	6	69.19	2894	9176
56	4	4	8	84.88	1326	3363
57	4	6	6	80.44	1785	5156
59	5	5	5	73.18	2240	7383
60	5	5	7	86.48	1113	2590

晶格参数如下：5.15419　5.15701　5.14722　90.05518　89.99074　90.02257

(iii) 由表 9.11 可以看出，本文测定的晶格常数与文献报道的基本一致，但我们测定的晶格常数精度较高，并且发现，本文数据和由 Aleksandrov 模型理论计算的晶格常数之差 $\Delta_1 > 0$，这表明我们测定的数据略大于理论数据．可以这样来解释，在实际晶体中，离子不可能严格的占据理想格位，会有极小的偏移，结果会使晶胞数有增大，而文献中综合的数据与理论计算值之差有正，有负．在理论计算值上下随机分布．

(iv) 由图 9.28 (b) 所示出〈100〉方向 Laue 照片明显地可以看出，含 Y_2O_3 10 mol% 的 YSCZ 晶体，是很好的立方结构，与粉末法分析的结果一致．观察〈113〉方向的 Laue 片，(图 9.28(a) 可以发现，在(100)斑，(211)斑上有分裂斑，该斑是与立方相斑略有差异的四方相斑．这表明有些四方相已经与立方相基体脱离共格关系而呈三维存在，这一点已为 TEM 观察所证实．在 (100)，(310)斑上有叠加的强度较弱的条痕，这说明有些四方相则以一定尺寸的薄片状与立方相的基体共格存在[15]．

表 9.13 含 33mol% Y_2O_3 的 CZ 衍射参数

序 号	*H*	*K*	*L*	TTH (2θ)	SCAN(半宽)	INT (强度)
1	2	0	2	22.27	15314	413946
2	0	2	0	19.69	8259	210185
3	0	0	2	19.66	25790	696401
4	0	0	4	31.62	14828	408057
5	0	0	6	48.24	4952	36135
6	0	0	8	66.03	2892	7078
9	0	2	2	22.21	41234	1130392
10	0	2	4	35.46	5579	149397
11	0	2	6	51.03	5568	47783
12	0	2	8	68.34	1810	3184
13	0	2	10	87.99	923	443
14	0	2	12	111.93	905	332
15	0	4	4	45.31	5330	94817
16	0	4	6	58.82	3882	14219
17	0	4	8	75.05	1697	2762
18	0	4	10	94.36	904	74
19	0	6	6	70.59	2308	4934
20	0	6	8	85.84	1172	809
21	0	6	10	105.16	992	574
22	0	8	8	100.77	992	47
23	1	1	1	13.55	10444	266714
24	1	1	3	26.11	12820	346132
25	1	1	5	41.45	4978	87558
26	1	1	7	58.21	3570	13354
27	1	1	9	76.71	1169	1441
29	1	3	3	34.53	5937	157079
30	1	3	5	47.52	4686	47590
31	1	3	7	63.09	3145	8711
32	1	3	9	81.04	1057	789
34	1	5	5	58.19	4009	15718
35	1	5	7	72.28	1707	2977
36	1	5	9	89.57	944	369
38	1	7	7	89.30	1078	812
39	1	7	9	102.41	977	281

续表 9.13

序号	H	K	L	TTH (2θ)	SCAN(半宽)	INT (强度)
40	2	2	2	27.29	6544	67371
41	2	2	4	38.98	5373	94978
42	2	2	6	53.72	3791	16705
43	2	2	8	70.61	1667	2937
45	2	4	4	48.23	4465	24870
46	2	4	6	61.28	3048	10110
47	2	4	8	77.25	1109	973
49	2	6	6	72.83	1447	2566
55	3	3	3	41.45	5519	36504
56	3	3	5	53.05	3717	17056
57	3	3	7	67.77	1701	3930
60	3	5	5	63.08	2044	5270
61	3	5	7	76.70	1053	1105
65	4	4	4	56.31	3368	11027
66	4	4	6	68.34	1392	3742
72	5	5	5	72.29	1094	1695

晶格参数如下: 5.10729 5.20987 5.20673 90.00206 90.00061 90.02553

我们发现，在冷坩埚中取出的晶体，不仅有〈110〉方向生长的，也有〈113〉,〈100〉方向生长的，而且晶体外形不同，最容易表现的习性面为(100),(111),(110),(113),它们表现为晶体的柱面。

(v) 分析由四圆衍射仪所收集的数据表 9.12 和表 9.13，含 Y_2O_3 10 mol% 的 YSCZ 晶体的晶胞是立方晶胞，但各轴 a,b,c 的长度有极微小的差别，这说明晶胞有极微小的变形。

总之，当含 Y_2O_3 mol% 大于 5% 时 YSCZ 晶体基本上是 CaF_2 型的面心立方结构，Y_2O_3 含量为 5—9mol% 时确有少量的四方相由基体立方相脱溶，在某些晶面上生长，但当 Y_2O_3 mol% 大于 9% 时，脱溶体数量极少，尺寸非常小，与基体的晶格数据和方向关系接近，所以对晶体的性质没有多大影响。

(2) 晶体性能

(i) 硬度。由于 Y_2O_3 含量对硬度影响最大，测定硬度用宝石晶体以含 Y_2O_3 mol% 为 10 为准。

由于硬度测试使用的仪器精度及操作人员的人为误差，结果略有差异，换算成莫氏硬度的经验公式也不尽一样，但平均结果都大于 8.2（莫氏）。

例如：用 HX-1000 型维氏硬度计：加载 100g，时间 5—10s，每个样品十字型取 5 点的平均值，$H_v = 1620$，相当莫氏 $M = 8.55$，（以公式 $\lg(IH_v) = 0.2M + 1.5$ 计算）

用 AKASHI MVK-E 型硬度计，压力 200g，加载时间 10s，$H_v = 1578—1628$，平均为 1600 左右，相当于 $M = 8.5$ 左右。

另外，有些有色晶体硬度高于或低于白色晶体，但测定结果表明，相差很小，一般氧化锆宝石硬度 $M = 8.2—8.5$，与国外测定 $M = 8.0—8.5$ 一致。研究表明，立方氧化锆不同晶面上的硬度也稍有差异。但这些差异不影响宝石的使用。

(ii) 比重。采用 Meffler PC 400 C 克拉比重天平（瑞士），四氯化碳排液法测量了晶体的比重，精度 1/1000 carat（克拉）。

含 Y_2O_3 mol% 为 10 的晶体比重为 5.985—5.983，由于有色晶体含杂质不同，比重也略有差别，含重元素杂质的晶体偏重，含空穴量较多的黑色晶体比重略轻，一般范围在 5.9—6.0 之间。

(iii) 熔点。根据有关资料表明，最新测定纯氧化锆的熔点为 2730℃ 本文作者采用光学精密高温计（±30℃）测量 CZ 材料开始熔化时的温度，结果为 2700—2800℃。

(iv) 折射率与色散。我们用棱镜法进行测量，白色晶体折射率为 2.16—2.22，计算出色散为 0.055 如表 9.14，数据与国外报道一致[12]。

(v) 化学稳定性。立方稳定氧化锆具有很好的化学稳定性和抗腐蚀性，我们曾用 1:1 硫酸，1.1 硝酸，1.1 盐酸及 10% 氢氧化钠溶液将 CZ 晶体浸泡 24h，各色晶体的外观和重量均无任何变化。正因为这样，磨成的宝石才经久不变。

(vi) 光学性质。由于氧化锆晶体的颜色品种多，从宝石角度

表 9.14 ZrO_2（含 Y_2O_3 为 10 mol%）折射率

波长(×0.1nm)	折射率	波长(×0.1nm)	折射率
4047	2.23551	5893	2.17433
4358	2.21900	6234	2.16929
4880	2.19802	6250	2.16835
5090	2.19181	6405	2.16551
5461	2.181 46	6563	2.16381
5780	2.176 82	6943	2.15889

来说，主要以人们喜欢和仿真性(与天然宝石相似程度)，对代用钻石而言，其透明度较为重要. 光学性质与原料的纯度有关，对于宝石用 CZ，要考虑成本，其光学性质将受到一定影响. 但是，从开发新用途，例如光学、电子学，激光材料的领域来看，则要求具有较好的光谱性质，这就必须用高纯度的原料.

采用日本岛津 UV-365 分光光度计测定了各色 YSCZ 晶体的吸收光谱. 无色透明的晶体在 0.4—6 μm 范围内有良好透过率，没有特征吸收峰. 而掺 Nd、掺 Pr、掺 Er 以及蓝色和绿色 CZ 具有特征的吸收光谱.

图 9.29 示出无色透明 CZ 的透过曲线，在近红外以前晶体是

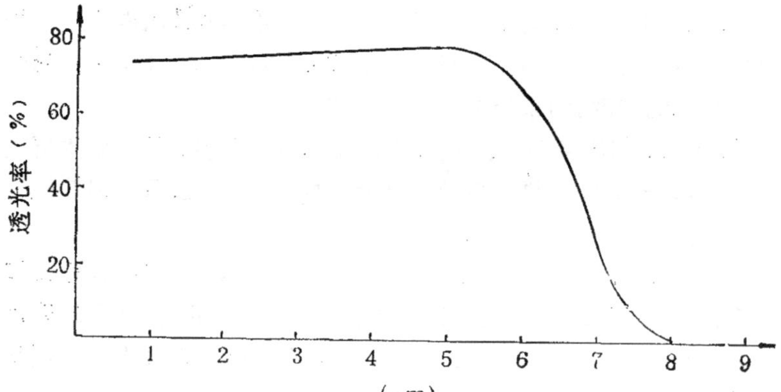

图 9.29 白色 CZ 透过谱(厚度 1.9 mm).

透明的，即在 400—6000nm 范围内具有良好的透光性，没有特征吸收。在 6500nm 透过率为 50% 左右。

图 9.30 示出掺 Nd_2O_3 的 CZ 晶体的吸收谱线，淡紫色是晶体掺 Nd^{3+} 的特征，主要吸收峰是由元素 Nd 的能级跃迁造成的。

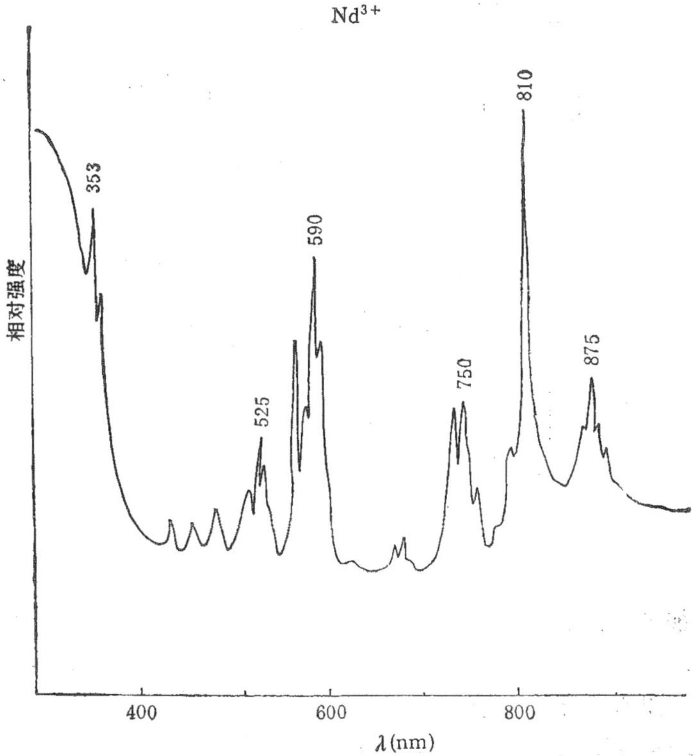

图 9.30 含 Nd 的 CZ 晶体的吸收谱.

图 9.31 示出掺 Er_2O_3 生长的 CZ 晶体的吸收谱，粉红色是晶体掺 Er^{3+} 的特征，主要吸收峰为 376，381，516，524，657nm。它也是由 Er^{3+} 的能级跃迁造成的。

图 9.32 示出掺 Pr 生长的 CZ 的吸收谱，该晶体掺 Pr_7O_{11} 量为 1%（重量），且在充分氧化的条件下生长的，因此具有 Pr^{3+} 的

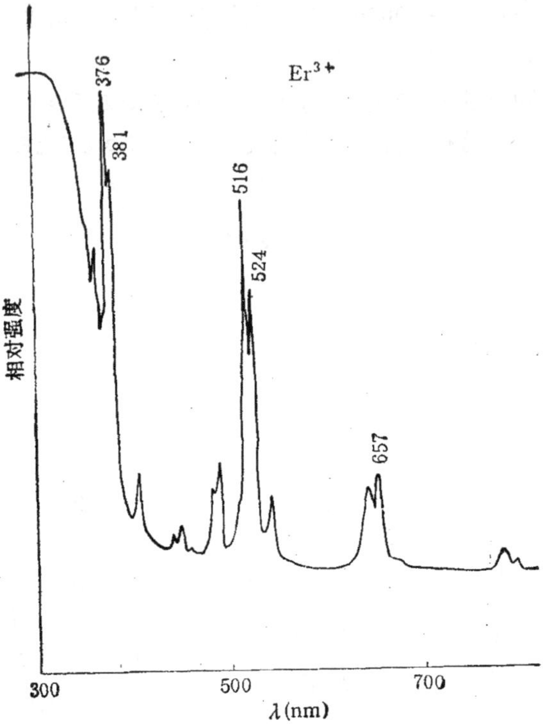

图 9.31　含 Er 的 CZ 晶体的吸收谱.

特征吸收，主要吸收峰 450，486.5，613nm，晶体为透明的淡黄色。

图 9.33 示出蓝色 CZ 和绿色 CZ 的透过谱，由于这种晶体是经特殊工艺生长的，是多元掺质，所以吸收峰不锐，表现为宽的吸收带，绿色晶体吸收带较明显，主要为 525，605，655，715nm 蓝色晶体在 300—400nm 透过率高，绿色 CZ 晶体在紫蓝端有较强的吸收。对比两条曲线，可以明显看出，1# 曲线在蓝区透过率高于 2# 曲线，2# 曲线在红区 715nm 的吸收也有所加强，因此，2# 呈现绿色或黄绿色。

为了研究晶体的激光性能，我们还研究了 CZ 掺质晶体的荧

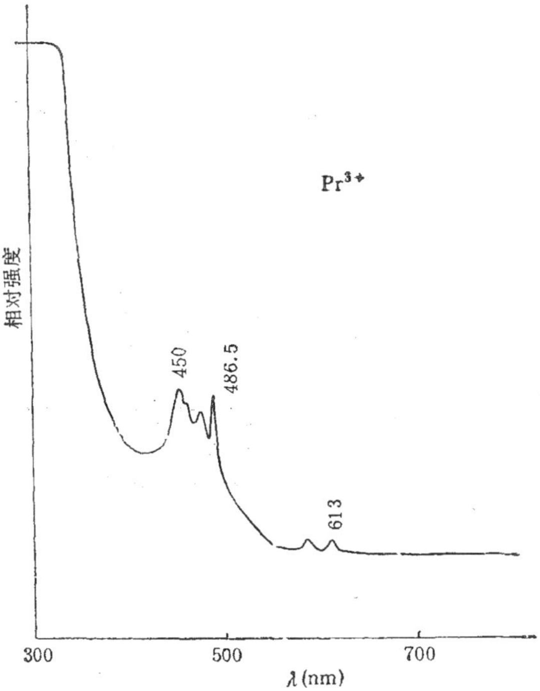

图 9.32　含 Pr 的 CZ 晶体的吸收谱.

光谱,图 9.34 示出掺 Pr 的 CZ 的荧光谱,在 486.5nm 的激发下,可发出 613nm 荧光。图 9.35 示出掺 Nd 的 CZ 的荧光谱,与其他掺钕激光材料相同,可以激发 1.06μm 的荧光。

9.3.5 冷坩埚技术的其他应用和最新发展

冷坩埚技术自从 1976 年投入工业应用以来,有了很大发展,主要表现在 3 个方面,即设备的改进;ZrO_2 新品种的研制;其他高熔点材料的制备。

在高频冷坩埚设备方面,继俄罗斯之后,美国、中国等相继研制成功并扩大容量,投入商业生产,年生产CZ 晶体已经数百吨,冷坩埚直径已扩大到 ϕ400 mm 以上,装料量由原来的几公斤扩大到

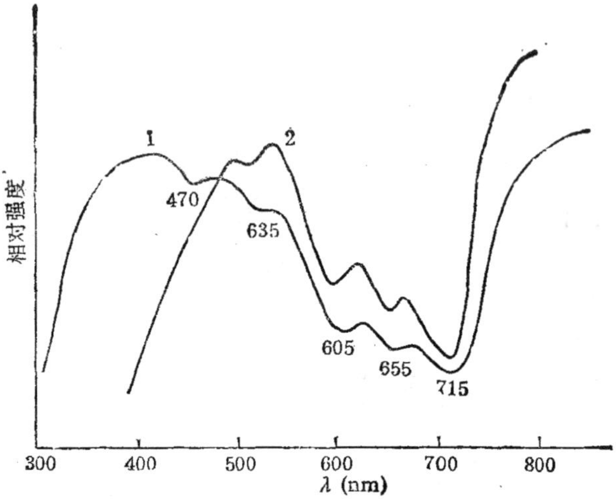

图 9.33　蓝色 2 和绿色 1CZ 晶体的透射谱.

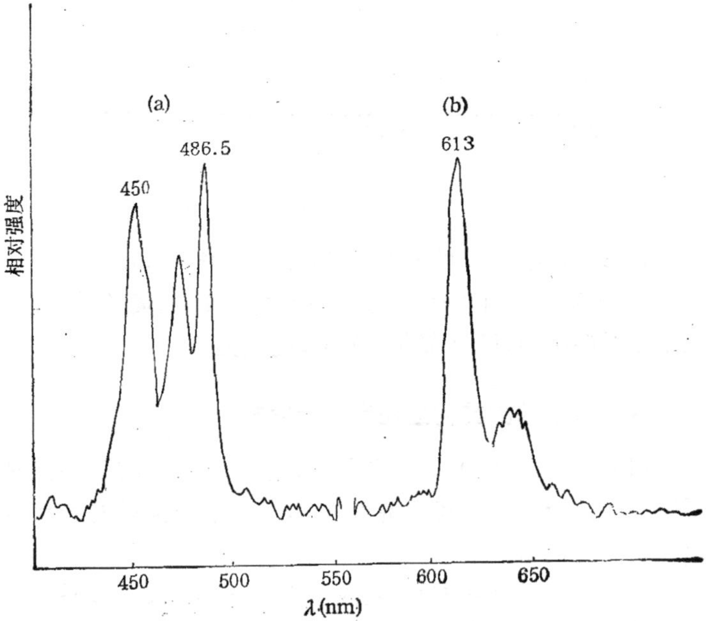

图 9.34　掺 Pr 的 CZ 荧光谱.

(a) 掺 Pr 激发光谱对 613nm 的发射；(b) 掺 Pr 的荧光谱用 486.5nm 激光.

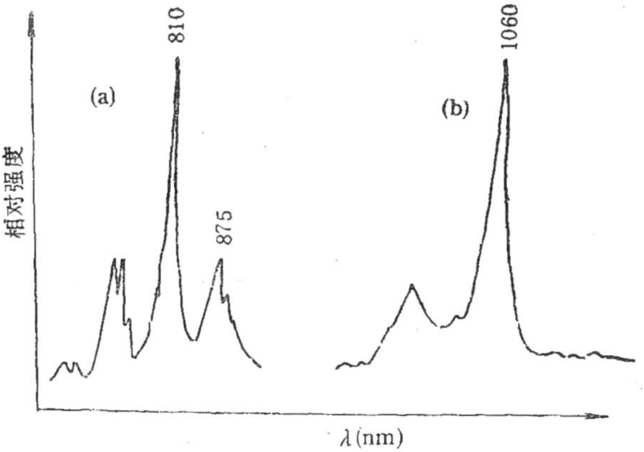

图 9.35 掺 Nd 的 CZ 荧光谱.
(a) 掺 Nd 激发光谱对 1.06μ 发射；(b) 掺 Nd 荧光谱用 810nm 激光.

100—200kg，每次能生产 CZ 晶体近 100kg。设备稳定性大大提高，实现了自动控制。冷坩埚结构也有改进。美国 Ceres 公司研制出特殊结构的坩埚，并申请了美国专利。高频设备的容量已超过 400kW，目前世界上输出功率为 400kW 的高频冷坩埚生产设备已有几十台，大量生产 CZ 晶体。

CZ 晶体研究也有了突破性进展，现在几乎可以生产各种宝石颜色的晶体，特别是近期投入市场的 CZX 蓝色和绿色的晶体，可以仿出蓝宝石（sapphire）的蓝色和祖母绿（emerald）的绿色，这些晶体是在深入研究 CZ 晶体的结构及掺杂元素价态后才研究成功的。最近，根据对 YSCZ 结构的研究，又生长出半透明的所谓珍珠（pearl）CZ，这种 CZ 是一种立方相 CZ 晶体，在一定条件下使其中部分立方相向亚四方相转换而生成的，有珍珠光泽，强度极好，可以作陶瓷构件及雕刻工艺品，为氧化锆宝石族增加了新的品种。

冷坩埚技术除用来生长 CZ 晶体外，还研制了其他耐高温的晶体和材料，如已生长出 MgO 晶体、TiO_2 晶体以及 La_2O_3-Al_2O_3 耐热元件。还试熔了多种过渡元素和稀土元素的氧化物的材料，生长成功了 Al_2O_3 单晶体。

同时，改进了晶体生长技术，进行了掺质生长，生长出了激光晶体材料，并研制了小型可调谐激光器。

§9.4 其他合成宝石

表 9.15 列出了主要人造宝石及其生产方法。其中大部分在本书的有关章节已详细讲述过，如合成钻石、焰熔法刚玉、CZ、水晶、YAG、GGG 等，这里再介绍助熔剂法红宝石和水热法祖母绿，因为它们在宝石市场上占有重要的地位。

表 9.15 人造宝石及生产方法

名称	*H*	*SG*	*RI*	颜 色	方 法
刚玉类	9	4.0	1.77	各色及星光	焰熔法 提拉法 助熔剂法
尖晶石类	8	3.64	1.73	红、蓝、白	熔熔法、提拉法
绿柱石	7.5	2.67	1.58	祖母绿	水热、助熔剂
石英类	7	2.65	1.55	白、紫、黄、蓝	水热
金绿宝石	8.5	3.72	1.75	变色	提拉法
人工钻石	10	3.52	2.42	白、淡黄	高压
CZ	8.2	6.0	2.18	各色	冷坩埚法
YAG	8.5	4.55	1.83	蓝、绿	提拉法
GGG	7.5	4.7	1.95	各色	提拉法
玻纤猫眼	6	2.5	1.5	各色	热压法
翡翠合成	6—7	2.5—2.7	1.66	绿	高温高压

注：*H*为莫氏硬度，*SG* 为比重，*RI* 为折射率。

9.4.1 助熔剂法红宝石（α-Al_2O_3）

助熔法生长红宝石晶体的原理和设备与前面章节所讲的一样，所不同的是选用的助熔剂种类及生长工艺条件。

由于助熔剂法生长红宝石颜色柔和，包体形态和生长习性酷似天然红宝石，几乎达到乱真的地步，所以世界上生长厂商不少，大都在极其保密的情况下进行。这种宝石已大量混杂在红宝石市场中。

下面列出了目前世界上生长红宝石所选用助熔剂及生产者（往往也是产品的牌号）：

助熔剂体系	生产者
Li_2O-MoO_2-PbX(X＝F 或 O)	Chatham Gilson Lacheleter
Bi_2O-PbX（加 La_2O_3）	Ramaura
Na_3AlF_6（水晶石）	Kasher
Li_2O＋WO_2＋PbX	Knichka

依据采用的助熔剂体系不同，生长的工艺条件也不同，生长温度一般在 1000—1300℃，可以使用晶种，也可以自发成核。用自动程序降温，慢慢地生长成结晶完整的红宝石晶体或晶簇，然后再切磨成刻面宝石出售。

9.4.2 水热法祖母绿 [$Be_3Al_2(SiO_3)_6$]

水热法合成祖母绿的高压釜和水热法合成水晶的设备大致相同，所不同的是矿化剂种类和工艺条件。由于大多采用酸性溶液，所以必须用贵金属黄金或铂做内衬。

下面列出一组水热法祖母绿的工艺条件：

生长温度　450—650℃；

温度梯度　15—85℃；

内部压力　1200—2500atm；

平衡压差　250—650atm。

使用原料（按重量比 wt%）如下：

BeO	CP 级	14—15；
$Al(OH)_3$	AP 级	17—18；
Cr_2O_3	CP 级	0.8—2；
SiO_2	水晶块	64—67；

工作介质:　　4—12N的 HCl 水溶液;

晶种:　　　　经定向的天然海蓝宝石.

因为水热法生长祖母绿和天然祖母绿的成矿机制相似，因而接近天然祖母绿，所不同的仅仅是包体形态，天然祖母绿矿源稀少,价格昂贵,故合成祖母绿市场广阔，宝石鉴定师主要依包体形态和种类来区分它们.

§9.5 宝石鉴定

宝石鉴定是属宝石学的内容，宝石学（gemmology）现在已发展成一个独立的学科,原来多数人认为它是矿物学的一个分支,其实它的研究深度和研究侧重面都有别于矿物学，它还涉及到合成宝石、有机化学、宝石鉴定等有关学科,现在已是一个专门学科.关于这一点应该首先归功于英国，19 世纪英国已开始专门研究，1931 年英国皇家宝石协会已经成为一个专门从事宝石研究的机构,即 Gemmological Association of Great Britian. 美国紧跟其后,也于 1931 年创建了美国宝石学院（Gemmological Institute of America，简称 GIA）. 除此之外，德国宝石学院创建也较早，日本、澳大利亚也有相应的机构. 在亚洲,泰国亚洲宝石学院是最有名的. 以上这些机构是培养高级珠宝人材的摇篮.

宝石鉴定是实验科学也是技术科学，要用最简单的科学方法和测试仪器来研究宝石，并得出正确的结论. 宝石鉴定的任务主要有两个方面,一是正确的鉴定宝石种类,确定它是那种宝石，给予正确的命名，判明是天然的还是合成宝石. 二是鉴定者用什么测试特征和鉴别特征来确定的. 这就要求鉴定者不仅熟悉材料的特性,而且还要正确的使用仪器,正确的分析测试的信息.

下面对于宝石鉴定作一简单介绍.

9.5.1 肉眼鉴定

肉眼鉴别在宝石商贸中非常重要，它主要是依据鉴定者的经验，大体上为鉴别提供一个信息，大大地节约时间。如天然红宝石和焰熔法合成红宝石虽然都是红色的，但颜色色调却不尽相同，红色的电气石则有明显二色性。观察宝石的光泽、折射率、色散都可以得到有益的信息。因此，一个有经验的珠宝鉴定师要熟记各种宝石的特性，多参加实践，这样才有坚定的信心。要相信自己的第一眼感觉，这种初步视觉往往具有很灵敏的判断，然后再用仪器来验证，往往能迅速而准确地得出结论。

9.5.2 10倍放大镜

10倍放大镜是宝石工作者必不可少的工具，甚至许多宝石的标准也是以10倍放大为基础的。用10倍放大镜，既可以观察宝石的表面特征，如表面光泽的差异，拼合宝石的接合缝，璃璃填充宝石的光学差异，刻面的“火痕”等。也可以观察内部特征，如缝隙中的染料，内部的生长结构，高折射率材料的重刻面，晶体内的小解理面，以上这些都可以成为鉴定的依据。

9.5.3 宝石仪器鉴定

所有的宝石鉴定仪器都是根据矿物的物理特征而研制出来的，其原理和大型光学仪器并无差别，但没有那么复杂和精密，小巧而实用。

（1）二色镜　二色镜是检查宝石多色性的一种小仪器。光学上各向异性的有色宝石往往表现出多色性，二色镜可把来自宝石的偏振光分开，并排列在一起，或表现为不同颜色，或表现于同种颜色而具不同的色调。电气石、红宝石都具有较强的多色性，合成尖晶石、YAG、CZ、GGG等轴晶体不具多色性，因而可以区分它们。

（2）偏光镜　偏光镜是区分各向异性和各向同性宝石的简单仪器，把宝石置于偏光镜下，可以得出如下结果：

旋转360°	都暗	各向同性；
旋转360°	斑块状	均质各向同性；

旋转 360°　　　　都亮　　　　多晶质；

旋转 360°　　明暗交替变化　　各向异性。

利用偏光仪还可以观测干涉图，如水晶有典型的“牛眼”干涉图，从而有别于其他宝石。

（3）折射仪　这种小型仪器是专门为宝石鉴定而研制的，它可以用以测量宝石的折射率值、双折率以及光性符号，各种宝石材料大多有确定的折射率值，折射率相近的宝石，其双折率和光性符号却可能不同，这些数据对矿物来说都具有确定的值，因而鉴定结论是决定性的。

如合成水晶是一轴晶，正光性，折射率 1.544—1.553，双折率是 0.009，很稳定，而祖母绿也是一轴晶，负光性，折射率在 1.565—1.590，这些数据足以区分它们，并做出鉴定结论。

合成尖晶石有很稳定的折射率，为 1.727，而天然尖晶石有一个变化范围，1.72—1.74，这对区别天然尖晶石与合成尖晶石有很大作用。

（4）分光镜　宝石鉴定中的分光镜与光学实验室中大型分光光度计的原理是一样的，不过做的体积较小，不那么精密而已。各种有色宝石中致色元素不同，往往具有各自的特征吸收光谱，这些特征的谱带对鉴别宝石很有用。如合成红宝石中含有 Cr，具有非常典型 Cr^{3+} 离子吸收谱，在红光区有两条明亮的荧光线，蓝光区也有 3 条吸收线。而合成蓝尖晶石有 Co^{3+} 谱，合成蓝宝石则有 Fe 的吸收线，这些谱线对宝石鉴定有辅助作用。

（5）显微镜　宝石用显微镜是专门制造或改装一种显微镜，由于检查的需要，它视域宽，带有底光源，顶光源，暗场照明，宝石夹子等。放大倍数一般在 30—100 倍。该显微镜主要观察宝石的表面特征和内部特征，这些特征对区分天然宝石和合成宝石是非常有用的。因为天然宝石在自然界环境下长成，往往含有这样或那样的包含物，这些包含物不仅证明它是天然的，而且还能估计出产地。如合成祖母绿含有指纹状、云雾状的色体，而哥伦比亚祖母绿含有 3 相包体，印度产的祖母绿含黑色云母片等。随着科学技术的发展，合成宝石大量出现，显微观察越来越重要。要区分天然红宝石和助熔剂红宝石只能用包体形态来确定，因为他们其他性质都相似。

实际上物理实验室的各种仪器都可用于宝石检测，如比重仪，X光照相，X光荧光分析，电子探针、扫描电镜，红外光谱……。但是有些仪器只能做研究应用，作常规鉴定则太复杂了。应该注意的是宝石鉴定是非破坏性鉴定，因而在检查中必须有反复验证，以确保结论的正确性。

§9.6 宝 石 加 工

9.6.1 宝石加工的光学原理[18,19]

宝石加工就是把宝石原料通过切割、磨削、抛光等一系列加工方法，使之成为璀灿、辉煌、光彩夺目的宝石成品。

古语讲："玉不琢，不成器。"宝石原料，无论是天然的，还是人造的，不经过加工，就不能成为完美的宝石珍品。宝石之所以名贵，因其具有美丽的颜色、高的硬度以及稀有。而经过加工的宝石就使其将的下列的光学效应反映得更加真切。

（1）体色。即宝石本身的颜色。

（2）亮度。是指从宝石冠部进入的光，通过宝石内部又从亭部小面反射而产生的明亮程度。

（3）火彩。指宝石加工后，有了小面和棱。当光通过宝石的面和棱时产生色散而分解成其组合颜色的光谱色。

（4）闪耀程度。这是在宝石、光源、观察者三者之间有任何移动时表现出的效应。

（5）光泽。这是宝石表面对可见光的反射能力。它决定于宝石本身的折射率及表面的抛光程度。

正是因为加工过的宝石具有了这几种宝贵的光学效应，才能成为光彩夺目的宝石。为什么加工后的宝石会具有这几种难得的光学效应呢？这是由宝石的光学性质决定的．因为我们谈的是宝石加工，所以下面仅从光对宝石的切磨方式和形态的效应来谈谈光与宝石的一般关系，以及如何加工出最完美体现这些效应的宝石．

与宝石加工有关的光学原理有光的反射、光的折射、光的全内反射、光的色散等．这几个原理是宝石加工中主要的光学依据．下面我们谈谈这些光学原理与加工后的宝石应具有的难得的光学效应的关系．

在选好宝石原料后，第一步要进行琢形设计．最好的琢形设计应根据原料具体情况，最大限度地体现出宝石具有的几个难得的光学效应．当然几种光学效应不可能同时都体现得最好，但应该达到几种效应的理想的综合平衡．同时不同材质的原料所突出的效应也不同．如不透明及半透明材料的宝石，主要侧重体色和光泽；而透明的宝石一般多为刻面琢形，几种光学效应都应体现出来．下面我们分析一下一块透明宝石的圆形刻面琢形设计，如图 9.36 所示．

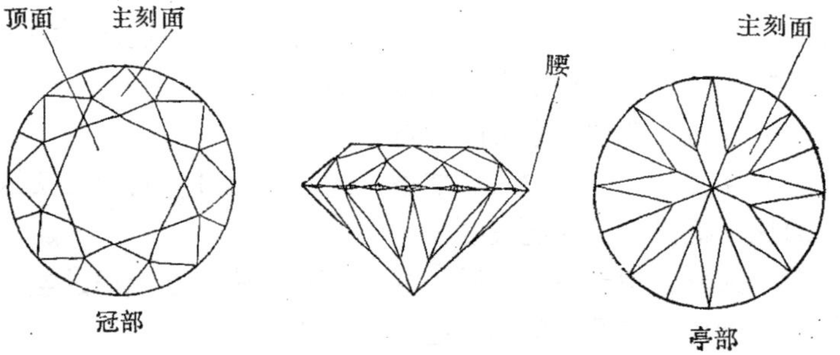

图 9.36　宝石的圆形刻面琢形．

圆形刻面琢形由冠部、腰部及亭部组成．冠部由一个顶面，8 个主刻面及若干小刻面组成；亭部由 8 个主刻面及若干小刻面组成．冠部主刻面与腰面的夹角(一般称仰角)，直接影响宝石的色散(也称火彩)，如图 9.37 所示．

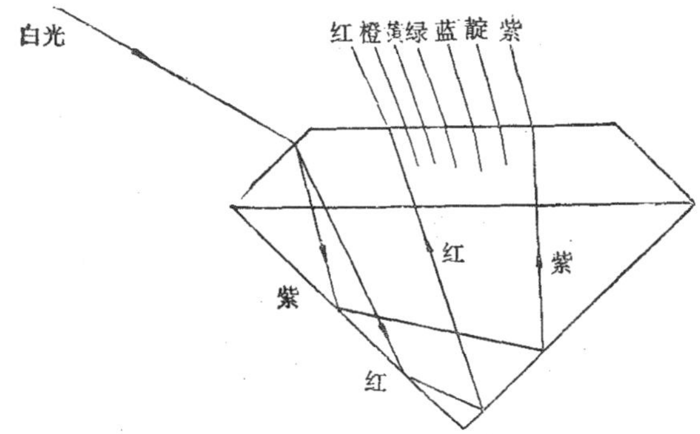

图 9.37　宝石的色散.

冠部小刻面的数目与宝石的闪耀程度成正比。而亭部与腰面的夹角对宝石来讲更为重要。因为要求从宝石冠部进入的光全部通过宝石内部又从亭部小面反射出来（如图 9.38 所示的全反射），而形成宝石的亮度。也就是要求从宝石冠部进入的光到亭部时是全反射领域内的入射角，即必须大于临界角。图 9.39 示出钻石的全反射情况。若光直接通过宝石，则这种宝石就不美丽了。由于不同材质的宝石，其折射率不同，亭部角度相应地也有所变化。另外，宝石表面的抛光质量在很大程度上决定了宝石的光泽，尤其对弧面宝石更为显著。因此宝石琢形设计时要考虑便于抛光。由此可见，理想的宝石琢形应该建立在能充分体现出宝石加工后的几

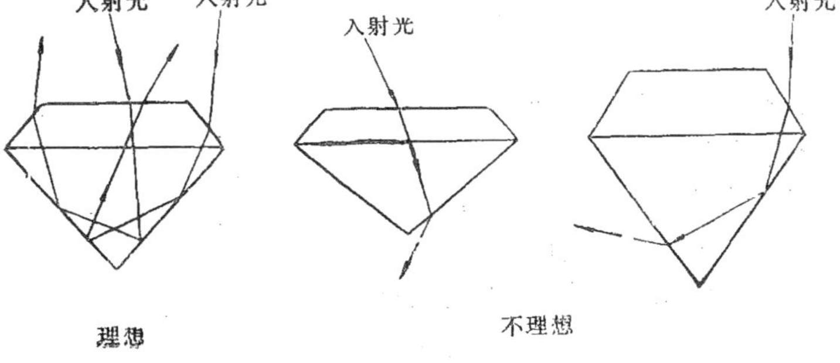

图 9.38　宝石的亮度。

个难得的光学效应的基础上.

琢形设计完成后，才能开始加工宝石. 加工宝石首先是切割坯料. 在切割坯料时要注意宝石的切割取向. 只有取向正确的宝石才能在加工后显示出最好的体色，也才能体现出其难得的光学效应.

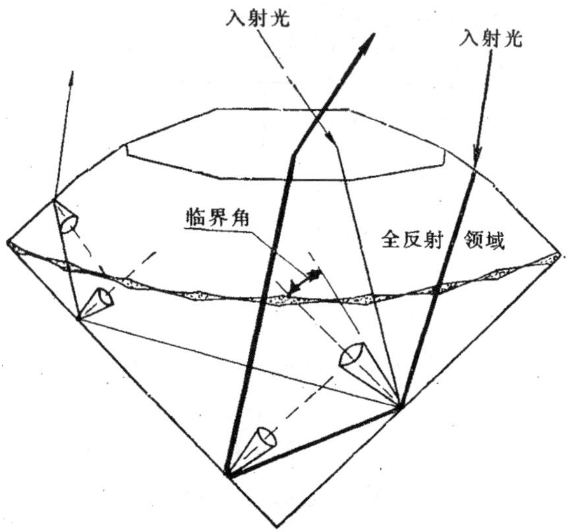

图 9.39 金刚石的全反射.

对宝石进行研磨抛光时，除尽力保证按琢形加工外，还要努力提高抛光精度. 抛光精度对增加宝石的光泽起着重要作用. 对一种宝石来讲(折射率一定),抛光质量越好,反射能力越强,光泽就越好.

综上所述，宝石加工就是利用光学原理结合宝石的光学性质对宝石原料进行加工,从而最合理、最完善地显示出其难得的光学效应的过程.

9.6.2 宝石加工工艺[23,18]

宝石的加工一般可分为 3 个过程,即原料的选用,琢形或款式设计和加工成形.

(1) *原料的选用* 对要加工的宝石原料,应先鉴定它的属性,是属哪一类宝石,具有什么特性. 再根据其颜色、花纹、硬度、透明度、光学性质以及块度、质地、缺陷等来确定它的价值和等级. 对天然宝石而言，这项工作是既重要又具有一定难度的事情. 因为许多宝石在毛坯状态时很难准确地判断其质量. 有的缺陷只有在加工过程中才能发现．有的只有用仪器才能判断．而人工宝石就不一样．如立方氧化锆人工宝石，一般根据坯料的颜色、颜色的均匀度、内部缺陷(因为是透明的，很容易看清楚)情况，就能确定其等级及性质．在充分掌握了宝石原料的性质后，即可开始进行琢形设计．

（2）琢形设计　这是宝石加工中很重要的一环．琢形设计不好，将很大程度上影响宝石的价值．琢形设计中应充分表现原料的优点，精心构思，突出其特殊光学性质．在造型中除其脏，避其绺，扬其美．才能显示出其真正的价值，成为一件完美的成品．

宝石加工的琢形或称款式基本可分为两类：弧面型（又叫凸面型、素面型、腰圆型)和刻面型(又叫翻面型、小面型)．

弧面型是一种较为简单的琢形．通常由一个凸起的弧形顶面和一个平面底面或弧形底面构成．根据截面形状可分为单凸弧面型，双凸弧面型，凸凹弧面型等．如图 9.40 所示．根据腰圆形状又可分为圆形、椭圆形、橄榄形、梨形和心形等．最常用的是椭圆形．

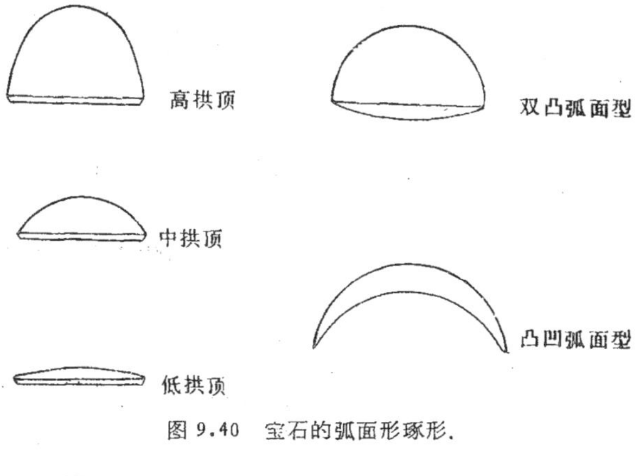

图 9.40　宝石的弧面形琢形．

弧面琢型能充分显示宝石的颜色和表面光泽，所以适合于一些隐晶质、多晶质；半透明、半透明到不透明；颜色美丽、花纹俏丽的材料．有些折光率高、透明度好、但含有解理、裂隙、杂质较多的材料，也要采用弧面琢型．而那些具有特殊光学效应的宝石(如星光宝石、猫眼宝石等)则必须采用弧面型琢形，因为只有这样才能充分显示出其独特的光学效应。

加工弧面型宝石时，要根据实际情况决定具体款式。颜色浅而透明的应采用高弧面型，以增加颜色浓度；颜色深沉而透明度不好的应加工成薄弧面型或中空弧面型。对于含有解理、裂隙和杂质的应避开缺陷，加工成高圆弧面型。具有特殊光学效应的宝石，如星光、猫眼、变彩石、日光石、月光石等应先定向，再切割加工。使其特殊光学效应最大限度地表达出来。用我国研制的人造猫眼材料和人造星光材料加工的弧面型宝石早已面市，其效果很好。不单外表漂亮，其特殊的光学效应也得到充分的显示，是具有开发前景的弧面型宝石材料。

刻面琢形是由几组不同形状的小平面，以一定角度规则排列而成的一种琢形。它适合于任何有色及无色的透明宝石。刻面琢形能充分表现宝石的颜色，能充分反映宝石对光的透射、折射、反射等能力，使宝石光芒四射，赏心悦目。

刻面宝石加工时也要定向。考虑到宝石的颜色具有多色性，吸收性，存在色斑、色带等，应通过加工把宝石最美的颜色表现出来。因此必须分析宝石的特点，找出正确的切割方向。并可利用宝石的解理、裂隙来切割去除废料，以充分利用原料。

刻面宝石琢形设计时，还需考虑宝石的冠部角度、亭部角度和顶刻面的大小比例等因素。

冠部角度是指宝石冠部主刻面与腰平面的夹角。冠部角的大小主要影响宝石的色散即火彩。亭部角指亭部主刻面与腰平面的夹角。宝石的异彩或称亮度主要取决于亭部深度百分比，即亭部角的大小。根据宝石的折射率不同，刻面宝石的冠部角和亭部角也不同。常用经验数据如下表所列：

折射率	冠部角	亭部角
1.40—1.60	40°—50°	43°
1.60—2.00	40°	40°
2.00—2.50	30°—40°	37°—40°

顶刻面的大小是相对宝石腰圆直径而言的。它直接影响宝石的亮度和火彩。一般来讲，顶刻面尺寸较大时，进入宝石内部的光大量从顶面射出，不发生色散。这时宝石具有较大的亮度。顶刻面小时，冠部的斜面区域增大。由于斜面的棱镜效应，使反射光发生色散，产生宝石的火彩。常见宝石顶刻面的比例约为 53—57%。

刻面宝石的基本款式有圆多面型、阶梯型、剪形（又叫交叉型）、玫瑰花型、混合型等。由基本型又引出许多变型如椭圆型、橄榄型、梨型等，如图 9.41 所示。

加工款式的选择主要取决于宝石的大小，颜色，透明度等。人造立方氧化锆材料制成的刻面宝石国内已大量生产。它的折射率较高，透明度及颜色均很好，很适合作刻面宝石。加工成圆形，椭圆形，心形，橄榄形等各种款式都很漂亮。既可做戒面、项链、耳坠等首饰，也可做钟表的刻度星标等，是具有广泛开发前途的材料。

（3）加工成形　宝石的加工成形可以分为切割、研磨、抛光几道工序。

宝石的切割工序是宝石加工的基础。它是根据设计的琢形将宝石原料制成大致形状的过程。总的要求要体现设计意图。既要切向合理，又要保证最高的出成率。这直接关系到制成品的价值，是技术性比较强的工序。切割一般在小型切割机上进行，多使用直径 100—150mm，厚 0.3mm 的金刚石锯片，在有充足冷却水的情况下切割。这样可以减少材料的损耗，得到较高的出成率。切割后有的要经过成形加工，磨出基本形状。有的直接进行研磨。

宝石的研磨是宝石加工中的重要工序。它要求最大限度地保证把宝石毛坯按已设计好的琢形加工出来。形状是否规范，角度是否准确，刻面分度是否均匀，这些都决定了宝石加工的质量。要精确地把宝石按琢形设计要求加工出来不是一件简单的事情。这涉及到所选用加工设备的性能及精度；使用的加工工艺是否合理；操作者的技术水平高低等多种因素。所以说宝石加工质量的好坏是多种因素的总和。宝石的研磨是在研磨机或叫刻面机上进行的。磨具一般用金刚石磨盘。它是用不同粒度的金刚石微粒镀在

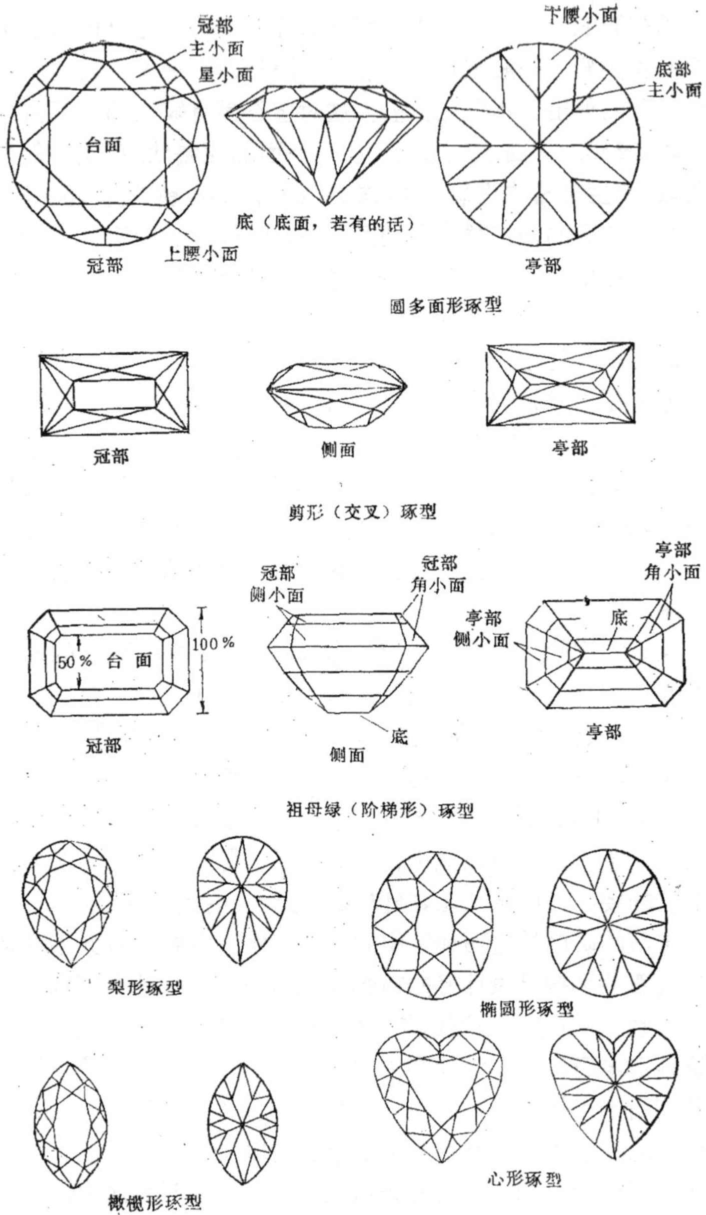

图 9.41　宝石的常见琢形.

金属基体上制成的。也有用含有金刚石的粉料热压而成的。工作时选用不同粒度的磨盘进行粗磨或精磨。磨削时要加入适量的水作为冷却润湿剂。也有使用游离状磨料如碳化硅、刚玉砂等在金属盘上研磨的。研磨时将切好的宝石坯料用热融胶粘结在粘杆上,固定到机械手或八角手上,按规定的角度在磨盘上磨出不同的形状——弧面型或刻面型。

抛光是宝石加工中最后一道工序。它使已成形的宝石表面光洁，显示出宝石真正的颜色和光泽。一般使用抛光粉及润湿剂在抛光盘上加工。常用抛光盘有紫铜盘、铝锌盘、锡盘、有机玻璃盘、毛毡盘、皮革盘等。常用的抛光粉有金刚石微粉、氧化铈、氧化铝、氧化铬等。润湿剂主要是水或油。如金刚石微粉常用橄榄油来调制。不同硬度、不同种类的宝石所用的抛光材料也不同。抛光盘、抛光粉和润湿剂加上抛光设备的合理组合，是宝石表面抛光质量的重要条件。这个条件也可称为抛光工艺，是值得我们特别注意和研究的。在实践中,经常发现,由于抛光工艺选择不合理而影响宝石加工质量。不同材料有不同的抛光工艺。有些材料的工艺还需要我们去进一步探讨和提高。

人工宝石的加工工艺与天然宝石相似。但由于人工宝石材料大多数材质均匀，硬度也均匀，更利于使用自动化半自动化的流水线机械生产。其琢形设计和工艺条件与相对应的天然宝石相似。

总之,宝石加工应根据宝石原料的性质和形态,加工者的习惯及条件,选用不同的设备、加工工艺路线和加工方法，以取得最好的加工效果。

9.6.3 宝石加工机械的选择

宝石加工在我国有着悠久的历史。但长期以来，一直是在落后的设备和工艺条件下，采用手工作坊式的生产方式进行加工生产的. 现代宝石加工机械有了很大发展。目前,国内外都为宝石加工业提供了多种设备可以选择。从用途分有用于开料切割的切割机；用于研磨和抛光的刻面机，以及腰圆成形机、打孔机、磨球机、抛光机等．从加工精度来分有高档的、中低档的．从一次加工宝石数量来分有单头机和多头机．从自动化程度来分有普通的、半自动的、全自动的．在选择宝石加工机械时，应该根据生产条件、加工数量、精度要求等，选用经济实用的、先进的设备和相应的磨具磨料，才能加工出满意的宝石成品．下面介绍一些常用的宝石加工机械．

宝石切割机 宝石切割机是宝石加工不可缺少的设备．它的用途有二：一是把宝石原料中有用的部分割选出来，俗称开料；二是把原料切成毛坯．一般开料的切割机稍大一些，切割刀片多使用直径 200mm 以上的．而后者多使用直径 100—150mm，厚度 0.3—0.5mm 的金刚石切割片．应在充分冷却水条件下进行切割．常用的 BQ 型台式切割机体积小，使用方便，冷却水自动循环，很受使用者欢迎．切割比较大的原料时，可选用大型切割机．

宝石刻面机 宝石刻面机又称为宝石磨机．是用于弧面型宝石和刻面型宝石研磨及抛光的设备．目前，国内使用最多的是八角手磨机．八角手磨机是使用八角手作为夹具对宝石进行磨削的．结构比较简单，加工精度取决于操作者的技术水平．适合中低档宝石的加工．机械手磨机有悬挂式和分离式两种，是把粘好的宝石装在机械手上进行磨削的．它可以进行任意角度和面数的加工．精度较高，使用也比较方便．为了适应国际市场高档宝石饰品的要求，最近又有一种高精度宝石刻面机在国内问世．这种高精度刻面机采用先进的结构设计及现代加工方法制造，运动精度及定位精度都较高．宝石磨机一般都使用镀有不同粒度金刚石微粉的磨盘作为磨具．抛光则用各种材质的抛光盘配以相应的抛光粉来完成．

宝石成形机 宝石成形机是宝石坯料预成形的专用设备．常见的有手动预形器、粗打成形机、机械仿形成形机、半自动成形机等．工作中应根据加工的材料、精度要求和批量大小来选用不同的设备．成形机大多使用金刚石砂轮作磨具．国内近年已有单位

研制成功结构简单、使用方便的成形机。用户使用效果良好。

除此以外，还有一些专用设备。如用于宝石打孔的超声波打孔机、高速钻孔机等；用于加工圆珠圆球的磨球机、球面抛光机等；用于宝玉石雕刻的雕刻机、软轴雕刻机等。还有平面抛光机、振动抛光机等。用于中低档宝石批量生产的多头成形机、多头刻面机等。各种功能的机械配以相应的磨具磨料，即可完成我们所需要的各项宝石加工任务。

随着现代科学技术的进步，宝石加工机械也在向高技术领域发展。计算机、激光等新技术正进入宝石加工行业。传统的加工技术与现代科技相结合，为宝石加工业的进步提供了动力。也为我们选择使用宝石加工设备提供了更广阔的天地。

9.6.4 宝石加工的发展方向

宝石加工在宝石业中占有特殊的重要位置。因为无论什么材料，大多都要进行加工处理后才能完美地显示其特性。宝玉石更是如此。在历史早期，人类为了生活，就开始利用加工后的石头作为武器或生产工具，逐渐发展到作为装饰品，这就形成了最早的宝石加工。近代的宝石加工业主要是制作工艺装饰品。

随着人们生活水平的提高和宝石业的发展，对宝石加工的要求也越来越高。首先是可制作成装饰品的宝玉石材料越来越多。除从自然界开采出来的天然宝玉石矿物外，又研制出许多人造的可用于加工成装饰品的晶体材料，即人工宝石。第二是人们对装饰品的要求也越来越高。往往根据不同性别、不同年龄、不同季节、不同场合、不同用途而佩戴不同的珠宝饰品。同时首饰也从单一用途的戒指、耳环、项链、手链等，发展成成套饰品及多用途组合饰品。如一种首饰可单独作戒指或耳环，又可与其他组合成项链或手链。这样，对宝石加工的要求也就提高了。加工时要根据不同的宝玉石材料，不同用途的款式设计，采用不同的加工设备和工艺，才能加工出完美的宝石饰品。如果按材料来谈，可以这样来描绘今后加工的发展方向：

（1）中高档天然宝石玉石材料　这类材料大多数量稀少，价格昂贵．所以加工原则是尽量保持原料重量，同时考虑其材质的特性，如颜色、硬度、透明度与光学效应等．在此基础上进行琢形设计．这类材料加工时基本是一粒一粒单独进行加工的．采用的设备精度要高，对加工工艺要求也比较严格．特别是抛光时，对磨具磨料、工艺参数、操作经验等都有严格要求．这类材料的加工目前仍以传统加工方法为主，手工操作为主．宝石成品的质量主要取决于操作者的水平．所以产品的质量和生产效率都受到影响．现在世界上一些发达国家已开始把这种加工提高到使用专用设备加工，并采用一些高技术来控制加工质量，已取得初步成果．预计今后这类材料的加工还会向机械化的方向发展，只是对加工机械的要求越来越高．不仅要求用机械来控制和显示产品质量因素，而且要求效率高，精度好，设备参数可选范围广，通用性好．以满足多种不同性质的天然宝石加工工艺的需要．

（2）人工宝石材料　这类材料是一种价廉物美的宝石材料．人工宝石一般材质均匀，其物理性质、化学成分和分子结构与相对应的天然宝石基本相同．加工后的效果从表面看与天然宝石不相上下．而价格却远低于天然宝石．由于人工宝石材料材质均匀，同种材料硬度也基本一样．因此一批宝石可以采用同一琢形．即腰圆直径，小平面数量和各种角度形状等都相同．在加工参数上如切割方式、速度、进刀量、研磨抛光方式、研磨工具和材料等都一样．这样就有利于实现自动化机械流水线式的大批量生产．现在，我国大多还采用单头机加工．但预计今后将会朝着自动化机械流水线式的加工方式发展．这种机械国外已有生产．如德国就生产同时加工 15 粒、30 粒的机器．国内也有单位使用．近年来，人工宝石材料在我国有很大发展，品种也越来越多．有些过去研制的合成材料也被开发出作宝石原料，如人造水晶．人造白色水晶可加工成项链、水晶球等，远销海外，很受欢迎．人造紫晶做成戒指、耳坠等，也很受青睐．这说明人工合成材料除满足一些工业、科技特殊用途外，还应向民用饰品方面开发．这样可以使人工晶体材料事业具有更强的生命力.

(3) 低档的天然宝玉石材料　这类材料根据具体情况，可选用以上两种方法之一进行加工. 如果量大,价廉，材质基本均匀，可按人工宝石加工方法进行加工.

这里我们特别要提到的是宝石加工工艺技术问题. 包括切割、研磨与抛光的加工工艺参数（工作方式、速度、进给量、切削力等)，磨具磨料的选用以及操作的正确性等,这是宝石加工成败的关键. 正确选择工艺路线,逐步走向规范化、标准化，是我们努力的方向. 对于人工宝石材料更是如此.

总之，现在宝石加工的款式设计(其中包括琢形)会逐步朝着应用计算机方面发展,使之趋于更加合理,更加美观. 高新技术的引入,使加工机械在尊重传统加工方式的基础上朝着精度高、效率高、通用性好、广泛应用现代技术的新型机械发展. 宝石加工工艺技术研究会更加深入细致,朝着规范化、标准化方向发展.

参 考 文 献

[1] K. Nassau, The Physics and Chemistry of Color, John Wiley & Sons, Inc.. 87 (1983).

[2] F. A. Reiss, *Appl. Opt.*, **5**, 1902 (1966).

[3] Kenichi Shiroki, *Rev. Sci. Instr.*, **38**, 1541 (1967).

[4] R. Shannon, C. T. Prewitt, *Acta Crystallogr*, **B25**, 925 (1969).

[5] C. D. Brandle, A. J. Valentino, *J. Crystal Growth*. **12**, 3(1972).

[6] 刘琳、刘海润、胡伯清、林成天，硅酸盐学报，**12**(3)，269(1984).

[7] K. L. Kelly, *J. Opt. Soc. Am.*, **33**, 627 (1943).

[8] 王友智、韩斌、刘海润、周棠、张乐潓，硅酸盐通报，**4**(4)，32(1985).

[9] 王祖仑、刘海润、陈京兰、赵满兴、张乐潓，人工晶体学报，**19**(4)，278(1990).

[10] 张乐潓、林成天、刘海润、王友智、韩斌，硅酸盐学报，**11**(4)，399(1983).

[11] A. H. Heuer, L. W. Hobbs, Science and Technology of Zirconia Advances in Ceramics, *J. Amer. Ceram. Soc.*, **3** (1981).

[12] V. I. Aleksandrov, V. V. Osiko, A. M. Prokhorov, V. M. Tatarintsev, Synthetic and Crystal Growth of Refractory Materials by RF Melting in a Cold Container. In: E. Kaldis, eds. Current Topics in Materials Science, North-Holland, Amsterdam, ch. 6 (1978).

[13] 傅林堂、刘卫国，人工晶体学报. **13**(2)，100—104(1984).

[14] R. P. Ingel, III D. Lavis. Lattice Parameters and Density for Y_2O_3-Stabilized ZrO_2, *J. Amer. Ceram. Soc.*, **69**(4), 325 (1986).

[15] N. Ishizawa, A. Saiki, T. Yagi, et al., Twinrelated Tetragonal Variants in Yeeria Partially Stabilized Zirconia, *J. Amer. Ceram. Soc.*, **69**(2); C-18, C-20 (1986).
[16] 傅林堂,物理,**15**,361—364(1986).
[17] 刘卫国等,人工晶体,**14**(3—4),193(1985).
[18] 陈钟惠等译,宝石学教程,中国地质大学出版社(1992).
[19] 近山晶,宝石手册,地质出版社(1992).
[20] 周国平,宝石学,中国地质大学出版社 (1989).
[21] 王慧峰、蒋广福,宝石加工学,地质出版社(1992).
[22] В.И. Елифанов, А.Я. Песина, Л. В. Зыков, Технология Обравотки АлмАзов в бриллианты, Издательство «Высшая Школа» (1987).
[23] 编委会,非金属矿工业手册,冶金工业出版社(1993).
[24] 李景镇,光学手册,陕西科学技术出版社(1986).

第十章 合成云母

王国方 李明文

云母是层状硅酸盐中一族矿物的总称. 天然云母的种类虽很多,但在工业上大量应用的主要是白云母,其次是金云母. 它们的化学式分别为$KAl_2(AlSi_3O_{10})(OH)_2$和$KMg_3(AlSi_3O_{10})(OH)_2$,由于都含$(OH)^-$,故亦称羟基云母.

由于$(OH)^-$的存在,天然云母只能在水热条件下生成,早在1932年就由 Noll 等生长出来. 后来,虽经许多人继续研制,但至今仍只能得到微细晶体[3-5].

用F^-取代$(OH)^-$形成的云母称为氟云母. 以氟化物的形式引入F,在常压下、经高温熔融或固相反应而制得的云母,称为合成氟云母. 其中氟金云母$KMg_3(AlSi_3O_{10})F_2$较易生长成大晶体,对它进行研制和生产的最多,实用价值也最大. 因此,通常所说的合成云母就是指这种氟金云母. 在天然云母中,也有氟金云母,但未见有氟白云母.

合成云母的性能在许多方面都优于天然云母: 质地纯净、透明度好、使用温度达1100℃,并具有高频介质损耗低、耐酸碱腐蚀性强、以及在真空中不放气等特性,这就使它比天然云母有更广泛的应用. 因此,合成云母不但可代替天然云母,而且还是一种具有特殊性能的新型绝缘材料.

合成云母的研制已有一百多年的历史[1,2],特别对具有实用价值的大晶体的研制,前苏联、德、美、日等国都曾进行了大量工作. 虽取得了很大进展,但在工业规模生产上,迄今仍未得到彻底解决.

合成云母的制作方法是,将相当于氟金云母组成的K_2O,MgO,Al_2O_3,SiO_2和氟化物等原料混合成炉料,经高温熔融、冷却析晶而制得．早期采用陶瓷坩埚，用煤气或电加热．为获得大尺寸云母，人们一直在探索许多新方法，例如引上法、温度梯度缓冷法、坩埚下降法、熔剂法、区熔法、热压法和固相再结晶法等等．这些尝试虽都分别获得了一定尺寸的云母单晶，但都不稳定、不经济；又由于氟云母熔体的腐蚀性很强，除铂等贵金属外，其他材料的坩埚均被腐蚀，这也限制了合成云母的发展．目前，较有成效的方法主要有以下三种：

（1）内阻电熔法（简称内热法） 其特点是：不用坩埚、热效率高、产量大和成本低等；但这种方法不易控制晶体取向，大晶体收率低．不过，随着碎晶体综合利用的解决，至今仍是工业生产合成云母的重要方法．我国内热法的规模，每炉熔化量达 15t，得到的最大晶片面积约 $770cm^2$，工业可用单晶片收率 1%—2%．

（2）引入晶种的坩埚下降法（简称晶种法） 其特点是：采用薄壁铂坩埚，通过精密温度控制系统，使云母晶体在晶种上定向生长．我国用大型多室硅钼棒炉，已制得240mm × 100mm × 10mm的书状云母晶体．但该方法需用铂坩埚，生长速度慢，成本高，故需进行代铂研究，否则不易进行规模生产．

（3）纯铁坩埚法 用氢气钼丝炉加热，配料熔化后，经长期缓慢冷却析晶．制得的云母晶体比内热法云母完整性好、厚度大，但产量低、成本高．

根据晶体的异质同晶取代理论，可制出许多不同品种、不同性能的合成云母．例如介质损耗小的锂云母、介电常量大的钠云母、吸收紫外线的铁云母、能吸水膨胀的水胀云母以及彩色云母等．地球上天然云母储量有限，与其他材料的相对价格越来越高．因此，发展合成云母无论对国民经济建设、或对科学技术发展均有重要意义．

本章主要讨论内热法和坩埚下降晶种法生长氟金云母晶体的有关工艺和理论；分析云母晶体生长过程中的一些主要现象和影响因素；简述氟金云母晶体的结构、性能和应用．

§ 10.1　无坩埚内热法合成云母

内热法即内阻电熔法，它是一种根据合成云母的化学组成、利用化工原料配成炉料、并以炉料自身作为"坩埚"、在常压下通电高温熔融而生长合成云母晶体的方法[1,2]。

10.1.1　原理和工艺流程

根据合成氟金云母的化学式 $KMg_3(AlSi_3O_{10})F_2$，计算出的理论组成见表 10.1。

表 10.1　氟金云母的理论组成

组　分	K_2O	MgO	Al_2O_3	SiO_2	F	O═F	总量
%	11.18	28.71	12.10	42.79	9.02	−3.80	100.00

凡含有上述成分的矿物或化工原料，均可作为合成云母的原料。例如碳酸钾、氧化铝、氧化镁(重体)、滑石、钾长石等，至于氟源则有氟硅酸钾、氟化镁、氟化钾和氟化铝等。

选用纯度较高、且易获得的化工原料，以理论组成为基础，通过小炉模拟试验，比较晶体生长的优劣，便可确定实用配方。再根据原料纯度，计算出各种原料的称量。混料可用V型混料机或带有不锈钢绞刀的混和机。若采用电子秤和负压混料系统，则可实现秤料、混料和输送炉料的自动化，并减少粉尘。

将炉料装入如图 10.1 所示的熔制炉中。炉壳 4 可用耐火砖砌制或用中间通循环水的双层钢板制成。炉内装有 3 对石墨电极，即横电极 9、竖电极 5 和起动电极 3。用铂-铂铑热电偶测量熔化位置，为避免腐蚀，热电偶瓷管外面需套上一端封闭的石墨管。动力电源由大功率调压器、增流器和控制系统组成。

熔制原理　接通电源后，由于起动电极最细、电阻较大，所以首先发热。升高电压，使起动电极达到 1400℃ 以上的高温，则该

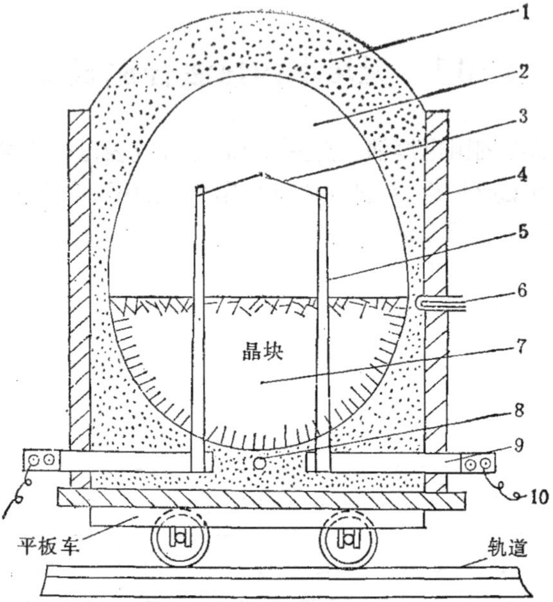

图 10.1 内热法熔制炉示意图.
1.未熔炉料； 2.空腔； 3.起动石墨电极； 4.炉壳； 5.石墨竖电极；
6、8.热电偶； 7.晶体块； 9.石墨横电极； 10.动力电源.

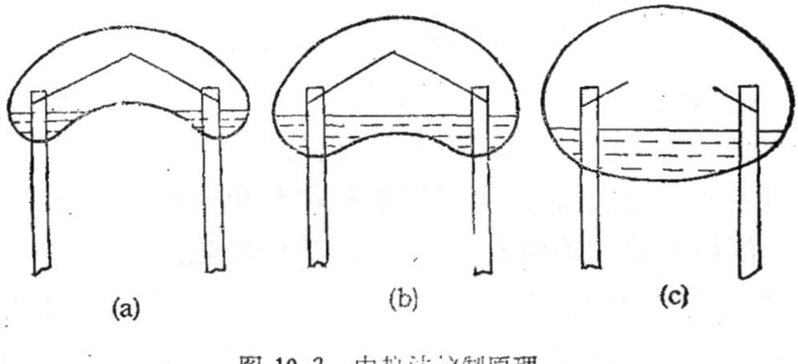

图 10.2 内热法熔制原理.

细棒周围的炉料开始熔化，如图 10.2(a)所示；与此同时，石墨棒 3 因氧化而变细。过一段时间后，起动电极周围熔化的料逐渐增多，从而将两根竖电极接通，见图 10.2(b)；这时电流除一部分仍通过起动电极外，还有一部分通过熔体本身。随时间增加，石墨棒越烧越细，经 20—30min 后烧断，见图 10.2(c)，此后将完全进入熔体导电。迅速升高电压，增加输入功率，则熔体将逐渐扩大，并由热电偶监测熔化位置，达到预定熔化量后，停电自冷，即得合成云母晶块，其外形类似于半椭球，见图 10.3.

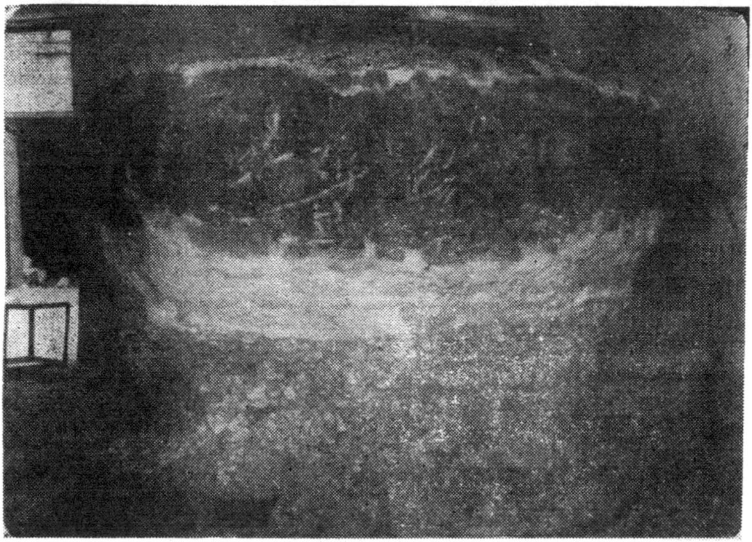

图 10.3　内热法合成云母晶块(重约 10t).

10.1.2　晶块内云母晶体的生长特征

为破开重十多吨的云母晶块，可用振动锤等机械破碎，或通过平板车运到专用爆破场炸裂，使裂成较小的云母块(图 10.4)，再进行人工剥片，并用风镐破碎成更小的晶块.

合成云母晶块内部生长特征如图 10.5 所示. 一般可分为四层：1 代表未熔生料，它在高温下已结成硬块，分析表明，它的主相为细小云母，是在 750℃ 以上的高温经固相反应生成的，称为微晶云母层；2 代表条状云母层，图 10.4 所示出的晶块边沿即是固-液界面，是在约 1375℃ 下形成的等温曲面，界面上每一点都可形成晶核(自发成核)，从晶核开始，云母的(001)面沿着温度梯度的方向向内生长，因边沿温度梯度大、生长速率快，所以都生长成细

图 10.4　破开了的合成云母晶块.

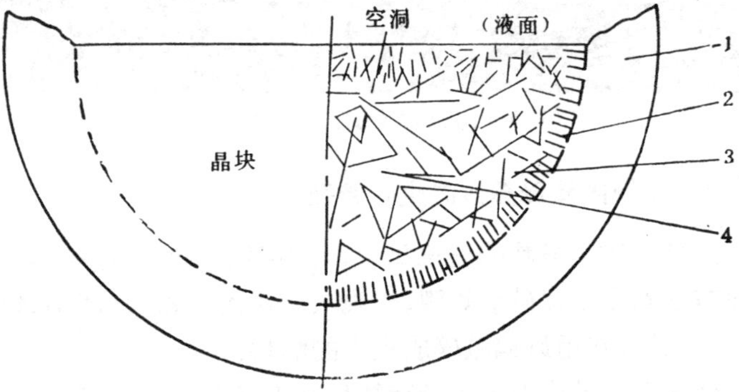

图 10.5　合成云母晶块剖面示意图.
1.微晶云母层；　2.条状云母层；　3.中小晶体层；　4.巨晶区.

条状；再往里(第 3 层)，温度梯度变小，晶核数目相对减少(一部分被自然淘汰)，晶体尺寸增大，一般边长 20—50mm，这一层称为中小晶体层；4 代表巨晶区，它处于靠中心部位，温度梯度最小，因这部分熔化和澄清都比较充分，故晶核数目最少，晶体尺寸显著增大，有的长达 390mm 以上．图 10.6 所示出的是巨晶区部分的照片．图 10.7 示出剥出的合成云母大晶片[6]．1995 年 9 月又得到了面积达 770cm²、厚度约 4mm 的合成云母片，是迄今世界上最大的合成云母片．

图 10.6 合成云母晶块中的巨晶区．

内热法合成云母生长机理探讨 根据晶体生长理论，晶体要从熔体中析出，需一定的过冷度 ΔT 和晶核半径 r，而 r 必须大于临界半径 r^* 时，它才能成为结晶中心．r^* 与过冷度 ΔT 的关系为

$$r^* = 2aVT_0/\lambda\Delta T, \tag{10.1}$$

式中 a 为晶体的比表面能，V 为摩尔体积，λ 为潜热．显然，ΔT 越大，r^*就越小，形成结晶中心就越容易．

试验表明，云母析晶时，(001)面总是沿着温度梯度的方向生长．温度梯度大，潜热散失快，晶体生长速率就高．云母晶块(图 10.5)中的第 2 层，温度梯度大(20—30℃/cm)，生长方向性很强，都由外向里生长，互相排挤，都长不大．这也可从式(10.1)看出：ΔT 大，r^* 就小，大量晶核都能成为结晶中心，并向里生长，但越

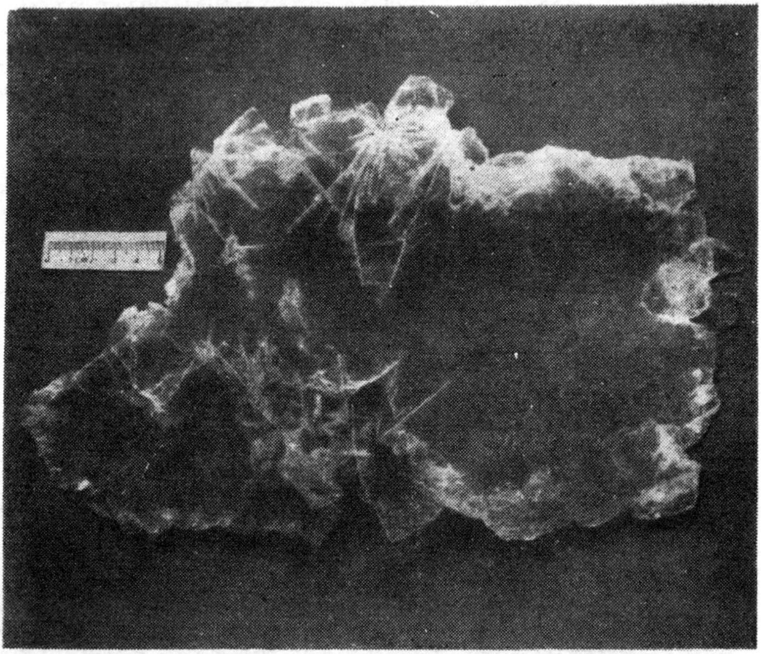

图 10.7　从巨晶区剥出的合成云母晶片(未修剪).

向里生长空间就越小,结果都长成细条状. 第 3 层中,温度梯度和过冷度都低, r^* 较大,形成结晶中心的概率较小,故晶体稍大. 可见,对内热法,温度梯度过大,不利于晶体长大. 曾做过一个试验,对重约 1t 的熔体, 一端通水强制冷却, 另一端从 1400℃ 缓慢降温,降温速度 2—3℃/h,结果整个晶块都长成“流水状”, 方向性虽很强,但一个大片也没有. 相反,在巨晶区(晶块第 4 层), 温度梯度小(低于 3℃/cm),过冷度很低, r^* 较大,结晶中心最少, 属自由生长,通过自然淘汰,取向不利的晶核受到抑制, 故能得到大晶体. 在熔体内部, 因能量涨落或非均匀成核, 可在某些地方先结晶, 并迅速长大(称为第一代晶体). 此后, 在第一代晶体的裂纹、位错或杂质上,又形成新的结晶中心,长出第二代晶体, ……,直到析晶完毕. 最后析出的小晶体、低熔点杂晶或玻璃体都填入遗留下来的缝隙中，未填满的缝隙就形成小空洞。

重十多吨的云母熔体停电后，巨晶区的温度从1400℃降到1350℃约需4—5h，在这段时间内能生长出长达39cm的云母片，其生长速率高达8cm/h，比晶种法合成云母快数百倍，这可用再结晶理论定性说明：云母熔体属非均匀成核，随时存在着不完善云母结构的亚晶片。熔体停电后，随着温度降低，这些亚晶片像"雪花"那样一层层漂落在那些正在生长的第一代晶体上，使这些亚晶片互相聚合，重新排列，而亚晶片之间的位错和杂质等则通过亚晶界面的推移转到晶片四周，使中间的亚晶界逐渐消失，从而迅速长成大晶体。从大晶体的照片(图10.7)可看出，晶片中间透明、完整，而周边汇聚着杂质或裂纹等缺陷，这说明它不是从一边慢慢长到另一边的，而是由中部向周边生长的。

合成云母晶块中常见到的一些现象和缺陷如下：

(1) 生长速度各向异性。由于云母结构的各向异性，决定了各晶面生长速度的各向异性。云母结构中四面体 Si—O 间是共价键，结合力强，而层间靠分子力连接，结合力很弱，在云母(001)面上成核需要较大的过冷度，所以厚度方向生长速率 $v_{[001]}$ 最低，这就说明了无论用什么方法制得的云母晶体都呈片状的缘故。晶体的生长速率与熔体的过冷度密切相关。试验表明：在特定条件下，当熔体的过冷度为3—5℃时，其云母晶体的各个方向的生长速率 v 有如下关系[7]：

$$v_{[001]}:v_{[010]}:v_{[110]}:v_{[100]}=1:(29\pm8):(57\pm9):(58\pm10). \quad (10.2)$$

当过冷度加大时，以上比值相差更大(可达180—250倍)；当过冷度更小时，比值只有几倍。对内热法而言，过冷度较大，图10.7所示的晶片，$v_{[100]}$ 比 $v_{[001]}$ 约大100倍。

(2) 云母晶块顶部，往往出现平行于熔体表面的云母片，尺寸约1—10cm²，呈鱼鳞状，这是由熔体表面张力造成的，在坩埚法中也常能见到。这种鳞片都比较硬脆，这是由于高温下氟化物挥发所致。

(3) 晶块内常能发现大小不等空洞，靠近顶部较多(图10.5).

这是因为上部熔体遇冷先凝结，而下面熔体又下沉造成的．在空洞上方，往往能看到“悬挂晶片”，如图 10.8 所示．这些晶片和上述液面的鱼鳞状晶片一样，比较硬脆．悬挂晶片成因：熔体上部遇冷先析晶，尚未凝结的熔体，在热流作用下局部下沉，从而使先析出的那些云母片渐渐脱离母液而悬挂在空洞或裂隙中，形成倒挂状．

图 10.8　晶块中悬挂云母晶体．

(4) 晶块中常发现一些曲晶——柱状、凸面状等．其成因可能是：它们都属前述的第一代晶体，在其他尚未凝结的热液的流动或热应力作用下，使预先长成的云母片在母液中发生塑性移动（氟金云母在 1250℃ 就能塑性变形），因而形成曲晶或皱折状晶片，通常这类晶片弹性较好．

(5) 非云母相等杂质. 与合成云母伴生的杂质虽数量不多(仅占1%—3%),但种类却很多,如方镁石(MgO)、镁橄榄石($2MgO \cdot SiO_2$)、块硅镁石($2MgO \cdot SiO_2 \cdot MgF_2$)、尖晶石($MgO \cdot Al_2O_3$)、莫来石($3Al_2O_3 \cdot 2SiO_2$)、萤石($CaF_2$)和$MgF_2$等,以及组分复杂的玻璃体. 这些杂质大都分布在云母片周边、云母层间或最后凝固的缝隙中. 此外,还有少量Fe_2O_3,在石墨竖电极周围有时会发现被还原出来的小铁球. 晶块中,在板状云母层间往往夹有羽毛状或枝蔓状晶片,如图10.9所示,两组条纹夹角约为60°,这是晶面(010)与(110)发育推移时排杂或形成生长阶的结果.

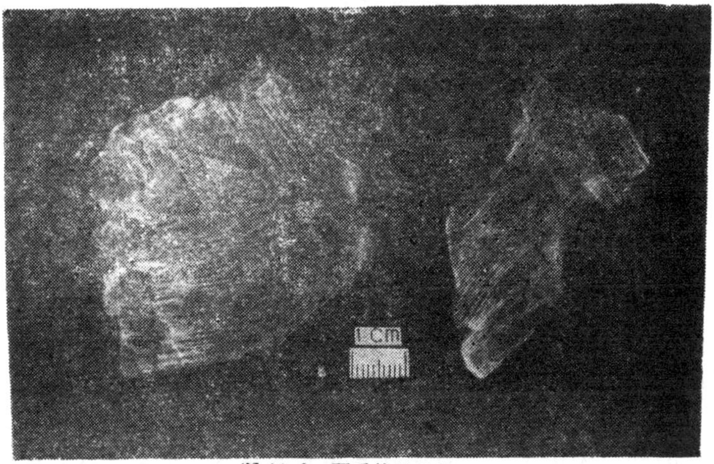

图10.9 羽毛状云母片.

(6) 晶片缺陷. 从晶块中剥出的晶片,即使肉眼观察,也能发现多种缺陷. 最常见的是宏观裂纹、细丝状和枝蔓状裂纹. 产生原因主要如下: (i) 因杂乱生长,云母片间互相穿插、排挤; (ii) 析晶时热应力或局部组分过冷所致.

在剥出的云母片中,常能发现带小气泡或穿孔的晶片,常见的是小圆孔(图10.10),也发现过带有不规则六角形孔的云母片(图10.11). 这是由于熔体澄清不够,在晶体生长时,凝聚在晶体中的挥发气体形成了气相包裹体,当剥成片状时,就表现为穿孔形态.

有的云母片,即使同一片云母,常会发现光学不均匀性,这是

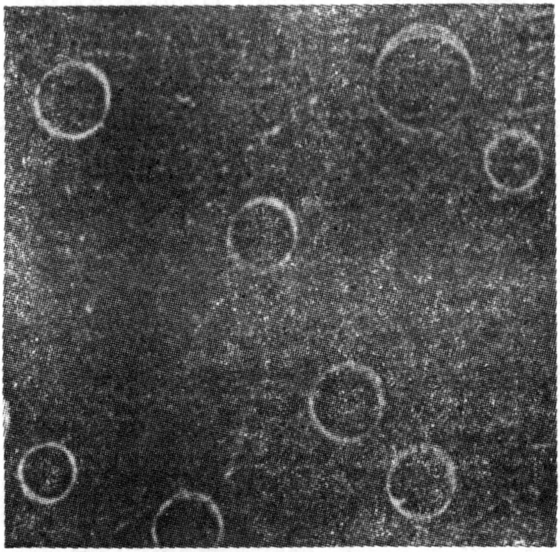

图 10.10 带圆形穿孔的云母片.

因孪晶界的存在，致使云母片 c 轴方向折射率发生了变化. 至于其他缺陷，如断层、镶嵌结构、网络结构和位错等微观、亚微观缺陷，在合成云母中也都是常见的[8,9].

(7) 习性面生长. 云母属高熵晶体，呈习性面生长，最突出的是{001}面，无论用什么方法制得的云母晶体，都呈片状. 在内热法条件下，也能生长出晶形比较完整的晶体，如图 10.12 所示. 这些晶片的特征是: (i)都出现在晶块顶部的空洞中；(ii) {001} 面大都平行或近似平行水平面. 其成因是: 首先在液面成核，并在表面张力作用下长大，当它周围熔体尚未凝固时，恰遇熔体下沉，就把它留在空洞中. 因它是晶核自由发育生长的，故能长出多个习性面来. 图 10.12 示出这种云母片的照片，其外形均呈不规则六边形，都是自然生长的(未经人工修剪)，这在其他熔融法生长晶体中是很少见到的. 图中左边一片还是具有螺旋位错的晶体，呈螺旋生长，位错线端点位于中心附近.

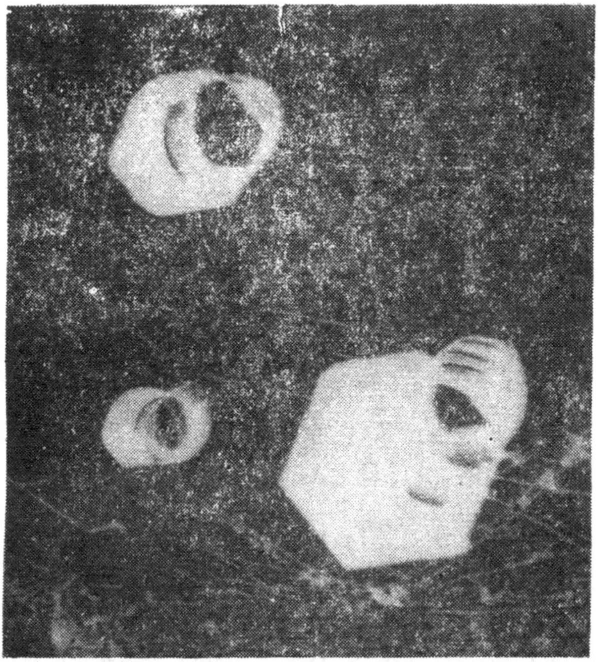

图 10.11 带六角形孔的云母片.

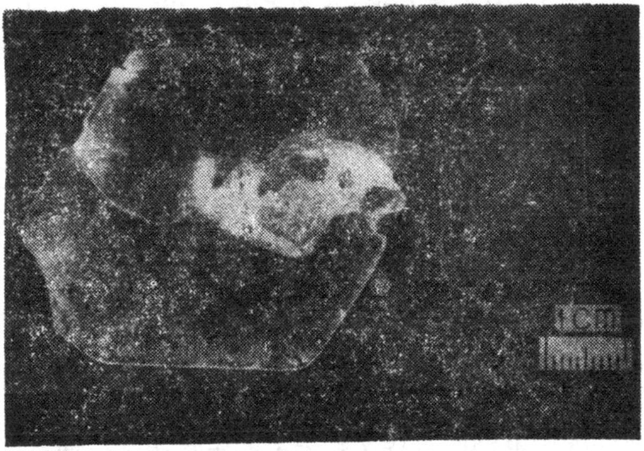

图 10.12 自然形态生长的云母晶体(未修剪).

10.1.3 配料组成对晶体生长的影响

配料组成是合成云母的关键,配比适当,生长出的云母晶体面积大、完整、透明、弹性好、易分剥、缺陷少。由于云母组分多、相变复杂、互相制约，以及工艺条件的影响，这都对观察因组分变化所产生的影响带来困难。

对内热法，若用合成云母的理论含量(表 10.1)作为配方，所得结果并不好，晶块发暗，晶片硬脆，剥离性差。这是由于在熔制过程中，不断有氟化物挥发出来，而使 F 含量降低的缘故。可作为氟源的原料，其热稳定性按 $MgF_2 \rightarrow KF \rightarrow K_2SiF_6 \rightarrow AlF_3$ 依次降低。如 K_2SiF_6，从约 450℃ 起就开始分解。合成云母在熔制时冒出的白色烟雾主要是 SiF_4,KF 和 AlF_3 等氟化物。因此，在确定配方时，必须使 F 适当过量，以弥补挥发损失；否则 F 不足，则易生成镁橄榄石等次相。F 过量太多也不好，易生成 MgF_2 等杂质. 一般 F 过量约 1/8 mol较好。

对 K_2O，若含量偏高，易生成 $KMgF_3$ 等杂质，使晶体硬脆；但若低于 10%，又易生成黑粒状杂质——块硅镁石 $Mg_2SiO_4 \cdot MgF_2$。

对 MgO，一般略高于理论量好，MgO 适当增加，有使云母片弹性改善的趋势；但过量太多，又易生成含 MgF_2 的矿物和杂质。

对 SiO_2，略低于理论量好. 若过量，易使熔体过冷、结晶困难、玻璃体增多。

对 Al_2O_3，一般选用理论量较好。

因 Fe 会降低云母片的电绝缘性能，因此在选用化工原料或操作时，要尽量避免混入铁杂质。

10.1.4 工艺条件对晶体生长的影响

工艺条件主要包括炉型设计、电极安装和供电制度等，这都是把炉料变成晶体的重要因素。

内热法的供电制度直接影响云母的生长状况，通常用功率曲线表示，如图 10.13 所示。大致分为 4 个阶段：*a*. 过渡阶段，即由石墨导电过渡到熔体导电(图 10.2)。在这一阶段，熔体电阻 R 由小变大，起动电极烧断时，R 达到最大值，此后就进入熔体导电，随

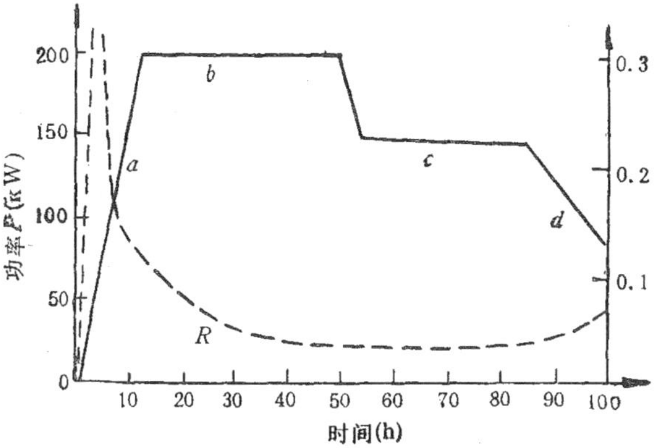

图 10.13 内热法合成云母供电曲线.
实线为功率曲线；虚线为电阻曲线.

熔化量的增加，熔体电阻 R 将逐渐降低；b. 熔融阶段，根据炉子的规模，选择合适的输入功率. 若太高，熔体过热、氟化物挥发多. 若功率偏低，热效率低、不熔物多，熔体粘度大，对晶体生长不利. 图 10.13 示出的是投料量约 20t 的供电曲线. c. 澄清阶段，保持热电偶指示温度和熔体电阻 R 基本不变；d. 析晶阶段，逐步降低输入功率，这时固-液界面上的晶粒将顺着温度梯度的方向生长，熔体减少，R 慢慢增大. 停电后，云母由外向内生长. 这时，深入熔体内部的两根竖电极成为冷源，不断把熔体内部的热量（包括潜热）传导出去，当过冷度达到一定时，开始自发成核析晶. 这些晶核在熔体内将由内向外生长，其生长空间大，减少了晶体间互相排挤和彼此干扰的概率，从而有助于大晶体(巨晶区)的形成. 通电熔制过程中，在熔体上方要不断覆盖炉料，以尽量减少热量损失和氟化物的挥发.

综上所述，内热法生长晶体具有以下特点：

(1) 因不使用坩埚，特别适用于生长腐蚀性强或熔点很高的材料. 合成云母熔体属强碱性，它几乎能腐蚀所有氧化物、氮化物或碳化物等非金属材料. 即使高熔点金属，也只有铂、铂铑或铱等少数几种贵金属能耐它的腐蚀；在有保护气氛的条件下，钼、钨或微碳纯铁也能耐氟云母熔体的腐蚀. 因此，若用坩埚法，坩埚材料的选择受到了很大限制．而内热法就优越得多，它除了可合成云母外，还能合成氟闪石（$Na_2Mg_6Si_8O_{22}F_2$）、钡长石（$BaO \cdot Al_2O_3 \cdot 2SiO_2$）、硅酸铅钾（$K_2Pb_4Si_8O_{21}$）、钛酸钾（$K_2Ti_6O_{13}$）、镁橄榄石（$2MgO \cdot SiO_2$）、莫来石（$3Al_2O_3 \cdot 2SiO_2$）和尖晶石（$MgO \cdot Al_2O_3$）等材料；另外，工业用电熔镁砂、碳化硅和炼钢脱氧用的硅铁等，也都用内热法大量生产．近年来，还用类似无坩埚的方法生长高熔点晶体．如用高频壳熔法生长氧化锆宝石（详见 9.3.1 节）；用弧阻法生长 MgO 单晶等[10]．

（2）熔制规模不受限制，从每炉几公斤到数十吨均可，适合大规模工业生产．

（3）因从内部向外加热，所以热效率高、成本低，对合成云母，每熔化一公斤料，只用约一度电．

（4）内热法的缺点是不易控制晶体生长方向，长出晶体的尺寸一般较小．有人用多对竖电极对内热法进行改进，也取得了一定效果．

§10.2 坩埚下降晶种法合成云母

由于内热法属自发结晶，不易得到大尺寸云母．我国于 60 年代中期发明了加晶种的多坩埚下降法，成功地生长出大面积书状氟金云母单晶，尺寸可达 240mm × 100mm × 10mm[11]；俄罗斯也采用坩埚下降晶种法（钼坩埚）进行氟金云母的研制，其面积为 29mm×150mm（见图 10.14）[12]．

10.2.1 生长工艺

原料　使用内热法合成云母晶块，经破碎、粉磨和筛分，制得小鳞片，再经简单的化学净化处理；或用合成云母纸作原料．原料的化学分析结果列在表 10.2 中．

晶体生长炉（图 10.15）　外形尺寸为2m × 2m × 1m，沿垂直纸面方向有 16 个坩埚室．炉膛用耐高温的刚玉空心球砌制，周围

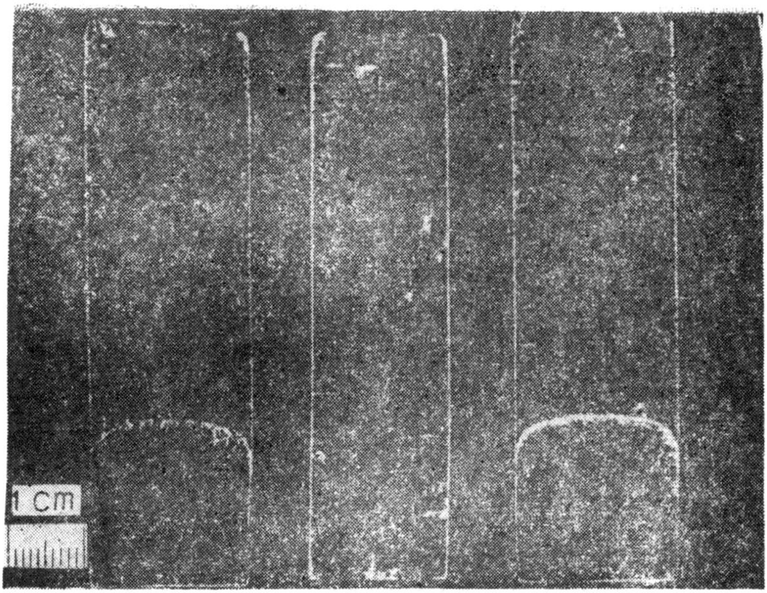

图 10.14 铂坩埚晶种法合成云母片.

表 10.2 原料和晶体的化学组分

组分	K_2O	MgO	Al_2O_3	SiO_2	F	Fe_2O_3	CaO	总量
理论组成	11.18	28.71	12.10	42.79	9.02			103.80
鳞片原料	11.63	28.36	12.75	42.36	9.21	0.07	0.16	104.54
书状云母	11.35	28.34	12.66	41.88	8.81	0.15	0.19	103.38

用硅酸铝纤维保温;发热元件用水平放置的两根硅钼棒,长期使用温度约 1500℃, 底部有速度可调的升降传动装置,可使 16 个坩埚同步匀速升降.

温度控制 用高精度温度自动程序控制系统, 精度 ±0.5℃. 控温用双铂铑热电偶,升、降温程序可事先设定, 自动完成过程控制.

晶种 用完整定向的书状氟金云母单晶作晶种, 其尺寸根据坩埚的大小确定.

坩埚 用厚 0.08—0.1mm 的纯铂片焊接而成, 形状为一端开口的矩形体，坩埚尺寸根据需要选定，使用前要经退火处理。

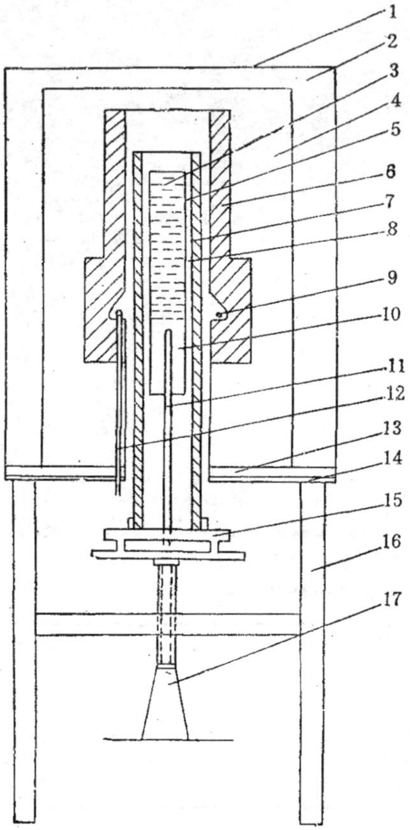

图 10.15 晶种法合成云母生长炉.
1.炉壳；2.硅酸铝纤维；3.云母粉料；4.泡沫氧化铝砖；5.氧化铝粉；6.空心球氧化铝炉膛；7.陶瓷引下管；8.铂坩埚；9.硅钼棒；10.晶种；11.测温热电偶；12.控温热电偶；13.隔热板；14.钢板；15.引下座；16.炉架；17.升降机构.

操作过程　在坩埚上部装满原料，取晶种{100}面平行于坩埚扁平方向放入坩埚下部，使坩埚包紧晶种。为防止坩埚在高温下变形，再将其装入陶瓷引下管内，坩埚的两个侧面与陶瓷管之间各加入一块刚玉板，最后用氧化铝粉充填所有间隙。然后将装好坩埚的陶瓷管置于升降装置上，启动上升装置至坩埚上部进入高温区，使原料逐渐熔化，待晶种上端回熔一定长度后，开始以选定的速度下降坩埚，云母晶体便在晶种上定向结晶。

在坩埚下降的整个过程中，必须严格控制炉温。图 10.16 示出晶体生长时的降温曲线。图 10.17 示出的是书状云母晶体照片（厚 10mm）；图 10.18 示出分剥、切割后的合成云母单晶片。

10.2.2 氟金云母的生长机理

坩埚下降晶种法氟金云母的生长属强迫结晶，生长过程中伴

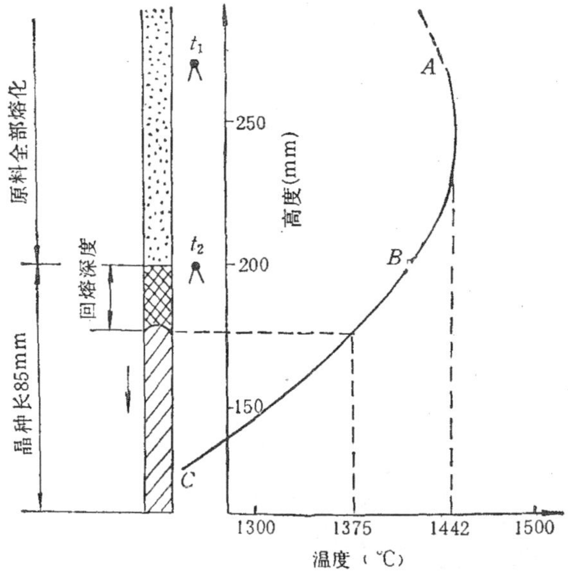

图 10.16　降温曲线．$A—B$ 上偶 T_1 示值；
$B—C$ 下偶 T_2 示值．

随复杂的热力学和动力学问题．熔体的化学组成、热历史以及生长速率等因素对氟金云母的生长均有很大影响；要获得优质大面积云母单晶比较困难．在长期晶体生长工作的基础上，结合氟金云母晶体生长的特点，仅就氟金云母晶体生长机理的几个基本问题作如下讨论．

（1）结晶形为　氟金云母的晶体结构及其自然形态表明[13]，它是典型的层状硅酸盐晶体，在无限连续的 $(Si_2O_5)_n^{2n-}$ 片层中，硅氧以四面体的结构形式连接成六方环状；结构上突出的各向异性，使得氟金云母晶体的生长也具有明显的各向异性，平行于(001)面的生长速率远大于其垂直方向的生长速率．由于其熔体的粘度大和结构复杂，容易出现过冷现象；其过冷程度跟熔化温度、热处理时间和冷却速度有关，这可以从熔体的结构得到解释[2]．当熔化温度偏高(1470℃)或高温时间较长时，氟金云母的二维六方环状

结构容易解裂成络合阴离子，最后成为孤立的硅氧四面体；于是，在熔体中含有大量的硅酸络合阴离子和少量的云母晶核，因而在

图 10.17　书状云母晶体(厚 10mm).

晶体生长初期需要较大的功. 与此同时，由于 Si—O 间存在强的共价健，当温度下降时，这些孤立的硅氧四面体逐渐连接成六方环状结构——$(Si_2O_5)_n^{2n-}$. 氟金云母的生长，正是以这种二维六方面网的结构基元方式结晶成云母晶体的.

固-液界面的传质和热的输运决定着晶体生长. 氟金云母虽然组分复杂，但在稳定生长的条件下，其结晶过程可以认为是含有少量杂质的单一化合物的生长. 根据 Jackson 因素分类，氟金云母属高熵化合物，传质过程属次要，热量输运过程对晶体生长显得重要[14].

如果将氟金云母固-液界面上的热量输运简单地看成是一维稳定的热传导过程，分析如下：设界面面积为 A，晶体密度为 ρ、晶化热为 L，λ_l、λ_s 分别代表熔体和晶体的热导

图 10.18　把书状云母晶体进行分剥、切割而得的云母晶片.

率，$\left(\frac{dT}{dz}\right)_l$、$\left(\frac{dT}{dz}\right)_s$ 分别代表熔体和晶体的轴向温度梯度，$\frac{dz}{dt}$ 为晶体生长速率，根据能量守恒

界面传给晶体的热量＝熔体传给界面的热量＋结晶潜热，故有：

$$A\lambda_s\left(\frac{dT}{dz}\right)_s = A\lambda_l\left(\frac{dT}{dz}\right)_l + A\rho L\ \frac{dz}{dt}.$$

若近似地取 $\lambda_l = \lambda_s = \lambda$，则有

$$\frac{dz}{dt} = \frac{\lambda}{\rho L}\left[\left(\frac{dT}{dz}\right)_s - \left(\frac{dT}{dz}\right)_l\right]. \qquad (10.3)$$

上式说明，只有当固-液界面附近的 $\frac{dT}{dz}$ 相差不大时，才能使 $\frac{dz}{dt}$ 很小，此时晶体的生长才接近平衡态生长；$\frac{dz}{dt}$ 增大时，可导致各种形态的组分过冷，在云母的实际生长过程中，就容易产生非云母晶体的成核和析晶，夹杂在云母晶体内。

（2）生长形态　晶体的平衡形态，即是在一定条件下晶体的总表面自由能最小时的形态。从氟金云母晶体结构看，氟金云母晶体的平衡态为：两个极大(001)晶面和(010)等 6 个等同晶面为界的近二维六方形，如图 10.19 所示[14]。从图中可以看出，除了(001) 晶面的生长速率远小于其它晶面的生长速率外，平行于(001) 晶面的各方向生长速率差异不大，可以计算出生长较快的(100) 晶面和生长较慢的 (010) 晶面的平衡生长速率之比仅为1:1.155。

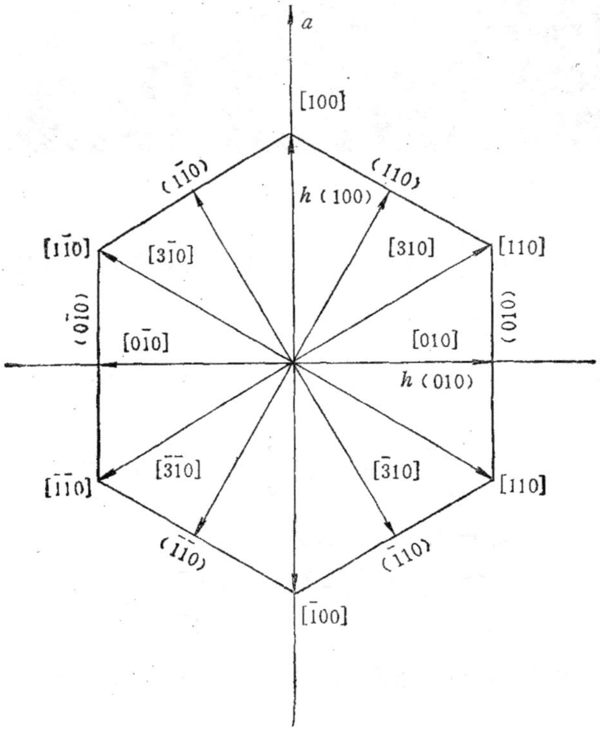

图 10.19　氟金云母晶体理想的平衡形态.

在氟金云母晶体的实际生长过程中，生长速率相对比较小(约0.2mm/h)，在外界因素影响忽略不计的情况下，可认为是近平衡态生长。在这样的生长过程中，由于晶体生长受坩埚形状和籽晶[001]方向的制约，属强迫定向生长，仅(001)面叠合，其它结晶方向不同的晶片在一起生长，生长前沿没有明显的参差，固-液界面与等温面吻合；这表明平行于(001)面的生长是各向同性的等温线型连续生长，宏观表现为等温线型生长界面。与此同时，由于(001)面是氟金云母最突出的惯态面，生长时总是普遍存在着平行于(001)的层生长倾向。实验发现，在氟金云母晶体垂直和平行(001)面同时生长，沿(001)面生长速率限制在比垂直(001)面生长速率约快6—8倍时，才能稳定增加[001]方向的晶体厚度，从而避免在(001)面上出现杂晶。另外，根据氟金云母晶体结构和结晶形态，(001)面是由硅氧四面体面网组成的光滑面，该面的键饱和程度很高，在层间，仅有很弱的K—O键，因而在(001)面上成核需要较大的过冷度。垂直(001)面生长需要有二维晶核，因此垂直于(001)面生长按二维成核的准沿面生长机理进行。

(3) 界面形态的稳定性　在晶种法氟金云母晶体的生长过程中，保持生长界面形态的稳定性对生长高质量的晶体具有重要意义。界面形态不稳定，可能导致胞状结构和枝蔓晶等缺陷的产生。实验表明，产生界面不稳定的因素是多方面的。

当生长界面温度梯度较大或晶体生长速度较快时，界面结构的稳定性就受到影响。对于大面积氟金云母生长过程，界面的不稳定性常发生在局部区域。产生的胞状结构主要表现为与生长方向一致的纵向条纹或裂纹；如果固-液体系的温差太大或突然停电时，就容易导致枝蔓状结构的产生和枝蔓晶生长[15]。式(10.3)也可以说明这个问题，当熔体中 $\left(\frac{dT}{dz}\right)_l$ 等于零，甚至小于零时，晶体生长速率可达到最大值。图10.20示出的晶体形貌即表明了晶体生长速率突然加快时，界面从完整结构向胞状结构发展、并导致枝蔓晶生长的情形。

界面稳定程度也可用温度梯度 G 与生长速率 v 的比值 (G/v) 来判断[16]，不产生组分过冷的临界条件为

$$G_l/v \geqslant \left(\frac{G_l}{v}\right)_{临界} = \frac{m_l c_l}{D_l}\left(\frac{1-K_0}{K_0}\right)K_{eff},$$

式中 G_l 是固-液界面前沿熔体中的温度梯度，v 是晶体生长速率，m_l 是液相线斜率，c_l 为溶质浓度，D_l 为熔质在液相中的扩散系数，K_0 为熔质平衡分配系数，K_{eff} 是杂质有效分配系数。若实际的 G/v 值比临界值越大，则稳定性就越高。对于氟金云母来说，根据实验统计，$(G/v)_{临界}$ 约为 7--10h℃/mm²；在生长后期，因杂质浓度增高而使 $(G/v)_{临界}$ 值增大，但存在一个最佳范围，G_l/v 太小，易出现胞状结构；太大，易出现生长条纹，这与在实验中观察到的现象一致。

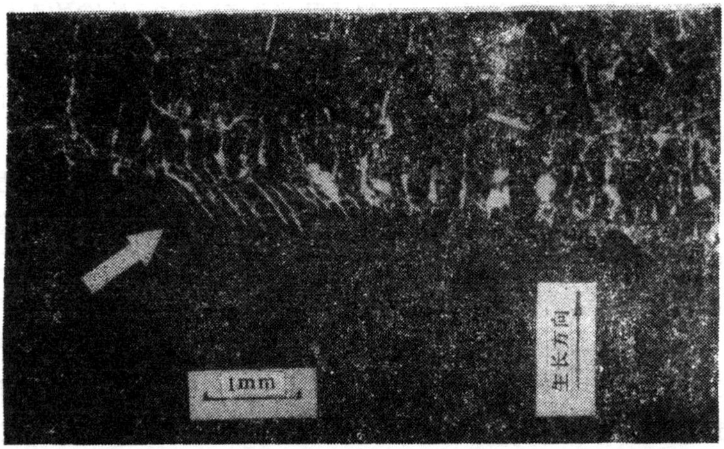

图 10.20 从平面向胞状结构过渡的晶体照像。晶片厚 0.5mm，垂直{001}观察，温度梯度 15℃/cm，坩埚下降速度 0.2mm/h，突然停炉（功率下降 10%）。

杂质是影响氟金云母晶体生长形态的一个重要因素。晶种法所用原料是内热法合成云母鳞片或合成云母纸，化学组分复杂，常含有 Fe^{3+}、Ca^{2+} 等杂质。随着云母晶体的生长，一边释放潜热、一边排出杂质；释放出的潜热使附近温度上升，而排出的杂质又加剧了组分过冷，使固-液界面稳定性受到影响。由于生长晶体的平面比较大，加上杂质的影响，氟金云母晶体的等温线型界面很难维持平稳，生长界面会有凹凸不平的情形；生长速度稍慢的区域，杂质不易排出，严重时会滞留在晶体内部，甚至形成宏观的杂质缺陷。另外，在温度梯度较小的区域，杂质的存在会引起粗糙界面的小面化，小面化生长的局部区域是在杂质浓度较高的区域，它们同样加重了界面形态的不稳定。

总之，采用合适的温度梯度和生长速度，维持固-液界面合理的热输运和减少杂质影响等，都对维护云母晶体生长形态的稳定、减少宏观缺陷是十分必要的。

10.2.3 晶体宏观缺陷及其成因

氟金云母晶体组分和结构比较复杂，晶体的完整性与原料中的杂质、热应力、固-液界面稳定性和籽晶缺陷等因素有关。

在云母生长过程中，主要存在着两种应力的作用。首先是化学应力，原料中不可避免地存在着杂质，虽然其分配系数不大，但总有些被包裹到晶体中，这将导致晶格点阵的局部变迁，并引起晶体的应变和应力；其次是热应力，晶体生长过程中，固-液界面不会总是理想的平面，只要固-液界面呈曲面，在一定温度梯度下就要产生可能引起开裂的、与生长方向相垂直的热应力，这种热应力的大小可粗略地认为与温度梯度成正比，与界面的曲率半径成反比[15]。

在 10.2.2 节中讨论过温度梯度、组分过冷和杂质是云母生长过程中产生生长条纹、包裹体等缺陷的主要原因。另外，温度控制系统的温度漂移、坩埚下降速度不均匀、晶体生长炉环境温度的变化和发热体老化等，均不同程度地使炉温的稳定性受到破坏而引起生长条纹的出现。晶体内部常见的白色杂质，有颗粒状、山峰状或骨架状，这些杂质的析出表明熔体组分与理论组分有偏离而形成的非云母相，有的杂质在解理间隙中析出，有的形成杂质包裹体。

氟金云母生长时还可能发生其它缺陷，主要有如下几种：

气泡　在晶体表层内，常有大小不等的气泡，呈不规则圆形、扁平形,如图 10.21 所示. 高温下熔体总有少量的气相挥发,它们在熔体中形成气泡. 晶体表面气泡主要是封入坩埚内的空气在坩埚壁集聚附着形成的;在晶体内部的气泡,有时会诱发双晶或其它缺陷[14].

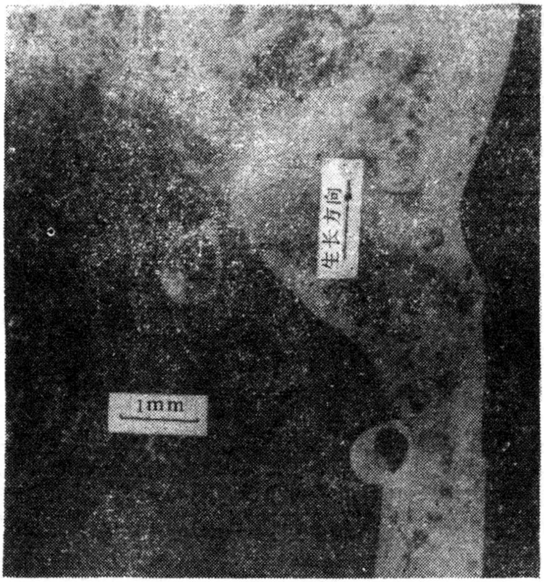

图 10.21 晶种法云母晶体中的气泡.

失透 在晶体生长过程中,偶尔会进入一种特殊的生长状态,使得晶体呈乳白色而不透明. 其显微结构出现了大量的直纤维状条纹,其中有许多为空管道. 虽然这样的晶体解理性变坏,但仍然可做晶种使用, 还能长出良好的晶体. 导致这种现象的出现可能是类似组分过冷或结构过冷而引起的.

此外,氟金云母在生长过程中还会产生如双晶、晶面皱折和位错等缺陷.

由于实验条件的限制, 对氟金云母微观缺陷成因研究的还不够. 对天然云母曾用多光束干涉法观察到露出基面的位错很少,后来用电子显微镜,发现位错在基面上排列成平行的位错网络. 近年来对云母缺陷进行了 X 射线形貌术研究, 发现云母的层错能很低。用现有的生长方法得到的氟金云母，很容易出现堆垛层错(结构层堆垛次序的错排)，因此氟金云母的晶片常呈现一维无序及亚晶界.氟金云母的结构缺陷以亚晶界为主(也有位错).而天然云母则以位错为主(全位错)。现已查明，亚晶界多数是从晶种延生的，部分是从其它宏观缺陷诱发或生长条件变化而增生的。实验证明,一维无序对云母的性能影响较小,亚晶界对击穿电压影响也不大,而密集交错的亚晶界对分剥和弹性均有较大影响。

10.2.4 热工条件及其对晶体生长的影响

在坩埚下降晶种法的工艺条件下，氟金云母单晶生长是在一个复杂的系统中进行，热工条件在相当大的程度上影响着云母单晶的生长。根据大量实践,长好晶体的热工条件大体如下:

炉温　1400—1460℃ (高于云母熔点 50—100℃)，当温度过高时,则造成不必要的热损失,同时又增加挥发;当温度过低时,则熔体粘度太大,不利于澄清和排杂,也不易形成必要的温度梯度。

温度梯度　为使潜热易于释放,减轻组分过冷和抑制小晶面,降低各种热扰动对晶体生长的影响,温度梯度应越大越好,但温度梯度太大时,界面又不可能成为绝对平面,势必增加热应力。实际生长技术中,也难于得到大的温度梯度。综合各种因素,可找到一个适合云母单晶生长的温度梯度。

等温面形状　从排杂、消除位错等缺陷以及避免热应力的角度来看,平面状固-液界面最为理想，但是这不容易在较大的范围内获得,也难于保持。当固-液界面为凹状时，晶体边缘部分则首先生长,容易形成多晶,并使杂质和气泡容易聚集在晶体内部，这都对晶体的完整性、均匀性不利,而且同样容易产生内应力。所以通常选取固-液界面呈稍凸形状,它有利于晶粒的陶汰，并使杂质与缺陷形成较为有利的分布与转移，这在工艺上是能实现的[17]。

温度场的稳定性　温度场的稳定性主要受三方面因素的影响,即热结构的变动(热传质分布情况的变动),温度自动调节系统的偏差和发热元件的不均匀老化。

（1）*热结构的变动* 晶体生长的热工状况是复杂的热学问题．晶体随着坩埚下降不断长大，熔体逐渐减少，热传质随时变动，温度场也要发生变化，使固-液界面变形和浮动，这都直接影响晶体的生长速度和生长状态．

在云母晶体的生长过程中，由于温度自动调节的检测点不可能放在界面上，也无法准确地测出界面的位置，总之，无法获得晶体生长实际情况的准确信息．经验表明，随着坩埚下降、热传质变动，在生长后期，晶体将产生加速度生长．这是由于铂坩埚和云母晶体比所用的耐火材料导热率高，且随着坩埚的下降，炉顶出现空腔，所以从坩埚上方和下方输运走的热量都要增加，而且从下方散失的热量比上方散失的多．结果在热源温度不变时，将引起界面温度(1375℃)缓慢上升，从而使得晶体生长速度大于坩埚下降速度，且界面的形状也由较平直的形状逐渐变成上凸的曲面，这种情况越在生长后期越严重，常常使晶体的缺陷增多．若采用一定的程序，使后期升高炉温，则可以补偿这种变动；也可从热结构上采取措施，尽量减少温度场对热传质位置的依赖性．

（2）*温度自动调节系统的偏差* 保持炉温高精度和长时间的稳定，是生长晶体的重要条件之一．然而生长界面附近的温度波动直接影响着熔体的过冷状态和晶体的生长情况，即使在短时间里发生温度波动，晶体的瞬时生长也将产生异常变化，造成晶体缺陷．

采用任何高精度自动温控系统，也存在偏差，只不过是偏差小一点而已．在一般情况下，采用 PID 调节器时，动态扰动引起的直流漂移极小．过渡过程可限制在数秒到几分钟之间．采用位置式控制时，振荡周期也可限制在数十秒之内．因为热流与生长界面有一定的温度差(150—200℃)，又由于大型电阻炉的热容量很大，所以动态偏差形成的热波动到生长界面时，将大大减弱．

由于各种因素引起的温度平均值的漂移，将很快反映到界面上使温度起伏．室温和电网电压也经常发生周期性变化，若温度降低，因生长速度加快而产生微裂纹，若还未等到它们汇集发育成较大裂纹时，温度又恢复上升，于是裂纹消失，这样就留下了与等温面形状一致的生长裂纹，如图 10.22 所示。

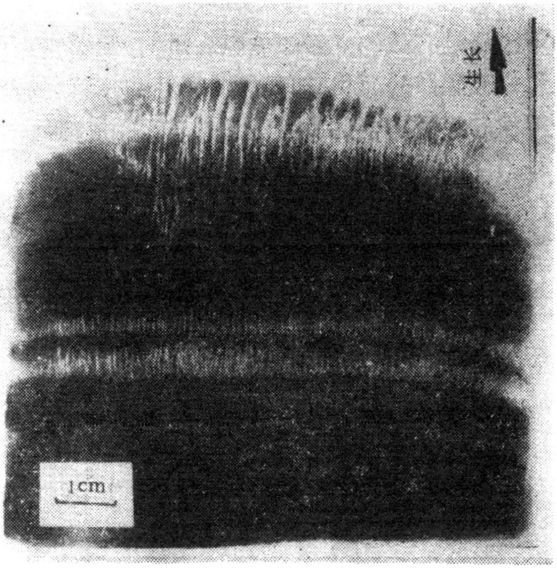

图 10.22　温度波动引起的生长条纹.

晶体炉温度绝对恒稳是不可能的，所以云母晶体的生长速度也不可能是均一的. 实际晶体生长速度，将随温度的起伏发生时快时慢的变化，而且界面的不同部位也不一样. 在坩埚下降速度恒定时，炉温波动愈大，生长速度变化也愈大. 因此，影响同一晶体各处质量的参差程度的主要因素之一，就是温度的波动和漂移，故要尽量避免.

(3) 发热体的不均匀老化　多坩埚生长氟金云母，发热体采用二硅化钼棒. 炉温为 1500℃，则发热棒表面温度要超过 1600℃，高温下存在老化问题，老化程度与二硅化钼棒制作工艺和通过的电流密度大小等有关.

发热体的老化，对晶体生长的稳定不利，不但使每个坩埚的界面位置发生彼此不同的变化，而且使等温面发生蠕动和漂移.

在满足云母生长温度条件下，要尽量降低发热体的表面温度.

从发热体至生长界面的热传递是靠辐射和热传导完成的．根据波尔兹曼法则可知，在被辐照物体表面温度要求一定时，热源表面温度取决于负荷密度（单位表面积辐射的功率）和等效黑度．因此，采用如下措施是有效的：增加热源表面积、增大陶瓷引下管的表面黑度和它被辐照的面积、加强保温、降低功耗和减少从引下管壁到生长界面的热阻等，这都可延长二硅化钼发热体的使用寿命．

§10.3 氢气钼丝炉坩埚法合成云母

从 60 年代起，前苏联就用氢气钼丝炉纯铁坩埚研制合成云

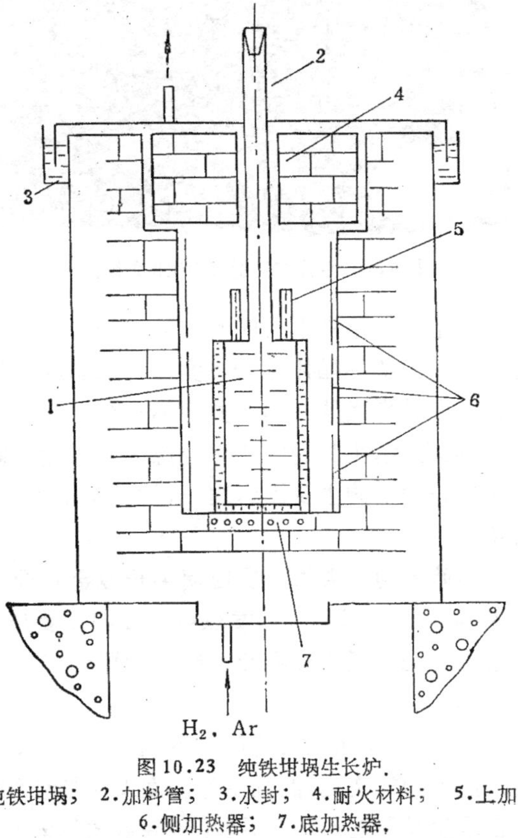

图 10.23 纯铁坩埚生长炉．

1.纯铁坩埚； 2.加料管； 3.水封； 4.耐火材料； 5.上加热器； 6.侧加热器； 7.底加热器．

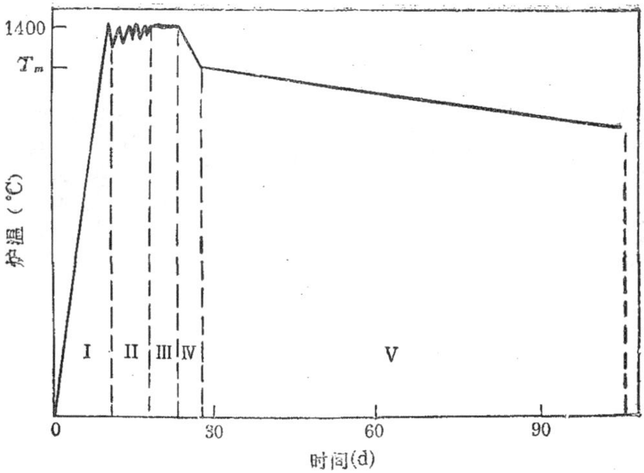

图 10.24 熔制温度曲线.
I. 升温阶段； II. 加料熔化； III. 恒温澄清；
IV. 快速降温； V. 长期缓慢析晶.

母[7]，我国在 70 年代也用这种方法研制过合成云母. 现俄罗斯合成矿物与原料研究所仍用该方法研制、生产合成云母[12]. 图 10.23 示出的是生长炉示意图. 用微碳纯铁制作坩埚；用钼丝制作加热器，分三段加热；为测温和控温，分别紧靠坩埚壁和加热器放置钨-铼热电偶；为防止高温氧化，需连续通保护气体 H_2 或 Ar。因氢气热导率高，对长期保持炉温不利，也影响钨-铼热电偶的准确度，故用 Ar 比用 H_2 好。

图 10.24 示出熔制温度曲线，共分五段： I 为升温阶段；II 为熔化阶段，通过铁管不断往坩埚内补充配料； III 为恒温澄清阶段；IV 为降温阶段，使熔体温度较快地降至熔点附近 T_m； V 为缓慢降温析晶阶段，云母晶体在比较小的过冷度条件下缓慢生长，降温速度只有 1—2(℃/d)。整个试验通电共约 2500h，停电自然冷却至室温后，取出坩埚并锯开，可看到云母晶体的生长情况，如图 10.25 所示。该方法制得的云母片比内热法合成云母厚度大，其商品片规格有： 30mm × 30mm × 0.3mm。

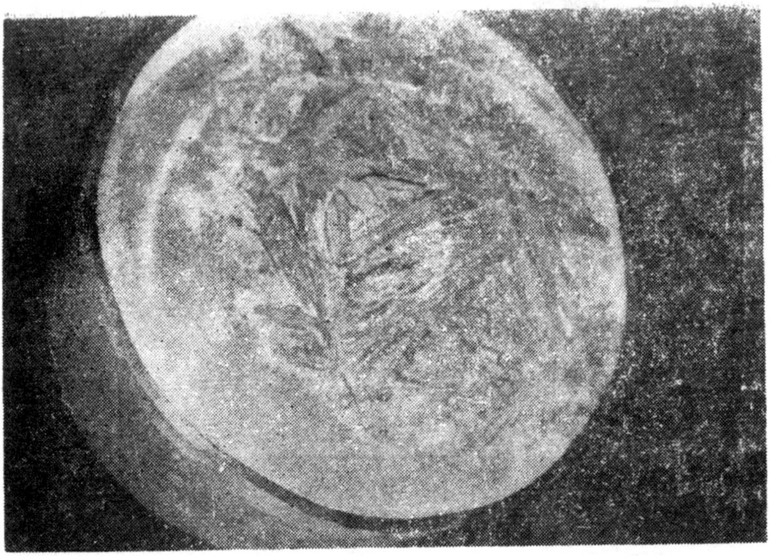

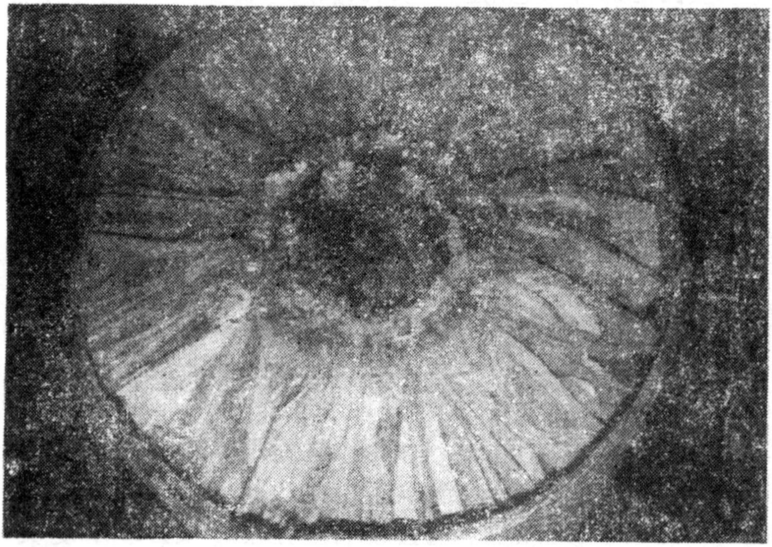

图 10.25　纯铁坩埚法云母晶体生长情况.

§ 10.4　合成云母的种类

10.4.1　云母晶体的异质同晶取代

氟云母的通式为 $X_{0.5-1}Y_{2-3}(Z_4O_{10})F_2$。同天然云母一样，合成云母也可通过对 X，Y，Z 等阳离子的取代而得到一系列异质同晶结构的不同性能的云母，现已合成出了一百多种[1,2]。 X位置可全部或部分由 K^+，Na^+，Li^+，Ba^{2+}，Sr^{2+}，Ca^{2+} 或 Pb^{2+} 占据；Y位置可完全由 Mg^{2+} 或部分 Li^+，Fe^{2+} 占据；Z位置可完全由 Si^{4+} 或 Ge^{4+} 占据，Al^{3+} 或 B^{3+} 可很容易的取代部分 Si^{4+}。还有其他一些可能的取代，详见表 10.3。

表 10.3　云母中某些阳离子和离子半径（×0.1nm）

X				Y				Z			
K^+	1.33	Ti^+	1.44	Mg^{2+}	0.65	Mn^{2+}	0.80	Si^{4+}	0.41	Be^{2+}	0.31
Na^+	0.95	Rb^+	1.48	Ni^{2+}	0.69	Cu^{2+}	0.96	Al^{3+}	0.50	V^{3+}	0.74
Li^+	0.60	Cs^+	1.69	Fe^{2+}	0.80	Fe^{3+}	0.64	B^{3+}	0.20	Cr^{3+}	0.63
Ba^{2+}	1.35			Ti^{2+}	0.90	V^{3+}	0.74	Fe^{3+}	0.64	Ga^{3+}	0.62
Sr^{2+}	1.13			Li^+	0.60	Ti^{3+}	0.76	Zn^{2+}	0.74	Ge^{4+}	0.53
Ca^{2+}	0.99			Co^{2+}	0.72	Ti^{4+}	0.68	Mn^{3+}	0.66		
Pb^{2+}	1.21			Zn^{2+}	0.74			Co^{3+}	0.63		

离子取代的影响：对X位置，由 K^+ 占据时，云母晶体较易长大，Ba^{2+} 次之。通常取代离子的半径越小，析出的晶体亦越小，而介电常量却逐渐增大。对Y位置，Mg^{2+} 被取代的越多，则析晶就越困难。离子取代后，大多数云母的析晶温度和晶化热都比氟金云母低。显然，离子取代后，相应的晶胞参数也有所改变[18]。

通过研究云母的离子取代，不但可进一步了解云母结构和生长机理，而且还能得到一些不同特性的新品种云母。例如低熔点的氟硼云母 $KMg_3(BSi_3O_{10})F_2$；高介电常量的钠云母 $NaMg_3(AlSi_3O_{10})F_2$；低介质损耗的锂云母 $KMg_2Li(Si_4O_{10})F_2$；能吸收紫外线的氟铁云母 $KMg_2Fe(AlSi_3O_{10})F_2$ 以及水胀云母 $(LiF)_3LiMg_2Li$

$(Si_4O_{10})F_2$ 等等. 对满足高技术和现代工业的特殊需要,将起重要作用.

10.4.2 水胀氟云母[1,19]

(1) 吸水膨胀情况　有一类合成氟云母，遇水或乙二醇就在厚度方向发生膨胀，称为水胀氟云母，其一般化学式为：$X_{\frac{1}{3}-1}Y_{2\frac{1}{2}-3}(ZO_{10})F_2$. 若层间能进入少数几层水分子，叫有限膨胀；若能进入 10 层以上水分子就称为自由膨胀，详见表 10.4[20].

表 10.4　非水胀和水胀氟云母

X	Y	Z = Si	Z = Ge
K	Mg_2Li	非水胀	非水胀
K	$Mg_{2.5}$	非水胀	非水胀
$K_{2/3}$	$Mg_{2\frac{1}{3}}Li_{\frac{2}{3}}$	非水胀	非水胀
$K_{1/3}$	$Mg_{2\frac{2}{3}}Li_{\frac{1}{3}}$	非水胀	非水胀
Na	Mg_2Li	有限膨胀(二层水)	有限膨胀(一层水)
Na	$Mg_{2.5}$	自由膨胀	有限膨胀(二层水)
$Na_{2/3}$	$Mg_{2\frac{1}{3}}Li_{\frac{2}{3}}$	自由膨胀	有限膨胀(二层水)
$Na_{1/3}$	$Mg_{2\frac{2}{3}}Li_{\frac{1}{3}}$	自由膨胀	有限膨胀(二层水)
Li	Mg_2Li	自由膨胀	自由膨胀
$Li_{2/3}$	$Mg_{2\frac{1}{3}}Li_{\frac{2}{3}}$	自由膨胀	自由膨胀
$Li_{1/3}$	$Mg_{2\frac{2}{3}}Li_{\frac{1}{3}}$	自由膨胀	自由膨胀

水胀氟云母也是用化工原料配成炉料，经高温熔融而制得. 若用 Ga 或 Al 部分取代 Si 或 Ge，水胀性能会变低[21]，这一类水胀云母的一般表达式为

$$NaMg_{2+x}Li_{1-x}(T_xSi_{4-x-y}Ge_yO_{10})F_2$$

和

$$NaMg_{2+x}Li_{1-x}(T_xGe_{4-x-y}Si_yO_{10})F_2,$$

式中 T 代表 Ga 或 Al; $x = 0—1$; $y = 0, 1, 2, 3$.

以有限膨胀氟云母 $NaMg_2Li(Si_4O_{10})F_2$ 为例，说明吸水情况[22]. 图 10.26 示出的是该云母 (001) 面的 X 射线衍射角 2θ 值，

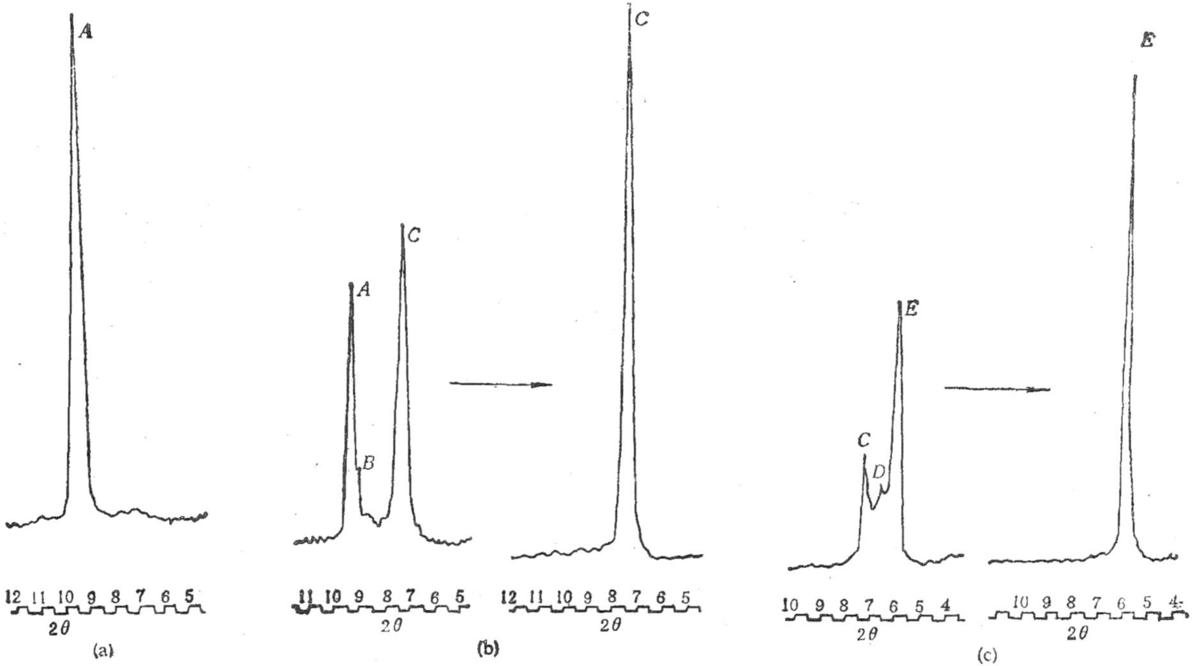

图 10.26 水胀氟云母(001)面吸水情况X射线衍射图.

(a) 未吸水；(b) 吸一层水；(c) 吸二层水.

2θ的变化反映云母层间间距d的变化．图10.26(a)示出刚生长出来、尚未吸水的情况，只有A峰；图10.26(b)是在25℃、湿度75%空气中放置3h的情况，出现了B和C峰，又放置了9h，A和B峰消失，只剩下C峰；图10.26(c)示出湿度升到95%、并放置3h后的情况，又出现了D和E峰，随放置时间的延长，只剩下E峰．经计算与各峰相对应的云母层间间距为：$d_A = 0.950$nm、$d_B = 1.067$nm、$d_C = 1.218$nm、$d_D = 1.360$nm、$d_E = 1.489$nm.显然d_C比d_A增加了0.268nm，而极性水分子的直径约为0.276nm，考虑到水分子进入层间后要紧密排列，以上数据说明恰好在层间进入了一层水分子；由于$d_E - d_A = 2 \times 0.27$nm，说明该云母最终可进入两层水分子．反之，若再把吸水膨胀后的云母经升温脱水，以上吸水过程：从图(a)→(b)→(c)就变成了脱水收缩过程：从图(c)→(b)→(a)，到160℃时水分脱完．

(2) 膨胀机理　从表10.4中可看出，$KMg_2Li(Si_4O_{10})F_2$是非水胀云母，而经Na^+取代K^+后就水胀了，原因有二：一是Na^+离子半径(0.095nm)比K^+(0.133nm)小28.6%，云母两单层之间的距离缩小，两片层之间的负电性斥力增加，从而使极性分子易进入层间；其二是Na^+和K^+的水合能力不同，离子半径越小，则水合能就越大．K^+的水合能为3.2×10^5J/mol，Na^+的为4.04×10^5J/mol（比K^+的大26%），水合能力强，水分子易进入Na云母层间．同理可说明，因Li^+的离子半径更小，故Li云母膨胀性就更好．

可把水分子视为四面体电荷分布的极性球，它进入云母层间后可与Na^+形成水合离子$[Na(H_2O)_2]^+$，如图10.27所示．两个水分子分别以1/4键和Na^+结合，又以1/12键力和云母单层的6个氧结合．若为两层水型时，在Na^+的另一侧对称地再水合两个水分子．

(3) 水胀氟云母的特性和应用[1,20]

(i) 水胀云母在水中可形成很薄的鳞片，溶液呈胶状、pH值为8.5—10.5．利用它的高粘度可作为水合涂料、乳胶和陶瓷浆液

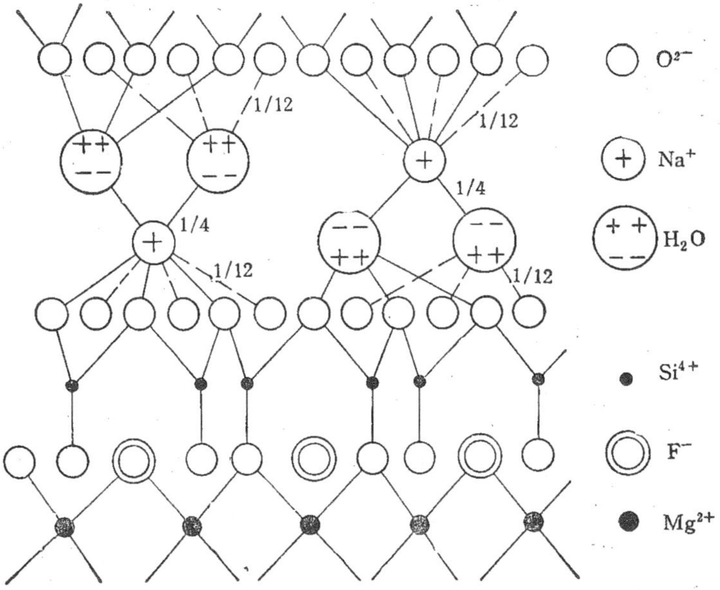

图 10.27 一层水型水胀氟云母层间水分子结合示意图.

的改性剂或稳定剂；利用它的润滑性，可用作金属锻造或轧钢的耐热润滑剂；若与 MoS_2 复合，可制成固态润滑剂.

(ii) 水胀云母的层间离子(Na^+,Li^+) 易与其他离子交换. 如 Na 云母，Na^+与一价离子的交换率为 90—95%，与两价离子的交换率可达 95—98%. 若以 $(H_3O)^+$,$(NH_4)^+$ 或 Al^{3+} 交换，可制成固体酸，在烟草中用作乙醛、尼古丁和煤焦油的吸附剂. 通过离子交换，水胀云母还可净化工业污水. 在处理放射性废水方面[23]，它可去除 Cs^{137},Sr^{89},Sr^{90},Ru^{106} 和总 β 放射性；在强放射性废水中，对 Cs 的静态吸收容量可达 0.8mg 当量/g；把吸收了放射性离子的水胀云母，用胺处理变成憎水性，则放射性不会逃逸出来. 美国还把水胀云母用作石油裂解催化剂.

(iii) 用水胀云母可制成厚 3—30μm 的无机薄膜，除可作为绝缘材料外，还可用作防火纸，印制重要文件资料；此外，该薄膜还可作为高温脱模纸、扬声器纸、电容器介质和替代石棉纸等.

(iv) 水胀云母经离子交换和热处理，可由亲水性变成亲油性，吸油量可达 1.65ml/g；用作油脂的增稠剂和树脂的改性剂，可提高耐热、硬度和抗冲击强度. 还可制成孔径 0.7—0.8nm、比表面积 300—400m^2/g 的分子筛；在高压釜中经水热处理，可制得 0.5μm 宽、100μm 长的新型纤维材料 $NaMg_4Si_6O_{15}(OH)_3$，用作增强塑料填料或石棉代用品[21]。

随着科学技术的发展，水胀云母的品种和应用领域将越来越广泛。

10.4.3 彩色合成云母、含铁氟云母和微晶云母

(1) *彩色合成云母* 把某些阳离子、特别是过渡元素离子引入合成云母组分，便可制得彩色合成云母[25]. 其色彩的深浅因配位离子的种类、价态、位置和数量而异. 各种彩色云母都有它们特有的吸收光谱. 如 Fe^{2+} 部分取代 Mg^{2+} 呈灰棕色，能吸收紫外线；含 Ni^{2+} 云母呈黄绿色，在 400 和 800nm 附近有吸收峰；Co^{2+} 部分取代 Mg^{2+} 呈粉红色，在 550nm 和紫外有吸收峰；而 Co^{3+} 取代 Al^{3+} 呈蓝色；含 Ti 云母也可呈蓝、紫色；含 Mn 云母呈黄褐色，……. 着色合成云母的光泽好、耐高温，除作为着色剂用于涂料、塑料和瓷釉外，还可利用其吸收特定谱线的特性用于光学系统中.

彩色云母除利用熔融法生长外，还可利用水胀云母的离子交换、通过在层间取代各种有色离子及化合物而制得.

图 10.28 中曲线 *b* 是俄罗斯蓝色合成云母单晶片的吸收光谱.

(2) *含铁氟云母*[26] Fe 的两种价态均能进入云母晶格：Fe^{2+} 可进入 Y 位置、Fe^{3+} 进入 Z 位置，试验表明，用熔融法制备，只能部分被取代，如 $KMg_3(Al_{0.5}Fe_{0.5}Si_3O_{10})F_2$，$KMg_{2.5}Fe_{0.5}(AlSi_3O_{10})F_2$，$KMg_2Fe(AlSi_3O_{10})F_2$，$KMg_2Fe(FeSi_3O_{10})F_2$和$KMg_3(FeSi_3O_{10})F_2$等等.

含 Fe 氟云母能生长出边长 10mm 的晶片，大部为鳞片，呈灰棕色. 以 $KMg_{2.5}Fe_{0.5}(AlSi_3O_{10})F_2$ 为例说明它的特性和应用.

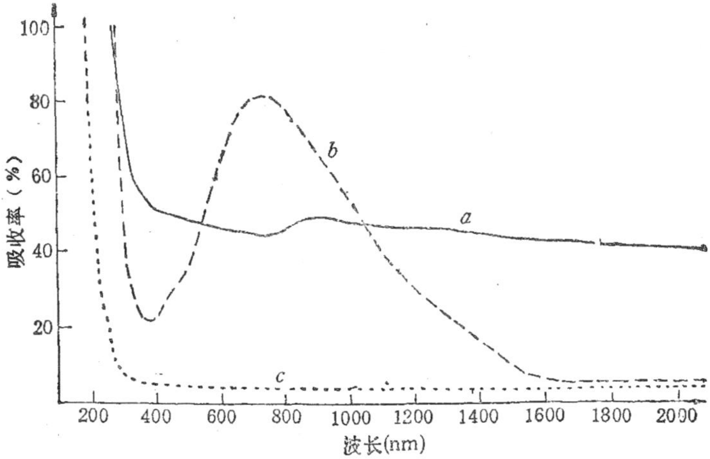

图 10.28 合成云母吸收率曲线.

a. 含铁氟云母(厚 0.15mm)； *b*. 俄罗斯蓝色合成云母(厚 0.33 mm)； *c*. 内热法合成氟金云母(厚 0.31mm).

经 X 射线结构分析，该晶体属单斜晶系、1M 型云母、晶胞参数为 $a = 0.5318\text{nm}, b = 0.9210\text{nm}, c = 1.0233\text{nm}, \beta = 100.46°$. 因 Fe^{2+} 离子半径(0.083nm)比 Mg^{2+}(0.078nm)的大，致使晶胞增大.

在性能方面，含 Fe 氟云母的重要特征之一是能吸收紫外线. 从吸收光谱(图 10.28 曲线 *a*)看，对紫外C波段(200—280nm)能全部吸收；对B波段(280—320nm)能大部吸收；对A波段(320—400nm)可部分吸收. 由此可见，用这种云母可制得能吸收紫外线的化妆品或涂料，这对经常接触紫外线，如高空、室外和弧光作业人员的防护有重要意义. 特别是近年来，因大气污染、高空同温层的臭氧减少，到达地表的太阳辐射紫外线增多，其中B波段对人体危害最大，它能破坏人体的脱氧核糖核酸，致使皮肤晒斑、黑素瘤和皮癌的患者增多[27]. 而含 Fe 氟云母恰能吸收B波段紫外线，可用它配成防晒制剂保护皮肤、或用它制作吸收紫外线工业涂料.

(3) 微晶云母　若在微晶玻璃中引入云母晶相，则可制得机加工性能良好的陶瓷材料[28,29]，其中云母晶相占 50%—75%，云母粒度约为5—20μm；这种微晶云母陶瓷具有耐高温、电绝缘和耐腐蚀等特性。若在 $CaO\text{-}P_2O_5$ 系统生物活性材料中添加云母相，可制得具有可加工性和生物活性的医用人工骨或假牙材料。经分析鉴定，这些微晶云母都是四硅钾云母 $K_2Mg_5(Si_8O_{20})F_4$，属于二八面体—三八面体过渡型结构；晶胞参数为 $a = 0.5248nm$，$b = 0.9072nm$，$c = 2.0193nm$，$\beta = 95.32°$。

从研究地质和矿物的角度出发，合成出了含 Zn 或 Cu 的氟云母，如

$$K_{1.66}Ba_{0.17}(Mg_3Zn_2)(Si_8O_{20})F_4$$

及

$$K_{1.66}Ba_{0.17}(Mg_{5-x}Cu_x)(Si_8O_{20})F_4,$$

式中 $x = 0,1,2,3$。它们均为 $2M_1$ 型云母，属二八面体—三八面体过渡型结构[30]。通过X射线结构分析发现，随着 Cu^{2+} 对 Mg^{2+} 取代量的增加，云母的{0 k 0}面网间距（如 d_{060}）和晶胞参数 b 均线性增加(图 10.29 和图 10.30)，a 和 c 无明显变化，这是因 Cu^{2+} 的离子半径（0.096nm）比 Mg^{2+}（0.065nm）大、致使晶胞变大的缘故。

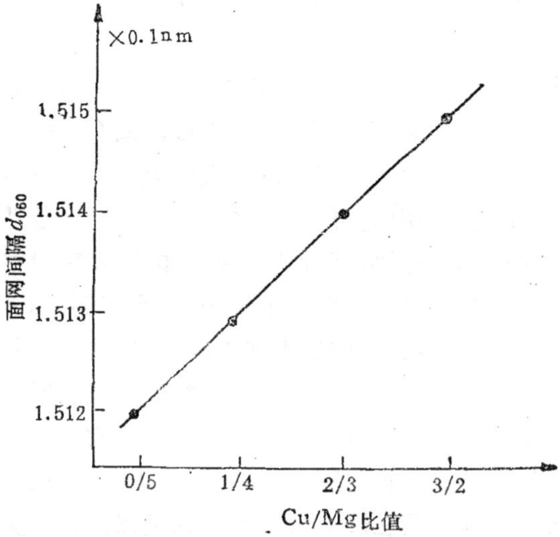

图 10.29 含 Cu 云母面网间距 d_{060} 与 Cu/Mg 关系曲线

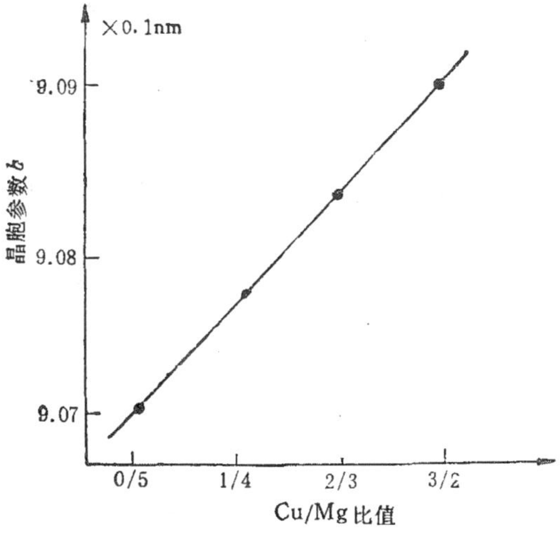

图 10.30　含 Cu 云母晶胞参数 b 与 Cu/Mg 关系曲线

§10.5　合成云母的结构、性能和应用

10.5.1　合成云母晶体结构

云母是一类层状结构的硅酸盐晶体，一般属单斜晶系，外貌呈六方形或菱形片状或板状（图10.31），有时形成假六方柱状晶体。

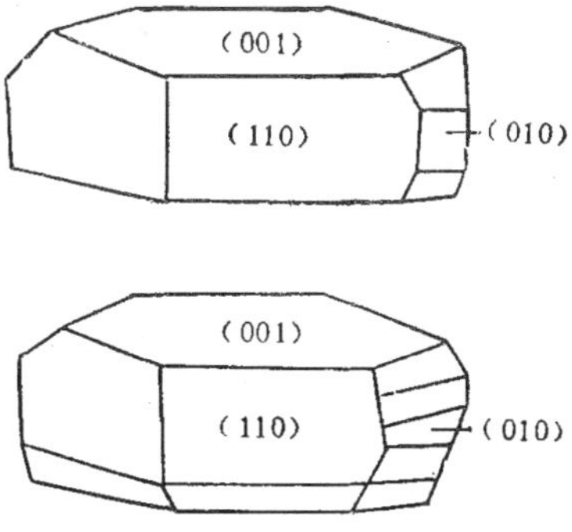

图 10.31　云母晶体的形状.

云母的化学组成复杂。合成云母是用 F^- 取代了天然云母中的$(OH)^-$，化学通式为

$$X_{0.5-1}Y_{2-3}(Z_4O_{10})F_2,$$

式中 X 代表离子半径较大的阳离子（0.1—0.18nm），Y 代表略小的阳离子（0.06—0.10nm），Z 代表与 4 个氧配位的小阳离子(0.03—0.07nm)。

云母结构早在1930年就由 Pauling 提出的配位学说论述过，并得到 Jackson 和 West 在实验上所证实。近年来，用现代技术装备又进行了更为深入的研究和测定[31-33]。下面，仅以氟金云母为例略述云母的晶体结构[1,34]。

硅酸盐的基本特征是，硅原子总是位于以氧为顶点的四面体的中心，Si 以 sp^3 杂化轨道与氧结合，这是共价性成分较大的强键，以致硅氧四面体在硅酸盐晶体中总是具有一定的形状和大小。通常 Si—O 键长约 0.16nm，键角约 109°28′，而 O—O 键长约 0.26nm。根据 Pauling 规则，硅氧四面体都以共有顶点的氧连接起来，而且两个相邻的四面体只能共有一个氧，不能以棱或面相连接。随组分和温度不同，这种连接方式也不同，从而形成岛状、链状、层状、架状、群状或环状硅酸盐。实际晶体中，常遇到部分 Si 被 Al 取代的情况。

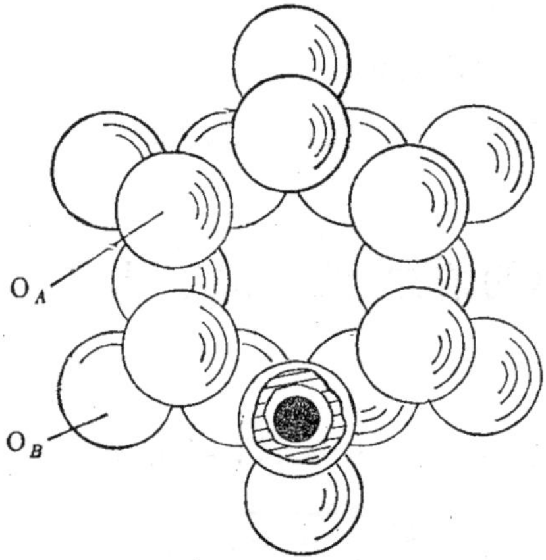

图 10.32 由 SiO_4 四面体连接成的六方环.

云母属层状硅酸盐晶体，通常有 1/4 的 Si 被 Al 所取代。云母硅氧四面体的连接方式是：它的 3 个顶点与邻近的四面体连接成六方环状的面网层，各四面体之间共有 3 个氧，为讨论方便，把这种氧叫底面氧 (O_B)；而那个未共用的氧称为活性氧(O_A)。图 10.32 示出的是一个六方环的示意图，其活性氧 O_A 朝向读者，黑小球为 Si。由这些连续的六方环连接成的面网层如图 10.33(a)所示，这种片层的四面体群可用单环 $(Si_2O_5)_n^{2n-}$ 或双环 $(AlSi_3O_{10})_n^{5n-}$ 表示，它们共用的 3 个底面 O_B 在一个平面内，活性 O_A 在另一个平面内，而 F^- 就与 O_A 共面、并处在 O_A 所围成的六角形中心，平均每个六方环有一个 F^-。对金云母，就是通过 Mg^{2+} 把带 F^- 的两组片层彼此相对连接成一个牢固的四面体双层。而 Mg^{2+} 以六配位填入八面体中心，这个八面体是由上下各六方面网片层中的 2 个 O_A 和一个 F 所围成的，这就形成了氟金云母的单层 $[Mg_3(AlSiO_{10})F_2]_n^{n-}$。而各云母单层又通过 K^+ 按一定方式相继堆垛起来，K^+ 以 12 配位分别与上下两层的 6 个底面 O_B 相连。K^+ 的填充，正好平衡了因 Al 取代 1/4 的 Si 而多出来的负电价。Al 取代 Si 并不占据固定位置，而是从整个晶体看，平均有 1/4 的 Si 被 Al 取代，所以 K^+ 也不是与哪一个 O_B 结合，而是与整个六方面网过剩的负电荷结合。

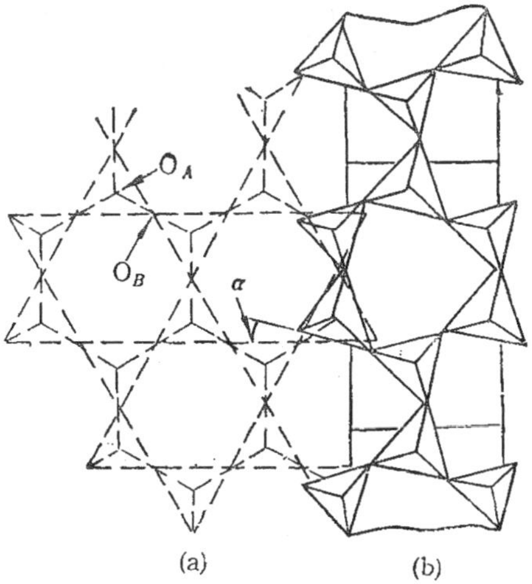

图 10.33 云母的六方面网片层.
(a) 理想情况；(b) 实际晶体情况.

图 10.34 示出的是氟金云母结构的示意图. 上图只画出了上下两片层的活性 O_A，F^- 与 O_A 共面，而 Mg^{2+} 处于两层间形成的八面体中(图中标出了一个八面体)；下图示出两片层通过 Mg^{2+} 相对连接以及 K^+ 相对位置的情况 。

对于实际晶体，片层 $(AlSi_3O_{10})_n^{5n-}$ 不是六方对称，而是复三方对称的，如图 10.33(b) 所示。复三方与理想六方的偏离量可用四面体旋转角 α 表示，实际晶体的 α 约为 5.9°[34]。这时，K^+ 与上下各六个底面 O_B 的距离也就不相等，有 3 个将比同一层的其他 3 个更接近 K^+，因而可将 K^+ 看成被 6 个较近的 O_B（每层 3 个）包围在一个八面体配位中，同时又被其他 6 个较远的 O_B 组成的稍大的八面体包围着。对内八面体 $K—O_B$ 键长 0.3006nm，而对外八面体键长则为 0.3273nm。

氟金云母晶体的单位晶胞为 $2KMg_3(AlSi_3O_{10})F_2$，图 10.35 中

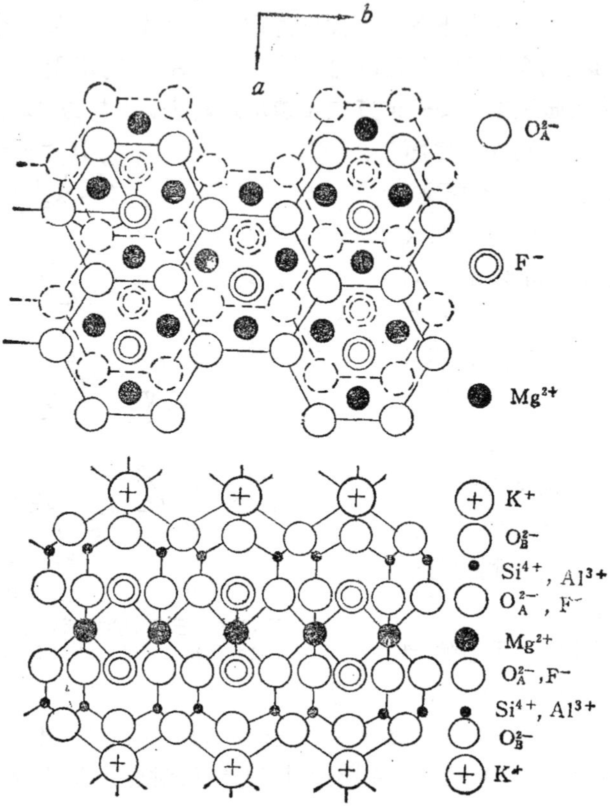

图 10.34 氟金云母结构示意图.

示出的虚线框表示单位晶胞的大小. 氟金云母（1M 型）的晶胞参数为: $a = 0.5308\text{nm}$, $b = 0.9183\text{nm}$, $c = 1.0139\text{nm}$ 和 $\beta = 100.07°$.

物质的微观结构决定了它的宏观特征,仅就如下某些特性,进行分析讨论.

(1) 含 (OH) 天然金云母的 $c = 1.0314\text{nm}$, 而氟金云母的 $c = 1.0139\text{nm}$,后者略小. 从结构上看,原因有二: 其一是 F^- 的离子半径(0.136nm)比 $(OH)^-$的(0.153nm)小; 其二是在电场作

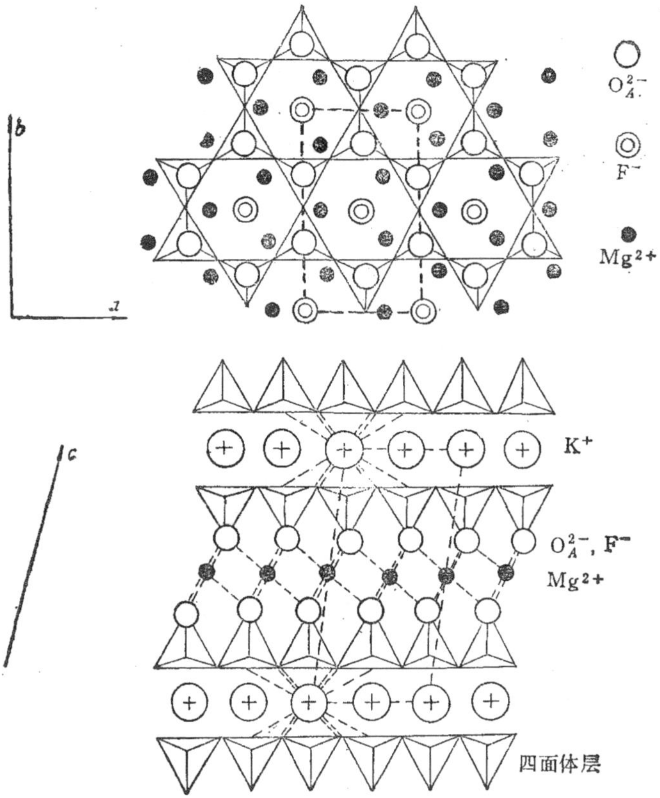

图 10.35　氟金云母单位晶胞示意图.
上图：(001)面投影图(单层四面体)；　下图：(010)面投影图.

用下，F^- 的可极化性比 $(OH)^-$ 的低。因此氟金云母的比重和硬度都略大于含 (OH) 的金云母。

(2) 晶体形态：由于层间 K^+ 与周围 12 个 O_B 结合，$K—O_B$ 间只存在 1/12 原子价的微弱键力，同时离子的面网密度最大，所以沿{001}面有极完全的解理面，用小刀沿该面可分剥出厚为数微米的薄片；考虑到云母具有六方面网的结构，故还存在沿 {110} 和 {010}的两个不完全解理面，这就决定了它具有近似六方形的自然形态(图 10.31 和图 10.19)。经离子散射谱法测定，K^+ 在{001}面解理开的两片云母表面上的含量相等[35].

(3) 在硅酸盐体系中，SiO_2 的含量和温度都是重要因素，它们决定了硅氧四面体的连接方式. 例如在合成云母配方中，若使 SiO_2 含量偏高时,就得不到层状云母,而生成岩石状混杂晶相. 另外,即使用同一批炉料,热工条件不同，则生成的晶相也不同. 熔体温度越高,硅氧四面体就越分散,甚至形成单个的四面体. 对云母熔体，在约 1410℃ 附近，熔体结构和性质明显发生变化[7]. 若缓慢降温，熔体中的硅氧四面体会逐步连接成六方环状的四面体群,再与晶核结合,使云母晶体逐渐长大. 若从高温熔融状态急冷(投入水中),由于硅氧四面体来不及连接成六方环状结构,会造成无序排列,从而只能生成玻璃体或带有许多杂晶的微细晶体.

(4) 晶面生长速度各向异性:云母单层中 Si—O,$Mg—O_A$ 和 Mg—F 都是比较强的化学键，彼此容易结合，因此平行于(001)面各方向的生长速率 $v_{[100]}$ 和 $v_{[110]}$ 等就快，而层间是通过弱键 $K—O_B$ 相连的，不易结合，所以 c 轴方向的生长速率 $v_{[001]}$ 就很低,亦即云母不易长厚.

(5) 云母的多晶型和层错[36,37]: 在云母析晶时，由于堆垛层的交错排列，从而可形成多晶型结构. 图 10.34 所示的 2 个六方面网层,在通过 Mg^{2+} 相对连接时,若重叠方向相同，不发生交错，只是移开了一点距离(约 0.17nm), 这就是通常的 1M 型晶体，它属于单层单斜晶系. 若两片层的重叠方向不同,互相交错 120°(或 240°),就形成云母的另一晶型——3T (三层三方). 此外,若邻层间以 120°和 240°相互交替连接,就形成 $2M_1$ 型(双层单斜); 交错 60°(或 300°)形成 6H 型(六层六方), 以及交错 180°，则形成 2O 型(双层正交)，这就是云母可能出现的六种晶型. 一般天然白云母为 $2M_1$ 型,天然金云母和黑云母等为 1M，$2M_1$ 和 3T 等. 而氟金云母通常有 1M，3T 等型. 1M 和 3T 的光轴角和 HF 酸腐蚀坑的形状有明显不同. 若在一个晶片上，局部发生不同的交错连接，就形成了云母的堆垛层错. 有时不同晶型的晶体互相重叠或穿插在一个晶片里，使光轴角变化，若 3T 型穿插在 1M 型晶片内，光轴角将变小。

(6) 在异质同晶离子取代中，不仅取决于电价和配位数，还和键力强弱有关. 不是所有的天然云母都能以 F^- 取代 $(OH)^-$. 对金云母最易取代，即使在天然金云母中，也能见到含氟金云母[38,39]，但没有发现含氟天然白云母。甚至用高温熔融法生长不出氟白云母来，它只能通过固相反应生成微晶。这是因为在金云母中，$(OH)^-$ 与硅氧四面体中氧的作用力较小，故 $(OH)^-$ 易被 F^- 取代；而在白云母中，$(OH)^-$ 是与硅氧四面体顶角氧相互作用，键力强，故很难被 F^- 取代[40]。

10.5.2 合成云母的主要性能*

(1) *解理面和硬度* 合成云母和天然云母一样，沿{001}有极完全的解理面，沿{110}和{010}有不完全解理面。当垂直{001}面打击或挤压时可出现六组解理(图 10.36)[13]，它们均沿着图 10.35 中 Mg^{2+} 的点阵行列方向分布，其解理面的方向都沿硅氧四面体键或沿两组键相交的角分线方向分布. 合成云母比天然云母稍硬，其硬度的测试数据见表 10.9。

(2) *合成云母结构分析* 对内热法和晶种法合成氟金云母都进行了X射线结构分析，分析数据见表 10.5。其结果与天然金云母类同。合成氟金云母为 1M 型，属单斜晶系，面轴对称 (L_2PC)，空间群为 $C2/m$，是典型的层状硅酸盐。其晶胞参数为

$$a = 0.53129(6)\text{nm},\ b = 0.9196(1)\text{nm},$$

$$c = 1.0144(1)\text{nm},\ \beta = 100.05(1)^\circ.$$

(3) *光学性能* 氟金云母为平行消光、正延长、二级阑干涉色、二轴晶负光性，光折射率和双折射率略低于天然金云母，光轴角约 10°，详见表 10.9。通过用偏光显微镜测定光轴角可区分白云母和金云母，白云母光轴角大(35°—40°)，金云母小(0°—15°).

光透过率：因合成云母含杂质少，从紫外到红外，其光透过率

* 本节测试数据，除特别指明外，均由人工晶体研究所物化室提供.

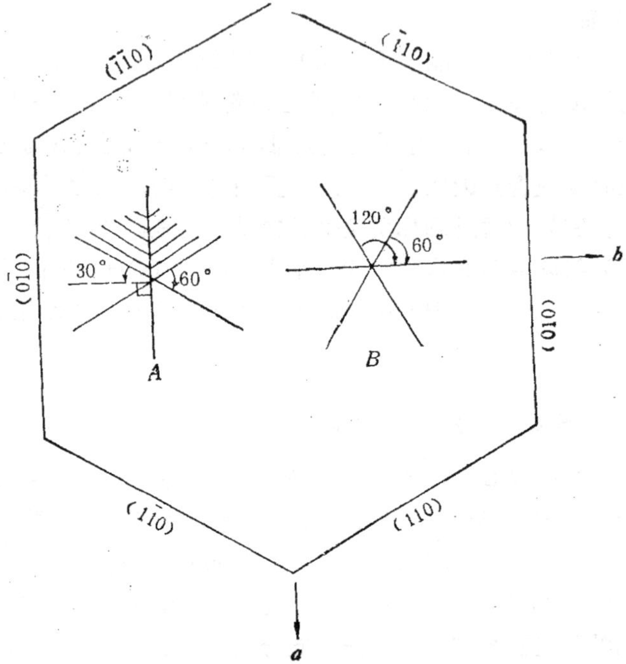

图 10.36　云母经打击或挤压后所显示的解理方向.
A——打击；*B*——挤压.

表 10.5　氟金云母 X 射线分析数据

$d(\times 0.1nm)$	I/I_0	hkl	$d(\times 0.1nm)$	I/I_0	hkl
9.825	100	001	2.611	4	200
4.955	5	002	2.488	8	131
4.552	2	020	2.423	3	201
3.941	2	111	2.159	3	$13\bar{3}$
3.650	2	$11\bar{2}$	1.991	31	005
3.363	3	022	1.662	9	204
3.312	98	003	1.528	5	060
3.121	5	112	1.424	3	027
2.896	4	$11\bar{3}$	1.354	5	207
2.689	3	023	1.247	2	008
2.637	3	130			

注：测试条件：X 射线粉末衍射仪，铜靶加镍滤波.

都比天然云母高，如图 10.37 和图 10.38 所示。对紫外光，天然云母基本不透过，合成云母可透到近 0.2μm，而内热法云母又比晶种法云母透紫外好。合成云母另一个突出特点是：天然云母在 2.75 μm(波数 3636cm^{-1})处有明显的吸收峰，而合成云母则没有，这是由 F^-取代 $(OH)^-$ 的重要标志。可见，合成氟金云母是一种从紫外到红外(5μm)的良好的透光材料。

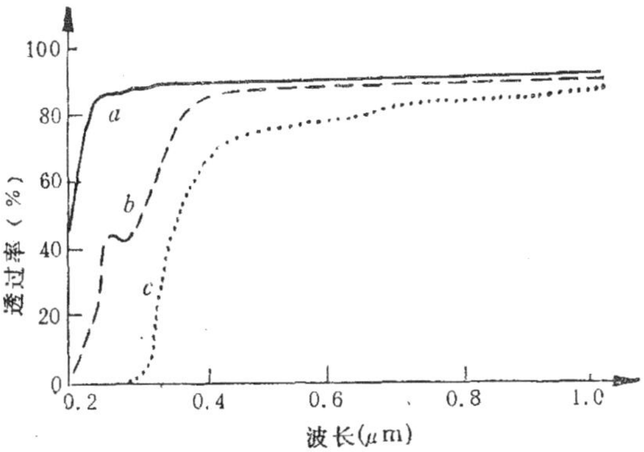

图 10.37 云母光透过率曲线（0.2—1μm）.
a. 内热法合成云母（厚 $d=0.14$mm）； *b*. 晶种法合成云母(厚 $d=0.12$mm)； *c*. 天然白云母(厚 $d=0.07$mm).

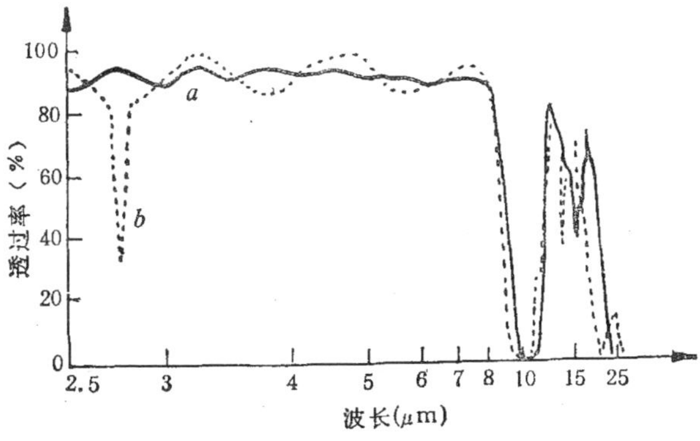

图 10.38 云母红外光透过率曲线(2.5—25μm).
a. 氟金云母(厚 $d=10$μm)； *b*. 天然白云母（$d=5.1$μm）.

(4) **电性能** 天然云母含杂质多，电性能不稳定，在高温、高频下就更差。对白云母，温度在 550℃ 以上时，因脱水将逐渐失去云母特性。合成云母安全使用温度可达 1100℃。常温下的电性能见表 10.9。高温下云母的体电阻率 ρ_v 变化情况见表 10.6。可见，在高温下，合成云母的 ρ_v 比天然云母的高约 1000 倍。

表 10.6 高温下云母的体电阻率 ρ_v

种类 \ ρ_v (Ω·cm) \ 温度(℃)	(室温)	300	500	600	700	800
天然白云母	3.6×10^{14}	1.2×10^{12}	2.7×10^{9}	2.9×10^{8}	—	—
氟金云母(内热)	3.5×10^{15}	2.6×10^{14}	1.2×10^{13}	8.7×10^{11}	1.1×10^{11}	3.5×10^{10}
氟金云母(晶种)	3.9×10^{15}	5.1×10^{13}	1.6×10^{13}	1.6×10^{12}	5.6×10^{11}	3.9×10^{10}

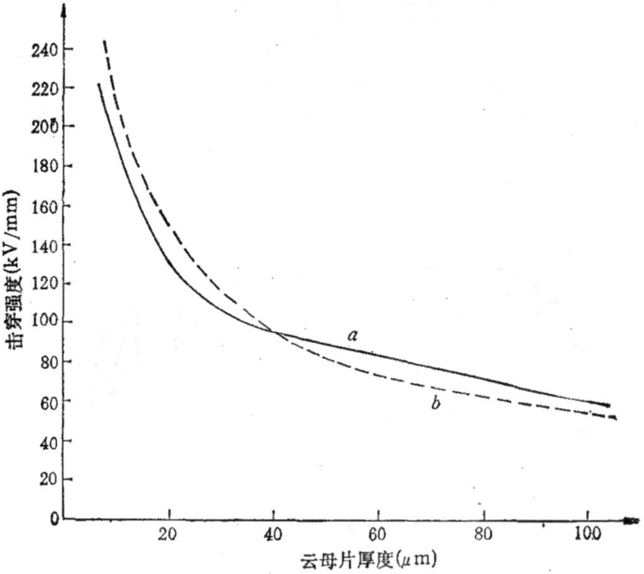

图 10.39 云母片厚度与击穿强度的关系曲线.

a. 合成氟金云母片； b. 天然白云母片(四川丹巴).

云母片的击穿强度随云母片厚度的增加而降低，见图 10.39. 测试条件：交流 50Hz，平面电极（ϕ25mm），垂直解理面。

(5) 热性能　由于合成云母不含（OH）基，它的高温热稳定性比天然云母高得多，如图 10.40 所示。天然白云母从 450℃就开始分解，厚度膨胀；600℃以上急剧失重，到 900℃ 时几乎完全分解(水分跑完)。金云母从 750℃ 开始分解，900℃以上失重显著。所以最高使用温度为：白云母 550℃、金云母 800℃，而合成云母一直可用到 1100℃，到 1200℃以上时，它才缓慢分解（主要有 SiF_4，KF 和 AlF_3 等）。氟金云母的熔化或析晶温度为（1375±5)℃，晶化热为 322MJ/kg. 其他种类的合成云母，其析晶温度和晶化热都比较低，如氟硼云母 $KMg_3(BSi_3O_{10})F_2$ 析晶温度为 1150℃、晶化热为 226MJ/kg；含 Fe^{2+} 氟云母 $KMg_{2.6}Fe_{0.4}(AlSi_3O_{10})F_2$ 的析晶温度为1095℃、晶化热为 193MJ/kg。

热膨胀系数：用推杆式热膨胀测定仪、升温速度 10℃/min，所得热膨胀曲线如图 10.41 所示。计算出的几种温度下的线膨胀系数 α 见表 10.7。在制作需要密封的云母窗口时，要选用与云母线膨胀系数相近的金属或合金，如铂、钛、及某些不锈钢等。

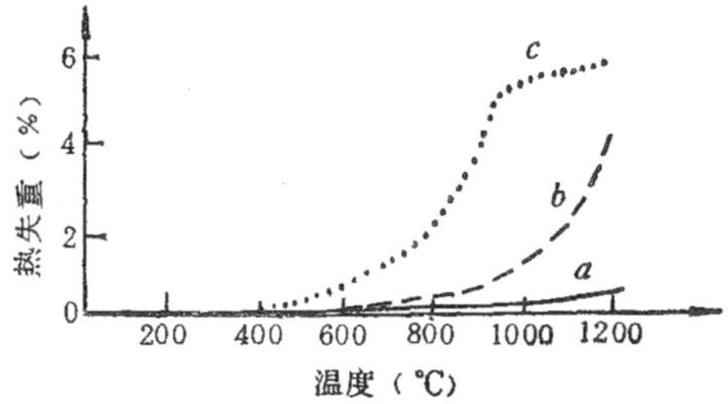

图 10.40　云母的热失重曲线.
a. 合成云母；b. 天然金云母；c. 天然白云母.

表 10.7　氟金云母的线膨胀系数 α

α(×10^{-6}/K) 温度 / 方向	200℃	600℃	900℃
∥解理面	10.0	6.3	2.96
⊥解理面	21.2	11.5	5.08

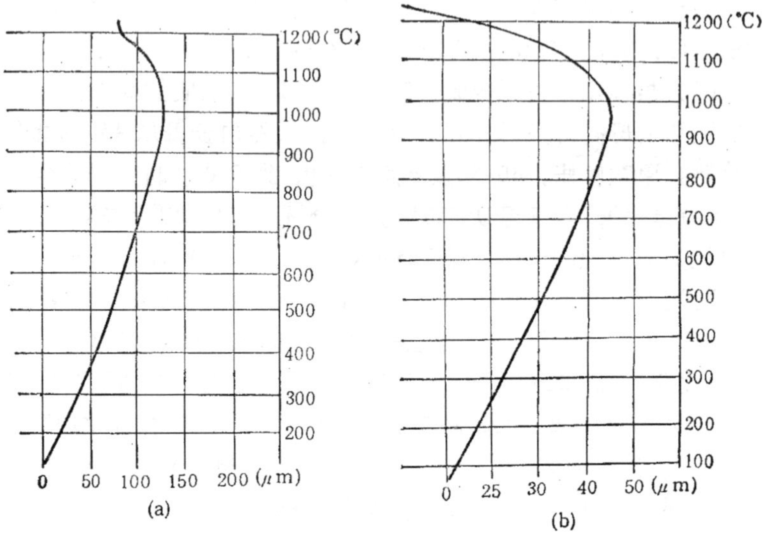

图 10.41 氟金云母的热膨胀曲线.
(a) ∥于解理面 ($l_0 = 22.38$mm); (b) ⊥于解理面($l_0 = 5.18$mm).

(6) 真空放气情况 天然云母在高温下要分解出 H_2O 和其他挥发组分，真空中放气量高，在 900℃ 时，比合成云母高约 2000 倍,见图 10.42. 合成云母真空放气极低，用质谱仪测定，放出的微量气体只是 O_2，N_2 和 Ar 等吸附气体. 由于它不会放出水蒸汽,这对用作电真空绝缘材料是极为可贵的,将大大提高真空器件的使用寿命.

(7) 耐腐蚀性 合成云母与普通酸、碱溶液不起作用,在 HF 酸(或气体)和热浓 H_2SO_4 中可缓慢地被侵蚀溶解; 还能少量溶于氟化物和硼酸盐的熔体中,且随温度升高溶解度增大.

天然云母在高温高压沸腾水或过热蒸汽的长期冲刷下，云母中的 FeO 将会变成 Fe_2O_3 或 $Fe(OH)_3$,出现浅黄色,将大大降低云母的透明度,被称作云母的水化反应. 而合成云母纯度高,不发生水化反应,虽在高温高压水的长期 (2—3 年)冲刷下，仍然基本保持原来的清晰度和透明度.

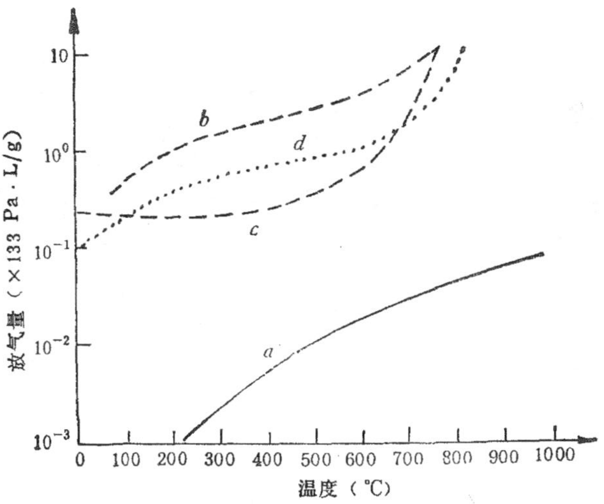

图 10.42 高温下云母的真空放气量曲线.
a. 合成云母；*b*. 天然白云母(四川)；*c*. 天然白云母(新疆)；*d*.天然白云母(印度).

(8) 其他性能　氟金云母的比重、热导率、抗拉强度和吸水率等其他性能，均列于表 10.9 中，不再赘述。

10.5.3 合成云母的应用

云母具有电绝缘、耐高温、耐腐蚀、透明、可分剥和富有弹性等特性，是电机、电器、电子、航空等现代工业和高技术的重要非金属绝缘材料。合成云母不但能完全代替天然云母，而且还是一种新型的耐高温绝缘材料，具有以下一些特殊应用，实物照片见图 10.43。

(1) 电子管撑板　厚 0.12—0.35mm 的云母片可作为电子管、灯泡或其他真空器件的电极撑板。若用天然云母，排气温度要限制在 600℃ 左右，在使用中会有残留气体放出，造成真空度下降，使电子管的工作特性变坏。若用合成云母，则可提高排气温度，使真空度提高 1—2 个数量级，从而可改善工作性能。曾用合成云母制做了高可靠、长寿命和宽频带等特种电子管，且成品率接近 100%。

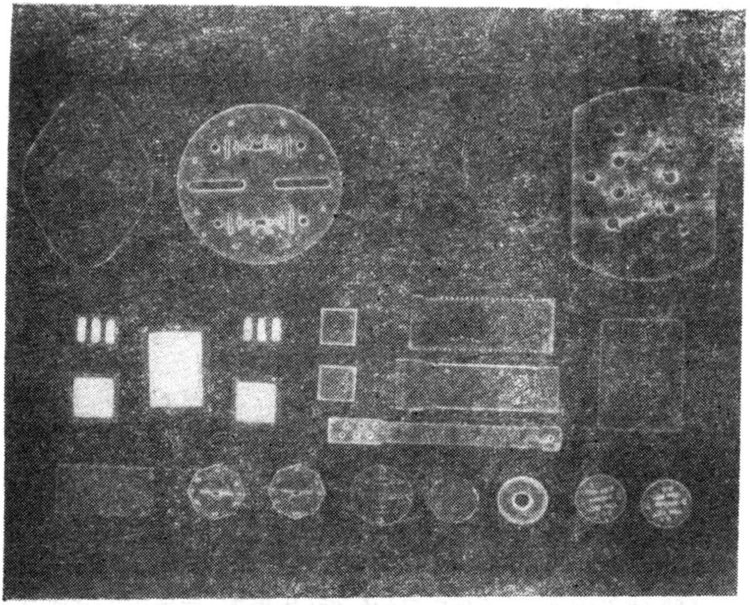

图 10.43 合成云母零件片.

厚 0.02—0.08mm 的合成云母薄片,还可用来制作耐高温电容器.

(2) 水位计云母 火力发电站的高温高压锅炉，其工作压力约 14MPa，炉内水温约 350℃. 一般通过安装在锅炉上的水位计来观测和控制炉内水位. 而水位计就是用透明无瑕的优质云母制成的,有长条状(如 160 × 30mm²)和圆状(如 ϕ51.5mm). 使用天然云母,不仅优质大片稀少,而且透明度差，观测时需配用 500W 碘钨灯照明. 由于天然云母的水化反应，需经常更换，既影响生产,又不完全. 用合成云母制成的水位计,不需特别照明就清晰可见,安全可靠、寿命长,甚至可作为半永久性的水位计(使用数年).

(3) 耐高温绝缘骨架 用合成云母制做铂丝表面温度计或 WZP 型温度计,使用温度可达 850℃、且精度高;若用天然云母,因存在高温下漏电现象,仅能在 420℃ 以下使用.

合成云母单晶片还能作为霍尔元件衬板、热敏电阻基底、显微镜盖物片、1/2 或 1/4 波片以及各种窗口：如透微波窗、软 X 射线窗、β 计数管窗口、高温炉观察窗、透红外窗口以及其他耐酸碱、隔气、隔液窗口等。

(4) 超晶格生长衬底材料　由于合成云母纯净、化学稳定、易分剥成薄片、解理面平整、结构完整，对某些晶格可与云母相匹配的材料，可进行超晶格薄膜生长。如用分子束外延，在氟金云母表面上、以铌(Nb)为过渡层，生长出了厚为 0.1μm 的稀土钇 (Y) 单晶膜[41]，能在亚原子层的水平上测量材料性能，因云母片很薄，其衬底对测量结果影响很小。

美国 IBM 实验室用电阻蒸发法在云母基面上生长出 C_{60} 单晶薄膜，面积19mm × 19mm、膜厚 15nm、巴氏球C_{60}的直径约 1.04 nm，以云母为衬底的晶格失配度约 3.4%[42]。

利用合成云母解理面的面间距大(约 1nm)、衍射能力强等特性，可作为电子探针、微区 X 射线谱仪和 X 射线荧光光谱仪的分光晶体材料。

(5) 原子能方面的应用　(i) 在某些情况下，用合成云母可代替原子核乳胶，作为核裂变探测器，研究高能核反应；(ii) 合成云母是很好的耐核辐射材料；(iii)水胀云母是净化放射性废水的新型吸附剂(见 10.4.2)。

(6) 小晶体的综合利用　内热法所得到的合成云母晶块中，95%以上是小晶体，用它可制成多种绝缘制品，如合成云母纸、层压板、云母粉和云母陶瓷等，广泛应用于家用电器等许多工业部门中[43]。

(i) 合成云母纸。将合成云母小晶块，用水力分剥成极薄(厚 1—10μm)的鳞片，调成浆状，通过造纸机制成合成云母纸(厚 20—80μm)[44]。用这种纸，通过浸胶、热压等工艺可制成云母层压板、云母带和其他异形制品。用磷酸盐和硼酸盐等耐高温无机粘合剂热压成的云母薄膜或层压板，可代替云母单晶片，制作电烙铁芯、电熨斗芯、或冲制成电子管的撑板(图 10.44)。用水胀云母悬浮液还可制成厚 3—4μm 的超薄纸，用作印刷重要文件的防火纸。同样，用天然氟金云母也可制成耐热制品[38,39]。

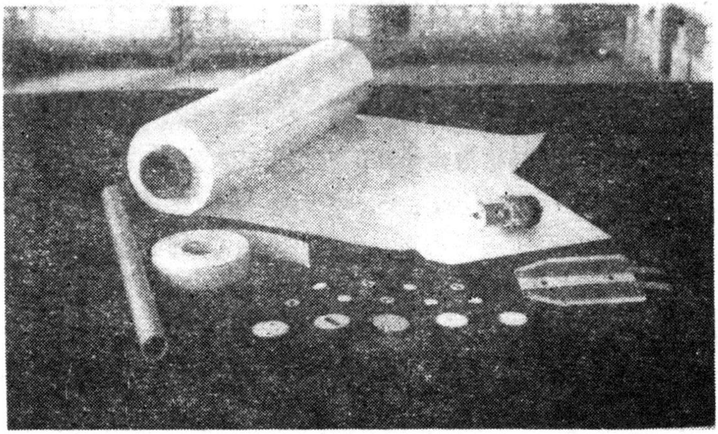

图 10.44 合成云母纸及其制品.

在厚 0.2mm 的合成云母层压板上，经高温渗镀一层含有 SnO_2，SnO 和 Sn 的透明半导体膜，可制成电热膜，功率密度 1—2 W/cm²[45]. 通电加热时无明火，电热转换率高，比电热丝加热可节电约 30%；与 PTC 材料比，它有起动电流低等优点，已广泛用于工业烘箱、食品烤箱、暖风机、干衣机、电饭盒、咖啡壶和防雾镜等家电中. 用合成云母纸可制成厚仅 50μm 的超薄型电热膜，热容量或热惯性极小.

(ii) 合成云母粉. 将合成云母粉碎，用微细分离器分级，可得到各种粒度的云母粉；若通过高速气流磨可制得 325 目以细的超细云母粉，用以上工艺制得的叫干磨云母粉，可作为填充剂用于混凝土、人造大理石、建筑涂料、油漆和橡胶制品脱模剂等. 因合成云母不含结构水，用它代替天然云母，可生产低氢、超低氢、高强钢和不锈钢等特种电焊条，用合成云母电焊条焊接金属件，在焊缝中不含氢，可完全避免氢脆现象，保证了焊缝强度.

近年来，湿磨云母粉发展很快[43,46]，所用设备有镶硬木的轮碾机或立式搅拌磨等. 与干磨云母粉比，湿磨粉具有纯净、表面光滑、光泽好，径厚比大(100以上)，如图10.45所示．主要用于塑料和珠光颜料．把20%—40%的湿磨粉加到塑料(聚乙烯、聚丙烯

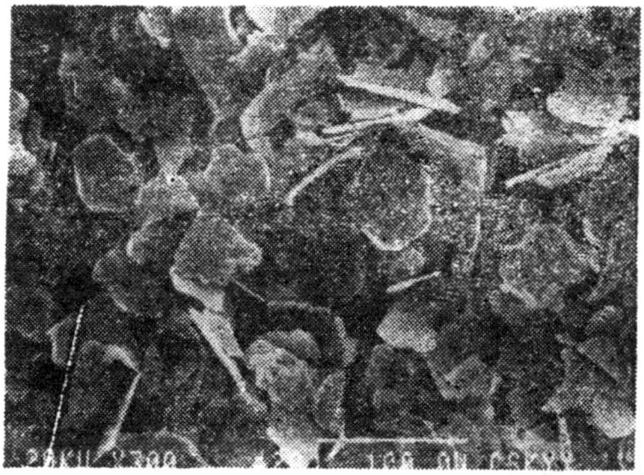

图10.45　湿磨合成云母粉(325—400目)．

等)中，可制成云母增强塑料，不但提高了抗弯强度3—4倍，而且还提高了塑料的热变形温度、硬度、耐磨性和耐候性[47]．云母增强塑料已广泛用于汽车、飞机、仪器和家电中的支架或外壳，并能代替某些金属件，如在汽车中，每使用1kg重的云母增强聚乙烯就可代替4.7kg重的金属部件，这就减轻了汽车自重，从而节约能源．此外，湿磨合成云母粉还可用来制作云母珠光颜料、耐高温涂料和高档化妆品等[48]．

此外，在金属焊接中，用合成云母粉或合成云母薄片作为止焊剂，不但具有止焊能力强、型面适应好等优点，还能消除氧化污染、保护金属表面．

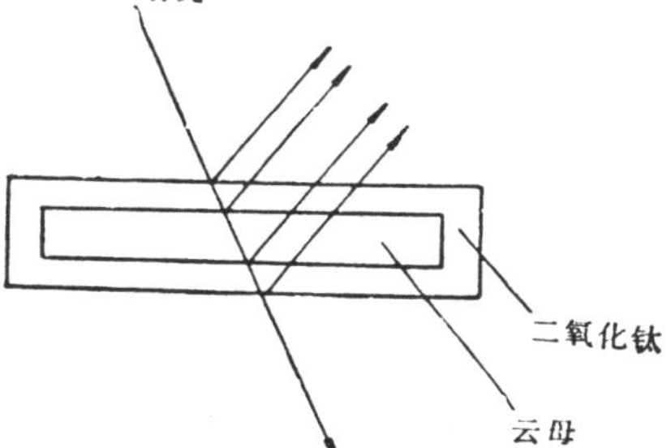

图10.46　云母钛光学示意图．
折射率：TiO_2 为2.3；云母为1.5．

(iii) 云母珠光颜料(云母钛)[49]．60年代，美国杜邦公司开发了在云母粉表面涂镀 TiO_2 技术，制得的产品称为云母珠光颜料或云母

钛. 由于 TiO_2 和云母的折射率不同,光线在表面或界面发生多重反射,看上去好像光线是从云母钛内部射出来,有珍珠光泽的效果,如图 10.46 所示. 制做云母钛的基材必须用上述的高径厚比湿磨云母粉.

镀钛工艺:其原理是把湿磨云母粉加到硫酸氧钛($TiOSO_4$)或四氯化钛($TiCl_4$)中,边加热边搅拌,使硫酸氧钛或四氯化钛发生水解反应,产生 TiO_2 的水合物($TiO_2 \cdot H_2O$),并覆着在云母粉表面上,经漂洗、脱水、烘干,再放入高温炉中焙烧(700—1000℃),使金红石型 TiO_2 在云母表面析晶出来. 图 10.47 和图 10.48 示出的是云母钛表面 TiO_2 分布示意图[43];图 10.49 示出 TiO_2 晶粒的电镜照片, TiO_2 颗粒尺度约为 0.03—0.08μm.

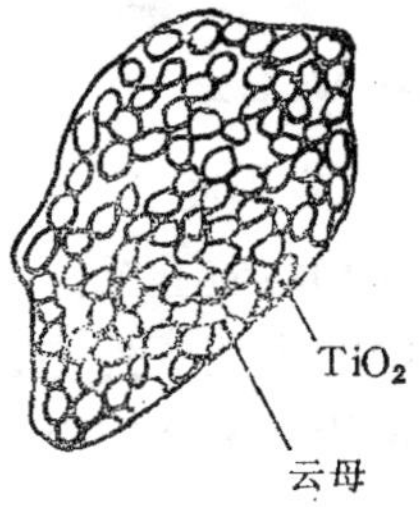

图 10.47 云母钛表面.

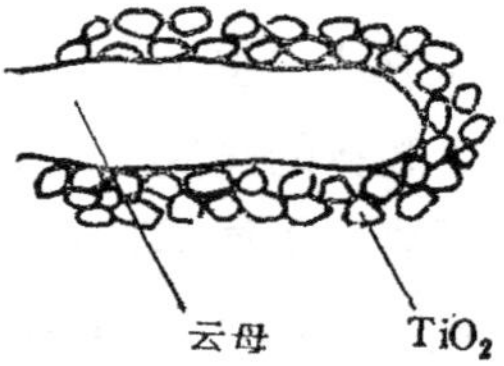

图 10.48 云母钛的断面.

近年来,为提高云母钛质量,发展了镀钛新工艺,不用化学水解方法,而是用有机含钛化合物通过流态化技术,将分解出来的 TiO_2 镀在云母基面上,这不但可省去清洗、过滤、干燥等工艺,而且还便于控制 TiO_2 镀层厚度和易与油漆等有机物混合均匀.

干涉色云母钛:根据光学原理,随 TiO_2 厚度的增加,将出现不同颜色. 镀层薄,反射色为银白色,随厚度增加,可依次出现金、赤、紫、青、绿等色(表 10.8). 若从不同角度看,反射光的光程不同,会出现不同的颜色,这种云母钛称为干涉色云母钛.

着色云母钛:为得到不同颜色的珠光颜料,还可在银白云母钛上再涂镀一层有色化合物,这种云母钛称为着色云母钛(图 10.50).

图 10.49　云母钛表面 TiO_2 晶粒电镜照片.

表 10.8　二氧化钛膜的色相和膜厚

色相		光学厚度 (nm)	几何学厚度 (nm)
反射色	透过色		
银	—	～140	～60
金	紫	～210	～90
赤	绿	～265	～115
紫	黄	～295	～128
青	橙	～330	～143
绿	赤	～395	～170

注：几何学厚度＝光学厚度/折射率，二氧化钛的折射率为 2.3.

云母钛的应用：由于它无毒、耐热、化学稳定和耐老化，应用领域非常广泛．云母钛珠光漆已用于轿车、摩托车、自行车、家俱、家电和仪器上，还有各种塑料制品、化妆品、印染、皮革、搪瓷和内外墙装饰涂料等．用干涉色云母钛可制成特种油墨，还可印制防伪文件、商标或纸币等．

(iv) 合成云母陶瓷[50,51]．用合成云母粉与玻璃粉混合，经热压或注射成型．其产品表面光滑、尺寸精确，可用普通刀具加工，

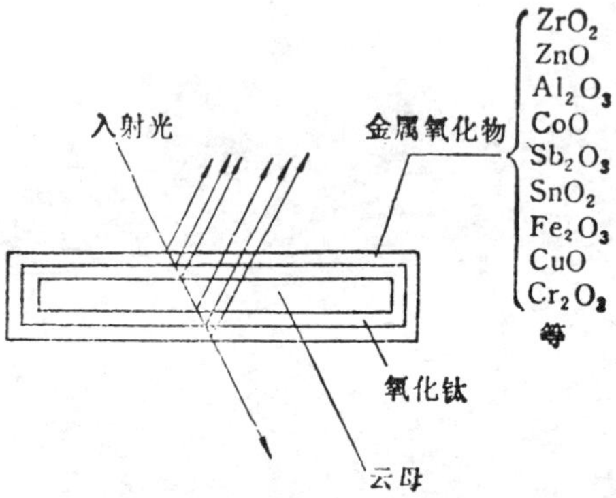

图 10.50 着色云母钛的光学示意图.

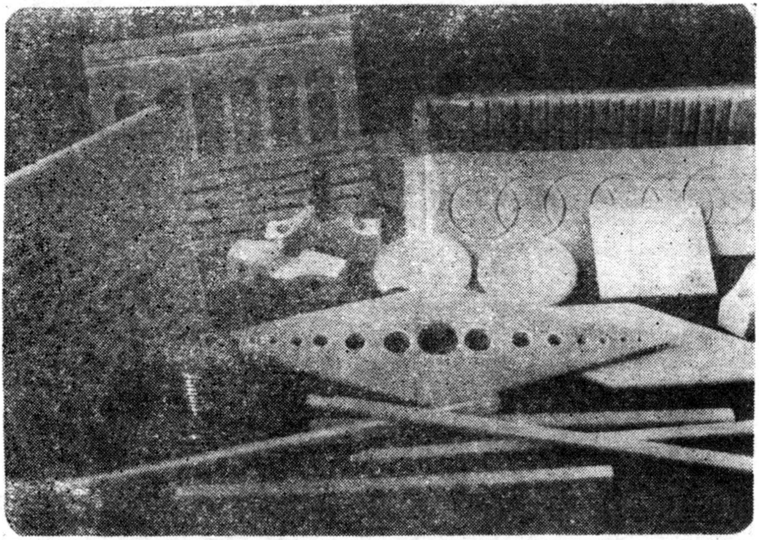

图 10.51 合成云母陶瓷制品.

因此又称为"陶瓷塑料". 它可制成各种电器绝缘件、大电流开关消弧板、灭弧罩和大功率 CO_2 激光器电极托板等(图 10.51).

若在云母陶瓷中适当加入石墨粉，可制成微波衰减云母陶瓷[52]，这是一种新型大功率微波吸收材料，具有承受功率高、体积小、加工性好和使用寿命长等优点，已用于4—40GHz微波高功率负载体或衰减器(图10.52)。

图10.52 微波衰减合成云母陶瓷制品.

图10.53 微晶合成云母陶瓷制品.

V微晶云母陶瓷[23,53].用化工原料、按四硅云母$KMg_{2.5}(Si_4O_{10})F_2$的配料组成，经高温熔融→浇注成型(玻璃态)→微晶化处理等工序制成，它具有质地致密、强度高、电绝缘、耐高温和可加工等特点，又称为可加工陶瓷．已广泛用于洲际导弹和火箭导航陀螺仪线圈骨架、YAG激光器反射镜、离子加速器绝缘件和航天飞机防热瓦等，如图10.53所示．在医学上，可作为生物活性人工骨和假牙，它

表 10.9 云母主

性能 \ 云母种类		天然白云母 $KAl_2(AlSi_3O_{10})(OH)_2$
密度 $\rho(\times10^3 kg/m^3)$		2.7—3.0
体电阻率 ($\Omega\cdot cm$)		10^{14}—10^{15}
面电阻率 (Ω)		10^{11}—10^{12}
电击穿强度 (kV/mm)		100—300
介电常量 (ε)		6—8
介质损耗 ($tg\delta$)		$(1-10)\times10^{-4}$
熔点(℃)		450℃开始脱水
最高使用温度(℃)		550
比热容 c(J/kg·K)		857—869
线膨胀系数 ($\times10^{-6}$/K)		(‖) 8.8 (⊥) 17
热导率 λ(W/m·K)		(‖) 3.64 (⊥)0.57
光轴角(−)$2V$		35°—48°
折射率	n_p	1.552—1.572
	n_m	1.582—1.611
	n_g	1.588—1.615
硬度	mohs	2—3.2
	s	100—190
抗拉强度(MPa)		120—250
抗压强度 (MPa)		450—710
吸水率(%)		0.2—2.5
吸潮率(%)		0—0.3

要性能表

天然金云母 $KMg_3(AlSi_3O_{10})(OH)_2$	合成氟金云母 $KMg_3(AlSi_3O_{10})F_2$
2.3—2.9	2.78—2.85
10^{10}—10^{13}	10^{15}—10^{16}
10^{10}—10^{11}	10^{11}—10^{13}
80—200	185—238
5—7	5.6—6.3
10^{-2}—10^{-3}	$(1-4)\times10^{-4}$
700℃开始脱水	1375±5
800	1100
857	836
(‖) 10—90	(‖) 10—12
(⊥) 100—280	(⊥) 15—25
(‖) 3.43	(‖) 3.75
(⊥) 0.51	(⊥) 0.55
0°—20°	8°—14°
1.534—1.562	1.513—1.544
1.565—1.606	1.539—1.564
1.565—1.606	1.540—1.566
2—3	3—3.4
50—132	138—146
100—200	150—200
205—265	400—520
0.5—3.0	0.14—0.23
0—0.3	0—0.05

和骨骼结合，能生长出厚 5—10μm、具有磷灰石晶体的磷酸钙层[54]；它还是一种形状记忆材料，通过云母晶体位错移动控制形状记忆过程[55]。

(vi) 熔铸合成云母[43]。将合成云母碎晶体，混入少量成核剂(氧化铬等)，装入粘土坩埚，经高温熔融→浇注成型→退火等工序，可制得各种异型件(图 10.54)。它具有高温绝缘好、抗热震、耐高温(1000℃)和易加工等特性。可用来制作离子氮化炉电极绝缘支架、中频感应炉热处理耐火管和微波通信支架等；利用熔铸合成云母的耐腐蚀性，还可制成控制铝液流动的电磁泵沟以及有色金属冶炼坩埚等。近年来，用熔铸合成云母制作大型熔盐氯化炉的氯气导管和内衬砖，其使用寿命比高铝、耐火材料或石英玻璃长的多。

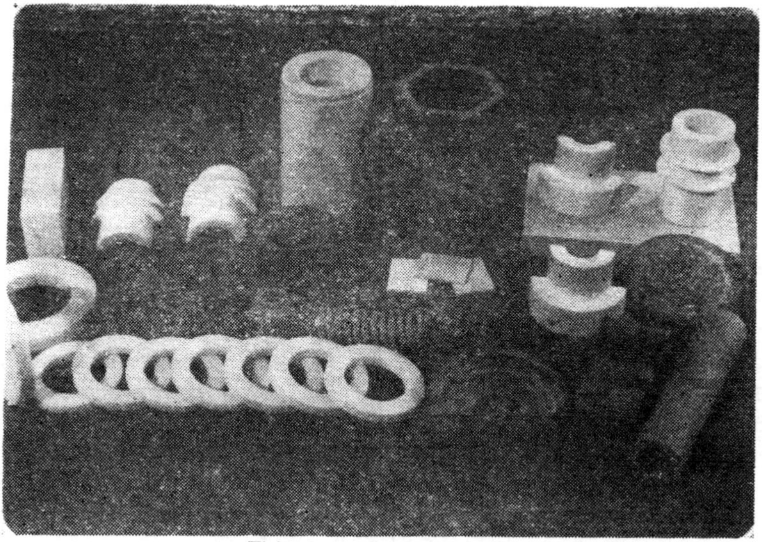

图 10.54 熔铸合成云母制品.

参 考 文 献

[1] H. R. Shell, K. H. Ivey, Fluorine Micas (1969).

[2] 张 何，合成云母，上海科技出版社(1962).

[3] W. Frauke, et al., Neues Jahrb. Mineral, No. 8 (1982).
[4] H. J. Massonne, et al., Neues Jahrb. Mineral, No. 2 (1986).
[5] G. Monier, et al., *Mineral. Mag.*, **50**, 358 (1986).
[6] 王国方,人工晶体,**10**,1(1981);**11**,2—3(1982).
[7] И. Н. Аникин, *Рост кристаллов*, **12**, 152 (1977).
[8] I. A. Bell, et al., *Tectonophysics*, **127**, 1—2 (1986).
[9] 韩芃棣,人工晶体,**9**,2(1980).
[10] 刘卫国、王国方等,人工晶体学报,**19**,2(1990).
[11] 中国科学院硅酸盐研究所,新型无机材料,**4**,1(1975).
[12] Ю. М. Путилиным, и др, Фторфлогопит и материалы на его основе (1984).
[13] 华素坤、仲维卓,硅酸盐学报,**10**,3(1982).
[14] 范世騑,硅酸盐学报,**10**,2(1982);**8**,1(1980).
[15] 韩芃棣,人工晶体,**2**,3(1973);**8**,2(1979).
[16] 吴乾章等,人工晶体,**11**,1(1982).
[17] 贡盈,人工晶体,**7**,1(1978).
[18] Л. И. Шворнева, и др., 无机材料, No. 12(1990).
[19] 北島圀夫,表面,**19**,2(1981);西川直宏等,窑业协会志,**88**,4(1980); H. Tateyama, et al., *Clays and Clay Minerals*, **40**, 2 (1992).
[20] 井泽登一郎,无机高分子, Report, No. 59 (1985).
[21] K. Kitajima, et al., *Journal of the Ceramic Society of Japan*, **99**, 12 (1991).
[22] 张汉英、杨正棠,人工晶体,**9**,4(1980).
[23] W. J. Paulus, et al., *Nature*, **357**, 6379 (1992).
[24] T. Fujita, et al., *Journal of the Ceramic Society of Japan*,**101**,5(1993).
[25] 安藤　彰嗣,日本陶瓷,**26**,4(1991).
[26] 王国方、钟志勇,人工晶体学报 (CCCG-10 论文集),**23** 增刊(1994).
[27] 于淑清、胡铁军译,环境卫生基准紫外辐射,中国环境科学出版社(1991).
[28] 魏永金,人工晶体,**9**,3(1980);**11**,2—3(1982).
[29] 陈　仝、彭长琪,矿物学报,**10**,2(1990);**12**,3(1992).
[30] 陈　仝、彭长琪、张　洁,武汉工业大学学报,**14**,1(1992).
[31] E. Silva, *J. Mater. Sci. Lett.*, **5**, 3 (1986).
[32] 孙世华,岩石学报,**4**,72(1987).
[33] 高文如等,桂林冶金地质学院学报,**7**,4(1987).
[34] J. W., McCauley, et al., *Am. Mineral*, **58**, 3—4 (1973).
[35] W. L.,Baun, *Surface and Interface Analysis*, **2**, 4 (1980).
[36] Z. Weiss, et al., *Clays and Clay Minerals*, **34**, 1 (1986).
[37] A. Baronnet, et al., *J. Crystal Growth*, No. 52 (1981).
[38] Г. И. Боброва, и др., 无机材料,**27**,3(1991).
[39] T. I. Shishelova, et al., *Inorganic Materials*, **26**, 5 (1990).
[40] J. L. Robert, et al., *European Journal of Mineralogy*,**5**, 1 (1993).
[41] F. Tsui, P. D. Han, C. P. Flynn, *Physical Reviews B*, **47**, 20(1993).
[42] D. E. Luzzi, et al., *J. Mater. Res*, 7, 4 (1992).
[43] 编写组,云母综合利用,中国建筑工业出版社(1984).

[44] 雷宗熙，人工晶体，**10**，4(1981)；赵敏如，人工晶体，**15**，4(1986)；朱文苑，人工晶体，**12**，4(1983).
[45] 孔德凯，中国专利 CN1034107A (1989).
[46] A. J. Eickhoff, et al., *Morden Paint and Coating*, **77**, 3 (1987).
[47] 刘光华等，青岛化工学院学报，**10**，1(1989)；日本 Kurary (株), *Japan Plastic Age*, No. 1—2 (1980); Tong, Xiaofang, et al., *Suliao*, **19**, 3 (1990).
[48] 大野　和久，日本陶瓷，**26**，4(1991).
[49] Kimura, Asa, et al., *Fragrance J.*, **20**, 9 (1992).
[50] 王希真，人工晶体，**8**，1(1979).
[51] 大门信利，日本陶瓷，**15**，3(1980)；岩田重雄，工业材料，**28**，3(1980).
[52] 刘桂贤、王希真，人工晶体学报，**22**，4(1993).
[53] Unuma, Hidero, et al., *J. Am. Ceram. Soc.*, **75**, 8 (1992); 铃木明(编), 工业材料，**34**，9(1986).
[54] W. Holand, et al., *Cells and Materials*, **2**, 2 (1992).
[55] K. E. Schurch, K. H. G. Ashbee, *Nature*, **266**, 5604 (1977).

第十一章 人造金刚石

沈 主 同

金刚石是目前自然界中已知硬度最高的物质，是具有优异力学、热学、光学、电学和化学等综合性质的重要超硬材料，是发展工业技术革新和高新技术的优质结构材料，也是发展前景和潜力很大的高效功能材料，因而成为凝聚态物理、高压物理、材料学科与工程等领域的重要研究与发展对象。

金刚石除了作为贵重装饰品和工艺品外，在工业上和高新科技领域中有着广泛的多种应用。

金刚石的硬度和耐磨性很高. 质量高的大颗粒（1.5—6.0mm）金刚石，可用来制成表镶钻头，砂轮修正笔、拉丝模、车刀、硬度计压硬头、切割刀、航空仪表抗震支承轴等。小颗粒(0.5—0.8mm 及其以下)金刚石，按其质量和粒度分别可用来制成孕镶钻头、锯片、磨具、磨料和抛光粉等. 这些工业用金刚石的用量占总产量约85%.

除了硬度外，金刚石的热导率很高. 采用金刚石代替铜作固体微波器件的散热元件，可提高微波输出功率约 10 倍左右. 砷化镓半导体激光器用铜作散热元件时，需用液氮冷到－132℃才能正常工作；采用 II_A 型金刚石时，只要冷到－68℃就能正常工作. 这就用简单的干冰制冷设备代替了液氮制冷设备. 显然，金刚石对于发展器件小型化、提高器件的输出功率和工作温度将起很大作用.

金刚石，其中特别是 II 型金刚石，对 X 射线和中红外波段有较高的透光率，在红外技术中(如卫星红外仪器和激光器的窗口)是十分有用的材料，也是静态高压下物质结构分析和光学性质研究工作中的重要材料.

金刚石是与硅、锗等半导体具有相同结构的一种晶体。II_a 型金刚石具有禁带宽、导热性高和抗腐蚀性好等特点，是一种有发展前途的耐高温、大功率的半导体材料。它还具有负阻效应，可能直接作为微波信号源。这种金刚石的电阻对温度变化的反应十分敏感，可以瞬时记载五千分之一度的变化，在医学、电子计算机方面有应用价值。

此外，II 型金刚石还具有较好的计数性能，可用在核辐射计数器上。这对于核辐射计数器和电导计数器的小型化，提高器件的耐久性和稳定性，都有重要意义。

随着对金刚石性质深入的分析和人造金刚石，包括金刚石薄膜的广泛研究，金刚石等超硬材料在高新科技和工业领域中的应用正迅速发展。

天然金刚石的矿床和储藏量并不丰富，开采工作又十分困难．富矿中金刚石的含量最多不过是几百万分之一，即处理几吨矿石才得到 1carat(克拉)左右的金刚石(1 carat 约为 0.2g)。至于适合工业上用的超硬结构材料［如天然大颗粒多晶金刚石 (ballas 和 carbonado 类型)］和有潜力的高效功能材料(如 II 型天然单晶金刚石)，则十分稀少，且质量又受自然条件的严重影响。因此，人造金刚石等超硬材料的研究与发展深受工业先进国家科研和产业部门的高度关注。

早在 18 世纪后期的实验中证实了金刚石和石墨都是由碳组成的，从此人造金刚石的探索工作就蓬勃开展起来[1,2]。经过较长时期的艰难过程，才在本世纪中叶，由美国[3]、瑞典[4]等有关实验室分别宣布了采用高压高温技术获得金刚石研制成功的实验结果。

人造金刚石是用人工合成的方法使非金刚石结构的碳（如石墨)转变为常压下存在的金刚石结构的碳(如闪锌矿结构的立方金刚石和纤锌矿结构的六方金刚石)，并且还可以用控制金刚石成核和生长技术形成较大的单晶和多(聚)晶金刚石，或用掺质结合和自体结（键）合技术形成多(聚)晶金刚石和金刚石复合体。显然，人造金刚石的理论与合成技术既具有独自的个性规律，又同凝聚态物理、高压物理、金属物理、冶金物理化学等领域中相变、亚稳相、晶体生长、界面结合与键合有关内容具有共性规律。因此，人造金刚石就在1956年我国制定自然科学12年学科发展远景规划中成为固体物理(现为凝聚态物理)学科高压物理学的重点研究项目。这正是中科院物理研究所在1958年就把开展人造金刚石研究作为带动我国高压物理学的重点任务的背景。这也正是该所在1962年建立我国第一个高压物理研究室时，为了进一步落实规划，再次明确人造金刚石研究项目是我国高压物理学的重点任务的背景。在开展静态高压高温技术、石墨-金刚石相变和晶体生长研究的基础上，中科院物理研究所在1963年9月1—5日的人造金刚石实验获得成功[5-8]；1964年采用二次加压加温方法在4×200t高压高温设备上试验样品腔体为ϕ4.5mm×5.0mm中获得一般为1.0mm、最大达2.0mm的单晶金刚石，并在1965年进一步获得一般为2.0mm、最大达3.5mm的单晶金刚石.与此同时，还合成出立方氮化硼和进行磨料级人造金刚石推广生产工作[6-8]。在1964年我国第三届晶体生长学术会上，中科院物理研究所报道了1963年静态高压高温技术和人造金刚石实验成功及1964年进行较大单晶金刚石的研究结果[5-8]。在会上，一机部通用机械研究所、郑州磨料磨削磨具研究所和地矿部地质科学院的联合组也宣布了1963年12月人造金刚石的实验结果。这些都是我国自然科学12年学科发展远景规划指导、推动和工业发展需要的必然结果。

到目前为止，人造金刚石的研究和产业化发展迅速，具体方法很多.按所用合成技术的特点可归纳为静态高压高温法(静压法)、动态高压高温法(动压法)和低压或常压高温法(低压法)。按其生长机制的特征可归纳为直接转变法(直接法)、溶剂触媒或熔态触媒法(熔媒法)和外延生长法(外延法)。目前，工业上已有生产价值的主要是熔媒法，其次是动压法，具有发展前景的是外延法。

国际上，在50年代里人造金刚石实验获得成功后又合成出立方氮化硼，并以人造金刚石为主发展成一门边缘交叉性的超硬材料学科和新兴超硬材料工业．近40年的发展状况表明，超硬材料发展过程中，虽然局部有所起伏，可整体却是不断上升的．采用熔媒法生产的细粒金刚石产量已超过相应的天然金刚石．有的公司估计，国际上超硬材料，主要是人造金刚石的产量在1990年已近 9×10^9carat．有的资料报导，在1992年的产量为 7×10^9carat，其中年产量在 1×10^9carat 以上的国家和集团，有美国、前苏联和 DeBeers 集团公司．在小颗粒人造单晶金刚石方面已有16—50目的粗颗粒高强度产品和直接合成出微粉级金刚石的产品，还发展耐热性高的产品．在大颗粒单晶金刚石研究方面，美国的 G.E.Co的科学家们早在70年代初报道了生长出 1carat 左右、宝石级单晶金刚石；近年来又报道了研制出具有特高热导率、1carat 左右、宝石级单晶金刚石[9]；DeBeers 集团公司近年来研究开发出约11.0 carat 重的宝石级单晶和约14.0及38.0carat 重的工业级单晶金刚石．然而，目前能入市场的钻石系列产品只是小批量试产的1.0—2.0mm 单晶金刚石．在大颗粒多晶金刚石方面，主要是多晶烧结体获得了重要进展[6,8,10-12]，亦已生产的是1.0—14.0mm 的多晶烧结体和复合片，高档产品已有少量投入市场；在实验室里已可获得 ϕ76.0mm 的多晶烧结体和 ϕ50.8mm 的复合片．在多晶薄膜金刚石方面，80年代取得较为突破性的进展[13]，90年代美国和日本在此基础上实现了作光学和切削工具应用的商品化．虽然这种薄膜材料离作超高速电子计算机用集成电路的要求有较大距离，但其应用前景仍可扩大．

我国人造金刚石事业，自1958年开始筹建和开展工作并在1963年在实验室获得成功以来，研究、开发和生产工作均有长足的进展．不难看出，目前我国人造金刚石已是遍地开花，形成一定的工业群体和学科雏形．在工艺理论和合成技术方面有自己的特色，市场状况良好，投资效益显著，正向产业化、规模化和集团化组织经营开拓，实际年产量在 1×10^9carat 左右，生产能力比此要高得多．这表明我国人造金刚石等超硬材料及制品已进入世界行列．然而，同国际工业先进国家和集团公司相比，在产品品种、质量、技术、装备和配套等方面仍有相当大的差距，并在一些关键技术上有扩大差距的趋势。因此，我们面临着超硬材料工业处于危机、挑战和机遇同时存在的局面。我们只有抓住机遇，采取正确对策，不断促进超硬材料高新科技的研究、开发和生产，以新型高级产品带动和提高现有低、中档产品结构的改造，加强组建行业协会和学会的活动，参予国际交流和竞争，迅速赶超世界先进水平，才能迎接挑战和化险为夷，为我国争取更大的经济和社会效益。

§11.1 金刚石的结构、形态和主要性质

在人类所发现的一百多种元素中，碳是最早发现和应用的元素。碳有着种类繁多和数量庞大的化合物系列。以单质形态存在的碳，最初发现的有石墨和金刚石，19 世纪发现的有无定形碳（非晶态或玻璃态碳），20 世纪中发现的有白碳（又称卡冰，carbin 或 white carbon）[14]。近年来，人们对另外几种形式的单质碳予以高度重视，自 80 年代中期发现 C_{60} 以来，相继发现 C_{70}，C_{76}，C_{82}，C_{94} 直到 C_{265}[15]。C_{60} 是一种新型固态碳，是由纯碳组成的 buekyball，类似由五角形和六角形构成的足球，每个碳原子以两个单键和一个双键同相邻 3 个碳原子相结合，其原子间距为 0.104nm。这种结构的碳分子又称为 buckmister fullerence，或简称 Fullerence. 因此，进一步认识金刚石的结构、形态和主要性质是有意义的。

11.1.1 碳原子的电子结构和晶体结构

碳在周期表中处于第二周期第 IV 族中，属典型的非金属.自由的碳原子有 6 个电子，其中 4 个电子的主量子数是 2，在基态时，填在 $1s$ 和 $2s$ 轨道上，每个轨道上有正反自旋的一对电子，剩下的两个电子填在 $2p$ 壳层上，$2p$ 壳层中有 $2p_x$，$2p_y$ 和 $2p_z$ 3 个轨道。所以自由的碳原子的电子层结构为 $1s^2 2s^2 2p_x^1 2p_y^1$，有 2 个未成对的电子。在一定条件下，碳原子的一个 $2s$ 电子可以激发到 $2p_z$ 轨道上去，形成 $1s^2 2s^1 2p_x^1 2p_y^1 2p_z^1$，具有 4 个未成对的价电子，能混

合组成新的等同轨道-杂化轨道，组成 sp^3 型（正四面体型）、sp^2 型（正三角或层片型）和 sp^1 型（直线型）等三种典型杂化状态．相应这三种典型杂化状态的晶体为金刚石、石墨和白碳．激发时所消耗的能量在构成强键过程中释放的能量得到补偿．由于具有一种杂化状态的碳原子组成晶体时空间排列方式有所不同，所以金刚石有立方和六方两种，石墨有六方（α）和菱形（β）两种，白碳有 α 六方和 β 六方两种晶型的晶体．当然，还存在着如非晶态碳和碳的部分晶体过渡形式（焦炭、炭黑、木炭等），兼有多种键型．

（1）金刚石的结构特征　价电子发生 sp^3 杂化后可以形成四个等同的单键即 σ 键，相互之间的键角为 109°28′，指向正四面体的 4 个顶角，见图 11.1．在立方金刚石、六方金刚石和甲烷中，碳原子具有 sp^3 型杂化状态．我们可以用由具有不同数 l（角量子数）的原子函数组成的混合函数来描述价电子，尤其可以用由 1 个 $2s$ 和 3 个 $2p$ 函数组成 4 个它们的线性组合来描述碳原子的 sp^3 型杂化状态．从量子力学可知，Schrödinger 波动方程是决定粒子状态变化的方程，它的解是波函数且满足态叠加原理；若 Ψ 为该体系的基态波函数，也是描述该杂化体系的可能状态，则按归一化条件、正交条件和等同混合程度的要求，可以得到

$$\Psi_1 = \frac{1}{2}(\Psi_{2s} + \Psi_{2p_x} + \Psi_{2p_y} + \Psi_{2p_z}),$$

$$\Psi_2 = \frac{1}{2}(\Psi_{2s} + \Psi_{2p_x} - \Psi_{2p_y} - \Psi_{2p_z}),$$

$$\Psi_3 = \frac{1}{2}(\Psi_{2s} - \Psi_{2p_x} + \Psi_{2p_y} - \Psi_{2p_z}),$$

$$\Psi_4 = \frac{1}{2}(\Psi_{2s} - \Psi_{2p_x} - \Psi_{2p_y} - \Psi_{2p_z}). \tag{11.1}$$

相应的电子云分布和形状（截面呈不对称的“8”字形）见图 11.1．

通常所称的金刚石，实际上指的是立方金刚石，属于立方（等轴）晶系，具有空间群 O_h^7-$Fd3m$，晶格如图 11.2 所示，是由单一碳原子组成的闪锌矿结构，是由两个面心立方的布拉菲原胞沿其空

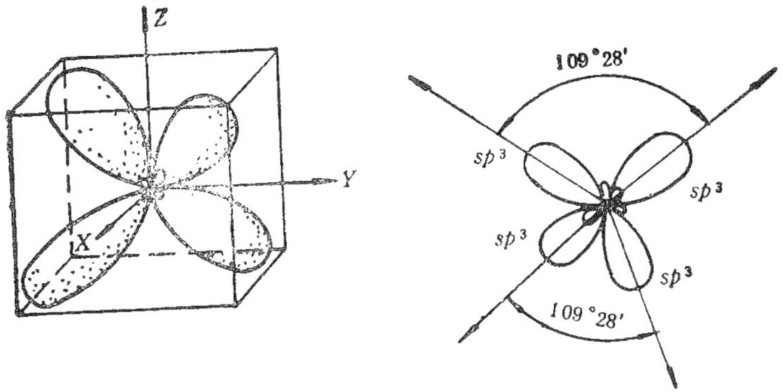

图 11.1 碳原子的 sp^3 型杂化状态(电子云形状和分布).

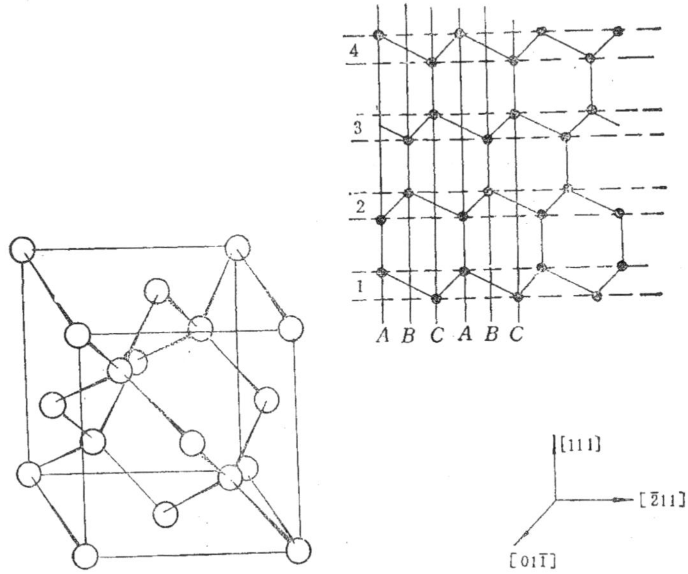

图 11.2 金刚石晶格及其四面体结构在(01$\bar{1}$)面上的投影.

间对角线移 1/4 的长度套构而成的复式格子，原胞中包含有两个不等同的碳原子. 实际是一个面心立方原胞内还有 4 个碳原子，分别位于 4 个空间对角线的 1/4 处. 晶格常数在常压和室温 25℃ 时为 0.356688±0.000009nm[16]；最近原子距离为 0.154450±

0.000005nm;晶胞原子数为 8;配位数是 4; 面间距列入表 11.1[17];密度为 3.515g/cm^3,天然 I 型金刚石为 3.51537±0.00005, II 型为 3.51506±0.00005, 人造金刚石为 3.485—3.580[18], 这取决于晶体的完整性和杂质含量。

表 11.1 金刚石的面间距

$I_{实}$	$d_{实}$(nm)	hkl	$I_{实}$	$d_{实}$(nm)	hkl
10	0.205	111	3	0.0538	533
8	0.126	220	2	0.0507	444
7	0.1072	311	4	0.0496	711;551
4	0.0885	400	7	0.0473	642
6	0.0813	331	6	0.0462	731;553
9	0.0721	422	1	0.0442	800
6	0.0680	333;511	1	0.0432	733
4	0.0625	440	5	0.0417	822;660
6	0.0597	531	4	0.0409	751;555
5	0.0558	620	3	0.0397	840

表 11.2 六方金刚石的面间距

$I_{实}$	$d_{实}$(nm)	$I_{计}$	$d_{计}$(nm)	hkl
强	0.219	32	0.218	100
强	0.206	18	0.206	002*
中	0.192	16	0.193	101
弱	0.150	7	0.150	102
中	0.126	13	0.126	110*
中	0.117	13	0.116	103
	—	2	0.109	200
中	0.1075	8	0.1076	112*
弱	0.1055	2	0.1056	201
	—	0	0.1030	004
	—	2	0.0965	202
	—	0	0.0932	104
弱	0.0855	12	0.0855	203
弱	0.0820	6	0.0826	210*
	—	0	0.0798	114

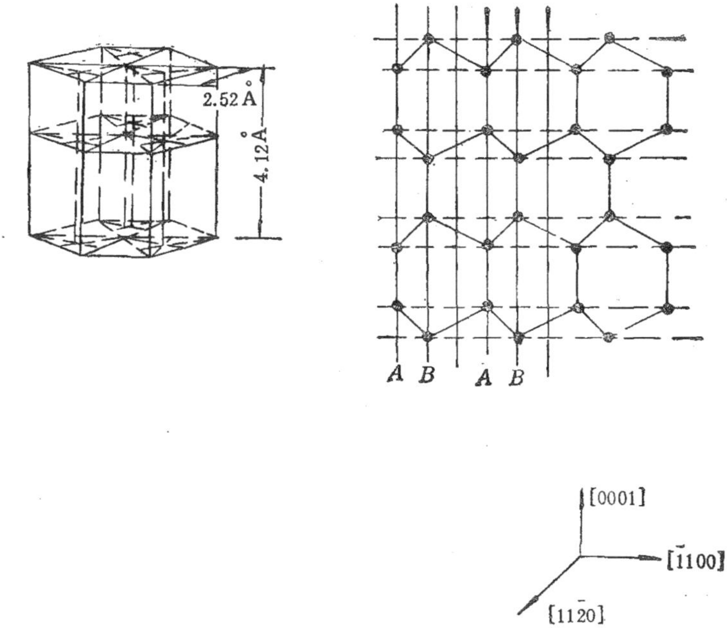

图 11.3 六方金刚石的晶格及其四面体结构在(112̄0)面上的投影.

少见的六方金刚石属于六方晶系，空间群为 D_{6h}^4-$P6_3/mmc$，晶格如图 11.3 所示，是由单一碳原子组成的纤锌矿结构。晶格常数 $a=0.252$nm，$c=0.412$nm；最近原子间距为 0.1545nm；晶胞原子数为 4；配位数为 4；面间距列入表 11.2 中[19]；晶胞中碳原子的位置由基点坐标确定：(000)，(003/8)，(1/3 2/3 1/2)，(1/3 2/3 7/8)；密度为 3.51g/cm³。

(2) *石墨的结构特征* 价电子发生 sp^2 型杂化时，每个碳原子在同一平面上形成三个 σ 键，相互之间为 120°，还有一个 p 电子在垂直于该平面的方向上运动，形成 π 键。这样由一根 σ 键和一根 π 键组成碳原子间的双键。sp^2 型杂化状态示意图见图 11.4. 在六方石墨、菱形石墨和芳香化合物中碳原子具有这种典型的杂化状态。按前(1)中类似的处理方法可以得到

$$\Psi_1 = \sqrt{3}/3(\Psi_{2s} + \Psi_{2p_x} + \Psi_{2p_y}),$$
$$\Psi_2 = \sqrt{3}/3(\Psi_{2s} + \Psi_{2p_x} - \Psi_{2p_y}),$$
$$\Psi_3 = \sqrt{3}/3(\Psi_{2s} - \Psi_{2p_x} + \Psi_{2p_y}). \quad (11.2)$$

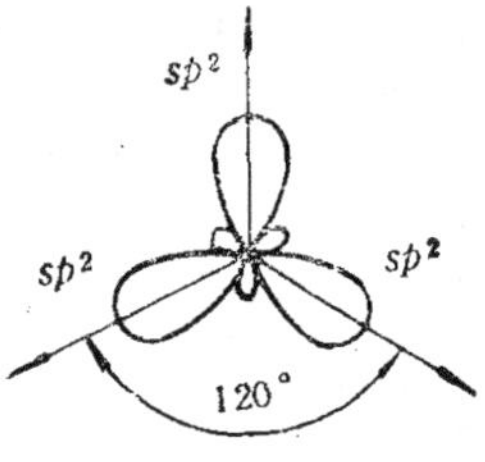

图 11.4 碳原子的 sp^2 型杂化状态（电子云形状和分布）.

相应的电子云分布和形状见图 11.4.

六方石墨属于六方晶系；空间群为 D_{6h}^4-$P6_3/mmc$；晶格如图 11.5 所示，平面层按 AB 型排列；晶格常数 $a = 0.2462 \pm 0.0002$nm，$c = 0.6701 \pm 0.0003$nm；最近原子距离为 0.1421nm；晶胞原子数为 4；配位数为 3；面间距列入表 11.3[17,20]；密度为 2.265.

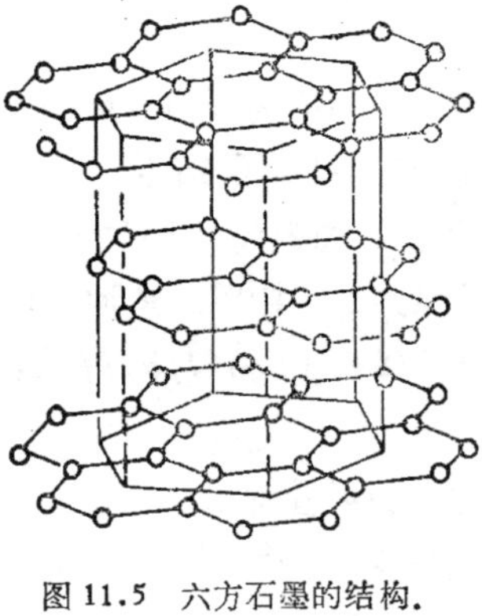
图 11.5 六方石墨的结构.

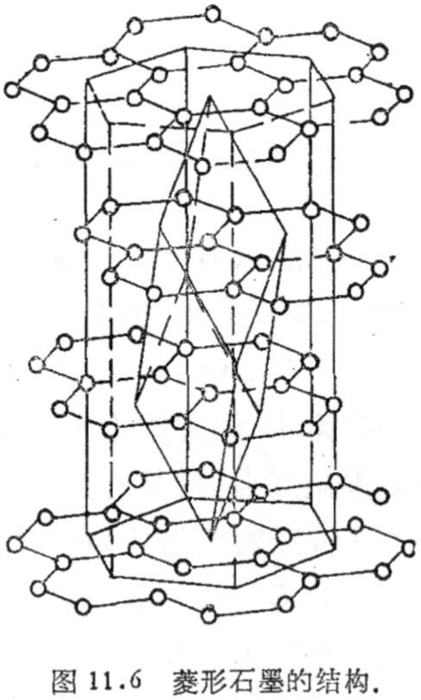
图 11.6 菱形石墨的结构.

菱形石墨属于菱形晶系；空间群为 D_{3d}^5-$R\bar{3}m$；晶格如图 11.6 所示，垂直于 c 轴的平面排列为 ABC 型；晶格常数 $a = 0.246$nm，$c = 1.005$nm；最近原子间距为 0.142nm；晶胞原子数为 6；配位数为 3；面间距列入表 11.4[21]；密度为 $2.26 g/cm^3$。天然石墨中含有菱形石墨一般在 5% 以下，有的可达 30%。

表 11.3 六方石墨的面间距

$I_实$	$d_实$(nm)	hkl	$I_实$	$d_实$(nm)	hkl	$I_实$	$d_实$(nm)
10	0.3352	002	10	0.337	002	100	0.338
5	0.2134	100	2	0.2132	100	5	0.212
5	0.2036	101	3	0.2036	101	10	0.202
3	0.1801	102	1	0.180	102		
8	0.1675	004	8	0.1682	004	10	0.169
6	0.1541	103	2	0.1541	103		
9	0.1230	110	6	0.1232	110	18	0.1227
9	0.11543	112	6	0.1155	112	90	0.1154
6	0.11174	006	2	0.112	006;105	—	0.112
3	0.10143	202	2	0.105	201	—	0.1049
8	0.09913	114	4	0.0994	106;114	—	0.0991
6	0.09879	106	1	0.0842	008		
			2	0.0827	116	—	0.0828

表 11.4 菱形石墨的面间距

$I_实$	$d_实$(nm)	hkl
100	0.33835	003
11.8	0.21099	101
8.6	0.196892	012
5.3	0.168592	006
3.4	0.163134	104
2.2	0.147539	015
3.8	0.123830	110
0.8	0.119433	107
5.9	0.116248	113
0.8	0.112238	009

(3) 白碳的结构特征 价电子发生 sp^1 型杂化时，碳原子在直线上形成 2 个 σ 键，相互的夹角为 180°；另 2 个价电子（在 $2p_y$ 和 $2p_z$ 轨道上）并不固定在共价键上，在直线上自由运动，形成 π 键。这样，一根 σ 键和 2 根 π 键组成碳原子间的叁键。sp^1 型杂化状态

见图 11.7. 在白碳和乙炔中碳原子具有这种典型的杂化状态. 采取前(1),(2)中的类似方法可以得到

$$\Psi_1 = \sqrt{2}/2(\Psi_{2s} + \Psi_{2px}),$$

$$\Psi_2 = \sqrt{2}/2(\Psi_{2s} - \Psi_{2px}). \qquad (11.3)$$

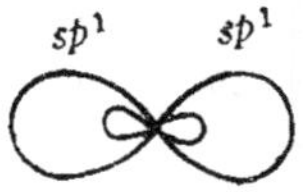

图 11.7 碳原子的 sp^1 型杂化状态(电子云形状和分布).

相应的电子云分布和形状见图 11.7.

白碳属于六方晶系[22];晶胞呈六方. α 六方白碳的晶格常数 $a = 0.892$nm, $c = 1.536$nm; 最近原子间距离为 0.120 nm;晶胞原子数为 144; 配位数为 8; 面间距列入表 11.5; 密度为 2.68g/cm³. β 六方白碳的晶格常数为 $a = 0.824$nm, $c = 0.768$nm;最近原子间距离为 0.134nm; 晶胞原子数为 72;配位数为 8;面间距列入表 11.6;密度为 3.13g/cm³.

表 11.5 α 六方白碳的面间距(电子微区衍射)

$d_{实}$(nm)	$d_{计}$(nm)	hkl
0.447	0.4465	110
0.257	0.2578	300
0.223	0.2232	220
0.169	0.1688	410
0.148	0.1488	330
0.129	0.1289	600
0.124	0.1238	520
0.112	0.1116	440
0.102	0.1024	170
0.0976	0.0974	630
0.0895	0.0893	550
0.0861	0.0859	900
0.0842	0.0844	820
0.0800	0.0802	470
0.0742	0.0744	600
0.0731	0.0734	[illegible]10
0.0712	0.0715	390

表 11.6 β 六方白碳的面间距(电子微区衍射)

$d_{实}$(nm)	$d_{计}$(nm)	hkl
0.413	0.4125	110
0.206	0.2062	220
0.137	0.1375	330
0.103	0.1031	440
0.082	0.0825	550
0.217	0.2173	213
0.175	0.1744	303
0.134	0.1331	413
0.105	0.1044	523
0.084	0.0842	633
0.108	0.1087	426
0.098	0.0	516
0.087	0.0872	606
0.076	0.0	716
0.067	0.0	826

11.1.2 金刚石的晶体形态和缺陷

金刚石的晶体形态和缺陷形态是多种多样的，这对于进一步了解金刚石的性质和金刚石晶体形成条件及过程是很有意义的。

(1) 晶体形态[23,24] 金刚石可分为单晶体、连生体和多(聚)晶体。单晶体可进一步分成立方体、八面体、立方-八面体、菱形十二面体以及由这些单晶体形态组成的聚形晶体形态。图 11.8 示出金刚石平面和曲面晶体的典型形态。参予天然金刚石晶体形态的晶面有(100),(110),(111),(322)(211),(311),(332),(221);在浑圆状天然金刚石晶体上显出的晶面为(210),(310),(321),

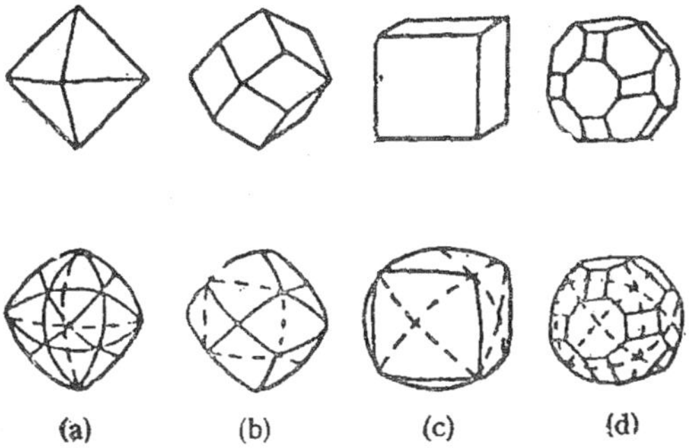

图 11.8 平面和曲面单晶金刚石.
(a) 八面体; (b) 十二面体; (c) 立方体(六面体); (d) 聚形体.

(431),(531),(542),(653),(973)等。参予人造金刚石晶体形态的晶面为(111),(100),(110)和(311)。人造金刚石单晶体呈平面状，具有明晰的晶棱及顶角。在自然界中见到的金刚石单晶大多呈曲面状或称浑圆状，其晶棱和顶角不明晰，晶面上常有台阶或不平的浮雕刻象等，八面体的晶体平面上有时出现三角形坑穴，其顶角朝向八面体的晶棱，立方体的晶面上则有漏斗状凹陷，而菱形十二面体的晶面上常有深暗色的线条。天然金刚石单晶体曾出现过若干特殊晶体形态(见图 11.9)，这表明其生长过程的复杂性。除了完整的晶形外，还有不完整的晶形如不规则的形状、碎片等。连

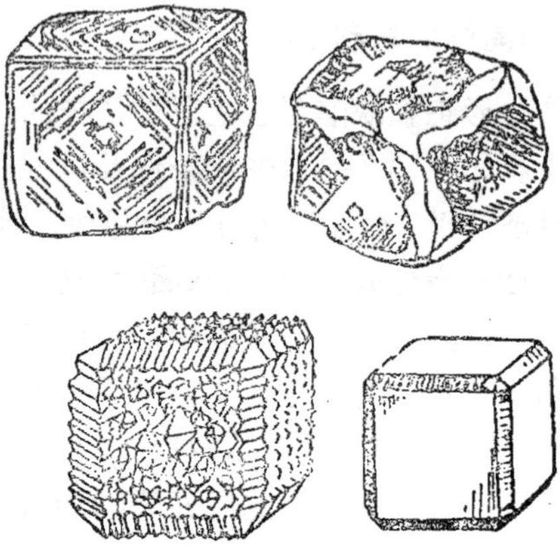

图 11.9 天然金刚石的若干特殊晶体形态.

生体是金刚石晶体常常有规律地沿(111)面及(100)面连生在一起或相互穿插而形成的，可分为不规则连生体、平行连生体和双晶(连生双晶、穿插双晶、板状双晶等). 多晶体圆粒金刚石 (boart 型)、浅红金刚石 (ballas 型) 和黑金刚石 (carbonado 型) 等三种. 多晶体圆粒金刚石是由颗粒连生体和不规则连生体等细、微金刚石组成的集合体,外形呈球状,颜色为乳白色到钢灰色，常有裂缝,硬度很高. 浅红金刚石是一种由中心向外辐射状排列的细、微金刚石组成的集合体,外形呈圆球状,外壳坚硬,内核较软,硬度比圆粒金刚石和黑金刚石低，强度比圆粒金刚石高. 黑金刚石是一种由更细的微米级金刚石组成的致密或多孔的集合体，外形不规定,呈黑色、灰色或绿色，有的表面有珐琅光泽，硬度略低于圆粒金刚石,但韧性或抗冲击强度高，适于在地质钻探等方面使用. 人造多晶金刚石(通称聚晶)可以有预定的外形如圆柱、圆锥加圆柱、三角等,其内部组织结构可类似天然的三种多晶体. 天然金刚石按其形态与内部组织结构的分类见表 11.7.

1978 年我国在山东省临沭县岌山公社常林大队发现的“常林钻石”，是一颗宝石级特大天然金刚石*. 对这颗金刚石进行了全

* «人民日报»,1978 年 7 月 26 日第四版.

表 11.7 天然金刚石的分类

金刚石	单晶体	平面晶体(立方体、立方-八面体、八面体、菱形十二面体及其它单形和聚形体)
		曲面晶体(凸立方体、凸立方-八面体、凸八面体、凸菱形十二面体及其它凸单形和聚形体)
	连生体	不规则连生体
		平行连生体
		双晶——连生双晶、穿插双晶、板状双晶.
	多晶体	圆粒金刚石
		浅红金刚石(巴拉斯)
		黑金刚石(卡邦纳多)

面鉴定：采用了X射线衍射法测定结构和晶格常数，背射 Laue 法测定晶面指数，X射线形貌观察判断晶体完整性，刻划法推断硬度，精密天平测量重量，浮力法测定比重；还进行了红外和紫外吸收光谱和晶体形态分析等工作。结果表明，这颗钻石不仅重量突出(约 158carat)，而且质量优异，其晶体形态更属罕见。这对于地球科学有关课题的研究、寻找原生矿、天然金刚石和人造金刚石的形成条件及形成机制的探索均有重要参考意义。

"常林钻石"色质透明，呈淡黄色，具有金刚光泽，光彩夺目.晶体外形呈六面体和近曲面四一六面体的聚形，在晶体学上属立方形态。晶体上存在着四方平台，还有一个大的熔蚀面，熔蚀面与其它晶面交接部位有两处可见到{111}面的显微解理面。这颗钻石上有两个面属{100}面，面上有按八面体定向的生长坑。在一个立方体面上存在 4 个生长坑，另一个立方面上有 2 个生长坑。坑壁上可见到生长台阶，台阶上存在着许多微小的呈八面体面的生长锥。晶棱两侧有 4 个近似梯形的曲面，两梯形面交处略呈凹沟，方向与棱垂直并交棱中点。在立方体顶角，即立方体的三次对称轴位置是 6 个这种近似梯形曲面的交会点。这属于特殊晶体形态的金刚石，是十分罕见的，世界上曾在南非和巴西发现过，但其尺寸不大、重量在 1carat 以下[25]。

世界上部分著名宝石级特大金刚石的简况见表 11.8。

表 11.8 世界上部分著名宝石级特大金刚石的简况

1.库利南（Cullinan），又译为卡利南，1905年发现于南非(阿扎尼亚)特兰斯瓦尔的普列米尔矿区，是一个很大的六面体(立方体)金刚石的晶体解理块长10cm、宽6.5cm、厚5cm，重约3106carat（即621.2g），质量很好，是目前世界上已发现的最大的宝石．库利南由南非殖民当局特兰斯瓦尔政府收购，于1907年献给当时的英皇爱德华七世作为66寿辰的礼品．后来英皇专门派人送到荷兰首都阿姆斯特丹的阿彻金刚石公司进行加工．加工时沿裂隙方向切磨成105颗钻石，其中主要的有9颗．库利南I(又称非洲之星)呈水滴状，重530.20carat．库利南II呈方形，重317.40carat．库利南III呈梨形，重94.40carat．库利南IV呈耳垂状，重63.60acrat．库利南V重18.80carat．库利南VI重11.50carat．库利南VII重8.80carat．库利南VIII重6.80carat．库利南IX重4.39carat．所得钻石的总重量为1063.65carat，为原来宝石重量的34.25%．这几颗大的钻石都保存在英国．

2.爱克斯采里希奥尔（Excelsior），1893年在南非雅格尔斯来顿矿上发现的，重量为995.3carat，呈淡青色．加工成21颗钻石，每颗重量从70carat到1carat，所得钻石的总重量为373.75carat．

3.蒙兀儿大帝，又称大蒙兀儿（Great Mogul），17世纪中叶在印度发现，其重量为787.5carat．

4.武义河(Woyie River)，1945年在塞拉勒窝内砂矿中发现的，重约770carat．

5.瓦尔加斯（Vargas），1938年在巴西发现的，重量为726.6carat、加工成23颗钻石，其中8颗的重量从48.26carat到17carat．另一记载为加工成29块宝石，其中16块重量在48.26到10.05carat之间．

6.德查坎尔（Jonker），1934年在南非普列米尔矿附近的砂矿中发现的，重量达726carat．加工后得到12颗质量很好的宝石．这些宝石的重量从142.9到5.3carat之间．所得宝石的总重量为370.87carat．

7.纪念（Jubilee），1895年在南非雅格尔斯来顿矿中发现的，重量为650.8carat．加工成一颗重达245.35carat的钻石，呈方圆形状．

8.无名1，1967年在南非列索苏(巴苏坨兰)获得的、重量为601.25carat．

9.维多利亚（Victoria），1884年从非洲带进英国，重量为469carat．加工成钻石后，其中最大的一颗重为184.5carat．据传卖给当时的印度海得拉巴土邦君主．

10.达赛瓦尔加斯（Darcy Vargas），1939年在巴西发现，重量为460carat．

11.维多利亚1(Victoria 1)，1880年在德·贝尔矿上发现，重量为428.5carat．

12.摄政王（Regent），又称皮特（Pitt），1701年在印度东部哥尔昆达矿区被一奴隶发现，重量为410carat．该奴隶冒着生命危险把宝石带出矿区并委托一水手出卖，水手见财起意，把奴隶淹死，以高价卖给英国要塞总督皮特．皮特又转卖给一个法国王族摄政王．经过2年加工成钻石，重140.5carat(有的记载是136.6carat)，被偷

盗，落入柏林商人手中，并卖给拿破仑. 19 世纪中叶法国政府大量拍卖宝石，"摄政王"宝石又被卖掉，现保存在法国.
13.奥尔洛夫 (Орлов)，17 世纪在印度戈尔康达找到，重量约 400carat，是一颗蓝绿色净水金刚石，加工成一颗重 194.8carat 的宝石. 据传说，它最初是偶像头上的眼睛. 1737 年被镶在纳吉尔王的宝座上. 1747 年被一士兵盗走，经过许多惊险故事之后，落到俄国宫廷饰品商人手中. 1773 年叶卡捷琳娜二世的相好者戈里高里·奥尔洛夫买下这颗宝石并赠给沙皇，装饰在沙皇的王笏上，现保存在俄罗斯联邦.
14.科依努尔 (Darya-i-nur)，1304 年在印度发现，原重不详. 第一次加工后的重量为 186.1carat，第二次加工后的重量为 106.1carat. 在印度一个庙宇里被盗，运到英国. 这颗宝石的一半镶在英国国王的王冠上，另一半保存在英国不列颠博物馆中.
15.红十字 (Red Cross)，在南非德·贝尔公司矿上发现，重 375carat，加工成一颗重达 205carat 的宝石，现保存在英国.
16.玛坛 (Matan)，1787 年在婆罗洲(加里曼丹的旧称)发现，重量为 367carat.
17.泰罗斯 1(Tiros 1)，1938 年在巴西得到，重量为 345carat.
18.首饰园林 (Bob Grove)，1908 年在南非发现的，重量为 337carat.
19.布拉戴 (Brady)，1902 年在南非发现，重量为 330carat.
20.总长 (Stewart)，1872 年在南非得到，重量为 296carat，加工成一颗重 123 carat 的钻石.
21.博蒙特 (Beaumont)，在南非发现，重量为 273carat.

注：一般的天然金刚石单晶体，其重量都在 1carat (约5mm)以下，重量达几十克拉的也不多，而上百克拉的则属于罕见的. 由于通常把 1—6mm 的金刚石晶体称为大颗粒，所以把上百克拉（有的把几十克拉）的就称为特大金刚石. 据不完整的资料统计，几百年来，世界上 100carat 以上的特大金刚石近 1000 颗左右，其中 150carat 以上的著名宝石级特大金刚石约 50 颗.

不包括天然金刚石多晶体，例如在巴西曾发现几千克拉重的黑金刚石（是一种多晶体），其中最重的一颗达 3148carat. 因为这种金刚石不能作装饰宝石用，只能作工业用.

（2）缺陷[25—28] 多年来对金刚石晶体中的缺陷采用了电子显微镜、X光衍射、电子顺磁共振和红外光谱等分析方法进行了研究，积累了丰富的实验资料。虽然在结论的看法上仍存在许多根本不同，但对于进一步了解这些缺陷的产生和行为是有价值的。

(i) 夹杂物。金刚石的化学成分是碳。曾对天然金刚石晶体中碳同位素组成进行分析，结果表明，单晶体中 C^{12}/C^{13} 值的变化在 89.24—89.78 范围内；多晶体中 C^{12}/C^{13} 值变化在 91.54—91.56

范围．天然金刚石燃烧后残留灰分分析表明存在着多种杂质元素，无色金刚石的灰分为 0.02－0.05%，其它的甚至可达到 5% 左右．天然单晶体中常常存在着包裹体，有气体的（二氧化碳）、液体的（水）和固体的．固体包裹体有石墨、金红石、磁铁矿、石榴石、尖晶石、钛铁矿、橄榄石、石英等，有时还是金刚石．

人造金刚石晶体中往往含有熔媒金属夹杂物，且往往同金刚石有一定共格关系．用镍作熔媒的人造金刚石经 X 光衍射分析发现，有一物相产生的衍射谱线同金刚石的位置和强度接近，高角度的衍射谱线有些加宽，显出应变．该物相的晶格常数为 0.3539nm，属面心立方，这介在纯镍和金刚石晶格常数即 0.3524nm 和 0.3567 nm 之间．这种富镍的夹杂物同金刚石基体有着一定共格关系，在低倍光学显微镜透射观察时可见到暗色小斑点，占整个重量约百分之几．用钴作熔媒的人造金刚石同用镍作的有类似的情况．曾在人造金刚石晶体中观察到薄片状夹杂物，厚约 50nm，平行于金刚石(111)面，被认为是碳化物如 Ni_3C 和 Fe_3C；还观察到形状规则的夹杂物，同金刚石基体交界处未显出有应力状态．有的夹杂物在电子自旋共振谱线上出现加宽效应，这是一种铁磁性夹杂物．含有熔媒夹杂物的金刚石经真空热处理（1500℃）后，样品的谱线宽度正常化，这与热应力产生裂缝使夹杂物金属扩散到表面有关．这类样品经机械破碎和酸处理后，其谱线宽度也恢复正常．

(ii) 点缺陷． 构成金刚石晶体中最普遍的点缺陷是以取代方式存在的氮原子所引起的．天然金刚石晶体中，氮的含量及其存在形式是一直被研究与应用的． I 型金刚石能透过紫外光谱波长大于 306.5nm 的紫外光，吸收红外光谱波长在(7—10)× 10^3nm 的红外光． I_A 型含氮约 10^{20} 个原子/cm^3，以片状形式存在，无电子顺磁共振吸收，天然金刚石中约 98% 属于这种类型． I_B 型含氮约 10^{17}—10^{20} 个原子/cm^3，以分散形式存在，有电子顺磁共振吸收（氮以顺磁取代碳原子存在着），大部分人造金刚石属于此类型． II 型金刚石能透过紫外光谱波长大于 225nm 的紫外光，能透过红外光谱波长在（7—10）× 10^3nm 的红外光． II_A 型含氮小于 10^{17} 个原子/cm³，为绝缘体。II_B 型含氮也小于 10^{17} 个原子/cm³，同时含硼在 10^{17} 原子/cm³，是一种半导体材料。在 I 与 II 型之间还存在过渡型。

人造金刚石的含氮量在较宽范围内变化，一般如 10^{14}—10^{13} 个原子/cm³，有时可达 10^{20} 个原子/cm³。电子顺磁共振谱线分析表明，单个不成对的电子是定位在金刚石晶格中取代位置上的氮原子附近。经过去氮处理后 I_B 型转为 II_A 型金刚石，掺硼一定量如小于 10^{17} 个原子/cm³，就可转为 II_B 型金刚石。

人造金刚石晶格中一些熔媒金属原子以取代方式或间隙形式存在，这可能在电子顺磁共振谱线中出现一些新的谱线。

(3) 晶格内在的线缺陷和面缺陷　I_A 型天然金刚石的电镜观察发现，位错环是存在接近含氮层的{111}面上，沿〈110〉方向伸延。这与形成含氮层时发生空位凝聚有关。在含氮量不超过 10^{13} 个原子/cm³ 的金刚石中没有观察到这种形态的位错环。II 型金刚石中位错密度比 I 型高，大多数沿〈110〉方向分布。观察到螺旋位错，其轴沿着〈110〉方向。在由包裹体引起的位错，以射线束形态射向某些晶面；还发现存在着堆垛层错。

在立方体和八面体的人造金刚石晶体上观察到螺旋生长台阶，这显然与存在位错有关。在人造金刚石晶体中观察到的位错，一般是单个孤立的，位错密度一般天然金刚石的要低。人造金刚石晶面上的滑移线是少的，晶体中的堆垛层错却较普遍存在，这可能与生长速率大有关.在多晶体中，晶粒界面上观察到位错网络。

11.1.3　金刚石的主要性质[27—31]

金刚石具有优异的力学、热学、光学、电学和化学性质，受到人们的关注。

(1) 力学性质　金刚石是自然界已有物质中硬度最高者，它和有关材料的硬度对比，可见表 11.9 和图 11.10。金刚石晶体各面上的硬度为{111}＞{110}＞{100}。

金刚石在空气中摩擦系数很低约 0.05—0.1；室温常压下

表 11.9 金刚石和有关材料的硬度

材料名称	莫氏	努氏 (GPa)	显微 (GPa)
金刚石(111)	10	80—85	100.00
立方氮化硼(111)	9+	45.00	45.90
碳化硼	9+	27.00	49.50
碳化硅(0001)	9+	25.00	23.55
碳化钨 YG2	9+	19.60	20.00
刚玉 α-Al_2O_3	9	16.35	—
黄玉	8	12.50	—
石英	7	7.10	11.20

(111)面的 $\mu \sim 0.05$,当真空度约达 1.3×10^{-8}Pa 时,则为 0.9.金刚石在载荷为 0.5N 和速度为 100m/s 条件下，对铬、钢和铜滑动时的磨损分别为(200—500) $\times 10^{-9}$、(30—60) $\times 10^{-9}$和(1—2)$\times 10^{-9}$g/100m.

金刚石在 298**K** 下的弹性常数 $c_{11} = 1079$GPa、$c_{12} = 124$GPa 和 $c_{44} = 578$GPa，体弹模量 $B = 443$GPa，杨氏模量 $E = 1050$GPa，压缩系数为 $2.26 \times 10^{-12}Pa^{-1}$. 金刚石的抗压强度，完整八面体的平均值为 8.85 GPa,最高可达 16.85GPa;抗拉强度可达 4.0GPa,有的为 1.3—2.5GPa.

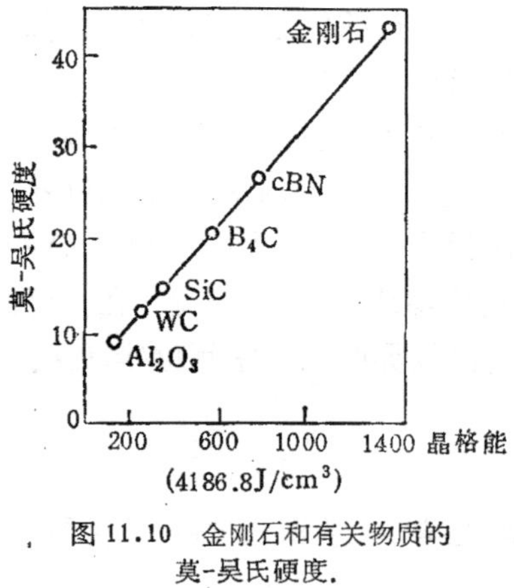

图 11.10 金刚石和有关物质的莫-吴氏硬度.

(2) 热学性质 金刚石具有很高的热导率，在液氮温度下为铜的 25 倍，室温下是铜、银的 2—5 倍. 室温下的热导率,天然 I 型为 9W/(cm · K),II_A 型为 26W/(cm · K);人造优质单晶为 18—20W/(cm · K),一般具有缺陷的人造单晶为 4.5—6.5 W/(cm · K)，近年来在实验室研制出一种含有 99.9%碳 12 的超纯金刚石，其热导率比天然优质单晶体的提高 50%. 人造多晶金刚石的热导率一般为 4—6.2W/(cm·K),采用一定方法可提高到 9W/(cm·K) 或以上。

金刚石的热膨胀系数 (α) 很低，室温下，α 约为 $1.10^{-6}K^{-1}$，180K 时为 $0.37 \times 10^{-6}K^{-1}$，400K 时为 $1.80 \times 10^{-6}K^{-1}$，600K 时为 $3.09 \times 10^{-6}K^{-1}$，800K 时为 $3.83 \times 10^{-6}K^{-1}$，1000K 时为 $4.32 \times 10^{-6}K^{-1}$，1200K 时 为 $4.93 \times 10^{-6}K^{-1}$，1600K 时 为 $5.87 \times 10^{-6} K^{-1}$。金刚石的比热较高,室温下，$c_p$ 为 ～515J/(kg·K); 350K 时,天然的为 706、人造单晶为 740 和人造多晶 为 713J/(kg·K); 600K 时,分别相应为 1334、1334 和 1351J/(kg·K);800K 时，则为 1617、1583 和 1661J/(kg·K); 1200K 时，为 1884、1827 和 1992J/(kg·K)。金刚石的德拜温度 Θ_D ～ 2000K。 金刚石的熔点～4000K。

(3) 光学性质　金刚石 I 和 II 型的吸收光谱见 图 11.11， I 型在红外光谱波长 (3—10) × 10^3nm 有吸收带，在紫外光谱可透到波长 306.5nm; II 型相应分别透过波长 (7—10) × 10^3nm 和波长大于 225nm。

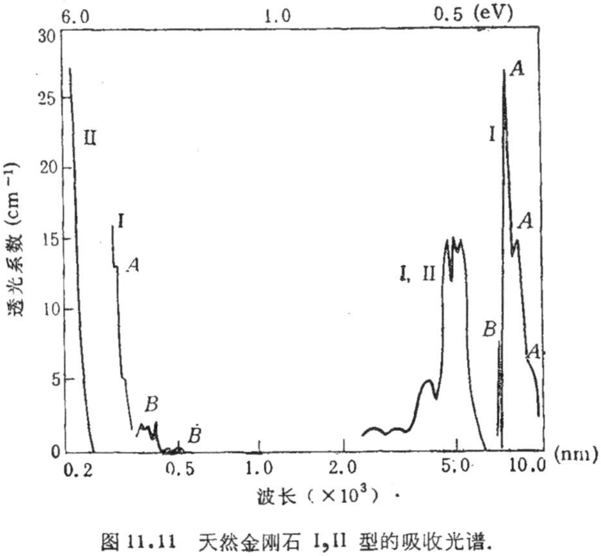

图 11.11　天然金刚石 I,II 型的吸收光谱.

金刚石的折射系数在入射波长分别是 546.1nm，656.3nm 和 226.5nm 时相应为 2.4237，2.4099 和 2.7151。

（4）**电学性质** 金刚石的电学特性早在 40—50 年代就引起人们的关注，并用正交化平面方法计算了其第一 Brillouin 区[100]和[111]方向上电子能量与波矢量的关系式，所建立的第一 Brillouin 区和计算结果分别见图 11.12 和图 11.13. 金刚石价带宽度为 $\Gamma_1 - \Gamma'_{25} = 18—28$(eV)，禁带宽度为 5.3—5.5(eV). 300K 下，介电常量为 5.58±0.03。

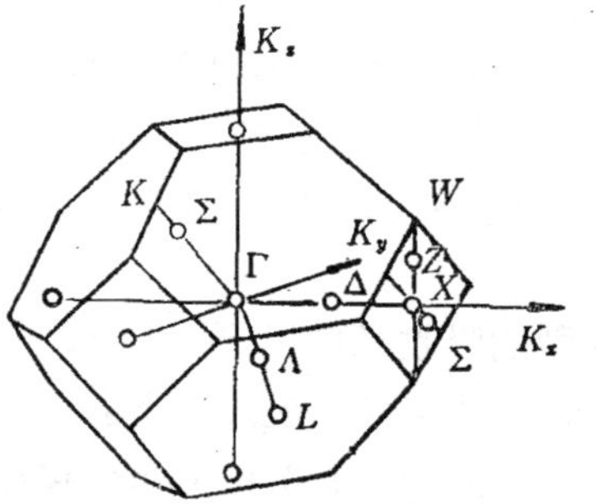

图 11.12 金刚石晶格第一简约 Brillouin 区.

金刚石完整晶体属于绝缘体，其电阻应为 $10^{20}\Omega\cdot$cm 数量级. 实际上，金刚石含有杂质如氮、硼和铝. 一般的天然金刚石的电阻大于 $10^{10}\Omega\cdot$cm；II_B 型半导体金刚石的电阻为 1—10^3 $\Omega\cdot$cm，其主要性质为禁带宽度：5.4—5.6(eV)，载流子浓度(室温下)：8×10^{13}cm^3，受主激活能：0.38(eV)，空穴迁移率(293K 下)：1550±150cm^2/V·s，电子有效质量和空穴有效质量之比为 0.25，移动空穴对温度的依赖关系：$T^{-2.8}$，最大光导性：224，228，640，890(nm)。

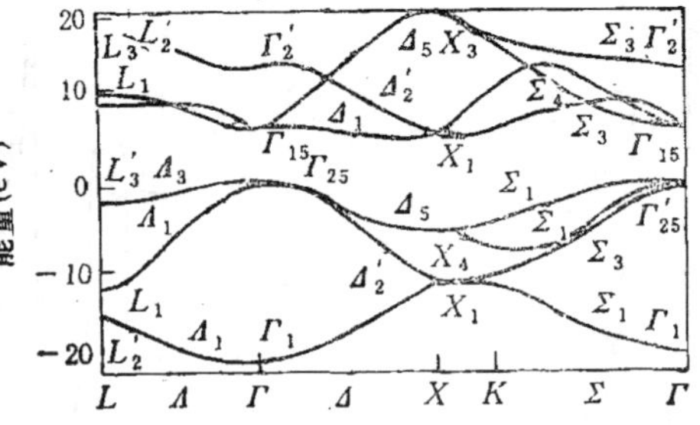

图 11.13 金刚石的能带结构.

（5）**化学性质** 金刚石在化学上是很稳定的. 高温下已有的

各种酸对它几乎不起作用，空气中较大尺寸的晶体在600—700℃前和微粉晶体在450—500℃前均属稳定的。在较高温度下金刚石易为空气中的 O_2，CO_2，NO，H_2O 蒸气和其它氧化剂所氧化，最强的氧化剂是氧。碱的熔体能促进 NO，CO_2 和水蒸气加速金刚石的氧化。在碱、各种含氧盐类和有关第 VIII 族过渡金属的熔体中金刚石晶体较易发生熔蚀，一定温度下氢氟酸也有这种作用。

§11.2　人造金刚石的基本理论和合成机制

人造金刚石首要的问题，就是用人工的方法使非金刚石结构的碳或含碳物质转变为金刚石结构的碳。因此，这是一种相变问题。在这种相变过程中，压力、温度、触媒(催化剂)和其它因素是变化的条件，碳原子及其集团的运动和相互作用等是变化的根据。因此，人造金刚石的形成过程，既遵守一般相变和晶体生长成核和长大的共性规律，又具有特殊相变和晶体生长成核和长大的个性规律[6,32,33]。

11.2.1　碳的压力-温度相图

从热力学角度来考虑，非金刚石结构碳转变为金刚石结构碳的条件是后者的自由能小于前者的。我们知道，非金刚石结构碳的石墨和金刚石在密度上，后者是前者的1.5倍。按 Le Chaterlier 平衡移动原理，压力是这种相变的主要因素。在两相平衡线以上的压力区(即高压区)，金刚石是稳定相(高压相)；在两相平衡线以下的压力区(低压区)，石墨是稳定相，金刚石则为亚稳相。

为了建立碳的压力(P)-温度(T)相图，首先要决定两相转变的热力学平衡线，必须计算出与压力、温度有关的两相吉布斯自由能变化。从平衡条件 $\Delta G = G_d - G_g = f(P, T) = 0$，可得平衡压力和平衡温度的关系。式中 $G = U - TS + PV$，G 为吉布斯自由能，U 为内能，S 为熵，V 为体积，P 为压力，T 为温度，G_d 为金刚石的吉布斯自由能，G_g 为石墨的吉布斯自由能。30年代末

Rossìni, Jessup 和 Лейпунский 等[34,35]根据石墨和金刚石的燃烧热、比热、压缩率、热膨胀系数的部分数据推算了 1200K 以下的两相平衡线. Berman 和 Simon[36]作了一些相应的修正，并用吉布斯自由能变化 $\Delta G_T^P = \Delta G_T^0 + \int_0^P \Delta V dp$ 作为两相平衡的基本判

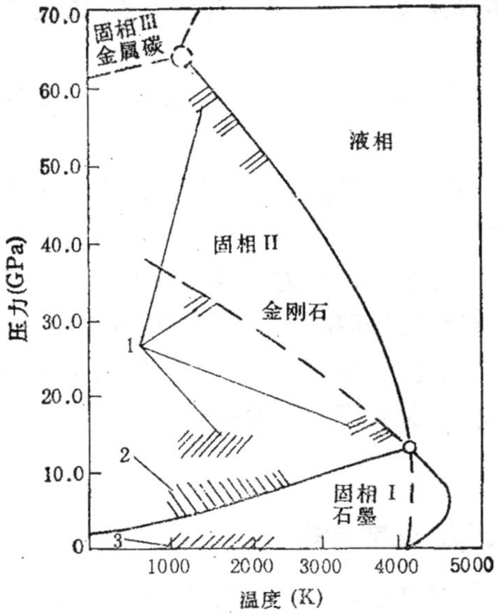

图 11.14　碳的 P-T 相图和三种方法人造金刚石的实验范围.

据，把石墨-金刚石的 P-T 平衡线推到 1200K 以上，得到关系式近似用 $P = A + BT$ 表示，并具体为 P（大气压）$= 7000 + 27T$ (K). Bundy[37] 根据人造金刚石的实验数据、石墨和金刚石的熔点测定、铟和锗的实验结果，并参照前人的有关工作，进行了类推，得到一个粗略的较完整的碳 P-T 相图(如图 11.14)，把 1200K 以上的一段平衡线 P-T 关系表达为 $P(\text{kbar}) = 7.1 + 0.027T(\text{K})$ 或约为 $P(\text{GPa}) = 0.71 + 0.0027T(\text{K})$.

从碳的 P-T 相图可知，在不同 P-T 范围内碳以不同形式存在着，有固相区、熔(液)相区和气相区，有石墨、金属碳和金刚石，

在 $P\sim 4.0\text{Pa}—6.0\text{GPa}$ 和 $T\sim 2600—3800\text{K}$ 范围，还有白碳．在石墨-金刚石平衡线以上的 P-T 范围内金刚石是稳定相，石墨是亚稳相；在此平衡线以下的 P-T 范围内石墨是稳定相，金刚石是亚稳相．六方金刚石的合成区要高于石墨-金刚石平衡线．单晶石墨、定向石墨、焦炭、非晶碳分别同金刚石的平衡线在大于 2.0GPa 时，不同程度低于石墨-金刚石的 P-T 平衡线。实验表明，在室温和更低的温度下金刚石可以长期存在着，必须加热到 1300—2100K 才开始石墨化（真空下的天然金刚石）．天然金刚石八面体裂面石墨化的激活能为 1060±80(kJ/mol)，十二面体则为 730±50(kJ/mol)，石墨化过程的激活体积约为 10(cm³/mol)。实验也表明，石墨在金刚石稳定区的压力条件下并不能直接转变为金刚石，在较高压力下还须有一定温度，在略低的高压下还须用催化剂(通称为触媒，本文按金刚石形成机制的特点称熔媒)，见图 11.15。实验还表明，在金刚石稳定区和亚稳区，采用不同方法，如高压高温作用于石墨、以气相在基底上外延生长和碳的等离子体沉积等，均获得碳的高压相．

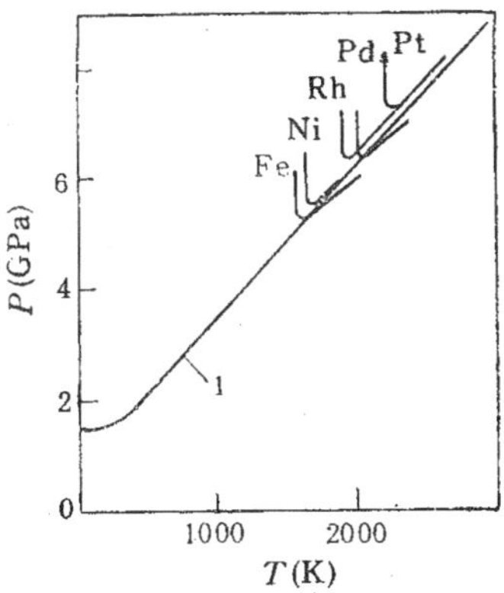

图 11.15　不同熔媒的 P-T V形合成区．

图 11.14 示出 1 为直接法人造金刚石实验区，2 为熔媒法人造金刚石实验区，3 为外延法人造金刚石实验区．这三种方法合成金刚石都有一个成核和生长(长大)过程．直接法以自发成核为主；外延法以非自发成核为主；熔媒法在通常情况下也是以非自发成核为主，但在过压度、过冷度和组元浓度及其起伏偏高的情况下出现非自发成核和自发成核兼有的趋势．这种非自发成核的基底，既可在反应过程前就存在，也可在反应过程中形成，或两种综合而成的。只有 sp^3 型或易于进一步转变为 sp^3 型杂化状态的碳原子

及其集团才是人造金刚石的碳源。这种碳源在直接法中，主要通过压力、温度和适当的保温时间的作用下激发碳质原料后获得的。在熔媒法中除了压力、温度、时间外，还须有熔媒的复合激发效应才能形成。在外延法中，则需要通过化学和物理方法气解或气化所用反应物质后才能得到。

11.2.2 人造金刚石体系中的界面结合理论[38,39]

众所周知，在界面结合的经典理论中，拉普拉斯第二定律的表达式

$$\cos\theta = \frac{\sigma_s - \sigma_{sl}}{\sigma_l}, \tag{11.4}$$

$$E_{sl} = W_{sl} = (1 + \cos\theta)\sigma_l. \tag{11.5}$$

上述两式对于具有熔(液)相和固相体系的材料科学和工程来说一直是十分重要的基础理论之一。考虑到人造金刚石体系中存在着固相、熔(液)和气相，并且往往主要是固相和熔相，因此研究人造金刚石体系中有关凝聚相界面结合理论问题，可为金刚石合成、生长、烧结等体系中的有关凝聚相相互作用状态，提供拉普拉斯第二定律的普适性表达式(方程)和界面结合特征方程，这既有助于进一步认识相变成核、晶体生长、材料复合、超细粉末和多孔材料等特性和实质，也能为探索新型高级金刚石、复合体和相关材料等提供重要科学依据和有效技术途径。

(1) 概述　根据人造金刚石体系中有关凝聚相的特征，采用热力学方法分析和处理，反映有关凝聚相表面和界面上原子-分子层次结构与其相互作用的表面能和界面能来获得拉普拉斯第二定律的普适性方程与界面结合特征方程。

在一定压力和温度条件下，该体系中各凝聚相处于平衡时，体系表面自由能同各凝聚相的表面能和界面能有着严格的当量关系的变化。同样，体系中有关凝聚相的界面结合能同各凝聚相的表面能和界面能也存在着准确的当量关系的变化。体系中在固相的理想表面上存在一个熔球，其半径为 R。如果忽略重力场、接触处

的质量交换和吸附作用，则固-熔相界面接触角 θ 的变化引起半径 R_n 的球冠的出现。这样，体系表面自由能的变化（ΔG_s）为

$$\Delta G_s = (\sigma_s - \sigma_{sl})A_{sl} \pm \sigma_l A_l; \tag{11.6}$$

界面结合能（E_{sl}）为

$$E_{sl} = \sigma_s + \sigma_l - \sigma_{sl}, \tag{11.7}$$

或简化为

$$E_{sl} = (1 + \cos\theta)\sigma_l, \tag{11.8}$$

式中 σ_s, σ_l 和 σ_{sl} 分别为固相表面能、熔相表面能和固-熔相界面能，A_{sl} 和 A_l 分别为固-熔相接触面积和熔相表面积；当 $\theta < \pi/2$ 时，$\sigma_l A_l$ 前面取负号；当 $\pi > \theta > \pi/2$ 时，则取正号。泛函式(11.6)取决于熔相形状的变化，其平衡状态下的形状可在等体积、等温和等压条件下，通过泛函变分求极值条件来确定。

（2）$\cos\theta$ 普适性方程　泛函 ΔG_s 变分中，当 $\theta < \pi/2$ 时，运用以下关系式：

$$\frac{\delta A_l}{\delta R} = -\frac{(1-n)A_l}{(2-n)R}, \quad \frac{\delta A_{sl}}{\delta R} = -\frac{2A_{sl}}{(2-n)^2 R}; \tag{11.9}$$

当 $\pi > \theta > \pi/2$ 时

$$\frac{\delta A_l}{\delta R} = \frac{(1-n)A_l}{(2-n)R}, \quad \frac{\delta A_{sl}}{\delta R} = -\frac{2A_{sl}}{(2-n)^2 R}; \tag{11.10}$$

式中 $n = h/R_n$，h 为熔相球冠高度，$\partial h/\partial R = -n/(2-n)$，$R_n = R[4/n^2(3-n)]^{1/3}$。

设 $Z = f(x, y)$，这是球冠自由表面方程，则

$$A_l = \iint\limits_{Q} \sqrt{1 + p^2 + q^2}\,dxdy, \quad A_{sl} = \iint\limits_{Q} dxdy, \quad V = \iint\limits_{Q} Z\,dxdy,$$

式中 Q 为球冠底面的积分区，$p = \partial Z/\partial x, q = \partial Z/\partial y$。这样，当 $\theta < \pi/2$ 时，球冠的热力学平衡条件写出为，

$$\delta\Delta G_s = \delta\iint\limits_{Q}\left\{\left[(\sigma_s - \sigma_{sl}) + \frac{(2-n)^2}{2}R\frac{\partial\sigma_{sl}}{\partial R}\right] - \left[\sigma_l - \frac{(2-n)}{(1-n)}R\frac{\partial\sigma_l}{\partial R}\right]\sqrt{1 + p^2 + q^2}\right\} \cdot dxdy = 0,$$

$$\iint_{Q} Z dxdy = \text{常量}, T = \text{常量}, P = \text{常量}, \tag{11.11}$$

这是一个泛函条件极值求解问题．若引入函数 Φ

$$\begin{aligned}\Phi = &\left\{\left[(\sigma_s - \sigma_{sl}) + \frac{(2-n)^2}{2} R \frac{\partial \sigma_{sl}}{\partial R}\right]\right.\\ &\left.- \left[\sigma_l - \frac{(2-n)}{(1-n)} R \frac{\partial \sigma_l}{\partial R}\right]\sqrt{1+p^2+q^2}\right\}\\ &+ Kf(x,y),\end{aligned} \tag{11.12}$$

式中 K 为拉格朗待定因子．这样，就可把式(11.11)的条件极值求解问题转化与 Z 有关积分区 Q 的 $\iint_{Q} \Phi dxdy$ 无条件极值求解问题．这可用 Euler 微分方程求解

$$\frac{\partial \Phi}{\partial Z} - \frac{d}{dx}\frac{\partial \Phi}{\partial p} - \frac{d}{dy}\frac{\partial \Phi}{\partial q} = 0,$$

并满足以下边界条件：

$$\Phi_{\perp} - \left(\frac{\partial \Phi}{\partial p}\right)_{\perp} p_{\perp} - \left(\frac{\partial \Phi}{\partial q}\right)_{\perp} q_{\perp} = 0, Z_{\perp} = 0. \tag{11.13}$$

式(11.12)代入式(11.13)，经有关变换后，可得到 $\theta < (\pi/2)$ 时的 $\cos\theta$ 普适性方程为

$$\cos\theta = \frac{\sigma_s - \sigma_{sl} + \dfrac{(2-n)^2}{2} R \dfrac{\partial \sigma_{sl}}{\partial R}}{\sigma_l - \dfrac{2-n}{1-n} R \dfrac{\partial \sigma_l}{\partial R}}. \tag{11.14}$$

同理，可得到 $\pi > \theta > \pi/2$ 时的 $\cos\theta$ 普适性方程为

$$\cos\theta = \frac{\sigma_s - \sigma_{sl} + \dfrac{(2-n)^2}{2} R \dfrac{\partial \sigma_{sl}}{\partial R}}{\sigma_l - \dfrac{2-n}{n-1} R \dfrac{\partial \sigma_{sl}}{\partial R}}. \tag{11.15}$$

综合式(11.14)和式(11.15)，可得 $\theta < \pi/2$ 和 $\pi > \theta > \pi/2$ 条件下的拉普拉斯第二定律普适性方式为

$$\cos\theta = \frac{\sigma_s - \sigma_{sl} + \dfrac{(2-n)^2}{2} R \dfrac{\partial \sigma_{sl}}{\partial R}}{\sigma_l \mp \dfrac{2-n}{1-n} R \dfrac{\partial \sigma_{sl}}{\partial R}}, \tag{11.16}$$

或

$$\cos\theta = \frac{\sigma_s - \sigma_{sl} + \dfrac{(2-n)}{2} R \dfrac{\partial \sigma_{sl}}{\partial R}}{\sigma_l - \dfrac{2-n}{\pm(1-n)} R \dfrac{\partial \sigma_{sl}}{\partial R}}。 \tag{11.17}$$

(3) 界面结合特征方程　考虑到熔相的尺寸效应，可采用关系式

$$\sigma_l = \sigma_l^0(1 - a/R),\ \sigma_{sl} = \sigma_{sl}^0(1 - b/R), \tag{11.18}$$

式中 σ_l^0 和 σ_{sl}^0 是相应于常压和 $R \to \infty$ 时的熔相表面能和固-熔相界面能，a 为熔相原子间相互作用的屏蔽半径或分子力作用半径，b 为固-熔相界面上原子或分子间相互作用的有效参数。这样，式(11.14)和式(11.15)可写成

$$\cos\theta = \frac{\cos\theta_0}{1 - A_1 a/R} + \frac{Bb\sigma_{sl}^0}{(R - A_1 a)\sigma_l^0}, \tag{11.19}$$

$$\cos\theta = \frac{\cos\theta_0}{1 - A_2 a/R} + \frac{Bb\sigma_{sl}^0}{(R - A_2 a)\sigma_l^0}, \tag{11.20}$$

式中 θ_0 是相应于常压和 $R \to \infty$ 时的固-熔相界面接触角，$B = 1 + (2-n)^2/2$，$A_1 = (3-2n)/(1-n)$，$A_2 = 1/(n-1)$。

把式(11.19)和式(11.20)代入式(11.8)，经变换和简化可得到 $\theta < \pi/2$ 的普适性界面结合特征方程为

$$E_{sl} = [E_{sl}^0 + (Bb\sigma_{sl}^0 - A_1 a\sigma_l^0)/R](1 + C_1 a/R), \tag{11.21}$$

可得到 $\pi > \theta > \pi/2$ 的普适性界面结合特征方程为

$$E_{sl} = [E_{sl}^0 + (Bb\sigma_{sl}^0 - A_2 a\sigma_l^0)/R](1 + C_2 a/R), \tag{11.22}$$

式中 E_{sl}^0 是相应于常压和 $R \to \infty$ 时固-熔相界面结合能，$C_1 = (2-n)/(1-n)$，$C_2 = (2-n)/(n-1)$。

(4) 若干推论　所推导的拉普拉斯第二定律普适性 $\cos\theta$ 方

程和界面结合特征方程涉及到许多基础和应用领域中的重要问题，下面略举一二。

当 $\partial\sigma_l/\partial R$ 和 $\partial\sigma_{sl}/\partial R\to 0$ 时，$\cos\theta$ 的经典表达式即 $\cos\theta_0$ 可从式(11.14)—(11.17)得到

$$\cos\theta_0=\frac{\sigma_s-\sigma_{sl}^0}{\sigma_l^0}.$$

同理，E_{sl}^0 可从式(11.21)和式(11.22)得到

$$E_{sl}^0=(1+\cos\theta_0)\sigma_l^0.$$

从式(11.14)和式(11.15)分别可见，$(2-n)^2/2\neq(2-n)/(1-n)\neq 1$ 和 $(2-n)^2/2\neq(2-n)/(n-1)\neq 1$，所以有的文献中试图推导的普适性 $\cos\theta$ 方程是错的。

当 $(2-n)^2\partial\sigma_{sl}/2\partial R>|(2-n)\partial\sigma_l/(1-n)\partial R|>0$，从式(11.14)和式(11.15)可看出，$\cos\theta$ 值随着 R 值降低而增大，且 $\cos\theta>\cos\theta_0$ 说明尺寸效应的重要性。同理，E_{sl} 值随着 R 值降低而增大，且 $E_{sl}>E_{sl}^0$。

所推导出的方程和从中得出的结果对材料科学和工程，包括人造金刚石及复合体都十分重要。在人造金刚石体系中所用熔媒和掺杂物，在材料复合过程中所用的粘结剂和添加剂等都应以 $\theta,\sigma_l,\sigma_s,\sigma_{sl}$ 和 R 的效应为依据来优化选择。这不仅有利于探索新型高级超硬材料，而且有利于发展材料科学和工程的各种新技术、新方法、新工艺和新思路。这还有助于进一步揭示熔媒效应和掺杂效应等本质，开辟人工合成新材料的有效途径。

11.2.3 直接法人造金刚石的合成机制

直接法人造金刚石是采用瞬时动压高温或静压高温以及它们的混合技术，使石墨等碳质原料直接转变成金刚石。

对这种直接转变有两种不同的看法。一种认为在高压高温下石墨等碳质原料无需解体，碳原子间无需断键，强调一般石墨中含有一定量的菱形石墨，在它的 c 轴压缩大约 61.5%，侧向移动约 0.025nm，就可以得到金刚石结构，这就是通称的固相直接转化机

制．另一种认为，石墨等碳质原料在高压高温下熔化或局部熔化，石墨晶体解体，碳原子间断键，在金刚石稳定区冷凝析出金刚石，这就是熔融重结晶机制。

（1）**若干实验现象** Alder 等[40]采用爆炸冲击波压缩石墨块，在 18.0GPa 以上和温度相当于 500K 时，石墨的密度开始向金刚石的密度转变；对于较松的石墨在约 30GPa 时，就达到金刚石的密度；而对于较致密的石墨在 40—60GPa 和温度相当于 800—1300K 时才有这种转变；较松的石墨在 50GPa 和较致密的石墨在 60—70GPa 时一样出现金刚石密度突变，且超出约 15%．曾从硅、锗在压力下发生的类似情况，推测这种～15%超出性密度变化是由于金刚石转变为金属碳引起的，有人称其为碳的固相 III．后来有人重复到这种结果[41]．

DeCarli 等[42]采用爆炸冲击波产生的高压高温约 30GPa 和 1400K 及几微秒的条件下，使石墨部分转变为金刚石微粉，这种微粉实际上是多晶体．在动压条件下，这种转变的下限压力为 13.0—20.0GPa，绝热过程的温度均未超过 600K．Bundy 等[37,43]利用静压高温约 12.5GPa，3000—4000K（直流瞬时放电加热）和几毫秒的条件下获得金刚石．采用交流电加热，保温时间加长，绝大部分的碳质原料能转变为金刚石。实现这种转变，在 2500K 时只要几分钟；在 1500K 时则要求一小时．一种高精制的单晶石墨和定向石墨，在其 c 轴平行于压砧-压缸式容器的压缩方向进行实验，结果要比用光谱纯石墨更易在较低温度和较短保温时间内转变成金刚石．用这种碳质原料转变为金刚石的起始压力约为 13.0GPa，不加温或加温不到 1273K 时，高压相不能保存到常压，即是可逆转变；则有加温达 1273K 时卸压后才能保存六方金刚石．当加温较高时，这种转变结果为立方金刚石．在动压和有骤冷剂存在的情况下可以获得六方金刚石，如动压作用后的球墨铸铁中就发现有六方金刚石．自然界中，一些陨石内或陨石同地面撞击处也发现有这种六方金刚石．

在静压条件下，这种转变的下限压力一般为 13.0—15.0GPa

(这与碳质原料有关)，在 2000K 下所需的保温时间达一分钟；当压力提高时，这种时间在一微秒以下. 在 15.0GPa 和温度 1573—3273K 条件下，不同类型石墨原料直接转变金刚石的实验表明，在保温开始的一段时间内是金刚石形成的主要阶段，此后反应缓慢；不同类型的石墨等碳质原料的转变速度可差达 100 倍，可是平均激活能只在 50—80kcal/mol 范围内；天然石墨显出最佳的激活状态，其次是灯烟，再次是光谱纯石墨.

(2) *直接转变为立方金刚石的模式* 在一定高压作用下，多晶石墨样品不但有宏观的均匀压缩，还有微观的不均匀压缩，如样品中有些部位的石墨层间距，即 c 轴压缩较为容易，使间距 0.335 nm 趋于～0.206nm. 压缩固体介质产生切变应力，促使石墨等碳质原料的颗粒和晶粒细化，促使石墨层间键力弱的部位发生微观切变和滑移，出现了堆垛层错. 图 11.16(a)示出，当 A 层碳原子都按[01$\bar{1}$0]方向(或[1$\bar{1}$00]和 [$\bar{1}$010]方向) 滑移一个最近原子距离，就形成如图 11.16(b) 所示的 ABC 型排列. 虽然一般六方石墨中含有菱形石墨，即 ABC 型排列，但其含量有限，在一定高压作用下，这种 ABC 排列区增多.

在一般情况下，石墨晶体中层面上六角环的碳原子，由于晶格振动而偏离理想的层面上，层面上的碳原子按垂直层面方向发生皱折，六角环上的单、偶数碳原子按相反方向振动和移动的稳定性大，这就是简称的椅式排列[32,33]. 在一定高压下，六角环上碳原子按[0001]方向相对振动的振幅减小，振动频率增大，微观切变促使这些碳原子按[0001]方向增大偏离(0001)面的趋势. 图 11.16(b) 示出相邻 $\left(01\bar{1}\,\frac{2}{3}\right)$面，或$\left(1\bar{1}0\,\frac{2}{3}\right)$面和$\left(\bar{1}01\,\frac{2}{3}\right)$面上碳原子按[0001]方向相对位移的情况. 如果这种位移还不足以引起破坏 π 键，也即层间碳原子的位移没有引起相互作用形成 σ 键，这就要求有一定的高温来激发，通过碳原子的热运动和加大相对振幅，促使 π 键转变成 σ 键，即出现 $sp^2+2p_z^1\rightarrow sp^3$ 型杂化状态. 在金刚石稳定区，碳质原料可按其偏离相界(石墨和金刚石的相界、熔相和

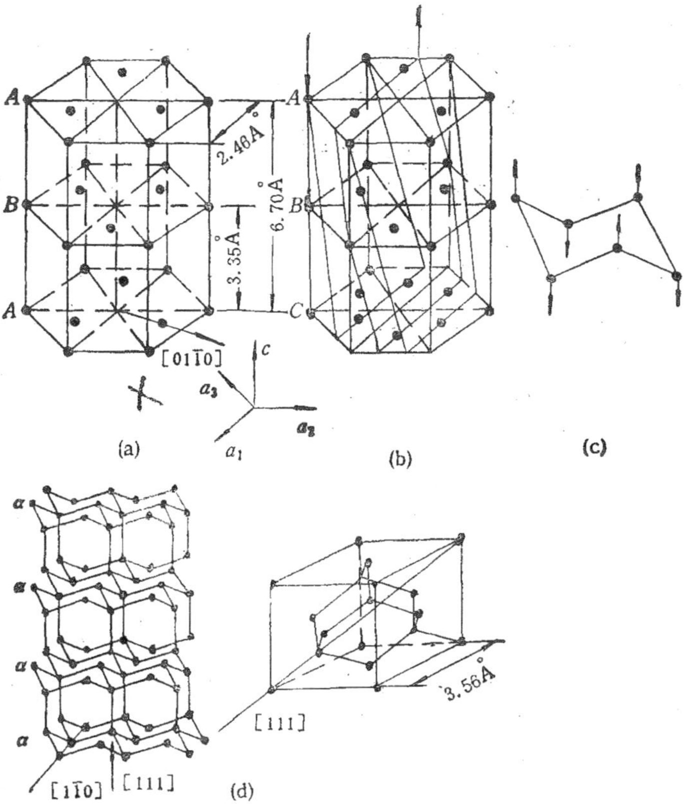

图 11.16 石墨直接转变成立方金刚石的一种典型晶体学关系.
$(111)_{立方金刚石} \parallel (0001)_{石墨}$，$[111]_{立方金刚石} \parallel [0001]_{石墨}$或
$[1\bar{1}0]_{立方金刚石} \parallel [\bar{2}110]_{石墨}$.

金刚石的相界等)的程度，从 s^2p^2，sp^1，sp^2 等类型激发成 sp^3 型杂化状态。sp^2 型杂化状态的碳原子及其集团激发成 sp^3 型杂化状态所要求的能量和能量涨落相对比较小，所以一般非 sp^2 型碳质原料，通常可经过 sp^2 型再转成 sp^3 型. 碳质原料在一定高压下达到其熔点温度时并不一定断键解体成单个碳原子，可以出现近程有序结构或以 sp^2 型为主的近程有序结构、三维和二维的原子集团. 值得重视的是，这种二维的碳原子集团上的 π 键易于松弛和破坏，可以先形成 σ 键，而使键距、键角向椅式排列的正四面体型杂化状态

转变.

由上述可见，高压下石墨直接转变为立方金刚石过程中存在一种合作效应：石墨 c 轴压缩产生层错（堆垛层错），出现 ABC 型排列的中间相,类似菱形石墨结构区;高压高温作用产生层间距缩短和增强碳原子集团的热运动,出现层面皱折形变,即椅式排列的正四面体结构的杂化状态. 这属于典型的无扩散型相变机制，因而观察到$(1\bar{1}1)_{\text{立方金刚石}} \| (0001)_{\text{六方石墨}}$的取向关系.

体系中形成一定数量的金刚石原子集团时，就显出一定的体积收缩和潜热释放现象，从而使这种集团中有关碳原子适当调整位置;使界面附近的碳质原料中出现微观切变、碳原子及其集团相对位移和增强热运动；使局部或因高温促使更大的区域中出现碳质原料的熔相状态。如果体系还处在金刚石稳定区，这些变化则有利于金刚石结晶(成核和生长)基元的出现，并按晶体生长规律成核和生长。这就具有扩散型相变的特征.

(3) *直接转变为六方金刚石的模式*　在高压高温下，高精制的单晶石墨和定向石墨中碳原子及其集团的运动和相互作用同转变为立方金刚石所述的过程属于类似性质,只是具有以下的特点. 首先,在压缩方向垂直于石墨晶体(0001)面时,各层间距离比同样压力压缩多晶石墨要更为容易，且均匀区要大. 其次，微观切变如滑移和孪生引起的堆垛层错和碳原子及其集团的相对位移如图11.17(a)所示. 图 11.17(b)示出当 AB 型排列的石墨晶体中,B 层碳原子集团按$[01\bar{1}0]$方向滑移成 AA 型排列,相对位移的碳原子是在$\left(01\bar{1}\,\frac{2}{3}\right)$面,或$\left(1\bar{1}0\,\frac{2}{3}\right)$和$\left(\bar{1}01\,\frac{2}{3}\right)$面和$\left(01\bar{1}\,\frac{4}{3}\right)$面，或$\left(1\bar{1}0\,\frac{4}{3}\right)$和$\left(\bar{1}01\,\frac{4}{3}\right)$面的交替面上. 这种纵向弯曲形变就使六角环变成船式排列,即如 1 和 4 号碳原子向同一侧弯曲，而 2，3，5，6 号碳原子向层面的另一侧弯曲. 如果这种位移还不足引起破坏和松弛 π 键时,就需要同形成立方金刚石的情况类似,采用一定的高温来进一步激发 π 键转成 σ 键,形成 sp^3 型杂化状态,转变为

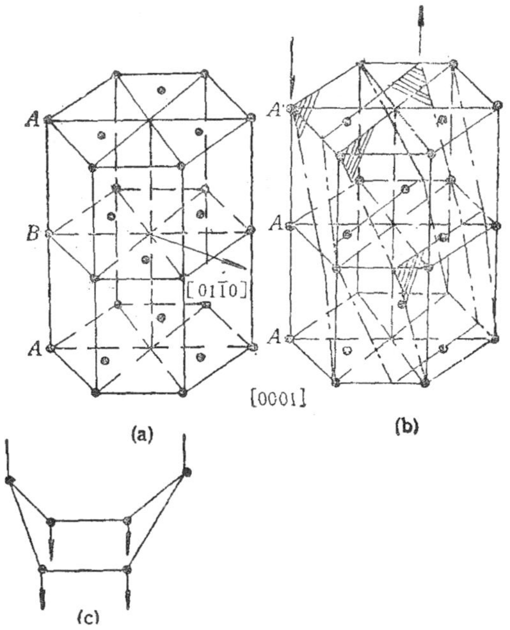

图 11.17 石墨直接转变为六方金刚石的一种模式.

纤锌矿结构的六方金刚石。

由上述可见，高压下单晶和定向石墨直接转变为六方金刚石过程中还存在类似的另一种合作效应：单晶和定向石墨 c 轴压缩产生堆垛层错，出现 AA 型排列的中间相；高压高温作用产生层间更易缩短和碳原子集团的热运动的起伏，出现纵向弯曲形变，即船式排列的正四面体结构的杂化状态[32,33]。这也是属于典型的无扩散型相变机制。因而观察到$(1000)_{六方金刚石}\|(0001)_{六方石墨}$的取向关系。显然，椅式和船式排列的正面体结构的杂化状态中碳原子和相邻原六角环上对应碳原子振动的稳定性有所不同，船式比椅式的稳定性要低，但转变中所需的能量也要低。

(4) 金属碳的有关问题　高压下金属碳-高密度碳 III 的相变和导电性机制问题是令人十分关注的，但目前尚缺乏研究。高压下第 IV 族的其余元素和 III—V 族化合物的实验表明，出现同碳类似的相变现象．在这类相变过程中，伴随着密度突变、配位数增加和具有良好的导电性．

通常共价键是以电子对实现结合的，然而在个别情况下，是由一个电子实现结合的，例如氢分子的离子（H_2^+）就属于这种情况．光谱分析观察到这种离子具有60kcal的键能，两个原子核间的距离为0.106nm，只有一个电子并由这个电子实现质子间的键合．因此，金属碳-高密度碳的导电机制可能与一般金属不同，而与出现具有更短化学键距的结构有关．因为一些共价键晶体或由共价键分子组成的晶体，在特定情况下也会出现如氢分子的离子状态．这是值得进一步研究的问题．

（5）直接转变的成核与生长速率　从热力学角度出发，石墨等碳质原料转变为金刚石的推动力是该相变体系自由能的降低．当金刚石和石墨等碳质原料在相变体系中所处状态的自由能的变化小于零时，金刚石是稳定相，石墨是亚稳相，石墨等碳质原料向金刚石转变是可能的．从动力学角度出发，石墨等碳质原料向金刚石转变还取决于该相变的速率．在金刚石成核和生长速率同时处于极大值时，这种相变速率最大．否则，这种相变速率相应要低．

在高压下，如果金刚石结晶基元和石墨等碳质原料理想地混合在一起，那么含有若干个碳原子或四面体型杂化状态的碳原子集团所组成的金刚石结晶基元浓度为

$$C_n = C_0\exp(-\Delta G_n/kT), \tag{11.23}$$

式中 ΔG_n 为生成含有 n 个碳原子（或集团）所组成的一个金刚石结晶基元引起的体系自由能的变化，k 为玻耳兹曼常量，T 为绝对温．ΔG_n 可写成

$$\Delta G_n = \Delta G_v + \Delta G_s + \Delta G_e, \tag{11.24}$$

式中 ΔG_v 为相应的体自由能的变化，它与单位体积自由能的变化 Δg_v、每个碳原子（集团）在结晶基元中占有的体积 v 和组成结晶基元的碳原子（集团）有关，等于 $nv\Delta g_v$，ΔG_s 为相应的表面自由能的变化，它与金刚石基元表面能 σ、界面面积 $n^{2/3}$ 和基元几何因

素及各侧面的表面能 $\Sigma b\sigma$ 有关，等于 $n^{2/3}\Sigma b\sigma$，ΔG_c 为相应的形变能的变化，它与基元体积、基元中碳原子(集团)数和比例系数 ε 有关，等于 εnv，在熔相中 $\Delta G_c = 0$。因此，式(11.24)可写成

$$\Delta G_n = nv\Delta g_v + n^{2/3}\Sigma b\sigma + \varepsilon nv. \qquad (11.25)$$

从式(11.25)的极值条件可求出

$$n^* = 8/27[\Sigma b\sigma/-(\Delta g_v + \varepsilon)v]^3, \qquad (11.26)$$

$$\Delta G_n^* = 4/27[(\Sigma b\sigma)^3/(\Delta g_v + \varepsilon)^2]. \qquad (11.27)$$

式(11.26)和式(11.27)表示，当金刚石结晶(成核和生长)基元达到临界值 n^* 时，若再增加一个碳原子(集团)，就具备金刚石成核的条件，因为 ΔG_n^* 是一个金刚石结晶基元引起体系自由能上涨的极大值，在 $n > n^*$ 时，$(\partial\Delta G_n/\partial n) < 0$，转变即可自发进行.

在金刚石稳定区和 $n > n^*$ 时，单位体积、单位时间内产生金刚石晶核数即成核速率，受体系中能量起伏（涨落）的几率因子 $\exp(-\Delta G_n^*/kT)$和碳原子(集团)扩散概率因子 $\exp(-u/kT)$ 等因素所控制. u 为一个碳原子(集团)穿过相界到金刚石结晶基元上所需克服势垒用的能量，即势垒高度. 均匀成核时，金刚石成核速率 I 为

$$I = I_0\exp[-(\Delta G_n^* + u)/kT], \qquad (11.28)$$

式中 I_0 为一比例系数，与金刚石晶核表面上的碳原子(集团)、相单位体积中碳原子(集团)数和碳原子(集团)的振动频率有关.

如果一个碳原子(集团)振动一次，其运动的距离为 λ，且相界上有一层碳原子(集团)从石墨等碳质原料到金刚石相，则金刚石的生长速率 R 为

$$R = \lambda\alpha v_0\exp(-u/kT)[1 - \exp(-\Delta v\Delta g_v/kT)], \qquad (11.29)$$

式中 α 为比例系数，ν_0 为碳原子(集团)的基本振动频率，Δv 和 Δg_v 在金刚石稳定区均小于零.

Δg_v 是压力、温度的函数，在一定温度时，$(\partial\Delta g_v/\partial p)_T = \Delta v$. 当温度固定时，$d(\Delta g_v) = \Delta v dp$，在两相平衡线上的压力 $p_0 = f(T)$时，则

$$\Delta g_v = \Delta v(p - p_0) = \Delta v[p - f(T)], \qquad (11.30)$$

式中 $f(T)$ 在1000—4000K 范围近似表示为 $A+BT$。

把式(11.30)代入式(11.26),(11.27),(11.28)和式(11.29)就可得到金刚石成核和生长条件、成核速率和生长速率同压力、温度的关系.

11.2.4 熔媒法人造金刚石的合成机制

在静压 12.0GPa 以下,石墨等碳质原料只有同特定的金属(合金)反应后才能转变为立方金刚石. 显然,所用特定的金属(合金)能降低石墨等碳质原料生成金刚石需要的压力、温度和时间,增强这种转变的速率. 曾出现溶剂、催化(触媒)和固相转变三种典型观点[44—52],试图说明这种特定金属(合金)的作用,并以此阐述金刚石的合成机制. 同时也相应把所用金属(合金)分别称为溶剂和触媒等. 这三种典型观点都是根据各自的实验结果而得出的, 虽然随着研究工作的进展,这些典型观点又增加了新的内容,并且出现简单把熔剂与触媒合起来命名这种金属(合金)的局面[53], 但在解释大量实验现象和规律及深层次阐述机制时, 各自具有一定合理性,也暴露出一定的局限性,甚至是严重的矛盾. 因此, 在总结人造金刚石实验现象和规律的基础上, 考虑到人造金刚石体系中有关凝聚相的状态、结构和相互作用特征,分析人造金刚石三种合成方法在成核和生长过程中的内在联系和特殊性, 进一步了解三种典型观点的合理部分和局限性, 才能从本质上有机联系地阐明金刚石的合成机制,其中特别是采用特定金属(合金)的合成机制.由于采用的特定金属(合金)在合成金刚石过程中往往处于熔态或共熔态的近程有序结构状态发生相互作用,所以这里称特定金属(合金)为熔态触媒,简称为熔媒, 并把这种合成方法和合成机制也加以熔媒以示区别.

(1) *若干主要实验现象和规律* 几十年来高压下人造金刚石的实验资料是丰富的. 虽然有不少实验的重复性和可靠性尚有问题,但从大量实验资料中可以得出,试样中金刚石的生长状况同所用金属(合金)、碳质原料、杂质等类型,压力、温度、时间等控制,样晶组装、加热方式、容器几何尺寸比等因素都有密切关系。

(i) 所用金属(合金)大致可分为两大类. 一类是第 VIII 族过渡金属、第 VII_B 族的锰、第 VI_B 族的铬、第 V_B 族的钽等 12 种金属元素及其合金或含有其中之一的合金. 另一类是第 I_B 族的铜、银、金等中的一个同第 IV_B 族的钛、锆、铪,第 V_B 族的钒、铌,第 VI_B 族的钼、钨以及第 IV_A 族的硅等八种元素或其碳化物中的一个所组成(其中硅只与铜组合). 实验表明, 这些金属和合金一般只有在高压下达熔点或共熔时才能生成金刚石; 有些元素(铅、锑、铜)和化合物(氯化银、氯化铜、氧化锌)都能溶解碳, 但不能生成金刚石. 曾有报道, 铌在较高压力下未达到熔点时还能生成金刚石,但细节如是否有共熔现象、金刚石生长部位的分析情况均未报道. 实验也表明,在其它条件相同情况下,不同类型的金属(合金)生成的金刚石的数量和质量也不相同,晶体形态、晶体内部杂质分布、晶体表层的金属状薄膜的状况等也有所不同.

所用碳质原料(如石墨、非晶态碳、煤、沥青、石蜡)都能生成金刚石,但生成的难易程度并不相同,甚至有的差别相当大. 实验表明,结构排列完整性好的石墨容易生成金刚石;晶格缺陷十分严重的石墨生成金刚石的速度趋于减弱; 非晶态碳生成金刚石的速度很慢且量少;白碳则难以、甚至不能生成金刚石. 用高精制的天然单晶石墨或定向石墨同镍、锰、铁反应, 当容器加压方向平行石墨 c 轴时得到的金刚石,其{111}面平行于石墨的(0001)面.

试样中往往含有各种杂质. 有的杂质如硫化物等明显对生成金刚石是不利的,另一些杂质如硅、铝、硼、镁、二硅化钙对生成金刚石是有利的. 实验表明,在一定条件下,原来认为有害的杂质可转为有利的,如氧、水等. 氮的掺入可以改善金刚石性能.

(ii) 在金刚石稳定区生成金刚石的速度随压力增大而加快,以至在一定的高压下生成多晶金刚石. 生长速度快时, 金刚石晶体的颜色加深,含杂质较多,骸晶数量增多.

当压力一定时,试样中生成金刚石的数量随温度从低到高限,呈高斯分布. 在低限温度区, 金刚石晶体往往呈黑色或暗色的六面体形态，中温区呈暗绿、黄等颜色的六一八面体形态，在高限温度区则呈浅色甚至透明的八面体形态. 在平衡线附近得到的金刚石晶面上往往有三角腐蚀坑，有时还得到菱形十二面体，或得到接近球状的晶体. 有时在六面体和八面体晶面上观察到单或双螺旋线纹.

在其它条件相同时，金刚石形成的主要阶段是保温开始的一段时间，随后反应趋于缓慢. 在保温时间短和降温速度快的情况下，试样中出现较多的骨架式、纤维状和枝蔓状晶体，有时还有双晶和连晶金刚石. 在金刚石稳定区长时间保温后的样品仍有石墨成核和长大的现象. 在温度超过平衡线保温一定时间再回到金刚石稳定区时，一般难以生成金刚石. 在金刚石稳定区获得的金刚石，其结晶习性、形态和杂质分布往往具有一般晶体生长的特征.

(iii) 样品装配的方案有多种，如所用金属(合金)呈片、丝、管、粉、块、颗粒状等同碳质原料组装. 实验表明，粗粒和异形的金属(合金)有利于提高生成金刚石的粗粒比和改善晶体形态. 当采用分段升压、升温和保温合成工艺时，这种样品装配可得 1.0—4.0 mm 的较大单晶金刚石或粗颗粒 0.3—1.2mm 的高强度金刚石. 采用细粉状石墨和特定合金时可获得优质微粉级金刚石晶体.

采用电加热方式一般用直热和间热两种方式. 实验表明，采用直热比间热方式生成金刚石所需的时间要短. 当用交流电源直接加热时，所用金属（合金）和碳质原料接触交界处及其两侧均能生成金刚石. 当用直流电源时，处于正极部位的石墨几乎全部转变为金刚石，而负极一侧则情况相反. 采用低频电源加热时，金刚石生长状况相当稳定.

容器的几何尺寸及其比例等对金刚石的生长也是很有影响的. 较大的容器和适当的装样尺寸比(试样同容器的尺寸比，试样纵、横截面尺寸比)，不仅可以提高实验和生长状况的重复性，而且也有利于增大晶体尺寸和改善晶体内部质量和形态的完整性.

(2) 三种典型观点的合理部分和局限性　三种典型观点的主要内容和简析如下：

(i) 溶剂观点认为，所用金属(合金)起着碳的溶剂作用．有的学者提出，在高压高温下，石墨等碳质原料以原子方式溶入熔融金属(合金)中组成溶液，在金刚石稳定区这种溶液对石墨等碳质原料是不饱和的，石墨等碳质原料的溶解和金刚石的析出取决于两者在溶剂中溶解度之差．还有的研究者提出，所用金属(合金)可使石墨解体成碳原子形成过饱和溶液，当温度达到活化碳原子形成 sp^3 型杂化状态又不超过溶解度上限温度时，金刚石就从溶液中自发成核和长大．

这种观点可以把复杂的人造金刚过程用热力学方法处理，推导出石墨和金刚石在溶剂中溶解度之差、体系中温度梯度和化学势差之间的关系，以说明析晶原理．此外，把整个过程中需要克服的势垒问题简化为只涉及到碳以原子方式形成溶液的问题，这样可从动力学关系来推导压力、温度对金刚石成核率、长大速度和结晶形态的影响．然而这种观点回避了高压高温下所用金属(合金)的状态与熔体的结构特征以及体系中各种原子及其集团的相互作用问题，因而显出这种观点在本质上的局限性和对有关实验现象、规律方面解释的矛盾性．例如，按溶液中结晶计算金刚石自发成核起伏几率结果说明，在这种情况下概率很小，难以生成金刚石．又如，在一定高压高温下碳在镍铜合金中的溶解度与在铅锑合金中接近，但前者生成金刚石，后者则不能．这意味着单纯考虑碳在金属(合金)溶剂中的溶解度问题还不足以表达金刚石成核的本质问题．

(ii) 催化(触媒)观点认为所用金属(合金)起着催化剂作用．有的研究者认为，人造金刚石晶体表面有一种金属光泽的薄膜，碳只有通过薄膜的催化作用才能生长金刚石．另一些学者认为，催化作用可能是降低石墨和金刚石的界面能．也有的学者提出，催化作用表现为形成中间化合物随后分解而生成金刚石．还有些学者认为，所用金属(合金)对碳有吸引力，成为金刚石外延生长的基底，这可能是一种催化作用．此外，还有的研究者指出，催化作用表现为金属(合金)促使碳形成正离子，这正是生成金刚石的碳源．

这种观点比其它观点能更多阐明有关实验现象和规律，比简单说成使石墨解体成碳原子或无需解体只要简单结构对应吸引一下发生形变的观点在阐明机制方面更有潜力．然而在人造金刚石过程中催化概念并没有明确的内容，更没有突出高压高温下所用催化剂的状态、结构特征以及体系中各种原子集团、原子间的相互作用，也没有能够在微观结构和相互作用同宏观现象有机地结合起来进一步完善该观点的本质内容，所以仍显出其模糊性和局限性．

(iii) 固相转变观点认为石墨晶体无需解体，只要通过简单的形变就可以使石墨晶体转化为金刚石．后来有的学者进一步提出金属(合金)原子扩散进入石墨晶体中发生形变以固相方式转变为金刚石．还有些研究者提出两者结构对应发生间隔吸引，就可以固相方式转变为金刚石．也有的学者补充认为金属(合金)原子进入石墨晶格中，随着压力提高就以声速改组成金刚石．

这种观点考虑到石墨和金刚石有一定相关之处，也考虑所用金属中有的在结构和几何尺寸有助于使石墨以固相方式转变为金刚石．然而，同样没有进一步克服其模糊性和局限性．显然，把人造金刚石体系中复杂的状态、结构和相互作用，简单理解为结构对应间隔吸引等方式就以固相方式即无扩散型转变成金刚石，无助于进一步深化研究机制问题．

(3) 熔媒观点[6-8,32,33,38,54-59] 熔媒观点认为，人造金刚石体系中所用金属(合金)通常是在熔态、同石墨等碳质原料处于共熔态和扩散、渗透、浸润状态下以两者原子集团为主发生相互作用，发生金属(合金) d 带空穴与石墨等碳质原料中 π 电子的复合和分解及 d、s、p 电子处于激发态统计权重变化，从而使金刚石成核和长大的．这种相互作用，具有不同程度的溶剂和触媒(催化)激发复合效应，简称为熔媒效应．

单个原子或分子的电子都处于严格的一定量子态，每个量子态各具有一定的能量，电子从较低能态转移到较高能态时，需要吸收相应的能量或对该体系作相应的功．当这些原子或分子组成固体时，在其电场的相互作用下，电子能级分裂成许多不同的而彼此接近的能级，其数目与固体中的原子数目相当。这种分裂结果，在晶体中出现两种能带，第一种能带为全部或部分处于正常量子态的价电子所充满，第二种能带是由原子中高能量的电子能级分裂而成的，受激发的电子处于这种能带上。熔媒法人造金刚石体系中，压力、温度和组元及其浓度可使体系的内能发生变化，从而使价电子所处的统计权重发生变化，引起价态能级上重新分布电子、声子和电子相互作用、新的价态变化。这种变化引起的相变可以发生在固态(相)、熔态和气态，这取决于能量因素的变化。在熔相中发生变化时，固相键合特征的价电子分布的稳定性的统计权重相应降低，远程有序作用趋于消失，近程有序作用相应增强，电子处于激发态的统计权重增大。

石墨等非金刚石结构的碳原子间存在着一种σ-π共轭电子体系，因此生成金刚石结构的碳原子、碳原子集团和晶胚的必要条件就是要破坏和松弛这种电子体系，其中特别是限制π电子的自由度或使其趋于定域化的方法来破坏或降低这种电子体系的稳定性。所用熔媒正是具有这样的作用。它的d带空穴同石墨层面六角环的π电子相互作用，使p_2电子趋于定域化，既松弛或破坏σ-π共轭电子体系的稳定性，又不形成稳定的碳化物或只是部分形成碳化物。

金刚石结构的碳原子间存在着σ电子体系，因此生成金刚石结构的碳原子、碳原子集团和结晶基元的充分条件是，把sp^2型激发成sp^3型杂化状态。所用熔媒就具有这种作用。常压高温下，这类熔媒可以同碳形成填隙式或类似的固溶体和间隙相或类似的间隙相，其中既可以是初级固溶体和次级固溶体，也可以是简单的间隙相和复杂的间隙相. 第IV_B、V_B族过渡金属同碳形成具有MC(金属-碳)组分、氯化钠结构的碳化物。在这种间隙相中金属原子处于d^2s型杂化状态，碳原子则处于s^2p^3八面体型杂化状态，金属同碳的键合具有离子-共价键的性质，其键能高于 M—M、C—C 的键能。所以这类金属d带空穴越多，形成的间隙相越稳定。第

VIII 族等具有熔媒效应的金属，其 d 带空穴在 5 个以下，参予熔媒金属 $M^*—M^*$ 成键的 d 带电子数增加，减弱 M^*C 的键合，破坏前述的 d^2s 杂化状态。所以熔媒金属同碳可以形成固溶体和部分形成或不能形成稳定的间隙相。如果在这种 M^*C 相的密排面上对 M^* 原子各加切变，则在碳原子周围可以得到一个由 M^*原子组成的四面体型的配位体。在压力、温度、组元和浓度及其起伏的作用下，M^*C 中金属原子的 $(n-1)d, ns, np$ 电子处于激发态的统计权重增高。当这类熔媒原子的价电子具有 d^3s 或 sp^3 型杂化状态时，碳原子及其集团进入这类熔媒点阵或近程有序结构间隙，或这类熔媒原子及其集团进入石墨晶体层间或近程有序结构的间隙如六角环层间隙，可以增加体系的稳定性，形成一种可变组分的填隙固溶体或间隙相。这种高压高温相（简称高压相）中熔媒和碳的键合具有配位键或离子-共价键性质，从而激发成具有 sp^3 型杂化状态的碳原子、集团（簇）和结晶基元。这类基元的形成和熔媒效应的再生主要取决于熔媒 d 带空穴和石墨结构碳 π 电子的复合和分解以及 d, s, p 电子处于激发态的统计权重的变化。

金刚石的成核和长大过程主要是在这种特定的熔体中具有 sp^3 型杂化状态包括各种过渡型杂化状态的碳原子及其集团和结晶基元按一般晶体生长规律进行。由于这种键合的熔媒-碳原子集团（簇）同金刚石在结构上类似，在几何尺寸上接近，在键能上相差不大（包括同熔媒相比在内），因此可作为金刚石的基底——外延生长的晶核，提供一种非自发成核的环境。由于它们之间的界面能不大，所以临界成核几率增高。显然，这种状况也可说明，M^*C 也可以参予金刚石长大过程。

（4）*熔媒效应*[6,8,32,33,38,54—59] 高压高温下，石墨等碳质原料和熔媒都会受到压缩、切变和热运动引起的有关变化。由于熔媒法人造金刚石所用的压力远低于直接法人造金刚石所需的压力，所以还不足以直接激发石墨等碳质原料具有 sp^3 型杂化状态，因此需要具有一定几何结构和电子结构的熔媒来增强这种激发效应，这种效应就是熔媒效应。了解和掌握熔媒效应在人造金刚石基本过程中的特征，就可能进一步深入研究有关机制、探索新型高级超硬材料和改进工艺及提高制定工艺水平。

(i) 一种特殊熔体的形成。高压高温下，石墨等碳质原料和熔媒中原子相互扩散、相互渗透，形成填隙固溶体或部分间隙相，易石墨化的非晶态碳转为石墨结构碳，六方石墨部分转变为菱形石墨，石墨晶粒间和层间的结合，层上六角环上 π 键和 σ 键都会发相应的不同程度的变化。这样，在高压高温下熔媒同碳共熔前后和熔媒达其熔化温度就形成一种特殊熔体。在这里存在着熔媒和石墨等非金刚石结构碳的晶粒、近程有序结构的原子集团和单个原子，其中特别是 sp^2 型的碳原子集团，如一维原子链、二维原子链、二维的单层和双层六角环及层面、三维 AB 和 ABC 原子集团。

(ii) 二维、三维石墨结构原子集团和熔媒的相互作用。这种作用一般发生在石墨结构的碳原子集团(0001)面和熔媒原子集团{111} 面的相互间隙或对应部位。若把一个 sp^3 型的碳六角环和熔媒原子作为相互作用的过渡性基元，则前者的 π 电子受后者的 d 空穴作用而偏离或部分给出，形成如前述的配位键或离子-共价键性质的 M*C 原子集团，降低了熔媒电子体系的能量，同时也降低 sp^2 型碳六角环的稳定性，破坏六角环上的 π 键，松弛 σ 键。由于熔媒原子比碳原子尺寸大得多，高压高温下碳正离子间相互推拒的作用使得熔媒原子的价电子处于激发态的统计权重增大，因而促使六角环上碳原子间发生皱折，一部分碳原子绕单键相对另一部分碳原子扭动，键距和键角发生相应的调整。在相邻六角环发生类似变化时，使得原皱折的六角环趋于增强空间对称性，松弛或破坏原形成的特殊价键的稳定性，从而使原有偏离或部分给出的电子又回到碳原子成键方向并定域在这区域内，形成 sp^3 型杂化状态的椅式或过渡式的碳原子集团。石墨结构的三维原子集团在同熔媒接触作用层转变为 sp^3 型的过程中可以影响到 AB 型排列的第二层、ABC 型排列的第二、三层，并且在转变与没转变的界面部位可因体积变化而分离。在一定条件下，石墨晶体的(0001)面层可能作为一个较大的基元同熔媒{111}面层相互作用，从而获得较大的金刚石结构的结晶基元或晶核.

(iii) 碳原子、原子链同熔媒三维原子集团的相互作用. 高压高温下，非金刚石结构的碳原子和原子链受熔媒 d 带空穴和加热电场的作用处于离子状态进入熔媒的点阵中，并形成各种组分的填隙式固溶体或间隙相. 在这种配位多面体中，处于熔媒间隙部位的碳原子组成椅式和接近椅式的原子集团，有利于熔媒或熔媒-碳组成的高压相激发它们为 sp^3 型杂化状态. 在达到释放这种状态的碳原子和集团的条件下，它们就是 sp^3 型杂化状态的碳原子和碳原子集团，可以成为金刚石的结晶基元.

(iv) 金刚石的成核和长大. 在这种熔体中，sp^3 过渡型杂化状态和过渡的椅式结构的碳原子及其集团在碰撞、键合、金刚石成核基底和晶格点阵动力场作用下可以转变为 sp^3 型椅式结构的碳原子集团. 熔体中存在的近程有序结构的熔媒原子集团和各种固溶体及间隙相，在其几何结构和电子结构以及表面能量状态有利于金刚石成核时，就成为金刚石成核的杂质基底；而在有利于金刚石长大时，就成为金刚石长大的杂质结晶基元. 在过压度、过冷度、组元及其浓度起伏作用下，熔体中各种金刚石结构的结晶基元按一般晶体生长规律形成金刚石. 熔媒在熔体中有富集和偏析现象，加上熔媒在金刚石生长过程中不断扩散和推移到晶体表面上，形成具有浸润性良好、显出金属光泽的薄膜. 这种薄膜对于金刚石结晶基元的形成和输运以及金刚石晶体排杂、掺杂和长大过程都有重要作用.

(v) 熔媒效应与有关实验现象. 上述几个基本过程中的熔媒效应必然反映在有关实验结果上. 熔媒效应因熔媒、石墨等碳质原料及杂质类型，压力、温度及时间控制，样品装配、加热方式及容器状况等因素的不同而有差异，以至很大的差异. 例如，各种类型的熔媒，甚至同一类型的熔媒在几何结构和电子结构及键能方面是存在差异的，它们与石墨等碳质原料在高压高温下的相互扩散、相互渗透、相互浸润、相互溶解、相互作用和释放各种金刚石结构的结晶基元的能力就有所不同. 同时，各种结晶基元对成核基底和生长面上悬键方向及电子数的稳定性也不相同。这些必然会影响到金刚石成核、长大和排杂速率，从而影响金刚石的结晶习性、形态和杂质分布的特征。又如压力，包括过压度的不同，对金刚石生长状况也有明显的不同作用。金刚石在密度上是石墨的1.5倍，压力是石墨转变为金刚石的重要因素。在一定温度和过压度较大的情况下，熔媒的{111}面可同石墨(0001)面接触，以较大的基元发生相互作用，并以此出现金刚石的成核和长大的晶面或晶体，其晶面同石墨的晶面取向有着对应关系。这表明，熔媒同石墨相互作用的基元视条件变化可以由小到大不等。实验表明，在一定温度和过压度大的情况下，少量的熔媒向石墨样品扩散，所到之处均可生成金刚石。在过压度小的情况，即接近平衡线的情况，熔媒处于熔融状态，把石墨和细粒金刚石等作碳源进行缓慢熔解，利用温差与重力作用使碳原子沉积在晶种基底的二维核上生长。这就是高压高温下晶种法生长优质大单晶金刚石的基本思路并在实验中予以实现。在金刚石 *V* 形区进行合成时，显然要重视熔媒效应的影响。有的熔媒在反应后不出现碳化物，所以金刚石生成 *V* 形区主要与石墨、金刚石和熔相点及共晶点有关；但 *V* 形区的下限温度不一定是熔媒-碳的低共熔点温度，这是因为只有过压度小的情况才一致或接近，而在过压度大时 *V* 形区下限温度要低于低共熔点温度。另一些熔媒在反应后出现碳化物，*V* 形区除了同三相点有关，还与出现最稳定碳化物的包晶点和共晶点有关，更与过压度有关。

从上可以看出，在实际工艺中值得重视以下问题：(a)在熔媒熔体中或熔媒富集、偏析部位，有可能控制金刚石的成核、长大和排杂速率，以获得粗颗粒高强度金刚石和较大尺寸的优质单晶金刚石；(b)在石墨部位，有可能提供条件提高金刚石成核和生长速率，使杂质分散在晶粒内部，以获得质量较好的大颗粒多晶金刚石，类似巴拉斯和卡邦纳多的内部组织结构；(c)选择同碳在高压高温下形成填隙固溶体、间隙化合物的物质作掺杂物，不仅有利于激活整烧结过程，而且还有利于形成以金刚石自体键(结)合或以其为主的类似卡邦纳多的优质大颗粒多（聚）晶金刚石及其复合体. 至于创造条件用更短键距的物质(如叁键碳等)作掺杂物来键合金刚石的问题,有待进一步研究.

(5) 熔媒法人造金刚石的成核速率等　在直接法人造金刚石成核和生长速率问题讨论的基础上，考虑到在低于直接法人造金刚石的下限压力、温度条件下石墨等碳质原料中自发成核生长金刚石的概率很小,只有借助熔媒激发效应才能获得金刚石.从几何结构和电子结构,即原子间相互作用性质来分析,若把熔媒及其同碳形成的各种填隙固溶体和间隙化合物作为金刚石生长的杂质基底进行非均匀成核处理，则有助于问题的研究. 至于基底与碳源接触面上悬键方向和电子状态的匹配关系是很重要的，这涉及到成核和生长的稳定性问题，因而影响到金刚石成核和生长速率问题. 现只作一般性处理.

若体系中存在着金刚石(I)、杂质(II)和石墨(III)，并且 $\delta = \sigma_{\text{I-II}} - \sigma_{\text{III-II}} < \sigma_{\text{III-I}}$,则金刚石的成核功为

$$\Delta G_i = \Delta g_v nv + n^{2/3}(\Sigma b_{\text{I-II}}\delta + \Sigma b_{\text{III-I}}\sigma_{\text{III-I}}) + \varepsilon nv, \tag{11.31}$$

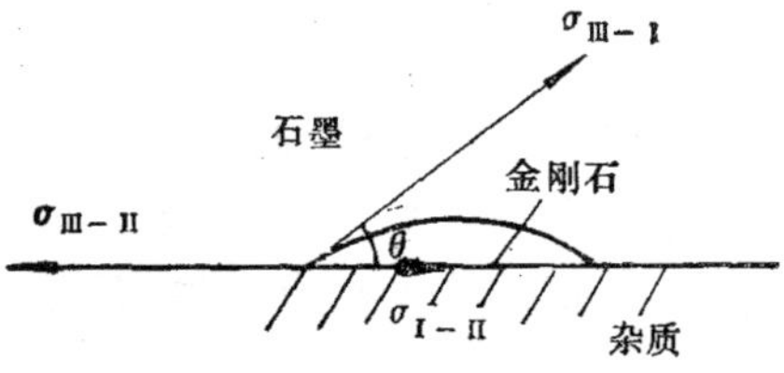

图 11.18　金刚石在杂质基底上成核.

式中 $\sigma_{\text{I-II}}$,$\sigma_{\text{III-II}}$和 $\sigma_{\text{III-I}}$分别相应为金刚石-杂质界面能、石墨-杂质界面能和石墨-金刚石界面能.

若杂质基底为平面，金刚石结晶基元为具有 r 半径的球冠(图 11.18),则接触角 θ(浸润角)和各 σ 在平衡时的近似关系为

$$\sigma_{\text{III-II}} = \sigma_{\text{I-II}} + \sigma_{\text{III-I}}\cos\theta,$$

$$\cos\theta = -\frac{\delta}{\sigma_{\text{III-I}}}. \tag{11.32}$$

在近似计算金刚石结晶基元各表面面积和体积之后，代入式(11.31),可得

$$\Delta G_i = [\pi r^3/3(\Delta g_v + \varepsilon) + \pi r^2\sigma_{\text{III-I}}][1/4(2$$

$$+\cos\theta)(1-\cos\theta)^2],$$

或

$$\Delta G_i = [\pi r^3/3(\Delta g_v + \varepsilon) + \pi r^2 \sigma_{\text{III-I}}]f(\theta). \qquad (11.33)$$

根据极值条件，从式(11.33)可得出这种金刚石结晶基元的临界半径和相应的成核功为

$$r^* = -2\sigma_{\text{III-I}}/(\Delta g_v + \varepsilon), \qquad (11.34)$$

$$\Delta G_i^* = 16\pi\sigma_{\text{III-I}}/3(\Delta g_v + \varepsilon)^2 f(\theta) = \Delta G_r^* f(\theta), \quad (11.35)$$

式中 ΔG_r^* 是在没有杂质基底情况下，在石墨中形成具有临界半径 r^* 的金刚石基元所需要的能量涨落。$f(\theta)$ 与 δ 有关，在 0 和 1 之间，当 $\delta = -\sigma_{\text{III-I}}$ 时，$f(\theta) = 0$；当 $\delta = \sigma_{\text{III-I}}$ 时，$f(\theta) = 1$。因此，$\Delta G_i^* \leqslant \Delta G_r^*$，且 θ 越小，ΔG_i^* 也越小。这就是说，若金刚石晶核在杂质基底上形成，其所需要的成核功往往小于(最多等于)在石墨中自发均匀成核情况的成核功.由于石墨(0001)面和金刚石{111}面同熔媒的密排面之间的界面能较小，所以这些部位是金刚石成核的基底，这是熔媒激发石墨等碳质原料转变为金刚石的一个重要效应。

如同推导式(11.28)一样，用类似的动力学方法可以得出在杂质基底上金刚石成核速率为

$$I_i = I_0^i \exp[-(\Delta G_i^* + u)/kT], \qquad (11.36)$$

式中 I_0^i 为比例系数. 它同金刚石晶核和石墨接触的碳原子(集团)数，石墨和基底单位面积接触的碳原子(集团)数，碳原子(集团)的振动频率，金刚石晶核和基底表面接触角等都有关。

至于生长速率 R 如同式(11.29)一样，只是在其它情况相同时，这里要求的过压度和过冷度要小些。至于在熔媒法金刚石成核和生长条件、成核率和生长速率同压力、温度的关系同样可用式(11.30)代入式(11.34)，(11.35)和式(11.36)，(11.29)就可以得到。

在一定高压高温下，金刚石的三维和二维晶核临界组取决于过压度、过冷度和结晶基元浓度。在浓度一定时，过压度和过冷度较小时，三维晶核的临界值则要大些，所以生成的三维晶核较少。这是由两方面的因素综合所决定的，一方面是生成金刚石三维晶

核要求的能量起伏大小，另一方面是碳原子(集团)的扩散能力强弱．理想的情况是只生成一个晶核，这是生长优质大颗粒单晶金刚石的必要条件．在过压度和过冷度太大时，虽然成核要求的能量起伏不大，但碳原子(集团)的扩散能力很弱，生成三维晶核也少,甚至难以生成。在适当的过压度和过冷度时,生成这种晶核较多或很多，这是生长大颗粒多晶金刚石的必要条件．在上述过渡条件下，可以生成磨料级和粗颗粒高强度金刚石．在相同的过压度和过冷度条件下，金刚石二维晶核要求的能量起伏比三维的要小,其临界值也要小,因此可采用晶种的方法，在这样的条件下生长优质大颗粒单晶金刚．这意味着金刚石晶核长大即晶体生长的条件取决于其表面接受碳源的位置．理想的位置是金刚石晶核表面上的三面角部位，因为该处的表面能并不增高，体自由能又下降,是一个理想的二维晶核．晶核表面上的缺陷,特别是螺旋位错等就属于这种二维晶核．如果还要考虑晶核不同晶面上碳原子悬键电子数和方向，那么对碳源的原子(集团)的悬键电子数和方向就具有一定的选择性．在 {100} 面上(除晶棱上)的原子有 2 个悬键电子,悬键方向与该面的夹角为 35°16′；在 {111} 面上(除晶棱外)的原子有一个悬键电子，悬键方向与该面的夹角为 90°．当晶核接受碳源数大于离开数时,则三面角部位不断运动而生长,一层一层铺满．这样的过程不断重复，直到金刚石晶体同周围状态处于动平衡为止．

11.2.5 外延法人造金刚石的合成机制

外延法人造金刚石是在金刚石亚稳区利用化学或物理方法或其综合的方法,使含碳气体(包括液体气化)或碳固体(包括含碳固体)和特定参予物质相应进行分解、气解、熔解后,在金刚石或非金刚石的基底上外延生长出金刚石和多晶薄膜[13,60-63]．

外延法人造金刚石在 80 年代前的大部分实验缺乏应有的重复性，其形成机制也缺乏系统的研究．80 年代后期，外延法人造金刚石多晶薄膜的实验技术报道很多，也开始对多晶薄膜的实验结果有所分析。从初期的实验来看，有的实验现象对了解这种方法合成机制是值得重视的。

(1) 所用金刚石和非金刚石基底必须在反应前，甚至在反应过程中，加以净化处理，甚至表层经腐蚀和加工处理。在金刚石晶种表面上生长的金刚石数目与该表面上的位错密度是同数量级。

显然，通常情况下的金刚石(晶种)和非金刚石基底表层容易吸附一些不利的杂质和杂质气体；这些表面上的悬键和缺陷就是优先吸附杂质的源地。因此，这些部位也是外延生长的二维晶核，需要净化处理这些部位，甚至增加缺陷来增多外延生长的二维晶核。

(2) 有的气体(如甲烷、乙烷等)热解时可以外延生长出金刚石，有些则不行。在用直流电解时，只在正极部位的基底上外延生长金刚石。

不难看出，外延生长金刚石的碳源也是需要处于或激发成 sp^3 型杂化状态或过渡性状态。

(3) 常压高温冶炼法生长金刚石是把呋喃、酚醛、糠酮树脂进行热解得到的一种碳质原料(通常称为玻璃态碳)，同第 IV_B，V_B，VI_B 族的难熔金属及锇、铱、铂等一种或多种金属，放在铝、锂、锡或锌的合金块上，放入氧化铍坩埚，在氩气等惰性气氛中进行高温反应随后缓冷获得金刚石小晶体。

这种过程也存在基底问题和碳源状态问题。所用原料中和反应中可能存在或出现有利于进行外延生长金刚石的基底和具有 sp^3 型杂化状态的碳原子及其集团。

总之，外延法人造金刚石是以非自发、非均匀成核为主的过程。这种非自发生长金刚石的外延基底，既可以是反应前就存在的，也可以是反应过程中形成的，或是两种情况综合形成的。外延生长金刚石的碳源是所用原料中存在的和反应过程中形成的具有 sp^3 型杂化状态的碳原子及其集团，也可以是易于受晶种、基底点阵动力场激发而形成的 sp^3 型杂化状态的碳原子及其集团。

§ 11.3　人造金刚石的主要合成技术和若干工艺

本节仅涉及静压法、动压法和低压法人造金刚石的主要合成技术和若干工艺。至于金刚石薄膜制备技术和工艺将在下节简述。

11.3.1　静压法人造金刚石

静态高压是采用特殊结构的容器对介质施加机械压缩而产生的。按容器结构的特点，大致可分为对顶压砧式（包括对顶凹砧式）、活塞-圆筒式、对顶压砧-压缸式、多压砧式(四面体、六面体等）和滑块多压砧式容器。人造金刚石主要采用具有三维较大体腔的高压容器.容器中的压力往往利用一些物质在高压下的电阻、体积、晶格常数和荧光光谱峰值变化进行间接测定的。高温一般用温差电偶来标定,也曾用金属熔点和噪声方法进行标定。

静压法人造金刚石的特点是，在金刚石稳定区采用静态高压高温技术,使非金刚石结构碳直接或通过熔媒效应转变为金刚石。由于静压法直接合成金刚石的压力高到容器远不能承受的状态，所以这种合成实验只是采取特种措施，并且是消耗性很强的有限次数的实验。通常大量的研究性实验和生产都是采用熔媒法进行的。目前,进行的工艺研究主要涉及微粉级、磨料级、粗颗粒高强度、较大颗粒优质单晶、大颗粒优质单晶和大颗粒优质多晶（巴拉斯和卡邦纳多类型)人造金刚石及其复合体,其中大多已进行工业生产和中试。

（1）静态高压高温技术[5,6,64-74]　静态高压高温技术中的基本问题是选择高压容器或装置、选用介质、压力和温度的标定及控制等问题。

（i）容器静态高压高温设备是由容器、油压机系统和测试、控制系统所组成。目前，已用于人造金刚石生产和研究的容器有几十种具体结构，从容器的主要结构特征和实用性角度可以归纳为对顶压砧-压缸式和多压砧式两种容器。

对顶压砧-压缸式容器，即通称的两面顶、环状容器、年轮式容器，其典型示意图见图 11.19。这种容器是由上下两个压砧（通称顶锤）和中部一个压缸所组成。一般压砧材料用硬质合金 YG6 或 YG6X（也有用 YG3），压缸材料用 YG15，外箍用高强度合金钢，如 45NiCrMoVA 或 40Cr 钢。压砧呈截锥形状或曲面截锥形状，具有大支承的效果。压缸腔体上下两端部位与压砧相应呈锥形或喇叭形，同压砧之间有较小的角度间隙。间隙部位的密封是靠叶蜡石锥套或夹心叶蜡石和钢制成的锥套在加压过程中形成的封垫

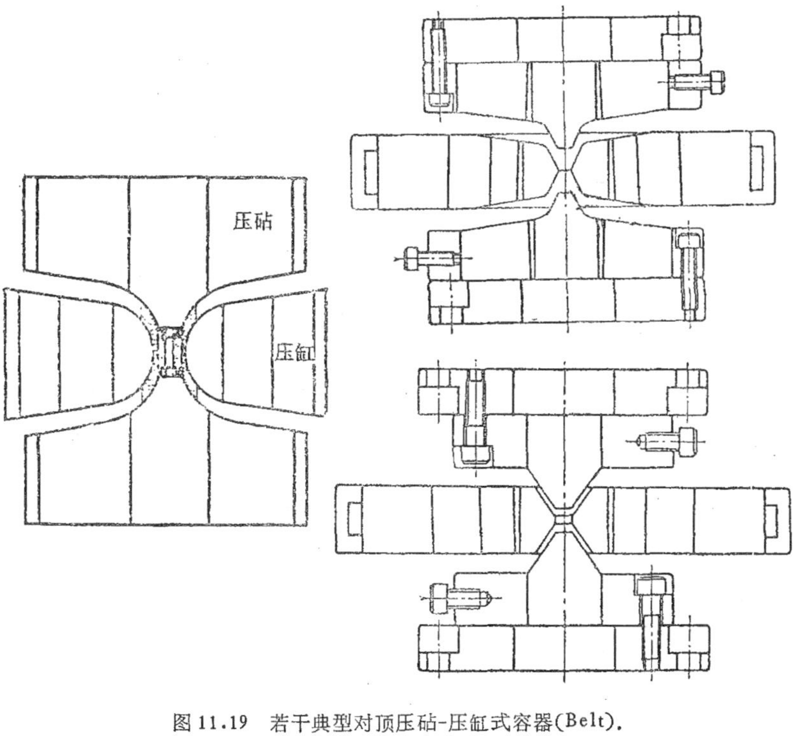

图 11.19 若干典型对顶压砧-压缸式容器(Belt).

来实现的。压砧的压缩行程与锥套材料的力学性质、厚度和压砧锥角有关。这种容器一般在 5.5—6.5GPa 和约 2000K 条件下工

作．当压力温度提高、保温时间增长和压砧偏载时，容器使用寿命迅速降低．采用正常压砧前端加小压砧和压缸壁加耐热套（如氧化镁），可以提高使用压力和增长寿命，任相应可用的高压腔体减小．这类容器在国外趋于大、中型化，生产金刚石．这类容器同其它类型容器相比，具有高效装样腔体和操作便于机械化、自动化等优点；但压力、温度梯度大、组件多、引线难、对中心要求高，增大腔体和提高高压力受压缸材料制约．

多压砧式容器，即通称的多面顶（容器），其典型示意图见图11.20．这种容器的高压腔体是由多个压砧按一定的几何形状所组成．压砧和外箍材料同前类容器一样．介质在加压过程中挤出的部分形成封垫．根据压砧数目可以组成四面体、六面体和八面体型多压砧式容器．当压砧数目增多时，压力均匀性、压缩行程均增大；同时就引起压砧的倒角增大，即大支承作用减小，增加容器加工、组装、操作、取样、修理等方面的复杂性．通常，这种容器的工作压力可达 6.0—7.0GPa，温度达 2000—2700K．采用多级多压砧技术，可以提高容器承受的压力．这种多压砧式容器是以压砧的压应力代替对顶压砧-压缸式容器和活塞-圆筒式容器中压缸、圆筒承受的拉应力．这对于发展大体积、均匀压力、多引线和简化样品组件的高压容器是有参考价值的．至于多压砧式容器的加载系统，若采用多油缸（多活塞）型设备，则制造较为复杂、压砧同步不够理想；若采用单压源油压机上用的容器，则压机制造得以简化、压砧同步性能提高．当然，后者会引起新的问题，如单压源所用的载荷增大等．以上在选择容器和加载设备时要根据实际情况综合处理．图 11.20(a)和 (b) 是四面体和六面体型多压砧式容器的示意图．图 11.20(c)示出一种四面体型单压源紧装压砧式容器，图11.20 (d—f) 为几种六面体型单压源紧装压砧式容器．图 11.21 示出一种对顶凹砧式容器，图中 1 为凹形对顶砧，2 为外箍（支承环），3 为专用导电片，4 为叶蜡石或有关介质，5 为专用 封 垫，6 为熔媒片，7 为石墨片．这种容器在结构上比对顶压砧-压缸式容器简单，操作上比多油缸型多压砧式容器方便，使用硬质合金或压

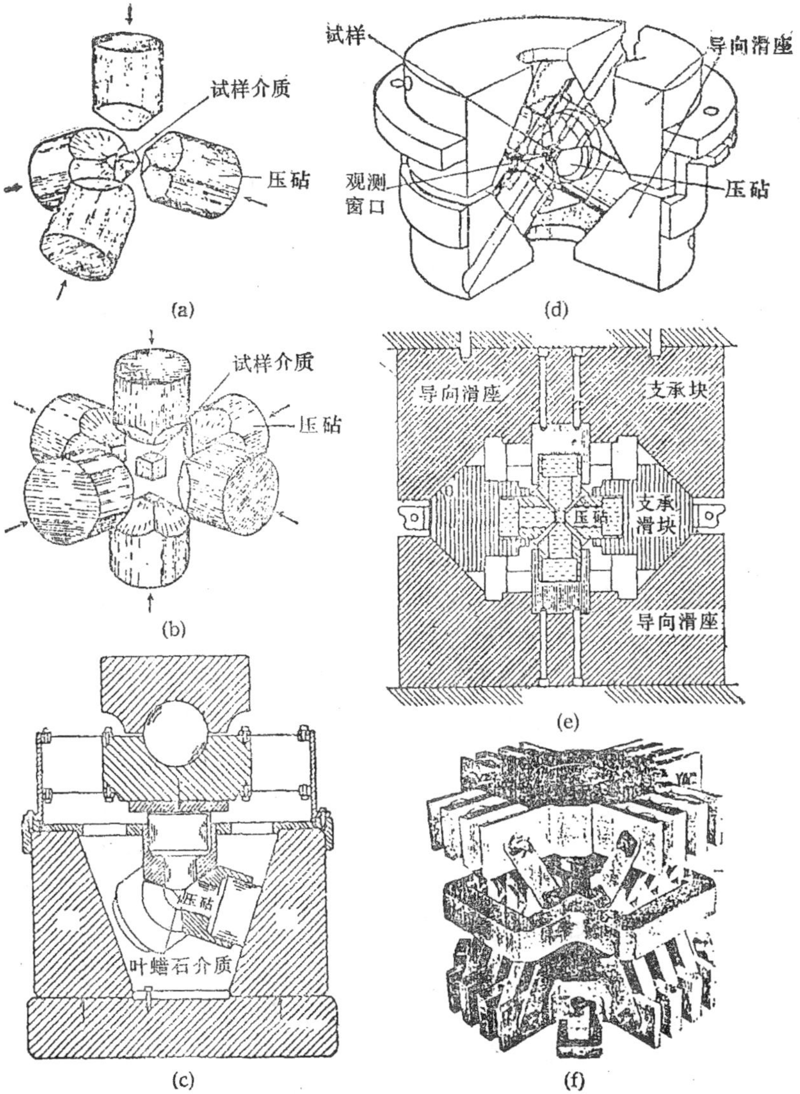

图 11.20　若干典型多压砧式容器.

砧材料用量方面比对顶压砧-压缸式容器和其它多压砧式容 器 等要少；但压力不易提高、压力-温度梯度大、容器的空间利用率不高、单压源压机吨位增大.

上述类型的容器，在对介质加压过程中产生的封垫，既限止压砧的压缩行程，又减小了高压腔体积，同时在封垫挤流处产生不利的切变应力. 曾有一种多压砧滑块式容器受到人们的重视，它具有比现有容器更为有利的大支承作用，也可能克服现有容器难以解决的弱点，但在实施中又出现新的矛盾，如压砧的旋转和扭矩、压砧间滑移摩擦、垫片材料、设备吨位耗费大等问题.

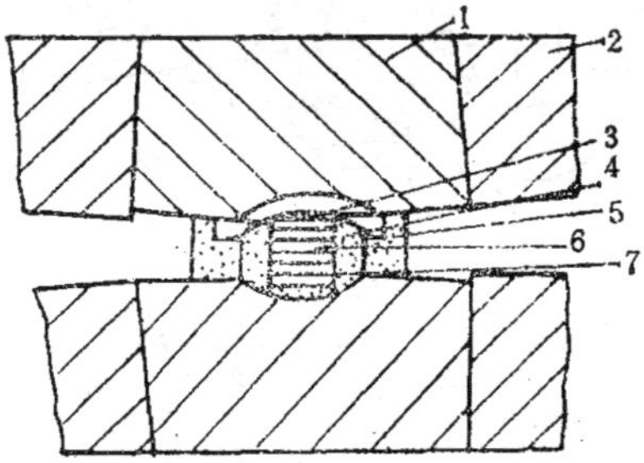

图 11.21　一种对顶凹砧式容器.

(ii) 介质. 容器中所用的介质是固体材料，它起着传压、密封、耐高温、热绝缘、电绝缘、支承试样和支承压砧等作用.

静态高压的产生，要求介质在容器内具有较好的流动性，即较小的切变强度，以保证传压性能好；同时，介质在封垫处应该具有较大的内外摩擦系数，即较大的切变强度，以保证密封性能好. 除了介质的切变强度外，还要求介质具有适当的压缩性能，以保证压砧的压缩行程能产生较宽范围的压力. 在实际工作中，一般采用 5.0GPa 下摩擦系数为 0.3—0.6、体压缩率约 15%的固体物质作介质，并且采用涂料、夹层，如多压砧式容器所用介质外周涂铁红粉，和对顶压砧-压缸式容器的介质锥套中夹金属套层的方法，以增加封垫的密封性能和压缩行程.

在人造金刚石的研究和生产中，所用温度约为 1500—2700K，甚至更高. 这要求介质在高压下有较高的熔点，以保持试样的形式和压力，同时应有较高的热绝缘即耐热性能，以使压砧组件避免高温作用而降低强度. 实验表明，有些物质在常压下的熔点并不高，但在高压作用下熔点随着升高，并且可能转变成熔点高的物质. 例如叶蜡石，在常压下熔点为 1673K，在 2.5GPa 以下熔化时呈玻璃态，在压力较高时，叶蜡石（$Al_2O_3 \cdot 4SiO_2 \cdot H_2O$）可以变成蓝晶石($Al_2O_3 \cdot SiO_2$)和重水晶——致密态的石英，比重由 2.8 变到 3.3，熔点升高，这样在 5.0GPa 左右、温度达～3000K 时还不熔化。如果把叶蜡石中的结晶水脱除，可以阻止这种相变发生，有利于改善样品上的压力状况。

高压下产生高温的方法，一般是依靠低电压大电流通过试样本身或试样外周的发热体如碳管的电阻发热而实现的。因此所用介质的电阻率应比试样组件或发热体高几个数量级。为了实现保持较长时间的高温，介质的热导率应尽量小些。

综合上述有关介质力学、热学和电学方面的要求，选择叶蜡石作为介质是较为合适的。值得重视的是，叶蜡石往往因产地和矿体部位不同，其含杂质类型、杂质量、结晶水量、湿度也有所不同，因此需要加以选择，并在使用前作约 500—700℃ 的焙烧和烘烤，以保证生产和实验的正常进行。如果叶蜡石块状介质改为按需要选择有关性能的粉料进行粉末成型，则能提高质量、保证重复性。

(iii) 容器中压力、温度的标定和控制。容器中压力、温度的标定和控制对于人造金刚石的生产和研究是个重要的技术问题。

容器中压力的标定，一般采用压力-负荷标定法。这种方法是在室温下测出容器试样处一些金属元素，如铋(Bi)、铊(Tl)、钡(Ba)、锡(Sn)、铁(Fe)、铅(Pb)等的相变压力同油压机所消耗的吨位或油压的相应关系。室温下，若干金属元素的相变压力和它们的电阻跳跃特征曲线分别见表 11.10 和图 11.22。

压力标定前，先把铋、铊、钡等金属制成丝或片状元件。铋在室温下脆性大，可用加温达熔化状态后倒进玻璃管中带温拉成细丝。铊容易氧化，较软，可在扩散泵油中进行滚压制成丝状。钡易氧化且较硬，可采用在防氧化油中挤压成丝或压成片条。这些标压元件放入氯化银小柱体中，再把柱体插入介质孔里，加上银箔作导电接触处联结用，以降低接触电阻。在采用几种标压元件合并一次标定容器中压力时，选择适合的直径，才能使它们在加压过程中显出电阻跳跃突变状态。实际工作中可选用铋、铊、钡的直径比约为 1:1:2。

表 11.10 室温下一些金属的相变压力(kbar)

金属元素	相变压力	
	根据参考文献[64, 67]	根据参考文献[68]
$Bi_{(1-2)}$	25.5	
$Tl_{(2-3)}$	36.7±0.3	
$Cs_{(2-3)}$	42.5±1.0	
$Cs_{(3-5)}$	43.0±1.0	
$Ba_{(1-2)}$	55±2	
$Bi_{(3-5)}$	77±3	73—75
$Sn_{(1-2)}$	100±6	
$Fe_{(\alpha-\epsilon)}$	126	110—115
$Ba_{(2-3)}$	140	118—122
Eu		122—130
Pb	160	128—132
Rb		142—153
Cs		133—142*
Ca		235—255*
Rb		290—320*
CdS		320—340*
ZnS		410—420*

* 按电阻的极大值标定.

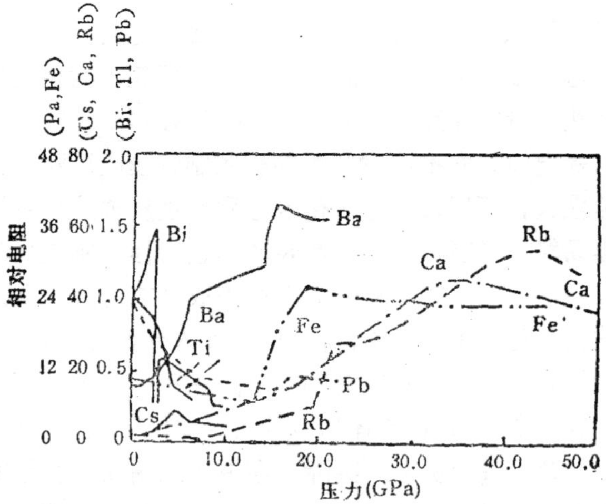

图 11.22 室温静压下一些金属元素的电阻变化特征.

当用恒定的直流电通过标压元件时，它们的电阻随压力增大发生变化，并由两端电位降落的变化显示出来。这种变化可采用 X-Y 双轴函数记录仪进行记录。油缸中的油压敏感元件是由锰铜丝按无感线圈绕制而成的，也可用应变电阻丝。油压变化的讯号输入X轴，电阻变化的讯号输入Y轴。

根据标定的数值可建立压力-负荷（或油压）关系。这种关系往往受介质、压砧尺寸的比例、组件材料、压砧质量、容器类型等因素有较大的影响。因此，每一种具体设备需要进行这种压力标定，才有利于了解这种关系的变化。

容器中温度的标定，一般采用温度-功率标定法。这就是在高压下测出容器中试样或发热体上热电偶的毫伏数同加热元件所消耗的功率之间的关系。由于人造金刚石所用试样或加热管具有较小的电阻，所以采用低电压大电流进行加热。热电偶的直径不宜粗，在 0.1mm 左右为宜。热电偶丝粗时，虽然在加压中不易挤断，但导热较多，影响温度场的分布，影响温度的真实性。标定温度时要考虑到介质的热导率，它一般随压力升高而增大，所以应在不同实验和生产用的有关压力下分别测出温度-功率关系。

标定温度的方法还有金属熔点和热噪声法。金属熔点虽然随压力提高有较大的变化，但在人造金刚石中所用熔媒一般在熔化或共熔状态时才有明显反应，从而引起电阻变化，这是很有实际价值的显示。至于热噪声标定温度一直在试探中，尚有不少问题有待解决。

高压高温下，介质、试样、组件都要发生一系列的物理、化学变化，其中包括试样中压力、温度也相应发生一系列的相互有影响的变化。这种变化增加人造金刚石，特别是优质大颗粒金刚石工作中压力、温度控制的复杂性。曾用双温差热电偶测压测温，其中一对 Pt-Pt10%Rh 作温度测量，另一对 Fe-Pt10%Rh 作压力衡量显示，Pt10%Rh 为共用。这样在高压高温下，前一对热电偶与后一对热电偶的毫伏数值同压力有一定对应关系。这样，通过测出和比较两对热电偶的电动势，就可以知道被测部位压力、温度的变化，从而可以相应控制压力和温度的调整．在实际工作中这种方法的使用范围受到限制，对各组件配合要求十分严格。

（2）静压法人造金刚石工艺中的若干问题[6—12,38,75—90] 静压法人造金刚石中涉及不少工艺理论和具体工艺问题，现就静压法磨料级与粗颗粒高强度级金刚石、微粉级与超微粉级金刚石、大颗粒多晶与单晶金刚石等有关问题作以下简述。

（i）磨料级单晶金刚石．这种金刚石的合成工艺主要促使金刚石成核和生长速率同时较大的状态，因此一般采用在V形区略高的压力(即过压度较大)下加热温度适中(即过冷度适中)和保温时间适中如4—5min或稍少些（V形区可参阅图11.15)．这种样品是采用石墨和熔媒圆片在装样孔里按交替叠装组成，因此可以通过合成后的各片上金刚石分布及粗细来判断成核和生长状态，并以此来作为调整压力和温度的依据．在保温过程中要重视电流表和功率表指示的变化与调整．至于对金刚石外形如针状、片状等若有要求，则组装样品中要考虑提供温度梯度条件来使生长具有择优方向的状态。

（ii）粗颗粒高强度级单晶金刚石．这种金刚石的工艺特点就是使金刚石的成核和生长速率适于偏中或中下，因此一般采用在V形区适中的压力(过压度适中或中下区)加热达适中（过冷度适中或中下区)，采用两次升压升温以控制成核数，保温时间8—10min，可得粗颗粒中等强度的单晶金刚石．在此基础上，优择更低的过冷度，保温时间为10—15min，并且重视升温速度和介质热处理工艺等，可得粗颗粒高强度的单晶金刚石．这种工艺主要选择合适的压力温度和时间以及这些参数的调整和控．此外，还可以选择(a)合适的熔媒、石墨等碳质原料及其装料方式；(b)掺入有利杂质和去除有害杂质等途径来调整与控制金刚石的成核和生长速率，以解决增大粗粒比和提高晶体质量．在上述工艺的基础上采用较长时间保温，获得1.0—2.0mm、最大达3.5mm的单晶金刚石。

（iii）微粉级单晶金刚石．微粉级金刚石除了用细粒（如150

目)单晶金刚石经机械破碎加工后处理获得,另一方面采用粉末石墨和熔媒预压成型,组装入叶蜡石介质,按一定工艺在高压高温设备上合成,提纯处理后直接获得微粉级或更细的优质单晶金刚石.这种单晶金刚石合成工艺的主要特点是在V形区偏高的压力(过压度比前述的要大些)和加热达偏中或中下的温度(过冷度适中或中下状态),保温时间约20—60s.

(iv) 大颗粒多晶金刚石. 人造大颗粒多晶金刚石中有普通烧结多晶体、高级烧结多晶体以及它们的复合体,还有生长多晶体. 其中前三种已接近天然卡邦纳多型金刚石,高级烧结多晶体及其复合片已比天然卡邦纳多型具有一系列的优越性.

普通烧结多晶金刚石是指在静压下以粘结剂为主把细粒金刚石聚集而成的,细粒金刚石之间通过粘结剂联结,粘结剂有硅(少量镍)、铜-钛、铜-锆、钛-硅、钛-硼、钛-硅-硼,其中以钛-硅和钛-硅-硼作掺杂物具有粘结为主和自体结合为辅的界面结合状态.采用一般工艺所得多晶体处于普通和高级之间,采用专门工艺可进入高档行列,具有耐磨性、抗冲击性和耐高温性同时较高的优点.这种方法的样品装配方便,可以直接把所用粉料装入一定形状的碳管里. 所用压力和温度范围宽,其下限较低. 高级多晶金刚石是用经特殊处理的细粒金刚石在高达9.0—10.0GPa和约3000K条件下直接形成自体结(键)合的多晶体,性能比天然卡邦纳多类型多晶体还好. 如果采用适当的特种掺杂物,则压力温度可降到下限为5.5—6.0GPa,且随压力提高自体结合状态增强,质量可与天然卡邦纳多类型优质多晶体相媲美. 在硬质合金基底上把前述烧结多晶体薄层焊上或在静压下烧结成一体就是复合体或复合片,显然在应用方面十分重要. 生长多晶金刚石是在高达7.7GPa以上和约1500—1800K条件下通过熔媒如镍铬、镍铬铁等同石墨块反应而形成的,其显微组织接近天然巴拉斯和卡邦纳多类型多晶体. 由于所用压力偏高、组装复杂、显微组织不均匀且有枝蔓生长的晶体、成品率不高等问题,中试生产表明,尚有待解决系列技术问题.

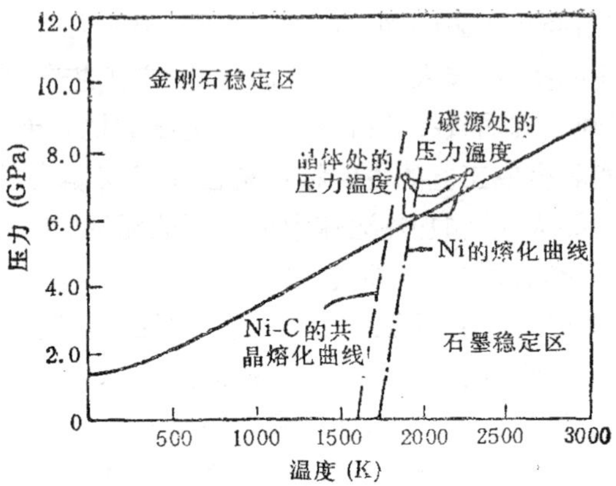

(a)

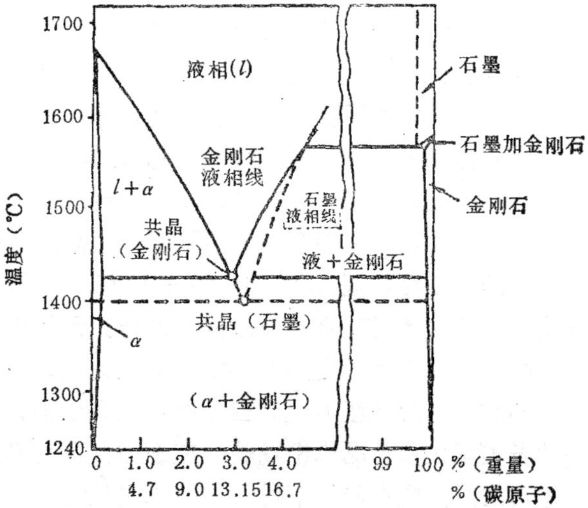

(b)

图 11.23 Ni-C 的部分 *P-T* 相图 (a) 和 5.7GPa 下的 Ni-C 相图(b)

（v）大颗粒单晶金刚石．在一般磨料级和粗颗粒高强度级金刚石工艺的基础上，经过必要的改进后可以得 2.0—4.0mm 的较大单晶体，但质量并不理想。Strong 等提出并进行一种方案的实验研究，获得重要进展[9]. 这种实验的基本思路是模拟生长水晶的温差方法生长优质大单晶金刚石。这就是在金刚石稳定区的压力、温度条件下试样中部高温区供碳，低温区利用金刚石晶种接受碳源长大。图 11.23(a)示出这种方法的思路和镍熔点随压力上升而增高的趋势。从图 11.23(b)可知，在 5.7GPa 下金刚石的溶解和结晶温度只间隔约 60℃，所以实际上不能采用任意高和宽范围的温度间隔进行这种方法生长优质大单晶金刚石。

试样采用间接加热方式，分上下两部分，试样下端置放晶种，晶种和碳源间放有熔媒如 Ni, Fe 及其合金等，见图 11.24 所示。实验中保持中部温度为 1450℃，下端晶种区为 1420℃。熔媒熔化时，中部金刚石或其与石墨的混合物熔化。为了接种的质量需要，晶种金刚石应略熔一些。经过约 1h 达到平衡状态，下端晶种停止熔化，并接受对流和重力作用引起输运的碳而缓慢沉积生长。压力、温度是采用双温差热电偶进行监测和调整控制参数。若按二维晶核生长和实际生长所得数据，s 为晶体生长的平均直径 mm，v 为最大正常生长速度 mm/h，b 为同一定生长条件有关的参数，通常约 2.5h/mm；则 $2svb = 1$。生长到尺寸为 l 的最短时间

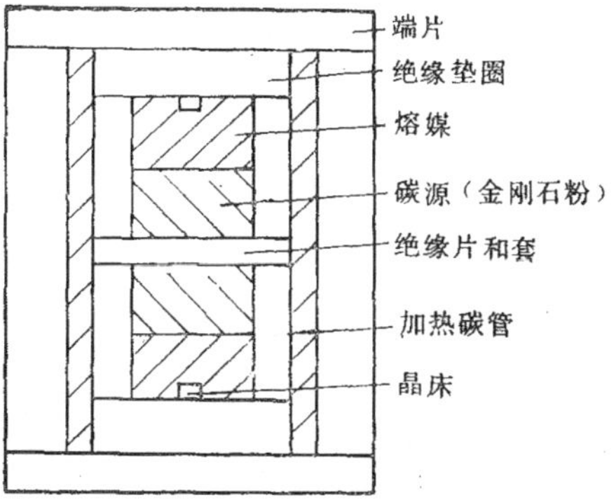

图 11.24　晶种法生长宝石级金刚石的样品组装图.

$$t_l = \int_0^l ds/v = \int_0^l 2bsds = bl^2.$$

实际上，通过不断调整碳在熔体中的过饱和度以达理想二维晶核生长是很难的。实验表明，用一周的时间可以长出 5.0mm，1carat 的宝石级金刚石。这种方法对工艺要求严格、周期长、重复性影响

的因素多、成本昂贵，因此工业生产难度大。近年来，在实验室里采用多晶种生长多粒优质大单晶金刚石获得成功。

(vi) 直接形成大颗粒金刚石的问题。静压容器经过改进后，可在较小的体积内获得瞬时高压高温，如碳的三相点左右或以上的压力和温度(相当于铁的相变压力和石墨的熔点)。若能解决体积小、时间短和热绝缘等技术问题，则有可能在三相点附近的压力温度条件下探索直接由熔态或表层熔态的细粒金刚石碳源采用骤冷的途径获取高纯度、透明、较大的优质多晶金刚石，它将具有一般单晶或多晶难以达到的综合优异性能。当然，在这样的条件下还可以进一步探索高纯度、较大的优质单晶金刚石及其掺杂技术，还可以探索立方氮化硼等其它新型超硬材料在极端条件下的行为。

11.3.2 动压法人造金刚石[40,43,64,91-95]

动压法人造金刚石是采用冲击压缩的方法合成金刚石的，因此又称冲击压缩法合成金刚石。动压法是利用烈性炸药爆炸、强放电和高速运动物体碰撞产生的激波，以很高速度在介质中传播时，它的阵面后边产生很高的压力和较高的温度，使受激波作用的物质就能同时获得瞬时高压高温的方法。瞬时意味着压力对时间的变化率大，所以也称为动高压、动态高压，简称为动压。用这种方法产生的压力，一般可达几十到几百 GPa，采用专门措施可以超过一个数量级。从高压高温下晶体生长研究和生产来看，这种方法的作用时间很短(一般约几微秒)，压力和温度不能分别加以控制。关于激波产生的原理和测试方法在专门和一般文献已有叙述。下面着重介绍动压法中爆炸、轻气炮和液中放电合成金刚石的技术和工艺有关问题。

(1) *爆炸法合成金刚石* 爆炸法是采用烈性炸药引爆后产生的冲击波作用而获得高压高温的。爆炸产生激波的典型装置见图 11.25。所用烈性炸药有梯恩梯、黑索金、爆炸胶、硝化甘醇十多种，其中常用的有 40% 梯恩梯加 60% 黑索金 (含有约 1% 的石

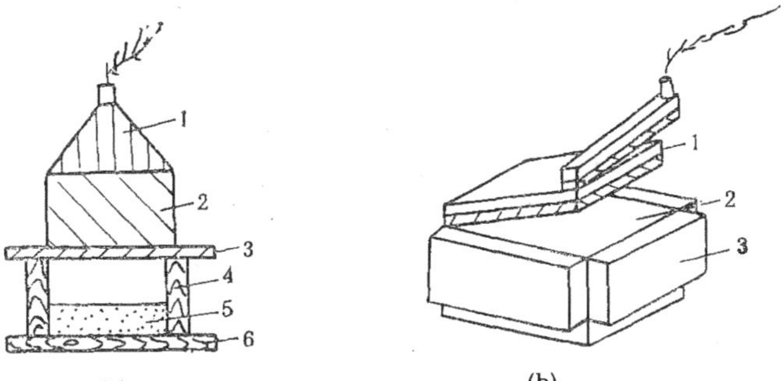

图 11.25 爆炸法产生激波的典型装置.
(a) 单飞片装置:
1.平面激波发生器(鼠夹式或透镜式);2.主炸药包;3.金属板;4.木支架;5.样品; 6.托板.
(b) 紧贴式装置:
1.平面激波发生器;
2.主炸药包;3.样品.

蜡)。这种炸药的爆速在 8.0km/s 左右,在高阻抗材料中可得到约 30GPa 的压力。若用冲击阻抗为 3—5 × 10^6dyn · s/cm^3 的金属片,在平面激波发生器引爆下,以 3.2—6.5km/s的速度碰撞石墨板试样或容器的某个平面,可在 0.1—10.0μs内产生瞬时压力约 20—200GPa。

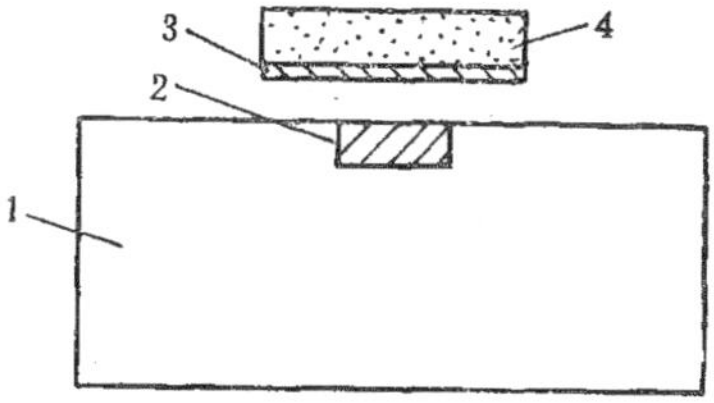

图 11.26 一种典型爆炸装置的示意图.
1.铸在铁盘中的铅块,直径约 660mm,铅块上平面与铁盘平齐;2.试样,用占3.15%重的 10—25μm 厚的鳞片石墨与共析钢铸成,直径约 229mm,厚为 25.4mm,密度为 7.0g/cm^3;3.飞片,用低碳钢制成,直径为 254mm,厚约 1.5mm,其冲击阻抗约 3×10^6dyn · s/cm^3左右;4.梯恩梯和黑索金的混合炸药,重约 10.9kg,直径 254mm,厚 127mm,密度 1.7g/cm^3. 2 和 3 的距离约 38mm,用木块在飞片边沿部位作支承.

在爆炸冲击压缩石墨样品中,部分石墨直接转变为金刚石,发生体积收缩,导致金刚石温度比石墨的要高。当压力迅速衰减到常压时,金刚石的温度仍然较高,以致金刚石发生反向即石墨化转变或碳化现象。为此,在原料中混入冷却剂。冷却剂的冲击阻抗、比热、使用量,以同金刚石的热平衡温度应在石墨化或碳化温度下限为原则.一般选用具有较高热导率又不易破碎的金属,如铁、铜、镍及其合金，作冷却剂。碳质原料可用鳞片石墨或几十微米的石墨球进行铸铁浇铸成型，也可用石墨粉同铁、铜、铝金属(粉状或粒状)混合压制成型。

一种具体的通用装置见图 11.26 所示。用放在主炸药包上的平面激波发生器引爆，驱动金属飞片高速冲击压缩试样。试样回收率约 90%，在回收试样取样经硝酸、王水、氢氟酸、氧化铅、醋酸、碱等长时间处理，可得呈灰色、外形不规则、粒度一般为 10μm 左右的微粉级多晶金刚石，转化率一般为 3—20%，曾有报道可高达50 %。试样解剖分析表明，合成出的金刚石大部分在冲击压缩试样的表层，稍离表层则很少甚至没有。这种方法人造微粉级或更微细级多晶金刚石，装置简单，单次装料量多，而单产量高，但微粉质量不高，需要一定专用场地，试样处理、微粉提纯和粒度分选技术上的难度大，因而其实际成本不低。

采用爆炸法还可以把微粉级金刚石进行二次或多次冲击压缩烧结成大颗粒多晶体，其形状不规则，粒度各种各样。由于所得多晶金刚石内部裂缝、裂纹多，且内应力大，质量低。采用静压法掺杂烧结也可得到成型的多晶体，但体内颗粒结合不佳，质量低。这与爆炸法人造微粉级金刚石本身质量不佳有关。

(2) *轻气炮法高压高温技术*　轻气炮法是利用密封在炮膛中的压缩气体突然膨胀而驱动弹丸冲击压缩试样获得高压高温的。轻气炮二级装置和弹丸及靶室见图 11.27(a) 和 (b)。轻气炮二级装置是由火药室、泵管、高压(区)段、发射管、靶室以及真空系统和控制系统组成。火药室和泵管之间有隔板和活塞，高压段和发射管之间存在着隔板和弹丸。实验时，由控制系统点火引爆产生的压力冲破隔板膜片，并驱动活塞压缩泵管中的氢气，管内压力增大。当活塞到达高压段入口前的压力达几十 MPa，随后进入高压段锥形管并使管内压力急增达几百 MPa，在一定压力冲破隔板膜片，高压氢气驱动弹丸沿发射管高速运动碰撞靶室里的试样。弹丸是由钨板和聚乙烯弹壳组合而成，靶室由含不锈钢容器的厚壁钢筒等组合。试样是用石墨粉加约 5% 的铜粉混合后预烧结成圆块靶片。实验时，靶片放入不锈钢容器，并盖上不锈钢片。碰撞速度与爆炸法的数量级接近，其作用情况也与爆炸法类似。对比起来，这种方法在可控性、样品回收和占地方面要有利些。

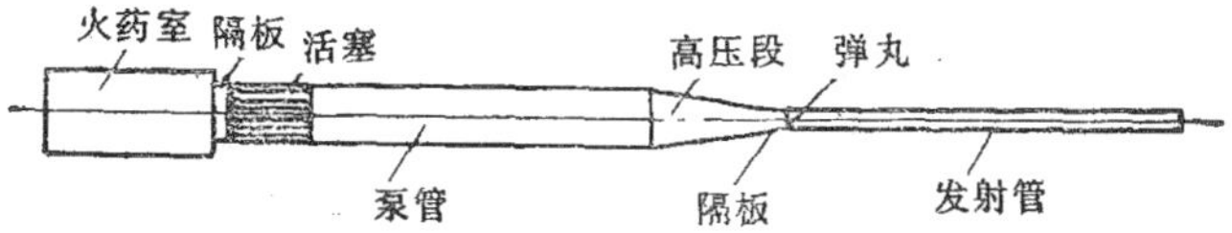

(a)

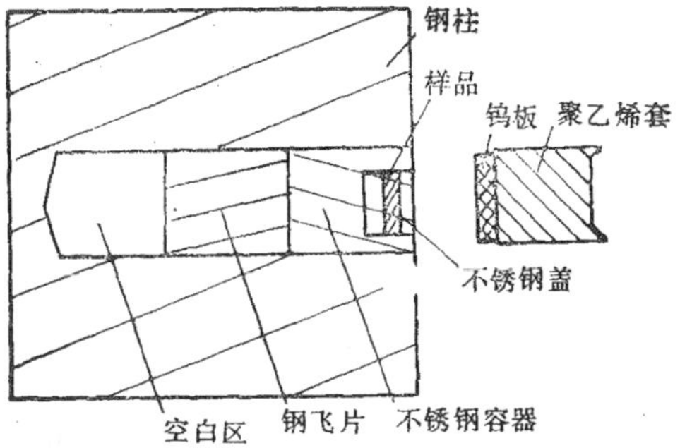

(b)

图 11.27 二级轻气炮装置和弹丸及靶室示意图.

(3) *液中(强)放电法* 这种方法的工作原理如图 11.28 所示。电容器 3 经整流充电后，在一定电压下，击穿辅助间隙 4 和液中电极间隙 1 发生脉冲放电，在电极间隙 1 产生激波。这样，在容器 2 的电极间隙液体中就可获得高压高温。在放电能量为 6kJ 时，瞬时压力达 20GPa，温度约 4000K 以上。在放电过程中，从电极熔落的石墨等碳质原料微粒和预先放进液体中的这种微粒就部分直接转变为金刚石并在液体中冷却。如

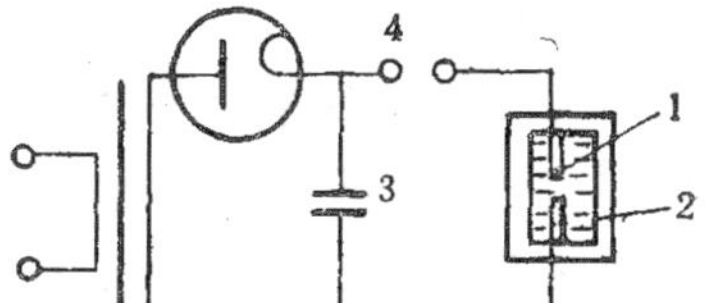

图 11.28 静压液中放电装置的线路图.
1.一对用碳和石墨制成的电极，中间有间隙；2.液压放电容器，液体用煤油、四氯化碳，液压约几千巴(指放电前所加的液压)；3.电容器，经整流装置充电；4.空气中的辅助放电间隙.

果液体和电极里掺入第 VIII 族过渡金属，则金刚石的合成条件可降到 10GPa 和 2000K 或其以下. 用这种方法合成的金刚石一般为几十微米，最大可达 0.5mm.

此外，还有不少技术可用以合成出金刚石，如激光的光压和高温技术，爆炸压缩磁技术，高电阻放电的磁锤技术，静压容器中金属丝爆炸增压技术，高速摩擦盘旋转技术. 由于其合成效果离工业化尚远和其技术发展得还不成熟，所以就不占篇幅了.

11.3.3 低压法人造金刚石[60—63,96-99]

低压法是在金刚石亚稳区进行外延生长金刚石的方法. 外延生长技术是一种晶体生长技术，有着广泛应用. 通常，外延生长是指在一定条件下，在经过处理的晶种或基底上由同类或异类结晶基元有规则地排列外延长大. 这样，所用晶种(籽晶)和基底具有二维晶核的作用. 低压外延生长金刚石的具体方法有多种，下面只对典型的报道作简介.

(1) *气相法* 50年代，Eversole，获得了气相外延生长金刚石的专利. 该方法是以气相含碳物质，如甲烷、乙烷、丙烷、氯代甲烷、甲硫醇和丙酮，一般在 600—1600℃、最佳在 900—1100℃，气相的分压在 10kPa 以下、最佳为 0.01—0.1kPa，金刚石晶种重量增大，获得外延生长. 若采用碳的氧化物或其混合物作为碳源分解，压力可取 70—140atm，可达 2500atm. 采用苯、二硫化碳、二氯甲烷和烃(不含甲基)时，没有外延生长迹象. 氩、氮对这种外延生长过程未见不利现象. 整个外延生长和净化处理过程所用时间约几分钟到 100—200h. 非金刚石碳是通过硫酸和铬酸的混合物中加温煮沸来净化的，也可在 50atm 和 1000—1100℃ 的氢气中净化. 采用粉末状金刚石作晶种有利于外延生长. 经过 80 多粒连续近 2h 生长和约 4 个多小时净化的循环过程，金刚石晶种重量增加，最大可达约 60%.

60 年代，Angus，等报道了采用甲烷或甲烷加氢混合气体和其它类似条件及净化处理，也得到肯定的结果. Дерягин，等在

70 年中首先在实验中观察到并提出气相外延生长过程中过饱和的氢原子能促使金刚石成核和长大，从而使金刚石薄膜外延生长技术有了突破。现已证实，氢和非金刚石碳在气相外延生长过程中的加快作用,并在天然和人造金刚石基底的{100}面上成功长出厚度大于 20μm 的金刚石单晶薄膜。在非金刚石基底气相外延生长金刚石单晶薄膜工作正在实验中,有一定进展。

(2) *液(熔)相法* Brinkman，等采用温差反应，把石墨在高温区熔进金属和合金熔体中，并在低温区析出的碳向金刚石晶种沉淀外延生长。熔相选择对碳溶解度低的金属和合金，如铜、铅、铋、铝、金、银、锑、锡、镓、铟、锗等及它们的合金。曾在装置中以石墨为衬底并作碳源,高温区的温度为 1870K,熔相金属是铅，低温区的温度为 1520K，置有重约 50mg 的金刚石晶种，2h 后取出称重，增加了 0.25mg。据报道的生长速率约为每天 2.5mm。

还有采用氟氯烷等液相,电极上覆盖着氟化碳、金刚石粉、硅、锗、碳化硅作基底,用交流电源或脉冲直流电源电解析出碳离子在基底上外延生长金刚石。当用脉冲直流电源时，只在正极处生长出金刚石,其尺寸为微米数量级。

(3) *三相法* 采用气、熔、固三相法外延生长金刚石技术，利用 6kW 的氙灯作热源,用稍低于常压的含碳气体如甲烷充入石英容器内，由铼针支承的金刚石晶种放置在石英容器中的灯光焦点处，热解反应得到的碳通过熔媒金属到晶种表面外延长大。熔媒金属如镍、铁、锰，用黄金则不能生长。这种方法中可用显微镜观察金刚石晶种表面晶须的形态和生长状况。晶须直径为 10—50 μm、长2mm。生长速率取决于温度、压力和其它有关参数,平均为 10μm/h，最大可达 100—400μm/h。还报道过金刚石晶种表面上生长出直径约 100μm 的球状金刚石。

(4) *常压高温法* Fullman 认为，金刚石是石墨晶格中存在固溶杂质的产物，因此提出常压高温法合成金刚石的方案并进行实验,获得了专利。这种方法合成金刚石的装置如图 11.29 所示，图中 1 为加热系统，包括一个感应线圈，10 为炉体和石英封套，4

为氧化铍护热罩，3 为钽制加热器，8 为氧化铍坩埚，7 为锡铝合金块，5 为玻璃态碳，6 为专用固溶掺杂物，9 为玻璃态碳垫块．固溶掺杂物从 IV_B，V_B 和 VI_B 族及锇、铱、铂中选择，合金块为铝、锂或锌，炉腔和石英封套中充有惰性气体如氩．加热达 1400—1800℃，保温半小时或更长些，冷却时间约 4h 以上，试样取出后经酸碱处理和提纯，可得 0.1—0.5mm 呈八面体的金刚石几十粒．

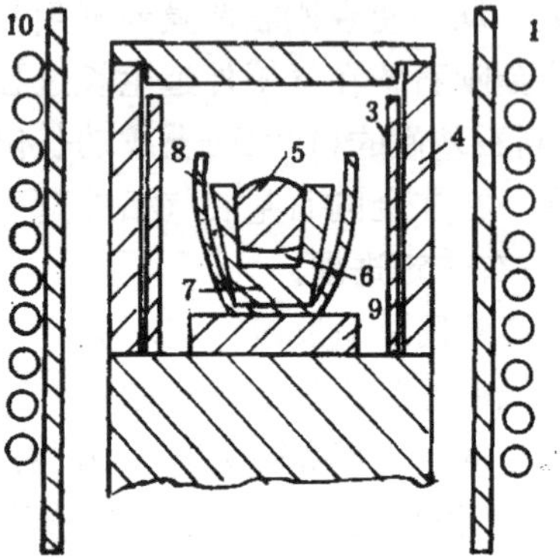

图 11.29　一种常压高温法用的装置图．

§ 11.4　金刚石多晶薄膜[13, 99-114]

近年来，由于薄膜材料具有独特的性能，各种材料的薄膜制备技术发展迅速，新方法、新装置、新薄膜和新用途不断涌现．制备薄膜的方法通常可归纳为化学方法和物理方法两种．根据沉积过程等不同又可细分成许多具体类型．化学方法可分为化学气相沉积法(CVD)和电镀法，前者还分为热解、氢还原、气相反应、氧化和聚合反应等，后者还分为电解、无电解和阴极氧化等．物理方法可分为热蒸发法、离子镀法和溅射法，前者还分为电阻加热、电弧加热、闪光加热、高频加热、电子束加热和激光加热等，后者(溅射)还可分离子束溅射、磁控溅射、双极直流辉光放电、双极射频辉光放电和三极直流辉光放电等．在实际制备薄膜时，各种材料均按其特殊性和方便选择具体方法，包括交叉性的技术．

自 50 年代在实验室里用静态高压高温熔媒法合成出金刚石的同时，人们就探索前面 11.3.3 节中所述的外延法人造金刚石，其中主要是气相外延法生长金刚石的工作．相当长的时间里，实验工作进展很慢，遇到生长速率慢和因非金刚石碳的覆盖而不能连续生长等困难。自 1976 年 Дерягин，等报道了低压化学气相沉积法在非金刚石基片（基底衬底等）上外延生长成多晶薄膜金刚石，提出沉积过程中过饱和氢原子在生长多晶薄膜金刚石的促进作用，金刚石多晶薄膜制备技术有了突破性的进展。由于金刚石薄膜对于超高速电子计算机用的大规模集成电路基片和其它高新科技方面可能具有卓越的功能，所以金刚石薄膜的制备技术、生长方法、生长速率、薄膜结构、薄膜尺寸、薄膜质量和应用效果等受到世界工业先进国家的高度重视。现就以下有关方面作一简单介绍。

11.4.1 金刚石多晶薄膜的制备技术

目前，已有多种化学气相沉积和物理气相沉积方法用于制备金刚石多晶薄膜。这种技术已在 § 11.3 中外延法人造金刚石中作了一定简叙。目前，所采用的实验方法都能生长出金刚石和金刚石多晶薄膜，有的实验方法还初步生长出单晶薄膜金刚石。下面着重介绍热解化学气相沉积、等离子体化学气相沉积、火焰化学气相沉积、等离子体喷射化学气相沉积等方法制备金刚石多晶薄膜的有关情况。

(1) 热解化学气相沉积　热解化学气相沉积也称为热丝 CVD(化学气相沉积)，所用装置如图 11.30 所示。把采用的基片(硅片、钼片和石英玻璃片等）放在石英管或其它类似的容器构成的反应室里。采用的气相原料为含碳、氢和氧(或氮)的有机化合物，如甲烷 (CH_4)、甲醇 (CH_3OH)、乙醇 (C_2H_5OH)、丙酮 (CH_3COCH_3)、三甲胺$(CH_3)_3N$ 等。在反应室抽成真空后，把气相原料如浓度为 0.5—5% 的 CH_4 和氢的混合气体从装置的上部输进反

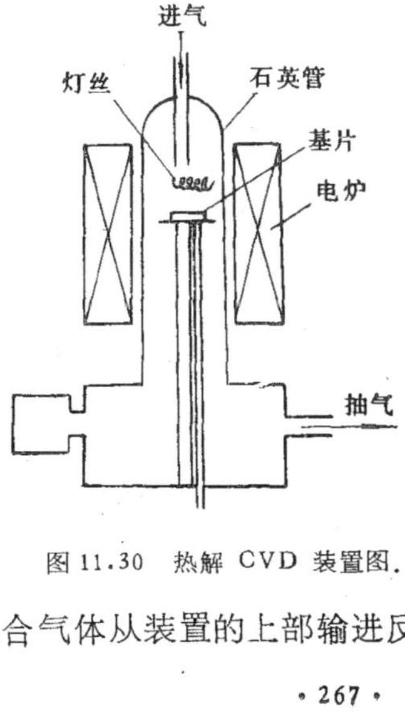

图 11.30　热解 CVD 装置图.

应室钨丝经直流稳压电源加热达 2000℃以上，基片温度为 500—900℃,反应室里的温度为 700—900℃，气压为 1—10^2kPa. 在这样的条件下，基片上外延生长出金刚石多晶薄膜. 实验中还用丙酮和氢混合后输入反应室,选择基片温度等类似前述条件,在基片上获得金刚石多晶薄膜.

实验表明,气相原料甲烷等的浓度、热丝的温度、基片的温度是金刚石多晶薄膜制备技术的主要参数，对膜的生长速率和质量有很大的影响. 生长速率可达 8—10μm/h, 混合气体中各自的浓度范围较宽,反应室的气压范围较大,装置简易,操作方便,能获得质量较高、尺寸较大的金刚石多晶薄膜. 由于生长参数的控制等要求较宽松，便于实现工业化.

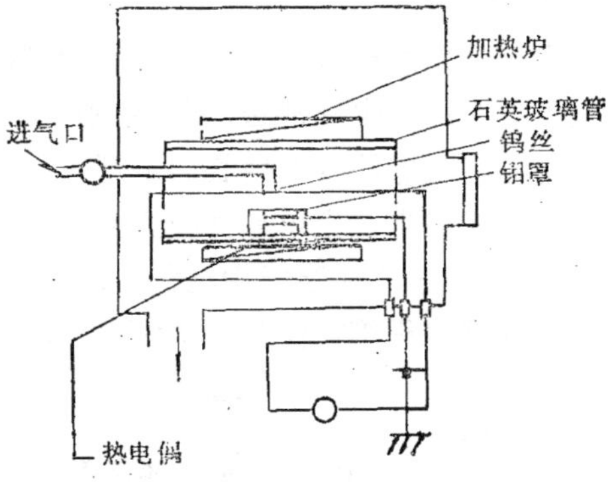

图 11.31 电子增强 CVD 装置图.

对该方法加以改进，在原装置上的基片架和钨丝阴极间加直流电压，加热的钨丝发射的电子在电场作用下轰击阳极基片附近的混合气体. 这样，热解和电子轰击双重作用下，混合气体加速分解产生等离子体,促进基片上外延生长金刚石多晶薄膜. 这种改进的方法称为电子增强化学气相沉积，其装置如图 11.31 所示.

(2) 等离子体化学气相沉积 等离子体 CVD 的基本原理是把气相原料,如甲烷等和氢混合的气体等离子化，分解成 C，H，H_2，CH_3，CH_2 等，形成等离子体. 由于电子能量比离子和中性子高,有各种状态的游离基，促使在基片上沉积出金刚石多晶薄膜. 这种方法包括有直流等离子、微波等子体 CVD 几种.

直流等离子体CVD如图 11.32所示. 实验中以浓度为 0.3%—

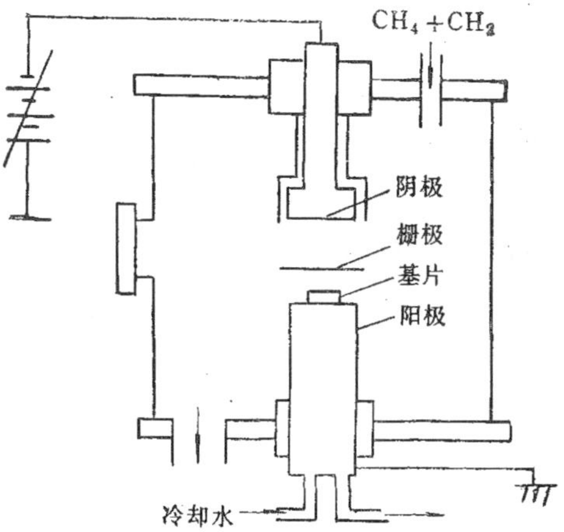

图 11.32　直流等离子体 CVD 装置图.

0.4%的 CH_4 和 H_2 的混合气体作气相原料，输入反应室的气流速度为每分钟 20ml，反应室的气压为 20kPa。在 1kV 和电流密度 $4A/cm^2$ 条件下进行直流放电，基片温度达到 800℃（通过冷却水

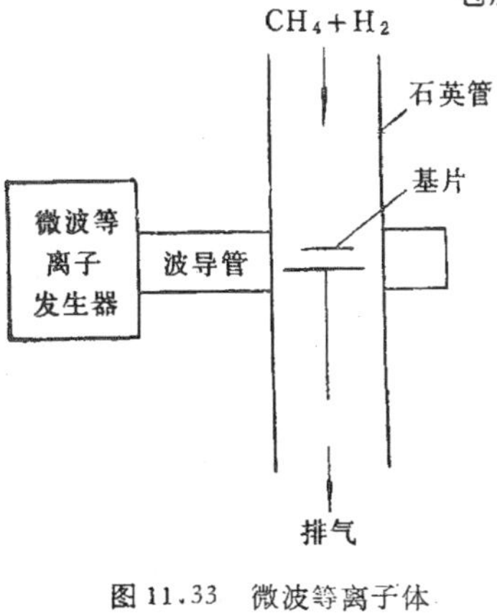

图 11.33　微波等离子体 CVD 装置图.

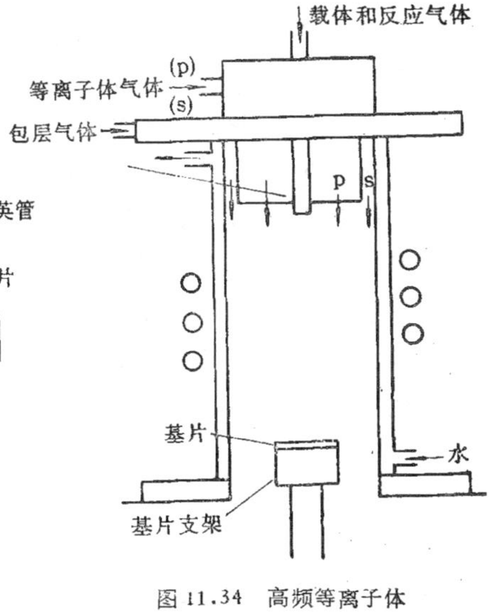

图 11.34　高频等离子体 CVD 装置图.

调节基片温度)，这样基片上就以～20μm/h的生长速率形成结晶良好的金刚石多晶薄膜.

微波等离子体CVD的装置如图11.33所示. 微波通过波导管输入反应室,使甲烷和氢的混合气体发生微波辉光放电,可在基底上以3μm/h的速率形成质量较好的金刚石多晶薄膜. 基底的表面处理对金刚石薄膜的质量影响很大.

高频等离子体CVD的装置如图11.34所示. 以甲烷为气相原料和载流气体氩输入等离子体管内，氩和氢混合气体为包层气体,氩为等离子气体,等离体管用双层石英管制成. 放电时管内气压为常压,基片为钼片,其温度为700—800℃，高频感应加热器的频率为4MHz，功率为60kW. 基片上生长金刚石多晶薄膜的速率为60μm/h. 基片的温度控制比较困难.

(3) *火焰化学气相沉积* 大气压下,燃烧是氧化反应,燃烧的火焰也是一种等离子体. 在碳氢化合物的气体中预先混进适量氧气,燃烧时形成火焰,它分外焰(氧化焰)、内焰(还原焰)和焰心. 火焰CVD的装置如图11.35所示. 基片放在内焰部位，基底下部温度控制在400—1000℃，内焰温度为2000—3000℃. 实验中所用碳氢化合物气体为乙炔(C_2H_2),用氧作助燃气体,按$C_2H_2:O_2=20:17$比例混合,内焰的长度为15—50mm. 内焰中形成的碳和含碳游离基团以生长速率100—180μm/h在基片上沉积出金刚石多晶薄膜. 这种方法的设备简单、操作方便和成本低,有可能进一步发展成为在常压下高速、大面积在异形基片上形成薄膜.

(4) *直流等离子体喷射化学气相沉积* 实验表明，加快金刚石多晶薄膜生长速率与提高氢原子、甲基原子集团和其它激发态原子集团的密度十分有关. 直流等离子体喷射能在较低的高温条件下获得这种高密度的原子及其集团. 直流等离子体喷射CVD装置如图11.36所示. 由石墨(或钨)制成的阴极和阳极构成等离子体输送气相原料管道和喷咀,阳极喷咀的直径约2mm，阳极与阴极的间隔距离约1mm. 气相原料为甲烷和氢气及氩气的混合物，在直流放电作用下喷咀周围处于等离子体状态. 基片采用硅

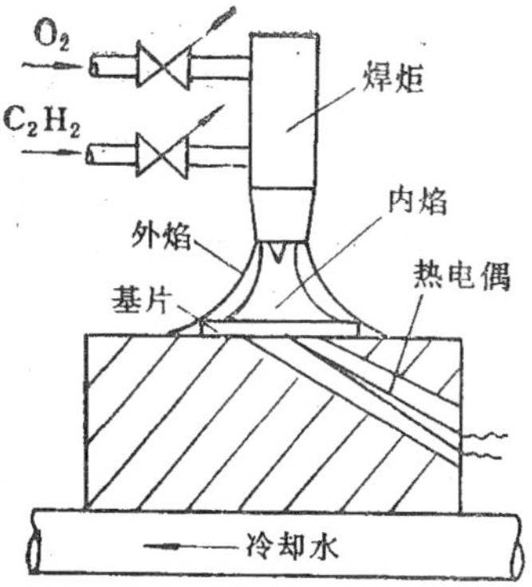

图 11.35 火焰 CVD 装置图.

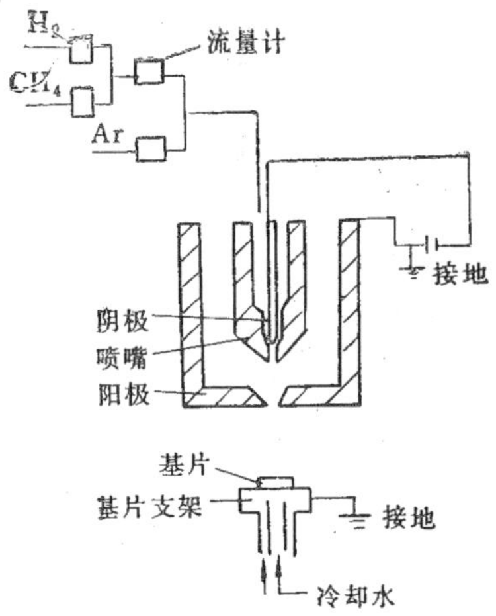

图 11.36 直流等离子体喷射 CVD 装置图.

(或钼、铂、碳化硅和石英玻璃等),基片座用铜制成,焊在通水冷却的同轴不锈钢管上. 喷咀与基片的间距是用不锈钢管的支架机构进行调节的,一般控制在 5—50mm. 基片的温度为 800—1500K. 反应室中的压力为 10—40kPa. 放电电压为 60—90V, 电流为 10—20A. 金刚石多晶薄膜的生长速率可达 1000μm/h,适于超硬材料的涂层和热沉等应用,有待提高的是膜的均匀性要改善.

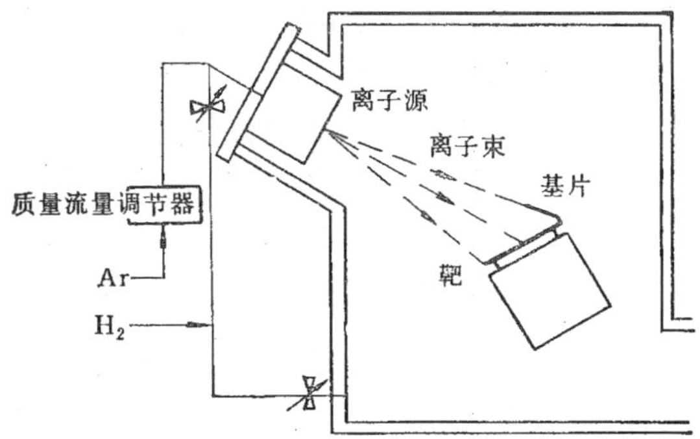

图 11.37 一种离子束溅射沉积装置图.

(5) 离子束溅射沉积　这种方法属于物理气象沉积.图 11.37 示出一种离子束溅射沉积装置图. 石墨靶 5 焊在支架台上，基片 4 处于石墨靶附近，离子源 2 对靶的入射角为 30°. 实验中用氢和氩离子作溅射离子，离子源产生离子的能量为 1200eV，离子电流为 6mA，离子束的直径为 20mm. 基片表面和靶表面的离子流密度分别为0.04mA/cm² 和 1mA/cm²，反应时的气压为5×10^{-8}—20×10^{-8}kPa基片上以 300—400nm/h 的生长速率形成晶形良好、厚度均匀的金刚石多晶薄膜.

11.4.2　金刚石多晶薄膜合成机制及有关问题

在 § 11.2 中分析和讨论了三种方法，包括外延法，人造金刚石的合成机制. 从分析中可以看出，非金刚石结构碳转变为金刚石可发生在固相、熔(液)相和气相等状态,这取决于人造金刚石体系中能量因素的变化. 在该体系吸收一定能量或对该体系作一定功时,有关凝聚态碳源才能趋于和处于激发态,气相碳源吸收一定能量时,其电子才从低能态转移到高能态,趋于或处于激发态，促使碳原子及其集团形成 sp^3 型和其过渡型杂化状态，形成金刚石结晶(成核与生长) 基元. CVD 金刚石多晶薄膜是用加热、放电(等离子体)、激光辐照和其它能源激活所用的反应气体,主要为甲烷和氢气的混合气体(有时还混进氩气),发生化学反应,生成固相金刚石结晶基元沉积在专用的固相基片如硅、钼等表面上形成金刚石多晶薄膜. 这是外延法人造金刚石的一种主要内容.

目前,CVD 金刚石多晶薄膜制备技术已获得重要进展，然而仍没有掌握优质、高效、大面积的金刚石多晶薄膜制备技术. 显然,选择和发展有效技术途径合理处理前述问题,主要取决对这种薄膜合成机制提出的模型和解释的成熟程度. 自这种薄膜获得重要进展以来，人们从不同角度提出其合成机制的模型和解释. 归纳起来为,CVD 采用加热、放电、光辐照等技术是为了离解甲烷成为碳原子和氢原子或甲基(CH_3)自由基和氢原子,这些具有 sp^3 型杂化的碳原子和能相互作用的甲基经氢原子的作用沉积在基片上形成金刚石多晶薄膜. 不难看出,这种模型和解释还不成熟,难以成为选择和发展有效技术途径，从而合理解决前述问题的重要科学依据。现从这种薄膜合成体系中有关凝聚相——气相碳源、气相触媒(催化剂)和固相基片(或称基底、衬底、基板)等的状态、结构、相变和相互作用来简析这种薄膜的合成机制与有关问题。

(1) 气相碳源 CVD 合成金刚石多晶薄膜采用的气相碳源主要是甲烷(CH_4)。实验表明，采用甲醇、乙醇、丙酮、三甲胺等碳、氢和氧或碳、氢和氮等元素组成的有机化合物作气相碳源也获得成功。为了方便起见，以甲烷为例进行简析其合成机制与有关问题。

甲烷分子中的碳原子是具有 sp^3 型杂化状态的，只是它的 4 个键上已同氢原子键合。这大概就是目前一般对 CVD 合成金刚石多晶薄膜模型描述的根据，即 CVD 采用加热、放电等使甲烷离解为碳、氢原子或甲基自由基和氢原子，则碳原子具有 sp^3 型杂化状态就可以成为金刚石结晶基元。然而，这里忽视了一个重要问题，即在甲烷充分离解后或仅离解为甲基自由基时，碳原子能保持 sp^3 型杂化状态的弛豫时间是凝聚相(固、液、气)中最短的一种，约 10^{-8}s 数量级，极易转变为 sp^2 型杂化状态，因此难以形成金刚石结晶基元。可见，甲烷分子中碳原子能形成金刚石结晶基元的条件是必须同时满足：(i)氢原子离开碳原子的 4 个键，碳原子出现 4 个悬键，保持 sp^3 型杂化状态;(ii)碳原子保持这种杂化状态有足够的弛豫时间。显然，气相碳原子的激发态不可能有足够的弛豫时间来形成金刚石结晶基元的，只有借助形成中间(过渡)态的作用才有可能处理这样的矛盾。一种是甲烷分子和接受一定能量作用后的未离解的甲烷分子及其集团，经过合适的固相基片表面反应，脱氢和碳原子由气相→固相，随后成核和生长。另一种是前述的甲烷分子及其集团同氢原子或氧原子等形成多种中间态的分子及其集团，经过合适的固相基片表面反应，脱氢和碳原子由气相→固相，随后以此处成核和生长。在这类甲烷分子及其中间态分子和集团中碳原子和其 4 个键上的氢原子有不同程度的松动，仍保持 sp^3 型或其过渡型杂化状态，并有足够的弛豫时间同固相基片

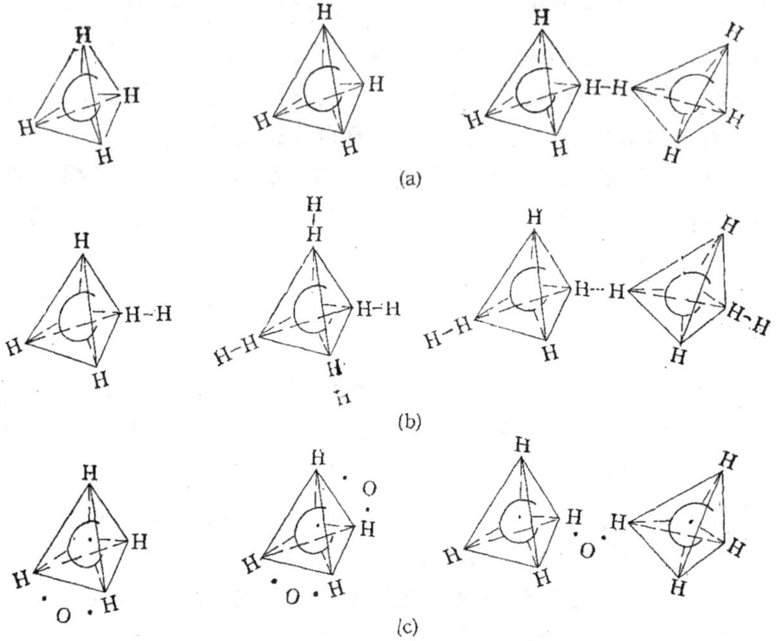

图 11.38　几种典型的气相甲烷分子及其中间状态分子和集团.

表面发生反应. 几种典型的气相甲烷分子及其中间状态的分子和集团，例如图 11.38 所示. 在不同能量作用下并保持碳-氢不断键时，甲烷中碳-氢可有相应的松动或氢原子有相应的偏离，图 11.38(a) 示出只以 CH_4(包括 CH_4^+—有一定程度的松动状态) 和 $(CH_4)_2$表示其可能出现的一些典型的变化. 甲烷同氢原子可以形成多种中间态分子和集团，图 11.38(b)示出以 $H\cdot CH_4$到 $4H\cdot CH_4$ (包括 $2H\cdot CH_4$ 和 $3H\cdot CH_4$)和 $2H\cdot(CH_4)_2$ 简单表示其可能出现的一些典型状态. 甲烷同氧原子亦可形成多种中间态分子和集团，图 11.38(c) 示出以 $CH_4\cdot O$ (或 CH_3OH)，$CH_4\cdot 2O$ 和 $(CH_4)_2\cdot O$ 等显示其可能出现的一些典型变化. 显然，甲醇、乙醇等作气相碳源时也会按前述要求的原则以中间态分子和集团到固相基片发生反应，脱氢和碳原子由气相→固相，并以此固相碳原子的悬键同这些中间态分子和集团反应，脱氢和碳原子由气相→固相及键合、成核、生长.

(2) *固相基片* 气相外延法人造金刚石多晶薄膜是在金刚石亚稳区进行的，一般来说金刚石的生成概率很小. 虽然可以通过非平衡反应等方法来增大金刚石的生成概率，但实验表明，具有 sp^2 型杂化状态的碳原子及其集团在固相基片表面上成核和生长远比金刚石要容易得多. 这说明在基片上，既便在同质的金刚石基片上，金刚石的临界成核功比石墨大得多，尤其在理想的光滑基片表面上就更为如此. 在这样的条件下，金刚石的成核和生长是有难度的，要形成金刚石多晶薄膜和单晶薄膜就更有难度. 从降低金刚石临界成核功角度，即界面结构-点阵结构和电子结构匹配，金刚石基片表面接受金刚石结晶基元成核和生长是十分有利的. 然而，在 CVD 合成金刚石多晶薄膜中的金刚石结晶基元均属在(1)中所述的中间态分子和集团，甲烷也是其中之一，并不是直接的结晶基元，因此这些中间态的间接结晶基元同基片结构匹配问题显然有所不同，这里存在由间接转变为直接结晶基元的问题. 此外，用金刚石作基片的加工难度大，单晶金刚石作基片的面积不可能大，且成本高，这就在实际工作中采用非金刚石的异质固体作基片的选择对象.

采用非金刚石固相基片，既要考虑这些中间态分子和集团，还要考虑间接转变为直接的金刚石结晶基元对基片表面的结构匹配或接触(浸润)角的变化. 这样，才能降低两者界面势垒和金刚石的临界成核功. 有下述三种典型情况是值得重视的:

(i) 所用固相基片表面上直接或通过初期反应后出现悬键，例如单悬键和双悬键，可以吸附甲烷及其中间态分子和集团——金刚石间接结晶基元，经过脱氢和碳原子同基片上出现的悬键键合(共价键或过渡型)，由气相碳→固相碳，随即以此固相碳原子其余在气相中的悬键和带氢的松动悬键捕获气相碳源，同样发生脱氢和键合反应. 在各种结晶基元浓度、过饱和度、结晶基元尺寸、温度、时间及其起伏等条件下，可能以这种方式成核和生长成金刚

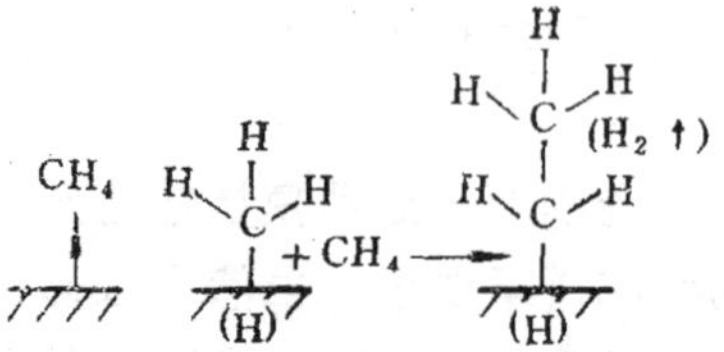

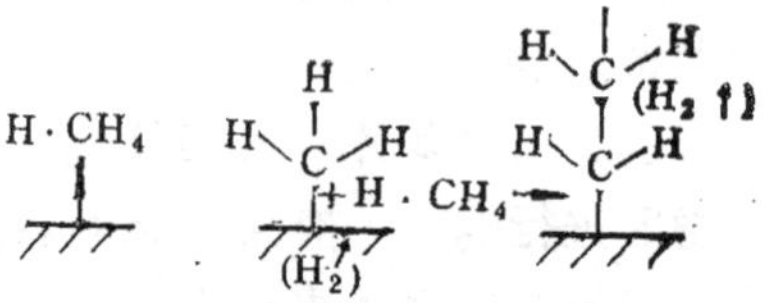

图 11.39 基片上单悬键吸附 CH_4 反应与金刚石成核.

图 11.40 基片上单悬键作用下 $H\cdot CH_4$ 中间态分子的反应示意图.

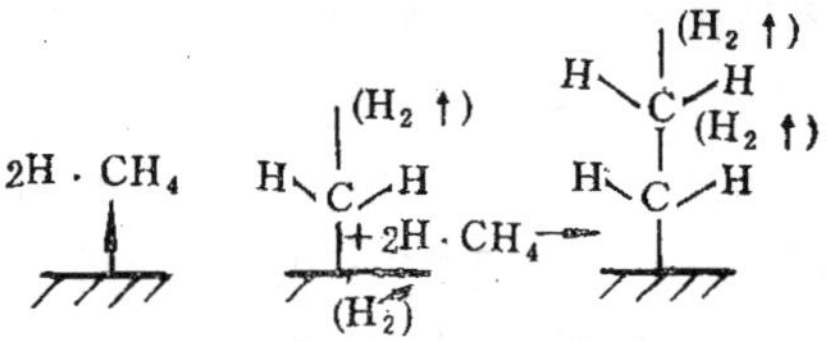

图 11.41 中间态分子 $2H\cdot CH_4$ 在单悬键吸附时的反应示意图.

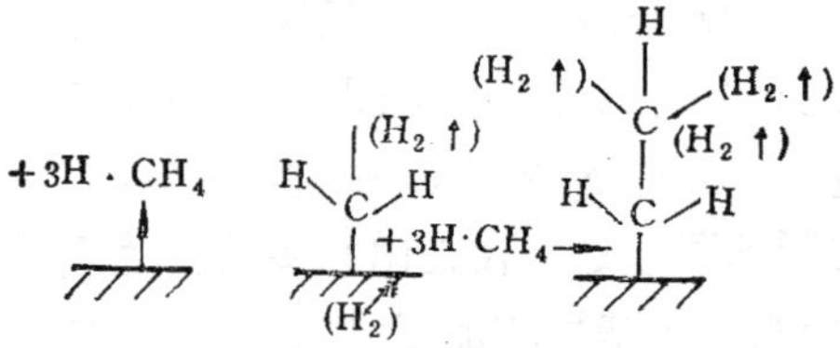

图 11.42 基片上单悬键吸附 $3H\cdot CH_4$ 时的反应示意图.

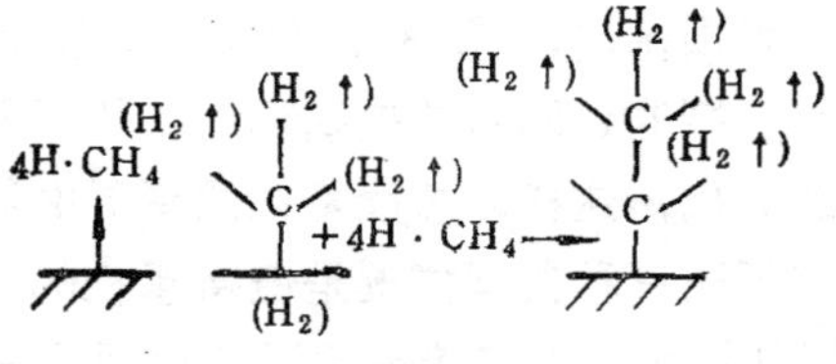

图 11.43 基片上单悬键时中间态 $4H\cdot CH_4$ 反应示意图.

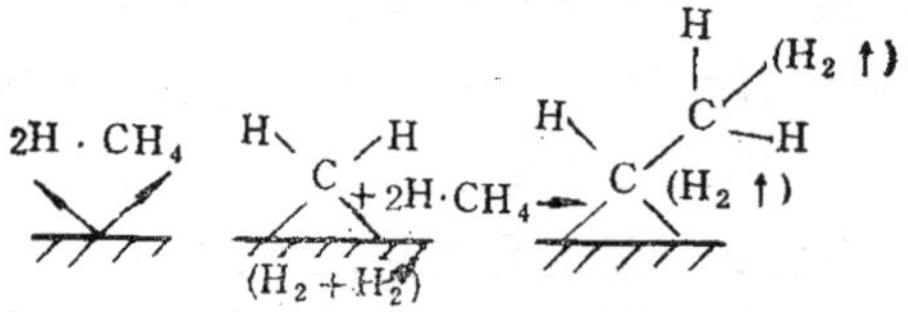

图 11.44 基片上双悬键时 $2H\cdot CH_4$ 反应示意图.

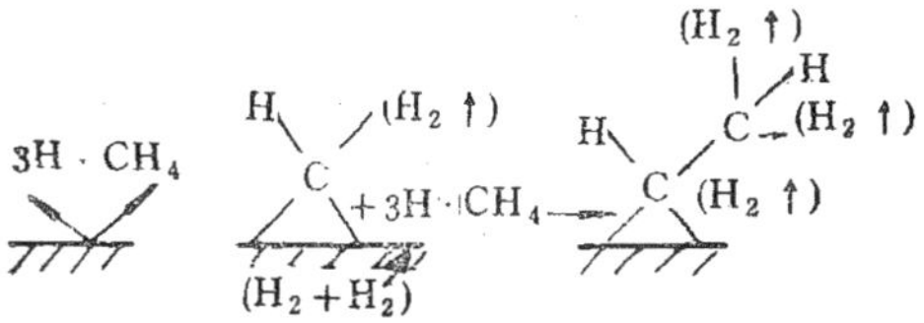

图 11.45　基片上双悬键时 $3H\cdot CH_4$ 反应示意图.

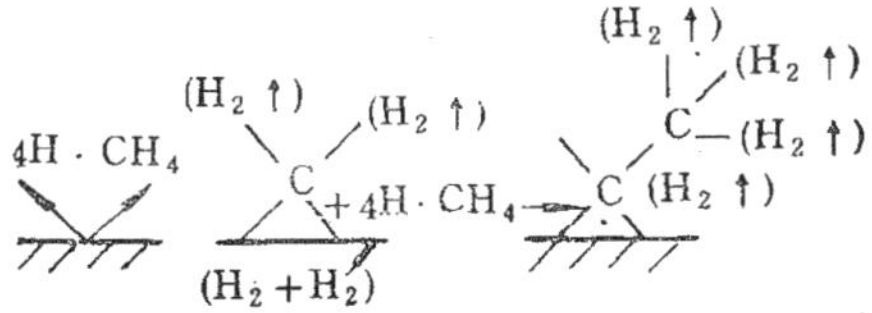

图 11.46　基片上双悬键作用下 $4H\cdot CH_4$ 的反应示意图.

石多晶薄膜. 图 11.39 至图 11.46 示出基片上出现单、双悬键吸附一些典型的甲烷及其中间态分子和集团，并发生脱氢和键合反应(包括金刚石成核、生长). 实际上,固体基片表面存在着由各种缺陷造成的永不消失的台阶,有利于出现悬键,便于吸附，但由于气相碳源对这些悬键的方向和电子数有一定的选择性，键合反应有一定局限性. 如果单纯考虑固相基片自体出现有利的悬键，则可选择以下的一些材料: (a) 能同碳形成简单或复杂的可变组分的间隙相碳化物如过渡元素第 IV_B, V_B, VI_B 族中的金属 Mo, W, Ti 等;(b)能同碳形成简单或复杂的可变组分的填隙相固溶体如过渡族元素第 VIII 族中的金属 Ni, Pt 等; (c)同金刚石点阵结构有相似关系和在电子结构方面类似如 Si 和氮硼化合物等. 至于在基片表面上先形成过渡层,还是直接同中间态气相碳源反应,或两者协同进行，这取决于吸附、键合、成核和生长时所处的条件 (浓度、过饱和度、温度等)及其起伏. 这也是 Si 基片上在有的实验中观察到碳化物过渡层，而有的实验中并未观察到的重要原因. 可望在进一步开展界面状态的观察和测试研究工作的基础上，获得有意义的信息.

(ii) 在前面 (i) 中提及的基片表面在 CVD 中先吸附氢原子(由氢气离解成的氢原子)，并在表面上形成单悬键群. 这样间接(甲烷及其中间态分子和集团)和直接(碳原子气相一固相)的金刚石结晶基元对基片表面的界面势垒和金刚石临界成核功等都可以降低得远比(i)中提及的基片表面的要多。图 11.47 至图 11.50 示出基片表面吸附氢原子产生的单悬键吸附若干典型甲烷及其中间态分子和发生脱氢、键合等反应。同样的道理,由氧原子吸附在

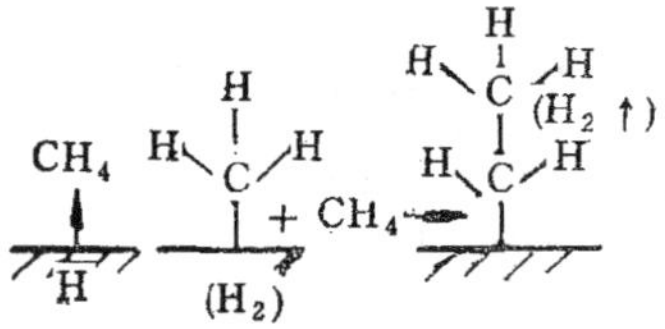

图 11.47 基片上氢原子单悬键时 CH_4 的反应示意图.

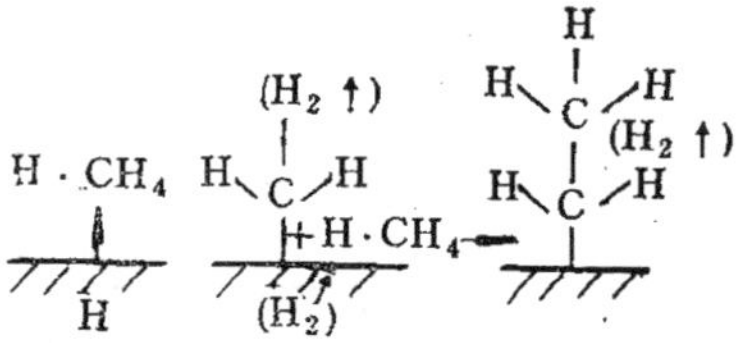

图 11.48 基片上氢原子单悬键时 $H\cdot CH_4$ 的反应示意图.

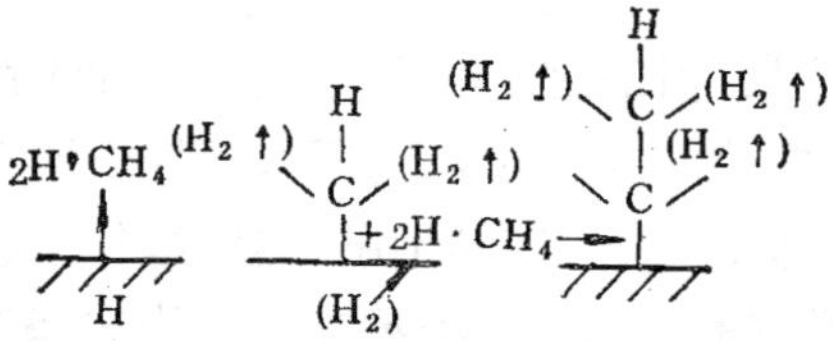

图 11.49 基片上氢原子单悬键作用下 $2H\cdot CH_4$ 的反应示意图.

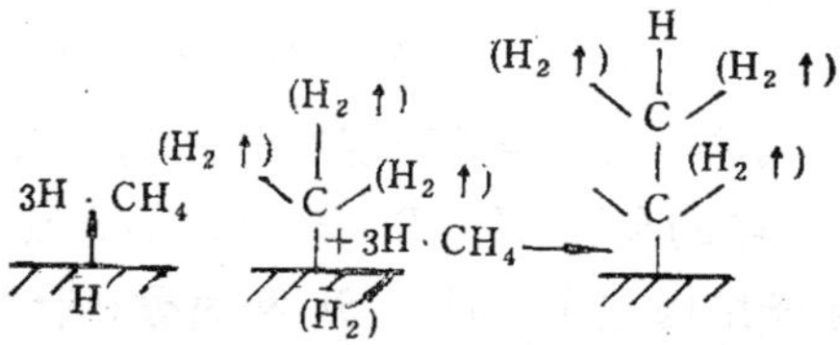

图 11.50 基片上氢原子单悬键作用下 $3H\cdot CH_4$ 的反应示意图.

基片表面上可以形成具有相互成～106° 的双悬键群。图 11.51 至图 11.54 示出 $CH_4\cdot O$ 在基片表面上吸附氧原子产生的双悬键作用下脱氢、成键,并在 $H\cdot CH_4$-$4H\cdot CH_4$ 参予下成核和生长示意图。事实上图 11.39 至图 11.50 中都可以有类似图 11.51 至图 11.54 的情况,即一种中间态分子在基片表面上形成固相碳原子键合后,可以由另一种中间态分子在此固相碳原子的其它的悬键或

带氢的松动键发生脱氢、键合反应。图 11.55 至图 11.57 就简举例子示意。

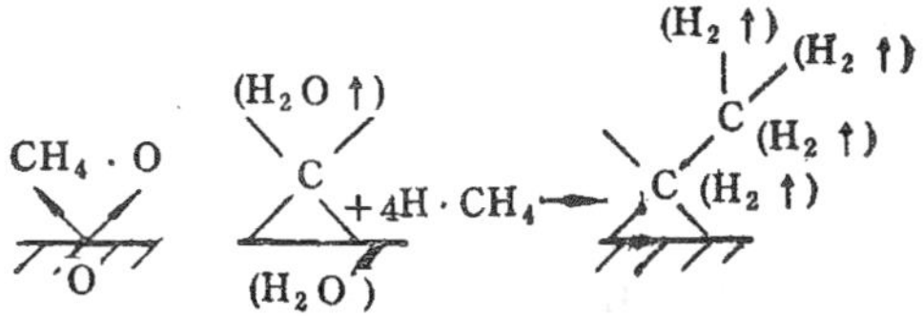

图 11.51　基片上氧原子双悬键和 4H · CH_4 参予下中间态 CH_4 · O 的反应示意图.

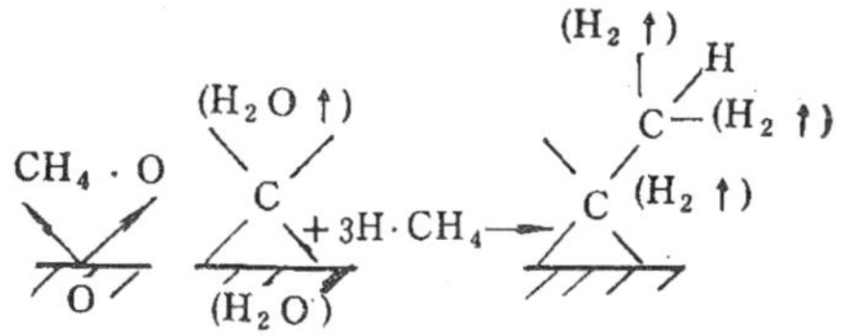

图 11.52　基片上氧原子双悬键和 3H · CH_4 参予下 CH_4 · O 的反应图 .

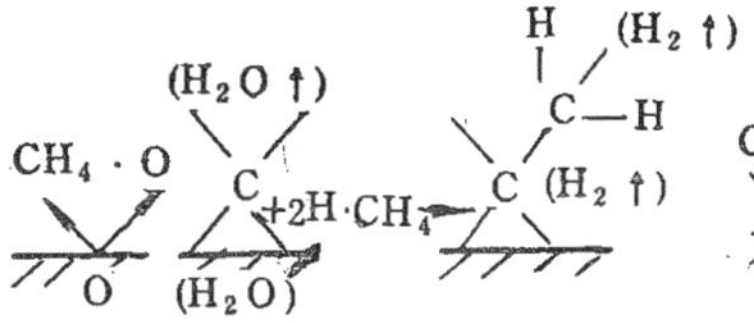

图 11.53　基片上氧原子双悬键和 2H · CH_4 参予下 CH_4 · O 的反应图.

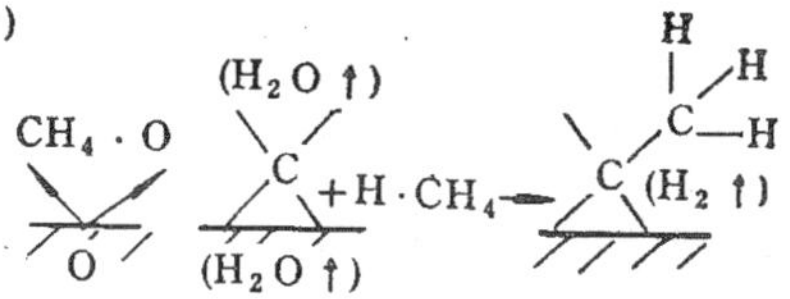

图 11.54　基片上氧原子双悬键时 CH_4 · O 和 H · CH_4 参予金刚石成核示意图.

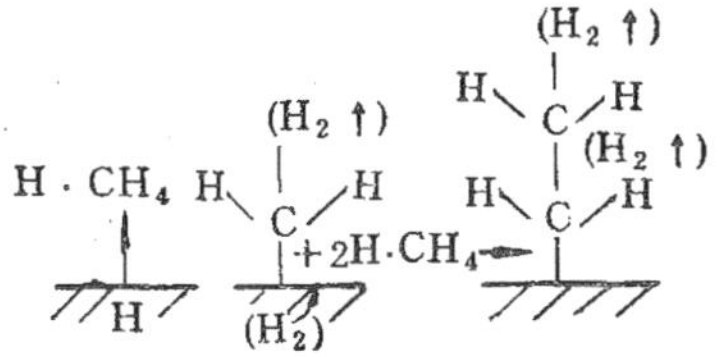

图 11.55　基片上氢原子单悬键和 2H · CH_4 参予下 H · CH_4 的反应图.

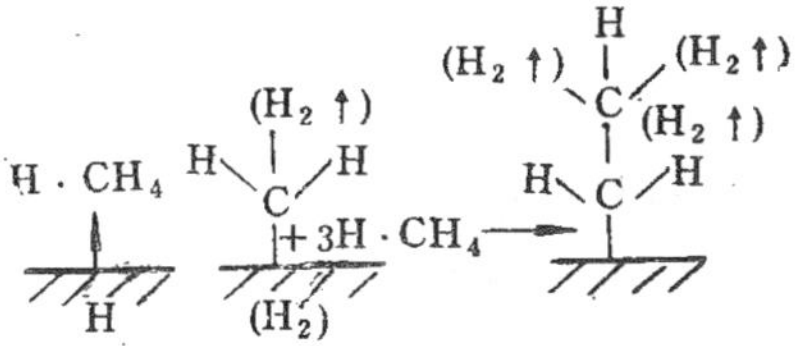

图 11.56　基片上氢原子单悬键和 3H · CH_4 参予下 H · CH_4 的反应示意图.

（3）气相触媒　从前面对气相碳源和固相基片的简要剖析中已可看出，氢原子和氧原子对 CVD 金刚石多晶薄膜起的特殊作用，就以氢原子为例，足以说明其作用是十分显著的。

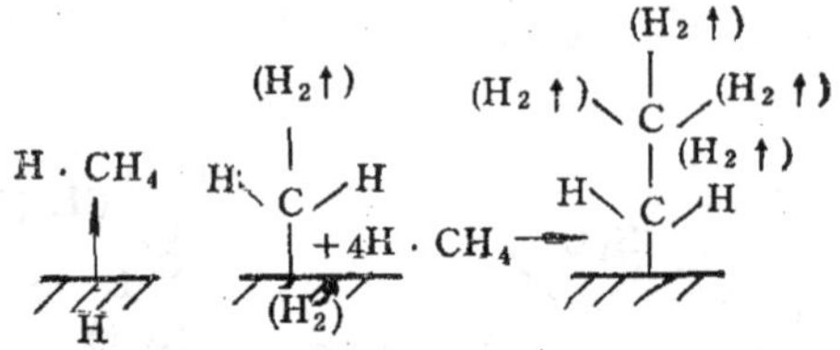

图 11.57 基片上氢原子单悬键时 4H·CH₄ 参予下 H·CH₄ 的反应示意图.

(i) 氢原子同碳形成的甲烷中，使得碳原子在金刚石亚稳区保持 sp^3 型杂化状态，其弛豫时间足够达到固相基片表面.

(ii) 氢原子同甲烷可以形成多种中间态的气相分子和集团，既促使碳-氢键松动，又使碳原子处于或趋于 sp^3 型及其过渡型的杂化状态，其弛豫时间足够达到固相基片表面.

(iii) 氢原子同固相基片表面形成吸附层，降低气相碳源-固相基片的界面能，有利于固相基片表面吸附气相碳源，加速气相碳源脱氢和碳原子气相→固相.

(iv) 氢原子实际上成了输送具有 sp^3 型及其过渡型杂化状态的碳原子到气相→固相碳原子的悬键或带氢原子的松动键上脱氢、键合、成核、生长.

(v) 氢原子同非金刚石结构的固相碳(如石墨)和气相碳（如多碳烃)转化为甲烷，增大气相碳源的浓度.

上述作用同熔媒法人造金刚石中所用的触媒具有类似功能，故称氢原子为气相触媒. 氧原子也具有类似作用，只是表现的方面有差异，可归纳进气相触媒，也可分到气相触媒添加剂范围里.

(4) 成核理论　按经典热力学理论可知，由气相中成核时，金刚石结晶基元的体自由能变化 ΔG_v 降低. 由于金刚石结晶基元同气相间形成了界面（或称表面)，所以还应考虑界面能（表面能)的变化. 对于在固相基片表面上成核，还要考虑金刚石结晶基元同固相基片，和气相同固相基片间的界面能问题. 这样，就可以参照式(11.23)—(11.36)，从原子统计模型来讨论有关 CVD 金刚石多晶薄膜的成核问题，包括这种晶核的临界值 n^*、成核速率 I

和生长速率 R 等问题. 显然，气相外延法人造金刚石多晶薄膜的成核、长大是遵守一般晶体生长和其它方法人造金刚石的共性规律. 至于它的特殊性主要表现在可以形成结晶基元的碳源方面. 例如 (i) 气相碳源在一定能量和气相触媒同时作用下，出现含有 sp^3 型碳原子及其集团的多种具有松动键的中间态气相分子及其集团；(ii) 气相碳源在一定能量作用下离解出 sp^3 型碳原子并随后可能组成的原子集团，在其弛豫时间内受气相触媒反应为多种具有松动键的中间态分子及其集团；(iii) 气相碳源离解出的并在弛豫时间内到达基片表面的 sp^3 型原子及其集团. 这些含碳的中间态气相分子及其集团和碳原子及其集团到达受气相触媒反应出现悬键群的基片表面上，通过相互作用形成固相的金刚石结晶基元. 这种特殊性正是可以说明为什么在金刚石亚稳区内采用气相外延法是能够稳定地合成出多晶薄膜的现象. 从另一个角度看，这种方法人造金刚石体系中在一定能量作用下出现高浓度的气相触媒,这种原子态的气相触媒是很不稳定的,其转变为分子态的吉布斯自由能是远小于零的. 从局部看，石墨直接转变为金刚石的吉布斯自由能是大于零的，然而由于气相触媒的存在及其浓度很高，使整个体系的吉布斯自由能小于零. 这种非平衡体系中有关凝聚相的特殊相互作用,保证着稳定合成出金刚石多晶薄膜.

(5) *有效合成技术途径的有关问题* 在前面分析气相外延法人造金刚石的特殊性基础上，不难看出图 11.58 示出的线路表示出一种有效合成技术的重要途径. 这对探索和研究优质、高效、大面积金刚石多晶和单晶薄膜是十分有意义的.

人造金刚石在实验室获得成功的历史,至今已约有40年了. 人们通过对人造金刚石的基本原理与合成机制等不断深入的研究，为探索新物质、新材料提供着有价值的信息与途径,先后合成出立方氮化硼[115]、重水晶、十二硼化铝、碳化四硼、铌三硅[116]、三硫化铌[118]等几十种新物质，生长出宝石级大颗粒单晶金刚石、研制成大颗粒多晶金刚石[121]及其复合体、制备出较大面积的多晶薄膜金刚石. 迄今为止,能作为新材料并作为工业发展的主要仍是人造金

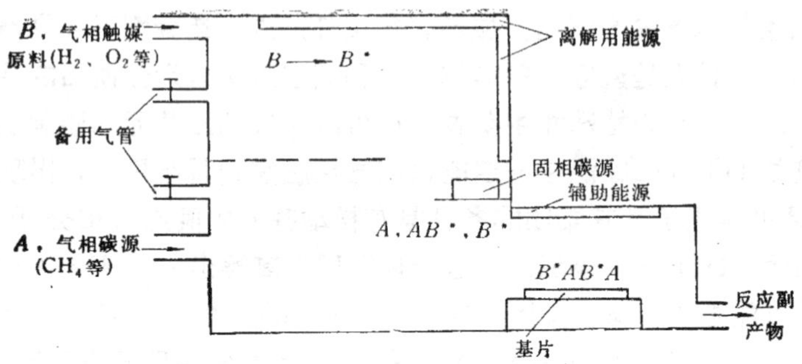

图 11.58　金刚石多晶薄膜的一种有效合成技术线路示意图.

刚石．这些对于进一步实现全面代替天然金刚石和普通人造金刚石等超硬材料提供重要的物质基础和新的途径．在人造金刚石研究、开发、生产的推动下，以人造金刚石为主体的超硬材料科学与工程正在世界范围内兴起，不断在高科技和传统工业中越来越发挥着重要作用；三维大体积多级多压砧和微型金刚石对顶压砧容器等静态高压高温技术有了长足的发展[70,119]，从而可进行极端条件下物质相变及其光学显微观察、X 射线结构分析、拉曼散射、吸收光谱、放射衰变、电学性质、超导电性等实验研究，在局部范围内进行金属氢、金属碳和深部地球构造等有关的模拟实验研究[120-122]．

在长期的实践活动中，人们发现金刚石的硬度(或耐磨性)同其晶面类型、结晶方向、含氮等杂质状态十分密切．同时也意识到具有一定结构的氮-硼化合物有着较高的硬度．因此人们早就寻找具有相当或高于金刚石硬度的碳-氮-硼等二元和三元化合物．近 10 多年来，分辨不同状态下各种结构与总能量的第一性原理(ab-initio)计算质量达到新的水平．采用赝势与总能量的理论物理计算可以得到凝聚物质的基态结构特征，也可以得到相应激发态的有关特性．对于大多数固体物质，只要知道其组成晶体有关元素的原子序数和原子量，就可以求出其点阵常数、体弹模量、结合能、声子谱、声子-电子耦合常数和能带结构．Cohen 运用第一性原理和半经验模型计算出 β-C_3N_4 的键长、结合能等参数，推导出共价物质(化合物)体弹模量同键长 $d(A)$、离化率的关系式并求出β-C_3N_4的体弹模量 B(GPa). 在此基础上预言这种二元化合物是一种相当或可能高于金刚石硬度的新材料[123-125]. 近年来,采用载能束(离子束、激光束等及其组合)技术的合成样品中,测出非晶 CN 薄膜内存在的微晶体具有 β-C_3N_4 的衍射谱线,有了长足的进展,正在不断改进合成技术与实验中. 对$B_xC_yN_z$和C的纳米管进行了一定的实验和理论研究,试图获得这种超硬纳米管,并把它们装进一定的封闭空间里, 以组成各种高体弹模量体系的物质.

在长期的实验工作中, 人们发现金刚石多晶体比单晶体具有更高的耐磨性和抗冲击强度. 人们也发现不同类型的多晶体还在热导率、电学等方面有差异,甚至很大的不同. 因此, 若能获得单晶和多晶金刚石组织、结构优势特点为一体的超硬材料,则将是一种新型超硬结构材料,也是一种高级超硬功能材料. 近多年来,多元体系中有关凝聚相界面结合理论有了根本性的进展[125,126], 为探索具有特种界面结合状态的人造金刚石等超硬多晶体, 其中包括透明和半透明的多晶体, 提供深层次的科学依据(或判据)和有效技术途径,受到国际上有关科技界和工业界的重视.

随着不断深入研究极端条件下凝聚物质的原子排列、电子结构、晶体结构、界面结构等变化, 人们对于探索超硬、高强度、高热导、耐高温、耐腐蚀、抗辐射、高温超导电性、特种光学等新型高级材料将开拓一条高效的人工合成途径.

参 考 文 献

[1] S. Tennant, *Phil. Trans.*, **87**, 123(1797).

[2] C. R. Moissan, *Acad. Sci.*, Paris, **116**, 220(1893); **118**, 320(1894);**123**, 206(1896); **140**, 277(1905).

[3] F. P. Bundy, et al., *Press Release*, USA, 2(1955); H. P. Bovenkerk, et al., *Nature*, **184**, 1094(1959).

[4] H. Liander, *ASEA Journal*, **28**, 97(1955); H. Liander, E. Lundblad, *Arkivforkemi*, **16**, 1939(1960).

[5] 何寿安、沈主同等,物理学报,**26**(2),100(1977).

[6] 张克从、张乐潓主编,晶体生长,科学出版社, 564,562—606, 606—621, 622—638(1981);全国第三届晶体生长会议论文详细摘要集,下集,中国物理学会,213—225(1964).

[7] 沈主同，物理，**3**(3)，164(1974)；超硬材料与工程，2，2(1994)；工业金刚石通讯，4，1(1994).
[8] 沈主同、经福谦，物理，**18**(9)，525(1989).
[9] H. M. Strong, R. M. Chrenko, *J. Phys. Chem.*, **75**, 1838(1971); R. H. Jr. Wentorf, *J. Phys. Chem.*, **75**, 1833(1971).
[10] F P, 2074520, 2075095; H. T. Hall, *Science*, **169**, 868(1970).
[11] 中国科学院物理所六〇一组、桂林冶金地质所、首钢地质勘探队，物理，**3**(3)，133(1974).
[12] 沈主同，高压物理学报，**增刊**，1(1990)；高压物理学报，**3**，1(1987). 科学报，1987年4月28日；冶金报，1991年8月27日.
[13] Б. В. Дерягин, и др., *ДАН СССР*, **21**, 676(1976).
[14] A. E. Goresy, G. Donnay, *Science*, **161**, 363(1968); В. И. и др. Касаточкин, *ДАН СССР*, **177**, 358(1967).
[15] E. A. Rohlfing, et al., *J. Chem. Phys.*, **81**, 3322(1984); D.H. Parker, et al., *J. Am. Chem. Soc.*, **113**, 7499(1991).
[16] W. V. Smith, et al., *Phys. Rev. Letters*, **2**, 39(1952).
[17] В. И. Михеев, Рентгенометрический определитель минералов, М. Госгеолтехиздат, 868(1957).
[18] R. Mykolajewycz, et al., *J. Appl. Phys.*, **35**, 1773(1964).
[19] F. P. Bundy, J. S. Kasper, *J. Chem. Phys.*, **46**, 3443(1967).
[20] ASTM, Powder diffraction file, 1973/Joint Commitee on powder diffraction, Standards 1601 Park Lane, Swarthmore, Pa, USA (1973); Миркин, Л. И., Справочник по рентгеноструктурному анализу поликристаллов, М. Физматгиз, 863(1961).
[21] Свойства конструкционных материалов на основе углерода, Справочник/Под ред. Соседов, В. П., М. Металлургия, 335(1975).
[22] В. И. Касаточкин, и др., *ДАН СССР*, **209**, 388(1973); *ДАН СССР*, **214**, 887(1974).
[23] H. P. Bovenkerk, Progress in Very High Pressure Research, 58(1961).
[24] Ю. Л. Орлов, Морфология алмаза, -М.:Наука, (1963).
[25] Ю. Л. Орлов, Минералогия алмаза, -М.:Наука, (1973).
[26] R. Berman, *Phys. Properties of Diamond*, **274**, (1965); G. S. Woods, *Phil. Mag.*, **23**, 473(1971); *Diamond Research*, **25**(1973).
[27] The Properties of Diamond, ed. by J. E. Field, Academic Press, London, New York, San Francisco (1979).
[28] Физические свойства алмаза, под. ред. новикова, Н. В., Киев Наукова думка (1987).
[29] R. Berman, M. Martine, *Diamond Rev.*, **1**, 10(1976); E. A. Burgemeister, C. A. J. Ammerlaan, *Phys. Rev.*, **B21**, 2499(1980).
[30] S. A. Solin, A. K. Ramdas, *Phys. Rev.*, **B1**, 1687(1970).
[31] C. Herring, *Phys. Rev.*, **57**, 1169(1940); F. Herman, *Phys. Rev.*, **88**, 1210(1952); L. Kleinman, J. C. Phillips, *Phys. Rev.*, **116**, 880(1959).
[32] 沈主同，科学通报，**10**，457(1974)；物理，**6**，243(1977).
[33] 沈主同，物理，**15**，752(1986).

[34] F. D. Rossini, R. S. Jessup, *J. Res. Nat. Bur. Stand.*, **21**, 491(1938).
[35] О. И. Лейпунский, *Успехи химии*, 8, 1520(1939).
[36] R. Berman, F. Simon, *Z. Elektrochem.*, **59**, 333(1955).
[37] F. P. Bundy, *Science*, **137**, 1057(1962).
[38] 沈主同等,高压物理学报,**3**,1(1987);高压物理学报,**2**,104(1988).
[39] Shen Zhutong, *Materials Science and Engineering A*, **209**, 30 (1996).
[40] B. J. Alder, J. C. Jamieson, *Science*, **133**, 367(1961).
[41] Л. Ф. Верещагин, и др., *Письма в ЖЭТФ*, **16**,382(1972); *Письма в ЖЭТФ*, **17**, 422(1973).
[42] P. S. DeCarli, J. C. Jamieson, *Science*, **133**, 1821(1961).
[43] F. P. Bundy, *J. Chem. Phys.*, **38**, 631(1963).
[44] A. A. Giardini, J. E. Tyings, *Amer. Miner.*, **47**, 1393(1962).
[45] Ю. А. Литвин, *Изв. АН СССР*, Неорг. Матер., **4**, 175(1968).
[46] S. K. Dickenson, AD 717691.
[47] 若槻雅南,炭素,**57**,204(1969).
[48] R. H. Jr. Wentorf, *Advance in Chem. Phys.*, **46**, 3437(1967).
[49] H. M. Strong, *J. Chem. Phys.*, **39**, 2057(1963).
[50] Г. Б. Бокий, и А. И., Волков, *Кристаллография*, **14**, 147(1969).
[51] K. Lonsdale, et al., *Miner. Magazine*, **32**, 185(1959); H. J. Milledge, *Science Progress*, **51**, 540(1963).
[52] Л. Ф. Верещагин, и др., *ДАН СССР*, **162**, 1027(1965); Л. С. Палатник, и Л. И., Гладких, *ДАН СССР*, **200**, 89(1971).
[53] F. P. Bundy, *Nature*, **24**, 116(1973); R. H. Jr. Wentorf, Advances in High-Pressure Research, 249(1974).
[54] 沈主同等,科学通报,**26**,1487(1981);*Science Bulletin*, **28**, 24(1983); 物理,**12**,155(1983).
[55] 沈主同等,第二届全国高压学术讨论会缩编文集,中国物理学会,24(1983年); Proceedings of the 2nd National Symposium on High Pressure (Digests), Chinese Physical Society, 41(1983).
[56] 沈主同,人工晶体,**15**,288(1986).
[57] Shen Zhutong et al., *Physica*, **139&140B**, 642(1986).
[58] 沈主同,高压物理学报,增刊,1(1990); *Chinese Journal of High Pressure Physics*, Supplement, 71(1990).
[59] 李晨曦等,物理学报,**39**,861(1990).
[60] W. G.Eversole, USP 3,030,187; USP 3,030,188.
[61] J. A. Brinkman, et al., USP 3,142,539; USP 3,175,885.
[62] Б. В. Дерягин, и др., *ДАН СССР*, **190**, 86(1970).
[63] E. W. Fullman, FP 2,025,100; DOS 1,959,769.
[64] Modern Very High Pressure Techniques, ed. by Wentorf, R. H. Jr., (1962).
[65] Д. С. Циклис, Техника физико-химических исследований при высоких и сверхвысоких давлениях, 108—114 (1965).
[66] C. C. Bradley, High Pressure Methods in Solid State Research(1969).
[67] H. T. Hall, Adv. Pap., Symposium on the Accurate Characterization

of the High Pressure Environment, NBS, 313(1968).
[68] H. G. Drickamer, *Rev. Sci. Instr.*, **41**, 1667(1970).
[69] M. Kumazawa, *High Temp.-High Press.*, **3**, 243(1971); **4**, 293(1972).
[70] 沈主同等，高压物理学报，增刊，6(1990)；*Chinese Journal of High Pressure Physics*, Supplement, 79(1990); 李家玲等，物理学报，**24**，301(1975).
[71] 若槻雅男，高压物理学报，增刊，1(1993)；*Chinese Journal of High Pressure Physics*, Supplement, 102(1993).
[72] H. M. Strong, R. E. Hanneman, *J. Chem. Phys.*, **46**, 3668(1967).
[73] DOS 2,236,451.
[74] L. G. Khvostantsev, A. P. Novikov, *High Temp.-High Press.*, **9**,637 (1977).
[75] Г. Н. Безруков, и др., *Синтет. алмазы*,140(1976).
[76] Н. Ф. Кирова, и др., *Алмазы и сверхтвердые материалы*, **2**, 17 (1976).
[77] П. Г. Черемиской, и др., *Синтет. Алмазы*, **5**, 16(1977).
[78] Я. А. Калашников, и др., *ДАН СССР*, **172**, 76(1976).
[79] Е. Н. Яковлев, и др., *ДАН СССР*, **185**, 555(1969).
[80] 张卫平等，物理学报，**26**，79(1977).
[81] 刘世超等，物理学报，**26**，100(1977).
[82] 沈主同等，理物学报，**27**，344(1978).
[83] 沈主同等，物理，**8**，497(1979).
[84] 程月英等，物理学报，**29**，1507(1980).
[85] 沈主同等，科学通报，**25**，111(1980); *Science Bulletin*, **25**, 378(1980).
[86] 沈主同等，硅酸盐学报，**10**，204(1982).
[87] Shen Zhutong et al., Materials Research Soc. Symp. Proceedings,**22**, High Pressure in Science and Technology, Proceedings of the 9th AIRAPT International High Pressure Conference, Part III, 215 (1984).
[88] 沈主同等，第二届全国高压学术讨论会缩编文集，中国物理学会，18(1983)；Proceedings of the 2nd National Symposium on High Pressure (Digests), Chinese Physical Society, 30(1983).
[89] 孙连锋等，高压物理学报，增刊，17(1990).
[90] 李尚劼等，高压物理学报，**6**，192(1992).
[91] BP 1,115,650; USP 3,399, 254.
[92] И. Н. Францевич, и др., *Порошковая Металлургия*, **9**, 81(1978).
[93] Л. В. Дльтшулер, и др., *ФТТ*., **1**, 728(1974).
[94] 王金贵，高压物理学报，**3**，58 (1987); Proceedings of the 4th National Symposium on High Pressure (Digests), 144(1987); 高压物理学报，**6**，246(1992).
[95] 陈德元等，高压物理学报，**6**，127(1992).
[96] J. C. Angus, et al., *J. Appl. Phys.*, **39**, 2915(1968).
[97] Б. В. Дерягин, Д. В. Федосеев, и др., Рост алмаза и графита из газовой фазы, М. Наука, 116(1977).
[98] В. М. Голянов, А. П., Демидов, и др., FP 2,157,957.

[99] Б. В. Дерягин, Б. В. Спицын, и др., *ДАН СССР*, **213**, 1059(1973).
[100] B. V. Spitsyn, et al., *J. Crystal Growth*, **52**, 219(1981).
[101] S. Matsumoto, et al., *J. Materials Science*, **17**, 3106(1982).
[102] A. Sawabe, T. Inuzuka, *Appl. Phys. Lett.*, **46**. 146(1985).
[103] K. Suzuki, et al., *Appl. Phys. Lett.*, **50**, 728(1987).
[104] M. Kamo, et al., *J. Cryst. Growth*, **62**, 642(1983).
[105] S. Matsumoto, et al., *Appl. Phys. Lett.*, **51**, 737(1987).
[106] Y. Hirose, et al., *Appl. Phys.*, **68**, 6401(1990).
[107] K. Kurihara, et al., *Appl. Phys. Lett.*, **52**, 437(1988).
[108] M. Kitabatake, K. Wasa, Proc. 9th Symp. on ISAT,Tokyo,261(1985); *J. Appl. Phys.*, **58**, 1693(1985).
[109] Y. Saito, et al., *J. Material Science*, **23**, 842(1988).
[110] 濑高信雄,应用物理,**32**,29(1983).
[111] B. E. Williams, J. T. Glass, *J. Mat. Res.*, **4**, 373(1989).
[112] W. Zhu, et al., *J. Mat. Res.*, **4**, 659(1989).
[113] P. O. Joffreau, et al., *J. Refr. & Hard Mat.*, **12**, 186(1988).
[114] 杨保雄、吕反修,人工晶体,**22**,183(1993).
[115] R. H. Jr., Wentorf, *J. Chem. Phys.*, **26**, 956(1957).
[116] Б. М. Пан, и др., *Письма в ЖЭТФ*, **21**, 494(1975).
[117] 沈主同等,高压物理学报, **2**,10(1988); 第三届全国高压学术讨论会缩编文集,中国物理学会,7(1985).
[118] H. T. Hall, Proc. of the 4th Inter. Conf. on High Pressure, 404 (1974).
[119] H. K. Mao, et al., *J. Phys. Rev. Lett.*, **55**, 99(1985).
[120] E. Wigner, H. B. Huntington, *J. Chem. Phys.*, **3**, 764(1935).
[121] E. Gross, *Science News*, **97**, 623(1970).
[122] Л. Ф. Верещагин, Р. Г. Архипов, *Природа*, **9**, 9(1972); *Письма в ЖЭТФ*, **21**, 190(1975).
[123] M. L. Cohen, *Phys. Rev.*, **B32**, 7988(1985).
[124] A. Y. Liu, M. L. Cohen, *Science*, **245**, 842(1989).
[125] 沈主同,高压物理学报,**增刊**,5(1993); Proceedings of the 7th National Symp. on High Pressure (Digests), 108(1993); 高压物理学报,**增刊**,2(1995); Proceedings of the 8th National Symp. on High Pressure (Digests), 75(1995).
[126] Z. T. Shen, Science of Hard Materials-5, (Proceedings of the 5th International Conference on the Science of Hard Materials, Maui, Hawaii, February 20—24, (1995), ed. by V. K. Sarin, 30 (1996); *Materials Science and Engineering*, **A209**,30(1996).

第十二章 有机晶体

许　　东

过去，有机晶体仿佛是一个被遗忘的角落或者说是一片未被很好开垦的处女地，其主要原因是由于它不曾像无机晶体那样被人们广泛地应用和挖掘．而今，伴随着50年代微电子技术、60年代激光技术、70年代光电子技术、80年代形状记忆与生命科学与生物技术、90年代集成光学技术的崛起与发展，有机功能晶体与聚合物材料已引起了人们极大的兴趣和关注，在电学、光学和复合功能材料方面已成为一个令人注目的研究领域．限于本书要求，本章只能着重介绍有机功能晶体的有关内容．

§12.1 有机化合物和晶体

12.1.1 有机化合物

有机化合物是指由碳、氢原子(也可包括一些杂原子)构成的化合物．它始源于生物体内所产生的具有强烈生物活性的天然产物，而在这些天然产物中，许多化合物本身就是以严格有序的晶态结构存在的．生物体的各种功能则与化合物组成与结构密切相关．后来，人们从对于各种天然产物的提取、结构剖析和功能利用，逐渐发展到模拟、改造以至于设计一些应用广泛、性能各异的“人造”有机化合物．目前，世界上以百万计的化合物中，有机化合物占了90%以上．

有机功能化合物分子的构成规律是在呈链形、平面形、环形和各种立体几何构型的简单或较复杂的碳、氢(包括一些杂原子)化合物分子上，可嫁接某些“功能团”，而衍生出新的化合物来，表现出可剪裁性．在决定化合物的各种物理、化学和生物性能方面，功

表 12.1　部分重要有机功能基团

功能团	化学结构式	功能团	化学结构式	功能团	化学结构式
烷基	—C—C—	腈　基	—C—N<, —C—C≡N	醛　基	R—C(=O)—H
烯基	$R_2C=CR_2$	烷硫基	—S—C—	酮　基	RC(=O)R′
苯基	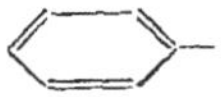	亚　砜	—S(O⁻)⁺—	羧　基	—C(=O)—OH
卤基	—X (X=F,Cl,Br,I)	砜	—S²⁺(O⁻)(—O—)—	酰胺基	—C(=O)—NH_2, —C(=O)—NH, —C(=O)—N<
羟基	—OH	巯　基	—SH	酯　基	—C(=O)—O—
硝基	—N(=O)O	羰　基	—C(=O)—	酰卤基	R—C(=O)—X (X=F,Cl,Br,I)
醚基	R—O—R′			羧　酐	—C(=O)—O—C(=O)—
氨基	—NH_2	胺　基	—N(H)R		

能团发挥着重要的作用. 因此, 我们在表 12.1 中列出了一些重要的功能团.

除了上述的有机分子的可剪裁性有助于功能材料的分子设计之外,有机化合物还具有如下的许多显著的特点:

(1) 有机化合物分子内原子间几乎全部是以共价键形式结合. 共价键具有高度的方向性, 从而使有机分子的结构较无机分子复杂.

(2) 许多有机分子可以形成链形、平面形、环形甚至球形的共轭大 π 键电子结构, 使其在光、电、磁等交互功能效应中具有效率高、响应速度快的优点.

(3) 许多有机分子往往无极性或极性很弱, 以致于由其构成的晶体中分子间的键合力也很弱. 因此, 有机化合物对热的稳定性较差, 具有低的熔点和沸点等. 但是, 随着现代科学技术的发展,经过聚合处理,有些高分子化合物已表现出无机化合物所无法比拟的热稳定性和优异的物理、化学和机械性能,在航空、航天、军事和民用工业上具有广泛的应用价值.

(4) 许多有机化合物本身就是动植物内的重要组成部分, 起着调节生理功能、促进新陈代谢的作用,因此, 研究生物有机化合物的组成、结构与功能之间的关系,对于揭示生命现象的奥秘和改善生物机能均具有特殊的意义.

有机材料已开始在从人们日常生活到高新技术的许多领域逐步取代无机材料, 显示出强大的生命力和竞争力. 有机功能晶体的研究也正在日趋走向深入.

12.1.2 有机分子的种类与构型[1,2]

(1) 有机分子的种类　有机分子(或基团)是有机晶体的基本结构单元,概括起来,可分为下述两类:

(i) 有机小分子. 指可用一个二维或三维点群来描述的分子量较低、结构较简单的有机分子.

(ii) 有机高分子. 指难以用一个点群来描述其原子排列的对

称规律性的分子量较高、结构较复杂的有机分子. 它又包括了人工高分子和生物高分子两种. 人工高分子主要指经人工设计由若干低分子或化学单体经聚合反应而成的. 而生物高分子，则主要指存在于生物体内由天然氨基酸或核苷酸等为基本单元构成的聚合物，如蛋白质、核酸、病毒等. 生物高分子不仅是人们赖以生存的物质基础,而且与生命信息紧密相关.

（2）有机分子构型特征　分子构型指分子中原子的空间排列方式. 描述有机分子构造，除了表示分子中原子连接次序的化学结构式和表征各化学键的键长与键角的构型参数之外，还需要能反映出分子内绕某一键的轴向旋转或镜像不能重合的异构化的构象特征. 图 12.1 示出简单分子 1,2-二氯乙烷的六种异构体.

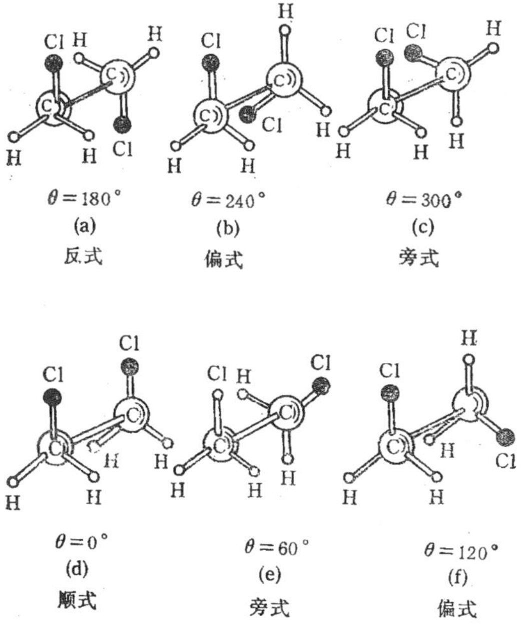

图 12.1　1，2-二氯乙烷分子的异构体.

生物蛋白质分子中存在着许许多多可以旋转的单键，通过绕

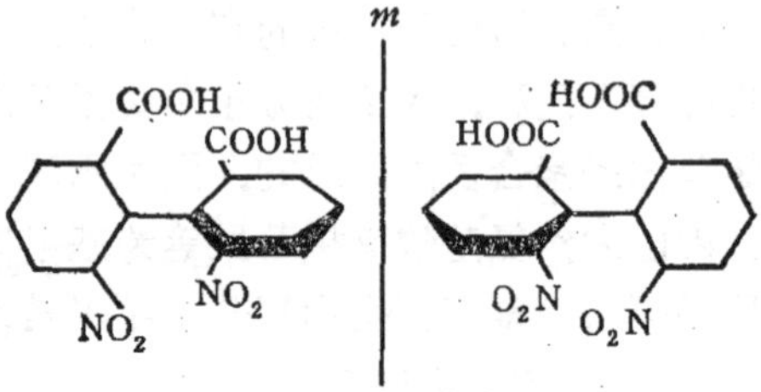

(a)

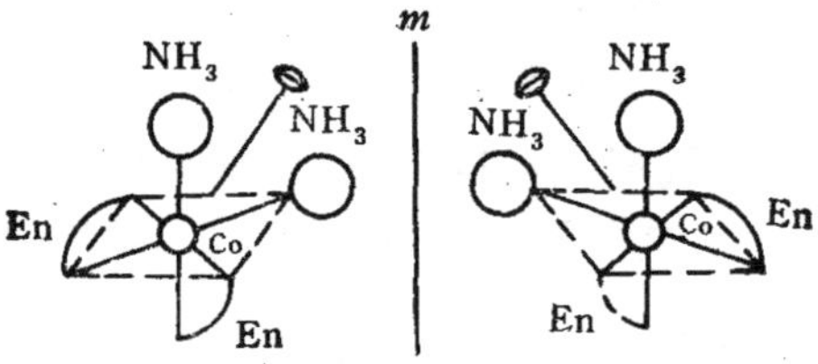

(b)

图 12.2 联苯衍生物和八面体络合物分子的光学异构体.
(a) 联苯衍生物；(b) 顺式 $[Co(En)_2(NH_3)_2]^{3+}$ 络合物.

表 12.2 有机分子中重要的点群类型与对称要素

点群	对 称 要 素	举 例
C_i	对称心	
C_s	一个对称面	
C_n	一个 n 重对称轴	C_{2v}:H_2O (水)
C_{nh}	主轴 C_n + 垂直于主轴的对称面	C_{2h}:CHCl═CHCl 反式二氯乙烯
C_{nv}	主轴 C_n + n 个包含主轴的对称面	D_{3h}:CH_3—CH_3 (乙烷)
D_n	主轴 C_n + n 个垂直于 Cn 的 C_2	D_{5h}:(C_5H_5)Fe (二茂铁)
D_{nh}	D_n + n 个通过主轴的对称面 +	D_{6h}: 苯
	一个垂直主轴的对称面	D_{2d}:CH_2═C═CH_2 (丙烯)
D_{nd}	D_n + n 个通过主轴且在对角线方向的对称面	D_{3d}:CH_3—CH_3 (乙烷)
T	3 个相互垂直的 C_2 + 4 个 C_3	
0	4个 C_3 + 3 个 C_4 + 6 个 C_2	

单键的旋转可衍生出千差万别的构象来。而与镜像不能重合的分子，则可能存在着光学异构体的构象。图 12.2 示出的是联苯衍生物和八面体络合物分子旋光异构体的示意图。

构象的变化对于有机分子和晶体的性能与结构都会产生重要的影响。例如顺式与反式构象可能会使分子具有不同的偶极矩，手性旋光分子基团的加入可能保证晶体结构的非中心对称性及其相关宏观性能等，在此不再一一赘述。

(3) 有机分子的对称性　对称性是分子的基本特征之一，而点群是对于分子对称性的数学描述方式。由于有机分子组成变化大，结构复杂，一般来说，其对称性较无机基团低得多，这里仅在表 12.2 中列出了常见的重要点群类型。

12.1.3 有机晶体结构特征[3-9]

由于有机分子间的结合主要靠范德瓦耳斯力，它不仅键合力弱，而且无方向性。因此，应由晶体空间最大填充原理，即最紧密堆积来近似地将有机晶体结构的形成规律归纳成下述几种类型。

(1) 类球状分子晶体　以 C_{60} 及 C_{70} 为代表的碳素多面体原子簇是一类由五元及六元碳环多边形相互连接构成的封闭中空球状或类球状分子，其球状多面体如图 12.3 所示。生物高分子中的蛋白质分子，其三级结构也呈现为似图 12.3 中的球形。聚集态呈现为球型的球蛋白分子比较容易形成完整的分子晶体结构。球

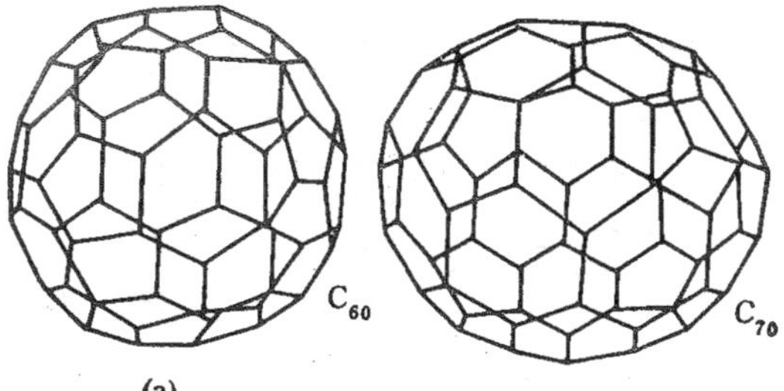

(a)　(b)

图 12.3　C_{60}，C_{70} 球状多面体分子结构

蛋白的晶体结构实际上是球密堆形晶体结构，只不过这个球不是原子球，而是庞大的高分子球而已。

对于多数三维立体结构的有机小分子来说，大多都不具有标准的球面形状。但是，当分子呈四面体、六面体、八面体、十二面体……也可按照类似球形处理，作最紧密堆积。如图 12.4 所示的六次甲基四胺（HMTA，$C_6H_{12}N_4$），点群为 T_d-$\bar{4}32$ 的 $(CH_2)_6N_4$ 在晶体中按立方体心紧密堆积。而在图 12.5 中六次甲基四甲烷 [HMTM，$(CH_2)_6(CH_2)_4$] 则在晶体中按立方面心紧密堆积。

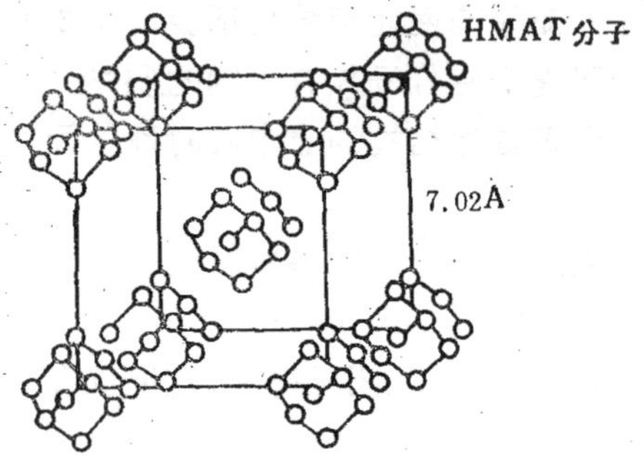

图 12.4　六次甲基四胺（HMTA）晶体结构模型。

（2）平面状分子晶体　以苯及酞菁等为代表的碳及其杂原子构成的芳香族化合物是一类平面分子。在这类平面分子上嫁接小

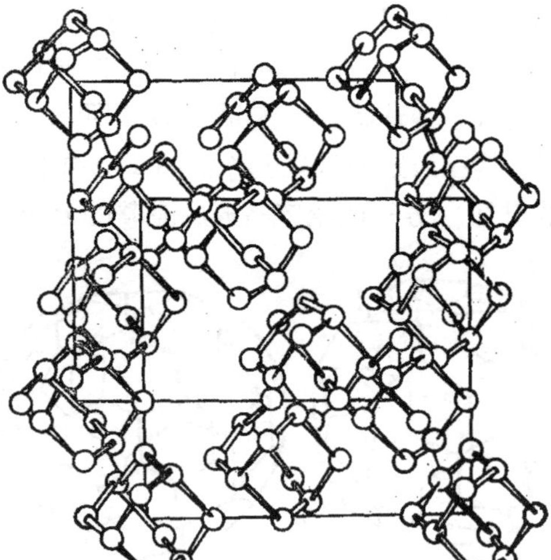

图 12.5　六次甲基四甲烷（HMTM）晶体结构。

的非平面基团，可能会破坏这类分子的平面性，但由于程度较轻，我们仍按类似平面分子看待。脲、硝基等也是一些平面状小共轭分子基团。这些平面状有机分子的共同特点是，绝大多数都具有共轭 π 电子体系。在这个体系中，具有非局域程度很强的“自由电子”存在。

平面状分子的稳定结构无疑是一组或几组分子平面各自相互

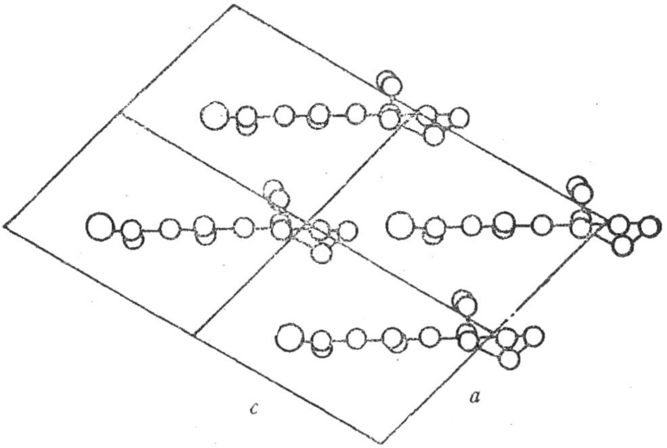

图 12.6　*L*-4-硝基苯基-脯氨醇（NPP）分子与晶体结构。

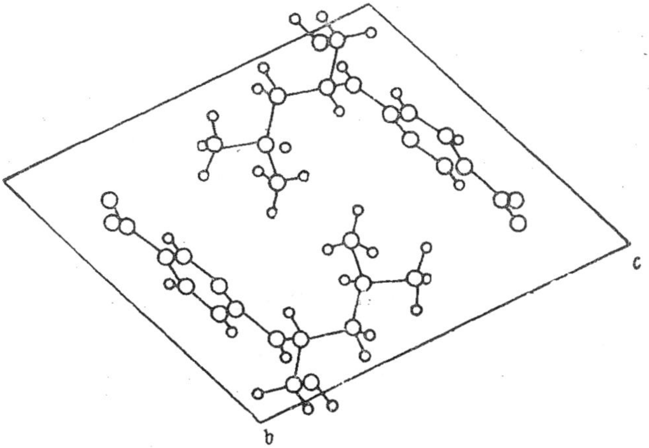

图 12.7　*L*-*N*-5-硝基-2-吡啶基亮氨醇（NPLO）分子与晶体结构。

平行堆积而成的层状结构．我们可以从图 12.6 所示的 *L*-4-硝基苯基-脯氨醇 [NPP, *N*-(4-nitrophenyl)-(*L*)-prolinol] 的分子与晶体结构观察到这种堆积方式．若在共轭平面上嫁接的是一非平面的基团时，例如：*L*-*N*-5-硝基-2-吡啶基亮氨醇（NPLO）分子，当形成晶体时，两个 NPLO 分子凸处相互穿插堆叠，以形成紧密的层状堆积．如图 12.7 所示．

若在同一堆积层内，有机分子相互靠近时，往往是一个分子的凸起部分和另一分子的凹下部分尽量地相互交错，以达到紧密堆积的目的，图 12.8 示出的是三苯基苯分子在同一堆积层内紧密堆积的示意图．

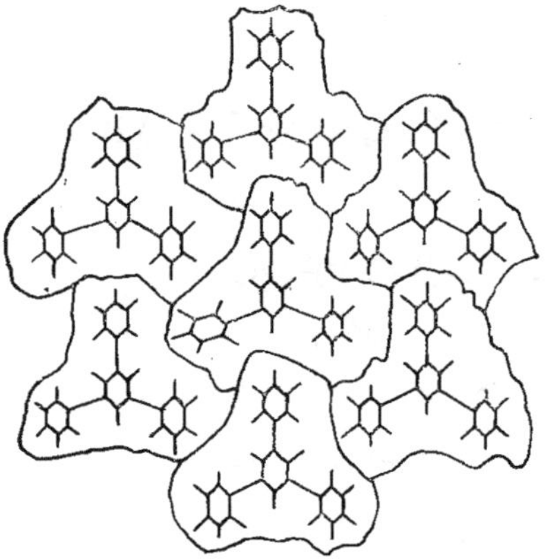

图 12.8 三苯基苯紧密堆积层示意图．

(3) 链状分子晶体

以烷、烯、炔类为代表的有机链状分子、由烯、炔单体聚合的高分子，以及具有碳链的各种有机化合物分子，它们可能呈现出一维、二维和三维各种不同的几何形状．当形成晶体时，它们可由若干条分子链平行地排列成纤维状单晶，也可由若干组分子链平行地铺结成分子平面，再由平面堆叠成片状晶体，还可由高分子链等距离、等周期

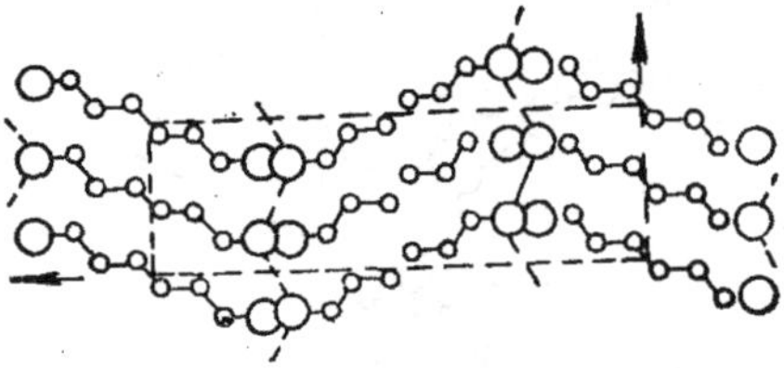

图 12.9 六亚甲基二胺晶胞结构．

曲折平行并列成折叠式片状晶体。另一种即前面已提到的高分子链构成的分子球密堆积成晶体。图 12.9 示出六亚甲基二胺链状分子晶胞结构。

(4) 金属有机配合物分子晶体　这是一种由中心金属离子同链状或者平面状有机分子中的部分原子配位所形成的类球形多面体结构和有机分子共存的体系。由于这种类球形多面体结构既不能像通常的配位多面体那样按球密堆积的形成晶体，也不能像一般的链状或平面状有机分子那样形成晶体，它们往往要同时兼顾到球密堆积和链状或平面状有机分子密堆积两个方面。图 12.10 示出 2-氯-4-硝基吡啶氧合镉(BPONCC)晶体结构。在BPONCC晶体中，中心离子 Cd^{2+} 六配位于 4 个相邻的 Cl 原子和两个 4-硝基吡啶-*N*-氧配位体上的 O 原子，形成一个畸变八面体构成的密堆积层，而两边是平面状分子 4-硝基吡啶-*N*-氧平行堆叠的堆积层。

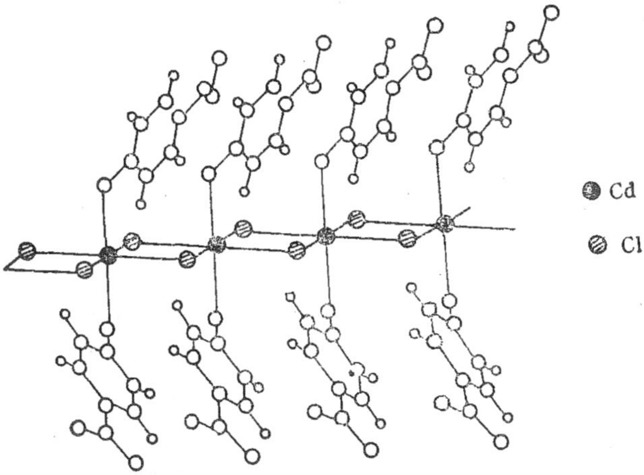

图 12.10　2-氯4-硝基吡啶-*N*-氧合镉 (bponcc) 晶体结构.

(5) 有机盐(有机矿物)晶体　从分子构型来看，有机盐晶体既可含有链状或平面状分子，也可含有类球多面体基团，其结构比较复杂。

有机脂肪酸、羟基酸、氨基酸及其有机分子上的碱性基团皆有与无机碱性金属(或有机碱性分子)与氧多面体酸形成化合物的可能。

构成有机盐晶体中，既有链状分子，也有芳香族平面状有机分子，例如：5-硝基吡啶阳离子 $(2ASNP)^+$ 可与 NO_3^-，$Cr_2O_7^{2-}$，$(HSO_4^{-1})_n$，$(H_2PO_4^-)_n$，$(C_4H_5O_6^-)_n$ 结合，生长出一系列芳香族有机晶体。

在有机盐晶体中，往往也采用层状堆积的方式。图 12.11 是 *L*-精氨酸磷酸盐晶体 [LAP，$^+(H_2N)_2CNH(CH_3)_3CH(NH_3)^+ \cdot COO^- \cdot H_2PO_4^- \cdot H_2O$] 晶体结构沿 *c* 轴的投影图。*L*-精氨酸是链状天然氨基酸之一，由胍基、碳链和羟基 3 个平面构成。在LAP晶体中，磷酸（*A*)、*L*-精氨酸（*B*）和结晶水（*C*）等微观基元均在 $\boldsymbol{b} \times \boldsymbol{c}$ 方向上按 *ABCBABCBA*···的顺序平行(100)面网有规律地层状堆积，四面体较小的磷氧四面体（$H_2PO_4^-$）及水分子的填充位置则要受到几何空隙和极性基团对氢键形成作用的双重制约。

在芳香族平面状分子的有机盐晶体中，平面状分子趋于平行堆叠，而非平面基团也具有趋于相互填充以达到类似层状的稳定结构。由于在有机盐中存在着离子化的倾向，所以，静电引力与氢

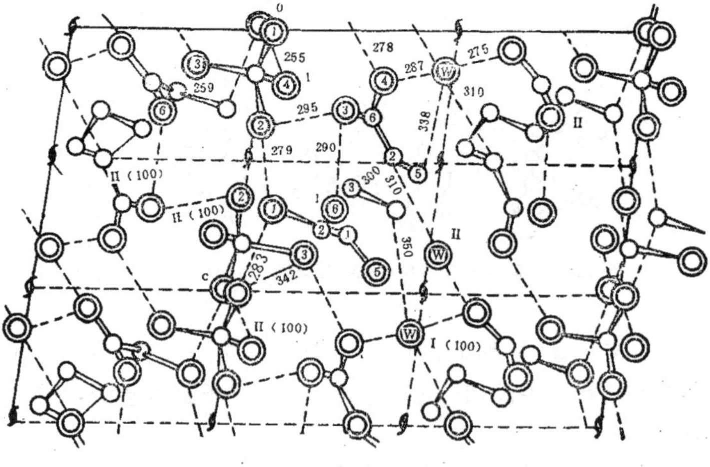

图 12.11 LAP 微观基元与晶体单胞结构图.

键对晶体结构有较大的影响。

有机晶体的堆叠方式与结构特征，不仅将在有机晶体生长特征和形态上反映出来，而且也会在缺陷、解理性和其它的物理性能上反映出来。这些问题将在后面的内容中加以详细论述。

12.1.4 有机固溶体晶体[10-11]

有机固溶体晶体是由两种或多种不发生电荷转移的有机分子，可以无限或部分混溶构成的晶体。

无机材料合金和多组元固溶体晶体已被广泛地应用，因此，人们对其多组元之间的相互作用、相图及结构与性能之间关系已有了较深入地了解和认识。但是，对有机固溶体的研究尚不够普遍。由于近年来有机光功能晶体的研究已开始涉及到这类晶体，因此逐渐引起人们的重视。

(1) 几种有机固溶体功能晶体 1993年 Singh[10] 等采用 Bridgman 法从3-硝基苯胺（mNA）与2-氯-4-硝基苯胺（CAA）构成的两元溶体体系中，成功地生长出了高光学质量的 mNA-CAA 合金单晶。当使用重复频率为 10Hz，脉宽为 10ns，功率密度为 $100MW/cm^2$ 的 1.064μm 激光辐照 mNA-CAA 单晶，未发现

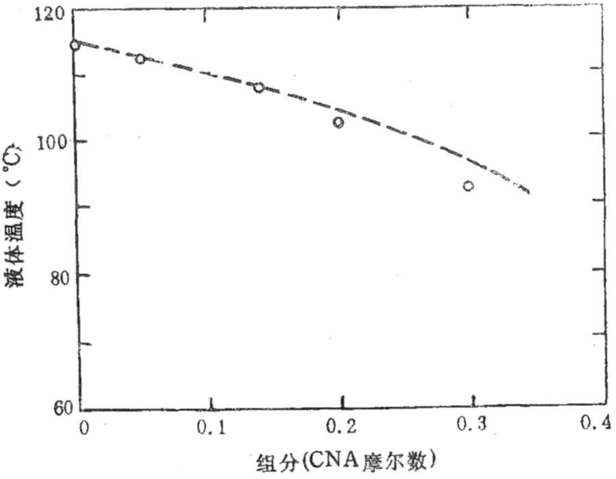

图 12.12 MNA-CAA 两元固溶体的部分相图.

表 12.3　MAP, MNA 和 MAP-MNA晶体结构性能数据

性能 \ 晶体	MAP	MNA	MAP-MNA
化学结构式	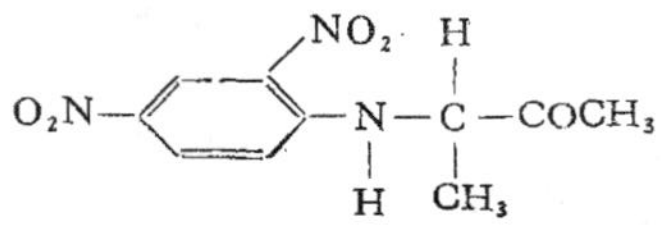	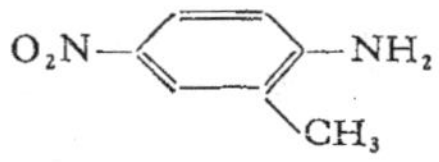	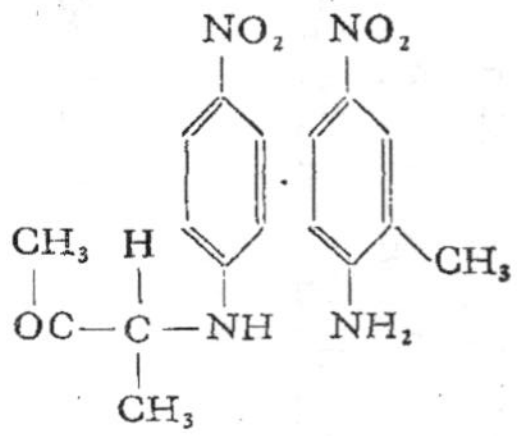
空间群	C_2	C_c	$P2_1$
晶体参数	$a = 6.829$ $b = 11.121$ $c = 8.116$ $\beta = 95.59°$	$a = 11.57$ $b = 11.62$ $c = 8.22$ $\beta = 139.18°$	$a = 6.919$ $b = 7.673$ $c = 18.554$ $\beta = 92.547°$
比热 (cal/g)	16.68	39.43	24.28
熔点(℃)	81.73	133.07	104.30

任何损伤．而 2mm 厚 mNA-CAA 晶片，在峰值功率密度为 1.7 MW/cm^2 时，转换效率可达 7.7%。mNA-CAA 两元固溶体的部分相图如图 12.12 所示。

另一种两元有机固溶体非线性光学晶体——2,4-二硝基苯丙氨酸甲脂与 2-甲基-4-硝基苯胺（MAP-MNA）单晶是 1991 年由 Rao[11] 等从 40:60 的乙醇与醋酸乙酯的混合溶剂中生长出来的．摩尔比为 1:1 的 MAP-MNA 单晶的粉末倍频强度与 MAP 单晶的粉末倍频强度相近．我们将 MAP，MNA 和 MAP-MNA 三种晶体的结构性能数据汇总于表 12.3 中，从图 12.13 中可以看到 MAP 分子和 MNA 分子在 MAP-MNA 晶胞中的排列情况．

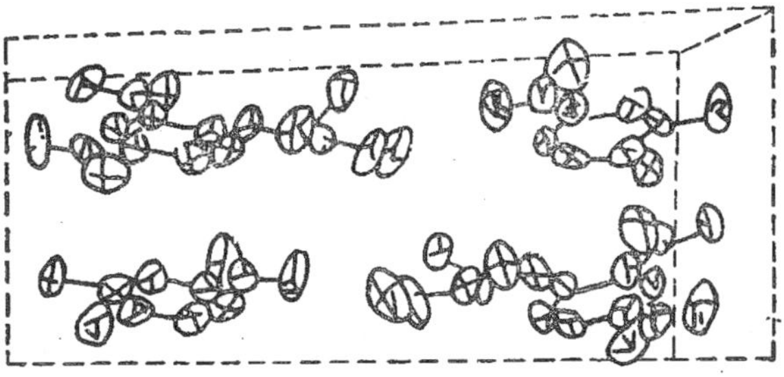

图 12.13　MAP-MNA 晶胞投影图．

从已报道的熔点和比热数据来看，MAP-MNA 固溶体晶体都位于两种纯组分晶体 MAP 和 MNA 之间．根据 MAP 晶体和 MAP 晶体 I 类位相匹配角度（在 c-b 平面内）分别是距 c 轴 54° 和 43° 的结果分析，认为固溶体 MNA-MAP 晶体 I 类位相匹配的角度应该是在距 c 轴 43°—54° 之间．由此可以表明，通过改变固溶体的组成比例有可能对其性能参数进行调整优化．这也正是有机固溶体晶体的重要特点，对于晶体性能与器件研究是十分有意义的．

（2）有机固溶体的种类与特点　有机固溶体晶体可分为两种：取代固溶体和填隙固溶体．

(i) 有机取代固溶体． 对于无机离子晶体来说，实现完全取代互溶的条件是：各种晶体必须属于同一空间群，价态与半径相近的离子应占据相同的结晶学位置，以及晶胞大小必须相近．但对于有机分子晶体来说，由于构成有机固溶体的分子一般是非球形对称的，而且形状是错综复杂的，所以探讨有机固溶体晶体形成的条件与规律也就不像无机晶体那样简单．即使两种有机分子晶体属于相同的空间群，每个晶胞内具有相同数目的分子数，这些分子又具有相似的对称性和大小，但这只是形成有机固溶体晶体的必要条件，而不是充分条件．如果杂质分子不能够打破分子间的氢键网络，那么互溶也是不可能的．只有当分子的几何相似性达到分子的堆积不会受到严重干扰的程度，才有可能发生部分取代互溶．总之，形成完全取代的有机固溶体晶体是比较困难的．

(ii) 有机填隙固溶体．填隙固溶体指的是外来有机分子占据基质晶体或与基质分子生成的新中间体本来应该是空着的结晶学位置的一类固溶体．有机填隙固溶体晶体大体可以分成下述几种类型．

(a) 大有机分子与小无机分子构成的固溶体．它们在晶体中，按照同单组分体系中分子一样的规则堆积，各组分分子之间的准价电子键，不致于达到破坏有序堆积的程度．这类固溶体常见的无机分子有碘、碘仿和锑的卤化物．

(b) 芳香族硝基化合物可与有些芳香族化合物构成固溶体．一类分子的凹处可与另一类分子的凸处重合或者不同类的分子交替成柱，从而保持填积密度基本不变．

(c) 由空穴包裹构成的填充固溶体．当由一种或者两种分子构成松散的晶体结构时，可以产生出各种不同形状的空穴框架，根据它们的形状和大小，这些空穴可被别种分子来占据而不致破坏堆叠平衡．

有关有机固溶体的晶体的结构与性能数据还不是很多，但其对于有些性能的可调谐性已初步显示出来，因此将成为有机晶体中迅速发展的一个分支．

12.1.5 有机晶体的电子特征[12-14]

功能晶体的光、电、磁等物理效应均与晶体的电子特征有关。晶体的有些宏观效应，如线性光学吸收与折射，非线性光学极化等效应，实际上是构造基元微观效应叠加的结果。而有些宏观效应则是微观基元所不具有的，是由于晶体中微观基元和晶格整体作用的结果，因此，有机晶体的电子特征需从分子和晶体两个方面来讨论。

（1）有机分子的电子跃迁　有机分子吸收能量，电子可由一个轨道跃迁到另一个能量比较高的轨道。基态有机分子中的价电子包括 σ 键电子、π 电子和非键电子（n）。当这些电子由占据的轨道跃迁到未占据的反键 σ^* 轨道或反键 π^* 轨道时，出现吸收峰。关于各种类型跃迁的能量来说，n—π^* 激发可能能量较低，而对于高度共轭的有机体系，π 轨道可以比 n 轨道能量还高，所以 $\pi\rightarrow\pi^*$ 跃迁可能是能量最低的跃迁。$\sigma\rightarrow\sigma^*$ 和 $n\rightarrow\sigma^*$ 跃迁需要较高的能量，$\sigma\rightarrow\sigma^*$ 所吸收的辐射波长一般低于 200nm。

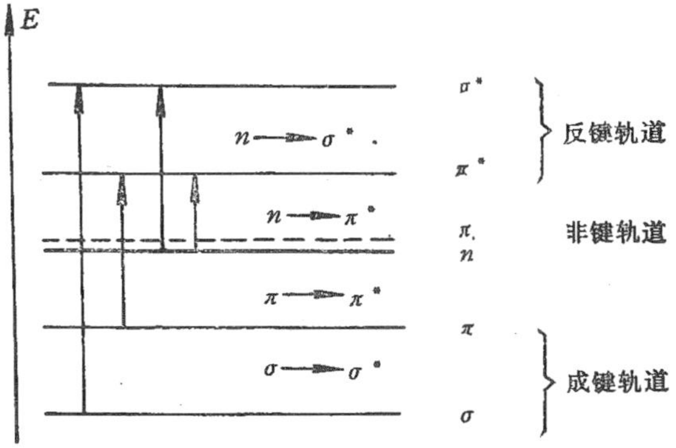

图 12.14　有机分子中的电子跃迁能量.

（2）有机电子跃迁的三线态和单线态　三线态是指激发态的多重态，即在强度适当的磁场影响下有机分子在原子吸收和发射光谱中谱线的数目。激发态通常呈现（$2s+1$）条谱线，s 则是指体系内电子自旋量子数的代数和. 自旋量子数取值为 $+1/2$ 或 $-1/2$. 当分子轨道里的所有电子均为配对时,自旋量子数的代数和为零,也就是说,多重态 $(2s+1)$ 为 1 的有机分子是处于单线态. 一般有机分子的基态多为单线态,但当一个电子被激发到高能级轨道时,若其自旋方向未变,这时 $(2s+1)$ 仍为 1,也就是说有机分子处于激发态的单线态,而若被激发的电子自旋方向发生了变化,不再配对,那 $(2s+1)=3$,所以有机分子处于激发态的三线态,表现出状态的多重性. 激发态的单线态以符号 S_i 表示,三线态以符号 T_i 表示,下标 i 表示激发态的级数.

三线态比相应的单线态能量低,其原因是激发单线态电子排斥力比较大. 图 12.15 示出的是芳香族化合物激发三线态和单线态能级示意图.

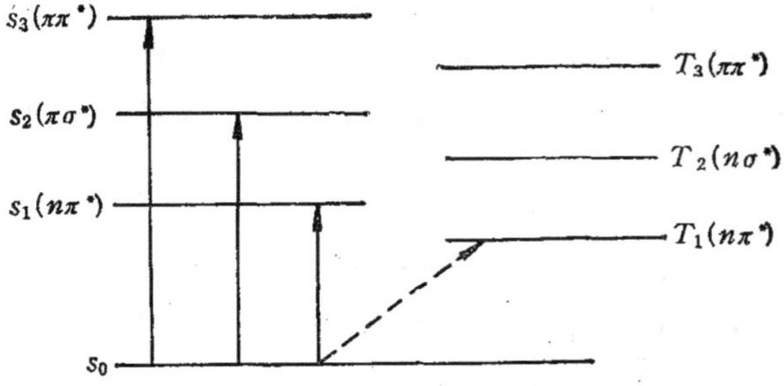

图 12.15　芳香族化合物激发三线态与单线态能级图.

除了最普通的激发态 S_i 和 T_i 外,当有机分子含有一些非键电子 (n) 的原子,这些孤对电子对于原子成键没有贡献,但是 n 电子将附加到 π 电子之上,于是将其激发到 π^* 轨道上形成 (n, π^*) 态需要更小的能量,因此含有 N,O,S 杂原子的有机化合物,它们总比没有杂原子的相同骨架的有机分子多了一些 $S'(n, \pi^*)$ 和 $T'(n, \pi^*)$ 态. 如果施主和受主基团对分子内电子转移发生影响时,则会发生电荷转移的 S'(CT) 和 T'(CT). 图12.16 为芳香族化合物 $(\pi\rightarrow\pi^*)$, $(n\rightarrow\pi^*)$ (CT) 电荷跃迁各态相对能级.

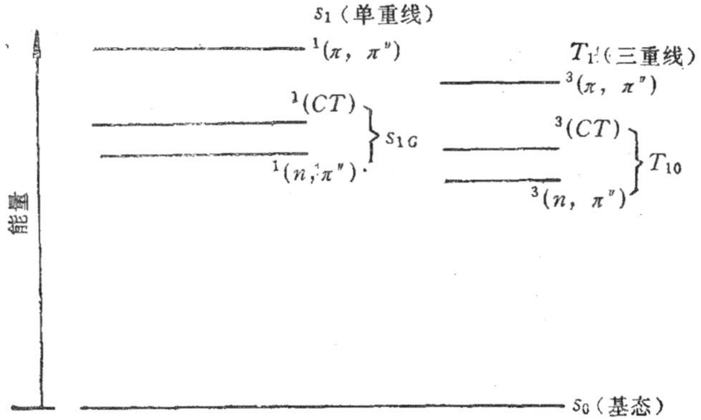

图 12.16　芳香族分子（$\pi\to\pi^*$），（$n\to\pi^*$）（CT）跃迁各态相对能级.

（3）有机分子与晶体的电子光谱　有机分子与晶体的电子光谱都是由于电子跃迁产生的. 由于有机晶体中分子间的相互作用很弱，所以其晶体的电子光谱特性与其孤立分子的电子光谱相似. 由于有机化合物的电子吸收光谱与电子跃迁的所需的能量有关

$$\Delta E = h\nu = hc/\lambda \tag{12.1}$$

饱和烃化合物的电子跃迁属于 $\sigma\to\sigma^*$ 跃迁，其吸收峰出现在远紫外区（$\lambda = 200$nm），但是，当饱和烷烃的衍生物中含有孤对电子的 N，O，S 和卤素等杂原子时，则可导致 $n\to\sigma^*$ 和 $n\to\pi^*$ 的出现，其吸收峰将红移到近紫外区（$\lambda > 250$nm）.

非饱和烃化合物的电子跃迁将出现 $\pi\to\pi^*$ 跃迁，由于共轭 π 轨道能级一般比非键 n 电子轨道还可能高，从而使 $\pi\to\pi^*$ 跃迁的吸收峰将会进一步的红移，其程度与共轭的长度有关. 随着共轨链的增长，非饱和烃化合物呈现出不同的颜色.

芳香族化合物随着共轭电子数目的增加，其吸收峰将进一步红移. 含有杂原子的生色基的嫁接，由于激发能更低的 $\pi\to\pi^*$ 跃迁，有时可能在更长的波长产生强吸收峰. 而具有给、受电子性能的助色基的嫁接，都可能使体系 $\pi\to\pi^*$ 跃迁的第一激发能降低，从而最大吸收峰向长波方向移动. 因此，芳香族化合物的吸收峰将受到施、受电子基团能力强弱的影响. 我们从图 12.17 中可以

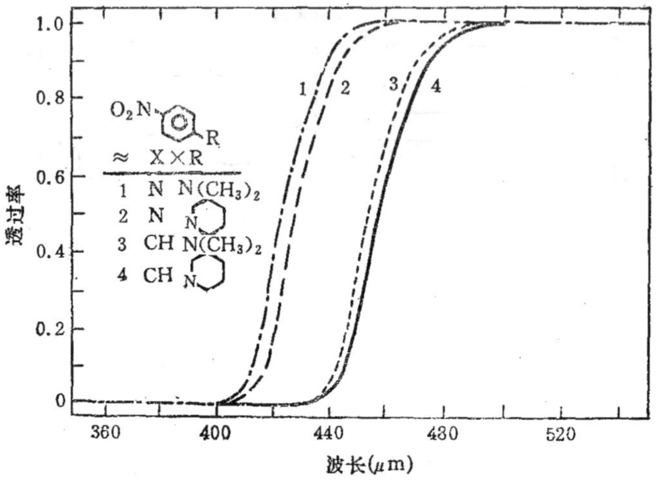

图 12.17 有机 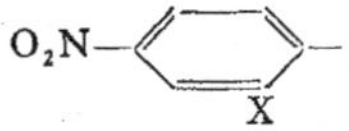 R 型化合物透过光谱.

看出，不同受体和共轭程度对有机  型分子 $\pi \rightarrow \pi^*$ 跃迁吸收峰的影响. 显然，当R基相同时，CN 与N参与共轭体系的电子数目是不同的；而当X相同时，$N(CH_3)_2$ 与受电子的能力和参与共轭的电子数目也有明显的差别.

另外，有机化合物电子跃迁的多重态和电荷转移态对其电子吸收光谱也有些影响，这里不再进一步讨论.

有机化合物的电子跃迁与吸收问题在有机光电子晶体材料研究中是个至关重要的问题，解决这一问题的途径首先在于分子基团的选择与剪裁，当然，同时还要考虑晶体结构各向异性而导致不同方向电子光谱的差异.

(4) 有机晶体中的光电过程　有机晶体的许多光电效应起源于有机基团. 尽管这些分子基团被束缚在晶体中，但仍保持着单个分子的某些特性，宏观效应实际是分子基团效应叠加的结果，这类问题可借助分子内电子跃迁理论来描述. 但是，也有相当多的宏观晶体效应并非来源于单个分子基团的作用，甚至许多是单个分子并不具备的效应. 为了描述晶体的这种光电行为，下面引人了激子的概念。

激子是晶体中分子的集体响应，是一种会移动的不带电荷的电子激发态. 当有机晶体中某分子中的一个电子被激发或离化后,它难以被电离成自由电子,而只能仍处于该分子的束缚电势之中. 电子与空穴间,可借助库仑力来相互束缚从而形成一个激子. 如果激发态电子被紧紧地束缚在分子的内部或附近的小区域里，这种激子称之为 Frenkel 激子，而当对激发的电子的库仑引力的束缚较弱时，激子的区域可超过分子间的距离，这种激子称这为 Wannier 激子，其离散能级收敛于晶体的电离能级(导带). 而介于两者之间的是最邻近分子的电荷转移激子，激发电子处于最邻近分子的共同束缚下，这类激子能级小于有机晶体电离能级. 它们在移动时,带有正负电荷的两部分结合在一起移动.

同无机晶体不同,有机晶体中的载流子一般不是由直接带-带跃迁产生的，激子是其产生载流子的一种主要的中间态. 激子在不断的运动过程中,可以到达晶体中很多不同的分子位置,和晶体界面、杂质、结构缺陷以及自由电荷或受陷电荷发生碰撞或反应，发生能量转移,形成载流子和产生许多新的效应,因此，激子的概念在研究有机晶体的半导体、导体、超导、光导、发光与光折变等性能具有重要的作用.

§ 12.2 有机非线性光学晶体

有机非线性光学晶体是激光产生之后，伴随着激光技术发展而形成的一个非常引人注目的领域,其主要应用涉及到频率转换、电光调制、全光信号处理和信息存储等方面.

12.2.1 频率转换晶体[15-65]

(1) 变频晶体的条件 变频晶体的必备条件是: (i) 高的非线性品质因子 $FOM = \chi_{eff}/\lambda^2 n(2\omega, \theta, T) \cdot n^2(\omega, \theta, T)$; (ii) 在

基波与谐波波长处的高透光率；（iii）大的有效作用长度 L;(iv)影响晶体位相匹配灵敏度的双折射率、折射率温度系数（$d\Delta n/dt$）和角度系数（$d\Delta n/d\theta$）要小；（v）高损伤阈值和良好的理化机械性能.

（2）**变频晶体的分子设计**　有机晶体非线性效应是晶体中分子基元内电子非线性极化效应几何叠加的结果. 因此，在光电场作用下，晶体与分子的电极化效应可表示为

$$P_i = P_0 + \chi_{ij}E_j + \chi_{ijk}E_jE_k\chi_{ijkl}E_jE_kE_l + \cdots, \tag{12.2}$$

$$\mu_i = \mu_0 + \alpha_{ij}E_j + \beta_{ijk}E_jE_k + \gamma_{ijkl}E_jE_kE_l. \tag{12.3}$$

与变频效应相关的宏观和微观分子二阶极化率的关系式为

$$\chi_{ijk} = \int_x^{2\infty} f_i^\infty f_k^\infty \sum\sum C_{ii}^{(s)} C_{jt}^{(s)} C_{kk}^{(s)} \beta_{ijk}^{(s)}/V, \tag{12.4}$$

式中 f_l^∞ 为各轴向及相关频率的局域场因子，$C_{il}^{(s)}$ 为各分子轴与晶轴单位矢量的标量积. 显然，晶体二阶极化率 $\chi_{ijk}^{(z)}$ 的大小，不仅取决于分子的二阶极化率 β_{ijk}，而且也取决于分子在各类对称性晶体中的取向. 因此，有机非线性光学晶体包含了晶体材料工程两个方面的内容，解决微观二阶非线性极化率（β）最佳值的问题构成了分子设计主题，而解决宏观二阶非线性极化率最佳值 $\chi_{ijk}^{(z)}$ 的问题成为晶体工程的重要任务.

有机分子的二阶极化率 β 可采用直流电场诱导二次谐波产生的方法[23]由实验测得，也可根据 Ouder[17] 由双能级模型提出 β 值的近似表达式

$$\beta_{CT} = \frac{3e^2h^2}{2m} \frac{Wf\Delta\mu}{[W^2-(2h\omega)^2][(W^2-(h\omega)^2]}. \tag{12.5}$$

为了获得最大的 β_{CT} 值，所选择或经剪裁的分子应具有大的跃迁偶极矩增量 $\Delta\mu$，大的振子强度 f，电荷转移跃迁能应趋近于基波或谐波光子的能量和应具有尽可能小的有效作用体积.

由于分子的二阶电极化率正比于电子跃迁矩阵元的平方，也正比于偶极矩对角元[16]. 因此，含有施、受电子基团的有机共轭体系，尤其是芳香族化合物引起人们的重视，并进行了广泛的研究. 我们在表 12.4 中汇集了部分取代基及共轭体系分子二阶分子极化

率的实验结果，以阐明其相互影响的基本规律，也有助于分子的设计与剪裁。

（3）变频晶体的分子组装　分子设计是非线性光学新材料研制的开始，能否成为优秀的非线性光学晶体，其关键在于分子组装的研究，尽管目前这方面的研究还不够系统深入，尤其是缺乏驾驭中选分子排列成理想结构的能力。但是，人们还是掌握了很多重要规律。

（i）形成非对称心结构是分子组装的首要任务。只有属于非中心对称的 21 个点群的晶体才可具有二阶非线性光学效应。因此，要考虑如何使具有高 β 值的含有施受电子基团的有机共轭体系排列成非心结构。

由于偶极子的反向排列能降低其相互作用能，因此，具有大偶极距的平面或链状偶极子，往往有形成有心结构的倾向[22]。我们将此以图 12.18 来示意说明。如果一个自身对称性就比较高的偶极子，形成有心结构的可能性就更大。因此，要阻止有心结构形成的几条可能的途径如下：

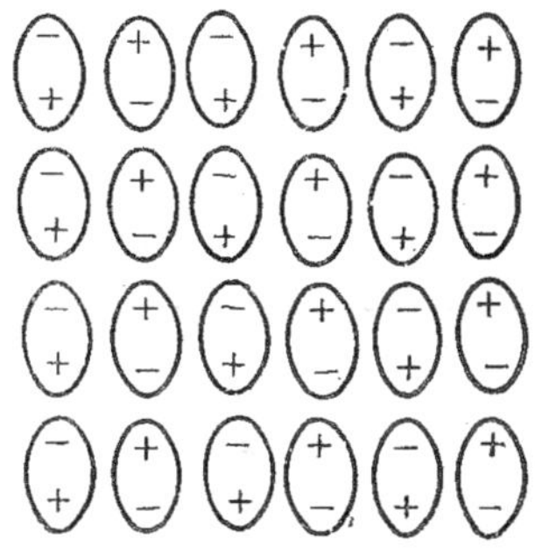

图 12.18　平面式链状极性分子排列取向示意图.

（a）使被组装的分子基元手性化。映像不能重合的分子一般难以形成有心结构。具有同一型旋光异构体分子构成的晶体，绝大多数属于无心的点群结构。许多具有手性特征的分子或基团被嫁接到非线性光学分子上。例如，在 NPP（*N*-4-硝基苯-脯氨醇），PNP[2-(*N*-脯氨醇)-5-硝基吡啶]等重要的有机晶体的分子中就引入了具有手性特征的类似天然氨基酸旋光异构体 *L*-脯氨醇基团（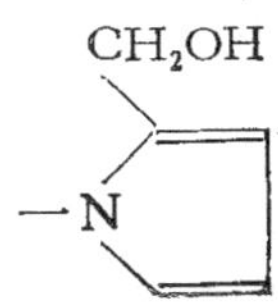
）。

表 12.4 不同取代基和共轭体系芳香族衍生物分子偶极矩与二阶极化率

共轭分子母体 （溶剂）	取代基	$\mu(10^{-18})$ (esu)	$\beta(10^{-30})$ (esu)
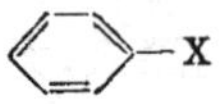 (neat)	$X = NH_2$ $X = NMe_2$ $X = NO_2$	1.5 1.6 4.0	0.55 1.1 1.9
 （丙酮）	$X = NO_2$ $Y = NH_2$ $X = NO_2$ $Y = NMe_2$	6.2 6.4	9.2 12
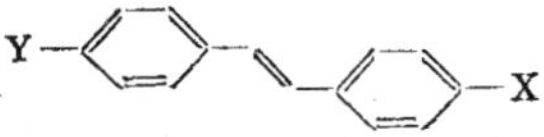 （二氧杂环己烷）	$X = NH_2$ $X = NMe_2$ $X = NO_2$	2.2 2.1 4.2	7.4 10 11
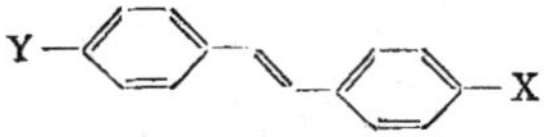 （氯仿）	$X = NO_2$ $Y = NH_2$ $X = NO_2$ $Y = NMe_2$	5.1 6.6	40 73
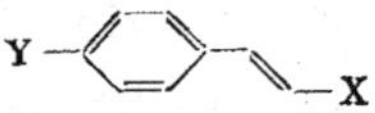 （氯仿）	$X = NO_2$ $Y = H$ $X = NO_2$ $Y = NMe_2$ $X = NMe_2$ $Y = NO_2$	3.8 6.5 5.9	8.0 50 35
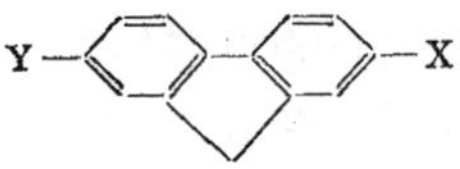 （二氧杂环己烷）	$X = NO_2$ $Y = H$ $X = NO_2$ $Y = NMe_2$	4.1 5.6	5.1 40
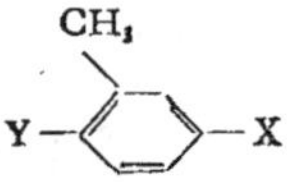 （二氧杂环己烷）	$X = NO_2$ $Y = NH_2$	5.63	14.2

续表 12.4

共轭分子母体（溶剂）	取代基	$\mu(10^{-16})$ (esu)	$\beta(10^{-30})$ (esu)
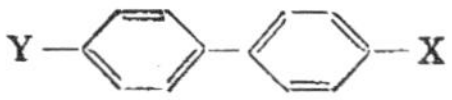 （氯仿）	$X = NO_2$, $Y = H$	3.8	4.1
	$X = NO_2$, $Y = NH_2$	5.0	24
	$X = NO_2$, $Y = NMe_2$		
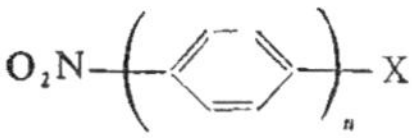 （NMP）	$X = NH_2$, $n = 1$	7.8	10
	$X = NH_2$, $n = 2$	7.8	24
	$X = NH_2$, $n = 3$	7.6	16
	$X = NH_2$, $n = 4$	10	11
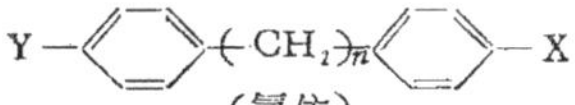 （氯仿）	$X = NO_2$, $Y = NH_2$, $n = 1$	5.5	24
	$X = NO_2$, $Y = NH_2$, $n = 2$	6.3	28
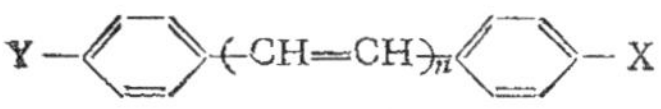 （氯仿）	$X = NO_2$, $Y = NMe_2$, $n = 1$	6.6	73
	$X = NO_2$, $Y = NMe_2$, $n = 2$	7.6	107
	$X = NO_2$, $Y = NMe_2$, $n = 3$	8.2	131
	$X = NO_2$, $Y = NMe_2$, $n = 4$	9±1	190±5
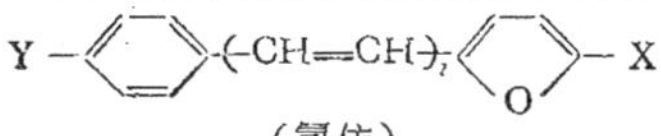 （氯仿）	$X = NO_2$, $Y = NMe_2$	7.2	113

(b) 使被组装的分子基元具有较小的基态偶极矩 μ_g，甚至是零偶极矩. 由于对分子二阶极化率起贡献作用的是偶极矩增量 $\Delta\mu$，而不是 μ_g. 降低 μ_g 不仅会有利于非心结构的形成，而且能提高其分子非线性极化率. POM (3-甲基-4-硝基吡啶氧)等有机晶体便属于 $\mu_g \approx 0$ 的例子.

(c) 使被组装的分子基元电荷转移轴的侧端上具有一些小的不对称基团（例如，$-CH_3$，$-OCH_3$，$-NH_2$），以改变图 12.18 中偶极分子相向平行排列的方式.

(e) 使被组装的分子基元中，能引入一些有高电负性原子（如卤素，O,S,N 等)的取代基，靠晶格中氢键的形成来削弱偶极静电相互作用的影响.

(f) 控制被组装的分子基元的立体几何构型，使其阻止有心结构的形成. 例如，当一个分子中含有多个共轭平面时，这些平面若能相互垂直或斜交，将有利于非心结构的形成.

(g) 使用构型不同的分子组装成非心结构. 已见 2，4-二硝基苯胺丙酸吡啶盐

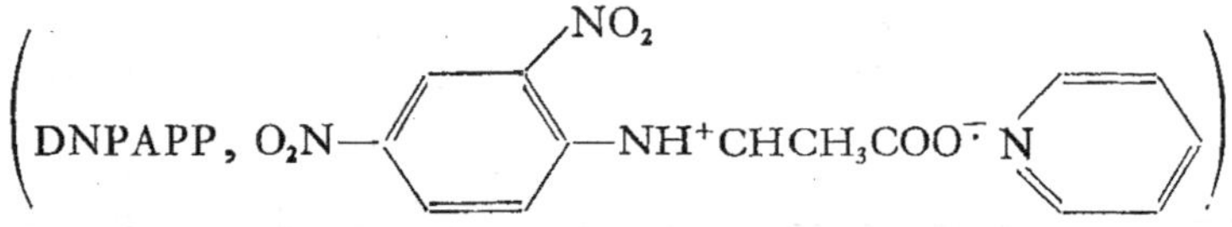

空间群为 $P2_1$ 的报道[21]. 这是一种芳香族碱性基团与芳香族酸有机盐无心结构. 因此，有机盐和固溶体都可能是解决具有 β 值有机分子形成无心结构的一些可以探讨的方法和途径.

(ii) 晶体的非线性系数与分子的取向. 最大的 χ_{ijk} 与分子电荷转移跃迁轴与晶体极化轴间的最佳取向有关，而又依赖于晶体结构的点群. 它们之间的关系可表示为

$$X_{IJK}(-2\omega,\omega,\omega)=Nf_I^{2\omega}f_J^{\omega}f_K^{\omega}\sum_{\substack{s=1\\ ijk}}^{n}\cos[I,i(s)]\cos[J,j(s)]$$
$$\times\cos[K,k(s)]\beta_{ijk}(s), \qquad (12.6)$$

这里式中 I,J,K 和 i,j,k 分别表示晶体和分子所处的坐标系，N

为单胞内的分子数，第 n 个分子以 s 标记。$f_I^{2\omega}$，$f_J^{2\omega}$，$f_K^{2\omega}$，为局域场因子，假若点群为 g 晶体的单胞里有 $n(g)$ 个等效位置，那么式(12.4)可简化成

$$X_{IJK}(-2\omega,\omega,\omega)=Nf_I^{2\omega}f_J^{\omega}f_K^{\omega}b_{IJK}, \tag{12.7}$$

$$b_{IJK}=\frac{1}{n(g)}\sum_{\substack{s=1\\ ijk}}^{n(g)}\cos[I,i(s)]\cos(J,j(s))\cos[K,k(s)]\beta_{ijk}(s). \tag{12.8}$$

由于有机晶体的对称性都比较低，这里仅列出了几个低对称点群的 b_{ijk} 的表达式。晶体坐标轴与分子坐标轴的取向如图12.19所示。Y通常沿着晶体的对称轴，$X=x$ 意味着平面分子的 x 轴与晶体的 X 轴重合。由4个二维分子构成的单胞体系的 b_{ijk} 计算公式在表12.5中。由于 Kleinman 对称[25]，一些分量为零。

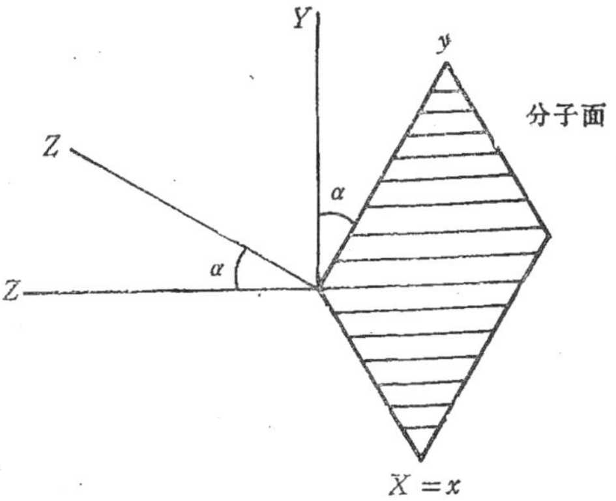

图 12.19 晶体坐标轴与分子坐标轴的取向.

(4) 有机变频晶体 由于晶体的倍频强度及位相匹配性能可通过粉末法进行预测，因此，大大地加快了有机变频晶体的研究步伐。到目前为止，已有千余种新晶体问世。在分子基元、结构与性能关系基础理论与嫁接技术的促进下，许多有机晶体的非线性光学系数比无机晶体高出1—2个数量级，令人瞩目。在图12.20中，我们列出一些重要有机变频晶体的品质因子及其截止波长。部分重点研究的有机非线性光学晶体的分子式、晶体结构及非线性光学参数等被汇总于表12.6中。

表 12.5 三斜、单斜晶系 b_{ijk} 计算公式

点群 b_{ijk}	1	2	m
b_{xxx}	β_{xxx}	0	β_{xxx}
b_{yyy}	β_{yyy}	$\beta_{yyy}\cos 3\alpha$	0
b_{zzz}	0*	0	$\beta_{yyy}\ \sin 3\alpha$
b_{xyy}	β_{xyy}	0	$\beta_{yxx}\ \cos 2\alpha$
b_{yxx}	β_{yxx}	$\beta_{yxx}\cos\alpha$	0
b_{yzz}	0*	$\beta_{yyy}\ \cos\alpha\ \sin 2\alpha$	0
b_{zyy}	0*	0	$-\beta_{yyy}\ \cos 2\alpha\ \sin\alpha$
b_{xzz}	0*	0	$\beta_{xyy}\ \sin 2\alpha$
b_{zxx}	0*	0	$-\beta_{yxx}\ \sin\alpha$
b_{xyz}	0*	$-\beta_{xyy}\ \cos\alpha\sin\alpha$	0

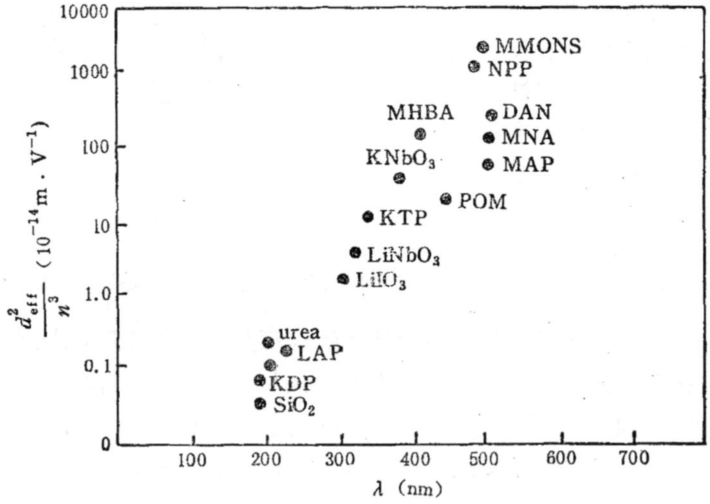

图 12.20 一些重要有机变频晶体的品质因子及其截止波长.

尤其值得指出的是，具有大的基态偶极矩的 4-二甲基胺-4'-氰基二苯分子竟然既没有氢键又没有反平行成对排列形成有心结

构，非线性光学系数已达460pm/V。然而，倍频光强是由多因素决定，在小信号近似的情况下可表示为

$$I(2\omega)=\frac{512\pi I^2(\omega)}{C}F_M\frac{\sin(\Delta k/2)^2}{\Delta k/2}. \tag{12.9}$$

显然，在特定的入射光强 $I(\omega)$ 时，$512\pi/c$ 为一常数，记为M，所以，倍频光强度 $I(2\omega)$ 可表示为

$$I(2\omega)\propto F_M\frac{\sin(\Delta k/2)^2}{\Delta k/2}. \tag{12.10}$$

因此，倍频光强主要正比于品质因子 FOM，最大作用长度L（光孔效应长度）的平方和位相因子的平方[43]。有些芳香族有机晶体具有足够大的品质因子（可参考图 12.15 所示），在这些高非线性系数的芳香族晶体中，除了在 mMA 晶体上获得 60% 的转换效率[44]之外，尚未见到更好的结果。其原因就在于其具有大的离散角 ρ 和位相匹配 Δk。

$$L_{\max}=\frac{d}{\operatorname{tg}\rho}=\frac{d}{(1-\cos^2\rho)}, \tag{12.11}$$

这里，d 为光孔直径，ρ 为离散角。可见，最大作用长度主要受到离散角的制约。而晶体的离散角 α 取决于其折射率情况，可由下式求得：

$$\operatorname{tg}\rho=\frac{1}{2}(n_l)^2\left[\frac{1}{(n_{11}^f)^2}-\frac{1}{(n_{11}^l)^2}\right]\sin 2\theta_m, \tag{12.12}$$

这里，f,l 分别表示为快光与慢光，其双折射愈大，离散角愈大，最终导致最大有效作用长度减小。

晶体的位相匹配因子 Δk 可表示为

$$\Delta k=2k_1-k_2=\frac{4\pi}{\lambda_1}(n_1-n_2), \tag{12.13}$$

$$\frac{\Delta k}{\partial T}=\frac{4\pi}{\lambda_1}\frac{\partial}{\partial T}(n_1-n_2)=\frac{4\pi}{\lambda_1}\frac{\partial\Delta n}{\partial T}, \tag{12.14}$$

$$\frac{\partial\Delta k}{\partial\theta_m}=\frac{4\pi}{\lambda_1}\frac{\partial}{\partial\theta_m}(n_1-n_2)=\frac{4\pi}{\lambda_1}\frac{\partial\Delta n}{\partial\theta_m}. \tag{12.15}$$

式(12.13)至式(12.15)中，λ 为基波在真空中的波长，θ_m 为位相匹

表 12.6 一些重要有机

晶体	全称	分子结构式	空间群	晶胞参数
MAP	2,4-二硝基苯丙氨酸甲酯	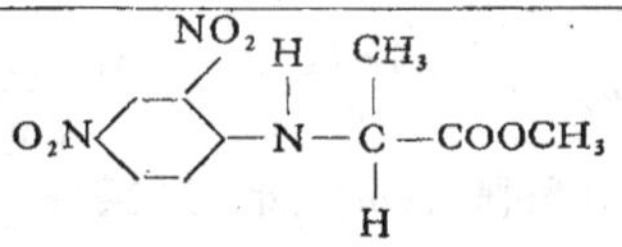 ($C_{10}H_{11}N_3O_6$)	$P2_1$	$a_0=6.829$ $b_0=11.121$ $c_0=8.116$ $\beta=95.59°$
COANP	5-硝基吡啶-2-环辛胺	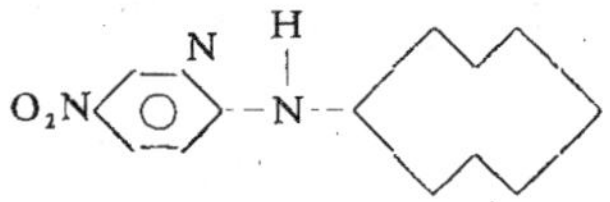	$Pna2_1$	$a_0=26.281$ $b_0=6.655$ $c_0=7.630$
DAN	2-甲酰胺-4-硝基二甲基苯胺	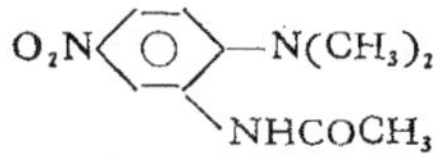	$P2_1$	$a_0=4.786$ $b_0=13.053$ $c_0=8.726$ $\beta=94.44°$
mNA	间硝基苯胺	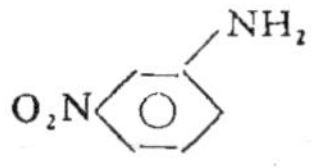 ($C_6H_6N_2O_2$)	$Pbc2_1$	$a_0=6.470$ $b_0=19.260$ $c_0=5.132$
MNA	2-甲基-4-硝基-苯胺	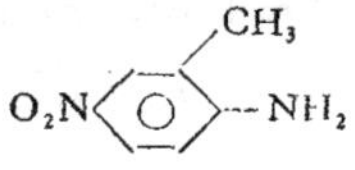 ($C_7H_8N_2O_2$)	Cc	$a_0=11.57$ $b_0=11.62$ $c_0=8.22$ $\beta=139.2°$
POM	3-甲基-4-硝基-吡啶氧	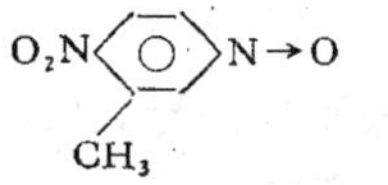 ($C_6H_5N_2O_3$)	$P2_12_12_1$	$a_0=21.359$ $b_0=6.111$ $c_0=5.132$
PNP	2-(N-脯氨醇)-5-硝基吡啶	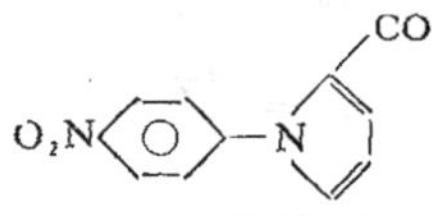 ($C_{11}H_8NO_3$)	$P2_1$	
NPP	N-4-硝基苯-L-脯氨醇	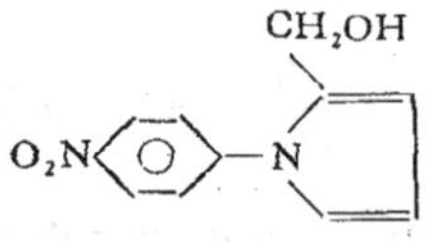	$P2_1$	$a_0=5.261$ $b_0=14.908$ $c_0=7.185$ $\beta=105.18°$

变频晶体的性能参数

折射率	吸收系数	非线性光学系数	透过波段	损伤阈值	文献
$n_x=1.5568$ $n_y=1.7100$ $n_z=2.0353$ (0.532μm)	$3.7cm^{-1}$ (0.532μm)	$\chi_{21}=1.67\times10^{-11}m/V$ $\chi_{23}=3.68\times10^{-12}m/V$ $\chi_{22}=1.84\times10^{-11}m/V$ $\chi_{25}=-5.44\times10^{-13}m/V$	0.5—2.0	$0.15GW/cm^2$ (10ns,0.532μm)	[28]
$n_x=1.681$ $n_y=1.702$ $n_z=1.847$ (0.55μm)	$<1cm^{-1}$ (1.35μm)	$\chi_{31}=1.50\times10^{-11}m/V$ $\chi_{32}=3.00\times10^{-12}m/V$ $\chi_{33}=1.00\times10^{-11}m/V$	0.47—1.5		[29]
$n_x=1.554$ $n_y=1.702$ $n_z=2.107$ (0.532μm)	$1.5cm^{-1}$	$\chi_{23}=50.0pm/V$ $\chi_{22}=5.20pm/V$ $\chi_{21}=\chi 24=1.5pm/V$	0.48—2.0	$5.0GW/cm^2$ (0.1ns,1.064μm)	[30]
$n_x=1.705$ $n_y=1.738$ $n_z=1.798$	$5cm^{-1}$ (0.532μm)	$\chi_{31}=2.00\times10^{-11}m/V$ $\chi_{32}=1.60\times10^{-12}m/V$ $\chi_{33}=2.10\times10^{-11}m/V$	0.45—2.0	$0.2GW/cm^2$ (20ns,1.064μm)	[31,32,33]
$n_z=2.0$ $n_y=1.6$ (0.62μm)	$1cm^{-1}$ (0.532μm)	$\chi_{12}=2.67\times10^{-11}m/V$ $\chi_{11}=1.84\times10^{-10}m/V$	0.52—2.5	$0.2GW/cm^2$ (20ns,1.064μm)	[34]
$n_x=1.6591$ $n_y=1.7500$ $n_z=1.9969$	$1cm^{-1}$	$\chi_{36}=(1\pm0.15)\times10^{-11}$ m/V	0.44—3.0	$0.05GW/cm^2$ (15ns,1.064μm)	[35,36]
$n_x=1.456$ $n_y=1.732$ $n_z=1.880$		$\chi_{21}=48pm/V$ $\chi_{11}=17pm/V$	0.47—2.3		[37]
$n_x=1.4919$ $n_y=2.0209$ $n_z=2.2610$		$\chi_{21}=84pm/V$ $\chi_{11}=29pm/V$	0.5—2.0		[6]

晶体	全称	分子结构式	空间群	晶胞参数
DMACB	4-二甲基胺基-4′-胺基二苯	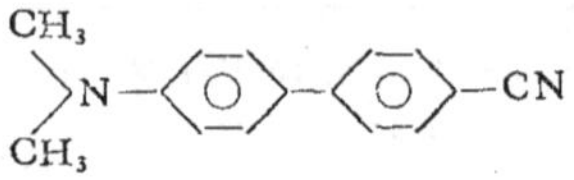 ($C_{15}H_{14}N_2$)	Cc	$a_0=9.563$ $b_0=16.429$ $c_0=8.954$ $\beta=122.04°$
NPPA	5-硝基-2-吡啶基-胺基-苯丙醇	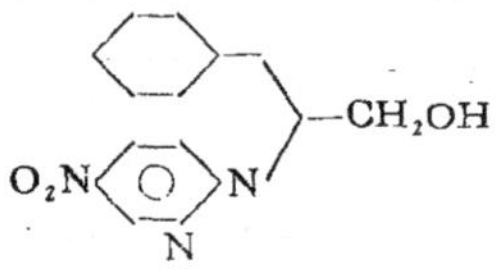 ($C_{14}H_{15}N_3O_3$)	$P2_1$	$a_0=11.791$ $b_0=6.032$ $c_0=9.959$ $\beta=100.55°$
AANP	2-金刚烷基胺基-5-硝基吡啶	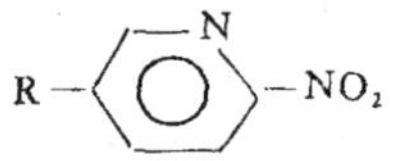 $C_{15}H_{18}N_3O_2$	$Pna2_1$	$a_0=7.992$ $b_0=26.313$ $c_0=6.601$
APDA	8-(4′-乙炔基苯 1,4-二氧-8-杂氮螺[4,5]葵烷	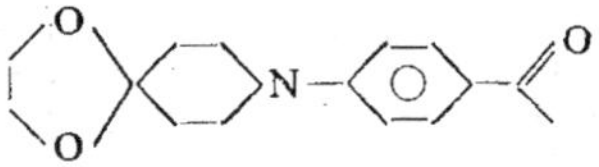	$Pna2_1$	
MMONS	3-甲基-4-甲氧基-4′-硝基二苯乙烯	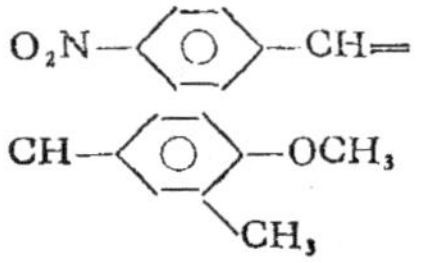 ($C_{16}H_{15}NO_3$)	$Aba2_1$	$a_0=15.582$ $b_0=13.462$ $c_0=13.299$
MBANP	2-甲基苯胺-5-硝基吡啶	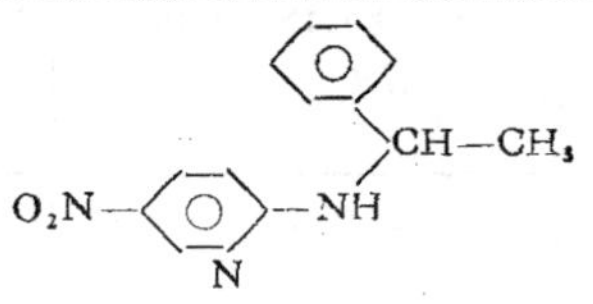 ($C_{13}H_{13}N_2O_2$)	$P2_1$	$a_0=17.945$ $b_0=6.372$ $c_0=5.401$ $\beta=94.70°$

配时的实际方位角。

只有当 Δk 等于零时，位相因子 $\left(\frac{\sin\Delta k/2}{\Delta k/2}\right)^2$ 才能达到极大值 1。因此，提高有机晶体变频效率还需重视：(a) 降低晶体的双折

续表 12.6

折射率	吸收系数	非线性光学系数	透过波段	损伤阈值	文献
		$\chi_{33}=460\mathrm{pm/V}$ $(1.064\mu\mathrm{m})$	0.41—		[27]
$n_x=1.534$ $n_y=1.732$ $n_z=2.016$ $(0.532\mu\mathrm{m})$		$\chi_{22}=2.6\mathrm{pm/V}$ $\chi_{31}=31\mathrm{pm/V}$ $\chi_{34}=24.9\mathrm{pm/V}$	0.47— 2.0		[38]
$n_x=1.61$ $n_y=1.77$ $n_z=1.86$ $(0.532\mu\mathrm{m})$		$\chi_{31}=80\mathrm{pm/V}$ $\chi_{33}=60\mathrm{pm/V}$	0.46— 2.0		[39]
$n_x=1.52$ $n_y=1.77$ $n_z=1.67$		$\chi_{32}=7.0\mathrm{pm/V}$ $\chi_{33}=50\mathrm{pm/V}$	0.38—		[40]
$n_x=1.530$ $n_y=1.630$ $n_z=1.67$		$\chi_{32}=41\mathrm{pm/V}$ $\chi_{33}=184\mathrm{pm/V}$ $\chi_{24}=55\mathrm{pm/V}$ $\chi_{26}=71\mathrm{pm/V}$	0.51—		[41]
$n_y=1.698$ $n_z=1.883$ $(0.532\mu\mathrm{m})$		$\chi_{22}=60\mathrm{pm/V}$			[42]

射 (Δn)；(b) 降低双折射率的温度系数 $[d(\Delta n)/dT]$，这与不同折射率随温度的色散系数有关。从有机晶体相位匹配的温度灵敏度来讲，还与晶体的热导率有关；(c) 降低双折射率的角度系数 $[d(\Delta n)/d\theta_m]$。根据光率体示性面分析，当 θ_m 趋近于 90° 时，

不仅可消除光孔效应，提高有效作用长度（l），而且$[d(\Delta n)/d\theta_m]$也最小。但实际的角度灵敏度问题，还受到不同折射率的色散系数及其双折射率的影响。

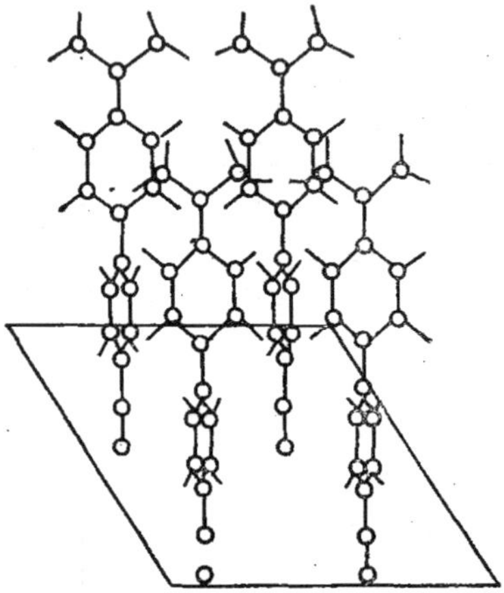

图 12.21

其次，对于具有高非线性光学系数的有机晶体的紫外吸收边红移问题，由于其紫外截止波长一般处于450nm以上，这不仅限制了其用于GaAlAs系列低功率半导体激光的变频，而且由于趋近截止波长时产生的折射率强色散效应也势必将影响到它在其他方面使用的稳定性。

(i) 半有机变频晶体。80年代之前，人们着重追求有机晶体的高非线性极化率。而后，开始注意解决有机晶体存在的与双折射率和扩展紫外截止边相关的问题，为此，金属有机络合物和有机盐晶体研究得到发展。

(a) 金属有机络合物晶体[45—53]。金属有机络合物是为了克服有机晶体双折射率大和易解离等弊端而发展起来的一类潜在的非线性领域。

双重基元结构模型。基于能使在这类化合物中将两种不同的非线性极化基元（即无机畸变多面体基元和有机不对称共轭分子基元）紧密结合的思想，提出了双重基元结构模型，如图12.22所示。这个模型的结构单元中，不同的有机共轭基团或原子被选择配置在八面体的顶角位置上。其基本的原则是R_1、R_2和R_3基元中至少有一个是极性有机共轭分子基团；在体对角线方向上，共轭分子基团的极化方向必须相同；中心离子M^{n+}应成两端配位分子基元激发态时电荷转移的桥梁；在垂直于有机共轭配位体平面的方向上具有较强的配位键。

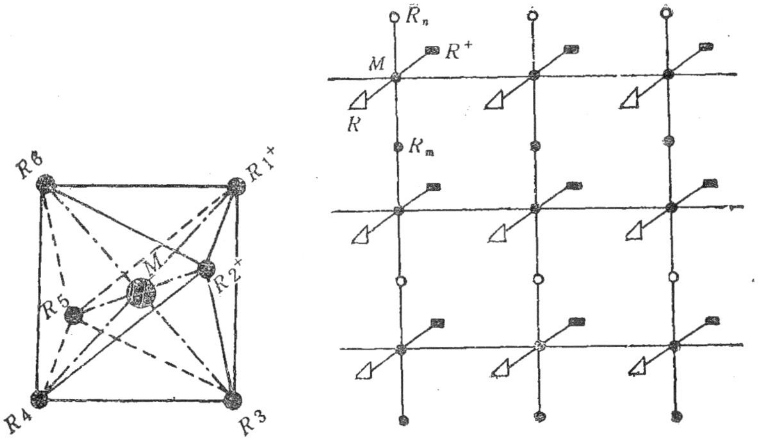

(a)　　　　　　　　　　　　　　(b)

图 12.22　双重基元结构模型.

(a) 结构基元；(b) 理想结构.

在这个模型的理想结构中，所有的共轭体分子配位体通过一个或几个中心离子而连结成一个无限长的共轭结构；畸变八面体结构单元沿相同的取向堆叠，而且它们的极化方向与其共轭分子配位体的极轴一致;中心离子最好具有孤对电子。

具有这样结构的金属有机络合物晶体应具有如下的性质:(a)应保持或加强无机和有机晶体所具有的较高的非线性光学效应;(b) 纵向配位键的引入有利于改善晶体的双折射率及其温度系数,易解离性和低熔点等性能参数。

(b) 金属有机络合物晶体的性能. 由有机平面分子硫脲[Tu, $CS(NH_2)_2$] 及其衍生物氨基硫脲 (TSC, NH_2 CSNHNH$_2$), 丙烯基硫脲,芳香族有机分子 4-硝基吡啶氧 (AT, $CH_2CHCH_2NHCS \cdot NH_2$) 和 (NPO, O_2N— 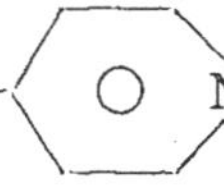 N→O) 等作为配位体的一些金属有机配合物晶体的非线性光学性能,被汇总于表 12.7 中。

下面，我们将以 TSCCC 晶体为例，简要讨论一下金属有机

表 12.7 一些硫脲衍生物和 4-

配合物晶体性能	二氯三丙烯基硫脲合镉 (ATCC)	二溴三丙烯基硫脲合镉 (ATCB)	二氯三丙烯基硫脲合汞 (ATMC)
化学式	$Cd(AT)_3C_{12}$	$Cd(AT)_3Br_2$	$Hg(AT)_3C_{12}$
空间群	$R3c$	$R3c$	$R3c$
晶胞参数	$a = 11.57$ $b = 27.992$ $z = 6$	$a = 11.621$ $c = 28.569$ $z = 6$	$a = 11.43$ $c = 28.106$ $z = 6$
配位结构			
熔点	101	97	138
解理	无	无	无
透光范围	300—1450	310—1450	330—1500
折射率	$n_o = 1.6996$ $n_e = 1.6400$	$n_o = 1.7198$ $n_e = 1.6739$	$n_o = 1.7046$ $n_e = 1.6341$
双折射率 (Δn)	0.0596	0.0459	0.0705
非线性光学系数 (esu) χ_{ijk}	$\chi_{31} = 1.56$ $\chi_{22} = 0.7$ $\chi_{33} = 1.9$	$\chi_{31} = 0.5$ $\chi_{32} = 2.73$ $\chi_{33} = 0.9$	$\chi_{31} = 0.27$ $\chi_{33} = 2.7$ $\chi_{22} = 8.2$
位相匹配角度 ($\omega = 1.064\mu m$)	$\theta = 48°$ $\phi = 30°$	$\theta = 47.2°$ $\phi = 30°$	$\theta = 65.13°$ $\phi = 30°$

络合物晶体的性能与结构因素. 当按 II 类位相匹配角等 ($\theta = 16°$, $\phi = 65°$), 将 TSCCC 晶体加工成 2mm 厚的薄片,使用脉宽为 10ns, 功率密度为 $90MW/cm^2$ 的 Nd:YAG 激光进行倍频实验时,较容易地获得了 30% 以上的转换效率,为相同厚度 KDPII 类位相匹配结果的 14.2 倍. 同时, 我们还发现, TSCCC 晶体的熔点 (230℃) 比 TSC 配体的熔点 (182℃) 提高了 (48℃), 双折射率 Δn 仅为 0.0716. 晶体的理化性能也具有无机氧化物的特

硝基吡啶氧配合物晶体的性能

一水二氯氨基硫脲合镉 (TSCCC)	二氯二-4-硝基吡啶氧合镉 (BMPOCC)	四硫氰酸汞镉 (CMTC)	二氯二硫脲合镉 (BTCC)
$Cd(TSC)C_{12}H_2O$	$Cd(NPO)_2C_{12}$	$CdHg(SCN)_4$	$Cd(Tu)_2C_{12}$
Cc	$Fdd2$	$P4$	$Pmm2_1$
$a=10.103$	$a=15.480$	$a=11.48$	$a=13.07$
$b=13.917$	$c=4.330$	$c=4.330$	$b=6.48$
$c=6.883$			$c=5.80$
$\beta=124.07°$			
$z=4$			
230	250	—	185
无	无	无	无
280—1500	415—2000	400—2500	285—1500
$n_x=1.6575$	$n_x=1.698$	$n_o=2.04$	$n_x=1.6097$
$n_y=1.7040$	$n_y=1.620$	$n_e=1.84$	$n_y=1.7902$
$n_z=1.7302$	$n_z=1.850$		$n_z=1.8600$
0.0727	0.23	0.20	0.2503
$\chi_{31}=3.0$			$\chi_{11}=2.75$
$\chi_{32}=3.2$	$\chi_{eff}=9\chi_{urea}$	$\chi_{31}\approx16\chi_{36}^{KDP}$	$\chi_{12}=0.2$
$\chi_{33}=4.5$			$\chi_{23}=2.7$
$\theta=16°$			$\theta=65.2°$
$\phi=65°$	……	……	$\phi=10.2°$

征。

氨基硫脲（TSC）分子以N和S原子作为双齿配位体的形式，螯合在中心镉离子上，形成一个五元杂环平面，整个晶体结构则是由一层层杂环平面通过氨基硫脲中的S原子及一个双配位作用而连结成的畸变八面体堆积。图12.23示出的是TSCCC晶体中的五元环平面（a）和畸变八面体结构（b）。比较TSCCC晶体和TSC晶体红外光谱和拉曼光谱的实验结果发现：TSCCC晶体

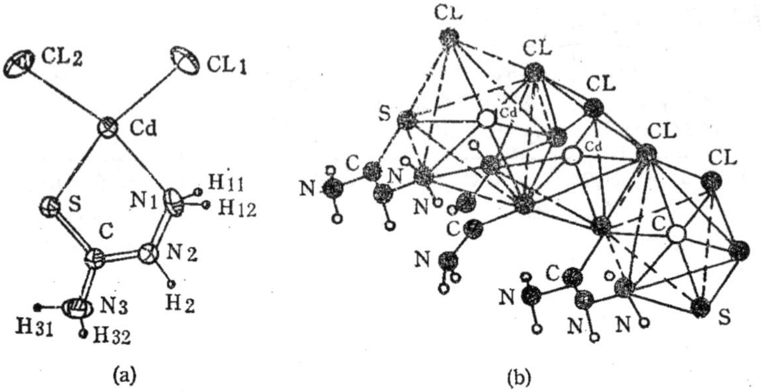

图 12.23 TSCCC 晶体中 (a) 五元杂环平面和 (b) 畸变八面体结构.

(C═S) 的振动吸收峰由 TSC 晶体 $803cm^{-1}$ 处移至 $700cm^{-1}$ 处，而与此对应的拉曼振动模也由 TSC 晶体中的 $803cm^{-1}$ 处移至 TSCCC 晶体的 $686cm^{-1}$ 处. 光谱分析结构同 X 射线结构分析关于成环各键结果都一致证实，TSCCC 晶体的五元杂环具有部分共轭的性质. 这些五元共轭杂环平面在晶体结构中取向一致地排列，对于晶体宏观倍频效应的增强是有利的. 垂直共轭平面的方向上较强的 Cd—Cl，Cd—S 配位键的形成对于降低晶体的双折射率 Δn，防止晶体发生解离都是重要的. BTCC 晶体中，由于 2 个分子通过 S 原子硫脲和 2 个氯原子分别位于四面体配位的顶角位置上，所以该晶体仍具有较大的双折射率.

目前，关于金属有机络合物非线性光学晶体的研究结果还是初步的，还须在配位体的选择上进行深入地工作，应真正克服中心离子在电荷转移激发态的势垒作用，使其发挥“桥梁”作用，从而达到提高配位基的 β_{ijk} 和晶体的 χ_{ijk} 值的目的.

(ii) 有机盐晶体与 LAP 晶体倍频性能[56—61]

(a) 有机盐晶体是一种半有机晶体. 通常来说，有机盐可以分为两类：一类是有机酸与金属离子构成的盐，例如，最早研究的压电晶体——酒石酸钾钠 (KNT). 另一种是碱性有机酸或含有碱性基的有机共轭分子同无机氧多面体酸或有机酸构成的盐，例如已应用几十年的热释电晶体——硫酸三甘肽（TGS）。若从优化有机非线性光学晶体的双折射率、光损伤、热导率及抗解离等角度来看，人们实际上对后一种有机盐更感兴趣，期望能由于氧多面体酸根的引入，解决有机共轭分子晶体中存在的这些问题。

已发现并研究过碱性有机酸或含有碱性基的有机共轭分子的盐类变频晶体主要包括：以氨基酸为代表的含有共轭平面基团的链状分子构成的有机盐晶体，例如含有胍基和羧基的共轭基团并具有旋光性的 *L*-精氨酸同磷酸构成的 LAP 晶体；以吡啶衍生物为代表的含有大共轭环结构的芳香族分子构成的有机盐晶体。例如含有施受电子基的2-甲基-5-硝基吡啶分别同酒石酸根 $(C_4H_5O_6^-)_n$、磷酸根 $(H_2PO_4)_n^-$、硫酸根 $(HSO_4)_n^-$、高铬酸根 $(Cr_2O_7^-)_2$、硝酸根 (NO_3^-) 构成的有机晶体。这里以酸根的形式表示主要为了表明其中的结合方式，质子实际上转移到2-甲基-5-硝基吡啶上，形成2-甲基-5-硝基吡啶阳离子（$2A5NP^+$）。在空间群为 $P2_1$ 的2-甲基-5-硝基吡啶酒石酸盐（$2A5NP_lT$）晶体中，已发现较强的倍频效应。以吡啶衍生物为代表的含有大共轭环结构的碱性芳香族分子同芳香族有机酸构成的有机盐晶体。例如 *N*-2，4-二硝基苯基丙酸胺与吡啶构成的有机盐晶体，其分子结构式为

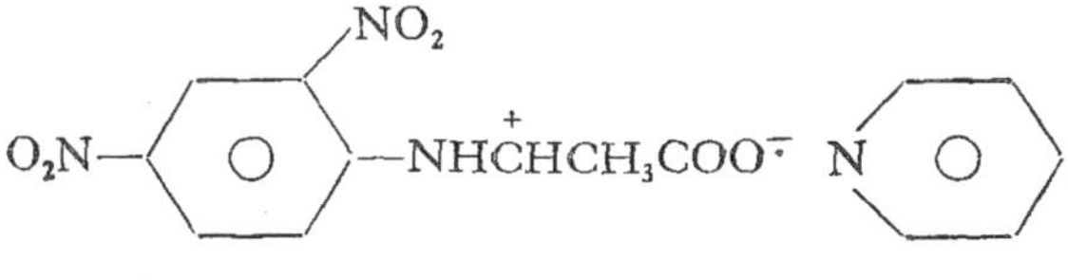

，空间群为 $P2_1$。

(b) *L*-精氨酸磷酸盐（LAP）晶体的变频性能。下面以 LAP 晶体为例讨论有机盐晶体的特性。在上面我们已介绍了 LAP 晶体中分子基团堆积规律。由于N—H和O—H键的振动导致LAP晶体在 1040nm 附近有较弱的吸收峰，所以用氘取代胍基、氨基、磷酸和结晶水中的活泼氢，使之振动频率降低，更有利于应用于近红外激光变频。除此之外，LAP 与 DLAP 晶体的位相匹配及非线性系数等性能都是很相近的。氘化 *L*-精氨酸磷酸盐（DLAP）晶体的化学结构式可表示为：$(D_2N)^{2+}CND(CH_2)_3CH(ND_3)^+$·

表 12.8 LAP，DLAP 晶体的基本参数

空间群	$P2_1$	$P2_1$
晶胞参数	$a=10.85(\times 0.1\text{nm})$ $b=7.91(\times 0.1\text{nm})$ $c=7.32(\times 0.1\text{nm})$ $\beta=98.0°$ $z=4$ $v=621.9(\times 0.1\text{nm})^3$	$a=10.90\times 0.1\text{nm}$ $b=7.923\times 0.1\text{nm}$ $c=7.343\times 0.1\text{nm}$ $\beta=97.981°$ $z=4$ $v=627.8\times 0.1\text{nm}^3$
主轴角 (ZAC)	31.9°	19.9°
吸收系数 (cm^{-1})	0.001(0.53um) 0.52(1.06um)	0.001(0.53um) 0.02(1.06um)
透光波段 (nm)	0.24—1.9	0.24—1.9
比热 (cal/mol)	38	38
热膨胀系数 (10^{-5}/K)	$\alpha_{11}=-1.75$ $\alpha_{22}=9.25$ $\alpha_{33}=0.96$	$\alpha_{11}=5.74$ $\alpha_{22}=0.87$ $\alpha_{33}=1.83$
折射率	$n_x=1.4974$ $n_y=1.5598$(1.06um) $n_z=1.5676$ $n_x=1.5114$ $n_y=1.5794$(0.53um) $n_z=1.5883$	$n_x=1.4961$ $n_y=1.5585$(1.06um) $n_z=1.5656$ $n_x=1.5092$ $n_y=1.5765$(0.53um) $n_z=1.5849$
非线性光学系数	$\chi_{21}=1.3\chi_{36}^{KDP}$ $\chi_{22}=2.5\chi_{36}^{KDP}$ $\chi_{23}=-2.2\chi_{36}^{KDP}$ $\chi_{25}=1.4\chi_{36}^{KDP}$	$\chi_{21}=1.3\chi_{36}^{KDP}$ $\chi_{22}=2.5\chi_{36}^{KDP}$ $\chi_{23}=-2.2\chi_{36}^{KDP}$ $\chi_{25}=1.4\chi_{36}^{KDP}$

$COO^-D_2PO_4^- \cdot DO_2$.关于 LAP 和 DLAP 晶体的一些基本参数列在表 12.8 中，其 I,II 类倍频有效非线性系数最大的方向和 LAP 晶体与其它晶体 FOM 的比较结果分别绘在图 12.24 和图 12.25 中。

DLAP 晶体在强激光倍频实验取得较高的转换效率。当将功率为 871MW/cm² 的激光（$\lambda=1064$nm，$\tau=884$ps）聚集到

DLAP 晶体的样品上，获得了 58.2%(I 类倍频)的转换效率，经过实验技术的改进，美国劳伦茨·力菲莫尔实验室已在 DLAP 晶体获得了高达 90% 的转换效率。根据 DLAP 晶体 FOM 值的计算结果，DLAP 晶体倍频的最佳基频波长应在 600nm 附近。LAP，DLAP 晶体对于各种脉宽的强激光均具有很高的光损伤阈值。图 12.26 示出的是 LAP，DLAP 晶体光损伤阈值实验结果[50]。我们的实验还发现，LAP，DLAP 晶体在脉宽 τ 为 (30—50ps) 时，其光损伤阈值也在 (25—45)GW/cm^2 之上。

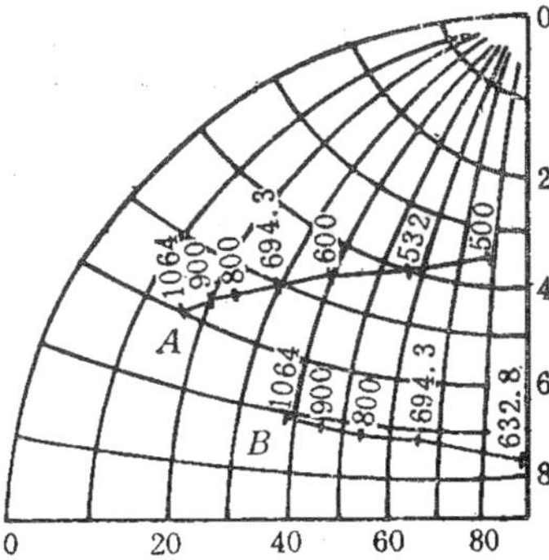

图 12.24 LAP 晶体 I 类 II 类倍频 χ_{eff} 最大值方向.

LAP 与 DLAP 晶体的激光损伤阈值在目前应用于强激光倍

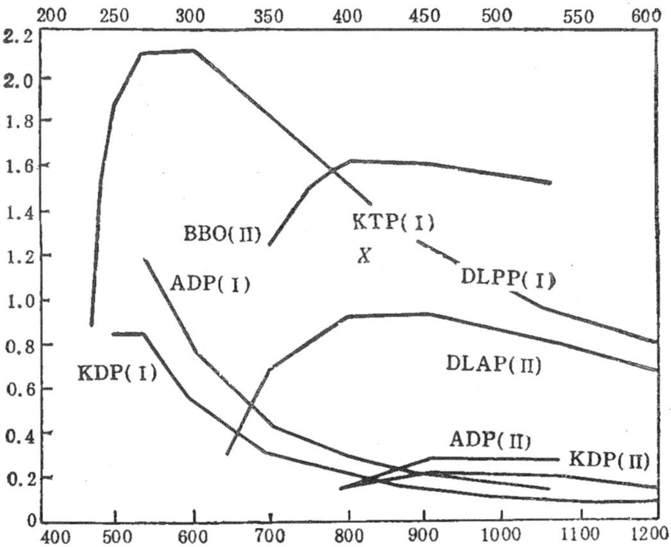

图 12.25 DLAP 和 BBO，ADP，KDP 晶体 FOM 值曲线.

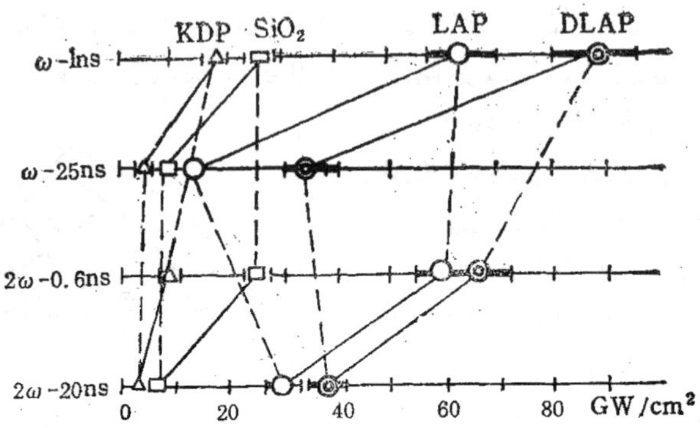

图 12.26　LAP，DLAP 晶体的光损伤阈值.

频晶体中应是最高的，也因此而令人瞩目. 材料的光损伤阈值的因素可分为两部分：外部因素和本征因素. 外部因素指通过改善实验条件可以克服和改进的因素，本征因素则仅仅与材料的组成和结构有关. LAP 和 DLAP 晶体在强激光这种低重复频率的情况下，具有很高的光损伤阈值，其主要原因就是因为它的比热值（$c_p = 38$ cal/mol · ℃）比 KDP 晶体（$c_p = 28$ cal/mol · ℃）. DLAP 晶体比 LAP 晶体具有更高的光损伤阈值，是因为 DLAP 晶体中热膨胀系数的全部分量是正值，而 LAP 晶体中有一个热膨胀系数分量是负值，它在激光辐射时吸收能量更容易造成晶格的破坏. LAP，DLAP 晶体在高重复频率激光辐射下，在光损伤性能上失去优势. 这主要是因为对于高重复频率的激光作用时，晶体的热导率开始成为影响光损伤阈值的主要因素，而这恰恰是有机晶体所需要加以改进的性质. 因此，对于不同性质的激光束来说，决定材料光损伤阈值的本征因素应该是不一样的.

由上所述，LAP 和 DLAP 晶体在强激光应用领域具有很多优越的性能，这主要由于 L-精氨酸分子和畸变磷氧四面体这两种偶极子绕 $P2_1$ 轴分子取向一致螺旋排列. 但是，由于链状 L-精氨酸、磷酸呈层状堆叠，致使折射率及其温度系数、膨胀系数及其导热性能等需要优化.

(iii) 有机半导体激光倍频晶体[62-65].通过半导体激光倍频获得波长更短的蓝紫光源，其目的之一在于通过降低衍射光斑的尺寸,来提高光学存储密度.实现高密度光学记忆写与读的一般记忆过程所需要的稳定输出功率应该分别是 10mW 和 1mW 的量级.除此之外，蓝紫光线在激光影视、激光通信上都有重要的应用价值.目前,已在 $KNbO_3$ 晶体上室温下实现了 860nm 半导体激光倍频输出,并获得 42% 的转换效率，但是由于温度半宽仅有 ±0.25(℃ · cm),因此,无法普遍应用.有机变频晶体具有非线性系数大，品质因子高等特点，但在低功率半导体激光变频上却一直未能获得突破性进展，其主要原因是未能解决扩展谐波透光波段和降低双折射率 Δn 等关键参数上.

3-甲氧基-4-羟基-苯甲醛 (MHBA) 晶体针对半导体激光倍频而发展起来的一种新的非线性光学变频材料. 这里把 MHBA 和 KN 晶体主要性能参数一起列入表 12.9 中。由表可见，MHBA 和 KN 晶体的非线性系数相当. 在 MHBA 晶体中，相对弱的受电子基团的醛基 (—CHO) 和施电子基团羟基 (—OH) 替代了通常采用氨基 ($—NH_2$) 和硝基等受、施电子基团，这样，有利地改善了晶体的紫外透光性. 透光波长的这一紫移在众多的芳香苯衍生物非线性光学材料中是不多见的. 使有机晶体具备了通过半导体激光倍频获得蓝紫光输出的基本条件. 图 12.23 示出基频光为 1.064μm 和 0.830μm 时 MHBA 晶体的有效非线性系数曲线. 倍频实验结果表明，当波长为 1.064μm 的 Nd: YAG 激光倍频 MHBA晶体时,获得了 75% 的绿光输出，当 0.83μm 的钛宝石激光倍频 MHBA 晶体时,获得了 69% 的紫光输出. 当波长为 0.809—0.816μm 的 GaAs 半导体激光倍频 MHBA 晶体时，获得了 3×10^{-6}W(0.4045—0.408μm) 紫光输出，这是迄今为止所见半导体激光直接倍频的报道中输出波长最短的. 目前，尽管 MHBA 晶体在半导体激光倍频中获得输出还不高，但应该指出的是，这是在室温下很方便地获得的初步结果. 这也反应出 MHBA 晶体的双折射率 Δn 比 KN 晶体的稍大，但却有较好的温度稳定性，可

表 12.9 MHBA 和 KN 晶体主要性参数

晶体主要参数	MHBA	$KNbO_3$
空间群	$P2_1$	$mm2$
晶胞参数	$a_0 = 14.053 \times 0.1nm$ $b_0 = 7.875 \times 0.1nm$ $c_0 = 15.037 \times 0.1nm$ $z = 115.45$ $z = 8$	
折射率	$n_x = 1.5144$ $n_y = 1.6626(1.064\mu m)$ $n_z = 1.7439$ $n_x = 1.5624$ $n_y = 1.7033(0.532\mu m)$ $n_z = 1.8138$ $n_x = 1.5272$ $n_y = 1.6694(0.83\mu m)$ $n_z = 1.7547$ $n_x = 1.6218$ $n_y = 1.7669(0.415\mu m)$ $n_z = 1.96996$	$n_x = 2.1189$ $n_y = 2.2199(1.06\mu m)$ $n_z = 2.2572$ $n_x = 2.2030$ $n_y = 2.3229(0.53\mu m)$ $n_z = 2.3819$
透光波长 (nm)	370—1500	400—4500
非线性系数 (P^M/V)	$\chi_{11} = 15.7$ $\chi_{12} = 6.3$ $\chi_{13} = 21$ $\chi_{14} = 5.2$	$\chi_{31} = 15.8$ $\chi_{32} = 18.3$ $\chi_{33} = 27.4$

能是由于 MHBA 晶体的 $d(\Delta n)/dT$ 比较小的缘故。通过半导体激光倍频获得紫光输出的研究近来又取得突破性进展。从金属有机络合物晶体（CMTC）上获得毫瓦级输出。

除去有机块状倍频之外，用于激光倍频的有机单晶波导的研究自 80 年代以来也开始十分广泛。目前尚未见到重要结果报道，在此不再专门论述。虽然作为频率转换应用的有机非线性光学晶体还没有大规模的走向实用化，但是无论是从理论还是从实验结果都取得了很大的进展，显示出可喜的前景。随着集成光学应用技术的发展和需要，有机变频晶体必将发挥愈来愈重要的作用。

12.2.2 有机电光晶体[66—72]

有机电光晶体是另一类起源于分子内电荷转移跃迁的非线性光学晶体。它是通过外加低频电场或直流电场与光电场的耦合作用而引起晶体折射率的改变。如果我们将这种改变按电场的幂级数展开为

$$(n-n_0)=aE_0+bE^2+\cdots,$$

则由一次项引起的折射率改变,称之为一次电光效应,也称之为线性电光效应或 Pockel 效应,而由二次项引起的折射率改变，则称为二次电光效应，也称之为平方电光效应或 Kerr 效应。一次电光效应仅存在于无对称心的晶体中，而二次电光效应则存在于所有对称性的晶体中。这里我们仅讨论线性电光晶体，二次电光晶体则放在三阶非线性光学晶体中阐述。

线性电光效应与二阶非线性极化具有相同的物理本质.因此，当晶体在同时受到光照和外加电场时，所产生的电极化可表示为

$$P_i=-\varepsilon_0\varepsilon_{ii}^0\varepsilon_{jj}^0\gamma_{ijk}E_j(\omega)E_k(\Omega)。\tag{12.16}$$

而在强光作用下产生的二阶非线性极化则可表示为

$$P_i^{(2)}(\omega_3)=\varepsilon_0\chi_{ijk}(-\omega_2,\omega_1,\omega_2)E_j(\omega_1)E_k(\omega_2)。\tag{12.17}$$

因此,由上述两式可以得出

$$\gamma_{ijk}=-\frac{1}{\varepsilon_{ii}^0\varepsilon_{jj}^0}\chi_{ijk}^{(2)}。\tag{12.18}$$

所以，具有较高 $\chi_{ijk}^{(2)}$ 的有机晶体往往具有较大的电光系数 γ_{ijk}。有机晶体内分子基元激发态电荷转移跃迁偶极矩的显著变化,不仅仅使有机晶体的二阶非线性系数比无机晶体大 1—2 个数量级,同时,也使有机晶体的电光系数达到了几十乃至数百 pm/V,因而引起了人们的极大兴趣。我们在表 12.10 中列出几种主要有机晶体的电光性能。

电光晶体的品质因子 $FOM=n^3r_{ijk}/\varepsilon$，这里的 n 为折射率，γ_{ijk} 为电光系数，ε 为介电常量。由于无论在低频还是高频时,有

表 12.10 一些有机电光晶体的主要性能参数

化学结构式	晶体	空间群	折射率	电光系数 (pm/V)	文献
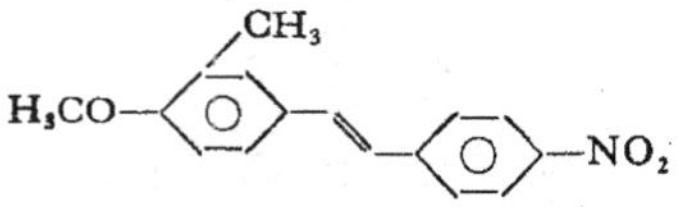 ($C_{16}H_{15}NO_3$)	MMONS 3-甲基-4-甲氧基-4'-硝基均二苯代乙烯	$Aba2_1$	$n_x = 1.530$ $n_y = 1.642$ $n_z = 1.961$ (1.064)	$\gamma_{99} = 39.9$	[136]
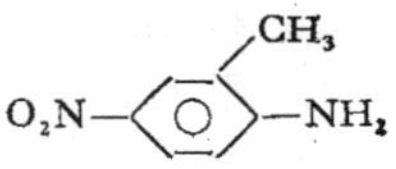 ($C_7H_8N_2O_2$)	MNA 2-甲基-4-硝基-苯胺	Cc	$n_x = 2.0 \pm 0.1$ $n_y = 1.6 \pm 0.1$	$\gamma_{11} = 67 \pm 2$ $\gamma_{99} = 22$	[72]
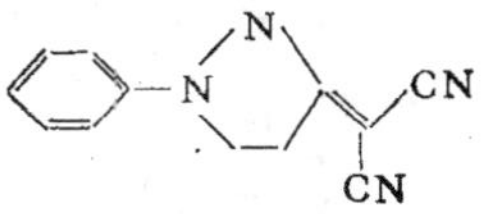 ($C_{13}H_{10}N_4$)	DCPP 3-(1,1-二氰乙烯基)-1-苯基-4，5-二氢-1H-吡唑	Cc	$n_x = 1.9 \pm 0.1$ $n_y = 2.7 \pm 0.1$	$\gamma_{99} = 87$	[66]

$(NH_4^+)_2(COO^-)_2$	AO 草啼		$n_x =$ │ $n_z =$	$\gamma_{41} = 230$ $\gamma_{52} = 330$ $\gamma_{69} = 250$	[43]
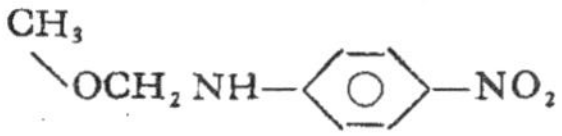 $(C_8H_{10}N_2O_3)$	MNMA 2-硝基苯-N-甲氧基甲基胺	$P2_12_12_1$			[68]
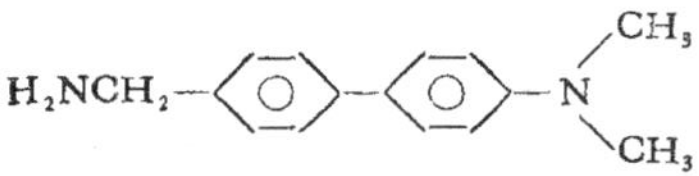 $(C_{15}H_{14}N_2)$	DMACB 二甲基胺-P-氰基二苯	Cc	—	$\gamma_{33} = 570$	[26]
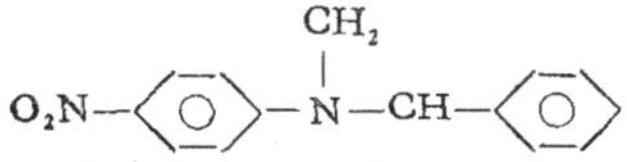 $(C_{14}H_{19}N_2O_2)$	MBANP 2-(α-甲苄基胺)-5-硝基吡啶	$P2_1$			[69,70]

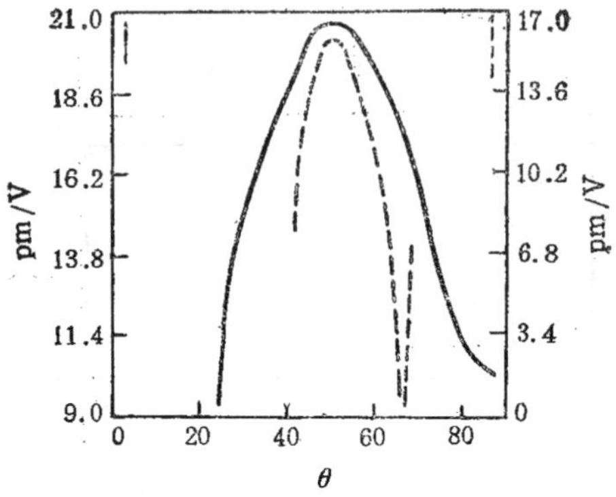

图 12.27

机晶体的介电常量都比较小，一般仅在 3—10 之间，而无机晶体的介电常量一般在 10—10^3 量级. 因此，有机电光晶体的 FOM 值可比无机晶体提高个 1—2 数量级.

有机晶体具有良好的电光特性，在高频电场位相调制等方面已取得一些重要结果. 在 MNMA 晶体中，首先实现高速电光位相调制实验，实验装置如图 12.28 所示. 当驱动频率为 400MHz 时，其调制系数通过施加高速外电场来调制修正. 因此，这些器件必须由折射率可被电场迅速改变(小于 1ns) 的光损伤阈值高 (大于 $1MW/cm^2$) 的有机电光材料来制成. 在满足集成电光器件的应用中，有机聚合物薄膜比有机电光晶体具有更强的竞争力，主要

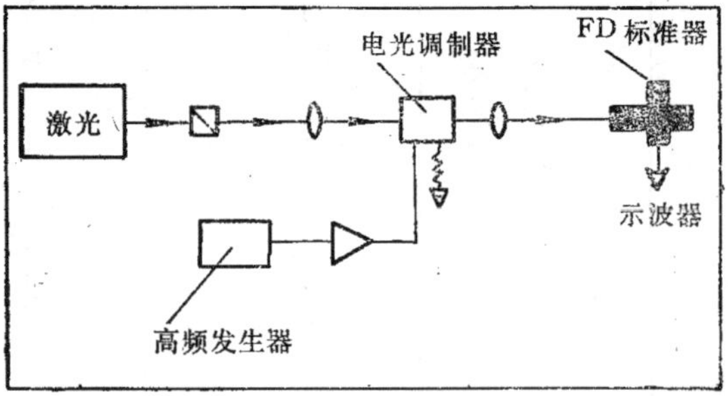

图 12.28 有机晶体电光调制实验装置.

因为聚合物的薄膜和电光波导制备比较简单，易于扩大规模，满足大批量生产的需要。但在电光系数和折射率的温度系数稳定性上尚不如有机晶体。有机电光聚合物在有线电视和光通讯信号调制等方面已趋近于实用化阶段。电光聚合物的内容在此不想涉及，感兴趣者，可查阅有关文献。

12.2.3 三阶有机非线性光学晶体[73—83]

(1) 三阶非线性光学效应的重要应用　三阶非线性光学性质是四阶张量描述的物理效应，应存在于所有对称性的晶体中。三阶非线性系数与二阶非线性系数有着数量级的差别，分子的三阶极化率 γ_{ijk} 一般在 10^{-33}esu，晶体的三阶非线性系数则在 10^{-8}—10^{-12}esu。但有机三阶非线性光学材料具有快速响应的显著特点。

三阶非线性光学效应可以分为三类，第一类仅与瞬间激光光脉冲强度相关的非共振三阶效应等，如二次电光效应(Kerr 效应)等，其要求材料的快速响应；第二类是与介质吸收相关的共振三阶效应，如光学双稳、光相位共轭、四波混频等；第三类是光折变效应，一种特殊的三阶非线性光学效应。根据有机三阶非线性光学材料响应快的特点，主要希望应用于光开关、光放大、图像处理和光计算等。用光计算机取代电子计算机是人们努力的目标之一。作为光计算机的关键部件主要是三部分：光源、光束导向材料和光调制器。半导体激光是一重要的激光光源，可程序化的可重组光折变材料是一种重要的光束导向材料，而由高功率激光（MW/cm²—GW/cm²）可诱导大的二次电光效应的有机三阶非线性光学晶体、液体、薄膜和玻璃均可能是超快速响应光调制器的材料。

(2) 三阶非线性光学材料的品质因子　这里我们主要研究与非共振三阶非线性光学效应相关的有机材料的品质因子。

在全光信号处理元件中，折射率变化与光强有关，光学信号的位相是随着光强而变化的。假定一光束在元件介质中传播了 l 距离，其折射率改变为 Δn，那么，其位相漂移可表示为

$$\Delta\Phi = 2\pi\Delta nFl/\lambda, \quad (12.19)$$

式中 F 为空腔共振增强（即一种标准手段），λ 为自由空间波长。如果介质中的折射率改变 Δn 是由二次电光效应(即 Kerr 效应)，那么

$$\Delta n = n_2 I,$$

式中的 I 表示光强，n_2 为影响局部折射率变化，并与 $\chi^{(3)}$ 有关的非线性系数。n_2 与 $\chi^{(3)}$ 的关系可表示为

$$n_2 = 16\pi^2\chi^{(3)}/cn^2. \tag{12.20}$$

若将以 esu 为单位的 $\chi^{(3)}$ 转换成以 mks 为单位的 n_2 时，则可表示成

$$n_2 = 5.26 \times 10^{-6}\chi^{(3)}/n^2. \tag{12.21}$$

由于在连续全光处理应用时，光束被限制在一波导中，光强 I 与传输距离 l 的乘积可以降低对介质非线性系数的要求。而其作用长度也被介质的吸收或者散射所确定，$l = A/a$，A 为可容许的损耗，a 则为损耗系数，因此，位相漂移可表示为

$$\Delta\Phi = 2\pi F n_2 I A/\lambda a, \tag{12.22}$$

而材料的品质因子可定义为

$$\begin{aligned} W &= \Delta\Phi/2\pi A = F n_2 I/\lambda a \\ &= 5.26 \times 10^{-6}\chi^{(3)} F I/\lambda n^2 a. \end{aligned} \tag{12.23}$$

因此，对三阶非线性光学材料的要求是：(i) 具有大的三阶非线性光学系数 $\chi^{(3)}$；(ii) 消除由于热效应引起的折射率变化，$\Delta n = n_{2T} I = (dn/dT)\Delta ta/\rho c_p$，$\Delta t$ 为时间间隔，ρ 为热导率，c_p 为热容量；(iii) 高的损伤阈值（大于 100MW/cm^2）；(iv) 超短的开关时间(小于 1ps)。对非共振三阶非线性光学材料来说，最重要的是消除热效应的影响和对于瞬间光脉冲的响应时间。

(3) 三阶非线性光学晶体　三阶非线性光学材料的研究起始于高共轭有机染料（例如 β 胡萝卜素，$C_{40}H_{56}$），三阶分子极化率 $\gamma = 8 \times 10^{-33}$esu[76]。近些年来，大量的研究工作主要集中于像聚乙炔和聚二乙烯等共轭多烯或聚炔烃化合物以及酞菁染料化合物和有机金属化合物等方面。

(i) 聚乙炔衍生物单晶体。聚二乙炔聚合物薄膜是一类重要的三阶非线性光学单晶材料，由于它可克服有机分子晶体的机械

强度差和难以制成波导器件的缺点，又可以比聚合物更有利于保证较大的三阶非线性光学系数和稳定性。因此，特别引人注目。将芳香型取代基直接嫁接在聚乙二炔的主链上，通过主链与取代基间的共轭 π 电子来增加每重复单元的 π 电子数目来提高三阶分子极化率。用 UV 光，X 射线，γ 射线等辐射处置和高温退火等发生局部固态化学聚合反应，形成聚二乙炔单晶。如图 12.29 所示。表 12.11 列出二乙炔单体与聚合物晶体的晶胞参数。聚乙炔单晶具有较高的三阶非线性系数和快速响应的时间。这里可作为非共振三阶非线性光学效应应用的几种候选材料的主要参数列在表 12.13 中，几种芳香基取代的聚二炔衍生物单晶薄膜的 $\chi^{(3)}$ 值

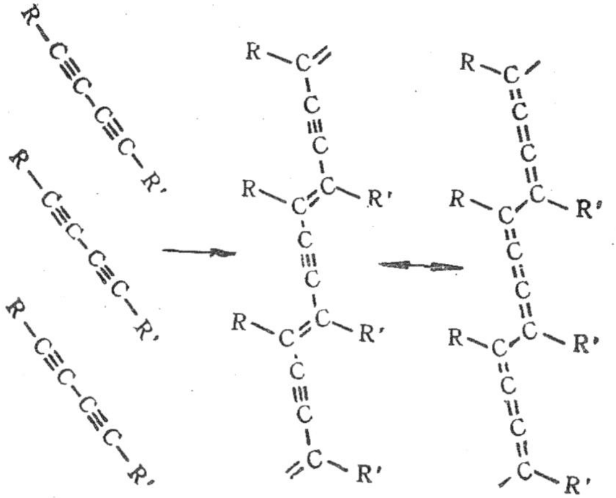

图 12.29 双取代基聚二乙炔单晶聚合反应.

表 12.11 二乙炔单体与聚合物晶体的晶胞参数

晶体参数	单 体	聚合物
$a(\times 0.1\text{nm})$	14.616	14.526
$b(\times 0.1\text{nm})$	5.117	4.912
$c(\times 0.1\text{nm})$	14.923	14.964
$\beta(°)$	118.57	118.27
$V(\times 0.1\text{nm})^3$	974	941

表 12.12 聚二炔衍生物单晶薄膜的 $\chi^{(3)}$ 值[77,80,82,83]

晶 体	单体化学名称	$\chi^{(3)}(\times10^{11}esu)$	λ(um)	结晶方法
聚-BEFD	二(4-丁基-3,5,8-四氟苯基)丁二炔	25 18 11	1.96 2.10 2.16	物理气象沉积法
聚-DFMP	二(三氟甲苯基)丁二炔	4.5	2.10	物理气象沉积法
聚-MADF	1-(3-甲胺苯基)-4-(3,5-二三氟甲基)苯丁二炔	30 23 23	1.96 2.10 2.16	熔化重结晶法
聚-PTS	六-2,4-二炔-1,6-二醇-二(P-甲苯磺酸脂)	76 11 3.6	1.83 1.97 2.10	熔化重结晶法
聚-4-BCMU	4-丁氧基-碳基-甲基尿烷乙二炔	10	1.3	
聚-DCHD	二咔唑基六二炔	45 80 17	1.90 1.97 2.10	固态聚合

表 12.13 几种三阶非线性光学晶体的主要参数[77,78,79,80]

晶体	折射率 n	非线性系数 $\kappa_2(10^{+1}esu)$	响应时间 $t(s)$	损伤阈值
GaAs(100)	3.20	14.1	$<10^{-2}$	———
Si(111)	3.44	8.8	$<10^{-12}$	———
CS_2	1.59	1.1	$\sim10^{-11}$	———
MNA(2-甲基-4-硝基苯胺)	1.8	25.0	$\sim10^{-14}$	$200MW/cm^2$
P-NA（对硝基-苯胺）	1.72	14	$\sim10^{-14}$	$200MW/cm^2$
PDA（聚二乙炔）	1.88	80	$\sim10^{-14}$	$10GW/cm^2$

和泵浦波长 λ 数据列于表 12.12 中。聚二乙炔衍生物晶体的 $\chi^{(3)}$ 值、响应时间和损伤阈值等综合性能在现有非共振三阶非线性光学材料中是最有希望的。因此，人们希望能用晶体工程学的方法对聚二乙炔类衍生物晶体 $\chi^{(3)}$ 性能进一步优化。

聚二乙炔衍生物晶体的研究主要包括如下内容：(a) 取代基的设计与选择。晶体三阶非线性系数与分子三阶极化率的关系可表示为

$$\chi^{(3)}_{ijkl} = Nf\gamma_{ijkl}l^4(\omega), \tag{12.24}$$

$L(\omega)$ 为局域化因子，f 为分子取向函数。因此，聚二乙炔的 R_1 和 R_2 两个取代基的设计首先要选择可发生电荷转移能产生较大 γ_{ijkl} 值的共轭分子，并使分子取向有利于微观分子 γ_{ijkl} 系数的叠加，以获得大的 χ_{ijkl} 值；(b) 要保证单体可以发生完全的聚合反应，所选择的取代基可能存在着弯曲效应，由此会影响聚合单体的平行堆叠，从而影响完整晶体结构的形成。

(ii) 酞菁衍生物晶体。酞菁化合物是一类重要的有机半导体、光导体，同时又是一类重要的三阶非线性材料，可生长成晶体薄膜，由于这种化合物分子具有较高的对称性 (D_{4h})，因此，其晶体几乎都有对称心的存在。这里仅简要地列举，已发现的三阶非

线性系数较大的4个异丙苯基苯氧基酞菁衍生物的分子结构和光学性质，($MPcCP_4$) 分子结构如图12.30所示，表12.14中列出这些衍生物三阶非线性光学性质.

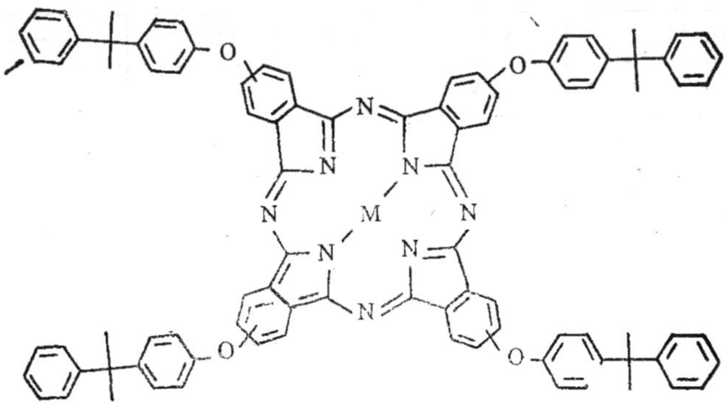

图 12.30　4个异丙苯基苯氧基酞菁衍生物分子结构.

表 12.14　($MPcCP_4$) 酞菁衍生物三阶非线性光学性质

酞菁衍生物	γ_{xxxx}(esu)	$\chi^{(3)}_{xxxx}$(esu)
$CoPcCP_4$	5×10^{-32}	8×10^{-11}
$NiPcCP_4$	4×10^{-32}	6×10^{-11}
$CuPcCP_4$	3×10^{-33}	4×10^{-11}
$ZnPcCP_4$	5×10^{-33}	7×10^{-12}
$PdPcCP_4$	1×10^{-32}	2×10^{-11}
$PtPcCP_4$	1×10^{-31}	2×10^{-10}
$PbPcCP_4$	1×10^{-32}	2×10^{-11}

(iii) 有机小分子晶体和有机导体三阶非线性光学性质．$\chi^{(3)}$值的大小主要取决于有机分子非局域化电子共轭分子和它们的取向，因此，许多有机导电分子晶体由于具有非局域化共轭体系，也受到了人们的重视，例如导电化合物4-(N，N-二乙基胺)-4-硝基对苯乙烯［DEANS］是一分子内电荷转移分子，具有很高的分子超极化率，其晶体结构点群属于 $P2/n$，其 $\chi^{(3)}$ 厚度为10μm薄片的值为 1.3×10^{-11}esu．有机导体 $(ET)_2I_3$ 晶体的三阶非线性

系数 $\chi^{(3)}$ 已达到 5×10^{-8}esu，是目前 $\chi^{(3)}$ 值最大的三阶非线性光学晶体。

§12.3 有机电学功能晶体

像非线性光学效应等一类功能主要与有机分子内电荷转移跃迁有关。晶体的宏观效应是由分子基元微观效应叠加的反应。但是，实际还有像许多电学功能的宏观效应并非微观基元效应的反映，它们是由晶体中分子基团在外电场作用下的整体响应所产生的。有机晶体的电学功能是由于载流子在晶格中运动的结果。

12.3.1 有机导电晶体[84—95]

有机晶体半导体、导体和超导体性质的研究如同无机II—IV，III—V 族化合物，合金和氧化物一样也是一个非常活跃的领域。有机晶体的导电性质（除去具有共轭大 π 键结构的高分子聚合物可以通过分子内 π 电子云的交叠形成类似金属中自由电子之外），均与晶体中载流子的产生和运动有关。

按照能带模型，有机晶体绝缘体、半导体、导体性能之间的主要差别在于禁带的宽度和陷阱密度及深度决定的载流子浓度与迁移率等。由于电导率 $\sigma=N\cdot\mu e$，因此，当电导率 $\sigma<10^{-10}\Omega^{-1}\cdot\text{cm}^{-1}$ 时，为绝缘体；$\sigma\approx10^{-10}—10^{2}\Omega^{-1}\cdot\text{cm}^{-1}$ 时，为半导体。若相邻分子间的相互作用能很大时，其迁移率 $\mu\geqslant100\text{cm}^2/(\text{V}\cdot\text{s})$，说明载流子具有较强的离域性，或者说具有较大的粒子性或跳跃性。载流子的产生需要提供相当大的能量激发有机分子。激发有机分子的主要方法是高能辐射、光吸收和强电场作用。由于分子晶体的介电常量很小，库仑力很大，从而导致了有机晶体中载流子的迁移率较小，各类导电物质载流子迁移率数据如表 12.15 所示。提高有机晶体的导电性能，关键在于降低有机晶体的禁带宽度和增加载流子的浓度和迁移率。

(1) 有机半导体晶体　有机半导体晶体都是由具有共轭 π 键

表 12.15 各类导电物质的载流子迁移率

导电物质	迁移率 $\mu(cm^2/V\cdot s)$	有机晶体	迁移率 $\mu(cm^2/V\cdot s)$
金属	$\sim 10^{-6}$(电子)	蒽	2.0(电子) 1.2(空穴)
Si 单晶	1400(电子)	苯	1.5(电子) 0.2(空穴)
	480(空穴)	p-二碘苯	12 (空穴)
GaAs 单晶	8500(电子)	均四甲苯	5.0(空穴)
	400(空穴)	TCNQ	0.65
导电高分子	<1	TTF-TCNQ	3(540—450K)
绝缘高分子	$<10^{-6}$	(HMTSeF)2PFe	10^5—10^6(4K)

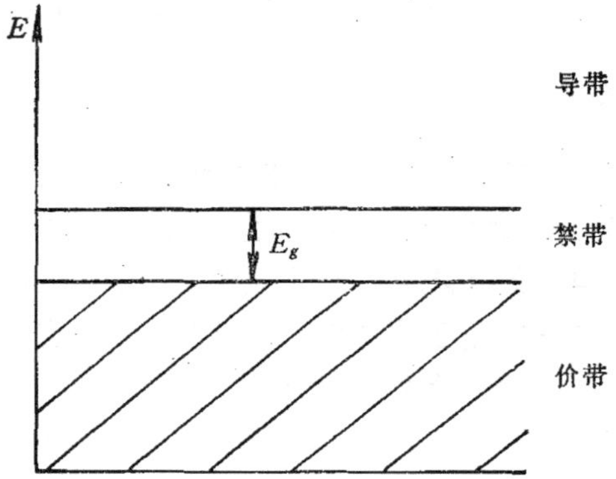

图 12.31 晶体能带示意图.

的有机分子构成的. 这些有机分子构型的主要特征是: (i) 具有共轭平面环的芳香族分子,包括缩合多环芳香族化合物,如萘、蒽、丁、戊、芘等, 多环螯合的芳香族化合物, 如酞菁络盐 K[PcCo(CN)$_2$]; 取代苯衍生物, 如二碘苯、四甲基苯等; 偶氮芳香族化合物,如靛蒽醌等; (ii) 电荷转移复合物型晶体. 如碘复合物, 2-甲基对苯二胺与二次甲基苯醌的复合物等; (iii) 链状准共轭结构晶体,如聚甘氨酸、聚络氨酸及蛋白质晶体.

为了简单说明有机半导体晶体组成与性能的关系, 几种半导体晶体的化学结构、电离能、电子亲合能和禁带宽度 E_g(eV)数据被列在表12.16 中,从中可见有机晶体的半导体性能要随着 π 共轭

表 12.16 几种有机半导体晶体的分子化学结构、电离能、电子亲合能和禁带宽度 E_g(eV)

晶体	化学结构	电离能 (eV)	电子亲合能 (eV)	熔点 (℃)	禁带宽度(eV)	室温下 b 轴迁移率 ($cm^2/V \cdot s$)
萘	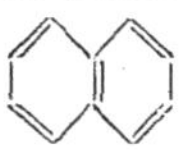	6.75	1.55	80.2	5.2	0.63(电子)
蒽		5.65	2.45	216.0	3.2	1.00(电子)
丁香	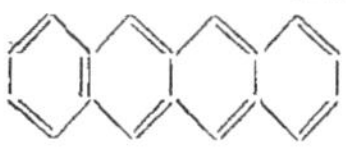	5.30	2.90	357.0	2.4	0.50(电子)

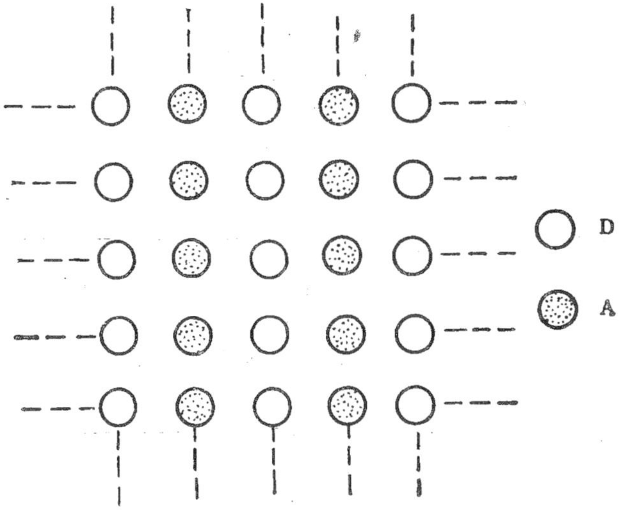

图 12.32 有机小分子晶体导体中的堆砌结构.

体系和电子数的减少，其禁带宽度增加，而有机晶体的迁移率变化不大，这说明有机半导体晶体电导率的增大，主要靠载流子浓度所决定。

（2）有机导体晶体 纯有机分子晶体的导电性能很差，绝大部分是绝缘体。但是具有电子给体（D）和电子受体（A）的电子

表 12.17 电子给体 (D)

名称（缩写）	给 体 (D)
BEDT-TF (ET)	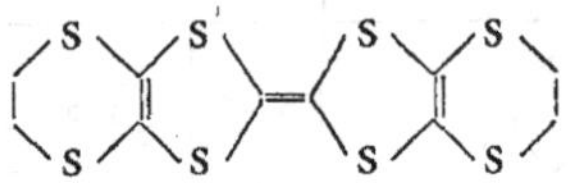
TMTSF	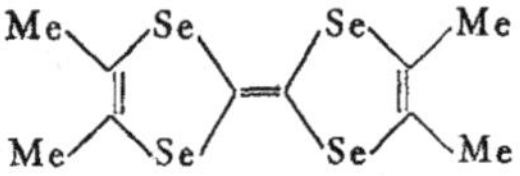
TTF	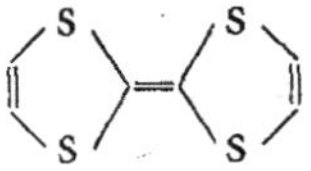
DMET	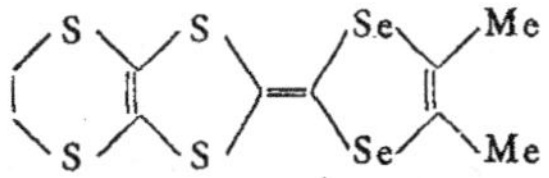
TSeF	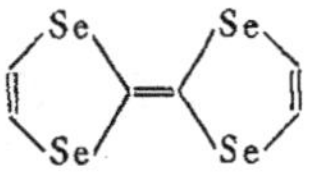
NMP	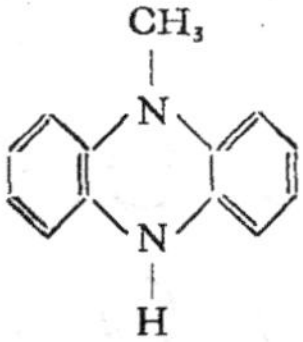
	Na^+ NH_4^+ Cu^+ K^+

转移 (CT) 复合物和离子自由基盐化合物往往具有很好的导电性能。

具有共轭结构的高分子聚合物，通过分子内 π 电子云的交替而形成导带，从而具有导电性质，这是人们所不难理解的。但是，对于有些有机小分子晶体，它们在一维或二维的方向上具有很好的导电性，这是近十多年来所取得的一些重要成果。

和电子受体分子基团

名称 (缩写)	受 体 (A)
TCNQ	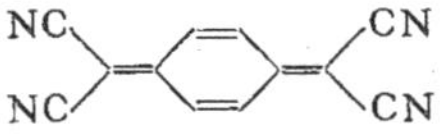
TNAP	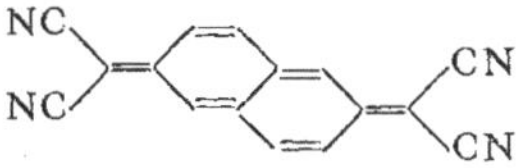
$M(dmit)_2$	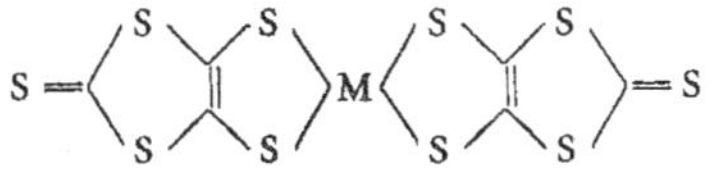
MTCNQ	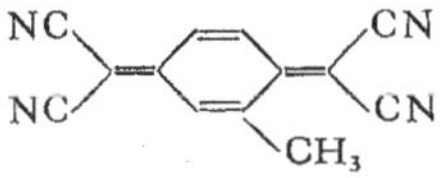
DMTCNQ	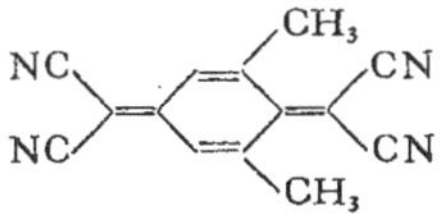
DCNQI	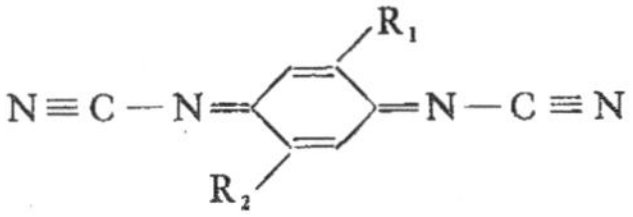
BF_4^-, ClO_4^-, ReO_4^-, $Au(CN)_2^-$, $[PcCo(CN)_2]^{-1}$, AsF_6^-, $Ni(CN)_4^-$, PF_6^-, I_3^-, Cl_2^-, $[Cu(NCS)_2]^-$, $[KHg(SCN)_4]^-$, $[Hg(SCN)_x]^-$	

有机小分子晶体导体是通过分子间的 π 电子云交替而形成导带，其结构特点是由具有平面共轭分子构型的电子给体（D）和（或）电子受体（A），分别以离子自由基的形式存在，当它们的晶体结构能满足电子给体（D）和电子受体（A）分子分别均匀堆砌成分立的分子柱时（如图 12.32 所示），沿着堆砌成柱的方向可能具有很高的电导率。有机小分子晶体导体的这种结构特征反映

在导电性质上，表现出电导的各向异性，$\sigma_{/\!/}/\sigma_{\perp}$ 可达数千倍以上。实际上，由于晶体生长条件的变化而引起的晶体堆砌层错和杂质影响等缺陷，有机小分子晶体的导电性也会呈现出半导体和导体的差别，电导率受到晶体缺陷的影响。

有机小分子导体晶体的性能主要取决于给体和受体分子基团的选择和分子堆砌成柱的结构因素。给体和受体分子基团的选择实际上是个分子的设计问题，这里不想展开讨论，仅将一些主要的有机导体的电子给体和电子受体分子基团汇集于表 12.17 中。

有机小分子晶体导体具有很高的电导率，例如 TTF-TCNQ，$\sigma_{室温} = (4 \pm 1) \times 10^2 (\Omega \cdot cm)^{-1}$； TMTSeF-TCNQ，$\sigma_{室温} = (11 \pm 2) \times 10^2 (\Omega \cdot cm)^{-1}$。

(3) 有机超导体晶体　自 1980 年以来，由于从有机晶体导体 $(TMTSF)_2PF_6$[2-(四甲基四硫富瓦烯) 六氟磷化物] 上发现了超导性[88]，有机超导体的研究引起了人们的极大兴趣。由 TMTSF 分子构成的单柱一维有机晶体，在 12kbar 静压力下，超导转变温度 T_c 为 0.9K。随后，又从有机络合物型有机晶体导体 κ-$(BEDT\text{-}TTF)_2Cu(NCS)_2$，$\kappa$-$(ET)_2Cu(NCS)_2$，$\kappa$-二 (对乙二硫四 硫富瓦烯) 二硫氰酸合铜] 上又发现超导转变温度 T_c 达到 10K 以上，κ-$(ET)_2Cu(NCS)_2$ 晶体结构如图 12.33 所示。室温 25℃ 和 104K 时，结构的微小变化在于在 298K 时乙烯基存在着构象变形，分子对距离稍大 (由 3.38 × 0.1nm 变为 3.84 × 0.1nm) 和 S···S 接触的数目减少。晶体超导体的研究主要集中在 ET 这个体系中，表 12.18 中列出部分 ET 复合物晶体超导体。

C_{60} 是近年来发展的又一类重要的超导体，由于它具有芳香型共轭化合物的特征，所以可以看成有机超导体，但由于它同石墨、金刚石、炭纤维等又都是纯炭素化合物，所以又可以看成无机超导体。掺有碱金属的 C_{60} 获得了较高的超导转变温度；K_3C_{60}，$T_c = 18K$；Rb_3C_{60}，$T_c = 28.6K$；Rb_2CsC_{60}，$T_c = 33K$。C_{60} 有机化合物的重要意义不仅在于研究其超导性能，更重要的正在于像苯基衍生物一样发展了一个新的芳香族体系。

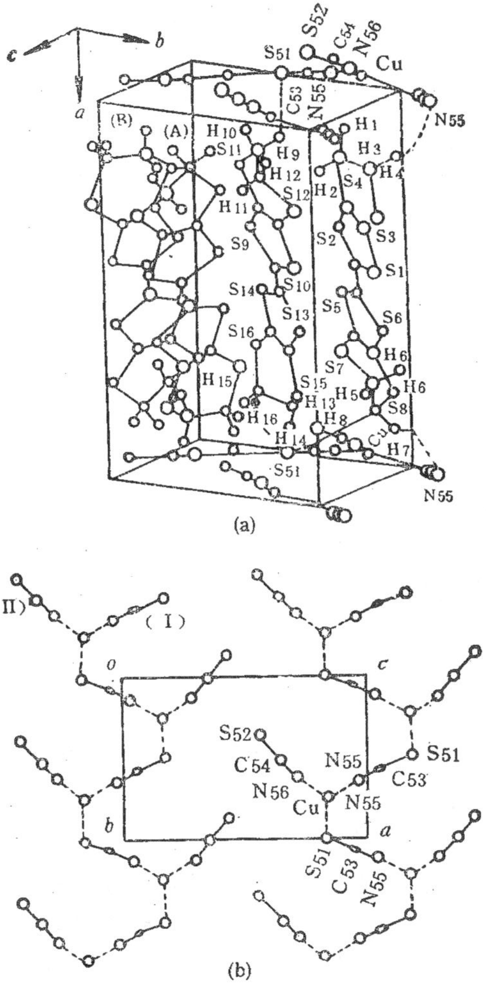

图 12.33　κ-$(ET)_2Cu(NCS)_2$ 晶体结构（104K 时）.

有机小分子晶体导体除了具有较大的电导可调谐性和比金属导体有更大的电导温度系数特点之外，还由于这类有机分子晶体也是新功能晶体研究的重要体系，例如 $(ET)_2I_3$ 晶体 $\chi^{(3)}$ 值已达到 5×10^{-8}，具有目前所发现三阶非线性光学材料中最大的 $\chi^{(3)}$ 值。

表 12.18 ET 复合物有机晶体超导体

化学分子式	晶相	压力	超导转换温度 T_c(K)
$(ET)_2ReO_4$		4	2
$(ET)_2I_3$	α	0	3.3
$(ET)_2I_3$	β	0.5	8.1
$(ET)_2I_3$	$\alpha^+_{(回火)}$	0	8.1
$(ET)_2AuI_2$	β	0	5
$(ET)_2I_3$	κ	0	3.6
$(ET)_4Hg_{2.89}Br_8$		0	4
$(ET)_3Cl_2(H_2O)_2$		16	2
$(ET)_2Cl_2O_4(C_2H_3Cl_3)_{0.5}$		0	1.4
$(ET)_2Cu[NCS)_2$	κ	0	10.4
$(ET)_2Cu[N(CN)_2]Br$	κ	0	11.6
$(ET)_2Cu[N(CN)_2]Cl$	κ	0.3	12.8

因此，根据有机晶体导体的自身特点，可研制出其它材料无法取代的新的物理性能和具有重要应用前景的新功能材料.

12.3.2 有机光导晶体[96—110]

70 年代，人们希望将光导体作为太阳能电池材料，以实现太阳能高效转换．后来，随着现代科学技术的发展，光导体已广泛用于静电复印机、激光打印机、光电接收器等方面，成为人们日常工作所必须品．有机光导材料具有价格低、性能好、品种多的特点，因而已开始取代和占领了 90% 的市场．尽管目前所广泛采用的光导材料并非一定是晶体，但是有机光导晶体比其他形态的光导体具有更大的光电导，更好的光敏性和更高的量子效率等特点，尤其是有机光导晶体还可能具有优良的非线性光学、电学和磁学等性能，作为信息存储介质比无机晶体具有更大的优越性．因此，它已成为一类重要的功能晶体．

(1) 有机晶体光产生载流子的特点　当有机晶体吸收光的能量超过禁带宽度 E_g 时，就可能激发产生出载流子．有机晶体产生载流子的过程与无机晶体的有着很大的差别，它主要来源于激子的离解，而不是通过直接的带间跃迁。激子作为有机晶体产生载流子的一种中间态，已被现代时间分辨光谱技术所证实，单线态激子的寿命约是 10^{-8}s。激子的离解过程包括与基态分子相互作用而导致的激子的离解，与受俘获的载流子相互作用而导致离解为载流子。

有机光导晶体的性能主要与分子基元的电荷转移结构，激发光的波长、晶体结构中的堆积方式，杂质和缺陷等造成的陷阱密度和深度等因素有着密切的关系。

(2) *有机光导体的主要种类与基元、结构因素* 有机光导体主要有如下几类：(a)酞菁染料；(b)偶氮色素；(c)苝类色素；(d)斯夸苷类化合物；(e)其它电荷转移化合物。酞菁和偶氮类化合物也是研究较为深入的非线性光学材料。

酞菁化合物分子结构如图 12.34 所示。几乎所有的金属和半导体均可以同酞菁配位体生成络合物，例如 Li_2Pc，MgPc，AlClPc，TiOPc，$Si(OH)_2Pc$，中心离子M也可以是两个氢原子，H_2Pc。酞菁环上也可以嫁接硝基，卤取代基，芳香基，烷烃基，羧基，酰胺等基团。由于空间效应的影响，这些酞菁晶体呈现出不同的形态结构。

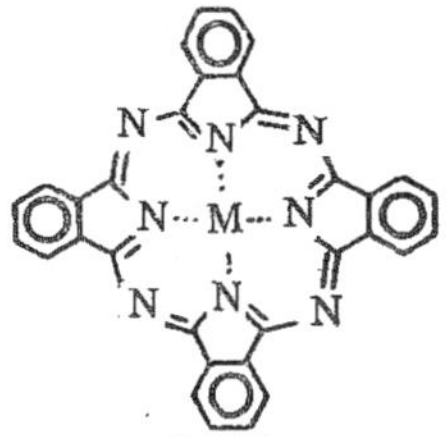

图 12.34 MPC 分子结构图.

酞菁类光导体在可见区的吸收峰位于 600—700nm，这主要是由于在非局域化酞菁环体系中发生的由外层苯环向内层大环的电荷转移跃迁所导致的。吸收峰的位置与金属离子无关，但受分子在晶体中堆叠形态变化所影响。CuPc 有五种不同的形态。由图 12.35(a) α-CuPc 和 β-CuPc 晶体中分子堆叠排列方式和它们的二色光谱可以看出，β 型吸收带比 α 型的具有更大红移。这种红移说明 CuPc 分子存在着电荷转移跃迁的相互作用，这种分子间的相互作用对于高光电导材料是十分重要的。β-CuPc 的堆叠柱间距与酞菁环面间距均明显地小于 α-CuPc，更易于发生沿着柱间分子间电荷跃

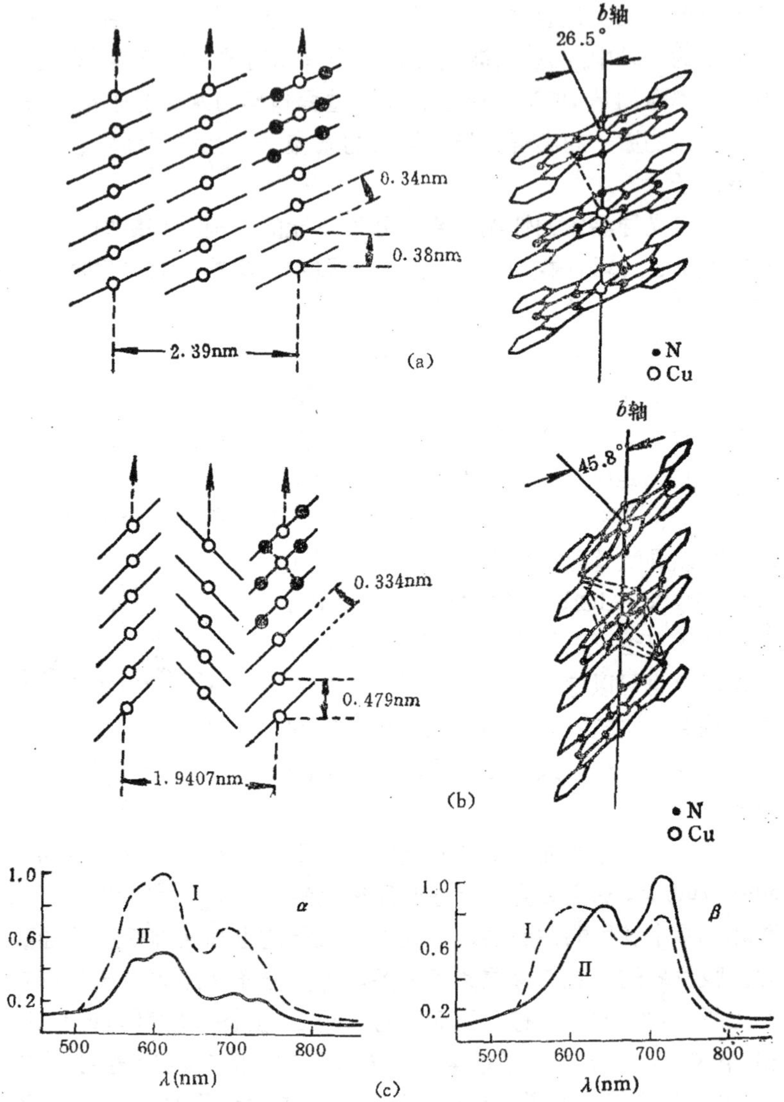

图 12.35 α-CuPc 和 β-CuPc 晶体分子排列方式及其二色光谱. (a) α-CuPc 晶体分子堆叠结构; (b) β-CuPc 分子堆叠结构; (c) α-CuPc 和 β-CuPc 晶体的二色性光谱 (I, II 分别表示与光的偏振方向垂直与平行).

迁. 通过光吸收使 CuPc 分子发生由外环向内环电荷转移的分

子内 $\pi \rightarrow \pi^*$跃迁而成为激子。激子通过基态分子的相互作用而离解为载流子以及折叠式有序排列成柱的有利结构因素，可能是这一类光导体产生光电导的主要机理。

斯夸苷（squaraine）类化合物是又一类重要的光导体，其化学结构式是

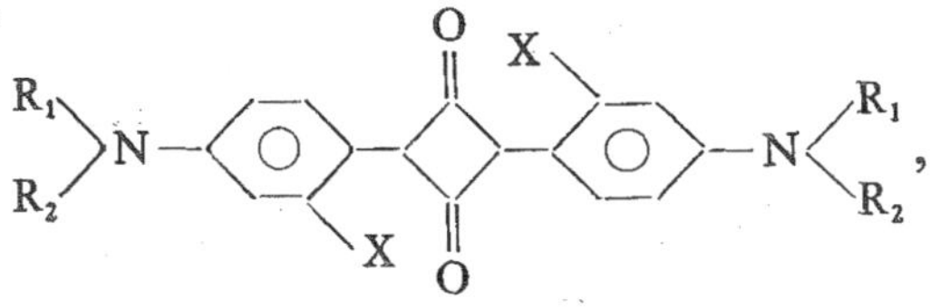

，电子给体与受体形成 D-A-D 结构。R_1, R_2 取代基分别是甲基、烷基或者是苯甲基。晶体结构数据说明两端给体 D 与中心斯夸苷基团 C_4O^2 间存在着强烈的分子间相互作用，光吸收导致由两端给体基团向中心斯夸苷受体基团的电荷转移激发单线态的形成。激子的离解使其与酞菁类光导体具有相同的机理。

偶氮（AZO）色素是由偶氮发色基团（—N═N—）键合芳香族基团构成的，而苝（perylene）类色素的化学结构式为

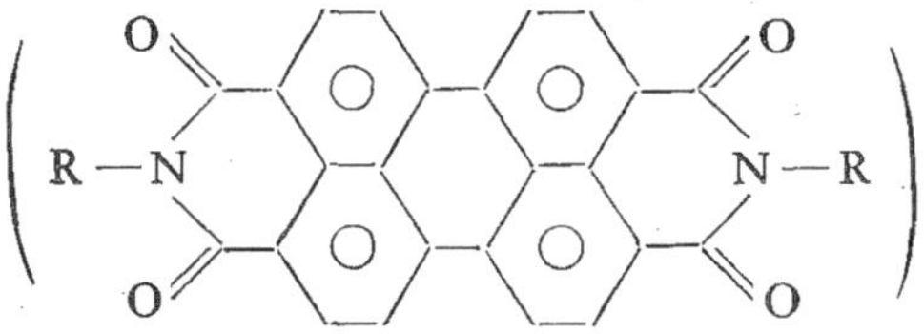

R 取代基分别是烷烃类或芳香族基。虽然，它们的化学结构不同，但是，它们大都存在着可见光引起的分子间电荷转移激发态，而且它们的光电导率随着分子在晶体中的堆叠形态的不同而变化。表 12.19 中列出几类有机光导体的量子效率与其吸收带波长范围。有些光导体的吸收波长正好与半导体激光波长相匹配，因此，它们不仅在激光打印机等应用上受到人们重视，而且在信息存储方面也有重要研究价值和应用前景。

（3）*几种新有机光导体晶体的结构与光电导*　由于上述有机晶体光导体具有较高的分子对称性，因此，其晶体结构几乎都具有对称中心。这几类光导体目前尚难以生长出较大的体块单晶，但

表 12.19　几类有机光导体光产生量子效率与吸收带

光导体	ϕeh(%)	场强 (V/μm)	λ(nm)	文献
VOPc	20	45	600—700	[86]
SE($R_1 = R_2 = CH_3$, X = OH)	22	50	700—850	[87]
PL($R = CH_2CH_2C_6H_5$)	43	30	450—680	[88]
AZO	40	30	450—650	[89]

表 12.20　几种新的有机光导体晶体结构参数

名称	分子结构式	空间群	晶胞参数	文献
9-羟乙基咔唑 (HEK)	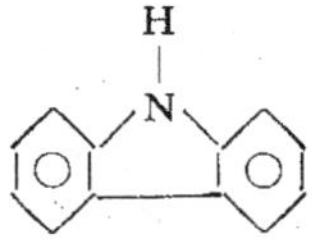	$I4_1$	$a_0 = 27.545$ $c_0 = 6.057$ $z = 16$	[95]
3,6-二硝基-9-羟乙基咔唑 (NHEK)	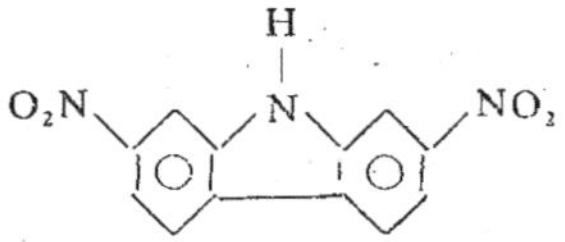	$P2_1$	$a_0 = 13.489$ $b_0 = 4.764$ $c_0 = 9.635$ $\beta = 102.87°$ $z = 2$	[99]
4,4′-异亚丙苯基-二苯碳酸酯高氯酸盐 (DPBC)	$2C_{25}H_{12}NS \cdot ClO_4 \cdot C_{29}H_{24}—O_6$	$P2_{1/a}$	$a_0 = 11.010$ $b_0 = 31.639$ $c_0 = 10.751$ $\beta = 112.69°$ $z = 2$	[101]

可以通过气相沉积、旋涂及分子束外延等技术制备其单晶膜，取向膜或聚合物膜．三阶非线性光学效应的研究结果证实，具有这种折叠式有序排列成柱的结构方式，不仅可以产生高的光电导，而且具有大的 $\chi^{(3)}$ 值．但它们不具有三阶张量所描述的光学性质．

几种可用于二阶和三阶非线性光学效应研究的有机光导单晶已见报道[109]，它们的化学分子式，晶体结构参数汇总于表 12.20 中．当 DPBC 晶体的暗电导为 $5 \times 10^{-13}(\Omega^{-1} \cdot cm^{-1})$，当施加的场强仅为 2.4×10^3(V/cm) 时，其光电导可以提高大约 3 个数量级以上，HEK 晶体瞬态光电导与激发光功率的关系如图 12.36

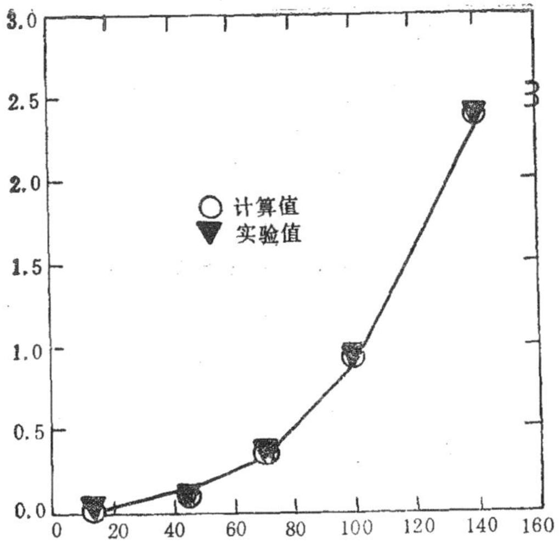

图 12.36　HEK 晶体瞬态光电导与光激发功率的关系.

所示。多数无机晶体的光电导与光强呈线性变化，而有机光导体 HEK 晶体却呈现非线性的变化规律。

12.3.3 有机光折变晶体[112－122]

(1) 光折变效应与光折变材料　光折变(光致折射率变化)现象可以由光致异构、一次电光效应(Pockels 效应)、二次电光效应(Kerr 效应) 等多种机理引起。这里指的光折变效应则主要涉及到：光折变介质由光的辐射激发产生自由载流子，载流子的动态迁移而形成空间电荷场，进而通过电光效应来调制折射率变化以实现各种物理现象和应用。

光折变现象可用于全息存储，图象增强，光计算，位相共轭，神经网络的模拟和联想记忆等诸多重要方面。但实现这些重要的应用的关键是要求光折变介质的响应速度要快。

目前的光折变介质主要集中在无机化合物和有机聚合物上。无机氧化物如 $BaTiO_3$，$KNbO_3$ 晶体具有电光系数大、介电常量大、衍射效率高，灵敏度高，理化性能好等突出优点，但其响应速度慢，一般在 ms—s 的量级. 无机半导体如 GaAs，InP 晶体的响应速度也仅达到 0.1ms 量级，但其衍射效率低. 有机晶体和聚合物光折变材料的研究均起始于 90 年代. 主要希望能够利用有机晶体和聚合物的特点来改善现有光折变晶体的性能.

（2）*有机晶体的特点与影响响应速度的因素*　从我们已经阐述的有机晶体非线性光学和光电导性能中可以看出，由于有机的光电功能均起源于非定域化的共轭 π 电子体系. 因此，它所具有的突出特点是：（a）电光和非线性光学系数大、介电常量低；（b）非线性光学效应的本征开关时间短，可达到 10^{-14}s，而无机晶体的光电响应则要受到晶格振动激发的限制，因此，它们的开关时间比有机晶体要慢两个数量级以上；（c）光、电、磁多种物理效应有可能集中于一体，实现一种有机材料多功能化和高性能化. 因此，对于有机晶体而言，晶体内相位光栅的形成应该是影响响应速度的主要环节.

晶体内相位光栅的形成时间可表示为

$$t=\left(\frac{h\nu}{e}\right)\left(\frac{\lambda}{\Lambda}\right)\left(\frac{\Gamma}{\alpha}\right)\left(\frac{z}{\pi\phi}\right)\left(\frac{\varepsilon}{In^3r}\right), \tag{12.25}$$

其中，$h\nu$ 为光子的能量，α 为吸收系数，Γ 为耦合系数，ϕ 为量子效率，γ 为有效电光系数，n 为介质的折射率，ε 为介质的介电常量，I 为入射光强，Λ 为栅的条纹间距，e 为电荷电量. 由此可以得出，光折变晶体内形成相位光栅所需时间越短，就应该具有越大的折射率、有效电光系数、量子效率、吸收系数和越小的介电常量、耦合系数，这些因素又主要是由介质的组成和结构决定的. 所以，我们称这些因素为影响光折变响应时间的本征因素，而入射光强、光栅的条纹间距及波长则称为与光折变晶体无关的外部因素.

通常，将光折变材料的品质因子定义为

$$Q=\frac{n^3r}{\varepsilon}. \tag{12.26}$$

因此，相位光栅的形成时间又可表示成

$$t=\left(\frac{h\nu}{e}\right)\left(\frac{\lambda}{\Lambda}\right)\left(\frac{\Gamma}{\alpha_p}\right)\left(\frac{z}{\pi\Phi IQ}\right). \tag{12.27}$$

这里应该指出的是，上面的时间公式中是在光激发载流子的产生速率是影响相位光栅形成的主要因素，而载流子的复合与迁移是在瞬时完成的假设下得出的，所以，也称之为极限响应时间。

除去上述假设的极端情况外，光折变过程的响应时间应表示为

$$\tau=\tau_c\frac{(1+K^2L_D^2)^2+(KL_E)^2}{(1+K^2L_D^2)^2(1+K^2L_S^2)+K^2l_EL_0}, \tag{12.28}$$

其中 τ_c 为介质弛豫时间，L_D 为扩散长度，L_E 为漂移长度，L_S 为德拜扩散长度，L_0 为外电场对电子的牵引长度。这是一个十分复杂的问题，它涉及到载流子迁移率、光激发载面、复合常数、受主密度、介电常量及载流子寿命等本征因素，而这些本征因素的组合效应大都又反映在介质的光电导性能上。无机光折变晶体的实验结果已证明[107-109]，光折变响应速度快的晶体必定伴随着较大的光电导。

(3) 有机光折变晶体　增大有机晶体光电导的途径之一是通过合适的电子给体与受体分子掺杂来达到。1990 年有人报道的第一种有机光折变晶体，就是在非线性光学晶体 COANP 中采用熔体生长法掺入了 1% 的电子受体 TCNQ（四乙腈喹啉二甲胺）分子。该晶体的电光系数为 10pm/V，吸收带中心波长位于 676 nm，这是由于掺杂 TCNQ 分子所引起的。在该晶体中实现了可擦除光折变的写入实验，其光栅的衍射效率约为 10^{-3}，响应时间为 20min。在 $200\mathrm{mW/cm^2}$ 光的辐照下，其光电导为 $2\times10^{-11}\ \Omega^{-1}\cdot\mathrm{cm}^{-1}$，暗电导低于 $2\times10^{-14}\Omega^{-1}\cdot\mathrm{cm}^{-1}$。

另一种新的有机光折变晶体是 MNBA（4′-硝基苯亚甲基-3-乙酰氨基-4-甲氧基苯胺）[120]，其晶体结构如图 12.37 所示。该晶体最大电光系数分量 γ_{11} 为 29pm/V，并伴随波长改变有强的色散，其响应时间为 8s。两波耦合增益与光栅条纹间距的关系如图 12.38 所示。MNBA 晶体是目前有机光折变材料中响应较快和效

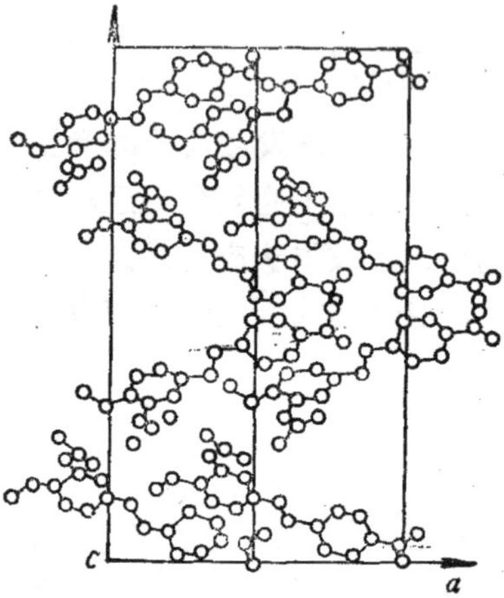

图 12.37 MNBA 晶体结构沿 c 轴的投影图.

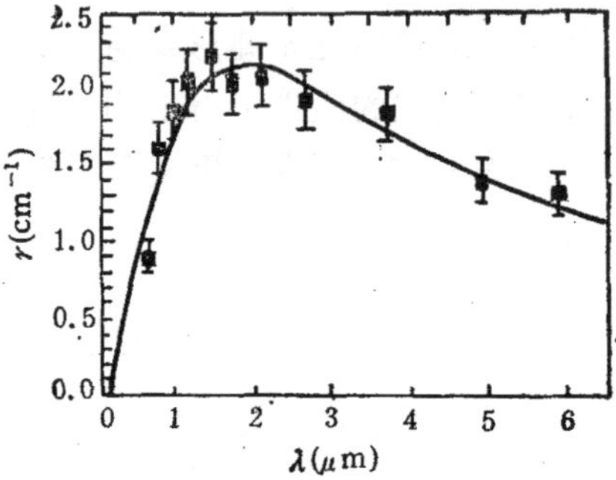

图 12.38 MNBA 晶体的耦合增益与光栅间距曲线.

应较强的．但是距无机光折变晶体的性能仍有较大的差距．其主要问题是在 514.5nm 处的强吸收和低的量子效率影响了其光电导性能．而在有些有机光导体中，量子效率可以达到 50% 以上，这说明解决这个问题是完全有可能的．

应该说，目前对有机光折变晶体的研究尚不很深入，没有将非线性光学参数和其光导性能很好地统一起来．MNBA 和 COANP 晶体从其组成与结构的堆叠方式上分析，都不具备快速响应的内部条件．快速响应的有机光折变材料应在具有共轭体系和折叠式堆积结构的有机半导体与光导体中探索，在这一领域将会有新的重要发现．

§ 12.4 有机晶体生长[123—135]

12.4.1 有机体块晶体生长

除了助熔剂法和水热法之外，几乎所有生长无机晶体的方法都可被用于生长有机晶体，这里仅根据有机晶体的特点，介绍几种主要的方法．

（1）溶液法生长　溶液生长是大家比较熟悉的一种生长方法。主要包括降温法、蒸发法和差热法。用于在熔化时发生热分解反应的有机晶体生长，即使在熔化时不发生热分解的有机晶体，只要选择好适当的溶剂与条件，也可以采用这种生长方法。

与无机晶体溶液生长所不同的是，由于大部分有机晶体不溶于水，这样就必须选择合适的有机溶剂或混合溶剂。通常采用的有机溶剂有：甲醇、乙醇、丙酮、乙醚、乙酸、乙酸乙酯、乙酸甲酯、氯仿、四氢呋喃、二甲基甲酰胺、乙腈、1,2-二氯乙烷、氯甲烷、二氯甲烷、正己烷、环己烷、异辛烷、二烷、苯、二甲苯、甲苯、芪。

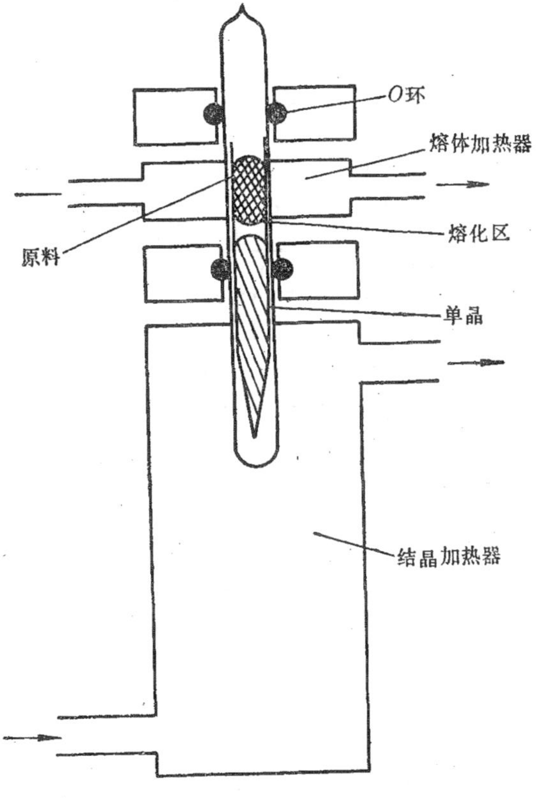

图 12.39　Bridgman-Stockbarger 有机晶体生长设备.

有机溶剂的选择应考虑到以下几个方面：(a) 溶解度的大小及变化速率；(b) 溶剂的挥发性及对溶液稳定性的影响；(c) 溶液的粘度及对溶液均匀性的影响；(d) 溶剂体系对于晶体质量及结晶习性的影响；(e) 溶剂的毒性及其防范措施。此后，可根据具体情况和需要决定采用何种方法。目前有机晶体的溶液生长，多数采用混合有机溶剂，这样有利于将生长条件调整到最佳状态。

(2) 熔体法生长　有机晶体的熔体法生长也包含着如下三种方法：(a) Bridgman-Stockbarger (BS) 法；(b) Czochralsk(CZ) 法；(c) Kyropoulos (泡生)法。从原理上讲，这三种方法与无机

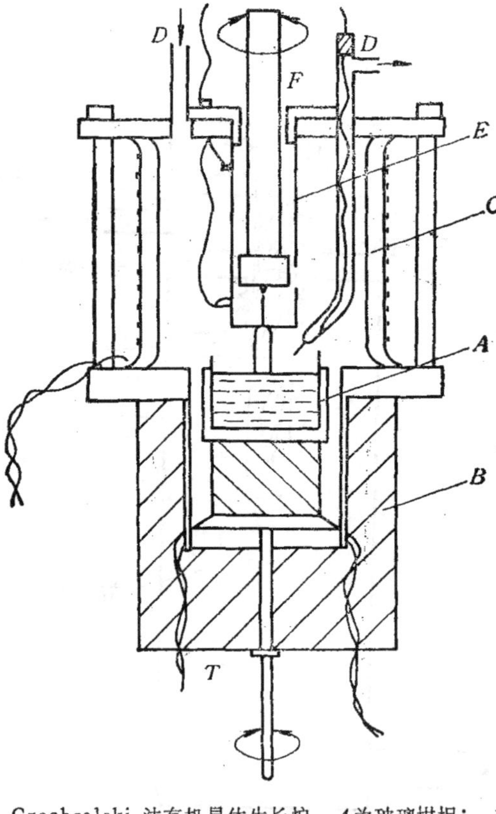

图 12.40　Czochralski 法有机晶体生长炉．A 为玻璃坩埚；B 为铝罐；C 为派热克斯管；D 为气孔；E 为加热管；F 为环形冷凝管．

晶体的生长方法是相同的. 但是由于有机材料具有很大的特殊性,必须作一些修改. 有机化合物的特点是: (a) 有机材料具有较高的过冷倾向和较差的热导率，所以应控制有机晶体熔体生长的速度稍微慢一些. 一般低于 1mm/h，以保证能将结晶热能从固液界面处及时地释放出去; (b)为了有利于成核,将盛有原料的生长料管顶端设计得很尖,使其单核生长首先从这里开始; (c)有机材料的熔点一般比较低，大部分化合物在 100—200℃. 因此，其加热方式与设备用的材料与无机晶体生长有着很大的差别. 例如，CZ 法采用的是派热克斯玻璃坩埚; (d) 由于有机晶体熔体生长速度一般控制在 0.1—0.5mm/h. 这样,对设备的提拉精度就提出了更高的要求. 泡生法是一种与 CZ 法类似但不需要提拉或极缓慢的提拉的方法，允许籽晶生长在熔液中. CZ 法和泡生法的籽晶事先需要通过其他的办法来制备. 上述三种方法都已成

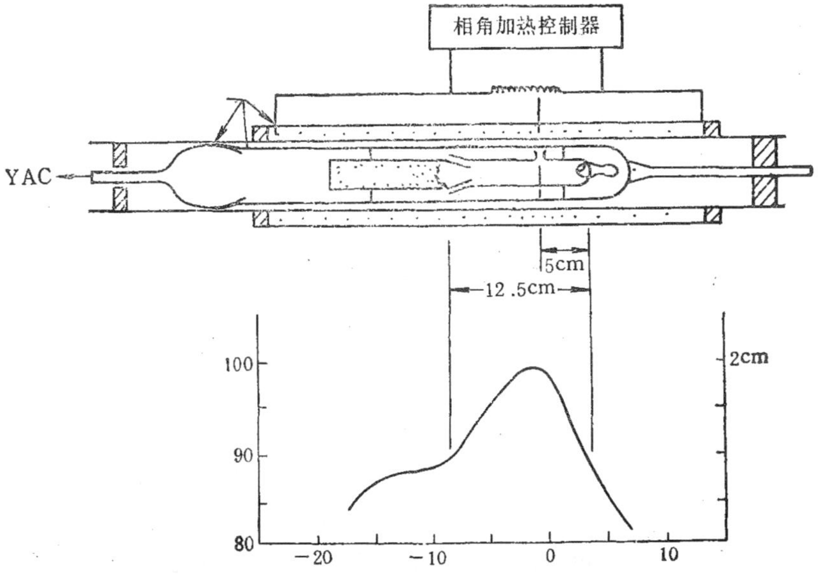

图 12.41　有机晶体气相输送法生长装置.

功地用于有机晶体的生长，这里我们在图 12.39 和图 12.40 中示出了一部分有关熔体生长设备的示意图。

(3) 气相输运法生长　有机晶体的气相法生长是一种生长高纯度单晶的有效方法。由于这一方法是在真空下进行的物理过程，所以生长出的晶体没有不挥发性的杂质。这种方法可用于生长熔化与分解几乎同时发生的晶体。图 12.41 示出 Feigelson 用来生长高光学质量脲单晶的设备示意图。晶体生长是在由缠绕在派热克斯管上的镍铬合金线构成的三温区水平生长炉中进行的。在其外层套了一个稍粗些的派热克斯管作为隔热罩。为了保证生长的稳定性，最高的温度设计在物源和生长界面之间。采用这种方法也成功地生长了 2-甲基-4 硝基苯胺（MNA）和 m-硝基苯胺（m-NA）等重要的有机非线性光学晶体。

12.4.2 有机薄膜晶体生长

(1) 电化学结晶法生长　电结晶法是生长有机导体晶体所普遍采用的一种方法。由于这类有机晶体几乎不溶于所有的溶剂，并且熔化时往往伴随着分解发生的特点，难以采取溶液和熔体的方法来获得其晶体。

电化学结晶过程伴随着给受体之间电荷转移发生，因此应注意采用隋性气体保护。图 12.42 示出的是H型电化学结晶装置示意图。

电化学结晶主要条件是通过控制电流密度来部分地氧化有机给体，达到成核生长高质量单晶。一般来说，涉及到容器净化处理，样品(有机给体式受体、无机离子及溶剂等)的提纯与干燥，缓慢成核，选择最佳条件，减小外部干扰等几个环节。

电结晶法获得的晶体多半呈针状、薄片状和剑条形。晶体生长的习性与形貌受到杂质、溶剂、添加剂、电流密度、控温精度、温度、生长速度等多种因素影响。采用电结晶法生长有机超导晶体 $(BEDT\text{-}TTF)_2Cu(NCS)_2$ 时，往溶剂 1，1，2-三氯乙烷中添加少量的甲醇或乙醇，可有效地控制成核速率并提高生长速度。电流

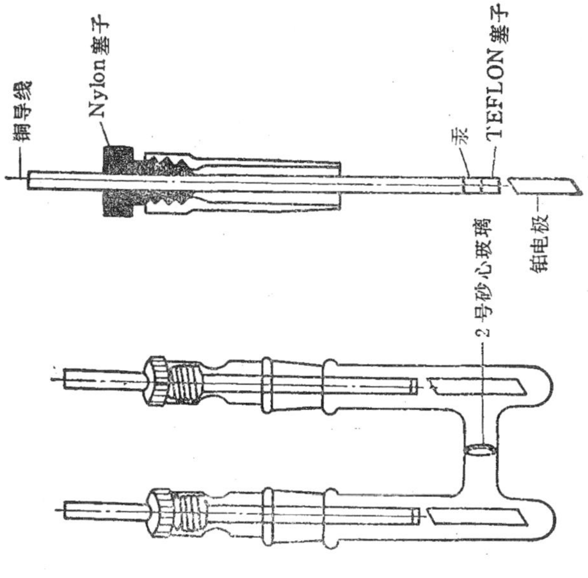

图 12.42　H 型电结晶生长装置.

密度较低时，结晶比较光滑，随着电流密度的增加，晶面开始变得比较粗糙，且容易出现枝蔓生长. 目前，多数有机金属电结晶生长采用的电流密度为 0.5—50μA，采用电结晶方法生长的有机导电晶体最大尺寸已可达到 $11 \times 3 \times 0.1\text{mm}^3$.

有机金属晶体在光电功能作用上已显示出重要的特点和良好的化学稳定性. 因此，采用电化学结晶来生长有机单晶薄膜成为愈来愈广泛采用的方法之一.

(2) 固态聚合法生长聚合物单晶薄膜生长　聚合物单晶薄膜由于高分子链的共轭作用，因此其机械强度高，化学稳定性好，尤其是非共振三阶非线性系数大，全光信号处理集成光学器件有重要的应用前景. 若将其它功能性很强的有机分子基团作为侧基嫁接在高分子链上，有可能获得性能更佳的单晶薄膜材料. 例如，MNA 是一种重要的有机变频晶体，若将具有高 β 值的 MNA 分子和乙基酰胺分子作为二乙炔的两个取代基形成的聚二乙炔衍生物 NTPA 单晶薄膜，其倍频强度比碘酸锂晶体高 15—20 倍[124]。

固态聚合反应是生长有机聚合物单晶薄膜的一种有效的方法。将聚合物单体采用X射线、紫外线或γ射线辐射、电子轰击、机械作用以及退火等热处理的方法，可以诱导局部固体聚合反应发生，即诱发聚合单晶生长。一种最简单的聚合物单晶薄膜生长槽如图 12.43 所示。

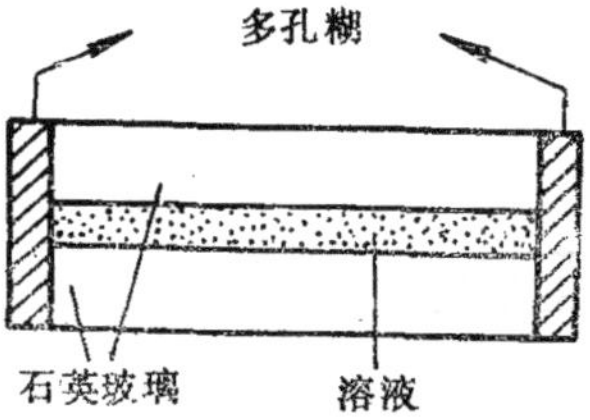

图 12.43 聚合物单晶薄膜生长槽.

首先将浓的单体溶液夹在两块光滑的石英玻璃板之间，在石英板上施加一定的压力。然后在石英板的周围用多孔糊密封，使溶剂缓慢蒸发。通过辐照和温度诱发成核，并控制晶体生长(即加成反应)的速率，还可采用油润等措施来改进单晶质量。这种生长槽可生长高质量单晶膜，但是速度慢，周期长，而且不适合于在大的衬底上沉积波导膜。因此，聚合物波导膜的制备还可采用旋涂法[126]、真空沉积法[127]或者 L-B 技术[128]进行辅助。

具有不同取代基的二乙炔单体晶态分子，$R_1-C\equiv C-C\equiv C-R_2$ 即使在液氦温度下也具有较高的反应活性。二乙炔单体的光诱发和热加成反应的示意图如图 12.29 所示。其不同取代基光聚合和光聚合转换速率如图 12.44 所示。影响聚合物单晶生长的主要因素是：(a) 衬底基片的温度；(b) 辐照的光强；(c) 沉积或聚合速率的控制。采用真空沉积法生长例如聚二乙炔单晶的条件是：在真空度为 6×10^{-6}Torr 的容器中，将无色的二乙炔单体样品加热至 350℃，玻璃衬底的温度控制在 283K，沉积速率控制在 200nm/h。若沉积膜的厚度大约为 10nm 时，采用汞灯的波长为 365nm 的紫外线诱发聚合，可得到蓝色的单晶膜，其最大的吸收峰在 630nm，如果将蓝色的聚合物继续加热或磨擦，可导致聚乙炔点阵的重新定位，此时的聚合物呈现红色，最大吸收峰在 500nm。进一步辐射或加热还可变为呈现黄色的聚二乙炔单晶，其吸收峰为 460nm。由蓝色变成红色晶体是一不可逆过程。而由红色晶体变成黄色晶体这一过程则是可逆过程。不同取代基的聚二乙炔单晶的条件是不同的。

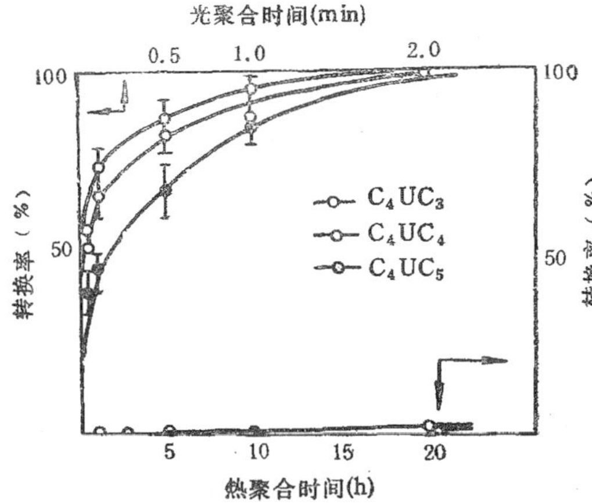

图 12.44　C_4UCn 二乙炔单体的光聚合和热聚合速率。
（取代基 R：$C_4UCn = C_4H_8OCONH\text{-}CnH_{2n+1}$）。

（3）气相沉积法生长有机晶体薄膜[129—131]　采用真空气相沉积的方法，以 KCl，NaCl 晶体（001）面或者光滑的石英玻璃片为衬底，当衬底温度比晶体熔点低 15—50℃ 时，成功地生长出了 1,3-二硬脂酰-2-油酰甘油（SOS，1-3-distearoyl-2-oleoylglycerol）、硬脂酸甘油酯［SSS，Tristearin，$C_3H_5(OOCC_{17}H_{35})_3$］、3，4，9，10-四羧基-二酐-北（PTCDA，3，4，9，10-perylene-tetracarboxylic-dianhydride）和 2,5-联苯乙烯吡嗪（DSP，2，5-distyrylpyrazine）等晶体薄膜，晶体的 α,β 相是靠衬底的温度来控制的。

DSP 晶体是属于烯属类化合物，它可以通过类似聚二乙炔紫外光诱导聚合反应，使单体分子均匀取向排列，形成以环丁烷环

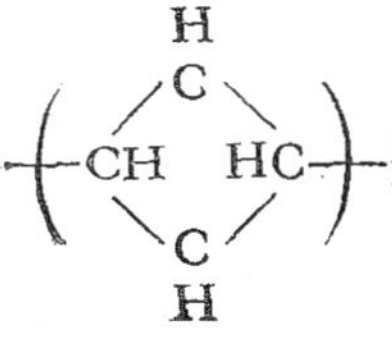

连结的聚合物晶体薄膜。

气相沉积法还可用来生长有机复合薄膜。利用交替气相沉积技术可以用来生长周期性有机复合薄膜。例如，将对硝基苯胺(PNA)晶体薄膜沉积在异丙基硝基苯胺(IPNA)层上，其 χ_{eff} 值达到 270pm/V，并具有较好的稳定性。因此真空气相沉积法是生长有机晶体薄膜，发展波导器件的一种常用的重要方法。

(4) S/L 界面法有机分子晶体薄膜生长[132]

(i) S/L 界面结晶生长有机薄膜技术。S/L 界面结晶生长有机薄膜技术是一种有机溶液在另一种不互溶的液体界面上蒸发生长有机晶体薄膜的有效方法。

将生长有机晶体的溶液扩散到另一种不互溶的液体（指溶剂不互溶，对所生长的晶体也不溶解）表面上。有机溶剂的缓慢蒸发将诱发有机晶体在有机溶液层和另一液体层间的界面上进行生长。晶体薄膜的厚度与质量可通过溶液的浓度、蒸发速率和液体界面的性质来控制，使用这种方法可较方便地生长有机薄膜晶体，已从苯溶液与水的界面上生长出尺寸为 $25 \times 15 \times 0.01\ mm^3$ 的 4-(N,N-二乙基胺)-4-硝基对苯乙烯(DEANS)晶体薄膜。

(ii) LB 技术生长有机分子晶体薄膜。LB 技术[128]是又一种在液体界面生长有机分子微晶薄膜的方法。由此法制得的 2-二十二烷胺-5 硝基吡啶(DCANP) 270 层双层膜在正交偏光棱镜间的完全消光面积达 $1cm^2$，其各项光学性能参数列在表 12.21 中。光学性能数据说明发色团在平行于浸渍方向的平面内均匀地取向。LB 技术是当前非线性光学材料研究中一种非常重要的材料

表 12.21 DCANP 膜各项光学性能参数

膜厚 (nm)	22—1200nm
透光范围 (nm)	400—2000nm
吸收系数 (α)	$\alpha_{/\!/}/\alpha_{\perp} = 1.6$
λ_{max}	374nm
双折射率 (Δn)	0.078(446nm)
	0.049(624nm)
非线性系数 (pm/V)	$d_{33} = (6.8 \pm 1.2)$
	$d_{31} = 0.9 \pm 0.2$

制备方法。

12.4.3 蛋白质晶体生长[133—195]

80 年代的重大进展之一，就是生命科学技术的发展，人们已从许多与生命相关的生物晶体中获得了重要信息，但由于篇幅所限，这里无法阐述生物功能晶体进展，仅就国际上迅速发展的蛋白质晶体生长作一简要介绍。

(1) 蛋白质晶体的习性特征　蛋白质晶体是目前国际上研究最为广泛的一类生物大分子聚合体。蛋白质分子是肽链聚合构成，可以有各种分子构型，这里我们仅以分子构型呈现球状的球蛋白为例讨论其特征。球蛋白质大分子包含了数千到数万个原子，蛋白质链通常有使它自己处于表面粗糙的类似球状的能力。

(i) 蛋白质晶体的构成特点。蛋白质晶体是蛋白质球的坚固骨架。各个蛋白质球在小数位置上相互接触，而在众多蛋白质分子之间的大空隙里则由水分子或其他溶剂分子所填充。晶体中溶剂所占的重量百分比随溶剂的不同而有差别。因此，蛋白质晶体实际上是由蛋白质分子和溶剂填充物构成的化合物，或者说成是准结晶的水合物。一般蛋白质晶体的晶胞体积内都含有30—60%的水或者其它溶剂。

(ii) 蛋白质生长。蛋白质晶体可以在水溶液、盐溶液或者水醇溶液中生长。蛋白质浓度一般控制在百分之几。由于溶剂不断地被填充到晶格的空隙中去，因此，在漫长的晶体生长周期中要注意补充溶剂。由于蛋白质骨架严格有序，所以蛋白质晶体具有规则的晶格，其准结晶水合物也呈现出完整的结晶外形。应该指出的是，在相同的溶剂、特定的浓度、pH 值和温度下生长出的蛋白质晶体具有同样的结构。但是，当改变溶剂、浓度、pH 值、温度等外界条件时，可以导致产生完全不同的晶格，致使准结晶水合物可以有许多种变体。这主要是由于溶剂进入晶格的组分与数量改变的缘故。

蛋白质晶体从热力学上讲是不稳定的。从生长母液中取出的蛋白质晶体(实际上是准结晶水合物)，将会自动降解．随着晶体内溶剂填充物的降低，晶体的形状也会发生变化，蛋白质分子取向改变，有序化程度降低．因此，水或其它溶剂是蛋白质晶体骨架空隙的填充物和有序化排列的粘结剂．否则，形状复杂的蛋白质分子很难堆积成规则有序的晶格．

(iii) 影响蛋白质晶体生长的因素． 蛋白质晶体生长比通常的小分子晶体生长要困难得多，复杂得多．影响蛋白质大分子晶体生长的因素大体上可分为

生物物理因素：主要指温度、压力、pH 值、离子强度、溶剂、浓度、过饱和度、杂质的影响．

生物化学因素： 主要指与蛋白质性质相关的氧化还原效应、变性及降解等因素．除此之外，由于蛋白质在恒温密封结晶槽中自发结晶时，体系的自由能变化很小，结晶条件稍微变更都会导致不同的结晶水合物结构．但是人们却又常常在一些生物聚集体中观察到蛋白质和核酸形成的化合物又是以严格有序的晶芯存在着，外界条件的微小变化，都可能导致不同的蛋白质分子结构发生．因此，研究晶体生长的条件与过程，对于模拟研究生物体形成及能的内在联系可能会提供出有重要价值的结果来．

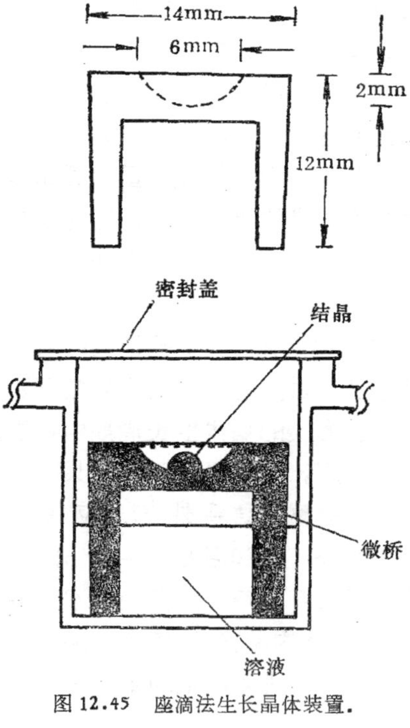

图 12.45　座滴法生长晶体装置．

(2) 蛋白质晶体的座滴法和悬滴法生长　座滴和悬滴气相扩散平衡法是生长蛋白质、核

酸等生物大分子晶体的两种最通用的技术。这两种方法的目的是不断提高溶液中生物大分子浓度，使其比初始时逐渐增加，以达到过饱和状态。溶剂蒸发是控制临界成核的重要技术之一。

座滴法的晶体生长装置如图 12.45 所示。座滴法生长装置的核心部分是一“桥”状的由聚苯乙烯制成的完全透明的部件，称之为微桥。在微桥的上界面中部有一圆形的凹槽。凹槽是设计用来盛结晶样品液滴的，而液滴的最大体积一般也不超过几十微升。凹槽的形状应考虑到防止液滴面积的漫延，凹槽的界面必须是高度光滑的以防止形成其它晶核和有利于对液滴的光学监查。

悬滴法与座滴法的区别在于，它没有使用微桥来搁置液滴，而是将结晶液滴仔细地置入在硅薄片的中心处，然后将其翻置过来，使液滴悬在盖片的中央。

12.4.4 有机分子薄膜控制晶体生长技术

有机分子薄膜控制晶体生长技术虽不是生长有机晶体的方法，却是近几年发展起来的用有机分子薄膜来控制生物矿结晶的重要技术，有必要作以简要介绍。与生物体相关的许多现象始终吸引着人们浓厚的兴趣，许多生物矿结晶显示生物中结构和形态的专一性，粒子大小的匀称性，这一点是采用通常晶体生长的方法难以达到的。

生物的骨骼和甲壳是有机大分子（胶原和甲壳质）所构成的，里面充满了碳酸钙和磷酸钙晶体。1989 年 Stephen Mann 成功地使用有机分子薄膜诱导的方法模拟了这一结晶过程。

将一滴表面活性剂（带负电荷的硬脂酸）滴到 $CaCO_3$ 的过饱和溶液中，即可扩散到溶液上面形成单分子层薄膜，这层薄膜就成了沿着溶液表面形成 $CaCO_3$ 晶体片的基底。在这层有机单分子薄膜的控制下，$CaCO_3$ 晶体具有生物矿结晶所显示出的性质，统一的大小、形态和相同的取向排列。如果能设计出各种不同的有机表面活性剂，不仅可以模拟生物矿的结晶过程，而且能够制备出各种功能单晶薄膜，并且控制它们的物理和化学特性。随着与生物体有关的机敏、智能材料研究的深入，利用多学科交叉与渗透的趋势，这方面的研究也将越来越受到人们的广泛重视。

参 考 文 献

[1] R. C. Evans, An Introduction to Crystal Chemistry, Cambridge University Press, Cambridge, 352—402 (1976).

[2] 肖序刚，晶体结构的几何理论，高等教育出版社，426—487 (1993).

[3] W. Kratschmer, et al., *Nature* (London), 347 (1990).

[4] H. W. Kroto, *Nature* (London), **329**, 529 (1987).

[5] 张克从，近代晶体学基础，科学出版社，245—251 (1987).

[6] J. Zyss, J. F. Nicoud, M. Coquillay, *J. Chem. Phys.*, **81** (9), 4160 (1984).

[7] Yasuo Kitaoka, Takatomo Sasak, Sadao Nakaiand Yoshitaka Goto., *Appl. Phys. Lett.*, **59** (1), 19—21(1991).

[8] K. Aoki, K. Nagano, Y. Litika, *Acta Crystallogr*, **B27**, 11 (1971).

[9] Xu Dong, Liu Mingguo, Huo Wenbo, Yuan Duorong, Jiang Minhua, et al, *Mat. Res. Bull.*, **29**, 73—79 (1994).

[10] N. B. Singh, *J. Crystal Growth*, **128**, 976 (1993).

[11] S. M. Rao, *J. Appl Phys.*, **70**, 6674 (1991).

[12] C. Sandorfy, Electronic Spectra and Quantum Chemistry, Prentice-Hall, New Jersey (1964).

[13] 高观志、黄 淮，固体中的电输运，科学出版社，433—662 (1991).

[14] 马 丁、波 普、钱人元，有机晶体中的电子过程，上海科技出版社，28—54 (1987).

[15] E. A. Silinsh, Organic Molecular Crystals Spring Series in Solid-State Science, Springer-Verlag, Berlin, Heidelberg, New York (1980).

[16] J. L. Ouder, *J. Chem. Phys.*, **67**, 446 (1977).

[17] J. L. Oudar, J. Zyss, *Phys. Rev.*, **A26**, 2016 (1982).

[18] B. L. Davydov, L. D. Derkacheva, V. V. Duna, M. E. Zhabotinskii, V. F. Zojin, I. G. Kereneva, M. A. Samokhina., *Sov. Phys. JEPT Lett.*, **12**, 16 (1970).

[19] L. T. Cheng, et al., *J. Phys. Chem.*, **95**, (26), 10609 (1991).

[20] C. Hansch, A. Leo, R. W. Taft, *Chem Rev*, **91** (2), 165(1991).

[21] J. Zyss, et al., Proc. Nato. Adv. Res. Workshop. Ser. E, *Appl. Sci.*, 182, 545 (1990).

[22] S. Kielich, *IEEE J. Quantum Electron.*, **5**, 562 (1969).

[23] S. X. Li, et al., *Jiegou Huaxue*, **11** (2), 85 (1992).

[24] J. Zyss J. L. Oudar, *Phys. Rev.*, **A20** (4), 2028 (1982).

[25] D. A. Kleinman, *Phys. Rev.*, **126**, 1977 (1962).

[26] S. K. Kurtz, T. T. Perry, *J. Appl. Phys.*, **89**, 3798 (1968).

[27] J. Zyss, I. Ledoux, Mertault, E. Toupet, *Chem Phys.*, **150**, **125** (1991).

[28] J. L. Oudar, R. Hierle, *J. Appl. Phys.*, **48**, 2699 (1977).
[29] P. Gunter, Ch. Bosshard, K. Sutter, H. Arend, G. Charpuis, R. T. Twieh, D. Dobrowolski, *Appl. Phys. Lett.*, **50**, 486 (1987)。
[30] P. Kerkoe, M. Zgonik, K. Sutter, Ch. Bosshard, P. Gunter, *J. Opt. Soc. Am.*, **B7** (3), 313 (1990).
[31] K. Sasaki, T. Kinoshita, N. Karasawa, *Appl. Phys. Lett.*, **45**, 333 (1984).
[32] B. L. Davydov, L. G. Koreneva, E. A. Lavrovsky, *Opt. Spectrosc.* (USSR), **39**, 403 (1975).
[33] L. G. Koreneva, V. F. Zolin, B. L. Davydov, Nonlinear Optics of Molecular Crystals, Nanka, Moscow, in Russian (1985).
[34] B. F. Levine, C. G. Bethea, C. D. Thurmond, R. T. Lynch, J. L. Berntein., *J. Appl. Phys.*,**50**, 2523 (1979).
[35] J. Zyss, D. S. Chemla, J. F. Nicoud, *J. Chem. Phys.*, **74**, 4800 (1981).
[36] J. Zyss, I. Ledoux, R. B. Hierle, R. V. Rai, J. L. Oudar, *IEEE*, **QE-21**, 1286 (1985).
[37] K. Sutter, Ch. Bosshard, W. S. Wang, G. Surmley, P. Gunter, *Appl. Phys. Lett.*, **53**, 1779 (1988).
[38] K. Sutter, G. Knopfle, N. Saupper, J. Hulliger, P. Gunter, *J. Opt. Soc. Am. B.*, 8 (7), 1483 (1991).
[39] S. Tomarn, S. Matsumito, Tikurihara, H. Suzuki, N. Ooba, T. Kaino, *Appl. Phys. Lett.*, **58** (23), 2853 (1991).
[40] K. Sagawa, H. Kagawa, A. Katuta, M. Kagi, *Appl. Phys. Lett.*, **63**, 14 (1993).
[41] J. D. Bierlein, L. K. Cheng, Yi Wang, Wi Tam, *Appl. Phys. Lett.*, **56**, 423 (1990).
[42] T. Kondo, R. Morita, N. Ogasawara, S. Vmegaki, R. Ito, *J. Appl. Phys.*, **28** (9), 1622 (1989).
[43] 蒋民华，晶体物理，山东科技出版社，478 (1980).
[44] K. Kato, *IEEE J.*, **QE-16**, 1288 (1980)
[45] 蒋民华、许 东、邢光彩、邵宗书，人工晶体学报，**14**(3)，1(1985).
[46] 许 东、蒋民华、陶绪堂、邵宗书，人工晶体学报，**16**(1)，1(1987).
[47] 陶绪堂、蒋民华、许 东、邵宗书，科学通报，**16**，1234 (1987).
[48] J. C. Calabrese, et al., *Chem. Phys. Lett.*, **133**, 244 (1987)。
[49] N. Zhang, M. H. Jiang, D. R. Yuan, D. Xu, X. T. Tao, Z. S. Shao, *J. Crystal Growth*, **102**, 581 (1990).
[50] S. X. Dou, M. H. Jiang, Z. S. Shao, X. T. Tao, *Appl. phys. Lett.*, **54** (12), 1101 (1989).
[51] D, R. Yuan, N. Zhang, X. T. Tao, D. Xu, M. H. Jiang, Z. S. Shao, *Sci. Bull.* (Chinese), **36** (16), 1401 (1991).
[52] D. Xu, M. H. Jiang, X. T. Tao, Z. S. Shao, *SPIE*, **1104**, 188(1989).
[53] W. B. Hou, D. R. Yuan, D. Xu, N. Zhang, W. T. You, M. G. Liu, M. H. Jiang, *J. Crystal Growth*, **133**, 71 (1993).

[54] 袁多荣、张　因、陶绪堂、许　东、于文涛、邵宗书、蒋民华，光学学报，**13**(5)，456 (1993).
[55] 王继阳、李丽霞、陶绪堂，中国激光，**15**(6)，376(1988).
[56] D. Xu, M. H. Jiang, Z. K. Tan, *Acta. Chimica Sinica*, **2**, 230 (1983).
[57] D. Xu, D. R. Yuan, N. Zhang, W. B. Hou, M. G. Liu, S. Y. Sun, M. H Jiang., *J. Phys. D: Appl. Phys.*, **26B**, 230 (1993).
[58] G. Dhanaraj, M. R. Srimivasam, M. L. Bhat, H. S. Jayanna, S. V. Saramanyam, *J. Appl. Phys.*, **72** (8), 3464 (1992).
[59] S. B. Monaco, L. D. Davis, S. P. Velsko, F. Wang, A. Zalkin, S. Eimerl, *J. Crystal Growth*, **85**, 252 (1987).
[60] A. Yokotani, T. Sasak., Kiyoshida, S. Nakai, *Appl. Phys. Lett.*, **55**, 2692 (1989).
[61] A. Baruch. Fuchs, Cholk Synand Slephan D. Velsko, *Appl. Opt.*, **28**, 4465 (1989).
[62] B. L. Davydov, Sov. *J. Quant. Electrom*, **7**, 129 (1977).
[63] X. T. Tao, D. R. Yuan, N. Zhang, M. H. Jiang, *Appl. Phys. Lett.*, **60**, 1415 (1992).
[64] 袁多荣、张　因、陶绪堂、邵宗书、许　东、蒋民华，科学通报，**38**(10)，956(1993).
[65] N. Zhang, D. R. Yuan, X. T. Tao, D. Xu, Z. S. Shao, M. H. Jiang, M. G. Liu, *Optics Comm.*, **99** (3,4), 247 (1993).
[66] S. Allen, T. D. Mclean, P. F. Gordon, B. D. Bothwell, M. B Hursthouse, S. A. Karaulov, *J. Appl. Phys.*, **64** (5), 2583 (1988).
[67] B. F. Levince, C. G. Bethea, C. D. Thuymond, et al., *J. Appl. Phys.*, **50**, 2523 (1979).
[68] G. C. Bjorklund, S. Ducharme, et al., Material for Nonlinear Optics, edited by S. Marder, et al., *ACS Symposium Series*, **455**, D. C., Washington 221 (1991).
[69] R. T. Bailey, F. R. Cruick, D. Pugh, J. N. Sherwood, *Acta Crystallog. Sec.*, **A47**, 145 (1991).
[70] R. T. Bailey, F. R. Cruickshank, S. M. Guthire, et al., *Opt. Commun.*, **65**, 229 (1988).
[71] G. T. Boyd, *J. Opt. Soc. Am.*, **B6** (4), 685 (1989).
[72] G. F. Lipscomb, A. F. Garito, R. S. Narang, *J. Chem. Phys.*, **75**(3), 1509 (1981).
[73] A. Garito, R. F. Shi, M. V. Wu, *Physics Today*, 55 (1994).
[74] G. I. Stegaman, R. Zanon, C. T. Seaton, Nonlinear Optical Properties of Polymer, *Proc. Mat. Res. Soc. Symp.*, **109**, 53 (1988).
[75] A. M. Glass, *Am. J. Science*, **226**, 657 (1984).
[76] J. P. Hermann, J. Ducuing, *J. Appl. Phys.*, **45**, 1500 (1974).
[77] C. Sauteret, J. P. Hermann, R. Frey, et al., *Phys. Rev. Lett.*, **36**, 956 (1976).
[78] G. M. Cater, J. V. Hryniewicz, et al., *Appl. Phys. Lett.*, **49**, 998 (1986).

[79] T. Hattori, T. Kobayashi., *Chem. Phys. Lett.*, **133**, 230 (1987).
[80] H. Nakanishi, H. Matsuda, S. Okada, M. Kato, Nonlinear Optics of Organic and Semiconductors, Springer-Verlag, Berlin, 149—162 (1989).
[81] D. Bloor, et al., *British Polymer. J.*, **17** (3), 287 (1985).
[82] D. N. Ras, P. Chopra, S. K. Goshal, et al., *J. Chem. Phys.*, **84**, 7049 (1986).
[83] H. Matsuda, H. Nakanishi, N. Minami, M. Kato, *Mol. Cryst. Liq. Cryst.*, **160**, 241 (1988).
[84] H. Akamatsu, H. Inokuchi, Y. Matsunaga, *Nature*, **73**, 168 (1954).
[85] L. E. Lyons, G. C. Morris, *J. Chem. Soc.*, 5200 (1960).
[86] L. E. Lyons, *Proc. Roy. Soc* (NSW), **101**, 1—9 (1967).
[87] Kwan C. Kao, Wei Hwang, Eleetrical Transportion of Solid, Pergamon Press (1981).
[88] D. Jerome, A. Mazand, M. Ribauld, K. Bechgård, *J. Physiquo Lett.*, **41**, L-15 (1980).
[89] H. Urayama, H.Yamochi, G. Saito, K. Nozaza, T.Sugano, M. Kinoshita, Sato, K. Oshima, A. Wamoto, J. Tanaka. *Chem. Lett.*, 55 (1988).
[90] H. Urayama, H. Yamochi, G. Saito et al., *Synthetic Metals*, **27**, A393 (1988).
[91] P. G. Huggard, W. Blau, D. Schweitzer, *Appl. Phys. Lett.*, **51** (26), 2183 (1987).
[92] Hebard, et al., *Nature*, **350**, 600 (1991).
[93] Holczet, et al., *Science*, **252**, 1154 (1991).
[94] Rosseinsky, et al., *Phys. Rev. Lett.*, **66**, 2830 (1991).
[95] Tanigaki, et al., *Nature*, **352**, 222 (1991).
[96] T. Murayama, *Electrophotography*, **25**, 290 (1986).
[97] K. Y. Law, *Chem. Rev.*, **93**, 449 (1993).
[98] R. H. Moser, A. L. Thomas, The Phthalocyanines, CRC Press, Boca Raton FL, **I** and **II**, (1983).
[99] S. A. Borisen Kova, A. S. Erokhin, V. A. Novikov, A. P. Rudenko, *Zh. Org.Khim*, **11**, 1997 (1975).
[100] L. I. Solovera, E. A. Lukyanets, *Zh. Obshch. Khim.*, **50**, 1122(1980).
[101] S. A. Mikhalenko, S. V. Barkanova, et al., *Zh. Obshch Khim.*, **41**, 2735 (1971).
[102] R. J. Sappek, *J. Oil Colour Chem. Assoc.*, **61**, 61 (1978).
[103] R. E. Wingard, *IEEE. Ind. Appl.*, **37**, 1251 (1982).
[104] M. T. Kendra, C. J. Eckhardt, *J. Chem. Phys.*, **81**, 1160 (1984).
[105] S. Grammatica, J. Mort, *Appl. Phys. Lett.*, **38**, 445 (1981).
[106] R. O. Loutfy, C. K. Hsiao, P. M. Kazmaier, *Photogr. Sci. Eng.*, **27**, 5 (1983).
[107] J. M. Duff, A. M. Hor, et al., Proc. SPIE. Int. Soc. Opt. Eng.,

183 (1990).
[108] O. Murakami, T. Uenaka, et al., the Seventh Inter. Congr. on Advan. in Non-impact Print Tech., 318 (1991).
[109] K. Y. Law, *J. Phy. Chem.*, **12**, 4226 (1988).
[110] T. Wada, Y. D. Zhang, Y. S. Chai, H. Sasabe, *J. Phys D: Appl. phys.*, **26**, B221 (1993).
[111] W. J. Dulmage, W. A. Light, S. J. Marino, C. D. Salzberg, D. L. Smith W. J. Staudenmayer, *J. Appl. Phys.*, **49** (11), 5543 (1978).
[112] P. Gunter, *Phys. Rev.*, **93**, 199 (1982).
[113] R. Orlowshi, L. A. Boatner, E. Kratzig, *Opt. Comm.*, **35**, 45(1980).
[114] A. M. Glass, A. M. Johson, D. H. Olson, et al., *Appl. Phys. Lett.*, **44**, 948 (1984).
[115] Pochi Yeh, *Appl. Optics*, **26** (4), 602 (1987).
[116] Victor Leyva, Aharon Agranat, *Amnon Yariv*, *J. Opt. Soc. Am.*, **B8** (3), 701 (1991).
[117] C. Medrana, E. Voit, P. Amrhein, P. Gunter, *J. Appl. Phys.*, **54**, 4668 (1988).
[118] E. Voit, M. Z. Zha, P. Amrhein, P. Gunter, *Appl. Phys. Lett.*, **51**, 2079 (1987).
[119] I. Biaggio, M. Zgonik, P. Gunter, *Opt. Comm.*, **77**, 321 (1990).
[120] K. Sutter, J. Hulliger, et al., *Solid State Commun.*, **74** (8), 867 (1990).
[121] H. J. Eichler, P. Gunter, D. Pohl, Laser Induced Dynamic Gratings, Springer, Heidelberg (1986).
[122] R. Schlesser, G. Knopfle, et al., *CLEO*, 518 (1993).
[123] Yadunath Singh, et al., *J. Crystal Growth*, **123**, 601 (1992).
[124] A. F. Garito, K. D. Singer, *Laser Focus*, **2**, 59 (1982).
[125] A. F. Garito, et al., *J. Opt. Soc. Am*, **70**, 1399 (1980).
[126] J. L. Jackel, N. E. Schlotter, *Proc. Soc. Photo. Opt. Instrum. Eng.*, **921**, 239 (1988).
[127] T. Kanetake, K. Ishikawa, T. Koda, Y. Tokura, K. Takeda. *Appl. Phys. Lett.*, **51**, 1957 (1987).
[128] Robert E. Schwerzel, Kevin B. Spoahr, John P. Kurmer, Keith A. Ramsey, *SPIE*, **1147**, 157 (1989).
[129] Kiyoshi Yase, Seiji Ogihara, Moriya Sano, Masakasu Okada, *J. Crystal Growth*, **116**, 333 (1992).
[130] Y. Veda, M. Fukuoka, T. Veda and M. Ashida, *J. Crystal Growth*, **113**, 69 (1991).
[131] M. Mobus, N. Karl, T. Kobayashi, *J. Crystal Growth*, **116**, 495 (1992).
[132] Takashi Kurihara, Hideki Kobayashi, Ken-ichi Kubodera and Toshikuni kaino, *J. Crystal Growth* (1989).
[133] T. A. Nyce, F. Rosenberger, *J. Crystal Growth*, **110**, 52 (1991).
[134] B. K. Vainshtein, V. M. Fridkin, V. L. Indenbom, Modern Cry-

stsllography II. Structure and Cryst. Springer Series Solid State Science, 21 Springer, Berlin, Heidelberg, New York, 214 (1982).
[135] M. O. Dayhoff, Atlas of Pertein Sepuen and Struture (National Biomedical Research Foundation, Washington, (1972).
[136] J. D. Bierlein, L. K. Cheng, Y. Wang, W. Tam, *Appl. Phys. Lett.*, **56** (5), 423 (1990).

第十三章　新型非线性光学晶体

陈创天　俞琳华

§13.1　引　　言

在激光科技领域内，科学家们始终追求的一个目标就是得到一种能从红外区到紫外区连续可调的激光光源。这是因为，尽管目前的激光基质材料已经能够产生在一定范围内可调的相干光输出，但由于其可调谐的波长范围决定于激活离子在激光介质中的增益带宽，因此它们的可调谐范围及其效率受到相当大的限制。以目前可调谐范围最大的钛宝石（$Ti:Al_2O_3$）激光器而言，其最大可调谐范围也仅在 670nm → 1100nm 之间，远不能满足激光技术发展需要。因而目前一般是采用非线性光学晶体对激光波长进行变频，扩展该激光器的可调谐范围。例如，利用 Nd:YAG 激光的三倍频（$\lambda = 357$ nm）泵浦一个由 β-BaB_2O_4（简称 BBO）晶体作为非线性介质的光参量振荡器，其可调谐的范围就可扩展到 400nm → 2000 nm，这种光参量振荡器的可调谐范围、转换效率、输出功率以及可靠性等等方面均大大超过染料激光器。此外，目前任何类型的固体激光器还无法产生波长短于 400nm 的紫外激光光源，因此也只有利用非线性光学晶体并通过各种变频技术，把可调范围有限的激光光源扩展到紫外区。综上所述，我们可以清楚地理解，为何自 1960 年激光问世以来，探索各种非线性光学晶体始终是一个热门课题。

应该指出，经过近30年来的研究和探索，目前在可见光区域已经有了诸如 KTP，$MgO:LiNbO_3$，BBO 以及 LiB_3O_5（简称 LBO）等优秀非线性光学晶体，基本上解决了激光光源在可见光区域的频率变换问题。但是迄今为止，在紫外区（特别是波长短于 200nm 的深紫外区）及在 4μm → 10μm 的中红外区域，仍缺乏有效的非线性光学晶体来解决激光光源的频率变换问题。此外，随着小型化、集成化的半导体激光器迅速发展，利用非线性光学晶体来产生半导体激光的倍频（从～800 nm → ～400 nm），也是该领域内的一个急待解决的重要课题。因此，尽管非线性光学晶体的探索已有相当长的历史，但直到今日，各国科学家仍旧在极力关注着各类新型非线性光学晶体的探索和研究。

对于新型非线性光学晶体材料的研制，在相当长的一段时间内基本上是采用纯经验的方法，也就是合成一系列无对称心的化合物，在对样品进行液态或固态倍频效应测量的基础上，从中筛选出具有大的倍频效应的化合物进行单晶生长，然后对晶体进行一系列线性、非线性光学性能测量，进而对此晶体的应用前景作出判断，这就是我们通常所称的"炒菜"方法。这种纯经验方法有以下两方面的局限。首先是，在化合物合成之前无法大致判断出该化合物倍频效应的大小，这就使得合成工作带有相当大的盲目性。其次是，一个有实用价值的非线性光学晶体，不但要求它具有大的非线性光学效应，同时还必须考虑它们的其它性能，例如晶体的双折射率大小、透过波段以及光损伤阈值等。而液态、固态的倍频效应测量，只能初步判断化合物的倍频效应大小，无法对该化合物的其它有意义的性能作出明确的回答。因此使用这种"炒菜"方法，工作效率相当低下，从 60 年代初到 70 年代末的整整 20 年时间里，曾对近千种化合物进行过液态和固态粉末倍频效应的测量，但真正能有效使用的非线性光学晶体，仅有 $LiNbO_3$，$KNbO_3$，KTP 等少数几种。

从 70 年代起，科学家们开始认识到，要有效地探索新型非线性光学晶体材料，重要的问题是必须研究非线性光学晶体的微观结构与其宏观性能（包括线性及非线性光学性能）之间的相互关系，在此基础上再进行有目的的合成和单晶生长，并逐步向非线性光学材料的分子设计过渡. 本章主要介绍如何从晶体非线性光学效应的结构与性能相互关系的研究着手, 运用"分子设计"方法来探索新型非线性光学晶体.

§13.2 激光技术对非线性光学晶体的基本要求

经过相当广泛的研究,目前已总结出,作为一个优秀的非线性光学晶体必须具备如下的5个条件[11]:

(1) *晶体必须具备大的非线性光学系数* 这里应该指出的是,在非线性光学领域内,目前一般采用 KDP 晶体的 d_{36} 系数作为倍频系数测量的相对标准. 对于使用于不同波长范围的非线性光学晶体, 对其倍频系数大小的要求是不一样的. 在深紫外区($\lambda < 200$nm), 晶体的倍频系数 $d \geq d_{36}$(KDP) 时, 就可以认为它是一个具有大的倍频效应的非线性光学晶体. 在 200 nm—350 nm 范围内,要求晶体的倍频系数 $d = 3—5d_{36}$(KDP); 在可见光区域,一般要求晶体的倍频系数 $d > 10d_{36}$(KDP);至于在 1μm → 10μm 附近的红外区时,则要求晶体的倍频系数至少达到 $d>30—50d_{36}$(KDP) 时, 才算得上是一个优秀的非线性光学晶体. 对于在不同波段使用的非线性光学晶体之所以提出不同的标准, 主要是由于晶体的倍频系数与晶体的带宽有密切的关系, 晶体的带宽越狭,其倍频系数也越大,反之亦然.

(2) *晶体必须具备适当的双折射率* 在各种非线性光学晶体的应用中,晶体的双折射率是一个很重要的参量,它的大小直接决定晶体的使用性能及应用范围. 例如, 在光参量振荡和光参量放大器中, 为了得到宽的可调谐范围, 就要求晶体具有较大的双折射率 (一般 $\Delta n \approx 0.1$). 但是对某些特定的频率转换 (例如, 从 1.064μm → 0.532μm), 在满足相位匹配的前提下, 则要求晶体的双折射率 Δn 值越小越好. 这是因为晶体的 Δn 值越小,晶体将具有越大的可允许角 (acceptance angle) 及越小的离散角 (walk-off angle), 与此同时 该晶体还可能具有小的群速失配 (group

velocity mismatching)。显然，这些有利的参数值对提高晶体的谐波转换效率有很重要的作用。因此，如何从实际需要出发，从微观结构角度来设计晶体的双折射率的大小，也是非线性光学晶体分子设计的一个重要课题。

(3) *晶体必须具备相应的透光范围* 对于紫外非线性光学晶体，一般要求其截止波长在150—160μm附近；对应用于红外区的非线性光学晶体，要求其红外截止波长能在11—12μm范围。此外，从抗强激光的角度出发，还要求这些晶体在其透光范围内具有尽可能小的吸收系数。现有的红外非线性光学晶体的一个主要问题，就是它们在红外区的吸收系数太大(均远大于1%)，从而导致它们的抗光损伤阈值大为降低。

(4) *晶体必须具备高的光损伤阈值* 随着激光技术的发展，激光器的输出能量已越来越高。与此同时，由于谐波转换效率与基波光的功率密度成正比，因此为了提高谐波转换效率，也要求非线性光学晶体能承受高的光功率密度。所以晶体的光破坏阈值大小已经成为判别一个非线性光学晶体优劣的重要标志。例如，虽然 LBO 晶体的倍频系数只有 KTP 晶体倍频系数的 1/3 左右，但由于 LBO 晶体的光损伤阈值比 KTP 晶体的高一个数量级，因此对于从 1.064μm 到 0.532μm 的谐波转换，在大能量及高功率密度的基波光条件下仍以采用 LBO 晶体为佳，对中、小能量及功率密度的谐波转换，则仍以采用 KTP 晶体为宜。

(5) *要求晶体的物化性能好，不易潮解* 此外还要求晶体的机械性能稳定，易加工等特点。

上述5个条件虽然不是激光技术对非线性光学晶体所提出的全部条件，但可以认为是必须的基本条件。只要一个晶体能满足这5个条件，就有可能成为一个优秀的具有实用价值的非线性光学晶体。因此，从非线性光学晶体分子设计的角度出发，我们的目的就是要有一套方法能使我们在生长单晶之前，就能够对此化合物的性能进行预测(包括理论计算以及对液态、粉末倍频效应的测定)，以便决定此种化合物是否有可能成为一个有实用价值的非线性光学晶体，从而进入单晶体的生长研究。

§ 13.3 非线性光学晶体的结构与性能的相互关系

13.3.1 无机非线性光学晶体的阴离子基团理论

本节主要介绍"晶体非线性光学效应阴离子基团理论"的基本概念以及倍频系数的计算方法.

众所周知，当一个角频率为 ω 的光波入射到一个对此光波透明的晶体时，在线性光学范围内晶体的感应极化由下式表示:

$$P_i^{(\omega)} = \chi_0 \cdot \chi_{ij} E_j(\omega), \tag{13.1}$$

式中，χ_0 为真空的线性极化率；χ_{ij} 为晶体的线性极化率；$E_j(\omega)$ 为外光频电场的强度.

但是当一束频率为 ω 的激光光波（普通光不足以产生非线性极化）入射到一个无对称中心的晶体时，此晶体除感应出线性极化外，还将进一步感应出非线性极化，此时晶体的感应极化应以更加普遍的形式表示，即

$$P_i = \chi_0(\chi_{ij}^{(1)} E_j(\omega) + \chi_{ijk}^{(2)} E_j(\omega) E_k(\omega) + \chi_{ijkl}^{(3)} E_j(\omega) E_k(\omega) E_l(\omega) + \cdots\cdots), \tag{13.2}$$

式中，$\chi_{ijk}^{(2)}, \chi_{ijkl}^{(3)}, \cdots$ 称为晶体的非线性极化率.

同样，当两束(或更多)不同频率的激光光波同时入射到一个无对称中心晶体时，此晶体将同时出现和频、差频等非线性光学效应，此时晶体的感应极化可表示为

$$P_i = \chi_0(\chi_{ij}^{(1)} E_j(\omega_1) + \chi_{ij}^{(1)} E_j(\omega_2) + \chi_{ijk}^{(2)} \cdot E_j(\omega_1) E_k(\omega_1) + \chi_{ijk}^{(2)} E_j(\omega_2) E_k(\omega_2) + 2\chi_{ijk}^{(\omega_1 \pm \omega_2)} \cdot E_j(\omega_1) E_k(\omega_2) + \cdots. \tag{13.3}$$

在气体中，虽然三级非线性光学效应（$\chi^{(3)}$）有广泛的应用，但就晶体而言，只有二级效应才表现出有足够强的应用背景. 所

以本章所指的晶体非线性光学效应均仅涉及晶体的二级效应，也就是只考虑倍频、和频、差频及光参量振荡等效应及其应用。

从物理学角度来看，晶体倍频效应的本质是入射光与晶格中外层价电子相互作用的过程。为了解决倍频系数的理论计算，其首要问题就是如何描述晶格中的电子运动状态。一般说来，晶格中电子运动的状态，受到短程力和长程力两种相互作用力的制约。对于固体中电子运动的某些性质，比如电学性能以及电子的激发过程，其电子运动不但受到短程力的制约，同时也受到长程力的制约。在这种情形下，晶格中的电子运动需用能带波函数进行描述。但是对非线性光学效应而言，其实质是光和电子之间的散射过程，入射光波对电子的作用只是一种微扰作用，电子仍处于基态；同时绝大多数的非线性光学晶体都是很好的绝缘体，晶格中的价电子在基态下都各自束缚于邻近的原子实（原子核加内层电子）周围。因此在一级近似下，可以认为非线性光学效应是入射光与束缚于各个原子实周围的价电子的相互微扰作用的过程，对此可以采用电子局域态的方法来进行处理。当我们考虑电子的局域化运动时，必须进一步明确电子的局域化范围应该考虑多大才比较合理？在对相当数量的非线性光学晶体中的主要类型晶体（例如钙钛矿和钨青铜型晶体、钼酸盐、碘酸盐及有机非线性光学晶体）进行了认真的剖析后发现，这些晶体有一个共同的基本结构特点，即它们不同于一般离子晶体(由阴离子和阳离子的有序堆积而构成)，而是由几个原子首先通过共价键相互作用形成阴离子基团，然后以这些阴离子基团为基本结构单位，再配合阳离子的电荷补偿，在空间形成有序排列。例如，钙钛矿和钨青铜型晶体中的 $(MO_6)^{n-}$ 基团，磷酸盐晶体中的 $(PO_4)^{3-}$ 基团，碘酸盐晶体中的 $(IO_3)^{-}$ 基团，钼酸盐体系中的 $(MoO_4)^{2-}$ 基团，硝酸盐晶体中的 $(NO_2)^{-}$ 基团及有机非线性光学晶体中的非线性活化分子基团等。简言之，对一般的非线性光学晶体而言，其基本结构可以看成是阳离子和阴离子基团有序堆积而成。在以上分析的基础上，陈创天于70年代提出了一个已被国际上相关领域的科学家所接受的理论模型，即“晶体非线性光学效应阴离子基团理论”[2-3]. 该理论模型的两个基本假定是：(i) 晶体的宏观倍频系数是晶格中的基本结构单位，即阴离子基团的微观二级极化率的几何叠加，在一级近似下，与A位阳离子无关；(ii) 基团的微观二级极化率可以通过基团的局域化电子运动轨道，并应用二级微扰理论进行计算. 按照以上这两点假定，可以得到晶体宏观倍频系数的计算式为

$$\chi_{ijk}^{(2)} = \frac{1}{V} \sum_{P} N_p \cdot \sum_{i'j'k'} \alpha_{ii'}(P) \alpha_{jj'}(P) \cdot \alpha_{kk'}(P) \cdot \chi_{i'j'k'}^{(2)}(P), \qquad (13.4)$$

上式中，V 为晶胞体积，P 代表单胞中不等价基团的个数，而 N_p 则是单胞中第 P 类不等价基团的数目。$\alpha_{ii'}(P)$, $\alpha_{jj'}(P)$, $\alpha_{kk'}(P)$ 代表第 P 类基团在宏观坐标系中的方向余弦，$\chi_{i'j'k'}^{(2)}(P)$ 代表第 P 类基团的二级极化率。

根据“基团理论”，陈创天研究组编制了一套晶体倍频系数的计算程序。该程序不但能方便地计算基团的二级极化率 $\chi_{ijk}^{(2)}(P)$，同时在晶体的空间群已经测定的条件下，可迅速地计算出晶体的宏观倍频系数。这一计算程序包括 3 个子程序：

(1) 经过 Madelung 位能和奇次项晶格场位能修正的 CNDO 和 EHMO 分子轨道的计算程序；

(2) 基团分子轨道偶极跃迁矩阵元的计算程序；

(3) 基团的二级极化率 $\chi_{ijk}^{(2)}(P)$ 和晶体宏观倍频系数的计算程序.

在计算中，一般采用 CNDO 型和 EHMO 型程序的标准参数[4,7]. 当基团和分子中的原子属周期表中第一、二周期元素时，则以采用 CNDO 型分子轨道为宜，而当基团和分子中的原子属其它周期元素时，则采用 EHMO 型分子轨道.

显然，“晶体非线性光学效应的阴离子基团理论”同样适用于无对称心结构的有机分子二级极化率的计算，在这方面 Zyss 等[8]已经作了详细的讨论，读者如有兴趣可参考这些文献. 此外，上述方法同样可用来计算金属有机络合物基团的二级极化率，在此情

况下，基团可能是中性的，甚至可能是带正电荷的。因此，从广义上讲，70年代针对无机非线性光学材料所提出的“晶体非线性光学效应的阴离子基团理论”可以泛称为“非线性光学活化基团理论”。这样，上面所介绍的倍频系数的计算方法不但适用于无机化合物，对有机化合物以及金属有机络合物也均适用。

13.3.2 “阴离子基团理论”应用的几个实例

“晶体非线性光学效应的阴离子基团理论”（以下简称“基团理论”）在提出之初是一种假定，但到目前为止已经应用这一理论及其计算方法，计算了大量已知的无机非线性光学晶体的倍频系数，均获得了很好的结果，这充分显示了这一理论模型的正确性及有效性。本节将介绍几种主要的无机非线性光学晶体倍频系数的计算及分析。

(1) 钙钛矿和钨青铜型晶体　在钙钛矿和钨青铜型晶体中有三种目前已经很著名的非线性光学晶体，它们是 $LiNbO_3$，$KNbO_3$ 和 $Ba_2Na(NbO_3)_5$（简称 BNN）。这三种晶体的基本结构单元都是 (NbO_6) 八面体，所不同的是，(NbO_6) 八面体在这三种晶体中的畸变方式各不相同。在 $LiNbO_3$ 晶体中，(NbO_6) 八面体是沿它的三次轴方向畸变（点群为 C_{3v}），在 BNN 晶体中，(NbO_3) 八面体主要沿它的四次轴方向畸变（基本上属 C_{4v} 点群），而在 $KNbO_3$ 晶体中，(NbO_6) 八面体则是沿它的二次轴方向畸变（点群为 C_{2v}）。图 13.1 示出 (NbO_6) 八面体在三种晶体中各自的畸变方式。按照“基团理论”的观点，这三种非线性光学晶体的倍频系数仅仅决定于 (NbO_6) 八面体的局域化分子轨道及其畸变方式，而和 A 位阳离子无关。于是我们可用扩展的 EHMO 近似方法计算出 O_h 点群对称下的 (NbO_6) 的局域化分子轨道，然后再使用 Wigner-Eckart 群表示理论方法[9]得到上述三种不同对称的 (NbO_6) 八面体的局域化分子轨道，最后应用式(13.4)就可系统地计算出这三种晶体的所有倍频系数。计算结果列于表 13.1 中。可以看到，尽管这三种晶体的倍频系数在符号、量值上有很大的不

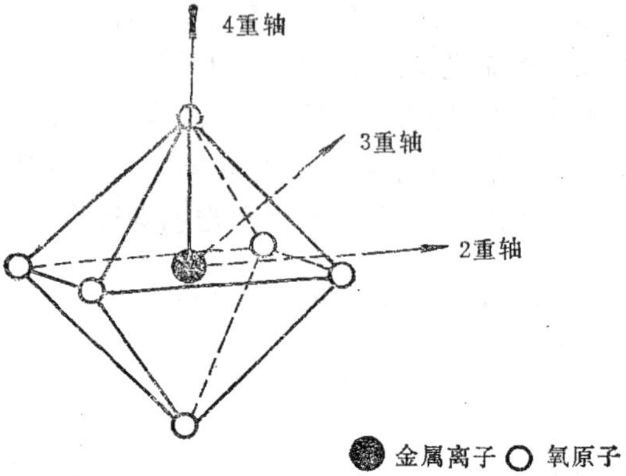

图 13.1 (NbO_6) 氧八面体在三种晶体中各自的畸变方式.

表 13.1 $LiNbO_3$,$KNbO_3$,BNN 晶体倍频系数 $\chi_{ijk}^{(2)}$ 的实验值和计算值

(单位: $\times 10^{-9}$ esu)

晶体		$\chi_{333}^{(2)}$	$\chi_{311}^{(2)}$	$\chi_{111}^{(2)}$
$LiNbO_3$	实验值 计算值	$-(72.0\pm18.0)$ -77.50	$-(12.0\pm1.0)$ -15.26	5.74 ± 2.26 7.09
$KNbO_3$	实验值 计算值	$-(53.0\pm2.8)$ $-(37.98\pm1.3)$ -57.85	30.68 ± 2.8 21.99 ± 0.83 28.15	
BNN	实验值 计算值	$-(47.60\pm3.47)$ -46.98	$-(34.65\pm3.47)$ -47.24	

晶体	$\chi_{322}^{(2)}$	$\chi_{113}^{(2)}$	$\chi_{223}^{(2)}$
$LiNbO_3$			
$KNbO_3$	$-(34.87\pm2.8)$ $-(24.99\pm9.3)$ -35.9	32.09 ± 5.6 22.99 ± 8.3 33.2	$-(33.47\pm5.6)$ $-(23.99\pm11.99)$ -28.0
BNN	$-(34.65\pm3.47)$ -47.24	$-(34.65\pm3.47)$ -35.85	$-(32.92\pm1.74)$ -35.85

同，但用统一的计算方法所得到的倍频系数计算值和实验值却有相当满意的符合程度（其均方根误差小于 20%），从而证实了这

三种晶体的宏观倍频系数均是由微观 (NbO_6) 基团的二次极化率所产生,由此可见,"基团理论"模型在解释钙钛矿和钨青铜型非线性光学晶体倍频系数上是成功的。

采用相同的方法计算了 $KTiOPO_4$ (简称 KTP) 晶体的倍频系数[10]. 计算结果表明, KTP 晶体的倍频效应主要来自 (TiO_6) 八面体的二级极化率,而晶体中四配位 (PO_4) 基团对倍频系数的贡献可忽略不计。

(2) 碘酸盐晶体　在碘酸盐晶体中,已发现 4 个无对称心结构的非线性光学晶体, 它们是 α-$LiIO_3$, α-HIO_3, $K_2H(IO_3)_2Cl$ 和 $Ca(IO_3)_2 \cdot 6H_2O$。结构测定表明, 这四种晶体的基本结构单元都是由 $(IO_3)^{-1}$ 基团所构成, 因此从理论上说, 我们只要计算出 $(IO_3)^{-1}$ 基团的微观二级极化率,就可以通过 $(IO_3)^{-1}$ 基团在 4 个不同晶体的宏观坐标系上的方向余弦, 计算出这 4 个晶体的宏观倍频系数。表 13.2 列出了它们的计算值和实验值,它清楚地表明,二者的符合程度是非常好的, 也证明了碘酸盐晶体的宏观倍频效应确实是来自 $(IO_3)^{-1}$ 阴离子基团的二级极化率。

(3) 磷酸盐晶体　在磷酸盐晶体中,目前已有 KH_2PO_4(KDP), KD_2PO_4(KD*P), CsH_2PO_4(CDP), CsD_2PO_4(CD*P) 等数十种非线性光学晶体. 表 13.3 列出了它们的计算值和实验值. 这类晶体的一个共同特点是,它们的基本结构单元都是由 $(PO_4)^{3-}$ 基团所组成,而在 $(PO_4)^{3-}$ 基团之间则是通过氢键互相连结[12]. 按照基团理论的观点,这类晶体的倍频系数主要来自 $(PO_4)^{3-}$ 基团及其周围的氢键, 即 (H_2PO_4) 基团. 为了确认 KDP 型晶体中氢键对倍频系数的贡献, 可分别计算 $(PO_4)^{3-}$ 基团和 $(H_2PO_4)^{-1}$ ($(D_2PO_4)^{-1}$) 基团的二级极化率及它们对晶体宏观二级极化率的贡献, 表 13.3 列出了这些计算结果. 可以看出,以 $(H_2PO_4)^{-1}$ 基团为基本结构单元的计算值和测量值符合得相当好,而以 $(PO_4)^{3-}$ 基团为基本结构单元的计算值只有实验值的一半左右, 因此可以认为 KDP 型晶体的倍频效应主要来自 (PO_4) 基团及其周围的氢键,即 $(H_2PO_4)^{-1}$ 基团。

表 13.2 碘酸盐晶体倍频系数的实验值和计算值

($\lambda = 1.06\mu m$，单位：$\times 10^{-9}$ esu)

晶 体		$\chi^{(2)}_{333}$	$\chi^{(2)}_{311}$	$\chi^{(2)}_{322}$	$\chi^{(2)}_{123}$
α-$LiIO_3$	实验值	$-(12.4\pm2.5)$ $-(14.01\pm3.34)$	$-(11.9\pm2.38)$ $-(13.37\pm0.7)$	$-(11.9\pm2.38)$ $-(13.37\pm0.7)$	
	计算值	-12.4	-11.9	-11.9	
α-HIO_3	实验值				$\pm(11.53\pm2.94)$
	计算值				9.987
$K_2H(IO_3)_2Cl$	实验值	$\pm(12.43\pm0.565)$	$\pm(2.49\pm0.542)$	$\pm(0.136\pm0.0113)$	
	计算值	-10.497	-3.5944	-0.105	
$Ca(IO_3)_2\cdot 6H_2O$	实验值	$\pm(5.65\pm1.47)$	$\pm(1.75\pm0.44)$	$\pm(0.226\pm0.057)$	
	计算值	-6.3097	1.243	-0.120	
NH_4IO_3	实验值				
	计算值	6.588	$4.754 \rightleftharpoons -2.308$*		

* 在 NH_4IO_3 的结构中，c_2 轴为 y 轴，因此 $\chi^{(2)}_{333}$ 应为 $\chi^{(2)}_{222}$，$\chi^{(2)}_{311}$，$\chi^{(2)}_{322}$ 应为 $\chi^{(2)}_{211}$，$\chi^{(2)}_{233}$，而且视坐标取向不同，这两个值可能对调.

表 13.3　磷酸盐晶体倍频系数的实验值和计算值

（单位：$\times 10^{-9}$ esu）

晶　　体	$\chi^{(2)}_{123}$		
	计算值　（PO_4）	计算值(H_2PO_4)	实验值
KH_2PO_4(KDP)	0.38	0.85	0.93
KD_2PO_4(KD*P)	0.38	0.85	0.93
$(NH_4)H_2PO_4$(ADP)	0.39	0.873	0.93

（4）钼酸盐晶体　钼酸盐晶体中有两个很特殊的非线性光学晶体：β-$Gd_2(MoO_4)_3$ 和 β-$Tb_2(MoO_4)_3$[3]，它们的宏观倍频系数具有很大的各向异性，也就是 $\chi^{(2)}_{311} \approx -\chi^{(2)}_{322}, \chi^{(2)}_{311} \approx 60\chi^{(2)}_{333}$。用键参数法或键电荷法均很难解释之所以出现如此大的各向异性原因，但从"基团理论"出发就可对此作出完满的说明。这两种晶体的基本结构单元都是（MoO_4）基团，这个基团的基本对称性是正四面体的 T_d 点群。但在这两种晶体中，（MoO_4）基团沿它的 S_4 轴拉长，从而变为 C_{2v} 对称，但畸变却又非常小。按点群对称的要求，当（MoO_4）基团属 C_{2v} 点群时，应有 3 个二级极化率 $\chi^{(2)}_{311}, \chi^{(2)}_{322}$ 和 $\chi^{(2)}_{333}$。但当（MoO_4）基团属于 T_d 点群时，只有一个二级极化率 $\chi^{(2)}_{312}$。由于（MoO_4）基团的点群 C_{2v} 很接近于 T_d，所以必然导致 $\chi^{(2)}_{311} \approx -\chi^{(2)}_{322} \approx \chi^{(2)}_{312}$；$\chi^{(2)}_{333} \to 0$。由此可见，$\beta$-$Gd_2(MoO_4)_3$ 和 β-$Tb_2(MoO_4)_3$ 两个晶体的倍频系数之所以具有大的各向异性特点，其原因就是它的阴离子基团（MoO_4）只是稍微偏离 T_d 点群而变为 C_{2v} 的缘故。

（5）$NaNO_2$ 晶体　$NaNO_2$ 晶体的倍频系数已经由 Inoue[14] 于 1970 年作了测量。作者之所以对这一晶体有兴趣是基于以下两点原因，首先是该晶体的基本结构单元是 $(NO_2)^{-1}$ 基团，它属于平面构型，是所有已发现的无机非线性光学晶体中第一个具有共轭 π 轨道特性的基团；其次是此晶体的倍频系数具有大的各向异性（见表 13.4），而这一特性则是任何键参数法都无法加以解释

表 13.4 $NaNO_2$ 晶体倍频系数的计算值和实验值

（单位：$\times 10^{-9}$ esu）

	计算值		实验值
	总的贡献	π 轨道部分	
$\chi^{(2)}_{222}$	−0.3094	−0.1720	∓(0.276±0.024)
$\chi^{(2)}_{211}$	0.1981	0.0000	∓(0.216±0.024)
$\chi^{(2)}_{233}$	−9.486	−9.1407	∓(5.52±0.07)

的．表 13.4 列出了采用基团理论及 CNDO/S 型近似方法所得出的计算结果[5]．同时，为了进一步分析所得的理论计算结果，在表 13.4 中还特别列出了在 $(NO_2)^{-1}$ 基团中，共轭 π 轨道体系对 $NaNO_2$ 晶体倍频系数的贡献．从计算结果可清楚地看出，此晶体的 $\chi^{(2)}_{233}$ 系数之所以比其它两个系数大 20 倍，就是由于 $(NO_2)^{-1}$ 基团中的共轭 π 轨道体系对此系数作出了大的贡献，与此同时，由于受对称性的限制，共轭 π 轨道对其它两个系数未能作出贡献．这一计算分析给了我们很大的启发，这就是说，与有机化合物一样，凡是以含有共轭 π 轨道基团为基本结构单元的无机化合物，只要该化合物具有大的不对称电荷分布，就可使该基团的微观二级极化率比一般的非平面基团大一个数量级左右，从而使以该基团为基本结构单元的化合物有可能具有大的倍频系数（当然还要求基团在空间排列的次序有利于微观倍频系数的相互叠加而不是相互抵消）．正是在这一思想指导下，作者等[15]开始探索以 $(B_3O_6)^{3-}$ 平面环状基团为基本结构单元的硼氧化合物非线性光学晶体，并在此基础上发现了现已著名的低温相偏硼酸钡（β-BaB_2O_4，简称 BBO）晶体．

13.3.3 非线性光学晶体双折射率的计算方法

晶体的双折射率是指晶体折射率各向异性的大小，即晶体的折射率在不同坐标方向上的差值．由于非线性光学晶体的相位匹配范围、倍频转换效率都直接与双折射率有关，所以这一数值的大小具有十分重要的意义。本节主要介绍应用“基团理论”方法计算晶体双折射率的概况。

在无机非线性光学晶体中，A位阳离子与阴离子基团之间仅有微弱的相互作用，因而在一级近似下，A位阳离子的波函数被认为具有球形对称，其线性极化率的各向异性为零。这样，只要计算出阴离子基团线性极化率的各向异性大小，通过几何叠加，就可以计算出晶体的双折射率理论值。

阴离子基团线性极化率的各向异性主要是由该基团的基态以及基态附近较低的激发态轨道的各向异性所决定。弥散的较高的激发态轨道，由于其球形对称性较高，所以对各向异性的贡献较小。因此可以假设，非线性光学晶体线性极化率的各向异性主要来自阴离子基团的价电子轨道。在此假设下，可推导出非线性光学晶体双折射率的计算式为

$$\begin{aligned}\Delta n = n_i - n_j &= 4\pi \cdot \frac{f_c}{2\bar{n}}[\chi_{ii}^{(1)} - \chi_{jj}^{(1)}] \\ &= 4\pi \cdot \frac{f_c}{2\pi} \cdot N \sum_P N(P)\{[A_i(P) \cdot r_{ii}(P) \\ &\quad - A_j(P) r_{jj}(P)] + [B_i(P) r_{ii}(P) \\ &\quad - B_j(P) r_{jj}(P)]\},\end{aligned} \tag{13.5}$$

上式中

$$\bar{n} = (n_i + n_j)/2;$$

$$A_i(P) = \frac{a_H^2}{\hbar} \sum_{n=1}^{n0} \frac{|\langle g | e r_i(P) | n \rangle|^2 \omega_{gn}}{(\omega_{gn} - \omega)(\omega_{gn} + \omega)}$$

代表价电子轨道对晶体双折射率的贡献，$B_i(P)$ 项则代表高激发态轨道对晶体双折射率的贡献。

表 13.5 列出了 BBO，α-$LiIO_3$，$NaNO_2$，$YAl_3(BO_3)_4$ 和 Urea 等若干个化合物的双折射率的计算值和实验值。需说明的是：(1) 为了检验这一计算方法的可靠程度，所计算的这些晶体的阴离子基团都是孤立存在的。例如，β-BaB_2O_4 中的 $(B_3O_6)^{3-}$ 基团，α-

$LiIO_3$ 中的 $(IO_3)^{-1}$ 基团，$NaNO_2$ 晶体中的 $(NO_2)^{-1}$ 基团，$YAl_3(BO_3)_4$ 中的 $(BO_3)^{3-}$ 基团以及有机化合物 Urea 中的

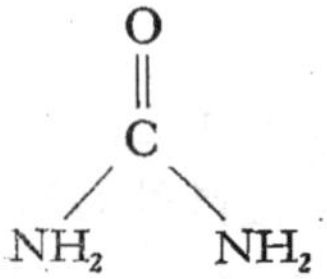

分子。因此，计算值的准确程度就更能体现出这一理论方法的可靠性。(2)为了尽量减少近似方法所带来的偏差，在这一计算中，我们采用了最新版本的 Gaussian 92 的从头计算方法[17]。表 13.5 表明，晶体双折射率的计算值和实验值之间的误差可控制在 10% 左右。显然，对于非线性光学晶体的分子设计而言，这一精度已经是足够的了。计算结果还表明，晶体的双折射率主要来自 $[A_i(P)r_{ii}(P) - A_j(P)r_{jj}(P)]$ 项的贡献，这也进一步表明本文对非线性光学晶体双折射率的结构起因的分析是合理的。综上所述，可得到如下结论：非线性光学晶体的双折射率可以通过"基团理论"方法进行估算，一个非线性光学晶体双折射率的大小，主要决定于该晶体阴离子基团线性极化率各向异性因子 $[A_i(P) - A_j(P)]$（也就是基团价电子轨道的贡献）和基团的方向余弦 $r_{ii}(P)$，$r_{jj}(P)$。因此，当我们从晶体双折射率大小的角度出发来选择阴离子基团的构型时，就必须首先考虑基团 $[A_i(P) - A_j(P)]$ 因子的大小。表 13.6 列出了几种常用的阴离子基团 $[A_i(P) - A_j(P)]$

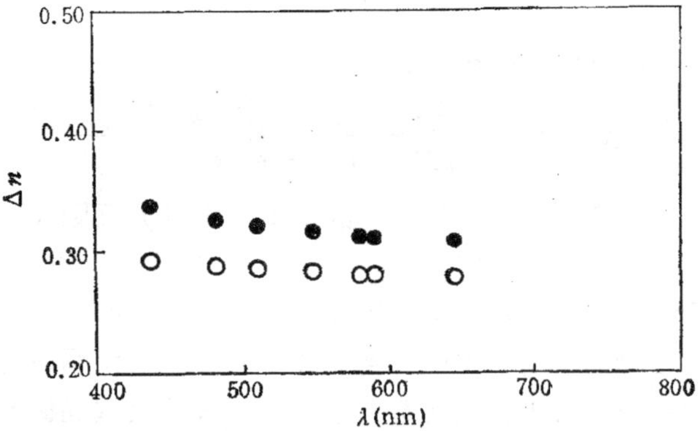

图 13.2 $NaNO_2$ 晶体双折射率色散的实验和理论曲线。

因子的数值，以供读者参考。

应用这一计算方法，还可以计算晶体双折射率的色散关系。图 13.2 示出 $NaNO_2$ 晶体双折射率色散的实验和理论曲线，可以看出，这两者的符合程度是令人满意的。

表 13.5 若干种具有孤立阴离子基团结构的晶体的双折射率实验值和计算值

晶体	实验值	计算值
β-BaB_2O_4	0.112	0.104
$NaNO_2$	0.30	0.285
$LiIO_3$	0.141	0.162
Urea	0.10	0.095
$YAl_3(BO_3)_4$	0.068	0.074

表 13.6 几种典型的阴离子基团的线性极化率各向异性因子 $[A_i(G)-A_j(G)]$

阴离子基团	$[A_i(G)-A_j(G)]$ (单位：$\times10^{-24}$ cm^3)
$(B_3O_6)^{3-}$	3.436
$(B_3O_7)^{5-}$	1.187
$(BO_3)^{3-}$	0.953
$(BO_4)^{5-}$	0.0001
$(IO_3)^{1-}$	3.420
$(AsS_3)^{3-}$	5.960
$NO(NH_2)_2$	1.000

13.3.4 非线性光学晶体吸收边的计算方法

按照“基团理论”的计算方法，对晶体的透光范围也可进行预先的估算。由于晶体的光谱行为主要由晶体的电子运动所决定，因此对晶体吸收边的估算可以采用电子结构计算方法。从一级近似的观点来看，多数非线性光学晶体的电子结构可以分成两部分，即阴离子基团的电子结构和阳离子的电子结构，显然在一级近似下，这两部分的相互作用可以忽略. 但是在晶格中，由于 Madelung 位能的存在，它一方面使阳离子的能级上移(与自由离子状态下的能级位置相比)，另一方面又使阴离子基团的能级下移. 所以，当我们分别计算出这两类体系的电子结构并比较它们的绝对能量位置时，还必须要确切地知道 Madelung 位能的数值.

由上述可知，为了准确地确定某一化合物在短波区的吸收区，

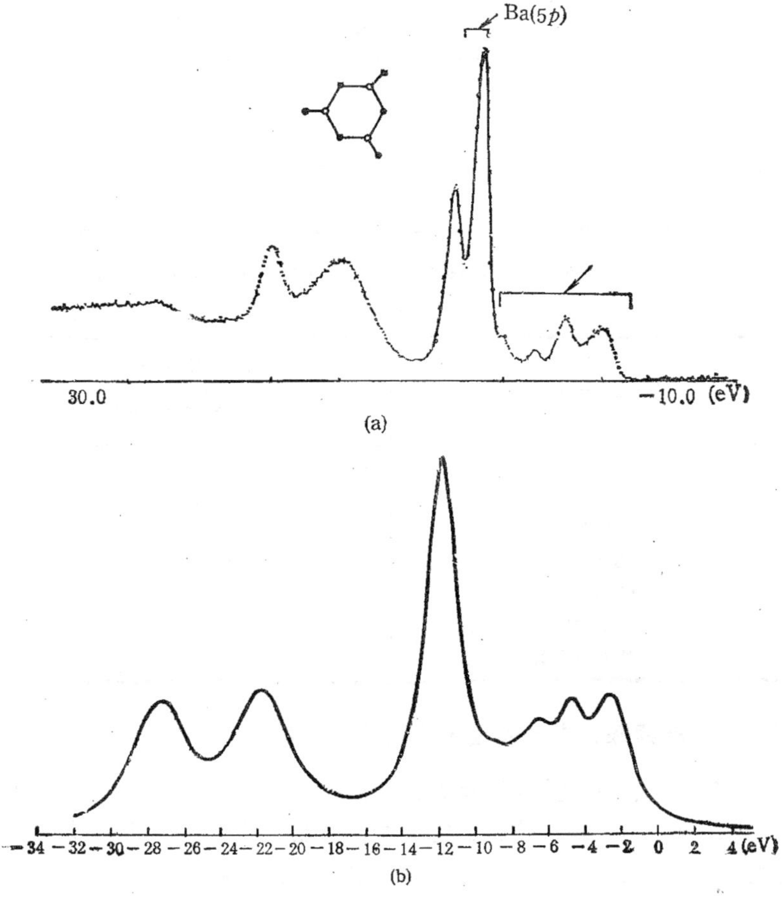

图 13.3 BBO 晶体的光电子能谱.
(a) 实验曲线; (b) 理论曲线.

必须要解决好两个问题，一个是必须较为精确地估算出所研究晶格的 Madelung 位能数值；另一个是必须要找到一种能够把 Madelung 位能加到所要计算的基团能级中去的局域化轨道计算方法，目前我们采用 D_v-X_α 方法[18,19]。

为了验证 D_v-X_α 方法在计算晶体中A位阳离子和阴离子基团能级结构的适用程度，现以 BBO 晶体的光电子能谱为例，表明采用该方法是合适的。图 13.3(a) 示出 BBO 晶体的光电子能谱。其中处于 $-28 \rightarrow 20$eV 处的双峰代表氧原子的 $2S$ 电子轨道。由于 (B_3O_6) 平面环中的氧原子处于两种不同的结构位置，现简称为内层氧和外层氧[见图 13.3(a) 的右上角]，所以 $2S$ 轨道分裂为两个峰。显然，较为尖锐的那个峰代表内层氧的 $2S$ 轨道。Ba 的 $5P$ 轨道也分裂为两个峰，这主要是由于 BBO 是极性晶体，所以在晶体中存在有奇次项晶格场，这一晶格场促使 $5P$ 轨道分裂为 $5P_z$ 和 $5P_x$，$5P_y$ 两个峰。从 -8eV 到 0.0eV 处是 $(B_3O_6)^{3-}$ 基团的价带轨道。图 13.3(b) 是加上 Madelung 位能修正后的 D_v-X_α 方法所计算出的 BBO 晶体能级图，为了便于与实验谱图进行比较，我们对图中每条能级均加上一个模拟的 Lorentz 线宽修正。可以看到，计算的能谱与实验的能谱是相当一致的。之所以理论计算出的 Ba^{2+} 的 $5P$ 轨道未发生分裂，是因为在 D_v-X_α 方法的哈密顿量中我们未曾加入奇次项晶格场。BBO 晶体光电子能谱的计算表明，使用 D_v-X_α 方法能够较为精确地计算出晶体的光电子谱，这就为我们估算晶体在短波方向的截止波长提供了又一理论工具。

紫外非线性光学晶体吸收边的计算　作为一个能够在紫外区使用的非线性光学晶体，对晶体的最基本要求是它的吸收边必须短于 200nm。目前，激光技术对截止波长在 150—160nm 附近的晶体最感兴趣（这是因为只有当晶体在短波方向的截止边处于这一波长范围时，才有可能实现 Nd:YAG 激光的六倍频，即 $\lambda = 175$ nm)。为了满足这一要求，其首要条件是该类晶体的 A 位阳离子只能取碱金属或碱土金属。这是因为只有取这两类元素，它们的最高占有轨道 np 与最低空轨道 $(n+1)s$ 之间的能隙大于我们对一个紫外非线性光学晶体带宽的设计要求，即 $\Delta E_g < 10eV$. 图 13.4 (a,b) 分别示出了碱金属和碱土金属两类离子的最高占有轨道 (ns 或 np) 与最低空轨道 $(n+1)s$ 之间的能隙大小. 显然，这两族元素的带隙一般均超过 25eV，即均大大超过我们对晶体带宽的要求. 但正如 12.3 节已经指出过的那样，由于 Madelung 位能的存在，致使阳离子的能级比自由状态下的离子能级有所提高，而阴离子基团的能级比其自由状态下的能级更低，因此阳离子的这些能级(无论是占有轨道还是空轨道)均不会掺入到阴离子基团能级的带隙中去. 这也就是说，当我们探索一个紫外非线性光学晶体时，在A位阳离子取碱金属和碱土金属情况下，可以忽略A位阳离子能级对晶体带隙的影响，只要考虑阴离子基团的能级结构就可以了. 因此，只要运用经 Madelung 位能修正的 D_v-X_α 方法计算出各个阴离子基团的电子能级结构，就可以估算其紫外区的截止波长.

表 13.7 若干种紫外非线性光学晶体在短波区截止波长的计算值和实验值（单位：nm）

晶　体	计算值	实验值
$NaNO_2$	374	350
$LiIO_3$	254	280
KDP	210	200
$NaSbF_5$	238	240
Fresnoite	275	300
BBO	175	190
LBO	168	160
KB5	168	165

表 13.7 列出了迄今为止所有紫外（或近紫外）非线性光学晶体在紫外区截止波长的实验值以及用上述方法计算出的理论预计值. 可以看出，在绝大多数情况下，其误差可控制在 20% 左右. 显然，这样的误差对于从事晶体非线性光学效应的分子设计来讲已经是足够的了.

按照晶体非线性光学效应基团理论的观点，基团内部的价

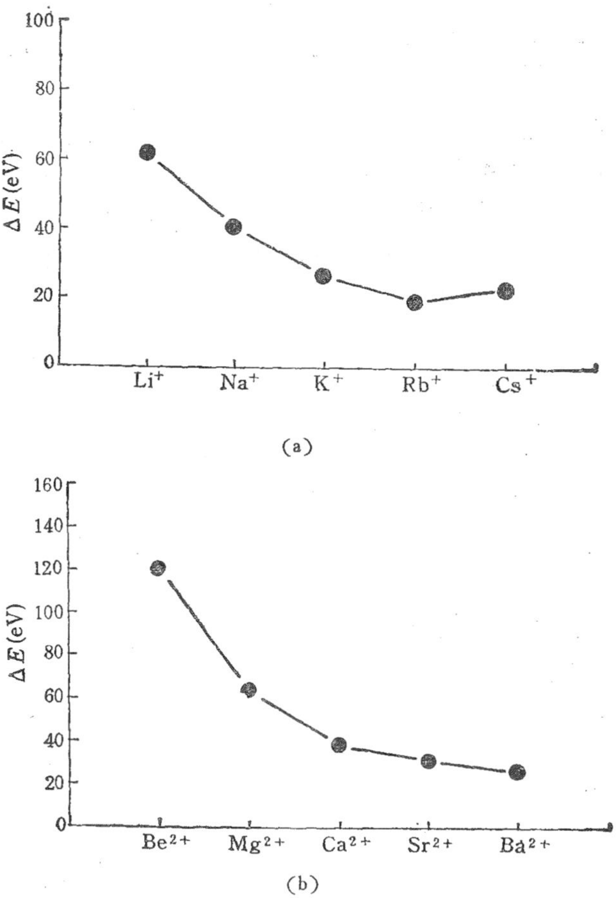

图 13.4 碱金属(a) 和碱土金属 (b) 两类离子的最高占有轨道 (ns 或 np) 与最低空轨道 $(n+1)s$ 之间的能隙大小.

键结合力比基团-基团、基团-阳离子之间的相互作用力要强得多，因此非线性光学晶体在长波区的吸收谱也应该由基团的内振动谱所决定。但是由于晶体在红外区的截止波长还受到双声子吸收的影响，一般均会出现一个缓慢变化的“尾巴”，使晶体在红外区的吸收系数大为增加。因此，非线性光学晶体在红外区的吸收特征比较复杂，需要进行更详细的研究，在此就不作进一步的讨论。

§13.4 非线性光学晶体分子工程学研究

在§13.2中已经指出，作为一个优秀的非线性光学晶体所应具备的5个必要条件；在§13.3中我们又概要地介绍了如何应用晶体非线性光学效应的阴离子基团理论计算晶体非线性光学系数、双折射率以及晶体在紫外区的截止波长．基此，“非线性光学晶体分子工程学”的雏形已基本形成，即我们已能按照实际应用和需求的情况，对无机非线性光学晶体的阴离子基团（或有机分子）的具体结构提出相应的设计要求．例如，一个能产生大的二级极化率的阴离子基团结构一定符合下面具体要求中的一个．

(1) 如果基团属 (MO_6) 八面体类型，则要求基团的畸变越大越好．目前，具有最大畸变的 (MO_6) 基团是 $KTiOPO_4$(KTP) 晶体中的 (TiO_6) 基团，因此尽管 KTP 晶体单位体积内有效的非线性光学基团 (TiO_6) 的密度仅是 $LiNbO_3$ 晶体的48.7%，但它的倍频系数仍然和 $LiNbO_3$ 晶体相当．

(2) 对于 (MO_5),(MO_4),(MO_3) 和 (MO_2) 型基团而言，若该基团包含有一孤对电子轨道，则该基团将具有大的二级极化率．例如，(IO_3) 基团的二级极化率比 (PO_4) 基团大一个数量级以上，其主要原因是由于具有孤对电子的 (IO_3) 基团构型比 (PO_4) 基团的构型具有更大的不对称性．

(3) 具有不对称电荷分布的平面基团将有利于产生大的二级极化率．比如，在平面基团中对接一个电子授受体基团，就可进一步增大分子的二级极化率．目前，在有机分子中已常用此法来增大二级极化率，但对于无机基团，目前尚难实现此类对接．由于无机材料的物化性能优于有机材料，因此，若能使具有平面结构的无机基团对接上具有电子授受体特性的基团，则将极大地提高该基团的二级极化率．

然而，在探索新型非线性光学晶体时，要求基团(分子)具有大的二级极化率，这只是探索具有大的宏观二级极化率晶体的一个必要条件，但还不是一个充分的条件。由式(13.4)可知，只有当具有大的二级极化率的非线性基团在空间的排列有利于二级极化率的叠加而不是互相抵消时，才能最终产生大的宏观倍频系数。因此，在总体设计一个具有大的宏观倍频系数的晶体时，还必须满足下述两个条件：

(1) 在单位体积内能产生大的微观二级极化率的有效非线性光学阴离子活化基团的数目要尽可能的多。这也就是说，在考察一个单晶体的结构时，不但要看基团结构是否有利，而且要尽可能排除其它无用的基团。因此，对于非线性光学晶体来说，提出"单位体积内有效非线性光学活化基团密度"这一概念是十分有用的。例如，对 AB 型半导体非线性光学晶体（GaAs，$AgGaSe_2$ 等），它们产生微观二级极化率的结构单元是（A—B）键，这些键以四配位方式互相联结。从"基团理论"出发，它们的基团构型并不利于产生大的倍频系数，但由于这类晶体单位体积内能产生有效二级极化率的（A—B）键数目要比其它氧化物型晶体的基团数目大几倍以上，加上它们的带隙很狭，从而使这类半导体材料具有很大的倍频系数。

(2) 基团(或分子)在空间的排列要有利于微观二级极化率的叠加而不是互相抵消。

尽管目前我们已可从理论上推导出各种不同对称性的基团所应具备的最佳空间排列方式(见文献[1,20])，但从实验上来说，我们还无法控制基团在空间的排列方式。这也就是说，在新型非线性光学材料探索中，我们能够设计出具有大的二级极化率的某种基团，但恰无法设计出一个晶格，因此，目前还必须求助于实验测量的配合。在这方面，现在已有两种有效的实验测试工具——固态粉末倍频效应的测量[21]和电场感应下分子二级极化率 $\chi^{(2)}(M)$ 值的测量，它们为推进非线性光学晶体分子工程学的实施提供了重要的帮助。

前已述，由于目前在化学合成过程中还无法控制基团（或分子）在空间的取向排列，而要生长出一个能供测试用的单晶体又相当花费时间，因此能否迅速地鉴定一种化合物是否为无对称心结构，以及化合物可能具有的倍频效应的大小，对于非线性光学新材料的探索是相当重要的. Kurtz 和 Perry[21] 于 1968 年成功地设计了一套粉末倍频效应测量装置. 使用这一装置不但可以很快地测出样品在粉末状态的倍频效应的大小，并且还能够测定此化合物是否可以相位匹配. 后来 Tang 等[22]对该装置又作了进一步的改进，使之能够确定化合物所具有的可相位匹配范围. 因此，从推动非线性光学新材料探索的角度来讲，固态粉末倍频效应测量装置的建立起到了重要的作用. 此外，该测量方法对于尽快了解基团在空间的排列方式也有一定的作用.

对于有机分子，它们的二级极化率 $\chi^{(2)}(M)$ 的大小虽然已可以从理论上加以估算，但为了证实这一计算是否正确，仍需要一种实验装置来测定分子二级极化率的大小. 正是基于这一考虑，Hauchecorne 等[23]提出了一种能测定有机分子二级极化率的实验装置. 这一装置的基本原理如下：将具有二级极化率的有机分子溶解在某种有机溶剂中(要求此溶剂的点群结构含对称心)，并在装有这一有机分子的容器上加一相应的电场，则具有偶极矩的待测有机分子就会在外电场的作用下产生某种取向排列，从而使这一溶体产生一个宏观倍频效应. 假定外加电场方向为 Z 轴方向，则在外电场作用下有机分子就会沿 Z 方向取向排列，从而形成一种具有轴对称性的有序排列的液体. 这样，采用一般的倍频系数测量技术就能测出这一有序液体的 $\chi^{(2)}_{zzz}$ 系数，然后根据波尔兹曼统计规律和待测有机分子的密度，即可算出每个有机分子的 $\chi^{(2)}_{zzz}$ 值.

由于上述两种方法在很大程度上可以验证"基团理论"计算模型的可靠性，以及能够弥补理论方法所难以预测的"基团在空间的排列方式"这一难点，因此极大地推动了非线性光学材料分子设计的进程.

在化合物空间群已知的情况下，应用 13.3.3 节中所给出的非线性光学晶体双折射率的计算式和基团折射率各向异性因子，可以从基团（或分子）的构型中估算出晶体双折射率的大小。目前，由于还缺乏一种有效的实验方法能帮助我们从粉末样品中测出晶体双折射率的大小，因此在估算已知化合物的双折射率大小方面，目前尚不能达到对已知化合物倍频效应估算的精度。

自 80 年代起，陈创天研究组设计了一套探索新型非线性光学材料的工作流程(见图 13.5)。此工作流程较完整地体现了理论与实验、结构与性能相互结合的研究过程，从而显著地加快了新型非线性光学材料的探索进展。新型非线性光学晶体 BBO，LBO，CBO，KBBF 和 SBBO 等就是在这一工作流程的基础上发现的。可以预期，随着理论模型的改进、计算机运算能力的提高以及测试设备的改进(比如逐步降低供测试用单晶的尺寸)，这一工作流程将会越来越完善，并最终向分子工程学方向迈进。

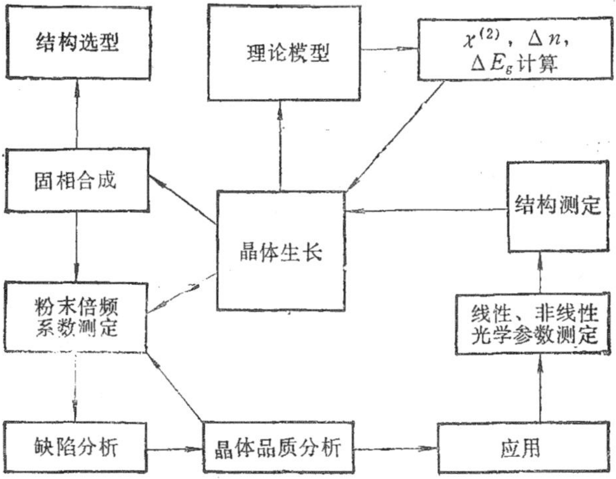

图 13.5　探索新型非线性光学材料的工作流程.

§ 13.5　新型无机非线性光学晶体 BBO，LBO，KBBF 和 SBBO 的发现及其线性、非线性光学性质

本节主要介绍如何运用“基团理论”和“分子工程学”方法在硼

酸盐和硼铍酸盐体系中探索新型紫外非线性光学晶体。之所以选择这两种体系作为探索对象，是基于如下3个原因：(1) 由于B，Be两种原子的电负性值与氧原子的电负性值相差很大，因此(B—O)和(Be—O)键一般均能透过紫外区。因而由这两类元素所构成的化合物，只要A位阳离子属碱金属和碱土金属，则其短波区的截止波长有可能短于200 nm；(2) 由于B，Be原子既可取三配位也可取四配位，因此可供选择的结构类型极其广泛；(3) 由于这两类晶体的价带与导带之间的能隙较大，因此对可见光的双光子吸收概率小，从而使它们具有很高的光损伤阈值。

13.5.1 硼酸盐体系中几类主要的阴离子基团及其性质

在介绍如何运用“基团理论”和“分子工程学”方法在这两类化合物中探索新型非线性光学晶体，即介绍BBO，LBO，KBBF和SBBO晶体的发现过程之前，首先有必要对硼酸盐体系的基本结构按“基团理论”的观点进行分类和比较。

(1) *平面三方对称的* $(BO_3)^{3-}$ *基团* (Δ_1)　图13.6 (a) 示出了 $(BO_3)^{3-}$ 基团的构型。此基团的分子对称性为 D_{3h}，它的三次轴通过中心B原子，(B—O) 键长为 1.39×0.1 nm。非线性光学晶体 $RAl_3(BO_3)_4$ (R为Y，La，等稀土元素)[24]和 α-$LiCdBO_3$[25]的基本结构单元就是孤立的 $(BO_3)^{3-}$ 基团。表13.8列出了此基团的二级极化率值；而图13.7示出了 $(BO_3)^{3-}$ 基团的电子结构能级图。由此可见，在某一化合物中，若 $(BO_3)^{3-}$ 基团是孤立的，则基团的能隙约为173nm；但若 $(BO_3)^{3-}$ 基团不是孤立的，则它的能隙可能达到150nm左右。表13.6列出了 $(BO_3)^{3-}$ 基团的微观线性极化率各向异性的数值。显然，与其它基团相比，$(BO_3)^{3-}$ 基团具有较大的线性极化率各向异性的特点。

(2) *四配位的* $(BO_4)^{5-}$ *基团* (T_1)　图13.6(b) 示出了 $(BO_4)^{5-}$ 基团的构型，与它类同的另外两种基团构型是 $[B(OH)_4]^-$ 和 $[BO_2(OH)_2]^{3-}$，这两种基团的构型均存在于含有氢键的硼酸盐化合物中。该类基团的典型对称性为 T_d，(B—O) 键的典型键长为

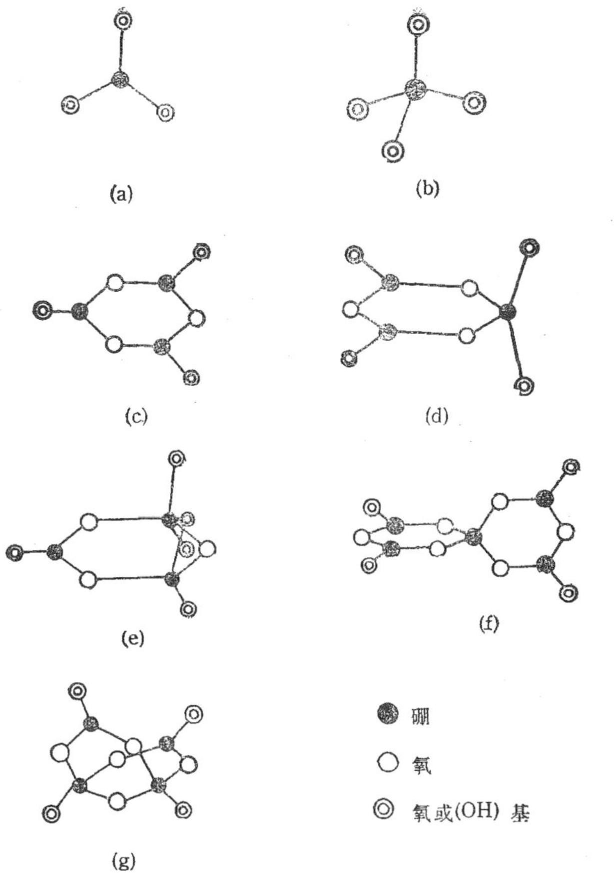

图 13.6 (a) $(BO_3)^{3-}$ 基团的构型； (b) $(BO_4)^{5-}$ 基团的构型； (c) $(B_3O_6)^{3-}$ 基团的构型； (d) $(B_3O_7)^{5-}$ 基团的构型； (e) $(B_3O_8)^{7-}$ 基团的构型； (f) 含有H原子的 $(B_5O_{10})^{5-}$ 基团的构型.

1.47 × 0.1nm。$MgAlBO_4$，$Ca[B(OH)_4]_2$ 和 SrB_4O_7 等硼酸盐化合物均以 (BO_4) [或 $B(OH)_4$] 基团为基本结构单元[26-28]，其中(BO_4) 基团在 $MgAlBO_4$ 和 $Ca[B(OH)_4]_2$ 化合物中是孤立的，而在 SrB_4O_7 中是非孤立的。

表 13.8 列出了 $(BO_4)^{3-}$ 和 $[B(OH)_4]^-$ 基团的二级极化率值。由表可知，$(BO_4)^{3-}$ 基团的二级极化率比平面（B—O）基团

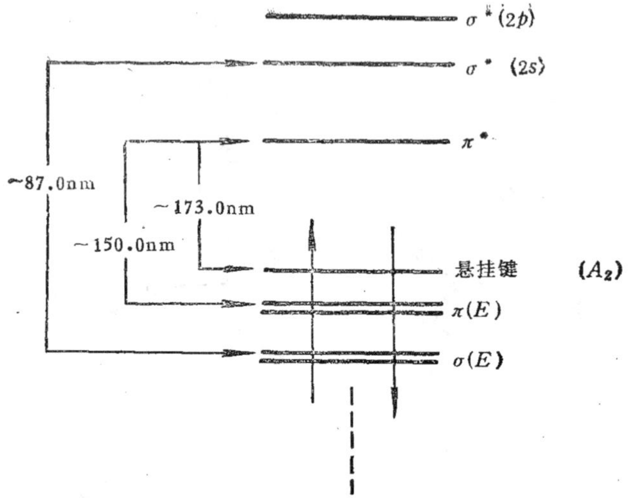

图 13.7 (BO_3) 基团的电子能级结构.

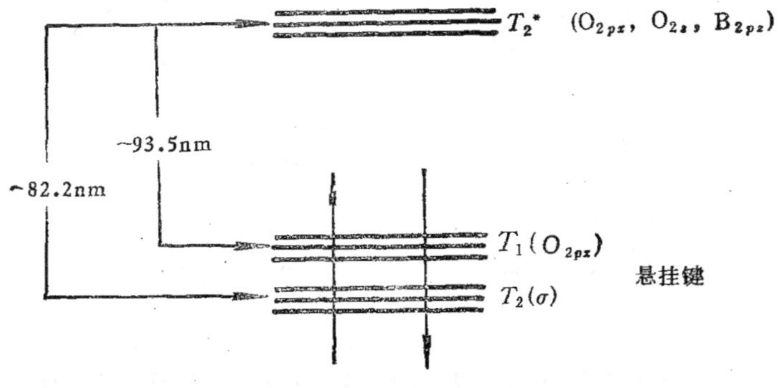

图 13.8 $(BO_4)^{3-}$ 基团的电子能级结构.

要小一个数量级左右，因此从非线性光学效应角度分析，$(BO_4)^3$ 基团并不理想. 图 13.8 示出了 $(BO_4)^{3-}$ 基团的电子能级结构.由图可见,即使对于孤立的 $(BO_4)^{3-}$ 基团而言，其能隙已高达 953 × 0.1nm，因此，$(BO_4)^{3-}$ 基团对于硼酸盐化合物吸收边的紫移是有利的，但对于产生大的双折射率却又很不利(见表 13.6)。

(3) 平面六元环 $(B_3O_6)^{3-}$ 基团 (Δ_3) 图 [13.6(c)] 示出了 $(B_3O_6)^{3-}$ 基团的构型. 显然，$(B_3O_6)^{3-}$ 是一种类苯结构的 (B—

表 13.8 若干种典型的（B—O）基团的二级极化率

（单位：10^{-31} esu）

	$\chi^{(2)}_{111}$	$\chi^{(2)}_{122}$	$\chi^{(2)}_{123}$	$\chi^{(2)}_{222}$	$\chi^{(2)}_{223}$	$\chi^{(2)}_{113}$	$\chi^{(2)}_{133}$	$\chi^{(2)}_{333}$
$(BO_3)^{3-}$	0.641	−0.641					0.0	
$(B_2O_5)^{4-}$				0.3308	−1.0238			1.0441
$(BO_4)^{5-}$			−0.1578					
$[B(OH)_4]^-$			−0.2068			−0.1598		
$(B_3O_6)^{3-}$	1.5921	−1.5921						
$(B_3O_7)^{5-}$	−2.9308	0.8212					−0.6288	
$(B_3O_8)^{7-}$	0.2906	1.2628					0.4671	
$[B_5O_6(OH)_4]^-$			−1.1402			0.6178		0.6311
$(B_4O_9)^{6-}$	0.5540	−0.5633		0.8219			0.6918	−0.6555

O）基团，它是由 3 个 (BO_3) 基团通过 3 个共用氧相互结合而成。此基团的对称性为 D_{3h}，环内（B—O）键的平均键长为 1.40 × 0.1 nm，环外（B—O）键的键长为 1.316 × 0.1 nm，（O—B—O）的平均键角为 120°。BaB_2O_4 [或 $Ba_3(B_3O_6)_2$][29] 和 $M_3(B_3O_6)$（M 为 Na，K）[27] 等硼酸盐化合物的基本结构单元均是 $(B_3O_6)^{3-}$ 平面环状基团，而且在这些化合物中 $(B_3O_6)^{3-}$ 基团均以孤立状态存在。

BaB_2O_4 晶体具有高温相（α-BaB_2O_4）和低温相（β-BaB_2O_4）两种结构类型[29,30]，其相转变温度为(925±5)℃。高温相 α-BaB_2O_4 为有心结构[31]；而低温相 β-BaB_2O_4(BBO) 为无心结构[32]，它是一种优秀的紫外非线性光学晶体[33]。

表 13.8 列出了 $(B_3O_6)^{3-}$ 基团的二级极化率。由表可知，在所有硼氧基团中，$(B_3O_6)^{3-}$ 基团具有最大的二级极化率，所以有

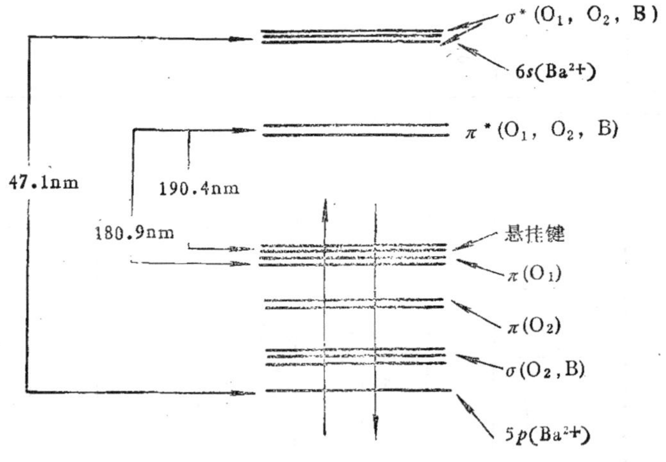

图 13.9 $(B_3O_6)^{3-}$ 基团的电子能级结构.

利于产生大的宏观倍频系数。图 13.9 示出了 $(B_3O_6)^{3-}$ 基团的电子能级结构。由于大多数 $(B_3O_6)^{3-}$ 基团都是孤立的，因此以该基团为基本结构单元的晶体在紫外区的截止波长还只能达到 190nm 附近，这也是 $(B_3O_6)^{3-}$ 基团的一个不足之处。表 13.6 列出了

$(B_3O_6)^{3-}$ 基团的微观线性极化率各向异性因子值。由表可知，以该基团为基本结构单元的晶体一般均具有大的双折射率，BBO 晶体就是一个典型的例子。

(4) 非平面的六元环 $(B_3O_7)^{5-}$ 基团 (ΔT_1) 图 13.6 (d) 示出了 $(B_3O_7)^{5-}$ 基团的构型。$(B_3O_7)^{5-}$ 基团可以认为是由 $(B_3O_6)^{3-}$ 平面环中的一个 B 原子由三配位变为四配位而形成，这种基团的变种是 $[B_3O_3(OH)_4]^-$（或 $[B_3O_5(OH_2)_2]^-$）基团。LiB_3O_5[34](12.34) 和 CsB_3O_5[35] 这两种新的非线性光学晶体就是以此基团为基本结构单元的。在这两种晶体中 $(B_3O_7)^{5-}$ 基团不是孤立的，但迄今为止，在硼酸盐系列中，还未发现具有孤立 $(B_3O_7)^{5-}$ 基团的化合物。

表 13.8 列出了 $(B_3O_7)^{5-}$ 基团的二级极化率，可以看到，该基团也具有大的二级极化率，因此将有利于产生大的宏观倍频系数。图 13.10 示出 $(B_3O_7)^{5-}$ 基团的电子能级结构。从该能级图中可清

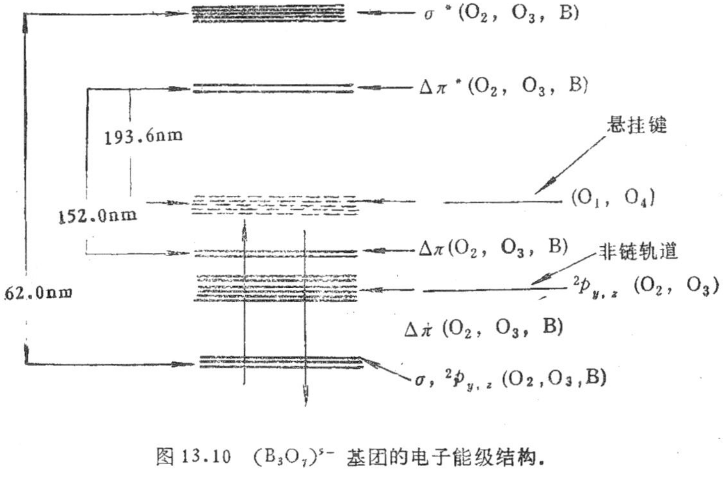

图 13.10 $(B_3O_7)^{5-}$ 基团的电子能级结构.

楚地看出，假如 $(B_3O_7)^{5-}$ 基团中的所有悬挂键都能被“中和”的话（这在某些硼酸盐化合物中是能够做到的），则这一基团的能隙可达到 158nm 附近，因此由 $(B_3O_7)^{5-}$ 基团为基本结构单元的化合

物，在紫外区的截止波长有可能达到 150—160nm 附近。表 13.6 列出了 $(B_3O_7)^{5-}$ 基团线性极化率的各向异性因子，其数值大小正好处于 (BO_3)，(B_3O_6) 平面基团与四配位 $(BO_4)^{5-}$ 基团线性极化率各向异性值的中间。但以该基团为基本结构单元的化合物，它们双折射率的大小与此基团在空间的排列方式关系密切，例如在 LiB_3O_5 晶格中，$(B_3O_7)^{5-}$ 基团在空间以接近 45° 的倾斜角螺旋排列，因此 LBO 晶体的双折射率非常小，仅为 0.045 左右。

(5) 非平面的 $(B_3O_8)^{7-}$ 基团 $(\Delta_1 T_2)$ 图 13.6 (e) 示出了 $(B_3O_8)^{7-}$ 基团的构型。$(B_3O_8)^{7-}$ 基团是由 $(B_3O_6)^{3-}$ 平面环中的两个三配位 B 原子被四配位 (BO_4) 基团所取代的结果，这种基团的另外一种可能构型是 $[B_3O_3(OH)_5]^{2-}$。迄今为止，只有 $Ca[B_3O_3(OH)_5]\cdot H_2O$ 硼酸盐化合物包含有这种基团[36]，但此化合物具有对称心，因此无倍频效应。

表 13.8 列出了 $(B_3O_8)^{7-}$ 基团的二级极化率。可清楚地看出，由于四配位 (BO_4) 基团个数的增加，该基团的二级极化率值已比 $(B_3O_7)^{5-}$ 基团有所下降，因此从选择能产生大的倍频效应的角度出发，$(B_3O_8)^{7-}$ 基团的构型是不合适的。

(6) 双六元环 $(B_5O_{10})^{5-}$ 基团 $(\Delta_4 T_1)$ 图 13.6 (f) 示出了含有H原子的 $(B_5O_{10})^{5-}$ 基团，即 $[B_5O_6(OH)_4]^-$ 基团的构型。该基团可以认为是两个 $(B_3O_7)^{5-}$ 基团共用一个四配位的 $(BO_4)^{5-}$ 基团所构成，因此两个 $(B_3O_7)^{5-}$ 环几乎互相正交。早期发现的非线性光学晶体 $KB_5O_6(OH)_4\cdot 2H_2O$(KB 5)[37] 就是以这一基团作为它的基本结构单元。

表 13.8 列出了 $(B_5O_{10})^{5-}$ 基团的二级极化率。虽然该基团的二级极化率 $\chi^{(2)}_{123}(P)$ 较大，但由于这种基团的体积很大，从而使单位体积内非线性光学活化基团 $[B_5O_6(OH)_4]^-$ 的数目只有 $(BO_3)^{3-}$ 基团平均数目的 25%，以及只有 $(B_3O_6)^{3-}$ 基团平均数目的 60%。所以，从产生大的宏观倍频系数角度来看，该基团的构型是不利的，这也是 KB 5 晶体倍频系数小的原因之一。

(7) 双六元环 $(B_4O_9)^{6-}$ 基团 $(\Delta_2 T_2)$ 图 13.6 (g) 示出了双

六元环 $(B_4O_9)^{6-}$ 基团的构型，这种基团的另一种形态是 $[B_4O_5(OH)_4]^{2-}$ [或者 $B_4O_7(OH_2)_2$]。该类基团可以看作是由两个 (B_3O_8) 基团共用两个四配位 (BO_4) 基团而形成"吊床式"结构. 压电晶体 $Li_2B_4O_7$ 就是以这种基团为基本结构单元而构成的[38]。文献[39]中进一步指出，在 $(B_4O_9)^{6-}$ 基团中，两个四配位 B 原子的"外氧"也可以落入不成键范围 $(2.56\times 0.1nm)$，从而形成孤立的 $(B_4O_7)^{2-}$ 基团。

表 13.8 列出了 $(B_4O_9)^{6-}$ 和 $(B_4O_7)^{2-}$ 两种基团的二级极化率，它们的值均比 $(B_3O_6)^{3-}$,$(B_3O_7)^{5-}$ 基团要小一个数量级。考虑到 $(B_4O_7)^{2-}$ [或 $(B_4O_9)^{6-}$] 基团的占有体积要比 $(BO_3)^{3-}$ 基团大 2—3 倍，因此 $(B_4O_7)^{2-}$ 基团所产生的有效二级极化率比 $(BO_3)^{3-}$ 基团的小一个数量级左右，所以从探索新型非线性晶体材料角度而言，$(B_4O_7)^{2-}$ 基团是不合适的[33]。

13.5.2 新型紫外非线性光学晶体 BBO,LBO,KBBF 和 SBBO 的概况

(1) BBO 晶体的发现 在硼酸盐体系中，KB5 作为一个紫外非线性光学晶体，早在 1976 年就已被 Dewey 等[37]所发现。由于 KB5 晶体的紫外截止波长为 165 nm，同时其相位匹配波长短于 200nm，因此在相当一段时间内，KB5 晶体是唯一能产生接近 200nm 谐波输出的非线性光学晶体，并因此引起科技界的兴趣. 但由于此晶体的最大缺点是它的有效倍频系数 d_{eff} 仅为 $0.1\times d_{36}$(KDP)，从而使它在实际应用方面受到很大限制。值得回味的是，尽管硼酸盐体系有相当多种类的不同结构的化合物可供选择，但自 KB5 发现以后，并没有使科学家们探索新型非线性光学晶体的注意力引向硼酸盐系列化合物。分析其原因，可能是由于当时还没有一种理论模型能够从微观结构着手去详细探讨，是什么结构因素使得 KB5 晶体的倍频效应如此之小？进一步探讨是否有可能在硼酸盐体系中发现其它会产生大的宏观倍频效应的结构类型？在"基团理论"基础上，陈创天研究组自 1979 年起开始把探

索新型紫外非线性光学晶体的目标集中到硼酸盐体系方面。按照“基团理论”观点，可清楚地得知，KB5 晶体中的 $[B_5O_6(OH)_4]^-$ 基团是不利于产生大的倍频效应的(见表 12.8)。上面所述，具有平面环状结构的 $(B_3O_6)^{3-}$ 基团是一种能产生大的二级极化率的理想基团,因此若选择以 $(B_3O_6)^{3-}$ 基团为基本结构单元的硼氧化合物，就有可能产生比 KB5 晶体大得多的倍频效应。正是在这一思想的指导下,通过一系列结构选型、化学合成、粉末倍频测试、物化分析、单晶生长、晶体光学、电学性能的测试,最后发现低温相偏硼酸钡（β-BaB_2O_4，简称 BBO）晶体是一种比 KB5 晶体性能优越得多的新型紫外非线性光学晶体。

（2）从 BBO 到 LBO　BBO 是一种优秀的非线性光学晶体，是迄今为止唯一能产生有效五倍频（212 nm）的紫外非线性光学晶体；同时它还能通过和频的方法（864nm、248.5nm → 193nm）得到有效的 193nm 输出[40]。特别是由于此晶体具有较大的双折射率，从而能实现从 204.8nm 到 2.6μm 范围内的直接倍频[41]，因此现在 BBO 晶体已广泛地应用于光参量振荡器和各种谐波发生器。但是在实际应用过程中又陆续发现 BBO 晶体也有一些不足之处：第一,此晶体在紫外区的截止波长只能达到 189nm。因此，尽管 BBO 晶体具有大的双折射率,从理论上来说可以输出比 193 nm 更短的谐波,但它的吸收边却限制了这一性能;第二，对于二、三、四、五倍频的应用来说，BBO 晶体的双折射率（$\Delta n \approx 0.1$）仍显偏大，例如 BBO 晶体的可允许角（acceptance angle）小于 1mrad · cm 左右,而离散角（walk-off angle）又过大(大于 2°)，从而限制了它的谐波转换效率及谐波光的质量。从“基团理论”的观点来看,BBO晶体的这两点不足是与它的基本结构单元$(B_3O_6)^{3-}$基团的微观结构密切相关的。

BBO 晶体在紫外区的截止波长取决于 $(B_3O_6)^{3-}$ 基团的 $\pi \rightarrow \pi^*$ 跃迁，而 KB5 晶体的吸收边之所以能达到 165nm，是由于在 $(B_5O_{10})^{5-}$ 基团中出现了四配位的 B 原子，从而破坏了 $(B_3O_6)^{3-}$ 基团的 $\pi \rightarrow \pi^*$ 跃迁，也就是破坏了 $(B_3O_6)^{3-}$ 基

团的平面结构。由此得到启发，若要得到能透过深紫外的非线性光学晶体，一个首要的条件是必须破坏 $(B_3O_6)^{3-}$ 基团的平面结构，但同时又仍能保持大的二级极化率。表 13.8 和图 13.10 表明，在探索新型紫外非线性光学材料时，若采用 $(B_3O_7)^{5-}$ 基团作为基本结构单元，则只要在一种晶格中，$(B_3O_7)^{5-}$ 基团中的 4 个悬挂键能被“中和”，此化合物在紫外区的截止波长就能达到 160nm 附近。同时，$(B_3O_7)^{5-}$基团的二级极化率几乎与$(B_3O_6)^{3-}$基团相近，因此从理论上已可预知，此类化合物可能具有大的宏观倍频系数。此外，表 13.6 进一步表明，$(B_3O_7)^{5-}$ 基团的微观线性极化率各向异性比 $(B_3O_6)^{3-}$ 基团的小，因此采用 $(B_3O_7)^{5-}$ 基团作为基本结构单元也有利于减小晶体的双折射率。1958 年 Sastry 等[42]发现，在 Li_2O-B_2O_3 两元系相图的富硼区存在有两种结构：$Li_2O:2B_2O_3$ 和 $Li_2O:3B_2O_3$，它们的基团结构分别为 $(B_4O_9)^{6-}$ 和 $(B_3O_7)^{5-}$ [见图 13.6 (d,g)]。但表 13.8 明确表明，$(B_4O_9)^{6-}$ 基团的二级极化率大大小于 $(B_3O_7)^{5-}$ 基团，因此从探索新型非线性光学晶体的角度出发，自然应该选择 $Li_2O:3B_2O_3(LiB_3O_5)$ 作为探索的目标，正是在这一思想的指导下，陈创天研究组才发现了 LiB_3O_5 (LBO) 是一个优秀的有实验价值的非线性光学晶体[34]。

(3) 从 LBO 到 KBBF ($KBe_2BO_3F_2$)　由于 LBO 晶体具有较大的倍频系数、较低的色散率和小的双折射率，特别是此晶体能在室温下实现较大范围 (从 2.6 μm → 0.9 μm) 的 90° 非临界相位匹配，以及 LBO 晶体又具有比 KTP 晶体高得多的光损伤阈值，因此 LBO 晶体是目前能输出最大 Nd:YAG 激光倍频能量的非线性光学晶体，从而在激光技术领域得到了广泛的应用。但是在 LBO 晶体使用过程中，也明显感到此晶体也有其不足之处，这就是它的双折射率太小了 (Δn 仅为 0.045)。这也就是说，当我们采用 $(B_3O_7)^{5-}$ 基团来克服 $(B_3O_6)^{3-}$ 基团过大的双折射率时，由于在 LBO 晶体中的 $(B_3O_7)^{5-}$ 基团在空间是沿 Z 轴形成 45° 角的螺旋链，从而使 LBO 晶体的双折射率又降得过份低了，使得 LBO 晶体的最短倍频输出波长只能达到 276nm，这也就是说，尽管采

用 $(B_3O_7)^{5-}$ 基团后，使 LBO 的吸收边达到 160nm 附近，但由于晶体的双折射率太小的缘故，使得 LBO 晶体能透过深紫外的这一优点并没有得到充分的发挥。因此，在继续探索新的紫外非线性光学晶体时，应尽量设法提高被探索晶体的双折射率。

$YAl(BO_3)_4$ 晶体的基本结构单元为 $(BO_3)^{3-}$ 基团，$YAl(BO_3)_4$ 晶体双折射率的计算表明，它的 $\Delta n \cong 0.07$，比 BBO 和 $NaNO_2$ 晶体的双折射率都小(见表 13.5)，但以 $(BO_3)^{3-}$ 为基本结构单元的晶体的双折射率又肯定比 LBO 晶体的大，因此从选择具有合适的双折射率大小的晶体而言，取$(BO_3)^{3-}$ 基团作为基本结构单元的化合物是可以考虑的。此外，从对基团二级极化率 $\chi^{(2)}$ 的计算值（见表 13.8）中可看出，虽然 $(BO_3)^{3-}$ 基团的二级极化率比 $(B_3O_6)^{3-}$ 和 $(B_3O_7)^{5-}$ 基团小，但是 $(BO_3)^{3-}$ 基团在空间所占有的体积又比 $(B_3O_6)^{3-}$ 和 $(B_3O_7)^{5-}$ 基团小一倍左右（表 13.9）。因此，只要 $(BO_3)^{3-}$ 基团在空间的排列一致，该化合物仍旧可具有较大的宏观倍频效应。图 13.7 为 $(BO_3)^{3-}$ 基团的电子能级结构。从这一能级图中可清楚地看出，假如在一种晶格中，$(BO_3)^{3-}$ 基团是孤立的，则此晶体在紫外区的截止波长最短不超过 175 nm 左右。但若作进一步的考虑，如果能找到一种晶格，其中 $(BO_3)^{3-}$ 基团的 3 个终端氧能被“中和”的话，则此晶体在紫外区的截止波长

表 13.9 几个典型的硼(铍)酸盐化合物中单位体积内有效阴离子基团的个数

(单位：个/($\times 0.1$nm)^3)

晶体 \ 基团	$(B_3O_6)^{3-}$	$(B_3O_7)^{5-}$	$(BO_3)^{3-}$
BBO	0.694×10^{-2}		
LBO		0.624×10^{-2}	
CBO		0.412×10^{-2}	
KBBF			0.943×10^{-2}
SBBO			1.39×10^{-2}

就有可能达到160nm附近。因此，当选择以$(BO_3)^{3-}$基团为基本结构单元来探索新型紫外非线性光学材料时，一个重要之点就是$(BO_3)^{3-}$基团不应该是孤立的，也就是3个终端氧必须和其它原子相联(例如B，Be等原子)。正是在这一思想指导下，陈创天研究组发现了另外一个新的紫外非线性光学晶体，即$KBe_2BO_3F_2$(简称KBBF)。初步测试表明，此晶体能够达到原计划所追求的目标，即实现波长短于200nm的倍频波输出[43,44]。

(4) 从KBBF到SBBO KBBF晶体的线性和非线性光学性能测试表明(详见下一节)，此晶体的各项性能，例如吸收边、双折射率和倍频系数的大小均已达到了预期的设计要求，它的相位匹配范围可扩展到185nm范围(直接倍频)，获得了迄今为止最短波长的倍频光输出。但是，此晶体的单晶结构显示，它是以$(Be_2BO_3F_3)_\infty$层为基础堆积而成，层与层之间仅靠静电相互吸引，而且层间距相当大(详见下一节)，因此，KBBF晶体结构具有明显的层状习性，出现了类似于云母的解理特性，这给晶体生长和后加工带来严重困难，至今还未能生长出厚度超过1mm的单晶体。此外，晶体结构测定表明，在KBBF晶格中，(BeO_3F)基团在空间排列互相倒易，即每有一个(BeO_3F)基团中的F离子在(BeO_3)平面之上，就有一个对应的(BeO_3F)基团的F离子在(BeO_3)平面之下(图13.11)。因此，在总体上，(BeO_3F)基团对倍频系数没有贡献，即对于KBBF晶体来说，其宏观倍频系数的贡献主要来自于(BO_3)基团。由于在KBBF晶格中，单位体积内含有$(BO_3)^{3-}$基团的密度与BBO晶格中单位体积内含有$(B_3O_6)^{3-}$基团的密度大致相等，但由于$(BO_3)^{3-}$基团的二级极化率大约是$(B_3O_6)^{3-}$基团二级极化率的1/3(见表13.8)，因此KBBF晶体的倍频系数只是BBO晶体d_{22}系数的1/3左右，显然，这也是此晶体的一个不利之处，陈创天研究组针对KBBF晶体过于显著的层状习性，提出了一种设想：假如在$(Be_2BO_3F_2)_\infty$层中，用O原子取代F原子，从而使层与层之间由氧桥相互连接，这样或许就能克服KBBF的层状习性。基于这一设想，陈创天研究组再一次成功

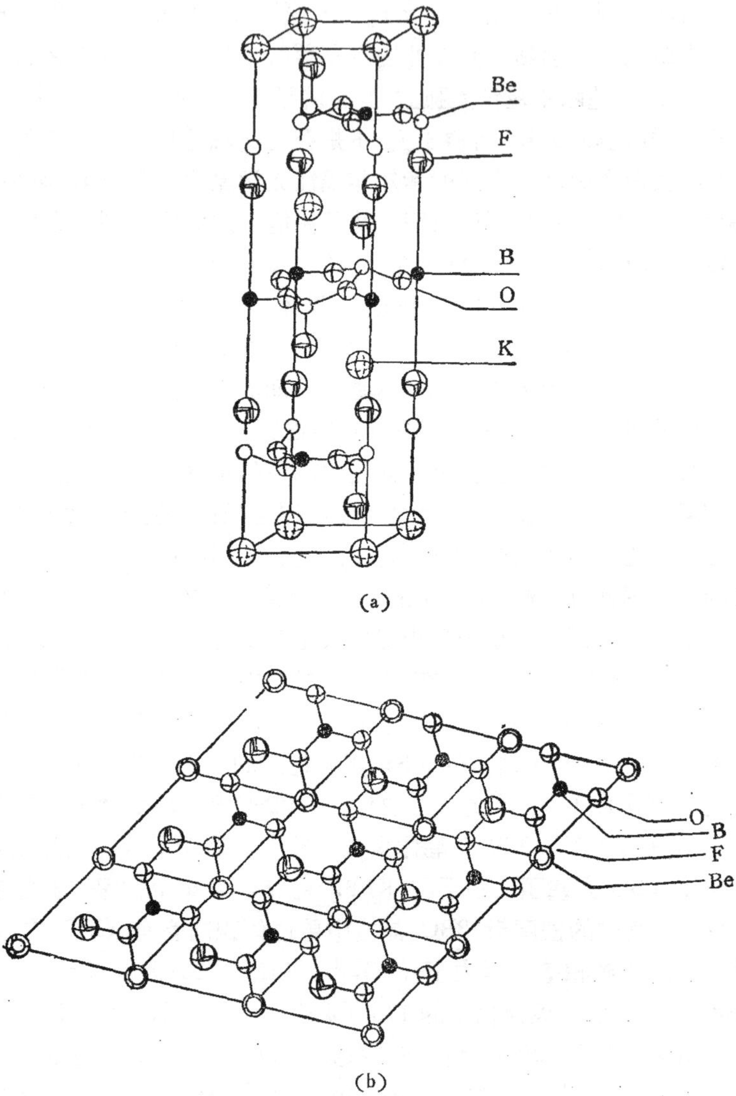

图 13.11　$KBe_2BO_3F_2$ 的结构图.

地合成出一种新的具有较大非线性光学效应的新化合物，即 $Sr_2Be_2B_2O_7$（简称 SBBO）。此化合物的结构由图 13.12 示出，此图

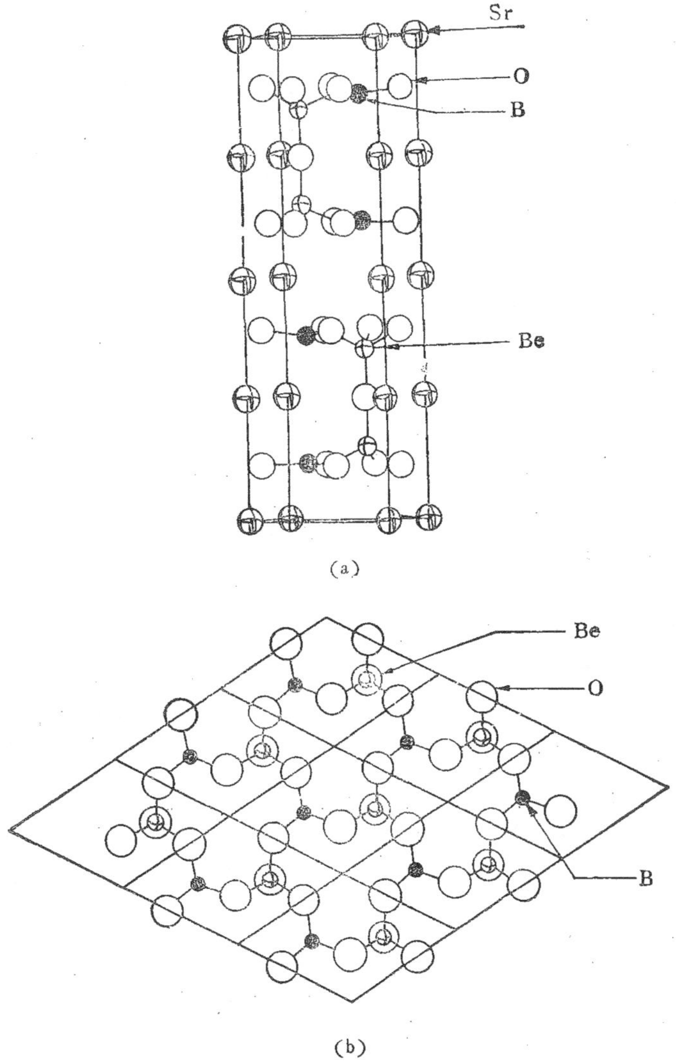

图 13.12 $Sr_2Be_2B_2O_7$ 的结构图.

清楚地表明了两个结构特点: (i) $(BO_3)^{3-}$ 基团保持平面结构,而且 3 个氧分别和 Be 原子相联结,从而消除了 $(BO_3)^{3-}$ 基团的 3 个悬挂键. 另外,在 SBBO 晶格中,单位体积内 $(BO_3)^{3-}$ 基团的

个数为 1.39×10^{-2}，比 KBBF 的大一倍，所以可以预期，SBBO 晶体不但保留了 KBBF 晶体的主要线性光学性质，而且它的非线性光学系数也将比 KBBF 的大一倍；(ii) 在 SBBO 晶格中，$(Be_3B_3O_6)_\infty$ 层与层之间是通过四配位（BeO_4）基团中不在层面中的氧桥互相联结，从而克服了 KBBF 晶体过于显著的层状习性。SBBO 晶体的线性和非线性光学性能测试表明，这一分子设计达到了预期的目标。

13.5.3 BBO,LBO,KBBF 和 SBBO 晶体的光学性质

(1) BBO（β-BaB_2O_4）晶体[33] BaB_2O_4 化合物具有两种结构类型,即高温相(称 α-BaB_2O_4）和低温相(称 β-BaB_2O_4),其相转变温度为 925±5℃。α-BaB_2O_4 是一种有心结构,空间群为 $R\bar{3}C$[30]，无倍频效应；β-BaB_2O_4 早期确定为有心结构 $C2/C$[31]，但在 1979 年对 β-BaB_2O_4 粉末倍频的测量结果表明[1]，β-BaB_2O_4 为无对称心的结构，以后又经过几位不同科学家的结构测定[32]，现已确认 β-BaB_2O_4 是无对称心的，且具有大的倍频效应。现在人们所称的 BBO 晶体，是指无对称心的低温相 β-BaB_2O_4 晶体。BBO 晶体的空间群为 $R3C$[32]，它的单胞属六方胞，单胞维数为：$a = 12.547(6) \times 0.1\text{nm}$ $c = 12.736(9) \times 0.1\text{nm}$，每个单胞有 6 个 $[Ba_3(B_3O_6)_2]$ 分子。因此共有 12 个 $(B_3O_6)^{3-}$ 平面环，晶体结构是由孤立的 $(B_3O_6)^{3-}$ 基团有序堆积的结果,它们的法线方向和晶格的 Z 轴平行,所以 BBO 晶体是一种极性晶体。图 13.13 所示的

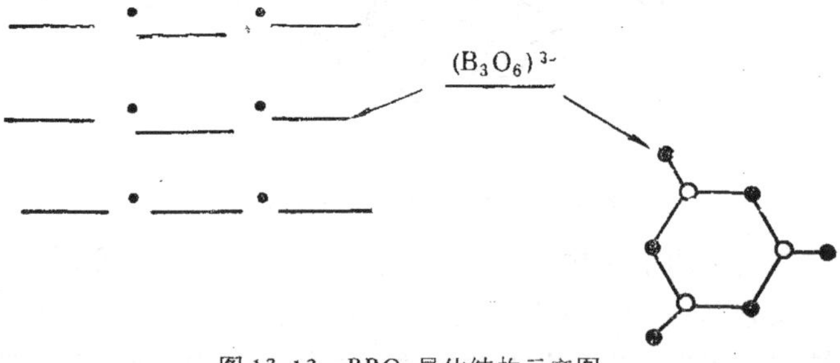

图 13.13 BBO 晶体结构示意图。

是 BBO 晶体结构的示意图。

首次获得可用尺寸的 BBO 晶体是用顶部籽晶助熔剂法生长的[45]，但是高质量的 BBO 晶体也可用提拉法[46]或熔剂提拉法生长[47]。到目前为止，生长出最大原坯的 BBO 晶体尺寸为 $\phi120\times40$mm，可供器件用的最大尺寸已达 15mm × 15mm × 15mm。

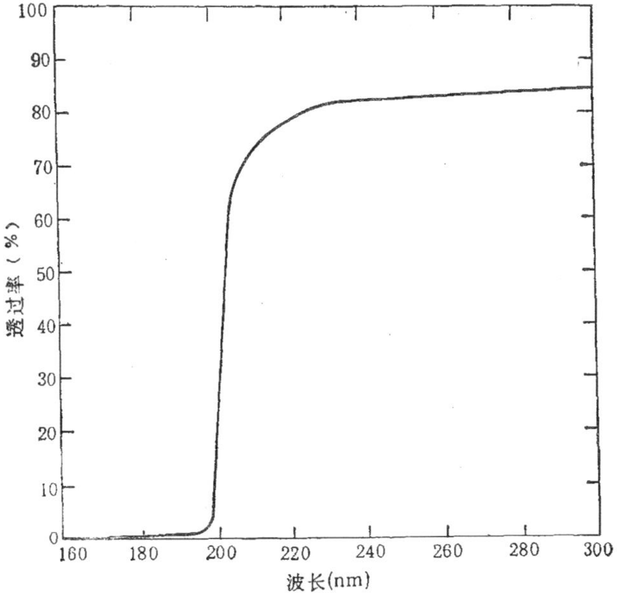

(a)

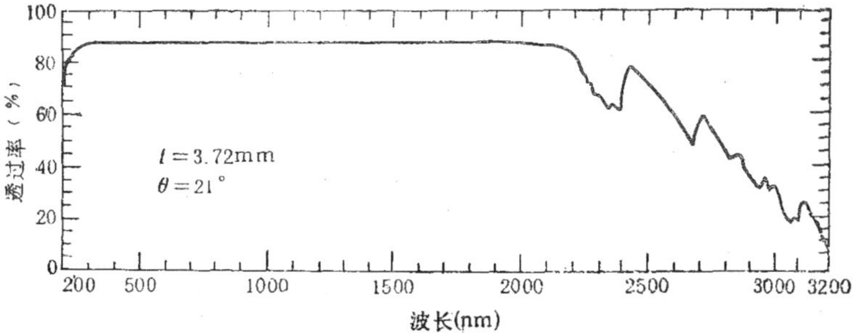

(b)

图 13.14 在 189—2500nm 范围内，BBO 晶体是透明的.

BBO 晶体在189nm 到 2500nm 范围内是透明的(见图 13.14)。在 400—1029nm 范围内，陈创天研究组[33]和 Livermore 实验室[48]已分别、独立地测定了 BBO 晶体的 n_o, n_e 值，数据列于表 13.10。BBO 晶体的折射率色散方程为

$$
\begin{aligned}
n_o^2 &= 2.7359 + \frac{0.01878}{\lambda^2 - 0.01822} - 0.01354\lambda^2, \\
n_e^2 &= 2.3753 - \frac{0.01224}{\lambda^2 - 0.01667} - 0.01516\lambda^2,
\end{aligned}
\tag{13.6}
$$

式中，λ 的单位为 μm。

BBO 晶体是一个负轴晶体，它能够实现下述相位匹配方式：

表 13.10 (a) BBO 晶体的 n_o, n_e 值[33]

λ(μm)	n_o	n_e
1.0795	1.6542	1.539
0.6328	1.6672	1.550
0.5893	1.6698	1.5516
0.5461	1.6730	1.554
0.4861	1.6793	1.5582
0.4358	1.686	1.5631
0.4047	1.695	1.5675
0.365	1.705	1.5763
0.3125	1.724	1.591
0.2968	1.734	1.5955
0.2537	1.7746	1.6228
0.2288	1.8132	1.649
0.2138	1.8544	1.672

I 型 $o,o \rightarrow e$；II 型 $o,e \rightarrow e$ 和 III 型 $e,o \rightarrow e$。由于III 型可相位匹配范围很小，因而通常只使用 I 型和 II 型两种相位匹配方式。表 13.11 列出了 I, II 两型几个典型波长的相位匹配角的计算值和实验值[41]。而图 13.15 示出了 BBO 晶体倍频、和频的相位匹配曲线，图中的实线为采用式(13.6)色散方程所得到的计算值。由此可见，BBO 晶体具有迄今为止从紫外到近红外最宽的相位

表 13.10 (b) BBO 晶体的 n_o, n_e 值[48]

$\lambda(\mu m)$	n_o	n_e
1.0140	1.65608	1.54333
0.8944	1.65862	1.54469
0.8521	1.65969	1.54542
0.8189	1.66066	1.54589
0.6439	1.66736	1.55012
0.5893	1.67049	1.55247
0.5791	1.67131	1.55298
0.5461	1.67376	1.55465
0.5086	1.67722	1.55691
0.4800	1.68044	1.55914
0.4678	1.68198	1.56024
0.4358	1.68679	1.56374
0.4047	1.69267	1.56796

表 13.11 BBO 晶体几个典型波长的相位匹配角

波长 (μm)			相位匹配角		
λ_1	λ_2	λ_3	匹配方式	计算值	实验值
1.0642	1.0642	0.5321	θ_{ooe} θ_{eoe}	22.8° 32.9°	22.8° 32.9°
1.0642	0.5321	0.3547	θ_{ooe} θ_{eoe}	31.3° 38.6°	31.3° 38.5°
0.5321	0.5321	0.2660	θ_{ooe} θ_{eoe}	47.6° 81.0°	47.5° 81.0°
1.0642	0.3547	0.2660	θ_{ooe} θ_{eoe}	40.3° 46.6°	40.2° 46.6°
1.0642	0.2660	0.2128	θ_{ooe} θ_{eoe}	51.1° 57.2°	51.1°
0.5321	0.3547	0.2128	θ_{ooe}	69.6°	69.3°

注：$\lambda_1, \lambda_2, \lambda_3$ 之间的相互关系如下：$\frac{1}{\lambda_1}+\frac{1}{\lambda_2}=\frac{1}{\lambda_3}$.

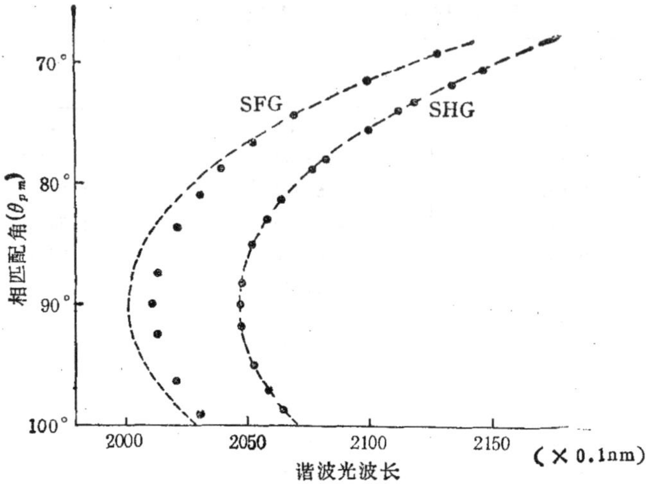

图 13.15 BBO 晶体的倍频、和频的相位匹配曲线.

匹配范围，其最短的倍频输出波长为 204.8 nm[41]，而最短的和频输出波长则为 189 nm[40]．

根据 IEEE/ANSI 的标准定义，BBO 晶体共有 d_{22}，d_{31}，d_{33}，d_{15} 4 个倍频系数．对于紫外晶体，Kleinman 对称性守恒关系成立[49]，所以 $d_{31}=d_{15}$，这样 BBO 晶体真正需要测定的倍频系数为 d_{22}，d_{31} 和 d_{33} 3 个．陈创天研究组使用 Maker 条纹方法[33]从实验上测定了上述 3 个系数（见表 13.12），测量结果和 Eimerl 等[48]测量结果完全一致．在表 13.12 中也列出了按照 12.3.1 节介绍的理论方法计算出的这 3 个系数的理论值，显然，计算值和实验值是相当符合的，这也表明了“晶体非线性光学效应阴离子基团理论”的适用性．

近年来，Eckardt 等[50]应用相位匹配法及使用单模 Nd:YAG 激光源，重新测量了 BBO 晶体的 d_{22} 值（见表 13.12），它们的测量值比 Maker 条纹法的测量值大 1/3，至今还无法解释为什么这两种测量方法会有这样大的差别．BBO 晶体的另外一个优点是它具有很高的光损伤阈值（见表 13.13），从而使得它极适合于高功

表 13.12　BBO 晶体倍频系数的计算值和实验值

（单位：$\times 10^{-9}$ esu）

d_{ijk}	计算值	实验值
d_{111}	3.78	$\pm(4.60\pm0.30)$
d_{222}	−0.022	$<-(1/20)d_{111}$
d_{311}	−0.038	$\leqslant-(0.07\pm0.03)d_{111}$
d_{322}	−0.038	$=d_{311}$
d_{333}	−0.0039	≈ 0

表 13.13　BBO，LBO，KDP 和 KTP 晶体的光损伤阈值

（$\lambda=1.0642\,\mu m$）

晶体	损伤阈值	
	(J/cm^2)，脉宽 1.3 ns	(GW/cm)，脉宽 0.1 ns
LBO	24.6	25
BBO	12.9	15
KDP	10.9	7.2
KTP	6.0	

率激光器的变频应用。

由于 BBO 晶体同时具有高的倍频系数、宽的可相位匹配范围和非常高的抗光损伤能力，因此它特别适合作为光参量振荡器和光参量放大器的非线性光学介质。目前，由 BBO 作为非线性光学介质，并使用 Nd:YAG 激光三倍频（354.7 nm）作为泵浦光的光参量振荡器已可得到从 400 nm 到 2000 nm 的连续可调输出，其平均效率已超过 20%，最大谐波输出已可达到 80 mJ/脉冲，线宽也可压窄到 0.1—0.01 cm^{-1}。显然，此类光参量振荡器的性能已大大超过同类的染料激光器，长期以来科学家们梦寐以求的目标——全固化在 400nm → 2000nm 范围内连续可调的激光光源已成为现实。

为了使读者查询方便起见，在表 13.14 中列出了 BBO 晶体的所有重要参数。

表 13.14 BBO 晶体相位匹配的有关参数

	相位匹配类型	二倍频	三倍频	四倍频	五倍频
d_{eff}	I	3.81	3.51	2.72	2.49
[d_{36}(KDP)]	II	2.63	2.20	0.07	0.91
$\Delta\theta$	I	0.96	0.49	0.31	0.21
(mrad · cm)	II	1.49	0.65	1.93	0.27
ρ	I	3.2	4.1	4.9	5.5
(°)	II	4.0	4.5	1.4	5.0
β	I	85	339	569	1791
(fs/mm)	II	140	432	699	1954

表 13.15 LBO 晶体的 3 个主折射率在不同波长下的测量值

λ(μm)	n_x	n_y^*	n_z
1.0642	1.5656	1.5905	1.6055
0.6563	1.5734	1.6006	1.6154
0.6328	1.5742	1.6014	1.6163
0.5893	1.5760	1.6035	1.6183
0.5780	1.5765	1.6039	1.6187
0.5461	1.5780	1.6057	1.6206
0.5320	1.5785	1.6065	1.6212
0.4861	1.5817	1.6099	1.6248
0.4358	1.5859	1.6148	1.6297
0.4047	1.5907	1.6216	1.6353
0.3650	1.5954	1.6250	1.6407
0.3341	1.6043	1.6346	1.6509
0.3125	1.6097	1.6415	1.6588
0.2968	1.6182	1.6450	1.6674
0.2894	1.6209	1.6467	1.6681
0.2537	1.6335	1.6582	1.6792

* n_y 是沿 LBO 晶体二次轴的主折射率.

(2) LBO (LiB_3O_5) 晶体 LBO 的空间群为 $Pna2_1$[51,52]，它

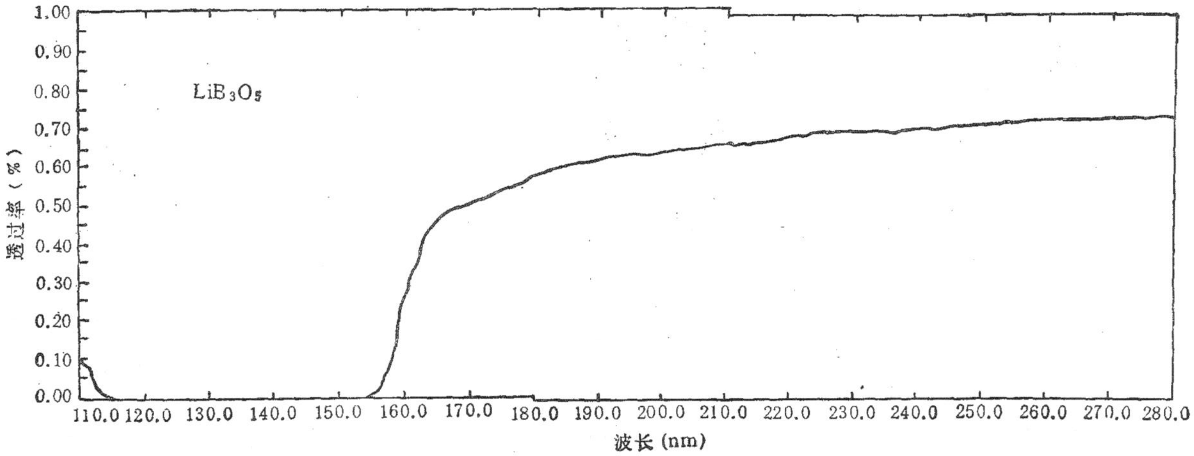

图 13.16 在 160—2600nm 范围内，LBO 晶体是透明的。

也是一个极性晶体．其单胞参数分别为 $a=(8.4473\pm0.0007)\times 0.1\text{nm}$, $b=(7.3788\pm0.0006)\times0.1\text{nm}$, $c=(5.1395\pm0.0005)\times 0.1\text{nm}$, c 轴为极性轴，每个单胞内含两个分子．LBO 晶体结构的特点是 $(B_3O_7)^{5-}$ 基团互相联结成链，并沿 c 轴成 45° 角方向螺旋延伸到无穷．此种形态的结构使 LBO 晶体具有小的双折射率．按照 LBO 晶体折射率的测量值[34]，得到 $n_b>n_c>n_a$，因此 LBO 晶体的晶轴体系与光轴体系（$n_z>n_y>n_x$）是不一致的，它们之间的对应关系为 $a/\!/x, c/\!/y, b/\!/z$．

LBO 晶体也是用顶部籽晶熔剂法首次生长出具有实用尺寸的单晶体[53]，但现在已可以采用熔剂提拉法较快速地生长出大块（$40\times40\times20\ \text{mm}^3$）LBO 晶体[54]．

LBO 晶体在 160nm 到 2600nm 范围内透明（图 13.16）．表 13.15 列出了 LBO 晶体在不同波长下测量的 3 个主折射率值．式(13.7) 分别为 LBO 的 3 个主折射率的色散方程(13.6)

$$\left.\begin{aligned} n_x^2 &= 2.45414+\frac{0.011249}{\lambda^2-0.01135}-0.014591\lambda^2 \\ &\quad -0.66\times10^{-4}\lambda^4, \\ n_y^2 &= 2.53907+\frac{0.012711}{\lambda^2-0.012523}-0.01854\lambda^2 \\ &\quad +2.00\times10^{-4}\cdot\lambda^2, \\ n_z^2 &= 2.586179+\frac{0.013099}{\lambda^2-0.011893}-0.017968\lambda^2 \\ &\quad -2.26\times10^{-4}\cdot\lambda^4. \end{aligned}\right\} \quad (13.7)$$

按照式(13.7)给出的折射率色散方程，LBO 晶体在室温下能够实现 I, II 两型 1.064μm 的两倍频和三倍频．图 13.17 为 LBO 晶体在 1/8 折射率椭球体上的 I, II 两型倍频（1.064 μm）、和频（1.064μm, 0.532μm → 355μm）的相位匹配曲线．图 13.17 清楚地示出，当 LBO 晶体使用在二倍频实验时，若基波光沿一个主平面传播（I 型，$\theta=90°$；II 型，$\phi=90°$）时，可获得最大的可允许角和最小的离散角．显然，这对提高倍频转换效率是相当有利的．

同样的情况也出现在 Nd:YAG 激光的三倍频相位匹配曲线中。在表 13.16 中，列出了在这些主平面上的有关相位匹配参数。

表 13.16 中所列出的参数表明，虽然 LBO 的倍频系数略小于 BBO 的，但就 1.064μm 的二、三倍频而言，LBO 晶体仍优于 BBO 晶体。

在相位匹配特性方面，LBO 晶体的另一个优点是，该晶体具有一种"相位匹配折返现象"[56]。图 13.18 (a, b) 分别示出了 I,II 两型角度调谐的相位匹配曲线，可以看到在波长 $\lambda = 1.21\mu m$ 处这两条曲线产生了相位匹配波长的折返现象。相位匹配曲线在折返点的下部，随着相匹配角 ϕ(II 型为 θ 角)的增加，波长向短波方向移动；而在此折返点的上部，情况正反相反，也即随着 ϕ 角(II 型为 θ 角)的增长，相匹配波长向长波方向移动。这两条曲明确的表明，对于 LBO 晶体而言，从可见光到近红外区，相对于同一个相匹配角，能同时实现一对波长的相匹配，这是迄今为止在相位匹配范围内首次发现的一种新现象。

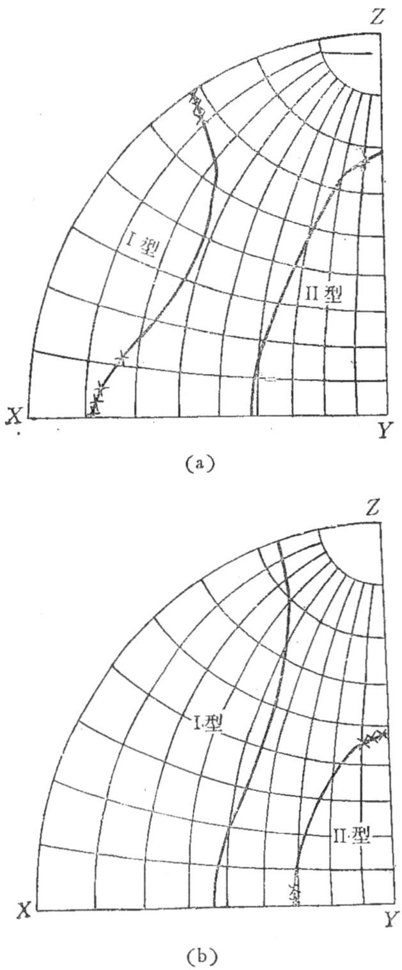

图 13.17 LBO 晶体在 1/8 折射率椭球上的 I,II 两型倍频(1.064 μm)、和频(1.064 μm, 0.532 μm→355 μm)的相位匹配曲线.

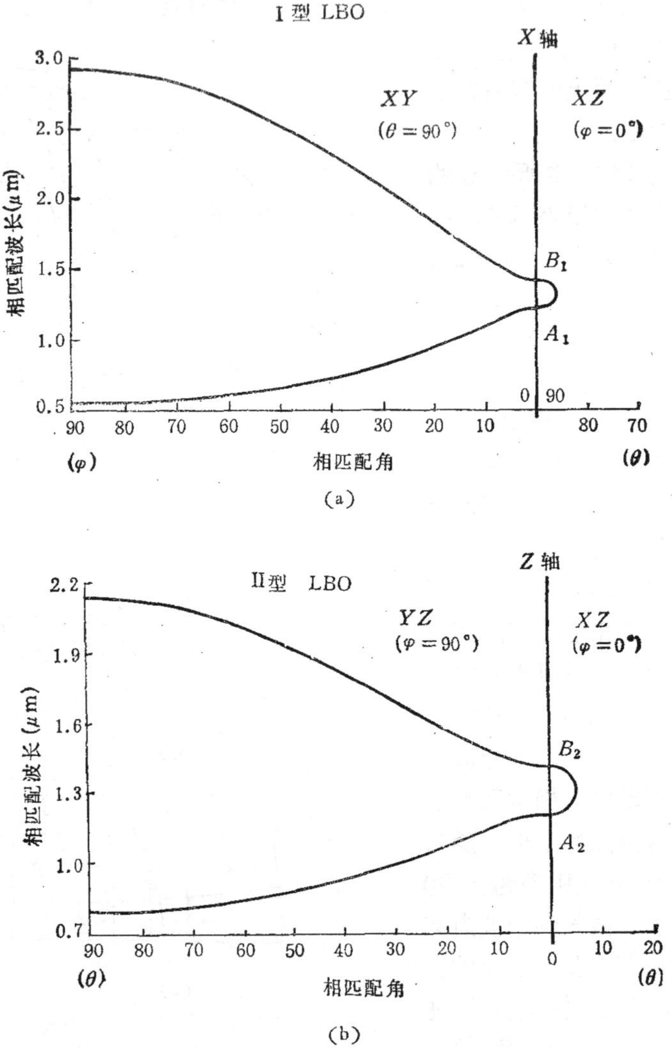

图 13.18 LBO 晶体的 I,II 型角度调谐的相位匹配曲线.

在相位匹配特性方面，LBO 晶体的第三个突出的优点是，此晶体具有相当宽的温度调谐 90° 非临界相位匹配的范围，并且也具有折返现象. 图 13.19 分别示出了 LBO 晶体 I,II 两型温度调

表 13.16　LBO 晶体相位匹配的有关参数

	相位匹配类型	二倍频	三倍频
d_{eff}	I	2.63	2.11
[d_{36}(KDP)]	II	2.36	1.87
$\Delta\theta$	I	7.4	1.9
(mrad · cm)	II	17.3	5.6
ρ	I	0.40	1.05
(°)	II	0.35	0.53
β	I	55	218
(fs/mm)	II	108	304

谐的 90° 非临界相位匹配曲线. 从这两条曲线中可以看到以下两个特点,(1)在 −40℃→280℃ 温度范围内,LBO 晶体具有迄今为

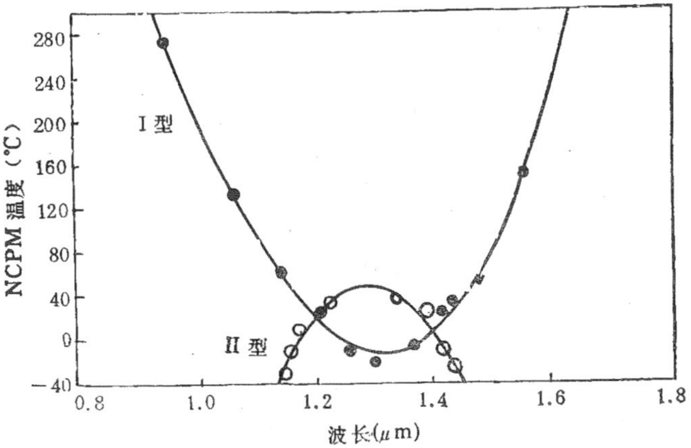

图 13.19　LBO 晶体的 I,II 型温度调谐的 90° 非临界相位匹配曲线.

止最宽的 90° 非临界相位匹配范围,即从 0.9μm → 1.6μm; (2)由于出现相位匹配波长的折返现象，使得在同一温度下能同时满足一对波长的相位匹配,其中一个在长波区,另一个在短波区.

由于 LBO 晶体具有这一特殊的性能，因此当它使用在光参

量振荡器上时，无论是角度调谐，还是温度调谐，均能同时实现双波长输出．即能在同一泵浦源下同时输出一对信号波和一对惰波(idler)，从而使 LBO 晶体的光参量振荡器的调谐范围能够得到大幅度的提高．在文献[57]中首次报道了角度调谐的双波长放大器实验，而文献[58—60]则分别报道了在使用温度调谐的 90° 非临界相位匹配条件下能同时输出一对信号波的光参量振荡器．图13.20 示出了文献[59]中所记载的双波长输出曲线．此实验中，泵浦波长为 0.532μm．可以预见，LBO 晶体的这一相位匹配特性将在近红外区得到广泛的应用．

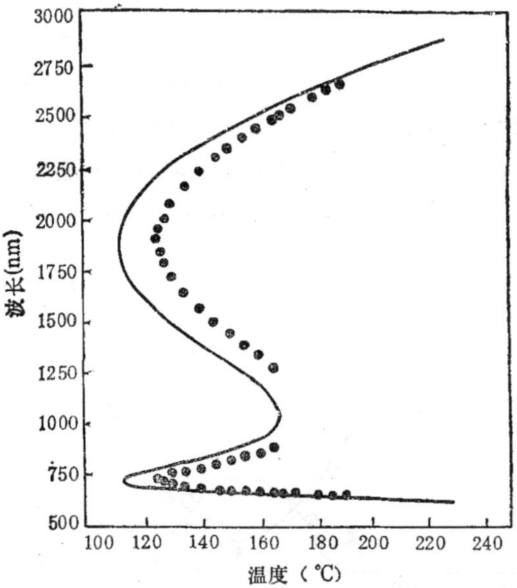

图 13.20 文献[59]中所记载的 LBO 双波长输出曲线．

LBO 晶体的主要缺点是，由于它的 Δn 太小，使它在紫外区的相匹配范围受到严重的限制．例如，其最短的倍频输出波长只能达到 276nm（见图 13.21)．所以，虽然采用和频方法，能够输出 187nm 谐波光输出，但这必须使用一个很短的波长（212nm）与一个很长的波长（1.6μm）进行和频才能达到，显然，从实际应用的角

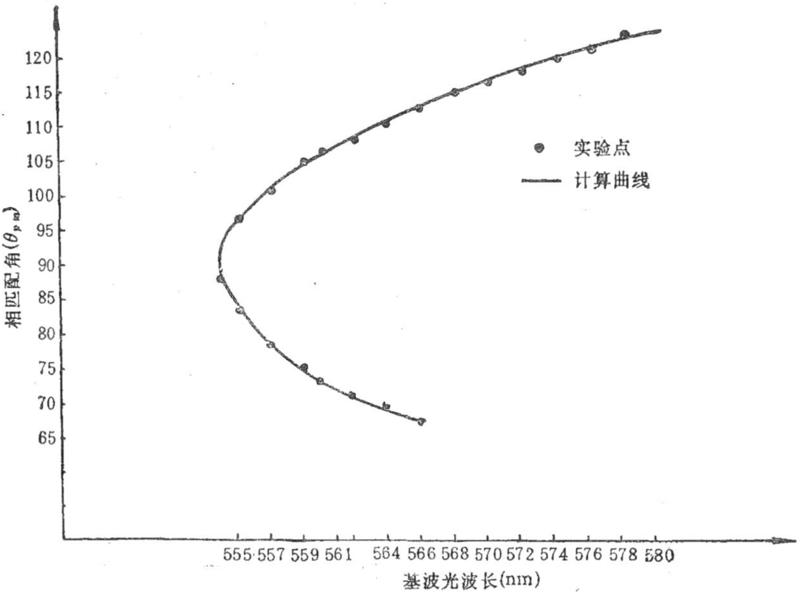

图 13.21 LBO 晶体最短的倍频输出波长仅达 276nm.

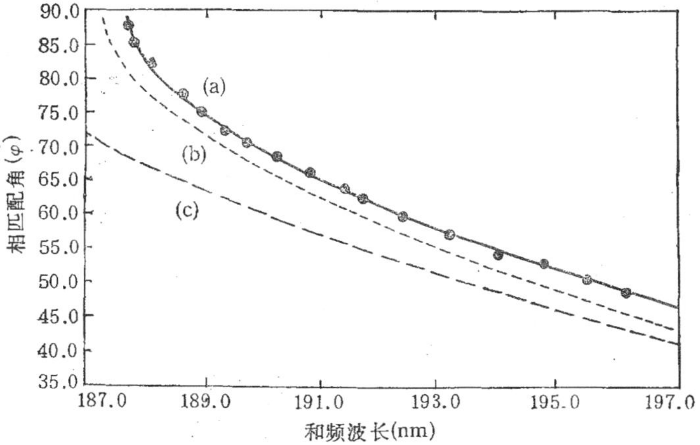

图 13.22 采用和频方法所得到的 LBO 晶体的最短谐波输出的计算曲线和实验曲线.

度来讲，这是很不方便的. 图 13.22 示出了使用和频方法所能得到的最短谐波输出的计算和实验曲线. 图中，实线代表使用 LBO

折射率的色散方程所计算出的相位匹配曲线，圆点代表实验值。

LBO 晶体的点群为 C_{2v}，因此共有 5 个非零倍频系数 d_{31}，d_{32}，d_{33}，d_{24} 和 d_{15}。按照 Kleinman 对称性的要求，则 $d_{31} = d_{15}$，$d_{32} = d_{24}$。所以真正要从实验上测定的倍频系数只有 d_{31}，d_{32}，d_{33}。使用 Maker 条纹方法，已经仔细地测量了这 3 个倍频系数，其值已列在表 13.17 中。在表 13.17 中也列出了按照"基团理论"方法所得到的倍频系数计算值，得出这一计算值的时间比得到实验值的时间早了两年左右，但由表可知，两者的符合程度是相当一致的。就硼酸盐体系而言，这也说明了通过"基团理论"已能够相当好地预言一个未知晶体所应具有的倍频效应的大小。

表 13.17 LBO 晶体倍频系数的计算值和实验值

（单位：$\times 10^{-9}$ esu，$\lambda = 1.079\ \mu m$）

	d_{33}	d_{31}	d_{32}	d_{15}	d_{24}
计算值	0.61	−2.24	2.69	$=d_{31}$	$=d_{32}$
实验值	±0.15(1±0.10)	∓2.75(1±0.12)	±2.97(1±0.10)	$\approx d_{31}$	$\approx d_{32}$

最后，还应特别指出的是，LBO 晶体具有极高的抗光损伤的能力，它是迄今为止在无机非线性光学晶体中具有最高光损伤阈值的晶体(见表 13.13)。因此，LBO 晶体在高功率和高平均功率 Nd:YAG 激光的倍频、和频方面已得到了广泛的应用。

(3) KBBF($KBe_2BO_3F_2$)[43,44] 这一化合物首先是由 Бадановa 等[61]制备出，并由 Соловьева 等[62]首次测定了它的单晶结构，其空间群为 C_2^3。陈创天研究组采用顶部籽晶法在 (KBBF + KF) 二元体系中生长出了约 3mm×7mm×0.8mm 单晶体。经详细的结构测定，证明 Соловьева 等人所给出的结构是错误的[63]。KBBF 晶体的空间群应为$R32(h)$，点群为 D_3。单胞参数为 $a = 4.427(4) \times 0.1$nm，$c = 18.744(9) \times 0.1$nm，密度为 2.40g/cm³。图 13.11 示出了 KBBF 的空间结构。

KBBF 的晶体生长工作有两个难点。其一是此晶体的层状习性很明显，因此很难生长出较厚的晶体。其次是此晶体在温度高于 (820±5)℃ 时出现严重的分解现象，因此 KBBF 的单晶生长必须在低于 (820±5)℃ 的温度进行。显然，这给助熔剂的选择带来了很大的困难，目前所能得到的最大单晶尺寸仅为 3mm × 7mm × 0.8mm，还不能满足晶体光学性能测试的要求。

图 13.23 示出 KBBF 晶体在紫外区的透射光谱，可以看出，它的截止波长约为 155nm 左右，这完全符合探索此晶体时的理论预期。

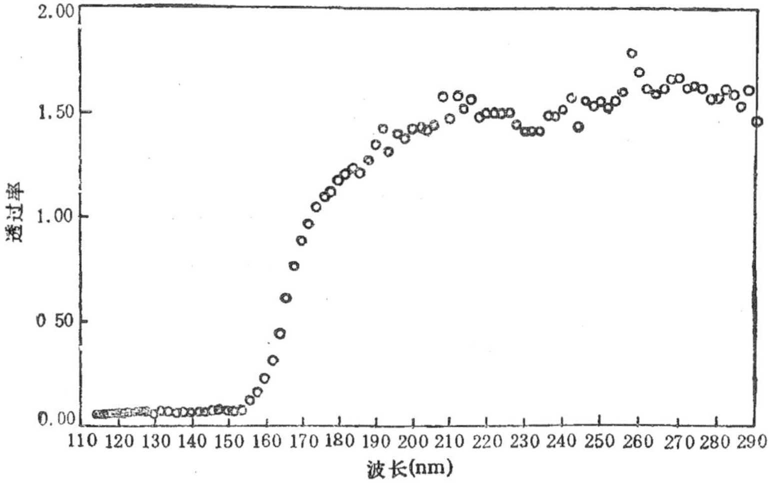

图 13.23 KBBF 晶体在紫外区的透射光谱.

但是，由于目前晶体的尺寸过小，还不能系统、严格地测定此晶体在不同波长下的 n_o, n_e 值。有人曾采用油浸法来测定该晶体的折射率，其结果为：当 $\lambda = 589.3\text{nm}$ 时，$n_o = 1.472$，$n_e = 1.406$。但由于此法测得的折射率绝对值的有效数值只有 3 位，所以无法给出双折射率的精确值。最近，我们利用 KBBF 晶体 SHG 的峰值半宽度推算出，此晶体的双折射率 $\Delta n \approx 0.09$ ($\lambda = 1.064$ μm)。

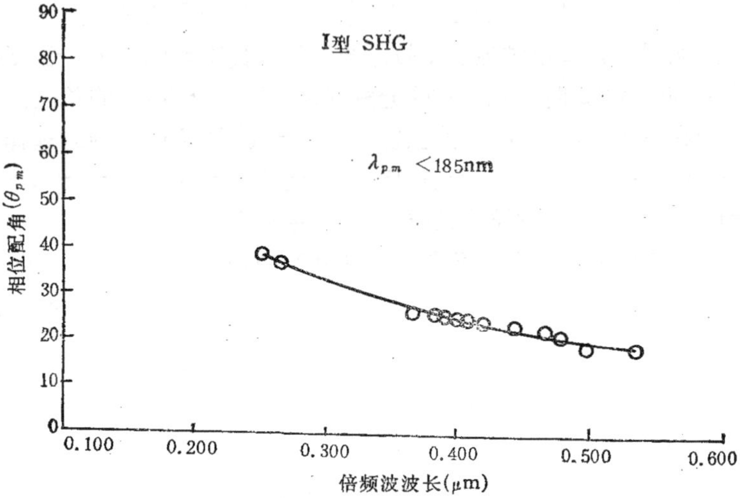

图 13.24 KBBF 晶体的相位匹配实验曲线.

图 13.24 示出了从实验上测得的 KBBF 晶体的相位匹配曲线。分析这一曲线的走向，估计此晶体应该能够实现波长短于 185 nm 的倍频波输出。表 13.18 列出了 KBBF 晶体各种谐波输出的相位匹配角。

由于 KBBF 晶体的点群为 D_3，因此有两个倍频系数 d_{11}, d_{14}. 但 d_{14} 对晶体的有效倍频系数无贡献，因此只须测定 d_{11} 系数就够了. 使用 Maker 条纹方法，测得 d_{11} 值为 $d_{11} = \pm(1.86 \sim 2.33) \times 10^{-9}$ esu，而按照"基团理论"公式所得到的计算值为 2.59×10^{-9} esu，这两者的符合程度仍是令人满意的。

综上所述，可以看到，KBBF 晶体在紫外区的截止波长、双折射率和倍频系数的实验值和理论值均和当初的理论设想一致. 由此可见，以 $(BO_3)^{3-}$ 基团为结构单元，同时又能消除 3 个 $(BO_3)^{3-}$ 基团终端氧的结构，是新型紫外非线性光学材料的一种理想构型.

(4) SBBO ($Sr_2Be_2B_2O_7$) 晶体[64] $Sr_2Be_2B_2O_7$ 是陈创天研究组首次合成出的具有较大倍频系数的一种新型化合物[64]. 使用顶部籽晶熔剂法，目前已能生长出 5mm×5mm×2mm 大小的单晶体。

表 13.18 KBBF 晶体对不同波长的相位匹配角

波长 (μm)			相位匹配角 (°)
λ_1	λ_2	λ_3	
1.064	1.064	0.532	19.0
0.994	0.994	0.497	19.2
0.954	0.954	0.477	21.4
0.932	0.932	0.466	22.6
0.888	0.888	0.444	23.5
0.840	0.840	0.420	24.4
0.816	0.816	0.408	25.0
0.800	0.800	0.400	25.3
0.782	0.782	0.391	25.6
0.766	0.766	0.383	26.2
0.734	0.734	0.367	26.5
0.532	0.532	0.266	36.85
0.503	0.503	0.252	38.8
1.064	0.266	0.213	38.35

经初步测定[64]，此单晶的空间群为 $P6_3$（六方锥体系），单胞参数为 $a = 4.683(3) \times 0.1\text{nm}$，$c = 15.311(7) \times 0.1\text{nm}$，$z = 2$。图 13.12 (a)，(b) 示出了 SBBO 空间结构图。

前已述，SBBO 晶格也是由 $(Be_3B_3O_6)_\infty$ 层的叠加所组成，但在 SBBO 晶格中，每两层 $(Be_3B_3O_6)_\infty$ 中间是由 (BeO_4) 基团中不在层平面中的"氧桥"互相联结[见图 13.12(a)]，因此 SBBO 晶体不显示强的层状习性。

SBBO 晶体的透射谱测量表明，它在紫外区的截止波长为 155nm 附近，在红外区的截止波长为 3.87μm，由此可见，SBBO 的透明范围远比 BBO 晶体的宽。

使用油浸法，初步测定，$\lambda = 589.3\text{nm}$ 处的两个主折射率为 $n_o \cong 1.70$，$n_e \cong 1.60$。双折射率 $\Delta n \approx 0.07$，这和理论估算结果还是相当一致的。

SBBO 晶体的点群为 C_6，共有 4 个非零系数：d_{33}，d_{31}，d_{15} 和

d_{14}. 按照 Kleiman 对称性的要求，$d_{31}=d_{15}$。由于 d_{33}，d_{14} 两个系数并不进入晶体有效倍频系数的公式中，因此可利用 $d_{eff}=d_{31}\sin\theta_{pm}$ (θ_{pm} 为相位匹配角)公式，通过相位匹配法测出 d_{31} 与标准样品的相对值. 使用 BBO 晶体的 d_{22} 系数作为标准，测得 $d_{31}(SBBO)\approx 1—1.5d_{22}(BBO)$，这和理论估算值 $d_{31}(SBBO)=1.32d_{22}(BBO)$ 是相当一致的.

目前，由于 SBBO 单晶体的尺寸还不能满足相位匹配测量的要求，所以还无法给出 SBBO 的相位匹配曲线以及最短倍频输出波长，但初步测量指出，SBBO 晶体能够实现 Nd:YAG 激光的二倍频、三倍频和四倍频.

与 BBO 晶体相比 SBBO 晶体的一个最大优点是，在紫外区，当相位匹配角 θ_{pm} 接近于 90° 时，BBO 晶体的有效倍频系数趋于零；而 SBBO 晶体的有效倍频系数等于 d_{31}，也就是达到最大值. 因此从谐波转换效率而言，输出的谐波波长越短，SBBO 的转换效率就越高，而 BBO 晶体恰正好与此相反.

SBBO 晶体在水中不潮解，莫氏硬度为 6—7，其它种种物化性能和加工性能均良好，因此从后加工角度分析，SBBO 晶体也将优于 BBO 晶体.

虽然 SBBO 晶体的其余各种线性、非线性光学性能正在进一步测试之中，但就目前已经初步测定的各项性能指标分析，SBBO 晶体在紫外区的非线性光学性能将优于 BBO 晶体，并有可能输出比 BBO 晶体更短的谐波光，因此具有相当好的应用前景.

§13.6 新型有机非线性光学晶体的探索

近 10 年来，科学家们在发展有机非线性光学晶体方面倾注了极大的注意力，其主要目标之一，就是想解决半导体激光直接倍频这一难题，由于目前的半导体激光器存在光束质量差、发散度大以及激光谱线太宽等缺点，所以要提高半导体激光直接倍频的转换效率，就要求非线性光学晶体必须具有非常大的非线性光学系数.

显然，若从理论上分析，有机非线性光学晶体是有可能满足这一要求的。这是由于凡具有很强电荷转移特性的平面有机共轭分子，其微观二级极化率一般要比无机基团大1～2个数量级（见表13.19）。但是，要真正探索出一个具有大的非线性光学效应的有机晶体，除了分子的本身结构条件外，还要求这些分子在空间具有“头接尾”的有序排列方式（或者至少是具有某种无对称心的晶体结构）。因此，如何使一个有机共轭分子在空间的排列上实现“头接尾一致”的取向排列方式，就成为探索新型有机非线性光学晶体的关键所在。

（1）对有机化合物而言，具有手性对称的分子易于产生无对称心结构　Oudar 等曾于1977年指出[65]，尽管大多数有机共轭分子形成化合物时易于产生有心结构，但是当某一有机分子具有手性对称时，其所形成的化合物往往具有旋光特性，即具有无对称心结构。因此，Oudar 提出，具有手性对称的有机分子形成无对称心的单晶结构的概率要比一般有机分子大。例如，对硝基苯胺（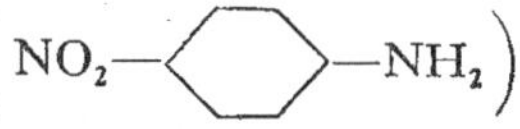）分子具有大的 $\chi^{(2)}$ 值（见表13.19），但是当这一有机分子形成化合物时，由于此化合物具有对称心结构，因此对硝基苯胺分子的单晶体没有非线性光学效应。但是，假如在对硝基苯胺分子上连接一个 [$C(CH_3)_2$—$COOCH_3$] 基团，从而形成一个具有手性对称的分子

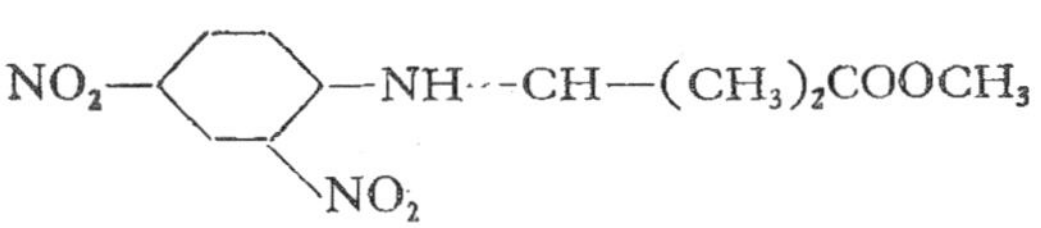

[methyl-(2,4 dinitrophenyl)]-aminopropanoate，简称为 MAP），则以此分子为基础而形成的化合物就具有无对称心结构，其空间群为 $P2_1$。由于 MAP 分子在空间的取向排列有利于 MAP 分子二级极化率的相加而不是互相抵消，从而使 MAP 晶体具有40倍于 KDP d_{36} 系数的水平（见表13.20）。同时，由 MAP 晶体的 Sellmeier 方程[65]可知，此晶体能在相当宽的角度范围内实现

表 13.19 几种有代表性的有机分子二级极化率 $\chi^{(2)}$ 的计算值和实验值

分子式	偶极矩 ($\mu_g(D)$)	$\chi^{(2)}_{zzz}$ (10^{-30} esu)	
		计算值	实验值
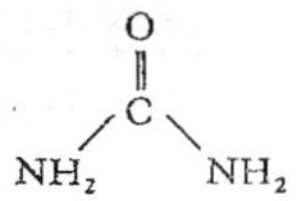 (Urea)	4.56	0.13	**0.45**
CH_3—NO_2	3.4		**0.06**
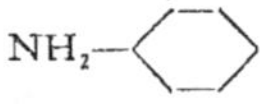		1.19	**1.17—0.79**
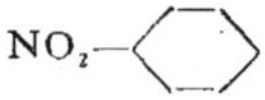		2.0	**2.27—1.97**
 (*p*-NA)	6.2	21.30	21—34.5
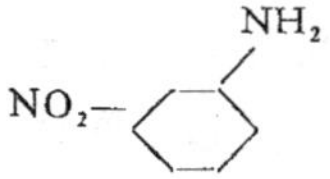 (*m*-NA)	4.3	5.51	4.2—**6.1**
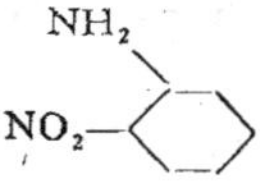 (*o*-NA)	4.3	5.49	**6.4—10.2**
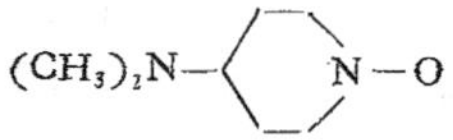	6.76		**5.0**
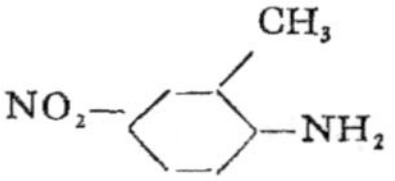 (MNA)		26.57	42.0—**16.7**
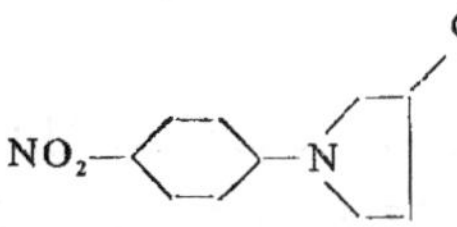 (NPP)[89]	7.3	26	**42±9**
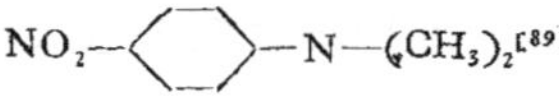 [89]	7.2	16	**23±5**
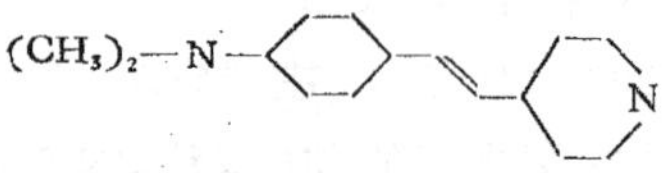 [89]	6.9		**500**

续表 13.19

分子式	偶极矩 ($\mu_g(D)$)	$\chi^{(2)}_{zzz}$ (10^{-30} esu)	
		计算值	实验值
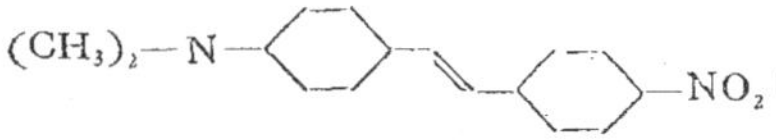 [89]	7.42		450
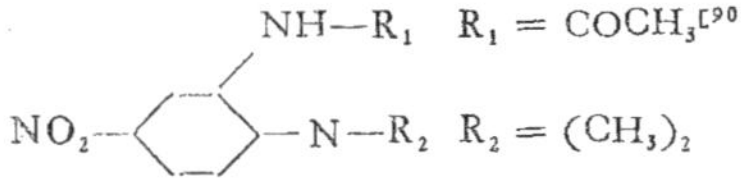 [90] (2,4-DNA)		18	21
 [90]	8.8		650
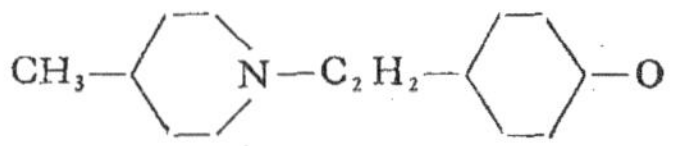 [90]	8.0		1000
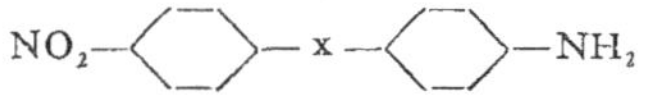 [91]			
x: O			15.1
S			26.4
Se			26.8

1.064μm 的倍频输出。然而,由于手性基团的存在又导致了晶体吸收边的红移,使得该晶体在可见光区域的截止波长仅达到 0.5μm,丧失了作为半导体激光倍频的可能性。

(2) 减弱有机分子的基态偶极矩将有利于产生无对称心结构

按一般的静电原理可知,具有偶极矩的分子在空间排列时,当分子间具有反平行的电荷分布时其能量状态为最低。因而当极性有机分子聚合成单晶体时易于产生有对称心的空间结构。由此可得到一个反推论:一个基态偶极矩为零的有机分子,当它们聚合成单晶时将有较大的概率产生无心结构。另一方面,从有机分子二级极化率的分析中也可看到,当一个有机共轭分子具有大的激发态偶极矩时,即使它们的基态偶极矩为零,也有可能产生大的二级极化率。因此,适当地选择基态偶极矩小,但激发态偶极矩大的有机分子，它就有可能既具有无对称心结构又具有较大的宏观二级极化率(即具有倍频效应)。基于这一设想，Zyss 等[66]在 C_5H_5N 杂环分子的对位上分别接上 (NO_2) 和 (N—O) 基团，成为 3-甲基-4-硝基吡啶-1-氧基 (3-methyl-4-nitropyride-1-oxide，简称 POM) 分子。由于 (N—O) 基团具有 ($N^{(+)}—O^{(-)}$) 性质，而 (NO_2) 则是一个典型的强电子受体基团，因此整个分子的偶极矩就非常小。同时，分子轨道能级的计算结果表明，在激发态，整个分子的电荷从 (N—O) 基团转移到 (NO_2)，从而产生大的基态与激发态的偶极矩之差。结构分析表明，POM 具有无对称心结构，粉末倍频效应约为 KDP 粉末效应的 70 倍左右。随后，Zyss 等使用有机溶剂蒸发法成功地生长出较大尺寸的 POM 晶体[66]。经测定，该晶体的空间群为 $P2_12_12_1$；属正交结构；其单胞参数分别为：$a = 21.359 \times 0.1\text{nm}$，$b = 6.111 \times 0.1\text{nm}$，$c = 5.132 \times 0.1\text{nm}$，$z = 4$[67]。按此结构，该晶体具有 3 个倍频系数，即 $d_{14} = d_{25} = d_{36} = d$。用 Maker 条纹法，测得倍频系数 $d = 15.38d_{36}$ (KDP)。

由于 C_5H_5N 是一个杂环化合物，所以 POM 分子的共轭 π 轨道相对减弱，从而有利于晶体吸收边的紫移。经测定，POM 晶体的透光范围约在 $0.44\mu\text{m} \rightarrow 1.5\mu\text{m}$ 区域，即比 MAP 晶体紫移 $600 \times 0.1\text{nm}$ 左右。一般说来，杂环化合物与以苯环衍生物为基本结构单元的其它有机非线性光学晶体相比，前者的物化性能和线性光学性能优于后者。例如，POM 具有较小的双折射率 ($\Delta n \approx 0.2$)，所以对 1.064μm 激光的倍频而言，在众多的有机非线性光学晶体中，POM 是比较好的，然而又由于透光波段的限制，POM 仍旧不能作为一个能产生有效蓝光 ($880\text{nm} \rightarrow 440\text{nm}$) 的非线性光学晶体。

(3) 利用氢键在有机化合物中产生无对称心结构　虽然利用有机分子的手性对称，能够部分地克服一个具有偶极矩的有机分子在相互聚合时易于形成反平行双聚合物结构的趋势 (即两个分子形成反平行的排列，从而使分子间的偶极-偶极相互作用能量降到最低限度)，但是由于手性分子间的相互作用力与具有偶极矩分子间相互作用力属于同一数量级，因此仍旧有很大的不确定性。Zyss 等[68]于 1984 年进一步提出了一种新的探索有机非线性光学晶体的设想，即利用有机分子之间氢键的相互作用力。众所周知，由于氢键间的相互结合力比偶极-偶极相互作用力大 1—2 个数量级，因此由氢键相互结合的有机化合物一定比由偶极-偶极相互结合的有机化合物具有无心结构的可能性更大。基于这一假设，Zyss 等[68,69]选择 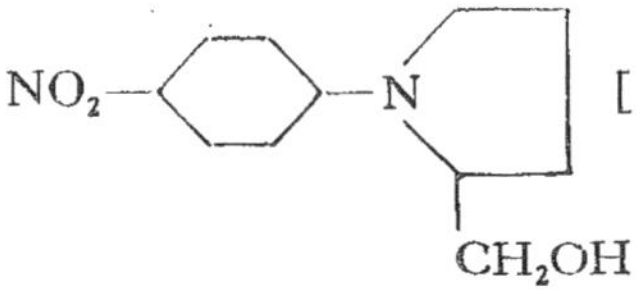 [N-(4-nitrophenyl)-(L)-prolinol，简称 NPP] 分子作为探索有机非线性光学晶体的基本结构单元。NPP 分子是靠氢键相互聚合成单晶体的，即由前一个分子的 (O—H) 基与后一个分子的 (N—O) 基中的氧形成氢键（图 13.25 清楚地示出了 NPP 分子间以氢键相互联结的方式)。显然，分子间的这种联结方式保证了 NPP 分子基本上采用“头接尾”的有序排列，从而形成对产生大的宏观二级极化率的最有利的空间排列。此外，NPP 分子中 (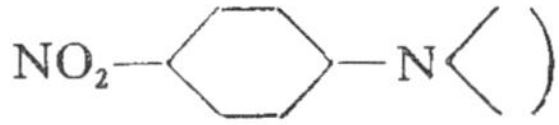) 基团基本保持平面构型，这也有利于 (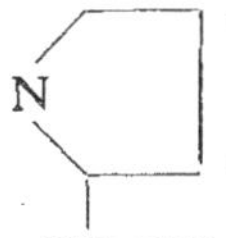) 基团的电子通过苯环向(NO_2)基团转移，从而使 NPP 分子具有大的微观二级极化率。粉末倍频效应的测试表明，NPP 的多晶粉末倍频效应比 Urea 单晶粉末倍频效应大 50 倍。

NPP 单晶是在有机溶剂中采用籽晶慢速降温法生长的，其熔点为 116℃，目前得到的最大单晶尺寸为 $10 \times 7 \times 8 mm^3$ [69]。NPP 单晶的空间群为 $P2_1$，单胞参数为：$a = 5.26(1) \times 0.1nm$，$b = 14.908(3) \times 0.1nm$，$c = 7.185(2) \times 0.1nm$。每个单胞含两个分子[68]。由于 NPP 分子内存在大范围的电荷转移，所以它的吸收

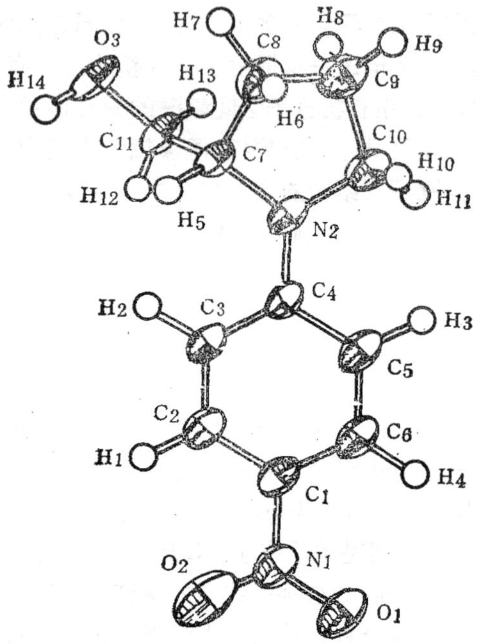

(a)

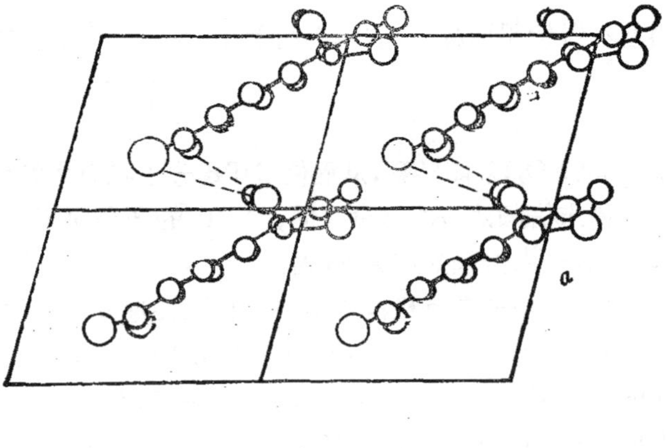

(b)

图 13.25　NPP 分子间以氢键相互联结的方式。

边红移到 0.5μm 处，其透光范围为 0.5μm → 2.0μm[69]。按 $P2_1$ 结构，NPP 晶体可以具有 d_{21}, d_{22}, d_{23} 等 8 个非零二级极化率，但假如考虑 Kleinman 对称性的要求，则仅将有 $d_{21}, d_{22}, d_{23}, d_{24}$ 等 4 个系数。目前已经较为精确地测定了 d_{21}, d_{22} 两个系数，它们分别为 $d_{21} = 215.4d_{36}$(KDP); $d_{22} = 71.8d_{36}$(KDP)。NPP 晶体的双折射率约为 0.74 左右 ($\lambda = 1.064\ \mu m$)，这对谐波转换相当不利。所以尽管 NPP 晶体具有大的倍频系数，但由于其吸收边红移以及具有过大的双折射率，故此晶体仍旧不能作为产生有效蓝光输出的倍频晶体。

按照这一类似的设想发现的新型有机非线性光学晶体还有 3-甲基-4-甲氧基-4′-硝基二苯乙烯 (3-methyl-4-methoxy-4′-nitrostilbene，简称 MMONS) 和 4-氨基二苯甲酮 (4-amino-benzophenone，简称 ABP) 两种，其中 MMONS 分子的共轭 π 轨道体系的范围比 NPP 分子的更大，因而具有比 NPP 分子更大的二级极化率。粉末倍频效应测量表明，MMONS 单晶的粉末倍频值是 Urea 的 1250 倍[70]，这是迄今为止在有机化合物中测得的具有最大倍频效应的化合物之一。Bierlein 等[71]于 1990 年成功地生长出较大尺寸的 MMONS 单晶体 (～1cm³)，并测定了它的线性和非线性光学性质(见表 13.20)。测试表明，它的 d_{33} 系数为 KDP d_{36} 系数的 218 倍，d_{32} 和 d_{24} 系数也分别为 KDP 的 48.6 和 61.5 倍。但由于此晶体在可见光区的吸收边为 510—515nm 左右，在 1.064μm → 0.532μm 区域晶体的双折射率为 0.43—0.7，因此与 NPP 晶体一样，MMONS 晶体仍旧无法作为半导体激光器的倍频晶体。

与 NPP 和 MMONS 分子相比，ABP 分子不具有大范围电荷转移特点，因此它的粉末倍频值仅是 KDP 的 360 倍[72]，但它的截止波长恰紫移到 420nm 附近。同时，在 1.064μm 处，它的光损伤阈值可达到 30GW/cm²，因此这一有机晶体的光学性质值得进一步研究。近来，中科院福建物质结构研究所苏根博研究组[72]使用有机溶剂法生长的 ABP 晶体，其尺寸已达到 37 × 48 ×

表 13.20 若干种有机非线性

分　　子　　式	空　间　群	熔　点
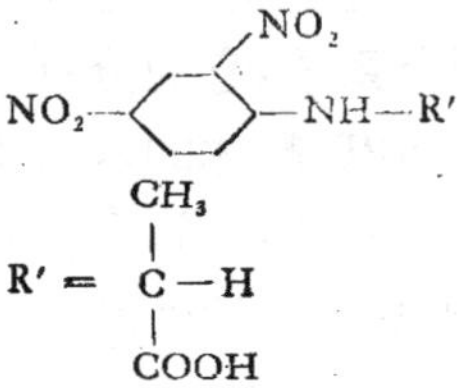 [78,79] (MAP)	$a = 6.829(\times 0.1nm)$ $b = 11.121(\times 0.1nm)$ $c = 8.116(\times 0.1nm)$ $\beta = 95.59°$ $z = 2$	(69±1)℃
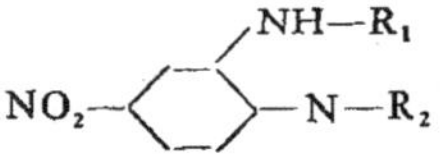 [78,80] $R_1 = COCH_3$ $R_2 = (CH_3)_2$ (DNA)	$a = 4.786(\times 0.1nm)$ $b = 13.053(\times 0.1nm)$ $c = 8.7316(\times 0.1nm)$ $\beta = 94.43°$ $z = 2$	165.7℃
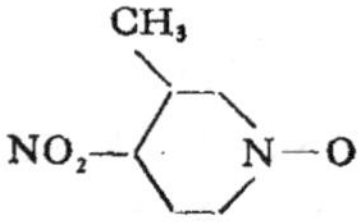 [78,81] (POM)	$P2_12_12_1$ $a = 21.359(\times 0.1nm)$ $b = 6.111(\times 0.1nm)$ $c = 5.132(\times 0.1nm)$ $z = 4$	136℃
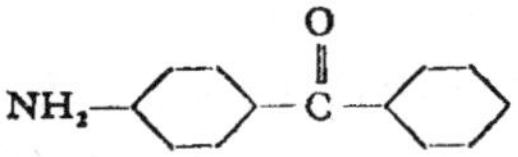 [85,86] (ABP)	$P2_1$ $a = 12.036(3)(\times 0.1nm)$ $b = 5.450(7)(\times 0.1nm)$ $c = 8.299(2)(\times 0.1nm)$ $\beta = 97.86°$ $z = 2$	124℃
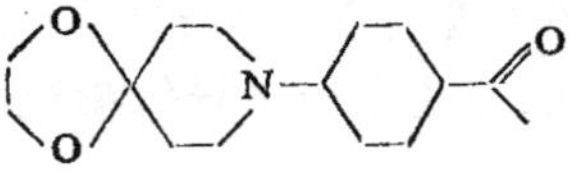 (APDA) [87]	$Pna2_1$	
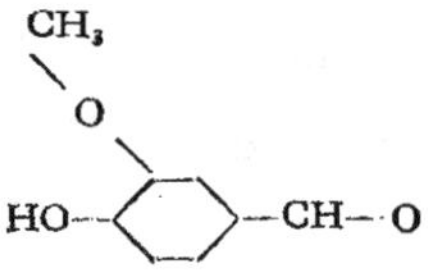 [88] (MHBA)	$P2_1$ $a = 14.057(3)(\times 0.1nm)$ $b = 7.875(1)(\times 0.1nm)$ $c = 15.037(3)(\times 0.1nm)$ $\beta = 115.45°$	86℃

透光范围	折射率	倍频系数
0.5—2.0μm	1.064μm $n_a = 1.5078$ $n_b = 1.5991$ $n_c = 1.8437$ 0.532μm $n_a = 1.5568$ $n_b = 1.7100$ $n_c = 2.0353$	$d_{21} = 25.6 \times d_{36}^*$ (KDP) $d_{22} = 28.21 \times d_{36}$ (KDP) $d_{23} = 5.64 \times d_{36}$ (KDP) $d_{25} = -0.83 \times d_{36}$ (KDP)
0.51—2.0μm	0.546μm $n_a = 1.658$ $n_b = 1.712$ $n_c = 1.775$	$d_{eff} = (69 \pm 7.7) \times d_{36}$ (KDP)
0.42—1.5μm	1.064μm $n_a = 1.663$ $n_b = 1.829$ $n_c = 1.625$ 0.532μm $n_a = 1.750$ $n_b = 1.997$ $n_c = 1.660$	$d_{14} = d_{25} = d_{36} = d$ $d = 15.4 \times d_{36}$(KDP)
0.42—1.40μm	1.064μm $n_a = 1.6051$ [**] $n_b = 1.6104$ $n_c = 1.8422$	$d_{33} = 13.7 \times d_{36}$ (KDP)[**] $d_{31} = 6.5 \times d_{36}$ (KDP) $d_{32} = 5.0 \times d_{36}$ (KDP)
0.384μm		$d_{33} = 128 \times d_{36}$ (KDP) $d_{32} = 18 \times d_{36}$ (KDP) $d_{eff} = 38.2 \times d_{36}$ (KDP) (1.064μm→0.532μm)
0.37—1.66μm	1.064μm $n_x = 1.51438$ $n_y = 1.66261$ $n_z = 1.74390$ 0.750μm $n_x = 1.53283$ $n_y = 1.67375$ $n_z = 1.76167$	$d_{11} = 25 \times d_{36}$ (KDP) $d_{12} = 10 \times d_{36}$ (KDP) $d_{13} = 33 \times d_{36}$ (KDP) $d_{14} = 8.3 \times d_{36}$ (KDP)

分子式	空间群	熔点
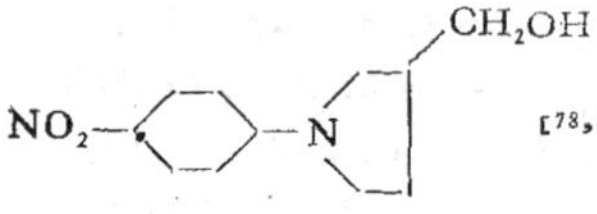 [78,32] (NPP)	$P2_1$ $a=5.261(1)(\times 0.1\text{nm})$ $b=14.908(3)(\times 0.1\text{nm})$ $c=7.185(2)(\times 0.1\text{nm})$ $\beta=105.18°$ $z=2$	116℃
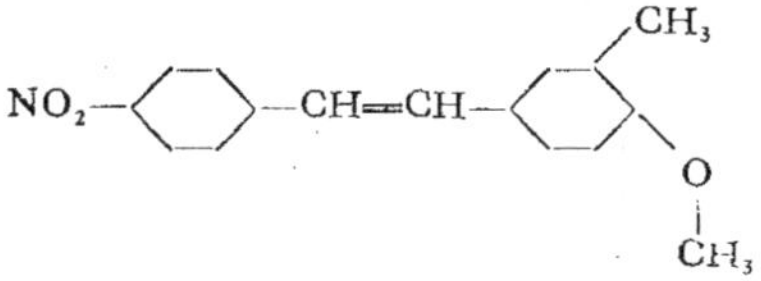 (MMONS) [83,84]	$Aba2$ $a=15.584(\times 0.1\text{nm})$ $b=13.463(\times 0.1\text{nm})$ $c=13.299(\times 0.1\text{nm})$ $z=8$	

注：[*] KDP 的 d_{36} 系数取 0.39pm/V[92].

[+] [84]中作者使用 KTP 的 d_{33}, d_{eff} 系数作为标准，取值为： d_{33} = 的值： d_{33}(KTP) = 8.3pm/V； d_{eff}(KTP) = 3.3pm/V.

表中 MMONS 晶体的倍频系数均以此作为标准.

[**] 此值由中科院福建物构所吴柏昌测定.

3.33 mm^3，为深入研究该晶体提供了有利的条件.

α-[(4′-甲氧基苯基)甲叉]-4-硝基苯乙腈（α-[(4′-meth-oxyphenyl) methylene]-4-nitro-benzeneacetonitrile，简称 CMONS)[74] 是此类有机化合物中具有最大粉末倍频效应的化合物. 此化合物的单晶结构有 a,b,c 三种型态[75]. 在 $\lambda=1.064\mu m$ 处，CMONS-a 型结晶物质的粉末倍频效应已是 ADP 粉末倍频效应的 6500 倍左右；在 $\lambda=1.32\mu m$ 处，CMONS-b 型结晶物质的粉末倍频效应甚至比 a 型的更高，但目前还未见有大尺寸单晶生长成功的报道，因此还无法估计它的应用前景.

(4) 有机非线性光学晶体吸收边紫移问题　虽然有机非线性光学晶体具有很大的非线性光学系数，但从本质上来说，它们是借助于自身吸收边的红移来达到此目的的. 因此，虽然 NPP,

续表 13.20

透光范围	折射率	倍频系数
0.50—2.0μm	1.064μm $n_a = 1.9297$ $n_b = 1.7795$ $n_c = 1.4556$ 0.532μm $n_a = 2.2670$ $n_b = 2.0209$ $n_c = 1.4919$	$d_{21} = 215.4 \times d_{36}$ (KDP) $d_{22} = 71.8 \times d_{36}$ (KDP)
0.510～0.515μm ——?	1.064μm $n_a = 1.530$ $n_b = 1.630$ $n_c = 1.961$ 0.532μm $n_a = 1.597$ $n_b = 1.756$ $n_c = 2.312$	$d_{33}^{[+]} = 285.8 \times d_{36}$ (KDP) $d_{32} = 63.7 \times d_{36}$ (KDP) $d_{24} = 84.6 \times d_{36}$ (KDP)

13.7pm/V，d_{eff}(KTP) = 7.1pm/V，这些值定得过高，现统一取文献[92]所给定

MMNOS，CMONS-a，b 等晶体具有很大的倍频系数，但其透光波长一般均大于 500nm，所以这类非线性光学晶体很难用于 Nd:YAG 激光的倍频。为了解决这一矛盾，科学家们试着采用“减弱共轭 π 轨道的电荷转移体系”的方法，也即采用“弱的电子给体和受体基团”。实验证明，这一想法有其正确性，尽管因此而导致晶体的倍频效应会有较大的减少，但最终换来了晶体吸收边的紫移。例如，ABP 分子的电荷转移特性比 MMONS 和 NPP 等有机分子的要弱，其倍频系数也比这两个有机分子小，但它的吸收边恰可紫移到 420nm，所以从相位匹配的范围来讲，ABP 晶体比 MMONS 和 NPP 两个晶体强。又例如，最近山东大学晶体材料研究所按照这一设想，探索出了一种弱电子授受体的有机非线性光学晶

体，其分子式为 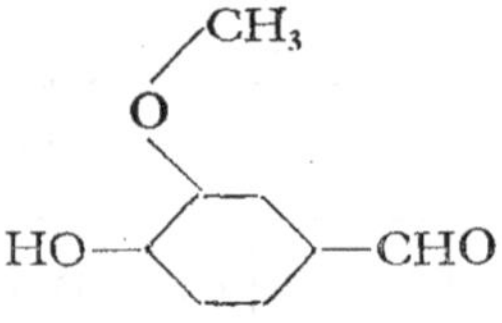 (3-methoxy-4-hydroxy-benzaldehyde，简称 MHBA)[76]. 由于此分子选择 (CHO) 和 (HO) 两个弱电子授受体基团，所以分子的二级极化率有所降低，但它的截止波长恰紫移到 0.37 μm (透光范围为 0.37μm—1.66μm)，从而使此晶体有可能用于 GaAs-AlGaAs 半导体激光的倍频. MHBA 晶体的空间群为 $P2_1$，单胞参数 $a = 14.057(3) \times 0.1$nm，$b = 7.875(1) \times 0.1$nm，$c = 15.037(3) \times 0.1$nm，$\beta = 115.45°$. 每个单胞含 8 个分子. 晶体的双折射率为 $\Delta n = 0.229(\lambda = 0.532\mu m)$，4 个非零倍频系数为 $d_{11} = 25d_{36}$(KDP)，$d_{12} = 10d_{36}$(KDP)，$d_{13} = 33d_{36}$(KDP)，$d_{14} = 8.3d_{36}$(KDP). 目前，此晶体已能实现钛宝石激光 800→400nm 的倍频，在 830nm → 415nm 处的倍频转换效率已达 6%. 但是此晶体的一个严重缺点是熔点太低 ($T_m = 86$℃)，这给实用化带来很大的不便.

按照这一思路，近来 Sagawa 等[77]成功地生长出一种没有强的电荷转移特性的有机晶体——8-(4′-乙酰苯基)-1, 4-二氧-8-氮-螺[4,5]十烷 [8-(4′-acetylphenyl)-1, 4-dioxa-8-azaspiro[4,5] decane，简称 APDA]. 此晶体在紫外区的吸收边已达 0.384μm，而且仍具有大的有效倍频系数(见表 13.20)，因而有希望作为 GaAs-AlGaAs 半导体激光倍频晶体.

综上所述，虽然近 10 年来有机非线性光学晶体有了很大的发展，但由于它们的物化性能较差，又不易加工及涂膜，同时晶体的双折射率又过大，所以很难在实用器件中被采用. 例如，它们很难与 KTP，$LiNbO_3$，$LiTaO_3$ 等准相位匹配的波导器件相竞争. 这是由于在这类器件中主要是利用 d_{33} 系数，而 $LiNbO_3$ 的 d_{33} 为 27pm/V，已经接近多数有机非线性光学晶体的倍频系数，但这些波导器件不存在有机晶体的上述缺点，因此准相位匹配的 KTP，$LiNbO_3$ 等波导器件是最有希望成为未来半导体激光的倍频器件.

参 考 文 献

[1] **C. T. Chen**, Development of New Nonlinear Optical Crystals in The Borate Series, Laser Science and Technology, An International Hand-Book, **15**, Harwood Academic Publishers (1993).

[2] 陈创天，物理学报，**25**，146(1976).

[3] C. T. Chen, *Sci. Sin.*, **22**, 756 (1979).

[4] 陈创天、陈孝琛、刘执平，科学通报，**30**，280(1980).

[5] 陈创天、刘执平、沈荷生，物理学报，**30**，715(1981).

[6] J. A. Pole, D. L. Beveridge, Approximate Molecular Orbital Theory Published by McGraw-Hill Book Co., New York, (1970).

[7] R. Hoffmann, *J. Chem. Phys.*, **39**, 1397 (1963).

[8] J. Zyss, *J. Chem. Phys.*, **70**, 3333 (1979);
J. Zyss, *J. Chem. Phys.*, **70**, 3341 (1979);
J. Zyss, *J. Chem. Phys.*, **70**, 909 (1979).

[9] 陈创天，物理学报，**26**，486(1977).

[10] 陈创天、陈孝琛，物构所通讯，**2**，51(1977).

[11] 陈创天，物理学报，**26**，124(1977).

[12] D. Eimerl, *Ferroelectrics*, **72**, 95 (1987).

[13] R. C. Miller, W. R. Nordland, K. Nassau, *Ferroelectrics*, 2,97(1971).

[14] K. Inoue, *Japan. J. Appl. Phys.*, **9**, 152 (1970).

[15] 陈创天、吴柏昌、江爱栋、尤桂铭，*Sci. Sin.*, **B28**, 235(1985).

[16] K. Wu, C. T. Chen, *Chem. Phys. Lett.*, **196**, 62 (1992).

[17] M. J. Frish, M. Head-Gordon, G. W. Trucks, J. B. Foresman, H. B. Schlegel, K. Raghavachari, M. A. Robb, J. S. Binkley, C. Gonzalez, D. J. DeFrees, D. J. Fox, R. A. Whiteside, R. Seeger, C. F. Melin, J. Baker, R. L. Martim, L. R. Kahn, J. J. Stewart, S. Topiol, J. A. Pople, Gaussian' 90 (Gaussian Inc. Pittsburgh PA) (1990).

[18] D. E. Ellis, G. S. Painter, *Phys. Rev.*, **B2**, 2887 (1970).

[19] F. W. Averill, D. E. Ellis, *J. Chem. Phys.*, **59**, 6412 (1973).

[20] 陈创天、陈孝琛，物理学报，**29**，1000(1980).

[21] S. K. Kurtz, T. T. Perry, *J. Appl. Phys.*, **39**, 3798 (1968).

[22] J. M. Halbout, S. Blit, C. L. Tang, *IEEE J. Quant. Elect.*, **17**,517(1981).

[23] G. Hauchecorne, F. Kerherve, G. Mager, *J. Phys.*, **32**, 47 (1971).

[24] N. I. Leonyuk, A. A. Flimonov, *Kristall. Tech.*, **9**, 63 (1974);
F. Lutz, *Recent Dev. Condens. Matter Phys.*, **3**, 339 (1983).

[25] X. D. Yin, Q. Z. Huang, S. S. Ye, S. R. Lei, C. T. Chen, *Appl. Phys. Lett.*, **43**, 822 (1985).

[26] J. W. Mellor (ed.), Inorganic and Theoretical Chemistry, **5**, Boron-Oxygen Compounds, Longman, London (1980).

[27] A. F. Wells, Structural Inorganic Chemistry, Fourth Edition, Clarendon, Oxford (1975).

[28] *Acta Chem. Scandinavica*, **18**, 2055 (1964).

[29] E. M. Levin, H. F. McMurdie, *J. Res. Natn. Bur. Stand.*, **42**, 131 (1949).
[30] K. H. Hubner, *Neues Jahrb. Mineral Mh.*, 335 (1969).
[31] A. D. Mighell, A. Perloff, S. Block, *Acta Cryst.*, **20**, 819(1966).
[32] J. Liebertz, S. Stahr, *Z. Kristallogr*, **165**, 91 (1983).
[33] C. T. Chen, B. C. Wu, A. D. Jiang, G. M. You, *Sci. Sin.*, **B28**, 235 (1985).
[34] C. T. Chen, Y. C. Wu, A. D. Jiang, B. C. Wu, G. M. You, R. K. Li, S. J. Lin, *J. Opt. Soc. Am.*, **B6**, 616 (1989).
[35] Y. C. Wu, T. Sasaki, H. Tang, C. T. Chen, *Appl. Phys. Lett.*, **62**, 2614 (1993).
[36] C. L. Christ, J. R. Clark, *Z. Krist.*, **114**, 321 (1960); J. R. Clark, D. E. Appleman, C. L. Christ, *J. Inorg. Nucl. Chem.*, **26**, 93 (1964).
[37] C. F. Dewey, W. R. Cook, R. J. Hodgson, J. J. Wynne, *Appl. Phys. Lett.*, **26**, 714 (1975).
H. J. Dewey, *IEEE J. Quant. Elect.*, **12**, 303 (1976).
[38] M. Natarajan-Iyer, R. Faggiani, and I. D. Brown, *Cryst. Structure Commnun.*, **8**, 367 (1979).
[39] J. Krogh-Moe, *Acta Cryst.*, **15**, 190 (1962).
[40] W. Muechenhein, P. Lokai, B. Burghardt, D. Basting, *Appl. Phys.*, **B45**, 259 (1988).
[41] K. Kato, *IEEE J. Quant. Elect.*, **QE-22**, 1013 (1986).
[42] B. S. R. Sastry, F. A. Hummel, *J. Am. Ceram. Soc.*, **41**, 7(1958); R. Bouaziz, *Ann. Chim.*, **6**, 345 (1961).
[43] L. Mei, Y. Wang, C. T. Chen, B. Wu, *J. Appl. Phys.*, **74**, 7014 (1993).
[44] C. T. Chen, Y. Wang, Y. Xia, B. Wu, D. Y. Tang, K. Wu, W. R. Zeng, L. H. Yu, *J. Appl. Phys.* (1994).
[45] 江爱栋、陈芬、林琦、陈祖生，人工晶体，**14**，148(1985).
[46] K. Hoh, F. Marumo, Y. Kuwano, *J. Crystal Growth*, **106**,728 (1990); H. Kouta, Y. Kuwano, K. Itoh, F. Marumo, *J. Crystal Growth*, **114**, 676 (1991);
Y. Kozuki, M. Hoh, *J. Crystal Growth*, **114**, 683 (1991).
[47] L. K. Cheng, *J. Crystal Growth*, **89**, 553 (1988);
洪慧聪、仲维卓，人工晶体学报，**20**，221(1991);
洪慧聪、仲维卓，科学通报，**36**，1587(1991).
[48] D. Eimaerl, L. Davis, S. Velsko, E. K. Graham, A. Zalkin, *J. Appl. Phys.*, **62**, 1968 (1987).
[49] D. A. Kleinman, *Phys. Rev.*, **126**, 1977 (1962).
[50] R. C. Echardt, H. Masuda, Y. S. Fan, R. L. Byer, *IEEE J. Quant. Elect.*, **26**, 922 (1990).
[51] H. Konig, A. Hoppe, *Z. Anorg. Allg. Chem.*, **439**, 71 (1978).
[52] M. Ihara, M. Yuge, J. Krogh-Moe, *Yogyo Koyokai Shi*, **88**, 179(1980).
[53] Y. C. Wu, A. D. Jiang, S. F. Lu, C. T. Chen, Y. S. Shen, 人工晶体学报，**19**，33(1990).

[54] 赵书清、张红武、黄朝恩等，人工晶体学报，**18**，9(1989).
[55] B. C. Wu, F. Xie, C. T. Chen, D. Deng, Z. Xu, *Opt. Commun.*, **88**, 451 (1992).
[56] S. J. Lin, B. C. Wu, F. Xie, C. T. Chen, *Appl. Phys. Lett.*, **59**, 1541 (1991); S. J. Lin, B. C. Wu, F. Xie, C. T. Chen, *J. Appl. Phys.*, **73**, (1993).
[57] S. J. Lin, J. Haung, J. Ling, C. T. Chen, Y. R. Shen, *Appl. Phys. Lett.*, **58**, 2805 (1991).
[58] M. Ebrahimzadch, G. J. Hall, A. I. Ferguson, *Opt. Lett.*, **17**, 652 (1992).
[59] G. Robertson, A. Henderson, M. Dunn, *Appl. Phys. Lett.*, **60**, 27 (1992).
[60] H. Zhou, J. Zhang, T. Chen, C. T. Chen, Y. R. Zhen, *Appl. Phys. Lett.*, **62**, 1457 (1993).
[61] P. Bagohoba, B. A. Eropob, A. B. Huko ab, *G. AH CCCP Tom.*, **178**, 1317 (1968); Gert Heller, Topics in Current Chem., Springer-Verlag (1986).
[62] L. P. Solov'eva, V. V. Bakakin, *Kristallografiya*, **15**, 922 (1970).
[63] L. F. Mei, X. Huang, Y. Wang, Q. Wu, C. T. Chen, *Z. Krist.*, (1994).
[64] C. T. Cheb, Y. Wang, B. C. Wu, K. Wu, W. Zeng, L. H. Yu, *Nature*, to be Published (1977).
[65] J. L. Oudar, R. Hierle, *J. Appl. Phys.*, **48**, 2699 (1977).
[66] J. Zyss, D. S. Chemla, J. F. Nicoud, *J. Chem. Phys.*, **74**, 4800 (1981).
[67] M. Shiro, M. Yamakawa, T. Kubota, *Acta Cryst.*, **B33**, 1549 (1977).
[68] J. Zyss, J. F. Nicoud, M. Coquillay, *J. Chem. Phys.*, **81**, 4160(1984).
[69] Y. He, G. Su, F. Pan, B. C. Wu, R. Jang, *J. Crystal Growth*, **113**, 157(1991).
[70] W. Tam, B. Guerin, J. C. Calabres, S. H. Stevenson, *Chem. Phys. Lett.*, **154**, 93 (1989).
[71] J. D. Bierlein, L. K. Cheng, Y. Wang, W. Tam, *Appl. Phys. Lett.*, **56**, 423 (1990).
[72] S. Guha, C. C. Farzier, Technical Digest, CLEO'88 TUJ3/70, Anaheim, CA, USA.
[73] G. Su, Z. Li, F. Pan, and Y. He, *Cryst. Res. Technol.*, **27**,587(1992).
[74] Y. Wong, W. Tam, S. H. Stevenson, R. A. Clement, *J. Calabrese*, *Chem. Phys. Lett.*, 56, 307 (1990).
[75] S. N. Olive, P. Pantelis, P. L. Dunn, *Appl. Phys. Lett.*, **56**, 307 (1990).
[76] 张囡、邵宗书、陶绪堂、袁多荣、蒋民华、许东，人工晶体学报，**20**，398(1991).
[77] M. Sagawa, H. Kagawa, A. Kakuta, M. Kaji, *Appl. Phys. Lett.*, **63**, 1877 (1993).
[78] D. S. Chemla, J. Zyss, Nonlinear Optical Properties of Organic Molecular and Cry stals, **1—2**, Academic Press, New York (1987).

[79] J. L. Oudar, R. Hierle, *J. Appl. Phys.*, **48**, 2699 (1977).
[80] J. C. Baumort, R. J. Twieg, G. C. Bjorklud, J. A. Logan, C. W. Dirk, *Appl. Phys.Lett.*, **51**, 1484, (1987); P. Kerkoc, Ch. Bosshard, H. Arend, P. Günter, *Appl. Phys. Lett.*, **54**, 487 (1989).
[81] J. Zyss, D. S. Chemla, J. F. Nicoud, *J. Chem. Phys.*, **74**,4800(1981); M. Shino, M. Yamakawa, T. Kubota, *Acta Cryst.*, **B33**, 1549 (1977).
[82] J. Zyss, J. F. Nicoud, M. Coquillay, *J. Chem. Phys.*, **81**,4160(1984).
[83] W. Tam, B. Guerin, J. C. Calabrese, S. H. Stevenson, *Chem. Phys. Lett.*, **154**, 93 (1989).
[84] J. D. Bierlein, L. K. Cheng, Y. Wang, W. Tam, *Appl. Phys. Lett.*, **56**, 423 (1990).
[85] S. Guha, C. C. Farzier, Technical Digest, CLEO'88, TUJ3 (1988).
[86] G. Su, Z. Li, F. Pan, Y. He, *Cryst. Res. Technol.*, **27**, 587 (1992).
[87] M. Sagawa, H. Kagawa, A. Kakuta, M. kaji, *Appl. Phys. Lett.*, **63**, 1877 (1993)
[88] 张囡、绍宗书、陶绪堂、袁多荣、蒋民华、许东，人工晶体学报，**20**，398(1991).
[89] M. Barzoukas, D. Josse, P. Fremaux, J. Zyss, J. F. Nicoud, J. O. Morley, *J. Opt. Soc. Am.*, **B4**, 977 (1987).
[90] D. S. Chemla, J. Zyss, Nonlinear Optical Properties of Organic Molecular and Crystals **1**—**2**, Academic Press, New York (1987).
[91] S. Inoue, D. W. Robinson, D. O. Cowan, M. Kimura, *Synthetic Metals*, 28,D 231 (1989).
[92] D. A. Roberts, *IEEE. J. Quant. Elect.*, **28**, 2057 (1992).

第十四章　晶体的品质鉴定

刘　琳　蒋培植　赵玉珍

晶体品质鉴定是对晶体组分和结构进行描述。当组成晶体的所有原子的性质、浓度和位置都知道了，可以说该晶体得到了全面的鉴定。然而进行这种全面的鉴定是不可能的.实际工作中，晶体的品质鉴定只是对晶体某些感兴趣的组分或结构性质进行描述，其中最重要的是对晶体中不完整性进行研究。

§14.1　晶体品质鉴定的必要性

自然界存在着各种各样彩色绚丽的晶体，很早就引起了人们的注意，有的用来做装饰品，它们价值连城，具有非常高的收藏价值。但是从原子排列观点来看，它们并非都是完整的。自然界中天然形成的晶体，有一些可为现代技术直接使用，例如金刚石、水晶、冰洲石以及云母等。但就品种、数量和尺寸来说，还远远不能满足现代科学技术的需要。于是人们不得不利用各种方法生长出人工晶体，以满足科学技术的需要。然而，人工晶体同样也不是尽善尽美的，晶体中也会存在这样那样的缺陷，从原子的观点来看仍是不完整的。我们所要使用的晶体物理性质又直接受到这些晶体不完整性的影响，这种不完整性严重到一定程度时，晶体甚至完全不能使用。从事晶体生长的人们都有这样的体会，即使是一种别人已经使用成熟的晶体，自己想要生长时，也不是第一次生长出来就能满足使用要求。而是要作大量研究工作，去寻找生长条件与晶体质量之间的关系，改进生长条件，才能生长出合乎使用要求的晶体。作者在生长光隔离器用的 $Tb_3Ga_5O_{12}$ 晶体时，刚开始得到的晶体，在某些波段竟是不透明的，与文献报道的数据相差甚远，根本无法在器件上使用。因此说，生长出一种新晶体后，必须对它进行品质鉴定，判断它是否合乎质量要求，只有质量合格的晶体才能具有所要求的物理性质。

晶体的品质鉴定对晶体使用者不可缺少，晶体的品质鉴定对晶体生长工作者也同样十分重要。在对晶体的品质鉴定中，晶体生长工作者能及时发现晶体中的不完整性，发现这种不完整性的空间分布，而这种不完整性的空间分布正是晶体生长过程的历史记录。研究晶体生长的历史，可以了解晶体生长参数在不同时间对晶体质量的影响，找出产生晶体中不完整性的原因，从而确定合适的生长参数，生长出质量合格的晶体。

晶体生长出来以后要做的第一步工作是，搞清所生长出的晶体是不是所要得到的晶体，也就是说要对得到的晶体“验明正身”。由于晶体组分的复杂性以及物质相变的可能性，即使是初始配料正确，也不一定就能得到所要求组成的晶体和所要求的晶体相。得到一种新晶体后，必须利用物相分析或其他手段对新晶体的“身份”进行确认。作者在使用提拉法生长 β-BBO 晶体时，开始由于没有掌握生长 β 相晶体的条件，得到的却是 α-BBO 晶体，这显然不是所希望得到的晶体。后来经过了一段时间的研究工作，才从同样的原材料中在不同的生长条件下生长出了 β-BBO 晶体。

生长得到的晶体经过“验明正身”以后，晶体能不能用，还取决于所生长晶体的质量。为此必须对晶体中物理的和化学的不完整性进行检测，确定它们所含的数量和空间分布，搞清它们的结构和成分，也就是说要对晶体的品质进行鉴定。然而，一种新晶体生长出来，对其进行全面的品质鉴定是十分费时的，一般也没有这种必要。由于人们一般只是利用了晶体某一方面的性能，因此只要对影响这种性能有关的品质进行鉴定就可以了。作为晶体生长工作者来说，要根据使用的目的，搞清哪种品质是影响晶体使用性能的关键，从而集中力量对这种品质进行鉴定。例如，做外延衬底用的晶体对晶胞参数要求很严格，而用作人工装饰宝石的晶体根本可以不去考虑它的晶胞参数.

晶体的品质鉴定应该是晶体生长工作者工作内容的一部分，或者亲身去做，或者至少要决定做什么样的鉴定工作以及请什么样的专家来做. 不同的晶体会存在不同类型的不完整性，不同的使用目的所要鉴定的内容也不同，为此所采用的鉴定方法也千差万别. 现代科学技术的发展为晶体的品质鉴定提供了各种各样的鉴定技术，但我们要用一章的篇幅来把它们讲清楚是不可能的，因此本章只能简单介绍一下各种常用方法的基本原理和应用，供读者在选择鉴定方法时作参考. 本章所提到的鉴定方法都有专著论述，读者一旦选定了一种方法，就要去阅读有关专著或请教有关专家，才能应用这种方法对晶体的品质进行鉴定.

§14.2 晶体的组分不完整性

14.2.1 晶体主成分

一种晶体的主成分是指组成晶体的主要成分. 为了得到所要求的晶体性能，有时要人为地向晶体中掺入某些其它元素，而这些掺入的元素所起的作用才是我们所希望的. 例如红宝石晶体，其主要成分 Al_2O_3 晶体，其本身是无色透明的，只是在掺入了 Cr 离子以后，晶体才表现出红色来，成为名符其实的红宝石晶体，于是才具有了做装饰宝石的价值. 又例如熟知的激光用 YAG($Y_3Al_5O_{12}$) 晶体，只有其主成分，不掺入激活离子，晶体并不能发生激光. 为了得到激光输出，必须向 YAG 晶体中掺入激活离子 Nd，Nd 激活离子在晶体中受到 YAG 晶体晶场的作用，产生了合适的能级分布，才能得到激光输出. 在这里 Al_2O_3 和 YAG 都是晶体的主成分，又称为基质晶体. 很显然，晶体组成中的主成分有变化，掺入的元素就会处于一种不同的晶场中，其发光性能就要发生变化，以至达不到使用要求. 仍以 YAG 晶体为例，按 Y_2O_3 与 Al_2O_3 的分子数之比为 3:5 组成的晶体就是我们通常使用的 YAG 晶体. 如果晶体的组成发生了变化，例如晶体的组成变成 Y_2O_3 与 Al_2O_3

的分子数之比为 1:1,就变成了另一种 YAP 晶体. 虽然 YAP 也是一种激光晶体,但它与 YAG 对激活离子的影响就大不一样,激光性能也大有差异. 上面例子说明, 尽管两种晶体的组成元素相同,但由于晶体主成分的组成不同,得到的可以是两种不同的激光晶体. 在晶体生长中,如果我们用了纯度不高的原材料,或者在原料制作和生长晶体的过程中混入了其他物质, 生长出的晶体可能就不是我们所要求得到的晶体. 因而一种晶体生长出来, 我们首先要对晶体的主要成分进行分析. 判断主要成分的组成是否是我们所要求的.

14.2.2 掺质和杂质

上面提到,为了达到某些应用要求,要人为地向晶体中掺入一些元素, 这种为了达到一定的目的而掺入的元素称为掺质. 由于所用化学试剂的不纯或是由于原料合成过程以及晶体生长过程中引入了其他元素, 就使得所生长的晶体中含有多余的杂质. 杂质是晶体生长工作者不希望的, 而掺质是晶体生长工作者必须得到的. 我国晶体学界老前辈陆学善先生,为了把英文中的 Dopant 和 Impurity 分开, 首先建议使用"掺质"这个词. 从汉字字义来看, "杂质"通常理解为不好的, 不想要的物质. 而"掺质"是有意加进去的,以达到某种目的的物质.

晶体的物理性质有时对某些杂质特别敏感, 杂质的存在会严重破坏晶体性能的发挥. 例如, 现在一致认为激光晶体中的铁离子会吸收 Nd 离子发出的激光,从而降低其激光输出效率, 因而杂质铁在晶体中的浓度是必须控制的. Nd 离子作为掺质,浓度低了激光输出的效率不高,浓度高了又会发生浓度猝灭,反而使激光输出的效率降低, 因而掺质在晶体中的浓度也必须控制在一定的水平. 由于晶体对掺入的不同元素有不同的分凝系数, 同一种元素掺入到不同的晶体中的分凝系数也不一样, 要想知道晶体中掺质的确切含量, 必须对生长出的晶体进行掺质含量的分析. 对于分凝系数不为一的体系,还会造成掺质或杂质的浓度梯度,导致晶体中的组分不均匀性。同时，由于生长参数的起伏及生长条件的非均匀性，掺质和杂质在晶体中的分布也是不均匀的，会形成晶体中的生长条纹。所以晶体生长工作者得到晶体以后，要对晶体中的掺质或杂质含量有一定的数量概念，同时也要对晶体中掺质或杂质的分布均匀性有一定的了解，依此来评价生长出的晶体是否达到要求。为此就要对晶体中的掺质和杂质进行成分分析。

14.2.3 非化学比组成

在基础化学中，根据组成定律，认为化合物中的原子数比应为简单的整数比。例如，在 YAG 晶体中，Y，Al，O 三者的原子数之比为 3:5:12，而随着科学的发展，现在人们发现，这种按严格化学计量形成的化合物是一种特殊情况，而更普遍的存在着非化学比计量化合物。即化合物中各元素原子数的比不是简单的整数比，而是出现了分数。这种情况的产生，可能是由于离子价态的变化，也可能是由于出现了间隙阴离子和间隙阳离子。

在晶体生长中，化学比偏离的情况经常发生。当偏离不大时，对某些晶体的物理性质或许不造成严重影响，但是对某些晶体来说，其物理性质却对晶体组分偏离非常灵敏。例如制造气敏元件的锡石晶体(SnO_2)材料，按严格化学比的材料为电绝缘体，而偏离化学比的晶体才是可以导电的。

晶体中的组成偏离大时，可以用化学分析的办法来检测，而偏离小时只能求助于光学、电学或磁学性质来检测了。

14.2.4 成分分析

晶体的性质是由其组成和结构决定的。一般说来，当晶体生长出来以后，人们总是想知道晶体的成分是否是所需要的，在晶体中是否含有来自原料的或在配料操作和生长过程中引入的有害杂质。如果为了改善或得到某些特殊性能而掺入了某些元素，由于晶体对掺入的元素有分凝问题，晶体中的掺质元素浓度与配料浓度通常有很大差异。在复杂成分的晶体生长过程中，晶体的真实组成将随着生长条件的改变而改变，生长条件不同，晶体的组成也有变化．一些晶体缺陷的产生也常常与晶体中的杂质存在或其组成变化有关．因此，晶体成分分析对晶体生长工作者来说是必不可少的．

在分析和配制晶体生长原料中都要用到各种各样的化学试剂．根据我国化学工业部部颁标准(HG3-119-64)规定[1,2]，我国化学试剂的规格分为三级：优级纯(G.R.)，一级试剂，也叫保证试剂．杂质含量很低，主要用于精密的科学研究和分析工作；分析纯(A.R.)，二级试剂．杂质含量低，主要用于一般科学研究和分析工作；化学纯(C.P.)，三级试剂．杂质含量高于分析纯试剂，一般用于工业分析．此外，根据用户要求，还有特殊规格的试剂，如 MOS 试剂(电子纯)、高纯、光谱纯、基准和分光纯等试剂．MOS 纯、高纯、光谱纯试剂的纯度高于优级纯，主要用于电子工业、光学及晶体材料的制备．

按照分析对象的不同，成分分析可以分为无机分析和有机分析．目前，使用量大面广的大都是无机晶体，因而本章主要涉及无机分析．根据分析时样品用量的不同，成分分析又可分为常量分析(大于0.1g)、半微量分析(0.01—0.1g)、微量分析(0.001—0.01g)、亚微量分析(0.0001—0.001g)和超微量分析(小于 0.0001g)．根据分析样品的取样部位或区域划分，可分为总体成分分析和局部成分分析．在对晶体进行总体成分分析时，一般要考虑取样部位，因为实际晶体的头部和尾部，表面和中心的平均成分往往有所差异．在研究晶体缺陷如包裹物、生长条纹的组成成分时，更要正确地选择取样位置，对晶体的局部成分进行分析．

前面已经提到晶体中的主要成分和次要成分，这里我们把掺质和杂质统统称为次要成分，这种分法没有考虑它们在晶体中的具体含量．应该注意的是，在成分分析术语中的主要成分和次要成分却给出了量的定义．按照分析化学的一般分类[3,4]，主要(大量)成分的含量大于 1%，次要(少量)成分的含量是 0.01—1%，痕量成分的含量小于 0.01%．

根据分析结果的准确度，成分分析可以分为定性分析、半定量分析和定量分析。定性分析用来确定样品中含有什么元素，但并不告诉每种元素的具体含量。然而，由于受分析方法检测极限的限制，即使是定性分析，告诉你样品中不含某种元素，也不能说样品中一定就没有这种元素，只能说是用该方法没有检测到这种元素。半定量分析用于测定样品中各元素的大致含量，在什么数量级范围内。通过半定量分析可大体知道在样品中那一种元素含量多，那一种元素含量少。定量分析用于准确测定样品中被测元素的含量，采用的分析方法不同，测定的准确度和精密度也不同。

§14.3 晶体结构的不完整性[21,22]

所有的晶体(包括天然晶体和人工晶体)都不是理想的完整晶体，它们都存在着对于理想空间点阵的这样或那样的偏离，这种对理想点阵的偏离统称为晶体的不完整性。那些偏离的地区或结构通称为晶体缺陷。

晶体缺陷可以按物理性质或化学性质分类，但大多数情况都是按其几何线度来进行划分的。下面对与晶体生长有关的一些缺陷做一简要介绍。

14.3.1 点缺陷

晶体中原子大小的缺陷称为点缺陷。晶体中点缺陷的基本类型是点阵空位和填隙原子。当考虑到有杂质存在时，也应把处于替代位置和处在间隙位置的杂质原子包括在内。

(1) 空位与填隙原子　空位是晶体点阵中没有被原子占据的位置。填隙原子是处于阵点之间的空隙位置上的原子。分别如图14.1(a, b)所示。

碱金属卤化物晶体中，大多数的空位与点阵处于热力学平衡，而且是由于热涨落所引起的。单纯的点阵空位常称为肖特基(Schottky)缺陷[23]。另一类型的点缺陷是弗仑克尔(Frenkel)缺

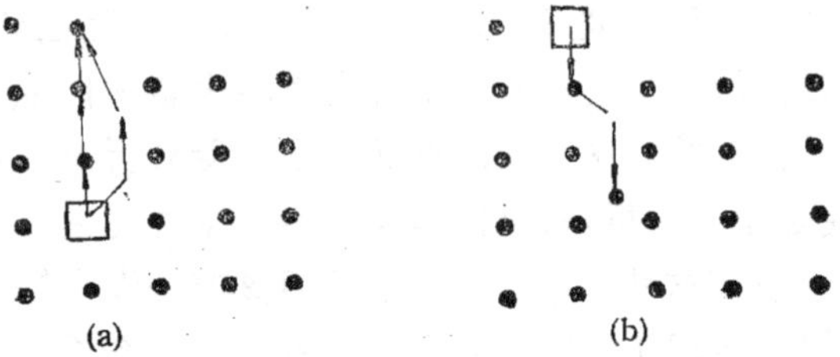

图 14.1 (a)肖特基缺陷形成示意图；(b)晶体内部只有填隙原子的情况.

陷[24]. 这种缺陷是在晶体生长或热处理过程中，由于一些原子从它们原来的正常点阵位置迁移到点阵的间隙位置而形成. 它也是由热涨落引起的. 一个弗仑克尔缺陷，实际上包括两个成分：一个空位和一个填隙原子. 其形成过程见图 14.2.

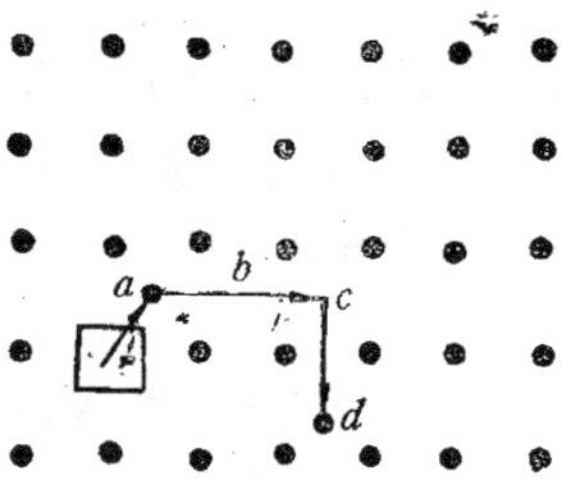

图 14.2 弗仑克尔缺陷形成示意图.

值得指出的是，在离子晶体中，必须对正负离子空位和正负填隙离子加以区分. 由于晶体具有保持电中性及化学计量比的趋向，这使正负离子空位成对出现的概率增大，在离子晶体中，这样一对正负离子空位对才称为肖特基缺陷，而弗仑克尔缺陷的定义仍如前所述.

(2) 外来原子　主要指杂质和溶剂原子. 由于任何物质都不可能做到绝对的纯净，而且扩散也总是不可避免的. 所以在晶体生长过程中，杂质原子和溶剂原子都可能进入晶体. 尤其是在高温生长情况更易进入，因而外来原子总会或多或少地存在于一切晶体之中. 其多少视其有效分布系数和所用化学原料的纯度以及生长晶体时所用的溶剂而定. 这种外来的原子常常以替代的方式存在于点阵中，但也可存在于点阵的间隙位置. 外来原子进入点阵的难易与晶体的结构和外来原子本身的尺寸及性质有关，与外界条件(如温度、压力等)也有关。

(3) 色心[25] 离子晶体中点缺陷所引起的物理现象较多，例如离子电导、光吸收等等。其中为人们所熟知的一种效应是色心的产生。

色心就是吸收光的点缺陷。它们可能存在于非化学计量比的化合物中。实验表明，碱金属卤化物在某些条件下热处理就很容易产生色心。这时晶体中会产生负离子空位，它相当于一个正电子中心，如果捕获一个电子组成一个类似于氢原子的系统，这样的系统就是所谓的 F 心。在离子晶体中，还可以出现其它类型的色心，例如 F' 心，R_1 心，R_2 心、M 心等等，都是一个或一个以上的负离子空位捕获电子形成的。同样，离子晶体中的正离子空位也可以捕获一个空穴(正空穴)而形成空穴捕获型色心。属于这类的色心有 V 心(($V_1, V_2, V_3, \cdots\cdots, V_K$)、$H$ 心等。

晶体中点缺陷的存在，对于晶体生长的影响是相当重要的。因为它会改变杂质掺入和影响相的平衡关系，而且它还可形成一些其它的缺陷(二次缺陷)，如位错、层错等。点缺陷是一种与点阵处于热力学平衡的缺陷。原则上，平衡缺陷的浓度可以用适当的退火方法来改变。但是实际上，明显的改变只可能发生在具有适当大小的自扩散系数的材料中。

14.3.2 线缺陷

在这里，线缺陷主要指位错而言。晶体中的位错是一种常见的一维(线型)缺陷。这类缺陷在晶体生长中有着相当的重要性。因为它们可以给人们提供某些有关晶体生长机制的信息。它们对于材料的物理性质也有影响，例如可以影响材料的强度和杂质的扩散及沉淀。物质的很多性能都具有结构敏感特性。位错的存在常常给材料的性能带来这样或那样的影响。

最简单的线位错是所谓刃型位错和螺型位错。它们都是由于某种原因在晶体中引起部分滑移而产生的。这里的所谓滑移是指一部分晶体相对于另一部分晶体平行于平面(P)在某一方向上发生的位移．这种位移的方向和大小，可用一矢量 $\boldsymbol{b}$ 来表示．所谓部分滑移是指晶体的一部分发生了滑移，而另一部分没有发生滑移，这两部分在滑移面（P）上的分界线 C 就是点阵畸变的中心地区，通称为位错线，也简称为位错．当 $\boldsymbol{b}$ 与 C 垂直时称为刃型位错（见图 14.3），而当 $\boldsymbol{b}$ 与 C 平行时称为螺型位错（见图 14.4）．矢量 $\boldsymbol{b}$ 称为 Burgers 矢量．

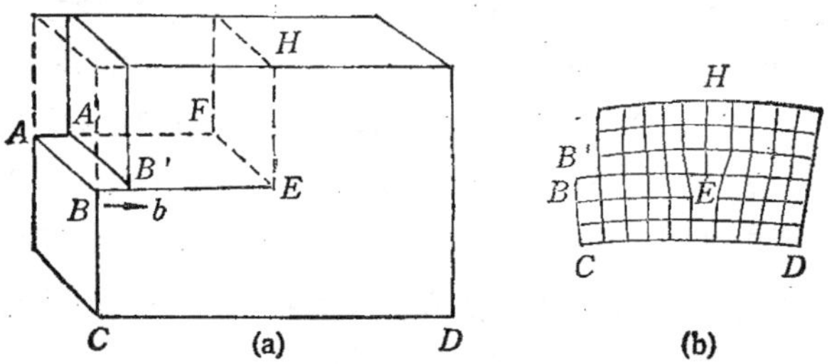

图 14.3　刃型位错形成模型．

(a) 中 $ABEF$ 为滑移面(P)，箭头 b 为 Burgers 矢量，EF 是刃型位错线；(b)是 (a) 图的点阵水平正投影，E 是位错线的投影．

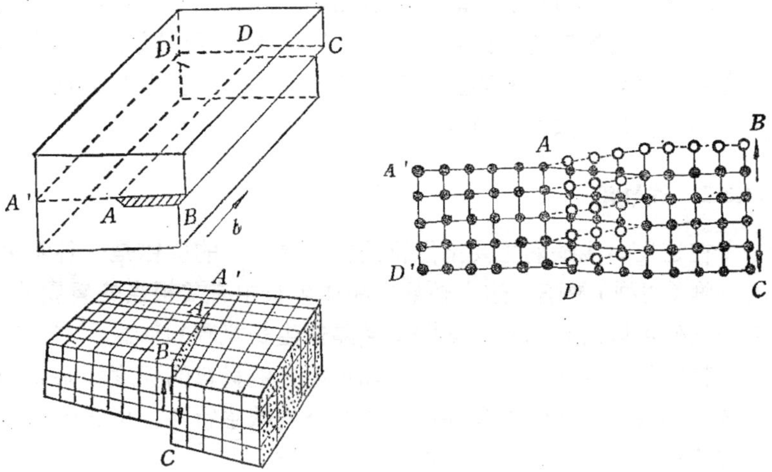

图 14.4　螺型位错形成模型．

AD 为位错线，与箭头代表的 Burgers 矢量平行．

图 14.5 示出了更普遍的情况．设 C 为一条任意的闭合曲线，

而且 b 矢量也在这个平面上。此时，图中 A,B 两点附近的位错是螺型的；D,E 两点附近的位错是刃型的；而在其余的地方(如 AD 之间)，位错则介于螺型和刃型之间(因 b 与位错线既不平行也不垂直)，称之为混合型位错。曲线 C 称为位错环。按定义，由于位错线是晶体中已滑移区域与未滑移区域之间在滑移面上的分界线，所以曲线 C (即位错线)或为晶体内的一条闭合曲线，或者它的起点和终点都处在晶体表面上。

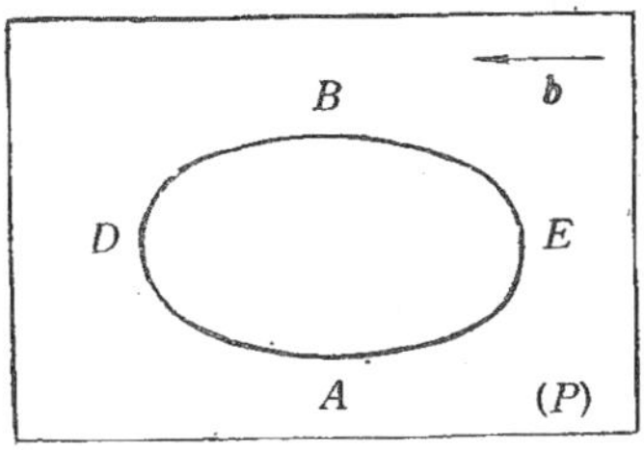

图 14.5 平面位错环
A,B 两点附近的位错线是螺型位错，DE 附近为刃型位错，b 为 Burgers 矢量，P 为滑移面.

总括起来，位错具有下列性质:

(1) 位错是晶体中原子排列的缺陷，它是一种线缺陷，但并不是几何上所定义的线。严格说来，位错是有一定宽度的管道。

(2) 位错必须在晶体中成一封闭的环形，或者终止在晶体的表面上或是终止在晶粒间界上，不能终止在晶体内部。

(3) 位错环是把晶体中的变形部分和没有变形部分区分开来，或者更普遍地说，位错环把两个不同程度变形区域区分开来。

(4) 在位错管道内及其附近有甚大的应力集中，在晶体中形成一个应力场。在位错的管道内，原子的平均能量比其它区域大得多，它的形成常使系统的能量增高，所以它不是平衡缺陷。

在晶体生长过程中，位错形成的机制归纳起来大体有以下一些情况：用籽晶生长晶体时，籽晶中原有位错会向新生长的晶体中延伸。这就要求很好地选择籽晶。由于位错线延伸的方向与生长界面基本垂直，改变生长界面的形状可以改变位错的传播方向，使其排出晶体外。缩颈法就是为了达到阻止位错传播的目的。另外籽晶表面的污染和损伤都容易导致位错的产生。热应力、机械应力或成分不均匀引起的切应变也是产生位错的一个重要原因。界面不稳定引起的枝蔓生长、组分过冷和溶质包裹体，这都可能产生新的位错．如果生长着的晶体中含有大量空穴，在晶体快速冷却时，空穴凝聚成盘状空穴，那么盘状空穴坍塌可能形成位错环．空位的存在又会促进位错的增殖．另外，液体中晶体胚芽的无规错排也会产生位错．

关于位错的细节可参阅有关专著[26,27]．

14.3.3 面缺陷

晶体中的面缺陷(二维缺陷)类型较多，其中包括晶粒间界、镶嵌结构间界(小角晶界)、堆垛层错、孪晶间界以及自由表面等等．这里只介绍以下几种．

(1) *镶嵌结构间界* 有些原因常常可以导致晶体内形成许多具有一定晶体学取向差异的微细区域．当这些区域直径很小，约为 500—5000 个单胞，且取向差小于 10° 时，则说这晶体具有镶嵌结构．这时两区域间的间界称为镶嵌结构间界．当这种区域的线度和取向差都较大时，这种间界就称为晶粒间界[28]．

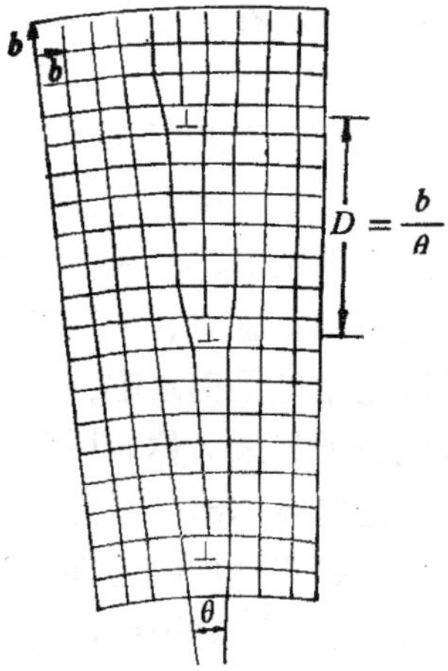

图 14.6 简立方晶体小角晶界的位错阵列模型．

这里只介绍情况较为简单的小角晶界，即镶嵌结构间界，因为小角晶界可用位错阵列模型来描述，而大角晶界则不能．

最简单的小角晶界是对称的倾斜晶界（如图 14.6 所示）．这种晶界可以看作是由一列等距排列的刃型位错所组成．

这种简单的小角晶界有两种类型，即倾斜晶界和扭转晶界．其中扭转晶界不仅含有刃型位错，而且也含有交叉的螺型位错阵列．

小角晶界形成的原因是，在晶体冷却或退火过程中，由于晶体中的位错往往会获得足够的热激发而发生移动，从而不在同一滑移面上的位错，由于它们的应力场之间的交互作用，会使得它们终止在平衡位置，最后排成一列而形成小角晶界。

另外，还有人认为，在熔融结晶过程中可能出现的一种所谓系属结构，也会导致小角晶界的形成。这种系属结构是由一些大体上与生长方向平行的条纹所组成，而相邻条纹就横切面上的晶体学取向来看，存在有 0.5°—4°的方位差异。这样，当结晶过程形成系属结构时，则随着晶体长大就会形成与固-液界面垂直的一些小角晶界，并且随着固-液界面的移动而继续发展。

（2）**层错** 图 14.7 示出了晶体中原子的密排面。它是面心立方晶体的 {111} 面，也是六方密堆晶体的(0001)面，即面心立方晶体与六方密堆晶体都可用这样一个原子密排面堆积而成。图中的 *A* 表示第一层原子的位置，*B* 表示第二层原子的位置，*C* 表示第三层原子的位置，如此循环堆积上去。堆积的方法还可以使第二层的原子落在 *C* 的位置，第三层原子落在 *B* 位置，也可落在 *A* 的位置。这种按照 *A*, *B*, *C* 的原子位置堆积起来的次序称为堆垛次序。总之，其堆垛次序可以是 *ABCABC*……或 *ABAB*……等形式。但不存在 *AA*, *BB*, *CC* 的堆积次序。从原子势能的角度来看这是不难理解的。

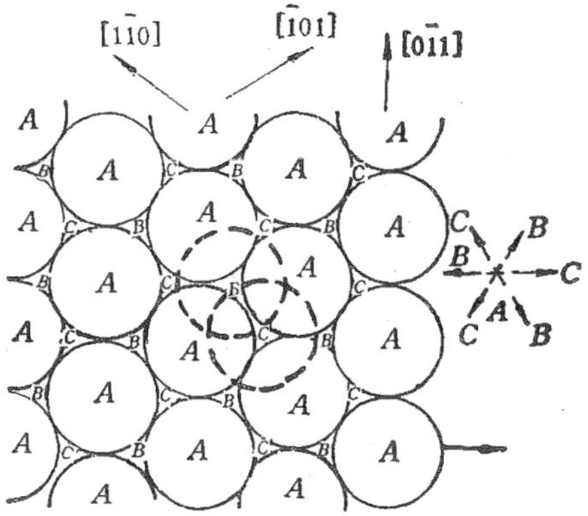

图 14.7　面心立方晶体中的密排面．

面心立方晶体的堆积次序为……*ABCABCABC*……，而六角密堆次序为……*ABABAB*……．如果在这种正常的堆积次序中发生了错乱，就出现了堆垛层错．例如本来……*ABCABC*……的排列次序，却排成了……*ABCACABC*……；本来应该……*ABABAB*……的排列次序，却排成了……*ABABCACAC*……等。

盘形空穴的坍塌及生长过程中的一些偶然因素，都可造成原子错落在成层错的位置上，构成层错源而产生层错．当过饱和度较大和原子堆积较快时，更是这样．另外应力也是产生层错的一个原因．

(3) 孪晶与孪晶间界[29] 所谓孪晶就是由某种对称操作相连系的两个相同晶质的个体的连生体．有时也叫双晶．两个体之间的分界面就叫孪晶间界，它也是一种二维缺陷．孪晶本来应属于体缺陷的范畴，但人们常在面缺陷内讨论，因为这两种缺陷的形成是不可分割的．

在晶体学中，常常是按孪晶的成因分为以下三类:

(1) 生长孪晶．它是晶体生长过程中，形成的孪晶．

(2) 转移孪晶．它是在固体相变时所形成的孪晶．

(3) 机械孪晶．它是由外力使晶体发生形变时所形成的孪晶．

这里我们只讨论生长孪晶．一般说来，生长孪晶都是由于在晶体的正常生长过程中，偶然出现的干扰所形成．生长孪晶的形成大致可分为下述三种情形:

(1) 一开始形成的晶核即为孪晶核，紧接着在其上沉积平行的分子层便形成孪晶．在这种情形下，孪晶的两个体一般都具有同等的大小．

(2) 孪晶源(核)在晶体生长达到一定大小后才出现．

(3) 在晶体生长过程中，由两预先存在的小晶体以成孪晶的位置粘附在一起形成孪晶．

孪晶的形成与晶体的组成和构造特征以及外界条件等有关．值得指出的是，结晶条件对孪晶的形成是十分敏感的．溶液的过饱和度，溶液的粘滞性，杂质及生长方法等等对孪晶的形成都具有强烈的影响．

14.3.4 体缺陷

体缺陷即三维缺陷．嵌镶结构、网格结构、系属结构、生长层、孪晶以及包裹体都属于这个范畴。在这里我们只叙述一下与包裹体的有关问题。因为其它的几种缺陷，已分别在熔态生长等有关章节中作过介绍了。

包裹体是晶体中某些与基质晶体不同的物相所占据的区域。它常常是溶液生长的晶体中最严重的缺陷之一。助熔剂法尤为更甚。提拉法生长的晶体中也常常不可避免。不仅会出现溶剂包裹体，而且作为坩埚材料的铂、铱等都可能被包裹在晶体之中。在矿物学和晶体生长的有关文献中，常常使用一些特别的术语来描写各种形式的包裹体。常见的包裹体有如下几种形式[30]:

（1）泡状包裹体——晶体中的那些大小不同的被蒸汽或溶液充填的泡状孔穴。

（2）幔纱——由微细包裹体组成的层状集合。

（3）负晶体——晶体中具有晶面的空洞。

（4）幻影——具有一定方向的幔纱。

（5）云雾——微细的汽泡或空穴所形成的云雾状的聚集。

（6）固体碎片　人们还常常把包裹体按出现的时间分类成原生包裹体和次生包裹体。原生包裹体是在晶体生长过程中出现的，而次生包裹体则是在生长之后形成的。包裹体形成的原因十分复杂，下面的情况都会导致包裹体的形成:

（i）外来物质——汽泡、不能混溶的液体以及固体粒子的存在都可能阻碍溶液进入这些外来物质所在的那些位置，而生长的结果只能将它们裹夹在里面形成包裹体。

（ii）沿生长表面过饱和度的变化所引起的晶体表面的低洼和突起，也是引起包裹体的原因。这种过饱和度的变化是由于扩散引起的，在晶体角落和边棱上比中心具有更大的过饱和度。边角比中心长得快，必定要导致中心低洼，四周突起。在极端情况下，生长成为枝蔓状。如果后来生长率减慢下来，则表面又可成为平面。于是就把溶液封闭在里面，形成包裹体。

（iii）台阶生长也可导致包裹体形成。晶体的台阶在伸展过程中相遇时，会形成母液包裹体。

(iv) 溶解能够在晶体表面产生蚀坑，紧接着的生长可能将这些蚀坑覆盖，形成细微的包裹体．

(v) 在组分过冷的条件下，凝固界面有形成网格结构的趋向．这样，富含杂质的熔体就被捕获在网格结构的漕沟之中，最后这部分熔体凝固就产生了富含杂质的泡状或念珠包裹体．

(vi) 生长过程中所排除的杂质，在某些条件下，其浓度可能超过它在晶体界面附近的溶解度．如果这时杂质成核凝成新相，则此后再偏析出来的杂质就可能扩散到新相上，并使它长大起来．当这新相是粘附在晶体表面时，它就可能被裹夹进去，形成包裹体．

(vii) 流体动力学效应也可促使包裹体的形成．在溶液法生长晶体的过程中，可能会在转动晶体的后方形成一些稳定的封闭旋涡．该处的溶液就得不到补充而耗尽，最后形成溶质的亏空区域，它与新鲜溶液相遇的地方，沿着晶体表面就会出现一个大的浓度梯度(几乎是突变)．在饱和度大的地方晶体将会生长，而在低浓度区将不会生长，因此可以预料包裹体常常发生在过饱和度突变的地方．

应该指出的是，在生长之后，由于晶体中存在的杂质浓度超过了它的固溶度而脱溶沉淀，这也可能形成包裹体．在生长之后，紧接着将晶体降温时就很可能发生这种情况，因为杂质的溶解度是随温度下降而下降的．

§ 14.4 晶体成分分析的常用方法

现代分析化学发展了许多分析方法，设计、制造了各种成分分析仪器．作为晶体生长工作者来说，重要的是要根据所生长晶体的组成、被测组分的含量、分析目的及对分析结果准确度的要求等正确地选用分析方法．

晶体主要成分的测定一般采用化学分析中的重量法和容量

法、等离子体发射光谱及X射线荧光光谱分析等方法。次要成分及痕量成分的测定一般采用发射光谱、比色与分光光度、等离子体发射光谱、原子吸收光谱、质谱、激光光谱及中子活化分析等方法。由于可采用的分析手段很多，而且各有专著论述，这里仅就其中的几种作一扼要介绍，供晶体生长工作者参考。

14.4.1 重量法与容量法

重量法和容量法是两种古老的化学分析方法[4,5]。重量法是根据称量反应生成物的重量来测定物质含量的方法。这种方法通常是以沉淀反应为基础，将被测组分转变成溶解度很小的沉淀，然后将沉淀分出，干燥称重，即可求出被测组分的含量。也可利用电解（称量在电极上析出物质的量）、气化（将生成的气体吸收后称重）等方法来进行重量分析。

容量法（又称滴定法）是将一种已知准确浓度的试剂溶液（称为标准溶液）滴加到被测物质溶液中去，与被测组分发生化学反应，根据所用标准溶液的浓度和消耗的体积来计算被测组分的含量。根据标准溶液与被测组分发生化学反应的类型，可将容量法分为五种：(1)酸碱滴定法，利用酸与碱的中和反应进行滴定。(2)氧化还原滴定法，利用氧化还原反应进行滴定。(3)络合滴定法，利用络合反应进行滴定。(4)沉淀滴定法，利用形成沉淀的反应进行滴定。(5)非水滴定法，利用水以外的各种试剂进行滴定。

重量法和容量法的主要优点是，需要的仪器设备简单，易于掌握和普及，而且准确度高，测定的相对误差一般在0.1%左右，适用于晶体及其它样品中高含量及中等含量组分的测定。重量法的缺点是手续麻烦，费时，分析速度慢，灵敏度低，不适于低含量组分的测定。容量法的缺点是元素间干扰比较严重，另外适宜的滴定剂、指示剂对一些元素难以选择，因而分析的元素数目受到一定限制。随着分析仪器的发展，这两种方法逐渐被仪器分析所代替。

用重量法分析晶体成分的例子有：碘酸锂晶体中Li的分析；硅镁橄榄石晶体中Si及钇铝石榴石晶体中的稀土总量的分析等。

用容量法分析的例子有：钇铝石榴石（YAG）中 Y,Al,Nd 的分析；钆镓石榴石晶体中的 Gd 与 Ga 的分析；铌酸钡钠、铌酸钡锶晶体中 Ba 与 Sr 的分析；氟磷酸钙晶体中 Ca,P,F 的分析等.

14.4.2 比色法与分光光度法

比色法是利用被测组分在一定条件下与某种试剂（通常称为显色剂）反应，生成具有某种颜色的物质. 有色物质溶液的颜色深浅与其浓度呈一定的函数关系. 通过比较有色物质溶液颜色的深浅来确定被测组分的含量[5,6].

比色法一般分为两类：(1)目视比色法，利用人的眼睛来比较有色物质颜色的深浅，以确定被测组分的含量. (2)光电比色法，利用光电比色计测量通过有色物质溶液后的吸光度，从而确定被测组分的含量. 目视比色法设备和操作都比较简单，适于野外分析，但准确度差. 光电比色法用比色计代替人的眼睛进行测量，因此比目视比色法准确度高，选择性好，分析速度快.

分光光度法的基本原理与光电比色法的原理类似，是以物质对光的选择吸收和朗伯-比尔（Lambert-beer）定律为依据，应用分光光度计测量溶液的吸光度，从而确定被测组分的含量. 分光光度法与光电比色法的主要区别在于分光方式的不同. 光电比色计是使用滤光片进行分光，分光光度计是使用棱镜或光栅进行分光，因此获得的单色光比较纯，波长范围更窄，比光电比色法具有更高的灵敏度、准确度和选择性，应用范围更广.

比色法与分光光度法的优点是：(1) 灵敏度比较高. 测量下限可达 $10^{-3}\%$—$10^{-4}\%$ 主要用于微量组分的测定. (2)准确度比较好. 比色法的相对误差通常为 5%—20%，分光光度法为 2%—5%，对微量成分的分析，其准确度是满意的. 用示差分光光度法还可以进行高含量组份的分析. (3)操作简便、快速、仪器价格便宜，易于普及，一般分析实验室都具有这类仪器. (4)应用范围广，目前绝大部分元素的无机离子和有机化合物都可直接或间接用这两种方法进行分析. 其不足之处是：(1)对超纯物质的分析，其灵敏度还达不到要求。(2)对常量组分的分析，其准确度不如重量法和容量法高。(3) 对碱金属和碱土金属尚缺乏灵敏和特效的显色剂，一般多用于过渡族元素的分析。

分光光度法用于晶体成分分析的例子有：蓝宝石和深红宝石中微量 Ti 的分析；红宝石中微量 Cr 的分析；钆镓石榴石中 Zr 及铌酸钡钠晶体中 Nb 的分析等。

14.4.3 发射光谱法

发射光谱法一般是指“原子发射光谱法”。此法是利用气态自由原子和离子的外层电子(价电子)受激发产生能级跃迁所发射出的特征谱线来检测化学元素的方法[7,8,9]。根据元素特征谱线的波长可作定性分析，根据元素特征谱线的强度可作定量分析。其波长范围在 170—1000nm 之间。

发射光谱法的突出优点是设备比较简单，分析速度快，可同时测定多种元素，即一次激发可同时测定几十个元素。特别适合于地质勘探、石油化工、钢铁冶金、环境监测、临床检验、生物制品等样品的成分分析。

发射光谱分析所用的仪器种类很多，根据所用的激发光源，一般可分为火焰、电弧、火花、等离子体及激光光谱等五种类型，前三种一般又称为经典的发射光谱。

火焰光谱分析是利用化学火焰作为激发光源，其优点是设备简单，稳定性好，精密度高，分析速度快。缺点是火焰温度低，化学干扰大，能测定的元素种类少，一般只用于晶体及其他样品中碱金属及碱土金属的分析。

电弧光谱分析是以电弧作为激发光源。电弧又分为直流电弧及交流电弧两种。直流电弧的优点是电极温度高 (3000—4000K)，灵敏度高，可分析的元素多(达 70 种)，适合于定性分析和痕量杂质的定量分析。缺点是精密度差，不适用于高含量组分、难激发元素及卤素、氧、硫、碳、氮的分析。交流电弧光谱的特点是稳定性好，精密度高，但灵敏度比直流电弧法差，适用于定性及微量成分的定量分析.

火花光谱分析是以高压电火花作为激发光源. 其优点是稳定性、精密度及准确度都比较好,激发温度高(10000K 以上). 能激发具有高激发电位的谱线,电极头不容易发热,可分析低熔点的轻金属及合金. 缺点是灵敏度低,不适于分析痕量成分及杂质,适用于分析难激发元素,高含量组分,低熔点金属及合金样品.

火焰光谱法用于晶体成分分析的例子有: 铌酸钡钠晶体中的 Na 含量的分析;碘酸锂晶体、天然及人造水晶以及锗酸锌锂晶体中 Li 含量的分析等.

关于等离子体光谱和激光光谱将在下面作专题介绍.

14.4.4 电感耦合等离子体发射光谱法

电感耦合等离子体发射光谱法(inductively coupled plasma-atomic emission spectrometry, 简称 ICP-AES)是本世纪60年代提出,70年代迅速发展起来的一种新型光谱分析方法[10—13]. 它是以电感耦合等离子体炬(ICP)作为发射光谱的激发光源,因此这种分析方法通常又称为 ICP 光谱法或等离子体光谱法. 这种分析技术的主要优点是: (1)检出限低,灵敏度高. 对多数元素,检出限为 0.1—100ng/ml,若用固体表示,约为 0.01—10μg/g. 对难熔元素和非金属元素,其检出限优于经典光谱法. (2)精密度好. 当分析物浓度为检出限的 50—100 倍和 5—10 倍时,其相对标准偏差分别小于或等于 1%和 4%—8%.因此,也优于电弧和火花光谱法,故可用于精密分析和高含量成分的分析. (3)准确度高. 在多数场合下,测量的相对误差小于 10%, 对高含量(大于 10%)成分,可控制在 1% 以下. (4)工作曲线的直线范围广,可达 4—6 个数量级. 因而可以用一条标准曲线分析从痕量到较大浓度品位的样品,给操作者带来极大方便. (5)基体干扰小. 在原子吸收光谱分析中,经常遇到的"形成稳定化合物的干扰", 在 ICP 光谱分析中可以忽略不计, 而电离干扰也不很明显. 因此可用一套标准溶液分析多种样品溶液. (6)可进行多元素同时测定,并可同时测定试样中的主要成分、次要成分和痕量成分。(7)可测定元素的种类多（约 80 种）。此方法的缺点是：(1) 对多数碱金属及非金属元素，灵敏度比较低。(2)不能分析 H，O 等气体。(3)设备价格比较贵，消耗氩气量大(12—16L/min)。

ICP 光谱分析由于具有上述优点，已广泛用于地质勘探、石油化工、临床检验、食品工业等国民经济的许多部门。同时也已用于各种晶体的成分分析，如含钛的钽酸锂晶体中 Ta，Ti，Li 的分析[14]；钒酸钇晶体中 V，Y，Nd 的分析；钆镓石榴石中掺质元素 Ca，Mg，Zr，Nd，Cr，Ce 的分析；硅镁橄榄石晶体中主元素 Si，Mg 与掺质及杂质元素 Al，Cr，Nb，Ti，Ni，Fe，Zr 的分析；钛酸钡晶体中 Fe，Sr，Cu，Al，Ca，Mg 等杂质元素的分析[15]；铽镓石榴石中 Tb，Ga 的分析等。

14.4.5 激光光谱法

激光光谱分析是本世纪 60 年代随着激光的发现与应用而产生的一种新型的光谱分析方法，是激光在分析领域中的应用[8,16,17]。激光光谱法是以激光作为发射光谱的激发光源。由于激光具有高亮度，单色性好，方向性强及相干性好等特点，在激光聚焦处产生近万度的高温，使固体样品汽化，蒸发，再经辅助电极高压火花放电，使蒸发出的试样进一步激发发射出高强度的光谱来，由摄谱仪或光电倍增管记录，进行定性或定量分析。

激光光谱分析的光源，一般常采用红宝石激光器或者钕玻璃等固体激光器。

激光光谱法的优点是：(1) 灵敏度高，一般相对灵敏度可达 10^{-2}—10^{-4}%。绝对灵敏度可达 10^{-9}—10^{-12}g。(2) 所需要的样品量少，一般为微克量级，因而可进行微量样品的分析，对微小试样的分析有特别重要的意义。(3)试样损伤少，激光束破坏的样品表面积很小(直径小于 50μm，深度 25μm)，近似无损分析。可直接在光片，薄片及标本上进行分析，对一般样品也无需预先处理，分析过的样品一般不影响使用。(4) 可对样品进行定点定位的微区分析.(5)分析速度快,操作简便,易于推广.目前已广泛用于晶体、合金、矿物、玻璃、陶瓷、生物标本、电子元件等样品的成分分析,并已成为微区分析及微量样品分析的有效方法.其缺点是分析精度不太高,在分析样品的平均含量时不如其他光谱法(电弧、火花、等离子体)方便、准确.

在晶体生长中,激光光谱法主要用来测量晶体成分的变化和晶体中激活离子含量的分布,测量晶体中的缺陷(如气泡、云层及生长条纹)处的组成、杂质含量与完整处的差异等,对弄清缺陷形成的原因,改进生长工艺,提高晶体质量具有指导意义.另外,还可以测量晶体薄膜的成分和厚度,以及烧结工艺中扩散层的厚度,对深入了解扩散现象,改进烧结工艺都是极为重要的.

曾用激光光谱分析过激光晶体钇铝石榴石中激活离子 Nd^{3+} 的轴向分布和红宝石中 Cr^{3+} 的径向分布[18],分析结果表明,晶体中 Nd^{3+} 的含量随着晶体距籽晶间的长度的增加而增加,而 Cr^{3+} 的含量在红宝石中的径向分布呈非线性变化,中心部分 Cr^{3+} 的含量高,随着离开中心距离的增加,Cr^{3+} 含量降低,而后又逐渐增加.

14.4.6 原子吸收光谱法

原子吸收光谱法(atomic absorption spectrometry,简称AAS)是本世纪50年代中期出现并在以后逐渐发展起来的一种新型仪器分析方法[7,9,19].它是基于蒸气相中被测元素的基态原子对其共轭辐射的吸收强度来测定试样中被测元素含量的方法.

根据所用的原子化器,可将原子吸收光谱分析分为火焰原子吸收光谱法(FAAS)与石墨炉原子吸收光谱法(GFAAS)两种主要类型.前者是用化学火焰加热,在火焰中实现被测元素的原子化.后者是用电加热方式,在石墨炉原子化器中实现被测元素的原子化.石墨炉法原子化效率更高,故其灵敏度比火焰法高几个数量级,同时用样量少,仅需几毫克或几微升试样,即可进行测定.但测量的精密度较差.

原子吸收光谱法的优点是：（1）灵敏度高。火焰原子吸收法的检出限可达 10^{-5}—10^{-10}g，石墨炉法的检出限可达 10^{-10}—10^{-14}g。特别适用于晶体中次要及痕量成分的分析。（2）精密度好，准确度高。火焰原子吸收光谱法测量的相对标准偏差一般为1%—5%，石墨炉原子吸收光谱法一般为5%—10%。（3）应用范围广。可测定的元素达70多种，不仅可以测定金属元素，也可以用间接法测定非金属元素和有机化合物。（4）操作简便，分析速度快，样品溶液制备比较容易。（5）仪器价格比较便宜，便于普及，一般科研单位及厂矿都具有这类仪器。此方法的缺点是：（1）单元素测定。对多元素的测定，分析速度不如 ICP 光谱法快。（2）对难熔金属（Nb，Ta，Zr，Hf，W，Mo）及稀土元素，灵敏度较低。（3）不能分析 C，H，O，N 等元素。

此法用于晶体成分分析的例子有：红宝石中 Cr 的分析；钆镓石榴石（GGG）中掺质元素 Ca 的分析；铌酸锶钠锂晶体中 Li 和 Na 的分析等。

14.4.7 X射线荧光光谱法

当元素受高能辐射激发时，其内层电子产生能级跃迁，发射出特征X射线，称为荧光X射线。根据物质荧光X射线光谱测定物质组成的方法称为X射线荧光光谱法。通过测量其X射线的能量（或波长），可以对有关元素进行定性分析，测量其强度，可以进行定量分析[8,9]。

X射线荧光光谱分析的仪器很多，根据其色散方式，主要分为波长色散型和能量色散型两大类。

X射线荧光光谱可进行元素的定性分析及晶体的主、次成分及杂质含量的分析。对稀土元素的测定比较灵敏。此外还可以进行薄膜厚度的测定。

该方法的优点是：（1）由于X射线荧光来自原子内层电子的能级跃迁，谱线简单，干扰少。（2）灵敏度高，一般检出限为 10^{-5}—10^{-6}g/g，好的光谱仪可达 10^{-7}—10^{-9}g/g，可用于晶体中痕量成分与杂质的分析。(3)精密度高，再现性好. (4)分析的元素种类多. 波长色散型可以分析原子序数 9(F)以上的元素，能量色散型可以分析原子序数 11(Na)以上的元素. (5)样品在激发过程中不受破坏，可进行非破坏性样品的分析[20]. (6) 可同时进行多元素的测定，分析速度快. 其缺点是: (1)作定量分析时，标准样品制备麻烦. (2)对轻元素的分析不够灵敏. (3)仪器价格贵，不宜推广使用.

X 射线荧光光谱法用于晶体成分分析的例子有: 钽酸钛锂晶体中 Ta, Ti 的分析及铝酸镧镁激光晶体中 La, Al 的分析等.

除了以上介绍的分析方法外，还有一些分析方法对晶体生长工作者来说也是很重要的. 如: 后面将要介绍的电子探针和离子探针微区分析，它无需破坏样品，即可用来研究样品主次成分分布的均匀性. 穆斯堡尔谱和光电子能谱用于分析元素价态，变温X射线衍射用来确定晶体结构及相变，差热分析 (TDA) 和差动扫描量热仪 (DSC) 可用于测定晶体相变点、熔点、结晶水及相变热焓等.

§ 14.5 光学显微分析法

研究晶体缺陷最直接的方法莫过于用眼看，为了能直接看到物体的细节，就要求对物体进行放大，这就要用到各种各样的光学显微镜. 光学显微镜是晶体生长工作者观察和研究晶体中缺陷的最方便应用最广的一种光学仪器，本节将简要介绍几种光学显微镜的工作原理和观察晶体中缺陷的几种常用方法.

14.5.1 阿贝成象理论[31,32]

阿贝 (Abbe) 提出的成象理论是透镜成象的主要理论，它是了解各种显微镜结构的基础.

阿贝指出: 物体在显微镜中所成的象是该物体所衍射的各级

衍射光相互干涉而形成的．只有当所有的衍射光线都通过透镜参与成象，所形成的象才没有失真．下面以光栅的成象作进一步的说明．平行光经过光栅产生衍射，各级衍射极大值由下式给出：

$$\sin\phi_m = \frac{m\lambda}{nd}, \tag{14.1}$$

其中 λ 为平行入射光的波长，d 为光栅周期，ϕ_m 是第 m 级衍射极大值的衍射角，n 为介质的折射率．

各级衍射光经过物镜后在其焦平面上形成物体的象．如果到达象平面的只有一个衍射极大，那么象平面上各处的光强是均匀的，不能形成物体的象．如果两个衍射极大到达象平面，就会由于

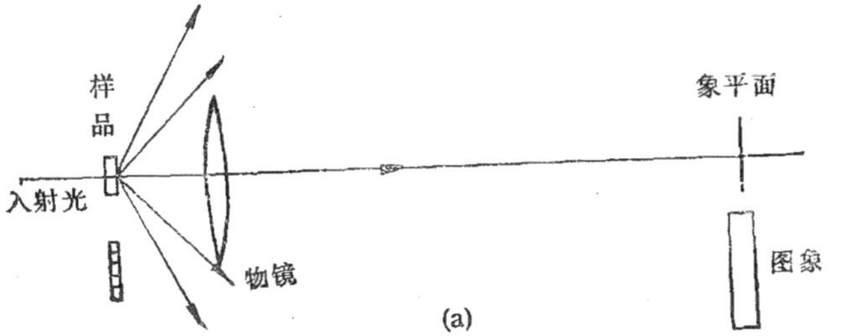

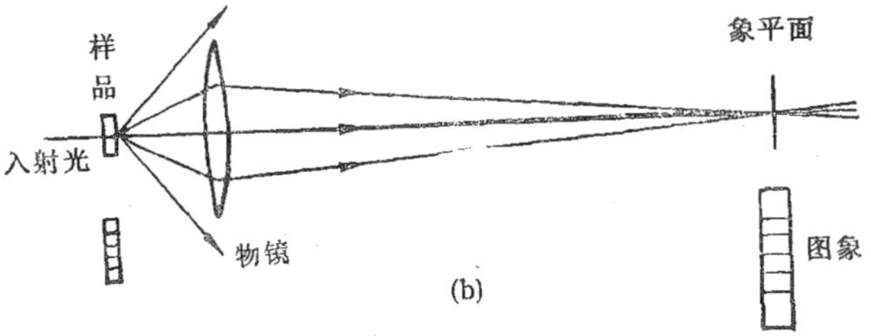

图 14.8　衍射极大的数目和成象的关系．
(a) 只有零级衍射(直接光)通过物镜，不成象；
(b) 零级和一级衍射极大通过物镜，形成象．

光的干涉而出现光强的非均匀分布，形成物体的象．参加衍射的极大数目越多，形成象的失真越小．图 14.8 示出了物镜收集到的衍射极大数目与样品物体成象分辨率的关系．由于物体上的细节

越小，衍射极大的衍射角越大，所以为了减少象的失真，提高显微镜的分辨本领，就要求物镜对被照明部分所张的立体角越大越好．这样就可以有更多的衍射极大进入物镜参与成象，得到失真小的图象。

显微镜的分辨本领是以能分辨物体上的细节的最小距离 d 来表示的。也就是说，如果物体上还有比 d 更小的细节，即使是使用显微镜，也分辨不清了。

在通常情况下，显微镜的分辨本领由下式给出：

$$d=\frac{0.61\lambda}{n\sin u},\tag{14.2}$$

其中 λ 为照明波长，n 为样品与物镜之间介质的折射率，u 为样品对物镜边沿张角之一半，$n\sin u$ 称为显微镜的数值口径.

由上式可以看出，如果物体是在空气中，则 $n=1$，最大角 u 近于 $\pi/2$，那么显微镜在空气中能分辨的最小距离约为 $\lambda/2$，通常用的光源波长约为 5×10^{-5}cm，则显微镜的分辨本领约为 3×10^{-5}cm。

由显微镜分辨本领的表达式还可以看出，提高显微镜分辨本领的方法有两种，一是使用尽可能短波长的照明光源，例如不用可见光而用紫外光、电子射线、X射线等。再一种方法就是增加所观察物体周围介质的折射率，提高 $n\sin u$ 的数值．例如使用松节油，其折射率为 $n=1.5$，可把原来空气中的分辨本领 3000×0.1 nm，提高到 2000×0.1nm，这就是通常采用的油浸方法.

14.5.2 偏光显微镜[33]

偏光显微镜与普通显微镜的结构大致一样，只是在入射光栏孔径后面增加一偏光镜，称为起偏镜，在物镜和样品之间增加一偏光镜，称为分析镜，或称为检偏镜。起偏镜或检偏镜中间只少应有一个是可以转动的，以便调节这两个偏振镜振动面之间的夹角．此外，根据不同的要求，还要用到聚光镜，勃氏镜等其他附件.

如果起偏镜和检偏镜的振动方向互相垂直，而且光线也不经过介质，那么视场就会是暗的，称为正交位置。如果起偏镜和检偏镜的振动方向互相平行，则视场最亮，称为平行位置。在利用偏光显微镜研究晶体的完整性，对晶体进行鉴定时，经常使用正交位置，即在正交偏光下对晶体进行研究。

当用正交偏光显微镜观察各向同性晶体或是观察晶体切片表面与晶体光轴垂直的样品时，视场也是暗的。而且无论怎样旋转晶体，视场总是暗的，不发生变化。如果观察的晶体是各向异性介质，视场就不再是暗的了。转动晶体，会发现当晶体内光的振动面与起偏镜或检偏镜的振动面平行时，出现消光现象。离开这一位置，光强逐渐增强，在45°角时达到极大值。转动晶体一周，会出现四次明暗交替的变化。

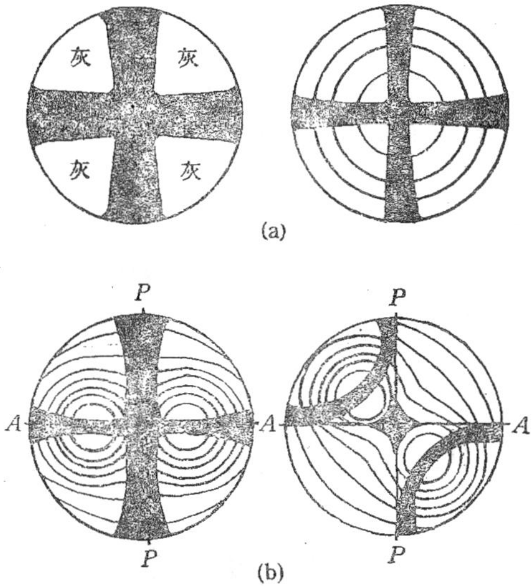

图 14.9 偏光显微镜中的锥光干涉图.
(a) 一轴晶的光轴干涉图；(b) 二轴晶的锐角等分线干涉图.

上面提到各向同性晶体或是晶体切面与光轴垂直的样品，在正交偏光下观察视场都会变暗。为了区别这两种情况，就要使用会聚光。利用会聚光沿光轴观察晶体样品时，会在视场中看到规则的干涉图。如果晶体切面的法线与晶体光轴有所偏离，干涉图的结构也会有所变化(图 14.9)。总之，用会聚光不但可以判断晶体是单轴的还是双轴的，而且对单轴晶体还可以决定光轴的取向，对双轴晶体还可以决定光轴之间的夹角。

在晶体品质的鉴定工作中，偏光显微镜主要用来观察晶体中的各种缺陷. 晶体在生长中受生长环境的影响，晶体中往往会存在应力;各种缺陷的存在使晶格发生畸变,也会产生应力. 而应力存在又会感生出双折射现象. 利用偏光显微镜观察晶体中双折射的变化情况,就可以研究晶体中的缺陷,这在“应力双折射法”一节中还要介绍.

14.5.3 相衬显微镜[31,32]

我们在普通显微镜下观察一个物体,如果光通过物体时,物体的各部分有同样的吸收系数，那么到达视场的光强幅度虽然有所衰减,但是衰减是均匀的,我们无法分出物体的细节. 如果物体各部分的吸收系数一样,但是存在着折射率不同的区域,那么透过或反射的光以及各级衍射光的振幅仍是相同的，我们无法检测出这些折射率不同的区域的存在. 在这种情况下，我们可使用相衬显微镜.

假设研究的样品是透明的，折射率为 n'，但是在这晶体中有一块小区域其折射率为 n,厚度为 e,则通过这块小区域的光与不通过这小区域的光就有了

$$\Delta=(n-n')e \tag{14.3}$$

的光程差. 图 14.10 示出了这两支光，分别以 S 和 P 表示. 图中波 S 可以分解为两个波的叠加,一个是不通过小区域的波 P，一个

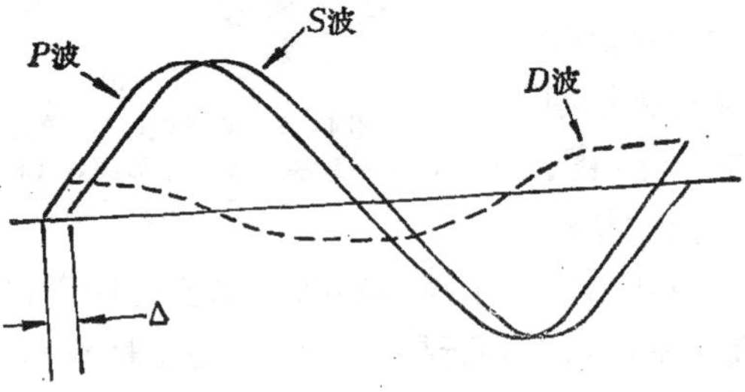

图 14.10 相衬显显微镜中光波的相位关系.

是与波 S 有位相移动 $\pi/2$ 的波 D,波 D 的振幅很小. 实际上，波 D 就是小区域存在而引起的衍射波. 在普通显微镜中，波 S 和波

D在视场中形成的光强与波 P 形成的光强是相等的，因而分辨不出折射率不同的区域.但是，如果能使波 S 的相位改变 $\pi/2$ 的话，那么把相位改变后的波 S 与波 D 叠加起来，根据波 S 与波 P 是同相位还是反相位，合成波的强度就会比波 P 增强或减弱，它们在视场中就会形成与波 P 不同的衬度，用眼睛就能观察到折射率不同的区域. 同时还可以利用吸收滤波片把波 S 和波 P 的强度衰减到和波 D 接近的强度，这样就可以得到更高的衬度. 在相衬显微镜中波 S 的相位移动是通过位相板来实现的. 图 14.11 示出了相衬显微镜的结构原理图. 位相板放在图中 AA 处，波 S 全部通过位相板，而波 D 又受不到多大影响，这样就实现了波 S 的相位移动.

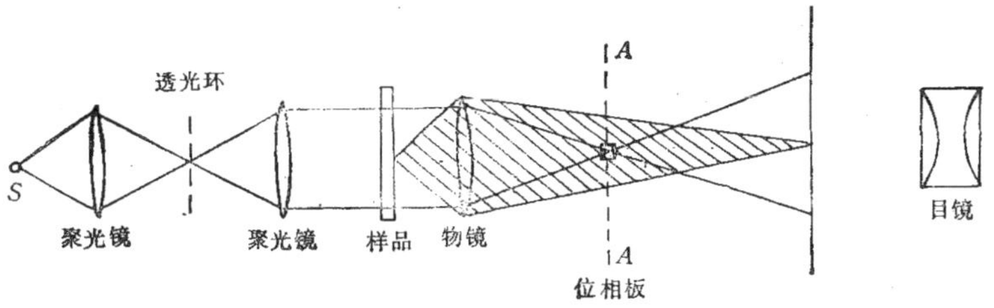

图 14.11 相衬显微镜的光路原理图.

如果用反射相衬显微镜来观察晶体表面的生长台阶，由于是从不同的高度反射回来的光，就形成了它们之间的相位差，原理与上面介绍的相同. 用相衬显微镜可以观察到 20—30nm 的台阶高度.

14.5.4 干涉显微镜[31,32,35]

把显微镜和干涉技术结合起来设计的显微镜称为干涉显微镜. 在晶体学中主要用来显示并测量样品晶体表面的高度差，因而可以用来研究晶体表面的质量和生长表面的生长台阶.

干涉显微镜的种类很多，但其原理都是以劈尖干涉为基础的. 一束单色光照射到劈上，由于劈的斜度而引起的光程差的不同，会形成明暗的干涉条纹. 图 14.12 示出了 Linnik 干涉显微镜的结

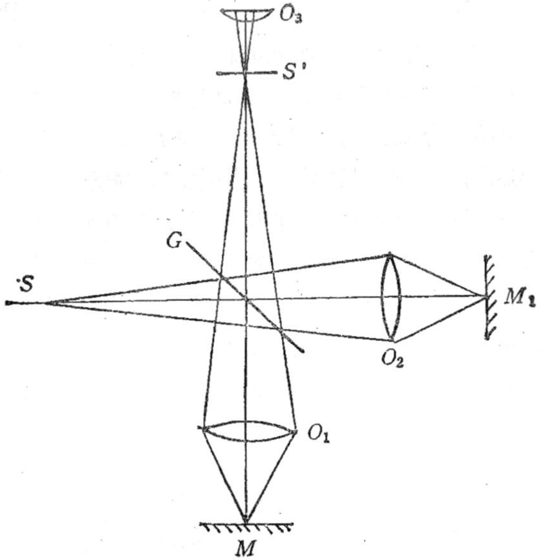

图 14.12　干涉显微镜的光路原理图.

构示意图。G 是半透半反镜，M 是被测样品，M_1 是光学表面，O_1，O_2 是物镜，O_3 是目镜，S 是光源. 来自光源 S 的单色光，通过半透半反镜 G 后分为两束，其强度相等方向垂直。一束光经过物镜 O_1 照射到样品晶体 M 上，另一束光经过物镜 O_2 照射到光学表面 M_1 上，这两束光反射回来在 G 处相遇后，在目镜的焦平面 S' 处形成 M 和 M_1 的叠加象。如果 M 和 M_1 都是光学表面，而且在象平面 S' 上偏一个小的角度，就会形成直线干涉条纹。条纹的宽度由角度偏离的大小决定。如果样品表面 M 上有高低不平的台阶或沟道，则由这些地方反射的光与其它地方反射的光之间就出现了光程差，直线干涉条纹就被破坏，出现了与台阶或沟道对应的图案. 利用干涉条纹的测量计算还可以得知台阶的高度或沟道的深度. Linnik 干涉显微镜要求用两个完全相同的物镜，这在实际上很难做到，因而影响观察精度。为此有人设计了单物镜的双光束干涉显微镜，精度得到进一步提高。用干涉显微镜，测定凹凸度的范围为 30nm 以上。

对于小于 30nm 的微小高度差，双光束干涉显微镜就无能为力了，为此就要使用多光束干涉显微镜。多光束干涉显微镜是根据单色光在反射率极高的标准面与被测样品表面之间多次反射出来的光线互相干涉的原理制成的，它可以使干涉条纹变细，从而提高测试的分辨能力，用多光束干涉显微镜可以测定 0.1nm 的高度差。

14.5.5 微分干涉衬度显微镜[32,35]

微分干涉衬度显微镜（differential interference contrast，简称 DIC）和相衬显微镜相似，都是将样品中不同区域产生的光程差，利用特殊的处理方法转变为人眼或感光材料能感受的光的强度差。微分干涉衬度显微镜比相衬显微镜具有更高的分辨率。

图 14.13 示出微分干涉衬度显微镜的光路原理图。光源 S 发出的自然光经过起偏镜 P 后变成线偏振光 E_p，然后通过半透半反镜 G 照射到一种称为改进的 Wallaston 镜 W 上。偏光镜 W 的特点是：振动方向与镜 W 的振动方向成 45° 的偏振光通过后，分解成强度相等振动方向互相垂直的两束光，它们之间微微分开一个小的角度，一般小于 0.5′，这在图 14.14 中以 e_1 和 e_2 表示。这两支光通过物镜 O_1 后，变成两支平行光，它们之间虽然分开了一定的距离，但是这个距离小于物镜的分辨本领。如果这两束光照射到一个光学平面 M 上，反射光再次通过 W 镜就又合到一起来，然后通过半透半反镜 G，进入检偏镜 A。如果检偏镜和起偏镜的振动方向成 90° 角，那么只有 e_1 和 e_2 在检偏镜振动方向的分量 e_1' 和 e_2' 能通过检偏镜，但是因为它们的振动方向相反，强度相等而抵消，视场变黑暗。如果 e_1 和 e_2 光不是照射到光学平面上，而是照射在不同的高度上，例如照射在晶体表面上台阶的两侧，反射光 e_1 和 e_2 之间就有了光程差。经过 W 镜和 G 镜，这时由于两束光的振动方向互相垂直，不能产生干涉。但是通过检偏镜后，e_1 和 e_2 在检偏镜振动方向的投影 e_1' 和 e_2' 就能产生干涉，因为它们沿同一直线上振动。计算表明，样品表面引起的光程差与样品表面高度对横

坐标的微分有关,这个微分在样品表面的不同部分有不同的值,也就是说光程差具有不同的值. 微分干涉衬度显微镜的名称就是由此而得来的. 样品表面的非倾斜部分,在视场中是全暗的,而在样品的倾斜部分,随斜率的大小不同,会出现不同的干涉色,因而就大大地提高了象的衬度.

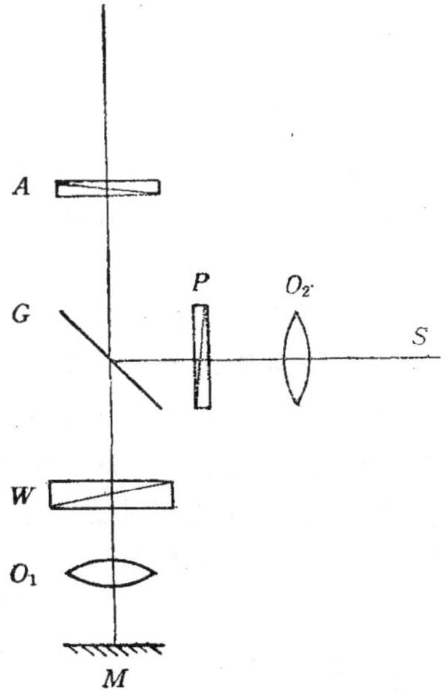

图 14.13 微分干涉衬度显微镜的光路原理图.

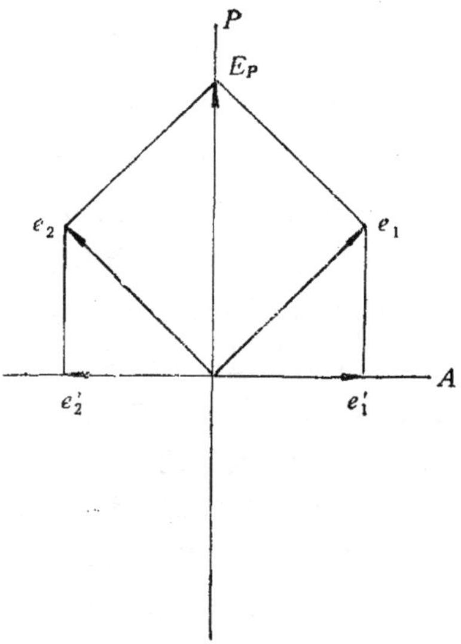

图 14.14 微分干涉衬度显微镜中的光波矢量图.

14.5.6 侵蚀法[31,32]

侵蚀法是一种研究晶体表面缺陷的常用方法,经常用来观察位错在晶体表面上的露头. 在一定的侵蚀剂和侵蚀条件下,晶体表面会出现有规则形状的侵蚀斑,通称蚀坑. 晶体表面上位错露头的地方正好与这种蚀坑对应,这一对应关系为实验所证明.

有许多方法可以在晶体表面上造成蚀坑,例如加热样品,使位错在晶体表面露头处附近的物质蒸发掉而留下蚀坑,谓之热侵蚀. 侵蚀剂与位错处的物质起化学反应而形成蚀坑,谓之化学侵蚀.此外还有溶液侵蚀、氧化侵蚀、电解侵蚀等．广义地说来，要使晶面侵蚀，就要寻找一种侵蚀剂和一定的侵蚀条件．如果侵蚀剂和侵蚀条件选择不当，晶体表面就不会出现侵蚀坑．然而到目前为止，选择侵蚀剂和侵蚀条件还没有现成的规律可用，只能参考其他晶体的侵蚀剂和侵蚀条件，在实验中摸索．现在已经成功地用侵蚀法研究了许多晶体材料，有不少经验可以借鉴[18,31]．

侵蚀前，晶体表面要经过机械研磨和抛光，如果仍有微裂痕，还要进行化学抛光．这样处理过的晶体表面在适当条件下置于侵蚀剂中，由于位错附近有较高的形变能，则靠近晶体表面的这部分能量较高的区域就被优先侵蚀而形成蚀坑．但是由于晶体表面划痕和污染的存在以及晶体中包杂的存在，表面侵蚀的情况是复杂的，实验中还要结合晶体学和其他方面的资料把那些不与位错侵蚀坑对应的侵蚀坑区分开来．

样品的侵蚀效果受到许多因素的影响，晶体中杂质的存在，侵蚀剂中杂质的存在，侵蚀温度的高低，侵蚀时间的长短，样品表面的加工情况，晶体表面的晶体学取向等都会影响侵蚀效果．

在显微镜下观察位错的蚀坑，可以得到晶体中位错行为的许多有用信息．蚀坑是与晶体中位错露头相对应的，测量位错蚀坑的数目就可以得到晶体中位错的密度以及分布．位错蚀坑一般都是尖底的坑，研究坑底尖端的指向，可以了解位错在晶体中的走

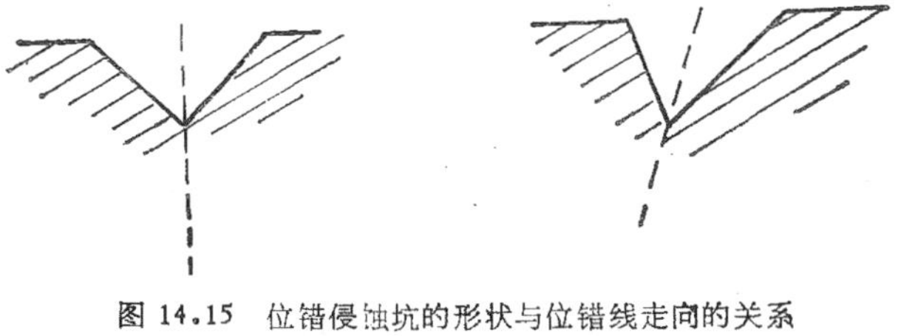

图 14.15　位错侵蚀坑的形状与位错线走向的关系
图中虚线为位错线的走向．

向．图 14.15 示出的虚线给出了位错的走向．仔细研究侵蚀坑的形状，可以得到一些晶体学方面的启示，例如，对立方晶系来说，

(100)面的蚀坑多为正方形，(111)面的蚀坑多为三角形或六角形。如果所切晶体的方向有所偏离，相应的蚀坑的形状也会改变。通过对晶体表面逐次研磨侵蚀，可以验证蚀坑与位错的对应关系。比较各次蚀坑的相对位置，可以在较大的厚度内研究位错的走向。如果对已经侵蚀过留下蚀坑的晶体施加某种处理，使位错线移动后再进行侵蚀，则原来的侵蚀坑变成了平底，而位错新到达的地方又出现了尖底蚀坑，两蚀坑之间的距离就是位错运动的距离。总之，通过对微小的蚀坑的仔细研究，我们会得到许多有用的信息。

14.5.7 缀饰法[31,32]

用侵蚀法虽然可以得到位错的侵蚀坑，但它只是显示了位错线在晶体表面的露头，不能直接把位错在晶体中的走向显示出来。利用缀饰法可以直接观察到位错线在晶体中的空间组态。

晶体中位错和溶质(例如杂质)原子存在着相互作用，为了降低这种交互作用能，溶质原子会向位错线附近聚集，在条件满足时，将有缀饰粒子沿位错线析出，缀饰法就是通过显微镜观察缀饰粒子来研究位错线性质的。

不同类型的晶体，要用不同的缀饰剂和不同的缀饰工艺。氯化银和溴化银晶体在室温进行曝光就有光解银粒子在位错线聚集。氟化钙晶体在潮湿的空气中于800℃加热30min，就有氟化钙粒子沿位错线沉积。而硅单晶则要在表面上涂一层铜，然后在900℃加热，使铜原子向晶体中位错处扩散，以得到硅单晶中位错的缀饰。还有些晶体为了加快扩散速度，要加电场，例如$LiNbO_3$晶体在500℃和1000V/cm的情况下，缀饰区的厚度达到1cm以上。至于遇到一种新的晶体材料要选用什么缀饰剂和什么样的缀饰条件，则要根据前人的经验，在实践中来确定。经过缀饰的晶体可以在普通透射显微镜下进行观察，把显微镜聚焦到不同的深度可描绘出位错线在晶体中的空间组态。也可以用超显微的办法，与沿入射光成90°的方向用显微镜观察缀饰粒子引起的散射光研究位错线的空间分布。

在显微镜下观察晶体中位错的缀饰象，可以研究位错在晶体中的空间分布形态，例如首先在氟化钙晶体中用缀饰的方法显示出了螺卷线位错。利用缀饰的方法还直观地显示了 Frank-Read 位错的增殖机构，各种亚晶界的几何形态。由于在缀饰过程中经常伴随着高温处理，这样可能干扰原来的位错形态，同时经过缀饰的位错线被“钉”住了，再进一步研究位错的运动就受到限制。

14.5.8 应力双折射法[36-39]

晶体中缺陷的存在破坏了晶格的完整性，必然会在缺陷的周围产生应力，应力的存在又会引起附加的双折射现象。应力双折射法就是在正交偏光下，观察因应力双折射而形成的强度花样，以此来研究晶体中缺陷的分布和性质的方法。应力双折射法所用的样品制备简单，晶体经研磨，抛光即可用于观察。这种方法既可用来研究各种位错，孪晶界，亚晶界，包裹物和各种畴，又可用来估价晶体中长程应力场引起的效应，是一种观察透明晶体中缺陷的简便而有效的方法。

不同类型的位错，不同形状的包裹物会产生不同的应力场分布，从而产生不同的双折射变化，在正交偏光显微镜下就会表现出不同的花样。已有理论对这些缺陷在正交偏光下引起的光强变化进行了计算，并进行了计算机模拟，计算机模拟的结果和实验得到的结果相符合的很好。图 14.16 示出了理论预期的等光强曲线图[39]。

理论指出，在弹性各向同性的介质中，直而长的刃型位错会表现出不同的双折射象。沿位错线来看，随着滑移面与正交偏振镜的取向不同，可以表现出 4 个或 6 个花瓣的花样，花瓣都是白的。正是利用这一点，我们也可以由花瓣的分布情况来求出滑移面的取向。如果调节显微镜的聚焦，根据位错花样的移动情况，可以追踪位错线在晶体中的走向。垂直位错线来观察，当偏振镜方向与位错线成 45° 角时，刃型位错的双折射象反差最大。当偏振镜与

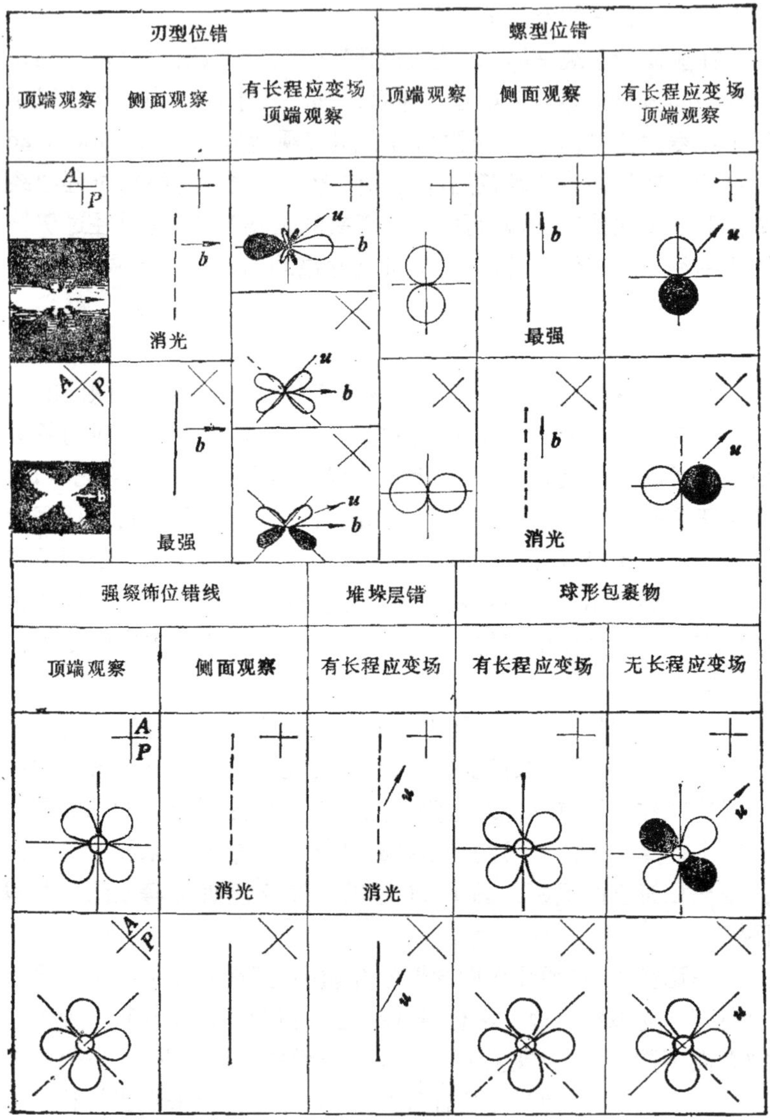

图 14.16 缺陷双折射象的形状和行为.
b 为 Burgers 矢量，*P* 为起偏镜振动方向，*A* 为检偏镜振动方向，*u* 为长程平面应变方向.

位错线平行或垂直时，刃型位错就看不到了。

对直螺位错来说，如果不考虑弹光各向异性，沿位错线将看不到应力双折射花样。考虑到弹光各向异性，就应观察到由两个圆在原点相切的花样分布。样品转动，花样也转动，但花样转动的角度为样品转动角度的三倍。垂直螺位错线来看，如果偏振镜与位错线成 45° 角，则看不到位错线，如果偏振镜与位错线平行或垂直，则螺位错的双折射象有极大的反差。

球形包裹物的双折射象是由 4 个花瓣组成，中间由十字消光线分开。消光十字线与正交的起偏镜和分析镜的振动方向一致。固定晶体转动正交偏光镜，消光线也随着转动；固定正交偏光镜转动晶体时，消光线不动。

如果晶体中存在长程应变场，上面提到的双折射应力花样，就会有相应的变化。刃型位错的花样变成三白三黑或两白两黑，螺位错的花样就变成一白一黑，包裹物的花样也变成一白一黑。这正是和实验中通常观察到的一样，因为通常晶体中总是会存在不同程度的应力场的。同时由长程应变场对位错双折射象的影响情况，又可以反过来推知晶体中长程应变场的大小。

14.5.9 激光层析法[40—43]

很早以前就有人利用光的散射现象研究了 NaCl 晶体中位错的缀饰象。位错在缀饰过程中，微小粒子会在位错线周围聚集，它们对入射光进行散射，使原来在显微镜下观察不到的微小粒子可以观察到了，从而也间接地描绘出位错线在空间的走向。为了消除入射光对散射光的干扰，观察方向与入射光垂直。这就是所谓的超显微法，因为它观察到了原来显微镜观察不到的东西。

自从新型光源——激光问世以后，由于它的单色性好，准直性强，光的强度高，而且还能得到线偏振光，因而用激光作光源，可以使散射强度大大提高。在与入射光束垂直的方向观察时，如果用水平方向振动的线偏振光入射，会得到更好的散射效果。

激光层析法就是把高强度的激光聚焦成细束，在透明晶体中扫描，利用晶体中杂质或缺陷引起的畸变场对入射光产生散射，把晶体中的杂质或缺陷显示出来的方法。

图 14.17 示出了激光层析法的装置原理图。激光经过透镜聚焦，照射到晶体上，在与入射光垂直的方向上由显微镜接收散射光，然后记录在底片上或显示在荧光屏上。晶体安装在测角头上，使得晶体方位可以调节。样品可以移动，从而可以使激光束在晶体中扫描，进行分层拍照。计算机、图象处理和光纤技术已经用到这个方法中，使这个方法的检测能力进一步提高。

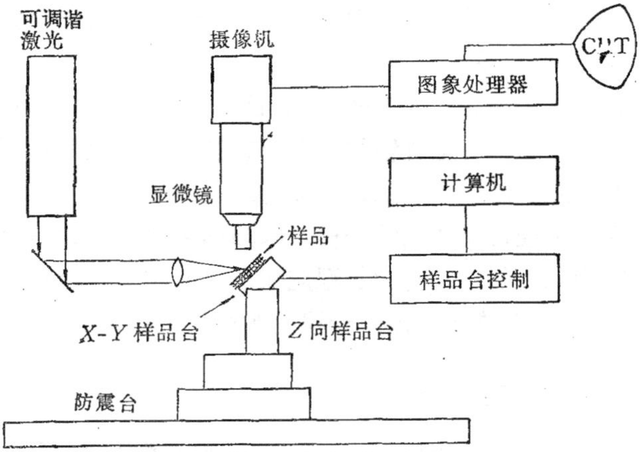

图 14.17 激光层析法的工作原理图。

对于微小的球形粒子，如果直径 a 小于波长（$a < 0.1\lambda$），在与入射光成 90° 观察时，其散射强度可以由下式给出：

$$\sigma_{(90)} \approx \left(\frac{k^2}{4\pi} \cdot \Delta\varepsilon V\right)^2, \tag{14.4}$$

其中 V 是球形粒子的体积，$\Delta\varepsilon$ 为畸变场引起的介电常量变化，k 为波数。由此式可见，散射强度与散射体积的二次方成正比，与入射波长的四次方成反比。这就是悉知的 Rayleigh 散射。这种微小粒子的检出灵敏度粗略估计为

$$\Delta\varepsilon \cdot V = 3 \times 10^4 (nm^3). \tag{14.5}$$

如果 $\Delta\varepsilon$ 为 1,则可以观察到 40nm 大小的单个粒子,如果粒子密度高,还可以观察到更小的粒子。

晶体中有时会存在片状缺陷,如果这种缺陷的尺寸比波长大,散射强度对散射矢量(散射矢量是散射光波矢与入射光波矢的差)的方位很敏感,只能在几度到十几度的范围内被观察到。理论计算了各种形状的散射体,其散射行为大致相似,因而测量散射强度与方位的关系不能得到散射体形状的信息。

位错周围存在着应变场,对刃型位错的计算表明,如果位错线与 Z 轴平行,位错的 Burgers 矢量与 X 轴平行,g_y 是散射矢量在 Y 轴的投影,g_x 是散射矢量在 X 轴的投影,则刃型位错的散射强度在 $g_y \neq 0$ 的情况下,当 $g_x = 0$ 时最大。也就是说,在散射矢量 g 与 Y 轴平行时,散射强度最大。

对于面缺陷来说,例如堆垛层错、孪晶面等,与上面提到的片状缺陷类似。

激光层析法不但可以用来研究对可见光透明的晶体,而且可以研究像 Si 单晶这样的对可见光不透明的晶体。例如 Moriya[44](守矢一男)用 YAG 激光器的 1.06μm 和 1.32μm 的波长以及 Ti:Al_2O_3 和 Ti:$BeAl_2O_4$ 可调谐激光器的 900—1050nm 研究了 Si 单晶中的缺陷。

显微镜是一种古老的光学仪器,在这种仪器的基础上人们又发展了各种各样的新的观察方法。现代科学技术的发展也为显微镜方法提供了新的技术。计算机图象处理、现代显示技术、各种特殊光源等都已经用到显微镜技术中来,使得显微镜成为晶体生长者研究晶体完整性的一种重要工具[45—50]。

§ 14.6 X 射线衍射分析法

对于晶体生长工作者来说,X 射线方法主要用来进行物相鉴定、点阵常数测量、单晶取向测定和晶体中缺陷的检测。X 射线还可用来对元素、化合物和混合物进行定量和定性分析;测定相界和相变；测定择优取向；测定晶粒大小和进行晶体结构分析．X射线方法是晶体学工作者的一种最常用的测试手段[51-56]．

根据应用目的的不同，发展了多种X射线方法，但是它们都是以布拉格（Bragg）定律为基础的．布拉格定律可以用下式表示：

$$2d_{hkl}\sin\theta_{hkl}=n\lambda, \tag{14.6}$$

其中 n 为衍射级数，取正整数；hkl 为晶面的面指数；d_{hkl} 为晶面间距；θ_{hkl} 为入射线与晶面的夹角；λ 为X射线的波长．按照布拉格定律，当一束X射线打到晶体上，只有符合上述布拉格定律的情况下，晶体才能给出衍射强度．上式两边用 n 除后，就有

$$2\cdot\frac{d_{hkl}}{n}\cdot\sin\theta_{hkl}=\lambda. \tag{14.7}$$

由上式得知，可以把第 n 级的反射看成是晶面间距为原晶面间距 $1/n$ 的新晶面的一级反射．因而上式通常可以写成

$$2d\sin\theta=\lambda \tag{14.8}$$

的形式．这种反射和镜面对光波的反射不一样，它是一种"选择反射"，也就是说，只有满足上式的条件，入射线才能被反射．

14.6.1 物相分析[51-55]

对于一种晶体样品，如果想要知道其化学组成，可以用化学分析的方法，测定晶体中各种元素的含量．但是，有时我们还想知道各种元素在晶体中存在的状态，化学分析就无能为力．仍以 $BaBO_3$ 为例，化学分析已经告诉我们其组成成分是对的了，至于这种晶体是不是低温相的 $BaBO_3$，就只好求助于X射线物相分析方法．由于X射线衍射的强度和空间分布与物质的组成及结构有关，每一种晶体物质都给出独自的衍射花样．实际上没有两种晶体物质的衍射花样是相同的．这正和每个人都有自己独特的指纹一样，用指纹可以对"人"进行鉴定，对"晶体"同样也可以用其独有的衍射花样进行鉴定，判断我们所生长的晶体是不是所要得到的晶体，判断晶体中的原子是否按所需要的方式排列．

利用X射线法对晶体进行鉴定，首先要把晶体研磨成多晶粉

末．根据所用方法和仪器的不同，可以做成多晶棒或平板状．由于样品是由无数小晶粒组成，当一束单色X射线打到样品上，总会有些小晶粒的晶面取向相对于入射X射线来说，满足布拉格定律而给出衍射线．再加上实验中样品一般都处在运动状态，给出衍射线的机会就更多．

利用底片记录衍射线强度和空间分布的方法称为照相法．图14.18 示出了德拜-谢勒（Debye-Scherrer）法的工作原理图．这是一种常用的物相分析方法．图 14.19 示出了纪尼叶（Guinier）法工作的原理图．纪尼叶法中用了晶体单色器，使入射光进一步

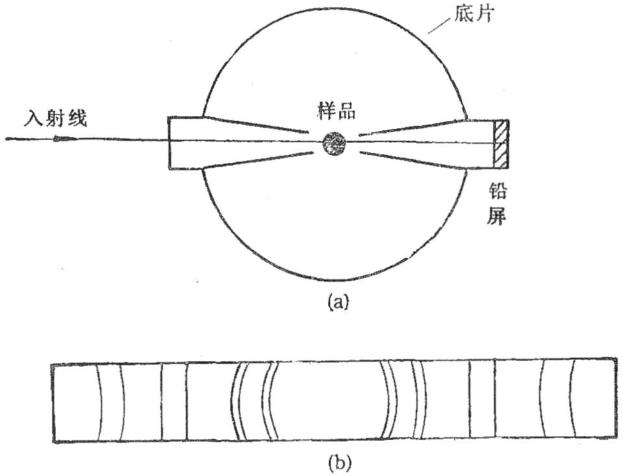

图 14.18　德拜-谢勒法工作原理图．
(a) 实验装置示意图；(b) 衍射线条

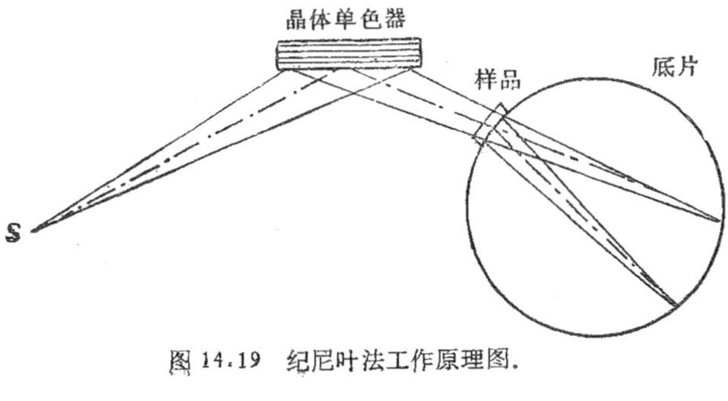

图 14.19　纪尼叶法工作原理图．

单色化，提高了衍射线条的清晰度．得到衍射底片后，要测量衍射线的位置和强度，计算出每一衍射线对应的晶面间距．如果是一种元素和组成都不知道的物质，就要根据强度的排列顺序和晶面间距的数值，查找 JCPDS（以前称为 ASTM）卡片索引，找出是什么物质．如果元素已知，就可以找有关卡片来对比，看看要分析的物质与哪一张卡片相符合．JCPDS 粉末衍射数据卡片，是前人大量工作的积累，一般都会有一张卡片上的数据和你的实验数据相符，那么卡片就会告诉你所分析的晶体的有关数据．也可以不用底片去记录晶体的衍射强度，而用计数器来记录，这就是衍射仪法．图 14.20 示出了衍射仪法的工作原理图．衍射仪法中可以直接把衍射强度与衍射角的曲线划出来．如果使用衍射仪对晶体进行分析，衍射强度和晶面间距的测量就变的简单了．现代衍射仪已经和计算机联系起来，JCPDS 卡片上的数据储存在计算机内，仪器可以自已把收集到的数据与计算机内的数据进行比较，告诉你所分析的样品是什么物质或可能是几种物质，然后再根据其它信息作进一步确定．分析一个样品只要几十分钟就能完成，大大地提高了工作效率．

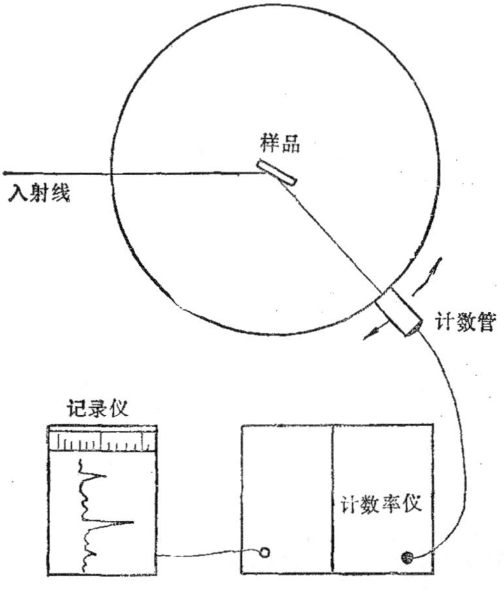

图 14.20　衍射仪法工作原理图.

只含有单相的物质用这种方法分析较容易，几个相混在一起时分析起来就比较困难，因为各个相的衍射线条同时出现，而且它们还可能互相重叠，把几套衍射线条分开来，确定出属于哪个相的就相当困难。这时可借助其他成分分析方法先把被分析物质的成分确定下来，就可以减轻分析工作的难度。在多相物质中衍射线的强度随该相在物质中的含量的增加而提高。因而通过衍射线强度的测量也可以粗略地进行定量分析。

灵敏度是分析工作者非常感兴趣的问题，下面讨论一下利用X射线进行物相分析中与灵敏度有关的一些因素[55]。灵敏度是指在一定的实验条件下所能检测到的某相的最低含量。灵敏度与该相本身的性质、该相所处的环境(被检测相的周围是什么相)、测试方法、所用仪器以及实验条件有关。设 δW_i 为混合物中 i 相的重量，W 为混合物的重量，则能检测到 i 相的重量百分数 $\delta W_i/W$ 可以由下式表示:

$$\frac{\delta W_i}{W} \geqslant 3\sigma_b \frac{\mu_m}{\mu_{m_i}} \cdot \frac{1}{I_i}, \tag{14.9}$$

其中 μ_m/μ_{mi} 为混合物与 i 相的质量吸收系数之比，σ_b 为背底的标准偏差，I_i 为纯 i 相某一衍射线的积分强度。由上式可以看出，在实验条件一定的情况下，某相某线的衍射强度越大，μ_m/μ_{mi} 越小，背底波动越小，则该相被检测到的灵敏度越高。质量吸收系数是由物质性质和所用X射线波长决定的，选择适当的波长也可以提高灵敏度。总而言之用这种方法进行物相分析的灵敏度不算太高，一般含量在1—3%以下的物相就很难分析出来了。

14.6.2 点阵常量的测量[51—53]

晶体的点阵常量是晶态物质的重要物理参数，它与该晶态物质的许多物理参数有关。晶体生长工作者经常要对所生长的晶体进行点阵常量的测量，在某些情况下，例如生长作衬底用的晶体材料时，点阵常量的测量更有重要意义。同时，由于晶体的主要组成成分发生变化会在点阵常量的变化上表现出来，因而人们也经常用测量点阵常量的办法来推知晶体中组分的变化。

用X射线方法测量晶体的点阵常量是一种间接的测量方法，

它通过测量衍射角利用式(14.8)来计算晶体的点阵常量。所用设备和粉末法物相分析所用设备相同。只是对设备的要求更高。当一束单色X射线照射到粉末晶体样品上，总会有些晶粒的取向满足布拉格公式而给出衍射。按理说利用每一条衍射线都可以计算晶体的点阵常量，然而从下面的分析中，将会看出选取不同的衍射线，计算的结果具有不同的精度。

对布拉格公式进行微分可以得到以下式子：

$$\frac{\Delta d}{d}=-\cot\theta\Delta\theta. \tag{14.10}$$

由上式可以看出，点阵常量的测量精度不但取决于θ的测量误差$\Delta\theta$，而且还取决于$\cot\theta$值的大小。当衍射角θ的测量误差$\Delta\theta$一定时，$\cot\theta$的值越小，点阵常量的测量误差$\Delta d/d$也就越小。为了得到精确的点阵常量的测量值，在实验中就要尽可能使用高角度的衍射线。

实验中系统误差和偶然误差是难免的，这会影响点阵常量的测量精度。为了降低实验中的系统误差，必须考虑相机半径的误差、底片收缩的误差、样品偏心的误差以及X射线吸收和折射引起的误差的影响。为了降低实验中的偶然误差，要多次地重复实验。用最小二乘法及其他数学方法对测量数据进行处理可提高点阵常量的测量精度。有时也可以向粉末样品中加入某种点阵常量已精确知道的物质作为标准，通常多用 Si 作标准，然后通过两种物质的比较，可得到更精确的测量值。

随着理论研究和实验技术的发展，点阵常量的测量精度也在不断提高。现在达到二万分之一已不成问题。比较好的实验操作，可使精度提高到五万分之一或十万分之一，我国学者陆学善把流移参数图解外推法用于立方晶体，精度可达五十万分之一[55]。

14.6.3 单晶定向[51—53]

单晶体是各向异性的，沿不同的晶体学方向有不同的生长习性，有不同的物理性质，无论生长晶体还是研究和使用晶体，首先要知道它的晶体学取向。测定晶体取向有多种方法，这些方法大致可以分为两类。一类是借助于晶体的一些可以直接观察到的含有晶体取向信息的特征，确定晶体的取向。例如，晶体的自然外形、晶体表面侵蚀斑的形状、晶体的解理面以及显微镜下观察晶体的光轴取向等。这些方法使用起来都有一定的局限性，而且测定精度也不高。另一类是用X射线方法测定晶体取向，其测量精度高，是晶体学工作者常用的方法。X射线测定晶体取向又有劳厄(Laue)法和衍射仪法。下面就这两种方法作一介绍。

劳厄法使用连续的X射线光源，待测晶体固定在测角头上，可以沿各个方向转动。记录衍射斑点的底片，可以放在光源和晶体的后面，记录透过晶体的衍射光束，称之为透射劳厄法。底片也可以放在光源和晶体之间，记录向后的衍射光束，称之为背射劳厄法。两种方法中，底片都必须与入射X射线方向垂直。图14.21示出了劳厄法测定晶体取向的示意图。

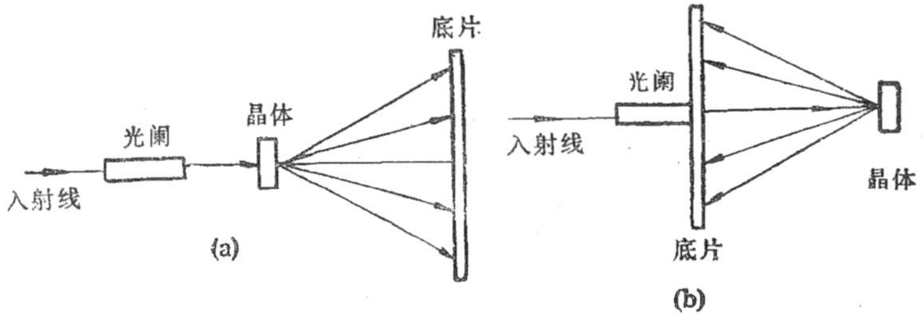

图 14.21 劳厄法示意图.
(a) 透射; (b) 背射.

连续X射线照射到固定不动的单晶样品上，样品中各晶面与入射线的夹角 θ 是确定的，由于晶体中各晶面的面间距 d 随晶面的不同而不同，根据布拉格定律，$2d\sin\theta=\lambda$，每一套具有一定 d 值的晶面都会从连续波长的入射线中挑选合适的波长满足布拉格公式给出衍射。这些衍射线记录在底片上，底片上就形成了许多斑点，称之为劳厄斑点。这些斑点排列成一定的花样，称之为劳厄花样。劳厄花样中的斑点排列有一定的规律。在透射劳厄花样中，一些斑点可以联成一个个椭圆，所有椭圆都经过入射线与底片相交的地方。在背射劳厄图中，这些斑点则表现为双曲线。同一簇晶面所衍射出不同级别的衍射线互相重合，形成一个斑点。底片上斑点的位置是由晶体相对入射X射线的取向决定的，知道了底片上劳厄斑点的位置，通过衍射几何就可以推断出这一晶面相对入射X射线的位置。通常用背射劳厄法定向，精度一般可达0.5°，仔细操作可达到0.25°。

用衍射仪定向，使用单色X射线。根据布拉格公式，在选定晶面与入射线成θ角时，在2θ角处会得到衍射极大，由此来确定晶体的取向。实验室常用的X射线测角仪是一种简单的衍射仪，在借助其他方法对晶体的取向大致了解时，利用X射线测角仪可以快速精确地确定出晶体的取向来。定向精度可以达到分的数量级。有的测角仪和切割设备连在一起，直接就可切出定向的晶片来。

衍射仪法测定晶体取向比较迅速准确，但是不如劳厄法得到的资料全面形象，因此在偶尔需要对晶体定向时，可采用劳厄照相法，当需要经常地大量地测定晶体取向时，宜采用衍射仪法。

14.6.4 X射线形貌术[57,58]

X射线形貌术(X-ray topography)，又称X射线貌相术，是利用X射线在晶体中衍射的运动学和动力学理论，根据晶体中完整部分和非完整部分衍射衬度变化及消光规律来研究晶体表面和内部微观缺陷的.X射线形貌术是一种非破坏性的检测方法，能够拍摄晶体表面和晶体中的缺陷，并能分层拍摄或拍摄立体照片，以确定缺陷在晶体中的位置。在形貌图中所观察到的图象是晶体中缺陷在正空间的投影，比较接近晶体中缺陷的实际状态与分布.能够测定晶体中位错的类型和走向，特别是能测定位错的 Burgers 矢量，这是其它方法难以做到的。但是这种方法的分辨本领低，只能用光学放大来研究缺陷的细节，分辨率一般为5μm，最佳可达1—2μm。此外拍摄形貌象所用的时间也较长，有时长达几天。当然同步辐射X射线的应用，可以使拍摄时间大大缩短，但是那要用到庞大的设备。

一束发散的多色X射线照射到晶体上，如果晶体是完整的，总会有某一波长在一定的入射角的情况下，满足布拉格定律，给出衍射，衍射强度是均匀的。但是如果晶体中存在着取向差异的部分，那么这两部分就不会以同一波长和同样的衍射角给出衍射，这样衍射强度就不再是均匀的，在形貌图中表现为取向衬度。这里忽略了入射波和衍射波的互相作用，这是衍射运动学理论所考虑的情况。晶体中点阵畸变较大时，入射波和衍射波之间的相互作用被破坏了，利用运动学处理可以得到较好的近似。

如果我们是研究近完整晶体中的微观缺陷例如位错、层错等，入射波和衍射波之间的相互作用就不能不考虑了。按照X射线动力学理论，入射波和衍射波相互作用的结果产生初级消光，使入射X射线的强度迅速减少。如果晶体中存在着微观缺陷，正常的点阵排列就会受到破坏，缺陷周围区域的点阵平面间距或局部晶面取向会发生改变，使得在这里动力学衍射条件不能再得到满足，初级消光现象不复存在，就出现了运动学衍射区。如果点阵变化缓慢，入射线经过运动学衍射区将给出额外的衍射，这样在均匀的动力学衍射背底上就会形成与缺陷对应的直接像(运动学象)。按照X射线的动力学理论，入射光束进入晶体后受到晶体场的调制，而产生在入射光束、衍射光束和晶体下表面组成的三角形中传播的 Bloch 波，它与位错相遇而形成的衬度象通常比背底的衬度低，这称为动力学象。Bloch 波遇到缺陷重新进入晶体时，会激发出新的波场，从而

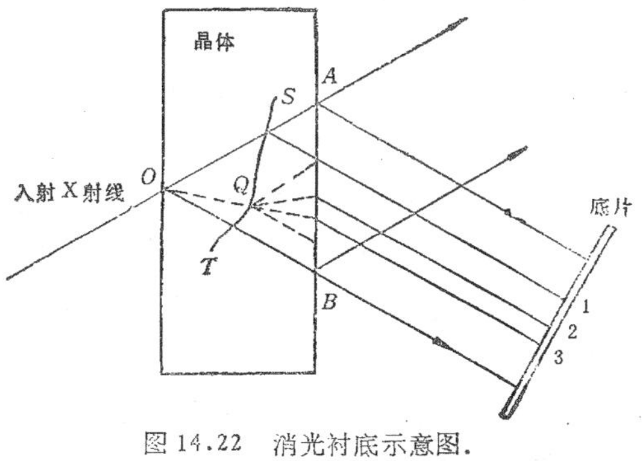

图 14.22　消光衬底示意图.
TS 是位错线，1 为直接象，2 为中间象，3 为动力学象.

造成了新的衍射强度变化，这就形成了中间象。直接象、动力学象和中间象给出消光衬度。X 射线形貌象的衬度就是由取向衬度和消光衬度组成的。图 14.22 示出了动力学象、中间象和直接象之间的关系。

为了适应各种实验目的，X 射线形貌术已经发展了许多种的实验方法，下面给以简单介绍。

(1) *反射形貌法* (Berg-Barrett *法*) Berg-Barrett 方法是由 Berg 首先提出，后来由 Barrett 作进一步改善而成的。通常也称为 B-B 法。其实验原理由图 14.23 示出。发散的特征 X 射线经过狭缝限束后，照射到被测晶体样品上，用底片靠近样品晶体来记录衍射象。B-B 法用的晶体样品要求表面平整，要经过抛光处理。样品的切割要求入射 X 射线在样品表面上产生非对称衍射，即衍射晶面与样品表面不平行。这样就可以减少入射线与样品表面的夹角，扩大入射线的照射面积，从而扩大所检测的晶体面积。为了提高成象的分辨率，要求衍射线与试样的表面垂直，底片尽可能靠近样品表面。在实验前要根据所用 X 射线波长和表面取向找出合适的衍射晶面。考虑到衍射线的强度和分辨率，通常选用低指数晶面的高次衍射来摄取晶体的形貌象。由于入射的 X 射线与样品表面的夹角一般很小，因而入射线只能穿透靠近样品表面的薄层，这样不同深度缺陷的图象之间不会发生互相干扰，适合研究位错密度高的晶体。

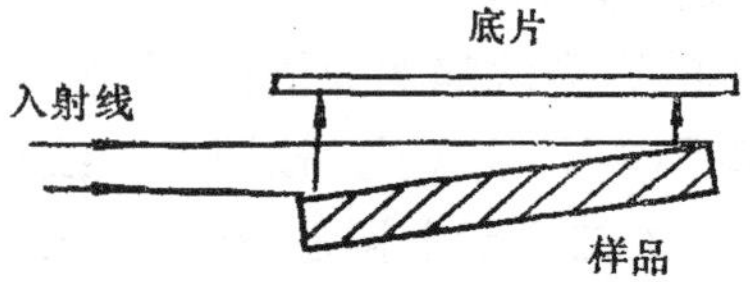

图 14.23 反射形貌法示意图.

为了获得更多晶体表面层中缺陷的信息，还可以使样品和底片相对固定，并同时相对于入射线做来回扫描，扫描方向可以与样品表面平行，也可以与入射的 X 射线平行。但是，这样一来图象的分辨率就会降低。

底片与样品之间的距离是提高分辨率的关键，Newkirk[59]采用改进了的设备，使这个距离可以缩小到 0.1mm，从而使分辨率得到进一步的提高。

(2) 透射投影形貌法

(i) 扫描透射投影形貌，这是一种应用最广泛的透射投影形貌法。英国科学家 Lang 最先使用了这种技术，因而通常又称为 Lang 法。

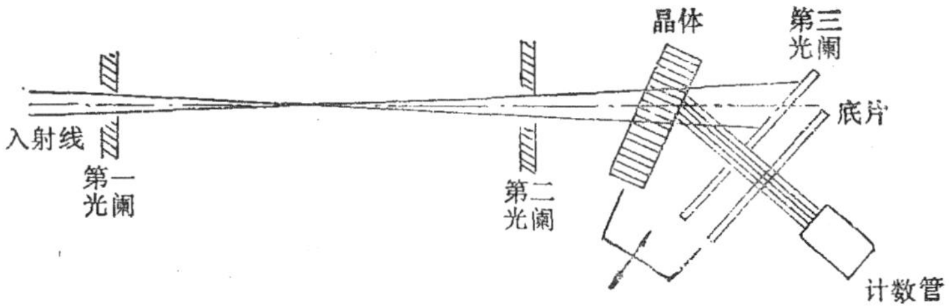

图 14.24 扫描透射投影形貌法示意图.

图 14.24 示出了该实验装置的示意图. 本方法用点焦点 X 射线源和特征辐射. 第一光栏的作用是限制入射光束的水平发散度. 第二光栏的宽度可调，可按所需的分辨率进行调节. 样品安置在带有测角仪的样品台上. 第三光栏放在晶体后面，用以挡住直射光束，只允许衍射光通过. 底片与衍射束垂直. 底片和样品晶体固定在一个精密的滑车上，它们作为一个整体可以沿样品晶片表面的方向作往返平移运动. 实验时利用测角头调节晶体方位，使处于 2θ 角的计数管接受到衍射极大强度，装上底片，开动滑车扫描，就可以在底片上记录到衍射形貌象.

由于衍射线在离开点阵畸变区后，在晶体中继续前进的路上会遇到吸收，所以透射形貌中使用的晶体样品要薄. 同时又由于不同的晶体具有不同的吸收系数，因而这里所说的薄是指 $\mu t < 1$ 的晶体薄片，其中 μ 是晶体的线吸收系数，t 为晶体厚度. μt 大了，直接象吸收得厉害，这样就会得不到必要的衬度.

为了提高形貌象的分辨率，样品晶片和底片的距离要尽可能小，但又要保证晶体有足够的扫描范围. 底片上所成象的高度就是入射线束在晶体处的高度，因而垂直放大率为 1. 水平放大率

为 $\cos\phi$，这里 ϕ 是样品表面与底片的夹角，所以水平方向的象是缩小了。底片上象的面积是入射光束在晶体处的高度与扫描行程的乘积。

Lang 法的分辨率除了和样品与底片之间的距离有关外，还与入射束和衍射束的发散度、光源和样品之间的距离有关。此法的垂直分辨率由下式给出：

$$R_v = \frac{lh}{L}, \tag{14.11}$$

式中 l 是底片到晶体样品的距离，h 是 X 射线源焦点的高度，L 是焦点到第二光栏的距离。底片和样品要移动，l 只能减少到 10mm，L 可以扩大到 300—500mm。焦点的大小直接影响成象的质量，要选用细焦点的 X 射线源。

水平分辨率是由许多因素决定的，其中包括入射 X 射线的水平发散度、波长色散和缺陷衍射象的固有宽度等。

除了上面讲的影响因素之外，还必须选用乳胶颗粒细而厚度薄的感光底片以及采用正确的放大工艺，防止因此而引起的分辨率的降低。

(ii) 截面形貌。实验装置和 Lang 法用的相似(图 14.24)，不同的是晶体和底片都固定不动，同时光栏系统要保证光束的发散小。如果晶体是完整的，截面形貌图上表现为与入射狭缝平行的干涉条纹。如晶体中有缺陷，截面形貌图上就得到入射光与样品交割的一个截面中的缺陷的深度分布图。用截面形貌法可以得到直接象、动力学象和中间象。拍摄多个不同截面的形貌图，就可以推断出晶体中缺陷的三维空间分布图。拍摄截面形貌图要求使用的入射光束窄，一般为 20μm 左右，底片可以尽可能靠近晶体样品以提高所拍图象的分辨率。

(iii) 限制投影形貌。为了观察晶体样品表面下不同深度的缺陷分布情况，可以调节图 14.24 中所示的第三光栏的宽度和位置，只让反映这个深度的衍射光束通过而照射到底片上，这样就得到了限制投影形貌，或称为限制截面投影形貌。观察区域的宽度，由光栏的宽度决定，而观察区域的深度，由光栏的位置决定。拍摄限制投影形貌可以消除表面的影响，分别拍摄多个限制投影形貌也可以得到缺陷的空间分布信息。

(iv) 立体对形貌。如果晶体中位错的密度高，用透射投影形貌研究其完整性时，透射投影形貌图上的位错线就会密集在一起。由于它们相互的干扰而无法研究单个位错线的空间分布形态。这时可使用立体对形貌技术。

拍摄立体对形貌图，首先要拍摄(hkl)和$(\bar{h}\bar{k}\bar{l})$两张透射投影形貌图。拍摄方法是：固定晶体和底片，先拍一张(hkl)的形貌图，再把晶体旋转2θ角，拍一张$(\bar{h}\bar{k}\bar{l})$形貌图；也可以是底片不动，先拍一张，然后晶体绕面法线旋转180°，再拍一张。把这样拍摄的两张立体对形貌图在双筒目镜或立体眼镜下观察，就可以得到晶体中缺陷的立体分布图象。

(3) 异常透射形貌法　当晶体样品很厚时，在晶体中入射线和衍射线都会遭受到强烈的吸收，这就无法拍摄透射形貌象。在这种情况下，可以利用异常透射法来研究晶体中的不完整性。

Borrmann 发现对于$\mu t > 10$的厚晶体样品，仍有X射线透射光束和衍射光束通过，其强度不服从指数衰减规律，这个现象是异常透射法建立的基础，因而异常透射法又称为 Borrmann 法。该方法用于研究吸收系数较大的样品中的缺陷。

入射线照射到一块相当完整的晶体上，如果参与衍射的晶面垂直样品的表面，在满足布拉格条件时，按照衍射动力学理论，入射线进入晶体后将形成两支驻波，α 支和 β 支（见图 14.25）。α 支驻波的波节正好在原子平面上，受到晶体中原子的吸收很小，而 β 支驻波的波腹处在原子平面上，遭受到晶体原子的严重吸收。由于两支驻波在晶体中受到的吸收不同，结果只有 α 支驻波能够通过晶体。这支驻波离开晶体后，分解为两束衍射光，一束与入射光平行，一束与衍射光平行。可以在这两束光刚刚分开的位置放底片，能拍摄两张形貌图。也可以靠近晶体在两束光不分开的地方放底片，拍摄到一张形貌图，这样曝光时间可以缩短，但是分辨率将有所降低。晶体中如果存在不完整性，原来排列整齐的原子点阵就会受到破坏，α 支驻波的吸收变大，拍摄出的形貌图上就留下反映缺陷的衬度，以此来研究缺陷的性质。许多重要晶体的吸收系数都比较大，拍摄透射形貌时必须把晶体加工得非常薄(几十微米)，加工十分不易。同时这样加工以后的晶体也很难反映原来晶体的实际情况。在这种情况下，如果晶体中缺陷不是太多的话，用异常透射形貌法研究就比较方便。

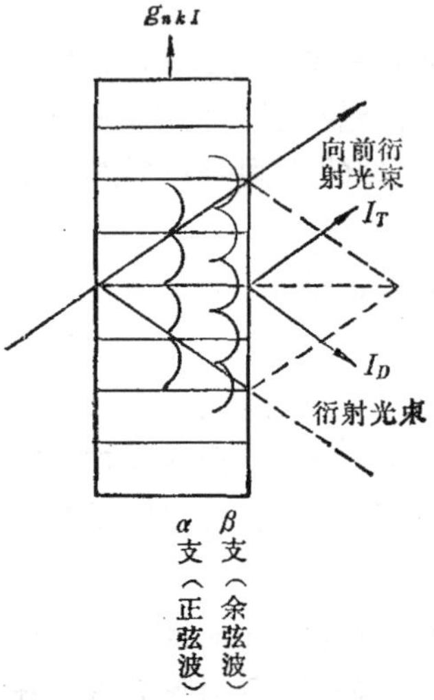

图 14.25　Borrmann 效应的物理图象示意．$\mu_l t \gg 1$ 的厚晶体中两组驻波，β 支波被强烈吸收，α 支波传播至晶体另一面分解为 I_T 和 I_D.

(4) 双晶形貌法　以上介绍的各种单晶形貌技术中，都使用了发散度较大的入射 X 射线（约几分角弧)，底片上记录下的衍射强度是不同入射角度产生的积分强度，在形貌图上产生的衬度不够高，尤其是对于晶体中点阵常量的连续而缓慢的变化不够灵敏，一般只能达到 10^{-5}．在研究中有时需要检测点阵常量的微小变化，有时需要测量晶面的弯曲，这时只有用双晶形貌法才能达到足够高的灵敏度。采用双晶形貌法，灵敏度可以达到 10^{-6}—10^{-7}.

双晶形貌中要用到一块参考晶体和一块待测的样品晶体。参考晶体要有足够高的完整性，而且要尽可能与待测晶体是同类的，如果得不到与待测晶体同类的高质量晶体，也可以用其他晶体代替，但是所选用的晶面间距要尽可能接近。

根据参考晶体和待测样品晶体的不同配置，可以构成各种双晶形貌技术。如果两块晶体都处于反射位置，即构成双晶反射形貌。两块晶体都处于透射位置，就构成双晶透射形貌。一块晶体处于反射，一块晶体处于透射，就构成反射-透射型双晶形貌。在

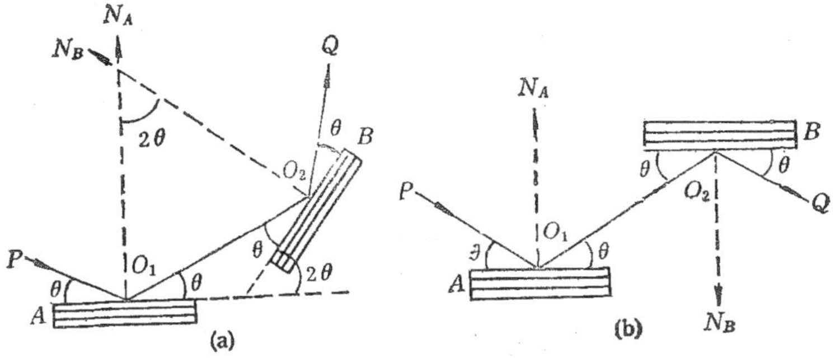

图 14.26 反射型双晶衍射仪的排列.
(a) (n,n)排列； (b) $(n,-n)$排列.

反射和透射型形貌中，反射线或透射线又可分为向一个方向偏转和向相反方向偏转，分别构成$(+n,+n)$和$(+n,-n)$型双晶形貌。根据晶体加工表面和衍射晶面是平行或垂直和不平行或不垂直，又可分为对称双晶形貌和非对称双晶形貌。在非对称双晶形貌中，可以使光束扩展，以研究大面积晶体中的完整性。图 14.26 示出了双晶反射形貌的晶体位置示意图。

入射光照射到参考晶体上，得到衍射光的角宽度只有几个秒弧，可看作是一种准平面波。这种单色性好发散度又小的光束照射到样品晶体上，样品晶体中微小的点阵常量变化会在衍射光束中反映出来。衍射光束的强度和衍射角的关系由图 14.27 所示的摆动曲线给出。由图可看出，曲线两侧的坡度很陡，θ 角的微小变化（即晶体中微小的应变或是点阵常量的微小变化）都会导致衍射强度的大幅度变化，在形貌图上就会给出明显的衬度，因而双晶形貌具有很高的灵敏度。

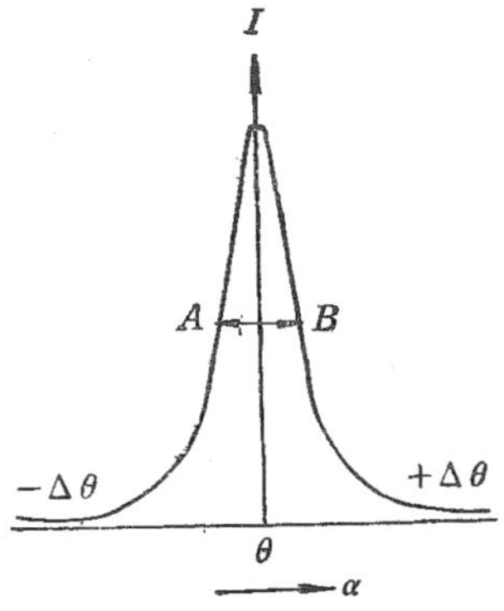

图 14.27 摆动曲线.

双晶形貌术能够精确地测定点阵常量的微小变化，如位错周围的应力场、晶体成分或杂质分布梯度引起的点阵微小均匀变化和倾斜以及曲率半径很大的微小弹性弯曲。

(5) 同步辐射X射线形貌法[60—61]　X射线形貌已经成为晶体品质鉴定的常用手段，然而由于光源强度的限制，衍射光一般都很弱，拍摄一张形貌象要花费很长时间. 对于一些动态过程的研究，如位错的运动，畴壁的迁移等，普通X射线形貌术无法得到清晰的图象. 而同步辐射X射线的运用，使这些问题得到解决.

(i) 同步辐射的特点: 由经典的电动力学知道，带电离子作加速运动时会辐射电磁波. 同步加速器中的电子沿圆形轨道运动时，在轨道的切线方向产生辐射，这种辐射就是同步辐射. 目前，我国的北京和合肥的同步辐射的加速器已经开始运转，为同步辐射的使用提供了设备条件.

同步辐射是一种新的辐射源，它具有许多优异的性质，从而开辟了许多新的研究领域.

(a) 连续光谱. 普通X射线是在弱的连续谱上叠加了强的特征谱线，普通X射线形貌术中正是使用了强度高的特征谱线. 同步辐射X射线在整个连续谱上的强度都非常高，可以从几分之几埃到近红外波段. 因而在同步辐射X射线形貌中可以使用连续谱，也可以利用单色器选择所需要的任何波长，不再受特征谱线的限制.

(b) 辐射强度高. 同步辐射X射线的强度是普通X射线的强度的 10^4—10^5 倍，为转靶X射线强度的 10^2—10^3 倍. 由于有这样高的辐射强度，使得原来要几个小时或几天的拍摄工作，只要几秒钟或几分钟就可以了. 拍摄时间短了，又使得一些动态过程的研究成为可能.

(c) 光束发散小. 电子的能量越大，光束的发散度越小. 对一个 5GeV 的加速器来说，光束的发散度为 10^{-4}rad. 光束的发散度小，就允许加大被测样品与底片之间的距离，安排一些必要的实验装置，在不同的实验环境中研究晶体的缺陷，而仍可以保持足够高的分辨率.

(d) 光束的偏振性好. 同步辐射在其轨道平面内是百分之百偏振的，这一性能允许人们利用同步辐射来研究各向异性晶体和极性晶体。

利用同步辐射作光源研究晶体中的缺陷，也有许多种实验安排方法，下面给以简单的介绍。

(ii) 白光形貌. 同步辐射白光形貌术是利用同步辐射的连续X射线照射到晶体上，在底片上记录晶体衍射斑点的方法. 这类似于普通X射线的劳厄图，但是斑点要大的多，可以照射整块被研究的区域，得到放大的劳厄图. 每一个斑点都是一张形貌象，每一个斑点都含有所研究晶体完整性的信息. 一次拍摄可以得到对应于不同晶面族产生的衍射斑，也就是说，可以得到许多张形貌象. 而且不同的衍射斑对应于从晶体的不同取向观察的结果，因而从白光形貌中能够得到更多的信息. 与普通劳厄法一样，底片可以放在晶体的后面，也可以放在晶体和光源之间. 在白光形貌术中，由于用了高强度的连续辐射，在 Lang 法中用单色光导致的某些区域不能满足布拉格条件，在白光形貌中这些区域就可以选择合适的波长满足布拉格条件了，从而形貌象上包含了更多的信息. 由于同步辐射的强度高，拍摄一张形貌象的时间大大缩短（几十秒钟）.

(iii) 单色光形貌. 为了从同步辐射中分离出单色光来，就要使用各种各样的单色器. 经过单色化的同步辐射X射线，可以近似的看作平面波，从而发展了同步辐射X射线平面波技术. 这种平面波成象技术，和前面讲到的双晶形貌技术有些类似，可以用来研究晶体点阵常量大小和点阵平面取向的微小变化.

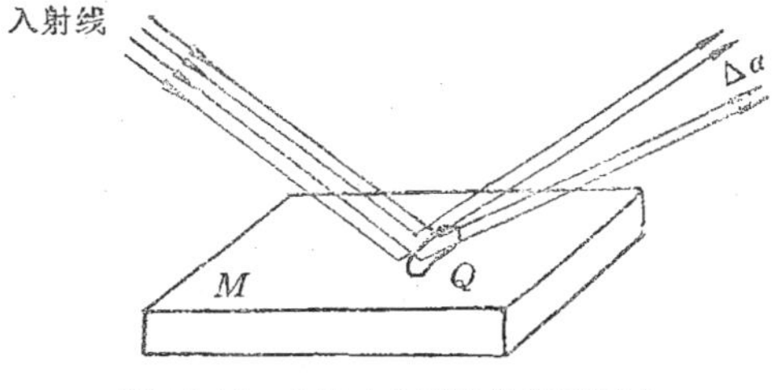

图 14.28 点阵畸变区域的测量图示，Q为点阵畸变区.

如果晶体中有一小区域其点阵常量和点阵取向与周围有微小的差异，如图 14.28 所示. 调节晶体记录出现两次衍射峰的角度间格 $\Delta\alpha$，这个角度间格是由两区域的衍射角差异 $\Delta\theta$ 与点阵转动角 $\Delta\gamma$ 之和，即

$$\Delta\alpha = \Delta\theta + \Delta\gamma, \tag{14.12}$$

把晶体绕面法线转动 180°，再重新测量数据，这时两衍射峰的间格 $\Delta\alpha'$ 就是 $\Delta\theta$ 和 $\Delta\gamma$ 之差了，即

$$\Delta\alpha' = \Delta\theta - \Delta\gamma. \tag{14.13}$$

在上面两式中，消去 $\Delta\theta$，就可以由实验值 $\Delta\alpha$，$\Delta\alpha'$ 求出点阵的转动角度 $\Delta\gamma$. 消去 $\Delta\gamma$，可求出 $\Delta\theta$，而 $\Delta\theta$ 的变化又是由于点阵参数变化引起的，利用布拉格公式再求出点阵参数的变化. 利用这种方法测量点阵参数变化的误差小于 0.3×10^{-6}，测量点阵转动的误差小于 0.5″[62].

(iv) 同步辐射用于实时观察. 人们很早就想利用X射线作实时观察，但是由于没有足够强的X射线源而无法实现. 同步辐射X射线源问世以后，这方面的研究工作已经做了很多.

若采用一般的X射线源时，为了得到足够的分辨率，要求样品和底片之间的距离要很小. 使用同步辐射X射线光源时，由于其光束的发散度小，准直性高，样品和底片之间的距离就可以放宽. 这样在样品和底片之间就留有一定的空间，可以给样品施加必要的实验条件，例如施加真空、高低温、压力、电场、磁场等，以此来研究晶体缺陷在这些条件下的行为. 甚至可以研究晶体生长过程中缺陷的形成. 同时，由于光源强度大，拍摄时间短，许多变化速度快的动态过程也可以记录下来. 可以对这些过程进行录相，但普通电视摄像机不能摄取X射线，这就要用荧光板或其它方法把X射线衍射光转变为电视屏幕上显示的象，分辨率已经可以达到 10nm. 人们用实时观察的办法研究了提拉法生长硅单晶的生长过程，每三分钟观察一次，可以清楚地看到晶体中的位错是生长过程中在固液界面处产生的.

§ 14.7 电子束分析法

14.7.1 电子与物质的相互作用[63—64]

一束高能电子轰击到样品上，会与样品物质相互作用，产生许多有用的物理信息．有的电子与样品中的原子核和外层电子发生弹性和非弹性碰撞，反向反射出样品表面；有的进入样品与样品原子交换能量而放出其它粒子；有的能量消耗掉而被样品吸收．如果样品薄，还会有电子穿透样品，从样品的另一面透射出来．图14.29示出了电子束与样品相互作用产生各种信息示意图．因为

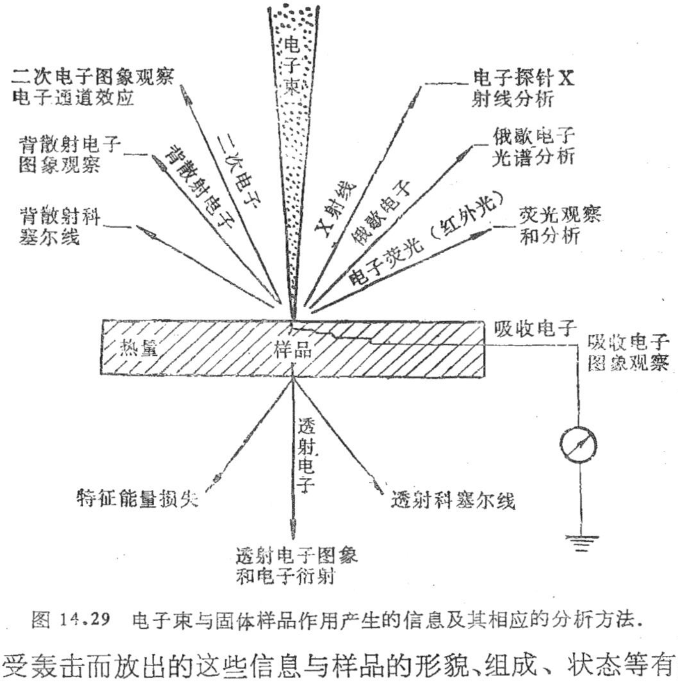

图 14.29 电子束与固体样品作用产生的信息及其相应的分析方法．

样品受轰击而放出的这些信息与样品的形貌、组成、状态等有关，收集这些电子激发出的信息，就可以对样品进行某一方面的分析．下面对几种得到的信息作简单介绍．

（1）背散射电子　电子进入样品后，会经受散射．当电子受

到原子核的强库仑场作用时，由于原子核的质量远大于电子的质量，则电子的能量没有变化，只是改变了电子运动的方向，这称为弹性散射电子. 当电子与电子作用或因其它原因不仅改变了方向，而且还损失一定的能量时，就称为非弹性散射电子. 散射电子中的那些运动方向与入射方向大于90°的电子，会从样品表面反射出来. 这种反射出来的电子，有的属于弹性散射，有的属于非弹性散射，一般把大于50eV的称为背散射电子.

(2) 二次电子　在入射电子与样品作用而形成的非弹性散射电子中，有的是入射电子直接与样品中电子相碰而把它轰击出样品的，这种电子称为二次电子. 它可以是价电子，也可以是内层电子. 但由于价电子的激发概率与内层电子相比要大的多，因而二次电子绝大部分来自价电子。二次电子的能量一般小于50eV.

(3) 特征X射线　入射电子轰击到样品上，被样品物质突然阻挡而停止，电子动能的一部分会以轫致辐射X射线放出，其波长是连续的. 如果电子的能量大于原子内层电子的激发电压时，就可以把内层电子轰击出来，使其成为激发态，而处于高能态的外层电子向能级低的内层跃迁时，跃迁前后的能量差就以特征X射线的方式释放出来。

(4) 俄歇电子　当样品受到高能电子轰击时，若原子内层电子溅射出来，则高能级的外层电子就会来补充. 在跃迁过程中，除了发射出特征X射线外，还可以激发出另外的外层电子来，这种方式激发出来的外层电子就称为俄歇电子.

(5) 吸收电子　入射电子进入样品后，有一些电子经过多次非弹性散射，能量消耗掉，最后被样品所吸收，这种被样品吸收的电子，称为吸收电子. 样品因吸收电子而带电，把样品与地相连，就会形成电流.

(6) 透射电子　如果样品很薄，入射电子束中有一部分电子会穿透样品，从样品的另一面透射出来. 这种透过样品的电子就称为透射电子. 透射电子中有的是弹性散射电子，有的是非弹性散射电子.

(7) 阴极荧光　有些物质在高能电子束的轰击下，可以发出可见光、紫外光或红外光。这种光称为阴级荧光。

(8) 电子束感生电流　高能电子轰击样品，可能在样品中产生许多电子-空穴对。如果在样品上加一电场，它们将分别顺着或逆着电场方向运动而产生电流，这就是电子束感生电流。

现代电子束分析技术就是利用了电子束与物质相互作用产生的各种信息来研究材料结构、元素组成以及其它性质的。为此目的发展了各种各样的分析仪器[63—67]。

14.7.2　透射电子显微镜[64,65]

透射电子显微镜 (TEM)主要是利用穿过样品的弹性散射电子。它的成象原理与光学显微镜的相似，在光学显微镜中使用光源和光学透镜，而在电子显微镜中使用电子源和电磁透镜。在光学显微镜中是用了样品对入射光波的衍射效应成象，而在电子显微镜中是利用样品对入射电子波的衍射效应成象。这种电子显微镜的分辨本领较高(可达 0.2nm 左右)，适于做高分辨率的直接观察。同时又由于成象时包含着衍射过程，因此可兼用电子衍射做晶体结构分析和用衍衬法研究晶体缺陷。

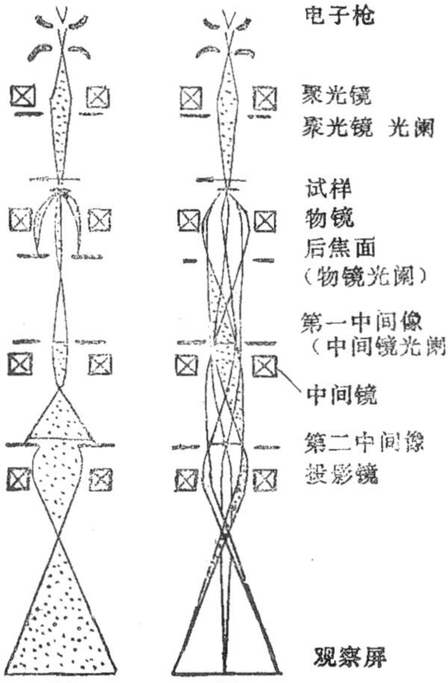

图 14.30　透射电子显微镜光路图.
(a) 成象；(b) 衍射.

要得到透过的电子，样品要很薄，通常在几十纳米，直径一般不超过 3mm。

图 14.30 示出了透射电子显微镜的示意图. 电子枪发出的电子经聚焦后照射到样品上. 电子穿过样品并经过物镜，在物镜的后焦面上形成一个衍射图. 当中间镜的物面与物镜的象面重合时，荧光屏上会得到显微象；而当中间镜的物面与物镜的后焦面重合时，荧光屏上就得到放大了的电子衍射图. 如果样品是晶体，那么让两束或多束衍射电子通过物镜，就可以得到直接反映晶体周期结构的显微象，这种象称为直接象或晶格象. 如果只让一个衍射束通过物镜，所得到的显微象不能直接反映结构的细节. 对于理想的完整晶体样品来说，这种象的亮度是完全均匀的. 当晶体存在着由缺陷引起的晶格畸变时，则晶体各部分的衍射效果就有差异，得到的显微象就有明暗不均的衬度. 这种象称为衍衬象. 如果通过物镜的电子束中含有沿入射方向穿透样品的电子束，所得到的显微象通称为亮场象，否则就称为暗场象. 对衍衬象来说，只让直接穿透束通过物镜的显微象是亮场象，只让一束非零级衍射通过物镜的显微象为暗场象.

晶格象提供的信息直观细致，原则上可以用晶格象直接观察晶体中的缺陷，但由于动力学衍射效应以及透镜球差等影响，只有在样品很薄、且试验条件的严格控制下才有好的效果.

如上所述，衍衬象只让一束衍射电子成象，当晶体中含有缺陷时就会在衍衬象中表现出衬度来，形成缺陷的象. 这个缺陷象不但与缺陷本身有关，而且与衍射条件有关，由此可以对各种缺陷做定性的鉴定和定量的分析.

14.7.3 扫描电子显微镜[68—71]

扫描电子显微镜（SEM）是利用聚焦得非常细的高能电子束在样品上扫描，激发出各种含有被测物质信息的粒子，通过对这些粒子接受、放大和显示成象，以便对样品进行分析. 目前分辨率可达 2nm，实验室水平已达 0.5nm 水平，放大倍数在 20—20 万倍.

狭义的理解，扫描电子显微镜是一种观察样品表面形貌的仪器. 观察表面形貌，通常都是利用高能电子束轰击样品放出来的二次电子。这种二次电子的发射效率与样品表面的形状密切相关，因此它带有样品表面形貌的信息。图 14.31 示出了扫描电子显微镜的工作原理图。高能电子束在样品表面扫描，激发出二次电子，探测器接受二次电子，经放大去控制显像管的栅级，调制显像管的亮度。入射电子束与显像管的扫描同步，因而样品的表面形貌与显像管屏上的图象完全对应，也即样品的表面形貌由二次电子传输到显示屏上。可见扫描电镜的成象与透射电镜的不同，如果说后者是直接成象的话，那么前者就应说是间接成象。扫描电镜有很大的景深，对粗糙的表面立体感很强，是一种研究固体试样表面的强有力的工具。

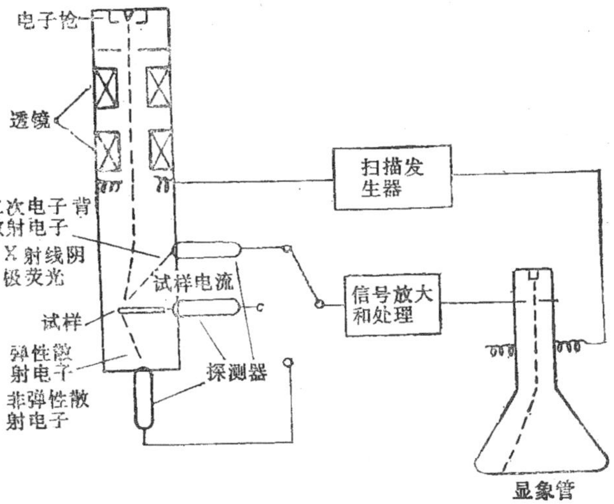

图 14.31 扫描电子显微镜原理示意图.

扫描电镜的试样制作比较简单，若试样是绝缘材料，会因积累电荷影响电子束正常扫描，这就必须在试样表面上镀上导电层。

现代扫描电子显微镜已经脱离了只能观察表面形貌的狭义理解，而配备上了能探测入射电子激发出各种信号的仪器配件。扫描电子显微镜已成为一种综合性分析仪器，可以在观察形貌的同时，对样品进行成分、结构等分析。

上面已经讨论了利用激发出的二次电子束观察样品的表面形

貌. 除此之外还可以对背散射电子、吸收电子、薄膜样品的透射电子、电子束感生电流、电子通道、俄歇电子、X射线和阴极发光等物理信息进行检测，从而形成各种不同的图象. 为了测量这些物理信息，有的已制成了各种独立的仪器. 有几种在以后的内容里还要介绍,这里先简单地提一下.

（1）背散射电子图象　背散射电子的产率，随原子序数的增加而增加. 因此背散射图象能显示原子序数衬度，从而可以给出样品中物质成分的信息. 由于背散射电子象的分辨率较低（50—250nm)，所以主要用于显示样品内成分的分布.

（2）吸收电子图象　入射电子在样品中有一部分经过多次非弹性散射,能量消耗掉而被样品吸收,即形成吸收电子. 显然，吸收电子越多,背散射以及二次电子就越少,因而吸收电子图象的衬度与背散射电子图象和二次电子图象的衬度互补. 这种现象也可以在一定程度上反映出样品的成分特征和表面形态. 吸收电子象的分辨率约为 5—15nm.

（3）电子束感生电流图象　用探测器探测入射电子引起的电子束感生电流,就得到电子束感生电流（EBIC）图象. 若在 p-n 结区内存在缺陷,例如晶界、位错、杂质粒子或局部击穿,这些缺陷将成为电子-空穴对的复合中心. 从而导致样品中有缺陷区域的感生电流值发生变化，在感生电流图上也有衬度表现出来. 该方法是研究半导体的 p-n 区内电活性缺陷的有力工具. 分辨率约为几个微米.

（4）电子通道图象　电子通道效应是指入射电子束被晶体散射的概率同它相对于晶面的入射角有关的一种取向效应. 根据电子衍射动力学理论的分析结果,当入射角小于布拉格角时,透射较弱,吸收较大,背散射也较大. 结果在背散射和二次电子图象中出现亮带. 当入射角大于布拉格角时,透射较大,吸收较小，背散射也较小，在电子扫描图中呈现暗带. 这种亮暗带是由于晶体结构对电子的异常散射而引起的,犹如一种隧道效应,故名电子通道效应. 由于电子通道效应的存在，二次电子图象和背散射电子图象都会受到影响，通过研究这种影响，可以确定样品的晶体结构、取向、外延层与衬底的关系以及检测晶体的不完整性和形变情况等。

（5）特征X射线和俄歇电子　利用电子激发产生的特征X射线，可以对样品进行成分分析。将这种X射线信号加以转换，可以得到表示元素成分的X射线图象。通过检测俄歇电子信号也可以得到样品表面成分的信息。现代扫描电子显微镜一般都有对这两种信号测试的装置。同时也可以单独做成测试仪器。较为详细的情况在电子探针和俄歇电子谱仪中还要讨论。

（6）阴极发光图象　有些物质在高能电子束的轰击下会发出可见光、红外或紫外光，这就是阴极荧光。它是电子跃迁过程中释放能量的一种方式。阴极发光的波长不但与样品中的基本物质有关，还与样品中的杂质有关。可以利用阴极发光的检测来确定样品中的杂质，也可以用阴极发光来观察和研究晶体中的缺陷。

扫描电子显微镜是一种应用非常广泛的分析仪器，发展十分迅速。提高电子的加速电压，可以提高入射电子的穿透能力，为此制成了高压电子显微镜(HEM)、加速电压超过 500kV 的超高压电子显微镜（HVEM），可以分析微米级厚度的样品。把透射电镜和扫描电镜的特点与功能合而为一，制成了扫描透射电子显微镜(STEM)，用它可以同时对样品进行成分和结构分析以及成象。

14.7.4　电子探针[72—74]

电子探针（EPM）的名称繁多，除了几个含有“探针”二字容易分清的名字以外，还有“微区X射线光谱分析仪”，“X射线能谱分析仪”，“X射线显微分析仪”等名称。

图 14.32 示出了电子探针的示意图。电子探针的结构和扫描电镜的结构大致相似，不同的是电子探针有一套X射线波长和能量探测装置。它探测电子激发出的特征X射线，以此对样品进行成分分析。目前，扫描电镜大都有电子探针分析装置。

由于特征X射线的能量或波长随着原子序数的不同而不同，只要知道了入射电子在样品中激发出的特征X射线波长或能量，

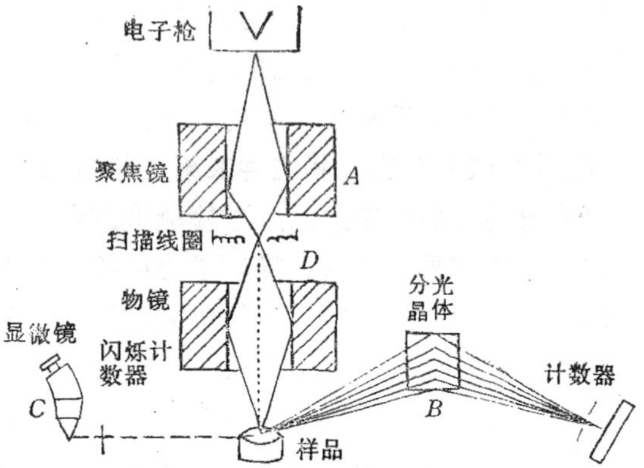

图 14.32 电子探针原理示意图.

就可以知道样品中所含的元素及含量.如果样品中含有多种元素，那么电子会激发出多种X射线特征波长. 为了测量这些波长，必须把测到的X射线按波长展开,这就是通常所说的波长色散法.也可以把它们按能量展开，就称之为能量色散法. 两种方法是等效的,各有特长.

使波长展开的仪器称为波长色散谱仪（WDS). 通常采用具有适当晶面取向和晶面间距的晶体进行分析. 在每一个入射角 θ 都有一个单一的波长 λ 被晶体衍射,用探测器检测这个衍射信号,进一步再转换成电信号,通过信号处理系统就可对样品进行分析.

能量色散谱仪(EDS)也称能谱仪，是用探测器测量电子激发的特征X射线,变成电信号经放大,然后进入多道脉冲分析器去鉴别信号大小，给出X射线光子能量的分布. 这样就可以根据X射线光子的能量确定样品中的成分，根据脉冲的计数率确定元素的含量.

就分辨率来说，波谱仪比能谱仪好. 能谱分析法的分辨能力远不如波谱法高，对轻元素的灵敏度低. 一般定性和定点分析用能谱法,超轻元素和精确定量分析用波谱法.

由于特征X射线是从几个微米厚度的表层发出的，因而对样品的加工要求高,应有很好的平面度和清洁度. 如果样品不导电,还要在样品的表面镀上导电膜。用这种方法可以进行定点分析，也可以进行面分析，分析直径约为 1μm。电子探针可以分析从铍到铀之间的各种元素，分析精度可达万分之一到万分之五。它是研究晶体组分的局部变化，了解缺陷组成的有力工具。

14.7.5 俄歇电子谱仪[64,75]

电子轰击样品表面会产生俄歇电子，而俄歇电子又具有能量的特征值，因而测量俄歇电子的能量就可以得到样品中所含元素的信息。为此设计的仪器称之为俄歇电子谱仪(AES)。俄歇电子谱仪可以作为扫描电镜的一个组成部分，也可以成为一种独立的成分分析仪器。现代俄歇电子谱仪上配备了电子束扫描装置，从而可以得到表面俄歇电子象。这样的仪器称为扫描俄歇微探针。

样品被激发出的俄歇电子被收集起来，送往能量分析器。能量分析器将俄歇电子按能量展开，得到俄歇电子能谱。然而实际上俄歇电子数量很少，同时收集到的还有各种能量的二次电子和背散射电子，因而在电子能谱上真正的俄歇电子峰很弱，这给分析带来困难。为了提高检测灵敏度，利用信号处理系统对电子能量分布曲线进行微分，得到微分型电子能量分布曲线，这样能大大提高俄歇峰的可见分辨率。当入射电子束的直径为 1μm 时，重量灵敏度为 10^{-3}g 左右。面积分辨率和入射电子束为同一数量级，厚度分辨率小于 1.5nm。

俄歇电子的发射几率随物质的原子序数的增加而减少，所以适合于对轻元素进行分析。用于分析的俄歇电子主要来自样品表层 2--3 个原子层，因而可以说是一种“真正的表面”成分分析技术。可以定点分析，也可以做面分析，如果有离子刻蚀装置，就可以逐层分析。此外还可以用来研究表面原子的扩散和迁移、晶界偏析、气体表面吸附分析、表面氧化反应、断裂面的成分分析等。

14.7.6 电子能量损失谱仪[64]

高能电子束打到样品上，如果把内层电子轰击出来，则入射电子的能量就会减少。对一定的元素来讲，激发内层电子所需的最低能量是一定的。因而能量的损失有特征值。测定入射电子因激发内层电子而损失的能量，就可以对样品中所含元素进行分析。电子能量损失谱仪(EELS)用的是从样品下表面射出的电子，这其中包括有透射电子、弹性散射电子和非弹性散射电子。接受这些电子，把它们按能量损失大小展开就得到电子能量损失谱。电子能量损失谱也是用电子显微镜进行微区分析的一种手段，它适于轻元素的分析，而上面讲电子探针提到的特征X射线波长色散谱则适于较重的元素的分析。

样品下表面射出的电子通过磁透镜而按能量的损失的不同分开来，图 14.33 示出了电子通过磁透镜展谱的示意图。探测计的狭缝在焦平面的不同位置 A 或 B 能测到能量损失不同的电子，实验中实际上是探测器狭缝不动而是改变电磁场强度，使各种能量损失的电子穿进狭缝被记录下来，形成电子能量损失谱。这种能量损失谱不但能提供样品化学成分的信息，而且还能反映出物质的化学和晶体学形态。

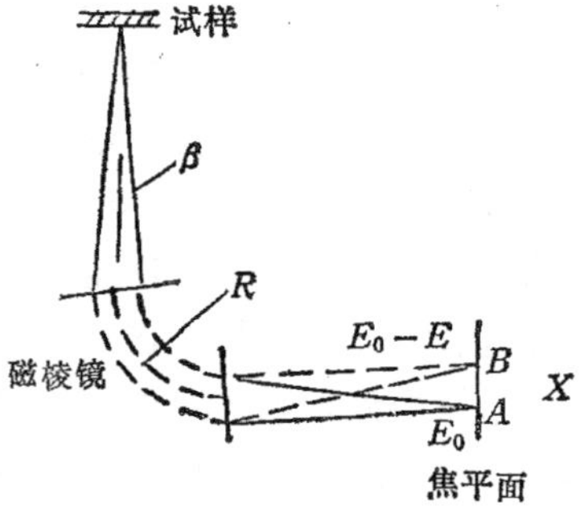

图 14.33　电子束通过磁透镜展谱.

谱仪的能量分辨率，亦即谱线上能分辨不同能量电子的能力，与谱仪的几何尺寸成正比，与被分析的电子能量成反比，而且也与使用电子源的种类有关。

利用电子能量损失谱方法可以很容易地将弹性散射电子、非弹性散射电子和各种能量的电子区分开来。用不同的探测器接受这些电子，通过透射扫描系统可以形成各种图象。例如形成衬度正比于元素原子序数 Z 的象，称为 Z 衬度象。仅仅接受某一特征能量损失的电子信号成象，形成元素分布象。

14.7.7 低能电子衍射[76]

入射电子束照射到晶体样品上，可以产生弹性和非弹性散射电子以及二次电子，低能电子衍射(LEED)利用的是弹性背散射电子。

能量为 20—300eV 的电子束，经聚焦和准直照射到样品上。样品放在半球形的接受极的中心。样品和接受极之间有几个栅极。第一栅极与样品同时接地，保证入射束和衍射束不改变方向。第二、三栅极加以适当的电位，以阻止能量小的非弹性散射电子。第四栅极仍接地以对接受极进行屏蔽。接受极上有高电位，对穿过栅极的衍射束加速，然后打到荧光屏上显示出低能电子衍射花样。分析二维衍射图斑点的分布规律和强度，可以得到晶体表面原子排列的信息。图 14.34 示出了低能电子衍射仪的示意图。

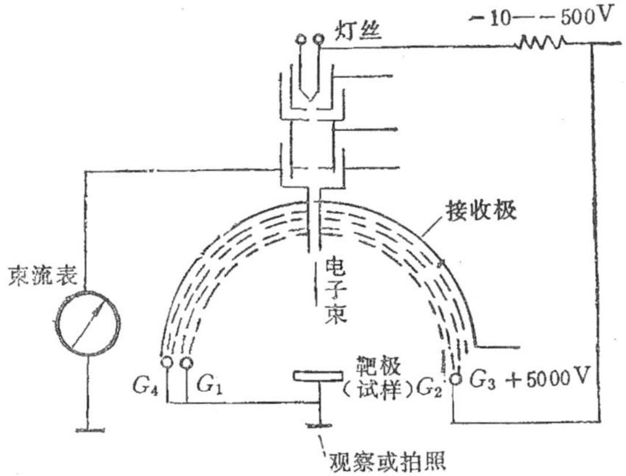

图 14.34 低能电子衍射仪的示意图.

入射电子的背散射部分随入射电子的能量减少而增加，入射电子能量越低，背散射电子越多，穿入样品内部的电子就越少，参与衍射的原子层越少。因而低能电子衍射能反映样品表面几个原子层的结构、缺陷、气体吸收等情况。

低能电子衍射和俄歇电子分析两者在技术上互补。前者给出的是表面结构的信息，后者给出的是表面成分的信息．对设备的要求也类似，两种器经常结合在一起使用，对表面结构和成分同时进行分析．

14.7.8 反射高能电子衍射[76]

在前面讲的低能电子衍射中，是利用能量为 20—300eV 的低能电子的背散射电子来研究表面的二维结构．之所以使用低能电子，是为了保证有足够大的背散射截面和减少弹性散射电子的平均自由程，以此来提高 LEED 方法研究表面的能力．其实利用高能(20—200keV)入射电子，以很小的角度掠射晶体表面，同样也可以得到大的散射截面．同时，掠角入射也意味着非弹性散射电子的自由程较长，这就会保持弹性散电子处于表面区域内，达到研究表面的目的．

由于弹性散射电子和非弹性散射电子的背底之间的能量差别大，同时也由于入射电子有足够的能量可以使荧光屏上产生荧光，那么，反射高能电子衍射(RHEED)主要涉及到的是定性的表面分

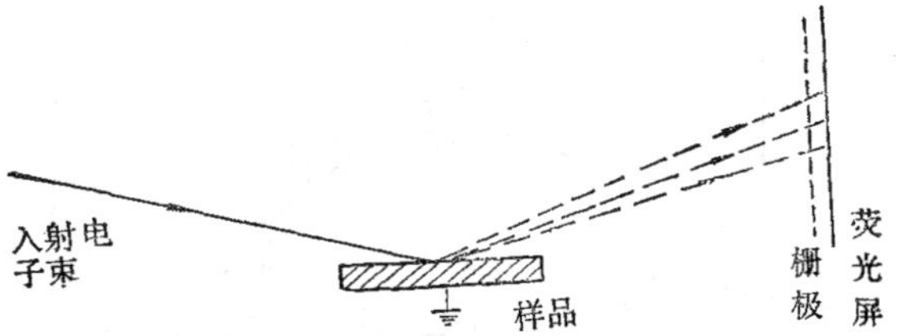

图 14.35 高能电子衍射法示意图．

析而不是定量的衍射束强度分析时，就用不着和 LEED 那样需要能量过滤和后加速．图 14.35 示出了这种方法的示意图．

反射高能电子衍射是研究表面结构的有效方法之一，现已被大量采用．改变电子束的掠射角、方位角、样品温度等可以准确测量晶体表面的结构及变化．反射高能电子衍射对表面的原子台阶很灵敏，可以用来测量表面上的台阶分布．如果生长表面上出现小岛，可以通过衍射斑点的变化，测量小岛的高度．

反射高能电子衍射和低能电子衍射相比有许多优点。反射高能电子衍射可以观察到上百个衍射点，而且衍射斑点非常明锐，可以进行精细的几何位置测量，从而得到更多的信息。改变掠射角还可以改变电子束的穿透深度，从而可研究结构随深度的变化。

§14.8 离子束分析法[63,77]

14.8.1 离子与物质的相互作用

带有一定能量的离子束轰击到样品上，和前面讲的电子束的情况一样，也会产生许多带有被照射样品的信息，测量、分析它们，就可以对样品进行某一方面的分析。

(1) 二次离子　离子束轰击样品，或者是受到样品原子的背散射；或者是进入样品，经过一系列弹性散射和非弹性散射，把能量消耗在晶格原子上。当表面或接近表面的原子具有逃逸固体所需能量和方向时，就会发生溅射现象。这种以离子形态被溅射出样品的离子，称为二次离子。二次离子来自于样品，可以是正离子，也可以是负离子。溅射出二次离子的多少，对同样的入射离子来说，主要受样品表面的化学特性和电子特性的影响。

(2) 背散射离子　入射离子中的一部分可能与表面原子产生弹性碰撞或非弹性碰撞后反弹出样品表面，这部分离子称为背散射离子。这种离子的能量与产生散射的原子和散射角之间有一定的关系。下面讲的低能离子散射和高能离子散射都是用的背散射离子。

(3) 中性原子或原子碎片　上面讲的溅射过程中，除了溅射出正负离子外，还会溅射出中性原子和分子碎片。原子也可能是处于激发态的。由于中性粒子的分析难度大，这方面的工作不多。

(4) 电子　使用低能离子照射样品，离子接近表面时会被中和，中和的能量传给表面电子，可能使这个电子有足够的能量发射出来。分析这些电子的能量可以得到样品表面电子性能的信息。

在离子的轰击下，样品也可以有俄歇电子发射，这种电子和上面讲的一样带有样品原子组成的信息.

(5) 光子　离子激发样品，可以产生特征X射线和其他光子. 特征X射线能用于样品原子组成的研究，称之为离子激发X射线分析(IMXA). 但由于相互作用过程复杂，测量精度要求高，开展研究还不广泛.

14.8.2 低能离子散射[77]

入射离子束打到样品上，会产生背散射离子. 低能离子散射(LEIS)技术是用能量为25—25000eV的入射离子束轰击样品，测量背散射离子的能量分布，由此来研究样品表面成分、结构等的仪器.

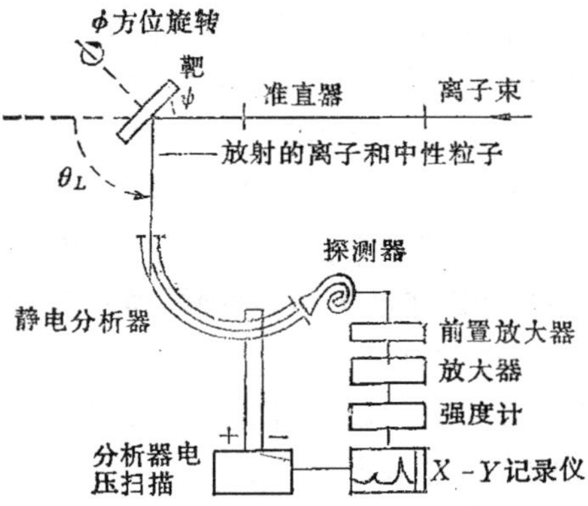

图14.36　离子散射实验示意图.

图14.36示出了低能离子散射的原理示意图. 来自离子源的单能离子，束径半高宽约为1—2mm. 离子照射到样品上后，会产生散射离子. 在一定的角度放置静电分析器. 静电分析器的作用相于一个能量-电荷过滤器. 当与分析器两个极板之间的电压有关的区间步进或扫描时，相应能量-电荷的散射离子就能通过能量分析器，在出口光阑处被探测器计数，得到散射离子谱. 由于散射离子的能量与样品原子的类型和组成有关，根据谱线的位置和高度，就能了解表面原子的质量、化学成分或原子数目. 样品中如果有几种原子，则在能谱上表现为不连续的峰. 对于单晶样品，随入射角和反射角的变化，会产生不同的峰位和相对高度，由此可以得到表面结构的信息. 在定量分析原子的数目时，情况比较复杂. 因为散

射离子产生的多少与散射截面、中和效应(离子进入样品出来成中性粒子)等因素有关,定量分析时就要考虑这些问题。实验中可以用标准样品与待测样品进行比较来确定。低能离子散射有很高的灵敏度,这一方面是由于离子的散射截面大,离子进入固体很快衰减,另一方面也是由于离子穿透越深,中和效应发生的越完全,因而探测到的散射离子都是来自表面的一两个原子层。

14.8.3 高能背散射[77]

高能背散射(RBS)法,也称为 Rutherford 背散射法。一束准直的 MeV 能量的入射离子,垂直照射到样品上,大部分离子将进入样品,少量离子会与样品表面或内部的原子碰撞,从样品表面散射出来,这就是背散射离子。这种离子带有样品的信息。计算表明,被照射原子的质量不同,入射离子的反冲能量也不同。样品中各原子的含量不同,入射离子以不同能量散射的概率也不同。由此可以分析样品中原子的组成和含量。入射离子进入样品,会与电子发生非弹性碰撞及其他原因而导致一定的能量损失。如果在样品的不同深度发生碰撞,即使同种原子,也会导致背散射离子的能量有差异,由此可以得到各种原子深度分布的信息。

实验中要把离子加速到几百万电子伏的能量,经聚焦、分离和准直后,照射到样品上。在入射离子的能量低于它和样品原子发生核反应的阈值条件下,入射离子与样品原子发生弹性碰撞,根据能量守恒定律,入射离子就会改变运动方向,利用探测器和多道能量分析器可以得到样品的背散射能谱。如果入射离子种类、能量和散射角一定,则散射离子的能量由样品原子的质量决定。因而利用背散射谱就可以对样品进行分析。

对于晶体样品来说,沿某一主要晶向或晶面入射时,入射离子的射程急剧增加,因而背散射离子会减少。这种现象称之为沟道效应。沟道效应是背散射的一种特殊情况。变化入射角度(或改变晶体方位)就可以利用沟道效应来确定晶体方位。若晶体中有缺陷存在,沟道效应就会受到影响,反过来利用沟道效应又可对晶体缺陷进行研究。例如，当晶体中有杂质离子存在时，如果杂质处在晶格位置上，即杂质是替代式的，则沟道效应没有什么差异。如果杂质处在间隙位置上，则沟道受阻。处在不同的间隙位置，沟道受阻的情况不同，由此可以分析晶体中杂质原子的位置。

低能离子散射是真正的表面分析方法，它可以对样品表面的一两个原子层进行研究。高能离子散射中用的入射离子能量高，它的探测深度就要大的多。可以进行纵向分析。利用背散射法可以测定化合物的化学配比以及混合物中的成分相对含量。

14.8.4 离子探针[63,78]

样品表面受到入射离子束的轰击，有些样品原子以离子的形式被溅射出来，这就是二次离子。利用质谱仪对这些二次离子进

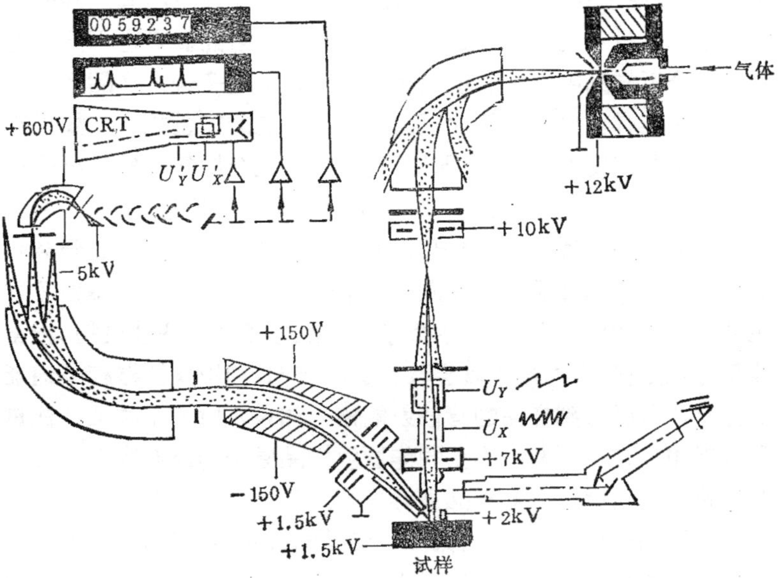

图 14.37 离子探针质谱仪的原理图.

行分析，测量其质荷比和强度，就可以分析样品表面原子所含元素的种类和含量。因为是对二次离子进行质谱分析来研究样品，所

以也可称为二次离子质谱(SIMS)技术。

图 14.37 示出了离子探针 (IMP) 质谱仪的工作原理图。离子源发出的离子经加速，使其能量达到 1—20keV，再经纯化、聚焦，将离子束的直径缩小到所要求的尺寸，最后轰击到样品表面上。为了实现离子束能在样品表面上扫描，在离子束通路上装有一组静电偏转板，此偏转板和用于显示的阴极射线管由同一扫描触发器控制。阴极射线管的发射强度由最后检测的离子信号调制，这样就可以得到样品的离子图象。样品表面溅射出的二次离子经加速进入质量分析系统。离子探针中一般使用双聚焦型质谱仪。二次离子进入这种系统后，首先经过一个称为静电分析器的扇形电场，在电场内离子沿半径为 R 的轨道运动，因为半径与其能量成正比，经过扇形电场后，相同能量的离子会发生相同的偏转。接着离子进入扇形磁场，因为在磁场中荷质比相同的离子有相同的运动半径，所以离子就可以按照荷质比分开来。在静电分析器的后面放一狭缝，选择让能量一定的离子通过，在磁分析器后面放一狭缝，选择荷质比一定的离子。最后离子进入离子探测器进行计数，把结果送到成象系统和记录系统。

离子探针的穿透深度比电子探针的要浅，可以对几个原子层的深度进行分析。由于可以利用离子束的剥蚀作用，还可以对样品进行逐层分析。在分析元素的种类上不受限制，能够进行同位素分析。空间分辨本领可达 1μm，有的实验室可达 0.2μm。相对灵敏度为(原子浓度) 10^{-6}—10^{-9}，绝对灵敏度为 10^{-15}—10^{-19}。

§ 14.9　质子束分析法

质子与物质相互作用的情况和前面讲的电子和离子与物质的作用基本相似，作用的结果可以得到各种反映被分析样品的信息，利用这些信息对样品进行分析。质子轰击分析样品也可以激发出特征 X 射线，下面讲的两种方法就是以此为基础的。

14.9.1 质子激发 X 射线荧光分析[79]

高速质子轰击样品时，质子与样品原子发生库仑散射，有可能将样品原子中的内壳层电子击出，留下一个空穴. 这种状态是不稳定的，外层电子向这个空穴跃迁时，多余的能量可能以特征 X 射线的形式放出. 这种 X 射线称之为质子激发 X 射线. 样品中含有的元素不同，在质子的轰击下，会产生不同的特征 X 射线. 可以通过各种探测手段来记录这些特征 X 射线，根据它们的能量或波长就可以知道样品中元素的种类，根据它们的强度就可以知道样品中元素的含量. 这就是质子激发 X 射线荧光分析（PIXE）的基本原理.

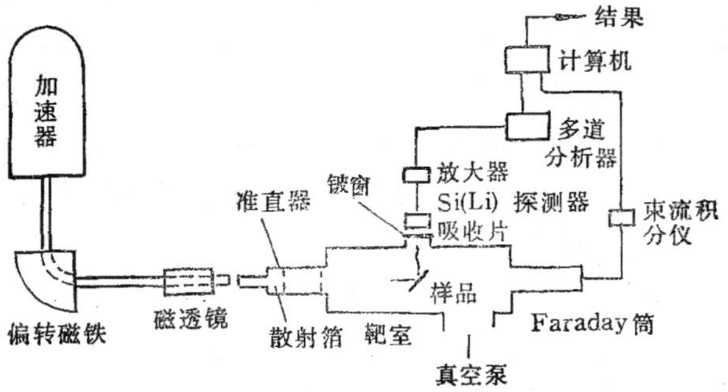

图 14.38 质子激发 X 射线荧光分析方法的示意图.

图 14.38 示出了质子激发 X 射线荧光分析方法的示意图. 该方法所用的质子来源于质子静电加速器. 离子在静电加速器中的电场的作用下，加速到 1—3MeV. 在这个能量范围，质子激发 X 射线产生的截面比较大，而且轫致辐射本底小，因而灵敏度高. 使用 Si(Li) 探测器，一般安装在与入射质子束成 90° 的方向上. 这种探测器的优点在于能量分辨本领高，而且一次测试可以分析样品中几乎所有的元素. 配合计算机可以直接给出样品中各元素的含量.

质子 X 射线荧光分析技术可以分为真空分析和非真空分析

(也称为内束和外束分析)．真空分析时样品要放在真空靶室内．非真空分析时，将质子从真空室引出，在大气或氦气下对样品表面(～10μm)进行分析。

质子X射线荧光分析的一个最大优点是分析的灵敏度高，相对灵敏度约为0.1—1ppm，绝对灵敏度为10^{-12}—10^{-16}g，与实验条件和分析的元素有关．分析不同的元素，灵敏度也有所差异．实验所用样品量少，只用微克量级的样品就可以了．在很多情况下可以进行无损伤分析，可分析原子序数12以上的各种元素．我国珍贵的出土文物越王勾践剑就用这种方法做过无损伤分析。

14.9.2 质子探针(质子显微镜)[79]

上面讲的质子激发X射线荧光分析所给出的结果是样品中某一区域中(1—100mm²)被测元素含量的平均值．得不到被测样品中元素分布的信息．为解决这个问题，人们将微米级质子束与PIXE方法相结合，做成了质子探针，亦称质子显微镜(SPM)。

图14.39示出了质子显微镜的结构示意图．为了实现入射质子束的细微化，可以用限流孔，只允许细束质子通过．但这样做是以牺牲束流强度为代价的．束流太弱会影响探测灵敏度．另一个办法是磁场聚焦．后者可以把质子束缩小到1μm的直径，而且束

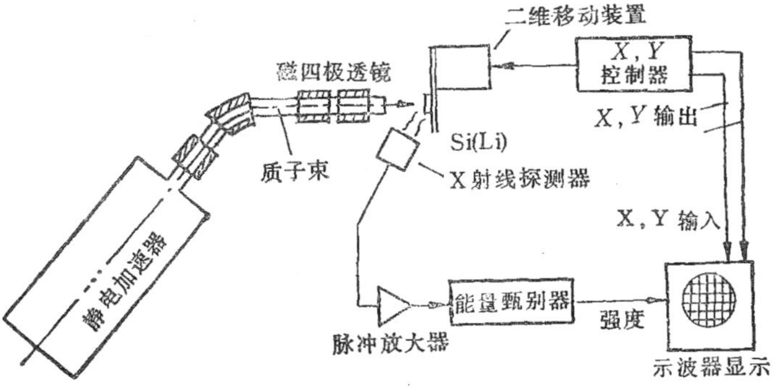

图14.39 质子显微镜的结构示意图．

流强度能提高2—3个数量级．为了对样品进行逐点地扫描分析，

利用静电偏转板使质子束偏转，在样品上扫描，当然也可以让样品做二维运动，同样实现扫描。质子显微镜不同于电子显微镜，它的空间分辨率虽然只有 1μm，但它能显示出样品中所含元素成分的空间分布。与电子显微镜相比，电子显微镜虽然可以用于微区成分分析，但质子显微镜的灵敏度要比电子显微镜高 2—3 个数量级。就电子显微镜来说，样品放在空气中是不可能的，因为电子的多次散射会使分辨率大大降低。用质子显微镜和电子显微镜对月球样品分析的结果表明，用前者多检测出三种元素来。质子显微镜可用来做动植物组织样品分析、固体样品材料的成分和杂质分析，可以直观地显示杂质元素的分布。

§14.10 其他分析法

14.10.1 场发射显微镜[66,80,81]

场发射显微镜（FEM）是建立在场致电子发射的原理基础上的。场发射是由固体中电子的隧道效应形成的。在固体表面上加一足够强的静电场，固体表面的势垒会降低和变窄，固体内的电子就有一定的概率穿透势垒而逸出表面，形成场发射。

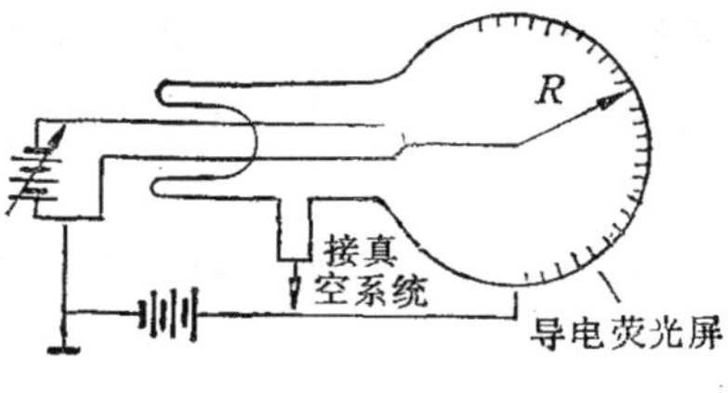

图 14.40 场发射显微镜的原理示意图.

图 14.40 示出了场发射显微镜的原理示意图。被测样品做成一针状体(tip)，针尖的顶端呈半球体，曲率半径约为 0.05—0.2μm．样品放置在高真空的球形玻璃泡中心。球形玻璃泡的内壁涂有导电层和荧光粉。如果在导电荧光层和针尖样品之间加以足够高的电场，针尖样品上为负，则针尖端面中的电子就会因隧道效应而越过势垒逸出固体，成为场发射电子。在电场的作用下，场发射电子被加速，沿着径向运动，分散开来打到荧光屏上，形成样品尖端的场发射象。场发射象把尖端表面的形貌放大了，放大倍数可达

10^{-5}—10^{-6}倍。由于电流密度强烈地依赖于表面的功函数，所以场发射电子的径向投影放大象反映了样品尖端表面的功函数变化．而功函数又和表面原子的排列有关，因而也反映出表面上原子的位置来．如果用曲率半径为 0.1μm 的针尖样品，分辨率可达 2nm．因而可以达到近原子级的分辨本领。

在场发射显微镜中，样品要做成针尖状，把要分析的样品做成曲率半径为 0.1μm 的尖端还有一定困难。但它仍是研究表面吸附和表面迁移的有力工具。通过场发射电子能量分布的研究，还能给出固体能带结构、表面态及势垒特征等丰富的信息。

14.10.2 场离子显微镜[66,80,81]

场离子显微镜(FIM)是建立在场电离的基础上的。金属表面的场电离理论指出：场不存在时，自由原子中的电子处在无限深的势阱中，无法脱离原子。当存在高电场时，阻挡电子离开原子的势垒高度会降低。即使没有外来高能离子的激发，电子也有可能因隧道效应而离开原子。在这种情况下，如果让自由原子接近金属表面，原子的势垒还会进一步降低，原子中的电子有可能通过隧道效应进入金属。

场离子显微镜的结构与发射显微镜的结构基本相似．图 14.41 示出了原理示意图。样品和场发射显微镜用的一样，要做成针尖状。针尖状样品放在真空室内并由液氮冷却。真空室内充以微量成象气体。当针尖样品上加上 2—20kV 的正电压（针尖上加正电压)时，针尖样品的端点表面上粗糙的地方就会在场的作用下优先蒸发，结果形成原子水平的光滑面。同时，成象气体原子也在场的作用下被极化，因偶极力被吸引向针尖端面，并撞击处于低温下的针尖表面。在表面上经多次弹跳，动能传给表面原子。针尖表面上的电场分布不均匀，和表面上原子的高度有关。原子突出的地方，电场最强。在这些突出的原子上，几乎都被场吸附着成象气体原子。因为这些原子都处在突出的地方，电场更高，就会由于隧道效应而产生场电离，把电子给予样品原子而成为离子。这种气体

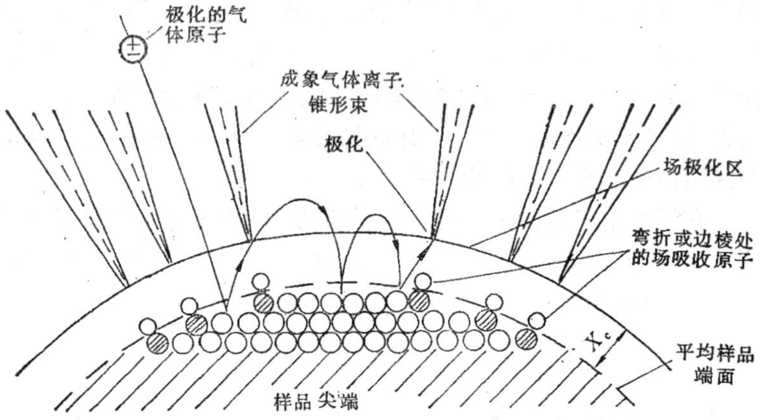

图 14.41 场离子显微镜的原理示意图.

原子的离子接着被场加速沿径向射向荧光屏，在荧光屏上就会形成一个反映表面原子排列的图象. 它给出的是实空间固体表面原子结构的图象，它和原子结构的刚球模型很相似. 场离子显微镜是最早能够在实空间观察单个原子的显微镜.

影响场离子显微镜的分辨本领的因素很多，样品尖端的曲率半径越小、成象气体原子的热平衡温度越低、采用电离势高以及原子半径小的成象气体原子，都有利于提高分辨率. 在实验条件好的情况下,可以达到 (2.5—3.0)×0.1nm. 对于增原子的分辨率是 0.3×0.1nm.

14.10.3 原子探针场离子显微镜[66,80,81]

上面讲过的场离子显微镜,尽管可以观察单个原子,但是它无法分辨出原子的类型,无法对原子的成分进行分析. 为此目的,人们把场离子显微镜和具有单离子探测灵敏度的质谱仪结合起来,构成了原子探针场离子显微镜(APFIM). 利用这种仪器可以对单个原子进行成分分析.

在原子探针场离子显微镜中，也和场离子显微镜中一样使用针尖样品. 样品装在万向支架上，调节万向支架可以选择要分析的样品部位。质谱仪一般选用飞行时间原子探针（TOFAP）。成象荧光屏上有一个小小的探测孔，孔的直径约为 2mm。这个尺寸相当于场离子象中的几个原子直径。调节万向支架用场离子象来选要分析的原子进入探测孔。然后抽走成象气体原子，把高压脉冲或激光脉冲加在针尖样品上，使样品做瞬间蒸发。脉冲触发器也将脉冲送到电子计时器，使计时器开始计时。由于探测器的阻挡，只有原来选好的几个原子才能到达探测器。探测器接受到离子立刻发出信号，电子计时器求出两个信号的间隔，就是被分析离子离开样品到达探测器的时间，由此可以求出离子的荷质比，进行原子成分的分析。

原子探针不仅可以对表面的原子一个一个地进行成分分析，还可以对原子层进行剥蚀，进行深度分析。它也可以对固体表面的原子结构、固体表面的原子扩散进行研究。

14.10.4 穆斯堡尔谱[82—83]

原子核都具有一基态和若干激发态，能态之间的跃迁会伴随着 γ 射线的发射和吸收。当射线源中的核从激发态跃迁到基态时，释放出能量 E_0。如果 E_0 全部变成 γ 射线照射到样品中的同种核上，由于同种核对应的能级相等，被照射核会吸收 γ 射线而从基态跃迁到激发态，这称之为 γ 射线共振吸收。然而，这种情况很难发生，这是因为发射 γ 射线时，会引起核的反冲，消耗能量 E_1，剩下的能量才以 γ 射线放出。这部分能量不足以把被照射核从基态激发到激发态，上面指出这需要能量 E_0。同时，由于接受 γ 射线的核会被冲击，也将消耗一部分能量 E_1，因而只有 γ 射线的能量为 E_0+E_1 时，照射到同种核上，才能产生 γ 射线的共振吸收。

由于核反冲能的消耗，γ 射线的共振吸收难以发生。然而，穆斯堡尔发现，在某些条件下，可以使反冲能量损失为零，从而实现核无反冲的共振吸收。γ 射线的无反冲发射和吸收统称为穆斯堡尔效应。穆斯堡尔发现，固体中的原子核与整个固体牢固地结合在一起，原子的质量可以认为很大。如果在低能 γ 光子的情况，则核反冲能量损失可小到忽略不计。

核跃迁能与核周围状态有关，受核外电子密度、电场、磁场等核环境的影响。实验中利用不同能量的 γ 射线照射样品，使处在不同核环境的核发生跃迁，实现 γ 射线共振吸收. γ 射线的能量调制是通过多普勒效应来实现的. 图 14.42 示出透射式穆斯堡尔谱测试的示意图. 驱动装置使射线源相对于样品做相对运动，从而用多普勒效应来调制 γ 射线，进行能量扫描. γ 射线穿过样品后被探测器记录. 以放射源运动速度做横坐标，接受的 γ 光子数为纵坐标就得到穆斯堡尔谱. 谱线的强度、峰值、面积、峰的位置等都是核环境信息的反映，通过对穆斯堡尔谱的研究可以对样品进行研究分析. 可研究相和相变、价态、键性、电子构型、配位对称等问题. 这种技术的局限性是穆斯堡尔效应只在四十几种元素中被观察到，在某些情况下，还有实验上的困难.

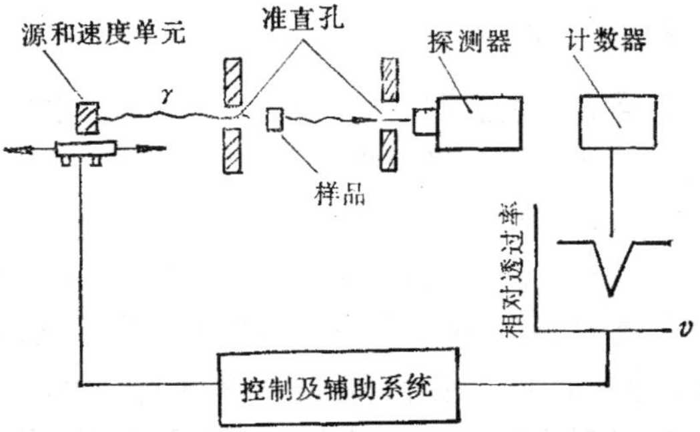

图 14.42 透射式穆斯堡尔谱测试的示意图.

14.10.5 顺磁共振[9,65]

顺磁共振（EPR）是利用对样品施加磁场后引起的效应，来对样品进行分析的方法.

一般化合物中电子是配对的，由于配对电子的自旋方向相反，因而没有净的自旋，也就没有相应的磁矩. 同时也存在一些体系，会含有未配对的电子，相互的净磁距不为零，物质就具有了顺磁性。例如过渡金属和稀土金属，或有某些局部晶格缺陷的晶体等，它们可以利用顺磁共振来进行研究。

在存在外加磁场时，电子自旋的磁矩会有两种取向，也就相应有两个能级。高低能级之间的能量差为

$$\Delta E = g\beta B, \tag{14.14}$$

g 为光谱分裂因子，也称为 g 因子。β 是 Bohr 磁子，B 为磁感应强度。

为了产生跃迁，必须对样品施加频率为 ν 的磁场，以满足下列公式：

$$h\nu = \Delta E = g\beta B。 \tag{14.15}$$

该公式就是共振条件。低能级的电子吸收了电磁波的能量，跃迁到高能级，在波谱仪上就能观察到电磁波的吸收信号。这其中 g 因子与未配对电子在化合物中的化学环境有关。

由共振的条件可以看出，在固定电磁波的频率不变的情况下，改变磁场可以满足共振条件；同样，如果固定磁场 B 而改变电磁波的频率，也可以满足顺磁共振条件。但是在实验中，一般都是采用固定电磁波频率而改变电磁场的办法。频率多用 9.5GHz，这相当于微波波段。样品放在谐振腔中，调节磁场强度，共振发生时，微波功率被样品吸收最大。由共振时的磁场强度和电磁波频率，即可求出 g 因子。

顺磁共振可以用来确定顺磁物质例如过渡族金属离子的电子状态、结构状态。半导体中的空穴或电子的定量测定。晶体色心缺陷的品种和结构研究等。

14.10.6 核磁共振[84—86]

所谓核磁共振（NMR）是具有磁矩的原子核在直流磁场的作用下，对射频电磁波的共振吸收现象。自然界共有约 270 种稳定的原子核，其中有 105 种具有磁矩，它们是核磁共振的研究对象。

核磁矩 μ 在磁场 H 中能量为

$$E = \mu \cdot H = \gamma H\hbar M, \tag{14.16}$$

其中 γ 是核的旋磁比，$\hbar = h/2\pi$，h 为普朗克常量．对于自旋量子数是 I 的核，M 可取 $(2I+1)$ 个值．也就是说，磁场作用使核能级分裂为 $(2I+1)$ 个，这就是塞曼(Zeeman)分裂．对于 $I=1/2$ 的核，会分裂成两个能级，能级的差为

$$\Delta E = \gamma H \hbar. \tag{14.17}$$

如果再在与 H 垂直的平面内加一射频电磁场，其频率为 ν，当 $h\nu = \Delta E$ 时，则处于低能态的原子核就可以吸收电磁波的能量而跃迁到高能态．这时电磁场的角频率满足

$$\omega = 2\pi\nu = \frac{\Delta E}{\hbar} = \gamma H \tag{14.18}$$

就会发生原子核系统对电磁波的共振吸收，亦即出现核磁共振现象．

实验中最方便的办法是射频电磁场的频率固定不变，而采取连续改变电磁场 H 的值的办法以满足式(14.18)，这种产生核磁共振的方法称为连续波扫描法．也可以保持磁场 H 不变，而改变射频电磁场的频率 ω 以满足式(14.18)，这样产生核磁共振的方法叫做连续波扫频法．因此核磁共振谱可以有两种形式，即横坐标可以是磁场也可以是频率．图 14.43 示出了连续波核磁共振波谱仪的结构示意图．

然而，实验中共振的发生还要受到许多因素的影响．例如由于原子核所处化学环境的影响，原子核处的场不只是外场了，而应加以适当修正，即 $H' = H(1-\sigma)$，其中 σ 称为化学位移．对 σ 进行研究就可以了解所研究原子核周围的情况．又如自旋-自旋分裂的影响，这是一个集团的核自旋通过电子间接地与另一个集团的核自旋相互作用的结果．由于共振吸收线的宽度、位移、裂距、以及弛豫时间与核子所处的化学环境和周围的电子分布及运动有关，所以可以利用这些信息来研究晶体结构、点阵运动、扩散现象和化学反应情况等．

一般核磁共振实验都使用溶液样品，随着核磁共振技术的发展，现已出现了固体高分辨率核磁共振技术，80 年代出现了核磁

共振成象技术,使其应用范围得到进一步扩大。

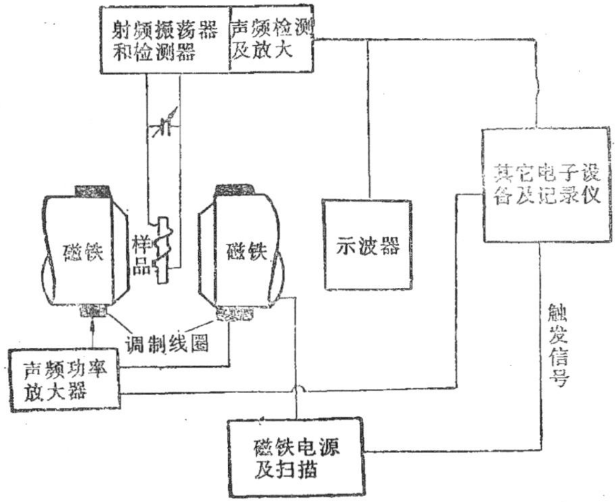

图 14.43　连续波核磁共振波谱仪的结构示意图.

14.10.7　扫描隧道显微镜[87,88]

扫描隧道显微镜(STM)是 80 年代初发展起来的一种分析技术,它是建立在量子力学中的隧道效应的基础上的。前面讲过,在场离子显微镜中样品要做成针尖状。在扫描隧道显微镜中样品不用做成针尖状,而是利用一个针尖状的探针。这个探针在样品上方扫描,由于场的作用,样品和探针之间就形成了隧道电流。隧道电流强烈地依赖探针与样品之间的距离,所以为了保持隧道电流恒定,探针就要随表面的起伏而上下波动。因此探针高度的变化就反映了表面高度的变化,也就是说反映了样品表面的形貌。如果样品表面有不同种原子或各处的电子结构差异大时,也会影响隧道电流。这时探针高度的变化还能够反映局部电子结构的信息。这种扫描方式称为恒定电流模式。

如果探针沿表面扫描时的高度不变,则隧道电流将随表面起伏而变化,这种变化同样也反映出样品表面的形貌,这种方式称为恒定高度模式。两种模式各有特长,恒定电流模式可用来研究表面起伏较大的样品，但因为要求很好地跟踪表面，所以要求技术高。而恒定高度模式则可用来快速扫描。图 14.44 示出了两种模式的工作原理图。

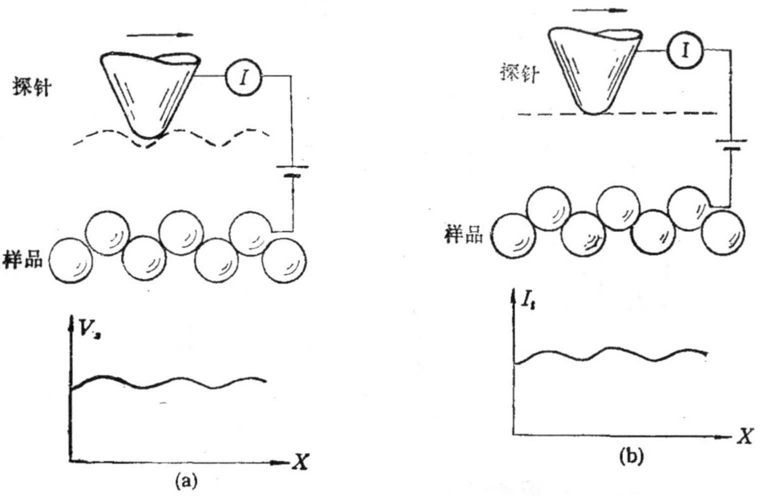

图 14.44　扫描隧道显微镜工作原理图。
(a) STM 的恒定电流模式。将 V_z 作为 X 的函数即得到反映样品表面形貌的扫描线；(b) STM 的恒定高度模式。将 I_t 作为 X 的函数即得到反映样品表面形貌的扫描线。

实验中把各条扫描线按着实际位置排列起来，就可以得到样品表面的形貌图，这是表面的实空间象。横向的分辨本领可达 0.01nm，纵向分辨本领可达 0.05nm，甚至达 0.01nm。这样高的分辨本领是过去各种显微镜无法比的。用扫描隧道显微镜已经拍摄到了单个原子图象。

扫描隧道显微镜可以用来研究半导体、超导体等的表面形貌、结构、电子态以及原子分辨的表面动态过程。

扫描隧道显微镜的特点是用隧道电流来成象，用和扫描隧道显微镜同样的原理，不用隧道电流而用其他效应，人们制成了各种用途的其他显微镜。例如：利用探针和样品表面原子之间微弱的相互作用力，制成了原子力显微镜；利用探针和样品原子之间的摩擦力，制成了摩擦力显微镜；还有利用磁力的磁力显微镜；用静电力的静电力显微镜；用吸引力的吸引力显微镜。在探针上安一个微小热电偶，扫描样品可测得到局部区域小于万分之一度的热量变化，这称为扫描热显微镜；此外，还有光吸收显微镜、扫描离子电导显微镜、扫描近场光学显微镜、扫描声学显微镜、分子杆显微镜等。

14.10.8 扩展 X 射线吸收精细结构[89,90]

当 X 射线通过厚度为 x 的物质后，由于物质的吸收，强度就会衰减。如果入射强度为 I_0，透射强度为 I，物质的线吸收系数为 μ，则

$$I = I_0 e^{-\mu x}. \tag{14.19}$$

如果样品厚度知道，那么测量 I_0 和 I 就可求出 μ。

实验发现当入射 X 射线的能量改变时，μ 的值随着能量的增加而变小，而且这种变化不是连续的，在某些能量处，μ 发生突变，这称为吸收边。吸收边是由于内层电子被激发到外层而引起的。例如 1S 电子被激发就形成 K 吸收边。仔细检查物质的吸收曲线，发现在吸收边的高能一侧，吸收系数的变化不是单调的，而是出现了振荡（见图 14.45）。在吸收边 30—50eV 之内的振荡称为近边结构，在 50—1000eV 范围内的振荡称之为扩展 X 射线吸收精细结构（EXAFS）。理论研究指出，若吸收原子是孤立的，没有近邻原子，吸收系数的变化是单调的。若吸收原子周围有近邻原子，则原子吸收 X 射线光子后，被激发出外传光

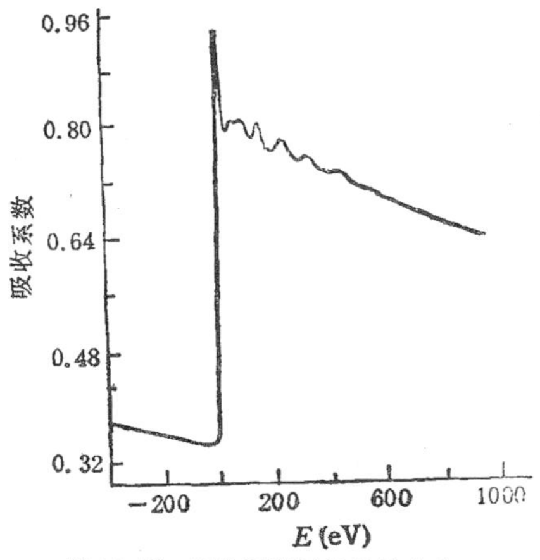

图 14.45 吸收系数随波长的变化.

电子波来，它在传播过程中遇到近邻原子而被散射。这种散射波的背散射部分与向外传播的电子波发生干涉，随着电子波波长的变化，干涉的结果将时而相长，时而相消，这会影响原子对X射线的吸收概率.干涉相长时，吸收概率大，产生吸收极大值；干涉相消时，吸收概率小，产生吸收极小值，这就形成吸收系数的振荡部分.因此，扩展X射线吸收精细结构是由于近邻原子的作用而引起的.对这种精细结构进行研究就可以得到吸收原子周围原子排列的信息.

高强度的同步辐射是最好的X射线源，用转靶X射线源能量分辨率低一些，仍可进行实验。入射X射线经单色器单色化，照射到样品上。测量透射光是最直接的方法，也可以探测样品吸收X射线而产生的X射线荧光、俄歇电子或二次电子进行间接测量.如果用高能入射电子（～100keV）的非弹性散射也可以激发内层电子，通过测量入射电子的动量变化或能量损失就能得到类似EXAFS的信息，这称为扩展能量损失精细结构（EXELFS）.

14.10.9 X射线光电子能谱分析[91]

X射线光电子能谱分析（XPS）使用X射线做为入射光。具有能量为 $h\nu$ 的入射X射线打到样品上，如果样品原子某能级上的电子被轰击出样品之外，这电子就称之为光电子。光电子的动能

$$E_k = h\nu - E_b - W_s, \tag{14.20}$$

其中 E_b 为光电子在该能级上的结合能，W_s 为功函数。功函数由物质的性质和仪器本身有关。用标准样品对实验仪器进行标定可以求出功函数。按照上式，知道了电子的动能就能求出电子的结合能。而电子的结合能对每种元素都有其特征值，因此测量电子的结合能就能对样品的表面化学成分进行分析。当元素处在化合物状态时，电子的结合能会有变化（化学位移），通过测量这种变化就能研究原子的状态和化学键.

图 14.46 示出了X射线光电子能谱分析的原理示意图。实验

中为了获得高的分辨率，可以使用单色器将入射X射线单色化。由它激发出的光电子，经能量分析器按电子的能量展开成为光电子

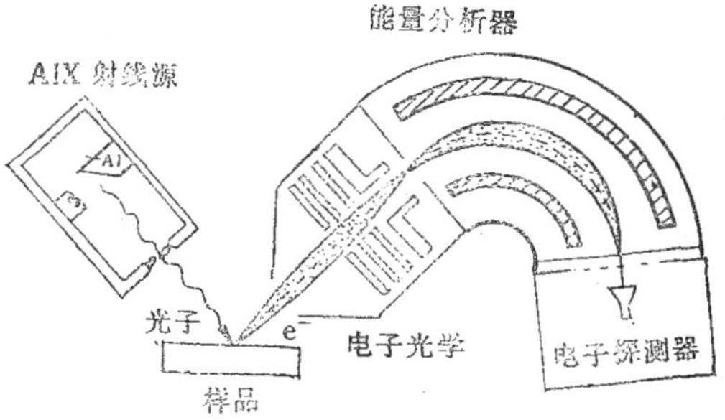

图 14.46　X射线光电子能谱分析的原理示意图.

谱。利用这种光电子谱就可以求出电子的结合能，依此来对样品进行分析。

X射线照射到样品上，同时也可以激发出特征X射线，称之为荧光X射线，其波长同样也与样品的组成元素有关，由此所建立的方法就是14.4.7所示出的X射线荧光分析方法。在分析中也用到了能量色散（EDAX）技术和波长色散技术。XPS方法中用的是光电子，光电子的穿透能力差，只能分析表面(纳米数量级)，而X射线荧光分析中使用了穿透力强的X射线，分析的深度可达上百纳米。

晶体品质鉴定所用的分析手段多种多样，尤其是用于表面的分析方法发展的很快，详细情况可参考有关资料[92—99]。

参 考 文 献

[1]　中南矿冶学院分析教研室编著，化学分析手册，科学出版社(1982).
[2]　朱贵云、刘德信编著，化学试剂知识，科学出版社(1987).
[3]　K. Heydorn, Seventh Materials Research Symposium, National Bureau of Standards, Gaithersburg, Md., October 7—11 (1974).
[4]　林明静、李淑兰编，地球化学样品分析，广东科技出版社(1984).
[5]　武汉大学化学系分析化学教研室编，分析化学，湖南科学技术出版社(1988).
[6]　罗庆尧编著，分光光度分析，科学出版社(1992).
[7]　徐培方主编，仪器分析，地质出版社(1992).
[8]　寿曼立编，发射光谱分析，地质出版社(1985).

[9] 邓勃等编著，仪器分析，清华大学出版社(1991).
[10] V. A. Fassel, R. N. Kniseley, *Anal. Chem.*, **46**(13), 1100A (1974).
[11] P. W. J. M. Boumans, De Boer, *Spectrochim. Acta*, **30B**(9), 309(1975).
[12] 陈新坤编著，电感耦合等离子体光谱法原理和应用，南开大学出版社(1987).
[13] H. Ramsey Michael, Michael Thompson, *J. Anal. At. Spectrom.*, 2, 497(1987).
[14] 吕佩德、郭照斌，晶体生长，**4**，318(1984).
[15] Hisashi Morikawa, Toshio Ishizuka, *Analyst*, **112**(7), 999(1987).
[16] C. M. Verber, *J. Appl. Phys.*, **36**, 1522(1965).
[17] 朱贵云、杨景和编著，激光光谱分析法，科学出版社(1989).
[18] 张克从、张乐潓主编，晶体生长，科学出版社(1981).
[19] 孙汉文编，原子吸收光谱分析技术，中国科学技术出版社(1992).
[20] Cheng Jian-bang, Zhao Yu-zhen, Zhao Bai-ru, *Appl. Spectros.*, **44**(5), 826(1990).
[21] 陈继勤、陈敏熊、赵敬世，晶体缺陷，浙江大学出版社(1992).
[22] A. Kelly, G. W. Groves, Crystallography and Crystal Defects, Longman (1970).
[23] C. Wagner, W. Schottky, *Z. Physik. Chem. B*, **11**, 163(1931).
[24] J. Frenkel, *Z. Physik.*, **35**, 652(1926).
[25] F. Seitz, *Revs. Mod. Phys.*, **26**, 7(1954).
[26] D. Hull, Introduction to Dislocation, Pergamon Press (1975).
[27] J. Friedel, Dislocations, Pergamon Press(1964); 中译本：位错，科学出版社(1980).
[28] W. T. Read, Dislocation in Crystals, Pergamon Press (1953).
[29] 砂川一郎，鉱物学杂志，**12**，117(1975).
[30] S. Zerfoss, S. I. Slawson, *Am. Mineral.*, **41**, 598(1956).
[31] 朱劲松等编著，晶体物理研究方法，南京大学出版社(1990).
[32] R., Haynes B. Met, et al., Optical Microscopy of Materials, International Texbook Company (1984).
[33] 季寿元、王德滋，晶体光学，高等教育出版社(1965).
[34] McCrone, C. Walter, et al., Polarized Light Microscopy, Science Publishers (1978).
[35] 沈桂琴，光学金相技术，北京航空航天大学出版社(1992).
[36] W. L. Bond, J. Andrus, *Phys. Rev.*, **101**, 1211(1956).
[37] D. J. Fathers, B. K. Tanner, *Phil. Mag.*, **27**, 17(1973); **28**, 749(1973).
[38] B. K. Tanner, D. J. Fathers, *Phil. Mag.*, **29**, 1080(1974).
[39] Min Nai-ben and Ge Chuan-zhen, *J. Crystal Growth*, **99**, 1309(1990).
[40] 陸大進、豊田浩一、南鄉脩史、小川智哉，レーザー研究，**19**(5)，440(1991).
[41] 守矢一男，応用物理，**55**(6)，542(1985).
[42] Kazuo Moriya, Tomoya Ogawa, *Phil. Mag. A*, **44**(5), 1085(1981).
[43] Kazuo Moriya, Tomoya Ogawa, *Phil. Mag. A*, **41**(2), 191(1980).
[44] K. Moriya, H. Wada, Hirai, *J. Crystal Growth*, **128**, 304(1993).
[45] 小 松奇，応用物理，**60**(8)，816(1991).
[46] 小 松奇，応用物理，**60**(9)，924(1991).

[47] 小　松奇，应用物理，60(10)，1030(1991).
[48] 小　松奇，应用物理，60(11)，1136(1991).
[49] 小　松奇，应用物理，60(12)，1215(1991).
[50] Richard J. Cherry, New Techniques of Optical Microscopy and Microspectroscopy, Macmillan (1991).
[51] 许顺生，金属X射线学，上海科学技术出版社(1962).
[52] 彭志忠，X射线分析简明教程，地质出版社(1982).
[53] 漆　璿、戎泳华，X射线衍射与电子显微分析，上海交通大学出版社(1992).
[54] B. K. Tanner, D. K. Bowen, Characterization of Crystal Growth Defects by X-ray Methods, Plenum Press (1980).
[55] 梁敬魁，相图与相结构(上、下册)，科学出版社(1993).
[56] 杨传铮等，物相衍射分析，冶金出版社(1982).
[57] B. K. Tanner, X-Ray Diffraction Topography, Pergamon Press (1976).
[58] 许顺生、冯端主编，X射线衍射貌相学，科学出版社(1987).
[59] J. B. Newkirk, *Phys. Rev.*, **110**, 1465(1858); *J. Appl. Phys.*, **29**, 995 (1958); *Trans. AIME*, **215**, 483(1959).
[60] H. Winick, et al., Application of Synchrotron Radiation, Gordon and Breach Science Publishers (1989).
[61] M. Kuriyama, W. J. Beottinger, G. G. Cohen, *Ann. Rev. Mater. Sci.*, **12**, 23(1982).
[62] A. Zarka, Liu Lin, M. Sauvage, *J. Crystal Growth*, **62**, 409(1983).
[63] 周剑雄，矿物微区分析概论，科学出版社(1980).
[64] 王世中、臧鑫士，现代材料研究方法，北京航空航天大学出版社(1991).
[65] 吕斯骅、朱印康等，近代物理实验技术(I)，高等教育出版社(1991).
[66] 尚世铉等，近代物理实验技术(II)，高等教育出版社(1993).
[67] T. Mulvey, R. K. Webster, Modern Physical Techniques in Materials Technology, Oxford (1974); 中译本，材料科学中的现代物理技术，科学出版社(1984).
[68] 廖乾初、蓝芬兰，扫描电镜原理及应用技术，冶金出版社(1990)
[69] 张铭诚等，电子束扫描成象及微区分析，原子能出版社(1987).
[70] 黄孝瑛，电子显微镜图象分析原理与应用，宇航出版社(1989).
[71] L. Reimer, Scanning Electron Microscopy, Springer-Verlag (1981).
[72] 刘永康等，电子探针X射线显微分析，科学出版社(1973).
[73] S. J. B. Reed, Electron Microprobe Analysis, Cambridge University Press (1993).
[74] 徐萃章，电子探针分析原理，科学出版社(1990).
[75] C. L. Briant, Messmer, Auger Electron Spectroscopy, Academic Press (1988).
[76] D. P. Woodruff, T. A. Delchar, Modern Techniques of Surface Science, Cambridge University Press (1986).
[77] J. R. Bird, J. S. Williams, Ion Beam for Materials Analysis, Academic Press (1989).
[78] A. W. Czanderna, Methods of Surface Analysis, Elsevier Scienctific

Publishing Co., (1975).
[79] 仁炽刚等，质子X荧光分析和质子显微镜，原子能出版社(1981).
[80] R. Wagner, Filed-Ion Microscopy in Materials Science, Springer-Verlag (1982).
[81] T. T. Tsong, Atom-Probe Field Ion Microscopy, Cambridge University Press (1990).
[82] 夏元复，穆斯堡尔谱学基础和应用，科学出版社(1987).
[83] 张宝峰，穆斯堡尔谱学，天津大学出版社(1991).
[84] 胡皆汉，核磁共振波谱学，烃加工出版社(1988).
[85] Ryizo Kitamaru, Nuclear Magnetic Resonance:Principle and Theory, Elsevier (1990).
[86] 冯蕴深，磁共振原理，高等教育出版社(1992).
[87] 白春礼，扫描隧道显微镜及其应用，上海科学技术出版社(1992).
[88] R. J. Behm, N. Garcia, H. Rohrer, Scanning Tunneling Microscopy and related Methods, Kluwer Academic Publishers (1990).
[89] B. K. Agarwal, X-Ray Spectroscopy: An Introduction,Springer-Verlag (1991).
[90] A. Bianconi, et al., EXAFS and Near Edge Structure,Springer-Verlag (1983).
[91] 刘世宏、王当憨、潘承璜，X射线光电子能谱分析，科学出版社(1988).
[92] L. C. Feldman, J. W. Mayer, Fundamentals of Surface and Thin Film Analysis, Elsevier Science Publishing Co. Inc. (1986).
[93] D. David, R. Coplain, Methodes Usuelles de Caracterization des Surface, Eyrolles (1988).
[94] J. C. Riviere, Surface Analytical Techniques,Clarendon Press(1991).
[95] J. M. Walls, Methods of Surface Analysis, Cambridge University Press (1989).
[96] 华中一、罗维昂，表面分析，复旦大学出版社(1989).
[97] L. E. Murr, Electron and Ion Microscopy and Microanalysis, Marcel Dekker Inc. (1982).
[98] A. W. Czanderna, D. M. Hercules, Ion Spectroscopies for Surface Analysis, Plenum Press (1991).
[99] Chu Wei-kan, et al., Backscattering Spectrometry, Academic Press (1978).

主题词索引*(下册)

* 本书的主题词索引不同于常规的"页码"查法，而是采用"章、节、小节"查法，即索引中所列的每一个主题词，它所在的位置可按"章、节、小节"顺序去查得．例如，"层流"一词为"7.3.2"，即指明"层流"这个词处在第七章第三节第二小节的地方．

中文词	英文词	章.节.小节
层状生长	layer by layer growth	8.3.1, 10.1.2, 10.5.1
差频效应	difference frequency effect	13.3.1
掺质(杂)	dopant	8.3.2, 14.2.2
掺质(杂)效应	effect of dopant	11.2.2, 11.2.4
场发射显微镜	field emission microscope	14.10.1
场离子显微镜	field ion microscope	14.10.2
超高真空	ultra high vacuum	8.2, 8.2.3
超显微法	ultra-microscopy	14.5.9
超硬材料	superhard materials	11
成分分析	constituent analysis	14.2.4
传压介质	pressure transmission medium	11.3.1
D		
大颗粒金刚石	large diamond	11.3.1
单晶定向	determination of single crystal orientation	14.6.3
单晶金刚石	monocrystalline diamond	11, 11.3.1
蛋白质	protein	12.1.3
蛋白质晶体生长	protein crystal growth	12.4.3
德拜-谢勒法	Debye-Scherrer method	14.6.1
低能电子衍射	low energy electron diffraction	14.7.7
低能离子散射	low energy ion scattering	14.8.2
低压或常压高温法(低压法)	low pressure or normal pressure and high temperature methods	11,11.2.1,11.3.3
滴定法	titrimetry	14.4.1
点缺陷	point defect	14.3.1
点阵常量测量	measurement of lattice constant	14.6.2
电感偶合等离子体发射光谱法	inductively coupled plasma-atomic emission spectrometry	14.4.4
电化学结晶法生长	electrochemical crystallization method growth	12.4.2
电子光谱	electron spectrum	12.1.5
电子能量损失谱仪	electron energy loss spectroscope	14.7.6
电子束	electron beam	8.2.1
电子束分析方法	analysis by means of electron beam	14.7
电子探针	electron probe microanalyser	14.7.4
电子与物质的相互	interaction between electron and	14.7.1

中文词	英文词	章.节.小节
孪晶	twin	14.3.3
孪晶间界	twin boundary	14.3.3
螺旋位错	screw dislocation	10.1.2, 14.3.2
M		
镁橄榄石	forsterite	10.1.3
面缺陷	planar defect	14.3.3
穆斯堡尔谱	Mössbauer effect	14.10.4
N		
内摩擦系数	coefficient of internal friction	11.3.1
内应力	internal stress	10.2.2
内阻电熔法（内热法）	internal resistance electric melting	10.1.1
凝聚相	condensed phase	11.2.2
P		
盘状白宝石	disk-like sapphire	9.1.3
偏光显微镜	polarized microscope	14.5.2
平衡形态	equilibrium morphology	10.2.2
平面波形貌术	plane-wave topography	14.6.4
Q		
起伏(涨落)	fluctuation	11.2.3, 1.2.4, 11.4.2
气态源	gas source	8.2
气体源分子束外延	gas source molecular beam epitaxy (GSMBE)	8.4.3
气相沉积法	vapor-phase deposition method	12.4.2
气相触媒	catalyst of gas phase	11.4.2
气相碳源	carbonaceous source of gas phase	11.4.1, 11.4.2
迁移	migration	8.3.1
潜热	latent heat	10.2.2
强度振荡	intensity oscillation	8.4.1
侵蚀法	etching method	14.5.6
氢	hydrogen	11.4.1, 11.4.2
氢氧焰	oxygen/hydrogen flame	9.1.3
倾斜间界	tilt boundary	14.3.3
缺陷	defect	8.3.2, 11.1.2, 11.2.4, 11.4.2
R		
热量输运	heat transport	10.2.2

中文词	英文词	章.节.小节
热膨胀系数	thermal expansion coefficient	10.5.2
人造(人工合成)金刚石	synthetic (man-made) diamond	11
刃型位错	edge dislocation	14.3.2
熔媒法人造金刚石(熔媒法)	synthetic diamonds by melt catalyst methods	11, 11.2.1, 11.2.4,11.3.1, 11.4.2
熔媒效应	effect of molten catalyst	11.2.2, 11.2.4
容量法	volumetry	14.4.1
S		
三阶有机非线性光学晶体	third order organic nonlinear optical crystal	12.2.3
扫描电子显微镜	scanning electron microscope	14.7.3
扫描隧道显微镜	scanning tunneling microscope	14.10.7
扫描透射投影形貌术	scanning transmission projection topography	14.6.4
色心	color center	14.3.1
生长层(生长条纹)	growth striation	10.2.4
生长动力学	growth kinetics	8.4.1
生长机制	growth mechanism	10.1.2, 10.2.2
生长取向	growth orientation	9.1.2
石榴石的掺质生长	growth of garnet by doping	9.2.3
石榴石的辐照改色	color change of garnet by irradiation	9.2.3
石榴石的透过率	transmission of garnet	9.2.3
蚀坑	etch pit	14.5.6
双晶形貌术	double crystal topography	14.6.4
水胀氟云母(水胀云母)	water-swelling fluoro-micas	10.4.2
顺磁共振	paramagnetic resonance(electron)	14.10.5
T		
碳的压力-温度相图	P-T phase diagram of carbon	11.2.1
碳原子的船式排列	boat type arrangement of carbon atoms	11.2.3
碳原子的椅式排列	chair type arrangement of carbon atoms	11.2.3
体缺陷	bulk defect	14.3.4

中文词	英文词	章.节.小节
叶蜡石	pyrophyllite	11.3.1
异常透射形貌术	anomalous transmission topography	14.6.4
异质外延	heteroepitaxy	8.3.1
阴离子基团理论	auionic group theory	13.3.1
应变	strain	8.3.3
应力双折射法	stress-induced birefringence method	14.5.8
有机半导体晶体	organic semiconductor crystal	12.3.1
有机薄膜晶体生长	organic film crystal growth	12.4.2
有机变频晶体	organic conversion frequency crystal	12.2.1
有机超导体晶体	organic superconductor crystal	12.3.1
有机导电晶体	organic conductive crystal	12.3.1
有机电光晶体	organic electro-optical crystal	12.2.2
有机电学功能晶体	organic electric functional crystal	12.3
有机非线性光学晶体	organic nonlinear optical crystal	12.2，13.6
有机非线性光学晶体的分子设计	molecular engineering of organic nonlinear optical crystals	13.6
有机固溶体	organic solid solution	12.1.4
有机光导晶体	organic optical conductor crystal	12.3.2
有机光折变晶体	organic photorefractive crystal	12.3.3
有机化合物	organic compound	12.1
有机晶体	organic crystal	12
有机晶体生长	organic crystal growth	12.4
有机盐	organic salt	12.1.3
原位监测	in situ monitor	8.2.2
原子层外延	atomic layer epitaxy	8.4.2
原子探针	atom probe field ion microscope	14.10.3
原子吸收光谱法	atomic absorption spectrometry	14.4.6
云母晶块	mica pig	10.1.2
云母钛(珠光染料)	mica-titanium pearl pigment	10.5.3
Z		
杂质	impurity	14.2.2
炸药爆炸冲击波压缩技术	shock compression technique with explosive detonation	11.3.2
直接转变法人造金	synthetic diamonds by direct	11,11.2.3,11.3.2

中文词	英文词	章.节.小节
刚石	transformation methods	
质子X射线荧光分析	proton-induced X-ray emission analysis	14.9.1
质子束分析方法	analysis by means of proton beam	14.9
质子探针	proton microprobe	14.9.2
质子显微镜	proton microscope	14.9.2
中间状态	intermediate state	11.2.4，11.2.5，11.4.2
重量法	gravimetry	14.4.1
锥光干涉图	optical axial interference figure	14.5.2
缀饰法	decoration method	14.5.7
组分不完整性	composition imperfection	14.2
组分浓度	component concentration	11.2.4，11.3.1

后　记

《晶体生长》是我国第一部关于晶体生长的专著．该书于 1981 年出版后，受到同行和读者的重视和好评，并在很短时间内就销售一空．此后，全国各地不断有读者索要此书和打听此书的再版时间，并纷纷要求出第二版．

该书第一版问世至今已有 10 多年了，在这期间，我国改革开放和社会主义建设迅速发展，各个领域都发生了巨大的变化．我国的晶体生长学科同样也获得了飞快的发展，取得了令世人公认的卓越成就，其中有许多晶体产品已打入国际市场，在某些方面已处于国际领先地位．为及时总结这些所取得的新成果、新技术、新理论、新进展，同时满足广大读者的迫切要求和进一步促使我国晶体事业走上更高的新台阶，在中科院科学出版基金委资助和许多科技界老前辈们的大力支持和帮助下，在两位主编和该书责任编辑的倡导下，促成了在原书第一版基础上编写第二版．

参加新版书撰写工作的共有 29 位有关方面的专家，并组成该书的编委会．在首次召开的京区编委扩大会上，通过大家的充分讨论，集思广益，明确了新版书的出版宗旨，提出了高标准的编写要求、编写内容、章节安排、具体分工和注意事项等．会上确定的出版宗旨是：质量第一，水平第一，兼顾基础，突出实用性，朝着将科学技术转化为生产力的方向努力，使该书具有明显的时代感和科学性．为促进整个编写工作的顺利进展，加强协调和组织工作，会上决定由姜彦岛、刘琳和常英传三位同志组成秘书组，协助主编工作．

由于晶体生长不仅仅是指生长晶体的技术和方法，而是包含着极其广泛的科学内容；目前国际上通常都把有关半导体和薄膜等内容都归入晶体生长学科，这些内容在新版中都有专门章节进行论述，这样使得新版书内容更加完善与充实．正是考虑这种种原因，编委们一致同意将《晶体生长》更名为《晶体生长科学与技术》，这一更名能更确切地反映出晶体生长这一学科的特点和本质．

经过两位主编、责任编辑和编委们的几年来的共同奋斗以及来自各方面的大力支持和扶助，此书终于和读者见面了．

我国科技界老前辈严济慈院士特地为本书题写书名，前中国科学院院长卢嘉锡院士为本书作序，钱临照院士、章综院士、原我国晶体生长专业委员会主任吴乾章研究员、原国家建材局人工晶体研究所总工程师范纯学先生等都给予很大的关怀、帮助和支持．

在本书审稿工作中，聘请了多位有关专家*审理，他们均付出了辛勤的劳动．

在每次编委会开会时，中科院物理研究所提供了大力帮助．

《晶体生长科学与技术》一书的成功出版和上述领导、专家和同志们的大力支持和帮助是分不开的，特向他们表示最衷心的谢意．

由于本书编者们的水平和能力有限，同时也受到各种条件的限制，因此书中难免有错误和不妥之处，恳请读者予以批评、指正，以便在第三版时进行更正和改进．

---

* 在本书的审稿工作中以下人员付出了辛勤的劳动，他们是(以拼音字母排序)：范纯学，黄朝恩，孔梅影，梁敬魁，刘金龙，戚立昌，沈保林，沈德忠，石家纬，吴光恒，徐孝贞，严秀丽，杨华光，赵绵，仲维卓，朱沛然，以及部分编委．

此外，中国科学院何仁甫先生对本书的出版也给与了及时的支持和帮助．中国科学院物理研究所的樊玉灵、刘宏斌和刘海润同志为每次编委会开会提供了大力帮助．